"十三五"普通高等教育本科重点规划教材

普通高等教育"十五"国家级规划教材

电力系统分析

（第二版）

陈　怡　蒋　平　万秋兰　高　山　编著
洪佩荪　主审

中国电力出版社
CHINA ELECTRIC POWER PRESS

内 容 提 要

本书为“十三五”普通高等教育本科重点规划教材。

本书是介绍电力系统的一本具有新体系和新特色的高等学校电力类专业教材，共分三篇：第一篇电力系统的基础知识；第二篇电力系统的基本计算；第三篇电力系统的运行分析。

本教材以电力系统的潮流、故障、稳定三项常规计算和对电力系统运行的安全、可靠、优质、经济四个基本要求为框架形成新的体系，内容简明扼要，讲述深入浅出，强调基本概念、基本理论和基本技能，注重分析问题解决问题方法的培养和训练，着力于介绍计算机在电力系统分析中的应用，并注意介绍国内外本学科新的发展动向和新的研究成果。

本书列有丰富的例题、思考题和习题，章末或节末做了归纳和小结，可作为高等院校电气类专业的本科教材，也可供从事电力系统运行、设计和研究的广大工程技术人员参考。

图书在版编目（CIP）数据

电力系统分析/陈怡等编著．—2版．—北京：中国电力出版社，2018.6

“十三五”普通高等教育本科重点规划教材

ISBN 978-7-5198-1137-2

Ⅰ.①电… Ⅱ.①陈… Ⅲ.①电力系统－系统分析－高等学校－教材 Ⅳ.①TM711

中国版本图书馆CIP数据核字（2017）第220589号

出版发行：中国电力出版社
地　　址：北京市东城区北京站西街19号（邮政编码100005）
网　　址：http://www.cepp.sgcc.com.cn
责任编辑：雷　锦（010-63412530）贾丹丹
责任校对：马　宁
装帧设计：左　铭
责任印制：吴　迪

印　　刷：北京雁林吉兆印刷有限公司
版　　次：2005年7月第一版　2018年6月第二版
印　　次：2018年6月北京第七次印刷
开　　本：787毫米×1092毫米　16开本
印　　张：23.25
字　　数：570千字
定　　价：59.00元

前　　言

自本书出版以来，转眼间过去了10年有余。现对书中的有关问题进行了修订。修订的内容，除了对一些印刷错误做了改正外，还增添了相应的部分新内容。另外，相应于原版，书中的第四章有较多的修改，本来是应该早就改正的。

陈怡老师统筹本次修订，蒋平老师修订第四章和第七章，万秋兰老师修订第五章、第六章和第九章，高山老师修订其余章节。

衷心感谢广大读者的使用和意见反馈，衷心感谢出版社的大力支持。

作　者

2018年1月

第一版前言

随着电力系统的快速发展和教学改革的深入，原有的电力系统分析教材已难以满足教学的要求。作为国家“十五”规划的教材建设项目之一，在我校多年电力系统分析课程教学实践和改革的基础上，广泛吸取国内外同类教材的长处，结合我们的体会，编写了这本新的电力系统分析教材。

现代电力系统是由大量发电、输电、配电和控制设备组成的复杂系统。电力系统的形成要经历规划、设计、建设、运行和改造等一系列阶段，而且处于不断发展中，控制技术也在不断更新。《电力系统分析》是这个行业和领域的理论基础。作为一门专业基础课程的新教材，本书既保留了原有教材的主要内容，而且增加了很多电力系统运行、控制和管理方面的新内容，同时在体系结构上作了新的探索。全书由三篇组成。第一篇为电力系统的基础知识，包括第一章和第二章。第一章介绍电力系统的基本概念，第二章介绍电力系统各元件的特性、参数和等值电路。这两章是分析电力系统的基础。第二篇为电力系统的基本计算，包括第三章、第四章和第五章。第三章介绍电力系统的潮流计算，第四章介绍电力系统故障的分析和计算，第五章介绍电力系统的稳定计算，称为电力系统的三大常规计算，是电力系统规划、运行、改造和发展中都要用到的重要内容。第三篇为电力系统的运行分析和优化，包括第六章、第七章、第八章和第九章，针对电力系统运行时的三个基本要求——安全、优质和经济进行讨论。第六章介绍电力系统的安全分析，第七章介绍电力系统的质量控制，第八章介绍电力系统的经济调度，第九章对能量管理系统进行了简单介绍。

全书内容能满足原《电力系统稳态分析》和《电力系统暂态分析》两门课程的基本要求，也能较灵活地进行适当组合，满足不同层次的要求。本书可供高等学校电力类专业的师生使用，也可供从事电力系统规划、设计、运行和研究的广大工程技术人员参考。

本书是在集体讨论的基础上分工编写，然后统稿而成。本书第四章、第七章由蒋平教授编写；第五章、第六章和第九章由万秋兰教授编写；第八章由高山副教授编写；郭伟副教授编写了第六章第一节电力系统状态估计的内容；其余部分由陈怡教授编写。

本书在编写过程中，得到了东南大学教务处、电气工程系和中国电力出版社的大力支持。初稿完成后，蒙河海大学洪佩荪教授仔细审阅，提出了不少宝贵意见。电力自动化研究院薛禹胜院士对电力系统的安全分析部分提出了宝贵意见。谨在此表示衷心感谢。限于水平，书中不妥乃至错误之处，敬请批评指正。

作为陈珩先生的弟子，我们谨以此书向先生表示我们的深切感谢和纪念。

作　者

2005 年 2 月

目　　录

第三篇　电力系统的运行分析

第一篇　电力系统的基础知识

要对电力系统进行分析，首先必须掌握电力系统的基础知识，然后才能进行电力系统的基本计算和对电力系统的运行进行分析。

本篇内容由两章组成，第一章介绍电力系统的基本概念，第二章介绍电力系统各元件的特性和等值电路。本篇是电力系统分析的基础，应认真掌握，否则将会给后续内容的学习带来困难。虽然其中不少内容已在先修课程中学习过，但此处往往既是复习，又是深化和提高，同时应注意其在电力系统中的特点。

第一章　电力系统的基本概念

本章阐述电力系统的组成和接线方式、电力系统的运行特点和要求、电力系统的额定频率和额定电压、电力系统的运行状态和中性点接地方式、交流电路的基本关系和标幺制。前四节属电力系统的基本概念，第五节是对交流电路的简要复习，同时介绍了标幺制。

第一节　电力系统的组成和接线方式

电能是现代社会的主要能源，它在国民经济和人民生活中起着极其重要的作用。

现代社会中，电能是从电力系统得到的。在电力系统中的各种发电厂（火电厂、水电厂、核电厂等）里发电设备将其他形式的能量（煤或油的化学能、水的动能、核能等）转换成电能，电能经升压变压器和高压输电线路传输至负荷中心，再由降压变压器和配电线路分配至用户，然后通过各种用电设备（电动机、电灯、电炉等）将电能转换成其他形式的能量进行消费。各种用电设备消耗的功率（包括有功功率和无功功率）统称为电力系统的负荷。所谓电力系统就是由大量发电机、变压器、电力线路和负荷组成的，旨在生产、传输、分配和消费电能的各种电气设备按一定方式连成的整体。这种一定的连接方式称为电力系统的接线。由上述定义可见，电力系统是一个由大量各种元件组成的复杂系统，发电机、变压器、电力线路和负荷是电力系统的四大主要元件。这四大元件构成了电力系统的躯干，称为一次系统。此外，为了保证其安全正常运行，电力系统还装备有相当于其神经的继电保护、通信和调度控制系统等，称为二次系统。

如将火电厂的汽轮机和锅炉、水电厂的水轮机和水库、核电厂的汽轮机和核反应堆等动力设备包括进来，与电力系统一起，则称为动力系统。电力系统中传输和分配电能的部分称为电力网，它由变压器和电力线路组成。电力网按其职能分为输电网和配电网。前者将发电厂发出的电能传输至负荷中心，是电力网的主干部分；后者将电能分配给用户。变压器按其功能分为升压变压器和降压变压器。前者将电能由一个较低的电压级升到一个较高的电压级以利于传输，后者则将电能由一个较高的电压级降到一个较低的电压级以利于分配或使用。电力线路按其结构分为架空线路和电缆线路两大类。架空线路由杆塔、绝缘子和金具将导线及中性线架设在地面之上，电缆线路则敷设在地下。电力线路以架空线路为主。

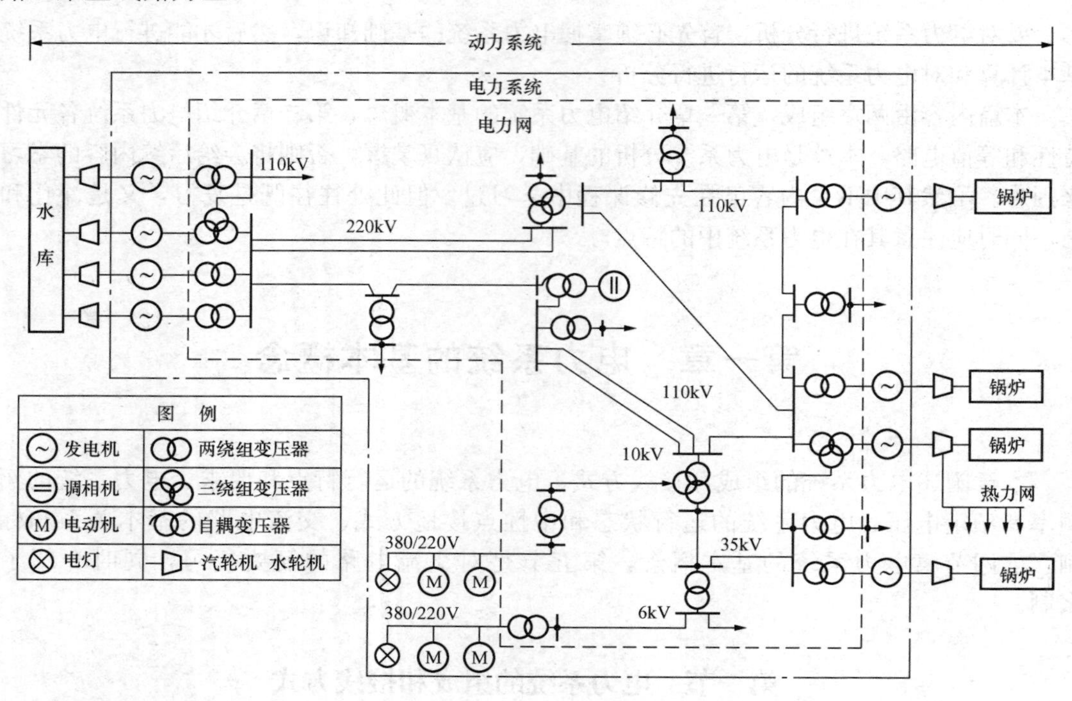

图 1-1 电力系统示意图

电力系统中各个元件的连接情况通常用接线图表示。电力系统的接线图有电气接线图和地理接线图两类。电气接线图反映电力系统各元件之间的电气联系。现代电力系统为三相交流系统。不少三相交流系统中还含有直流输电网络，它由三相交流变压器、整流器、直流输电线路、逆变器及降压变压器组成；在送电端，升压变压器将电压升至需要的高压，由整流器将其变为直流，经直流输电线路传输至受电端，再由逆变器转换为三相交流，经降压后使用。为简明起见，电力系统的电气接线图多画成单线形式，称为单线图。图 1-1 示出了一个简单电力系统的示意图，并且示出了动力系统、电力系统和电力网三者之间的关系。这种关系还更清晰地显示在图 1-2 中。

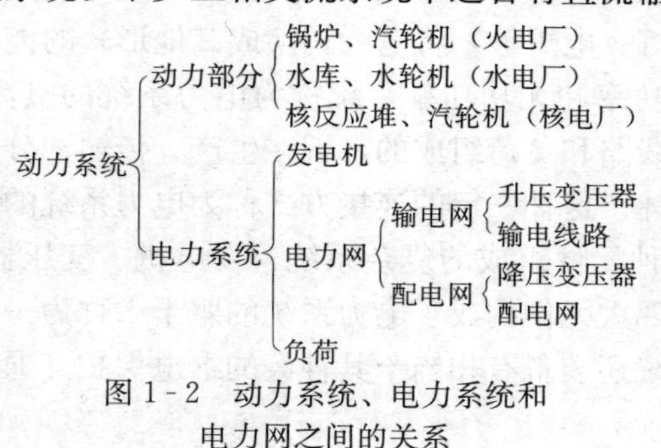

图 1-2 动力系统、电力系统和电力网之间的关系

电力系统的地理接线图反映各发电厂、变电站的相对地理位置以及电力线路的路径，如图 1-3 为某一简单电力系统的地理接线图。地理接线图不反映各元件之间的电气联系，因此两类接线图常常配合使用，互为补充。

电力系统的接线图反映了电力系统的接线方式。由于电力系统大小不一，而且处在不断发展中，因而接线方式也多种多样。一般可将其分为简单接线方式和复杂接线方式两大类。简单接线方式又分放射式、干线式、链式、环形和两端供电方式，如图 1-4 所示。其中前三种接线方式：放射式、干线式和链式，称为开式网络，其特点是每个负荷只能从一个方向取得电能；后两种方式：环形和两端接线方式，称为闭式网络，其特点是每一个负荷可以从两个方向取得电能。

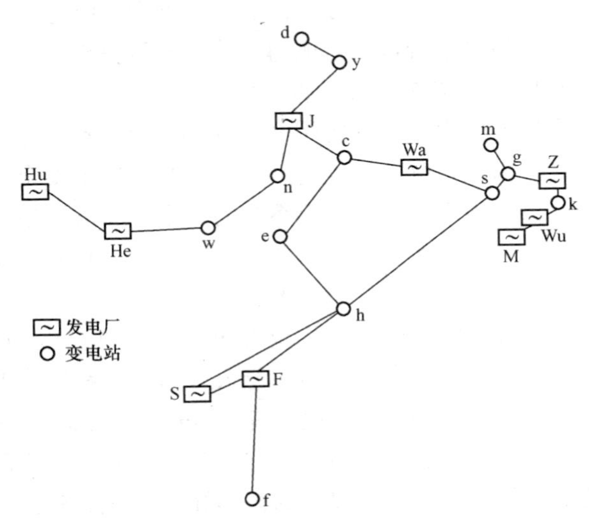

图 1-3　某一简单电力系统的地理接线图

复杂接线方式可由上述各种接线方式组成。实际电力系统的接线方式均属复杂接线方式。电力线路还可采用双回路方式，以增大传输能力和提高供电的安全性与可靠性。

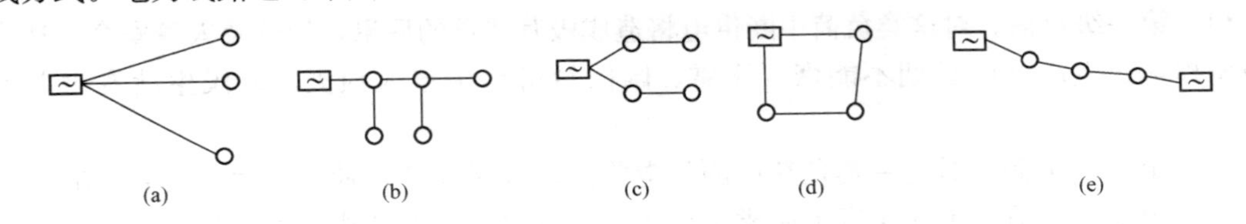

图 1-4　电力系统的简单接线方式

(a) 放射式；(b) 干线式；(c) 链式；(d) 环形；(e) 两端供电方式

各种不同接线方式都有自己的优点和缺点。选择接线方式时，应根据负荷的性质和要求对多种方案进行技术经济比较后择优选定。

第二节　电力系统的运行特点和对电力系统运行的基本要求

与其他工业产品相比，电能的生产、传输、分配和消费具有以下三个特点：

(1) 重要性。如前所述，电能在国民经济和人民生活中起着极其重要的作用，电能供应的中断或减少将影响国民经济的各个部门，造成巨大的损失。

(2) 快速性。由于电能的传播速度接近光速，因而它从一处传至另一处所需的时间极短，电力系统从一种运行方式转变到另一种运行方式的过渡过程非常快，电力系统中的事故从发生到引起严重后果所经历的时间常以秒甚至毫秒计，以至人们往往来不及做出反应。

(3) 同时性。由于电能不能大量储存，因而电能的生产、传输、分配和消费实际上是同时进行的，即所有发电厂任何时刻生产的电能必须与该时刻所有负荷所需的电能与传输分配中损耗的电能之和相平衡。这代表电力系统运行时必须满足的一类等约束条件为

有功功率平衡　$P_{G\Sigma}=P_{D\Sigma}+\Delta P_L$

无功功率平衡　$Q_{G\Sigma}=Q_{D\Sigma}+\Delta Q_L$

式中：$P_{G\Sigma}$、$Q_{G\Sigma}$分别为电源发出的总有功率和无功功率；$P_{D\Sigma}$、$Q_{D\Sigma}$分别为负荷取用的总有

功功率和无功功率；ΔP_L、ΔQ_L 分别为系统总的有功功率损耗和无功功率损耗。

根据以上特点，对电力系统的运行提出了三个基本要求：

1. 安全可靠持续供电

供电的中断将造成生产停顿、生活混乱，甚至危及设备和人身的安全，引起十分严重的后果。因此，电力系统的运行首先必须满足安全可靠持续供电的要求。

值得指出的是，电力系统的安全性和可靠性是有着不同含义的两个概念。安全性是要求电力系统中的所有电气设备必须在不超过它们所允许的电压、电流和频率的条件下运行，不仅在正常运行情况下应该如此，而且在事故情况下也应该如此。因此电力系统的安全性表征电力系统短时间内在事故情况下维持持续供电的能力，属电力系统实时运行中要考虑的问题。可靠性指电力系统向用户长时间不间断持续供电的概率指标，属电力系统规划设计的范畴。电力系统的可靠性是一专门课题，一般不列在电力系统分析课程内。

虽然保证安全可靠持续供电是对电力系统的首要要求，但在实际中停电总是难以绝对避免的，只能尽量减少停电的概率和停电造成的损失。为此，根据负荷的重要程度将其分类，并针对不同级别的负荷采用相应的措施保障供电，是合理而可行的。电力系统中一般将负荷分为三级：

（1）第一级负荷。对这类负荷中断供电将造成极其严重的后果，如危及人身安全、造成重要设备损坏、生产秩序长期不能恢复正常、国民经济产生重大损失、人民生活发生严重混乱等。

（2）第二级负荷。对这一类负荷中断供电将造成大量减产，使人民生活受到影响。

（3）第三级负荷。不属于以上两类负荷者。对其停电不会造成重大损失。

对第一级负荷要保证不间断供电，对第二级负荷也应尽量保证不间断供电。此外，还有极少数特殊重要的负荷要求绝对可靠地不间断供电。对各级负荷可根据具体情况采用适当技术措施保障对其供电的安全可靠，如对第一、二级负荷采用有备用的接线方式等。

2. 优质

电能的质量指标包括电压质量、频率质量、波形质量和三相对称性等。良好的电能质量指：

（1）电压正常，偏移不超过一定范围，如额定电压的±5%。

（2）频率正常，偏差不超过规定值，如±0.05～0.2Hz。这代表了电力系统运行时必须满足的一类不等约束条件，即

$$U_{i\min} \leqslant U_i \leqslant U_{i\max}, f_{\min} \leqslant f \leqslant f_{\max}$$

式中：$U_{i\min}$、$U_{i\max}$ 分别为系统中 i 点允许的最低电压和最高电压；$f_{\min}$、$f_{\max}$ 分别为系统允许的最低频率和最高频率。

（3）电压、电流波形为正弦波，不应产生大的畸变。

（4）三相电压、电流对称。

电能质量差会引起不良后果，如电压、频率偏移过大会使工厂的产量减少、废品增加、设备寿命缩短，严重时还会造成人身伤亡和设备损坏。

3. 经济

电能生产的规模很大，如我国现在的年发电量达数万亿千瓦时，因此提高电能生产的经济性具有十分重要的意义。这包括尽量降低每千瓦时电所消耗的能源（即设法降低煤耗率、

水耗率、厂用电率等)、尽量降低传输和分配过程中的损耗（其指标为网损率，定义为整个电力网传输过程中损耗的电能与电源发出的总电能之比）、尽量提高用电设备的效率等。

应该指出，上述三个方面的要求是相互联系又相互制约的。一个供电不安全的电力系统谈不上电能的质量和运行的经济性，电能质量低下的系统往往既不安全又不经济，片面追求经济可能会影响电能的质量和运行的安全。因此，对于具体的电力系统和负荷的具体性质，在考虑上述三个方面的要求时应全面衡量、统筹兼顾。合理的提法是在安全可靠的前提下保证质量，力求经济。

为了满足上述三个基本条件，现代电力系统正在向着大和高的方向发展，即采用大容量、高效率的发电机组，形成规模越来越大、电压越来越高的联合电力系统，系统运行的稳定性和自动化水平也越来越高。

第三节　电力系统的额定频率和额定电压

所有电气设备都是按指定的频率和电压设计制造的，在此频率和电压下运行电气设备将具有最佳的技术经济指标。这个指定的频率和电压称为电气设备的额定频率和额定电压。

目前，世界上的电网的额定频率有60Hz和50Hz两种。北美采用60Hz，欧洲、亚洲等多数地区采用50Hz。一个实际正常运行的电力系统，其运行频率是一样的，处处相同（交直流混合电力系统除外）；但额定电压随电气设备而不同，即使在同一电压等级范围内，各处的电压也不完全相同。这是电力系统的频率和电压所具有的不同特点。

为保证电气设备生产的系列化和标准化，各国都制定有标准的额定电压等级。我国制定的标准额定电压分为三类：第一类为100V以下，适用于蓄电池和安全照明用具等电气设备的额定电压；第二类为500V以下，适用于一般工业和民用电气设备的额定电压；第三类为1000V以上高压电气设备的额定电压，也是电力系统的额定电压，列于表1-1中。

表1-1　我国制定的1kV以上的标准额定电压　(kV)

用电设备额定线电压	交流发电机额定线电压	变压器额定线电压	
		一次绕组	二次绕组
3	3.15	3及3.15	3.15及3.3
6	6.3	6及6.3	6.3及6.6
10	10.5	10及10.5	10.5及11
—	13.8、15.75、18、20、22、24、26	13.8、15.75、18、20、22、24、26	—
—	—		—
(20)	—	20	21及22
35	—	35	38.5
66	—	66	72.5
110	—	110	121
220	—	220	242
330	—	330	363
500	—	500	550
750	—	750	—
1000	—	1000	—

注　电力系统的额定电压如无特殊声明均为线电压。

从表中可看出，在同一电压级中，用电设备、发电机和变压器的额定电压不相一致，这是由它们在电力系统中所处的地位不同而引起的，因而需相互配合。下面分别予以说明。

负荷是用电设备，其额定电压就是标准中的用电设备额定电压。

电力线路的额定电压（也称电力网的额定电压）与用电设备的额定电压相同，因此选用电力线路额定电压时只能选用国家规定的电压级。沿电力线路传输电能时，会产生能量损耗和电压损耗，因而电力线路上各点的运行电压不同。电压损耗的大小随多种因素变化，如电压的高低、电力线路的长度、导线截面积的大小及排列方式等，但一般应控制在5%以内，从而正常运行时电力线路首端的运行电压常为用电设备额定电压的105%，末端电压为额定电压。

发电机的额定电压比电力网的额定电压高5%，因发电机接在电力线路的首端，通常还带有一定量的地方负荷。现代发电机的额定电压范围为10.5～31kV（旧式小容量发电机有6.3kV的），这是由于发电机定子的空间较小，电压太高时绝缘困难。为了实现电能的高压传输，需用变压器升压。

变压器的一次绕组（即接受功率的绕组）接电源，相当于用电设备，其额定电压与电力线路的额定电压相同。但直接与发电机相连的升压变压器的额定电压与发电机的额定电压相同，即为该电压级额定电压的105%。变压器的二次绕组（即输出功率的绕组）经电力线路向负荷供电，相当于电源，其输出的电压应较电力线路的额定电压高5%，但因变压器本身漏抗的电压损耗在额定负荷时约为5%，所以变压器二次侧的额定电压规定比电网的额定电压高10%，如果漏抗较小（短路电压的百分值小于7.5）或二次侧直接与用电设备相连的变压器，其二次侧额定电压为电网额定电压的105%。应指出，变压器二次绕组额定电压是指其二次侧空载时的电压，带负荷时二次侧电压将低于其额定值，且随负荷的大小而变化，带额定负荷时约为电网额定电压的105%，满足电力线路首端的电压要求。两绕组变压器有两个额定电压：一次额定电压和二次额定电压。三绕组变压器有三个额定电压：一个一次额定电压和两个二次额定电压。

上述规则的核心是为了保证负荷的运行电压为额定电压，从而使用电设备取得最佳的技术经济指标，因为用户是电力系统的服务对象。

根据上述规则可以确定电力系统中各元件的额定电压。下面举例说明之。

【例1-1】 确定图1-5所示电力系统各元件的额定电压。各级电网的额定电压已标注于图中。

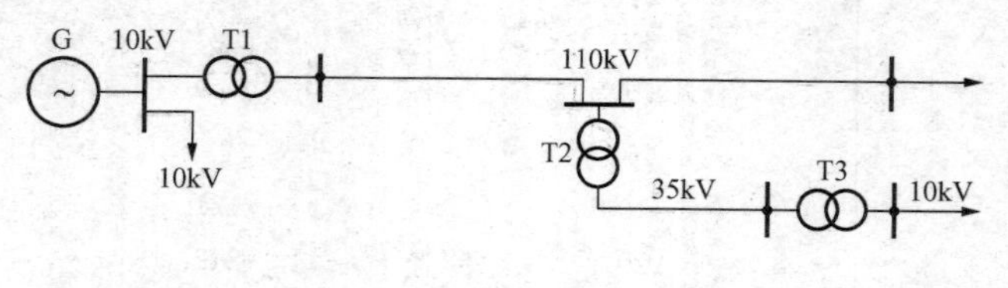

图1-5 ［例1-1］图

解 根据上述电力系统元件额定电压的选取规则，此简单电力系统中发电机和各变压器的额定电压分别为：

发电机G的额定电压为10.5kV；

变压器T1的额定电压为10.5/121kV；

变压器T2的额定电压为110/38.5kV；

变压器T3的额定电压为35/11kV；

电力线路的额定电压与图中所示各级电网的额定电压相同。

除了表 1 - 1 所列的额定电压外，在一些国家，如中国和苏联等，电力系统的计算中还采用另一类额定电压——平均额定电压 $U_{av\,N}$，其值大约为额定电压 U_N 的 1.05 倍，见表1 - 2。

表 1 - 2　　和额定电压对应的平均额定电压　　(kV)

额定电压 U_N	3	6	10	35	110	220	330	500
平均额定电压 $U_{av\,N}$	3.15	6.3	10.5	37	115	230	345	525

应指出，平均额定电压 $U_{av\,N}$并不严格等于额定电压 U_N 的 1.05 倍，而是取如表 1 - 2 中规定的平均额定电压值。采用平均额定电压有一定的优越性，如发电机的额定电压即为该级的平均额定电压。对变压器，比如连接 110kV 和 10kV 两个电压级，当为升压变压器时，其高压侧的额定电压为 1.1×110＝121kV，当为降压变压器时，高压侧的额定电压则为 1×110＝110kV，出现了同一电压级有两个不同额定电压的现象，因而在一定场合认为该变压器的额定电压为平均额定电压 $U_{av\,N}$≈（121＋110）/2≈115kV，会较为方便，又不至带来太大的误差。关于平均额定电压的应用将在后续章节中介绍。

电力线路的电压等级越高，可传输的电能容量越大，传输的距离也越远。表 1 - 3 列出了它们之间的关系。

表 1 - 3　　电力线路的电压与输送容量和输送距离的关系

线路电压（kV）	输送容量（MVA）	输送距离（km）	线路电压（kV）	输送容量（MVA）	输送距离（km）
3	0.1～1.0	1～3	110	10～50	50～150
6	0.1～1.2	4～15	220	100～500	100～300
10	0.2～2.0	6～20	330	200～800	200～600
35	2～10	20～50	500	1000～1500	250～850
60	3.5～30	30～100	750	2000～2500	500 以上

第四节　电力系统的运行状态和中性点接地方式

一、电力系统的运行状态

电力系统的运行状态由电压、电流、功率、频率等一些运行参数表征。

电力系统的运行状态有多种，也有不同的分类方法。

一种常用的分类方法是将电力系统的运行状态分为稳态和暂态。所谓电力系统的稳态，是指电力系统正常的、变化相对较慢、较小以至可以忽略的运行状态；所谓电力系统的暂态，是指电力系统非正常的、变化较大以至引起系统从一个稳定运行状态向另一个稳定运行状态过渡的变化过程。二者的本质差别在于：稳态的运行变量与时间无关，描述其特性的是代数方程；暂态的运行变量与时间有关，描述其特性的是微分方程。这种分类方法常用在一般的电力系统分析中，分别称为电力系统稳态分析和电力系统暂态分析。

另一种分类方法是将电力系统的运行状态分为正常安全状态、正常不安全状态（也称告警状态）、紧急状态和待恢复状态。这四种状态之间的关系如图 1 - 6 所示。图中的等号“＝”代表满足等约束条件 $P_{G\Sigma}=P_{D\Sigma}+\Delta P_L$、$Q_{G\Sigma}=Q_{D\Sigma}+\Delta Q_L$；不等号“≠”代表不满足等约束条件；符号“$>$”，代表满足不等约束条件，如 $P_{Gi\min}\leqslant P_{Gi}\leqslant P_{Gi\max}$，$Q_{Gi\min}\leqslant Q_{Gi}\leqslant Q_{Gi\max}$，$U_{i\min}\leqslant U_i\leqslant U_{i\max}$，$f_{\min}\leqslant f\leqslant f_{\max}$；“$\ngtr$”代表不满足不等约束条件。

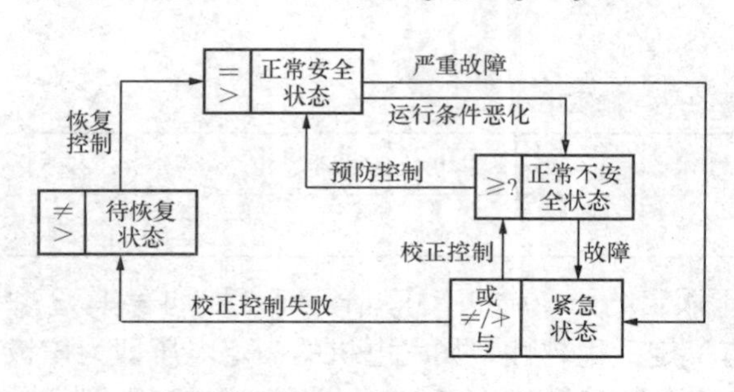

图 1-6　电力系统的运行状态

电力系统在绝大多数时间里处于正常安全状态。此时等约束条件和不等约束条件均满足，而且还有一定的裕度，从而系统具有在事故情况下持续供电的能力，即具有安全性。如果运行条件恶化，如负荷迅速增长或某些发电机组退出运行时，系统便进入正常不安全状态，也称告警状态。此时等约束条件和不等约束条件虽仍满足，但系统已无安全性可言，如出现故障系统将无法继续维持向用户供电，必须采取预防控制措施使系统恢复到正常安全状态。如此时再发生故障，系统便进入紧急状态。

系统在紧急状态时，等约束条件或/与不等约束条件不再满足，此时必须及时采取校正控制措施使系统恢复到正常不安全状态，进而恢复到正常安全状态。如果控制失败，则事故进一步扩大，导致系统解列，进入待恢复状态。解列后的系统无法满足等约束条件，产生大面积停电现象，此时只有采取恢复控制措施才能使系统重新回到正常安全状态。电力系统从正常状态到紧急状态乃至待恢复状态的过程非常短，通常只有几秒钟或几分钟，但系统解列以后再从待恢复状态回到正常安全状态，则要经历相当长的时间。这种分类方法用于电力系统的安全分析中。

二、电力系统的中性点接地方式

电力系统的中性点指发电机和星形接线变压器的中性点。电力系统中性点的接地方式主要分直接接地和不接地两类。两种方式各有优缺点：直接接地系统供电安全性低，因在这种系统中发生单相接地故障时，接地点和中性点会形成回路，从而接地相的短路电流很大。此时为了防止损坏电气设备必须迅速切除接地相。不接地系统单相接地时无上述现象，从而供电安全性提高，但非接地相的电压将升高至原相电压的$\sqrt{3}$倍，如图 1-7（b）所示，从而要求电气设备的绝缘水平提高。在电压高的系统中，绝缘水平的提高将使设备费用大为增加，所以电压高的系统一般采用中性点直接接地方式。我国目前对 110kV 及以上电压级的系统均采用中性点直接接地方式，35kV 及以下电压级系统则采用中性点不接地方式。此外，有些大城市中以电缆为主的 10kV 和 20kV 配电网的中性点也有采用经小电阻接地方式的。

从属于中性点不接地方式的还有中性点经消弧线圈接地方式。所谓消弧线圈，实质上即电抗线圈，其外形和单相变压器相似，但内部为一分段带间隙的铁芯。消弧线圈由美国学者 W·Peterson 于 1916 年首先倡议并被采用。他不但对电力系统中与短路有关的各种问题进行了全面分析，提出了解决途径，而且还为分析运行中可能出现的各种问题提供了完备的理论基础，因此消弧线圈又称 Peterson 线圈。下面用图 1-7 和图 1-8 的示意图说明消弧线圈的作用。

由图 1-7 可见，由于导线对地电容的存在，中性点不接地系统中单相（如 a 相）接地时，短路电流呈容性。当线路很长时，此电流很大，会使接地点电弧不能自行熄灭，引起弧光接地过电压，进而形成严重的系统事故。为避免上述情况的发生，可将系统中的某些中性点经消弧线圈接地，以构成另一回路，从而接地相中的接地电流增加了一个感性电流分量 $\dot{I}'_a$，如图 1-8 所示。它和原来的容性电流 $\dot{I}_a$ 合成后使总的接地电流减小，电弧易于消除。若感性电流 I'_a 等于容性电流 I_a，称为全补偿；若 I'_a 小于 I_a 称为欠补偿；若 I'_a 大于 I_a，称为过补偿。实用中一般采用过补偿以考虑系统的进一步发展和避免谐振的发生。根据我国有关规程规定，35、66kV 系统和不直接连接发电机、由架空线路构成的 6～20kV 系统，当单相接地故障容性电流大于 10A 又需在接地故障条件下运行时，中性点应装设消弧线圈；不直接连接发电机，由电缆线路构成的 6～20kV 系统，当单相接地故障容性电流大于 10A 又需在接地故障条件下运行时，中性点宜装设消弧线圈。

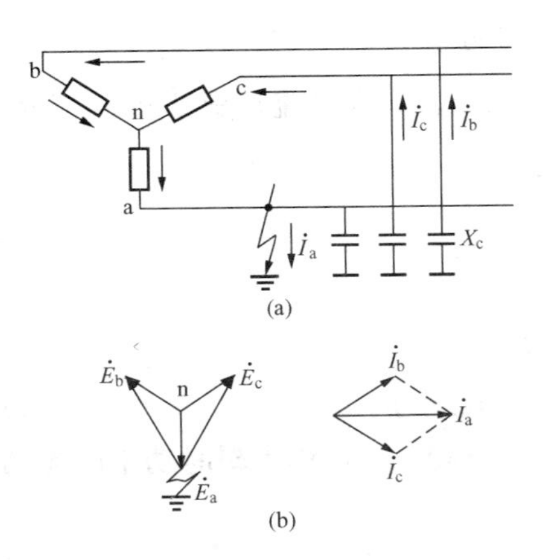

图 1-7 中性点不接地系统的单相接地

(a) 电流分布；(b) 电动势、电流的相量关系

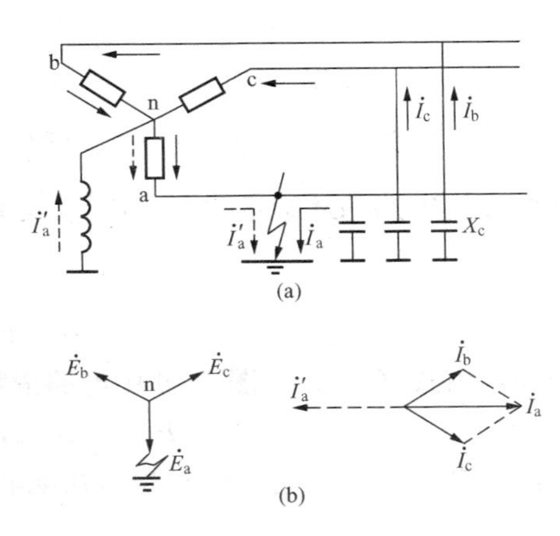

图 1-8 中性点经消弧线圈接地系统的单相接地

(a) 电流分布；(b) 电动势、电流的相量关系

除经消弧线圈接地方式外，有些大型发电机的中性点采用经高电阻接地方式，以提高运行的稳定性。其原理将在第五章介绍。

中性点不接地、经消弧线圈接地和经高电阻接地也统称为非直接接地。

电力系统的中性点接地方式是一个复杂的问题，关系到绝缘水平、通信干扰、接地保护方式、电压等级、系统接线等诸多方面，有关课程中将进一步讨论。

第五节 正弦交流电路的基本关系和标幺制

现代电力系统主要由三相正弦交流电路组成。在电力系统分析中，电压、电流、阻抗、导纳和功率是最常用的物理量。在电力系统计算中广泛采用标幺制，本节先做一简单介绍，具体应用将在以后的有关章节中说明。

一、交流电路的基本关系

设在图 1-9 所示简单单相交流电路中有

$$\begin{cases} u(t) = \sqrt{2}U\sin\omega t \\ i(t) = \sqrt{2}I\sin(\omega t - \varphi) \end{cases} \tag{1-1}$$

式中：$u(t)$ 为交流电压瞬时值，V；$i(t)$ 为交流电流瞬时值，A；U 为交流电压有效值，V；I 为交流电流有效值，A；ω 为交流电的角频率，rad/s，角频率 ω 与频率 f 的关系为 ω

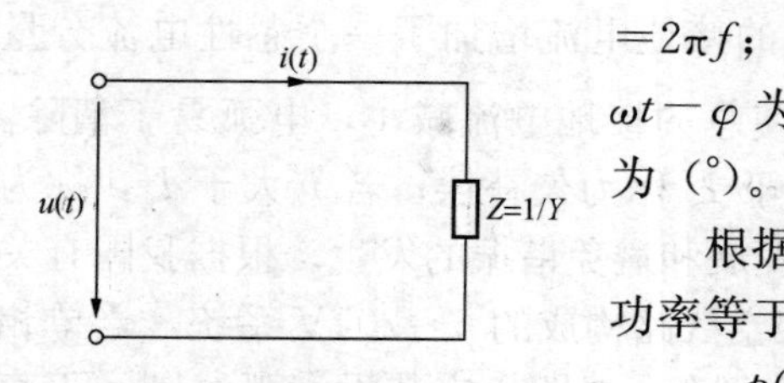

图 1-9　简单单相交流电路

Z—电路的阻抗（Ω），它由电阻和电纳组成，$Z=R+\mathrm{j}X$；Y—电路的导纳（S），它由电导和电纳组成，$Y=G+\mathrm{j}B$

$=2\pi f$；φ 为电压和电流间的初始相位差，rad；t 为时间，s；$\omega t-\varphi$ 为 t 时刻的相位角，rad，手算时常将角度的单位化为（°）。

根据定义，电功率（简称功率）是单位时间的电能，瞬时功率等于电路中同一点电压和电流瞬时值的乘积，即

$$
\begin{aligned}
p(t) &= \mathrm{d}w/\mathrm{d}t = u(t)i(t) = 2UI\sin\omega t\sin(\omega t-\varphi) \\
&= UI\cos\varphi(1-\cos2\omega t) - UI\sin\varphi\sin2\omega t
\end{aligned}
\tag{1-2}
$$

式中：w 为能量，J；$p(t)$ 为瞬时功率，W；$\cos\varphi$ 为功率因数。

定义 $S=UI$ 称为视在功率（VA），$P=S\cos\varphi$ 称为有功功率（W），$Q=S\sin\varphi$ 称为无功功率（var），定义 $\dot{S}=P+\mathrm{j}Q=UI\mathrm{e}^{\mathrm{j}\varphi}=\dot{U}\overset{*}{I}$，称为复功率（VA），$\overset{*}{I}$ 为电流相量 $\dot{I}$ 的共轭值，利用正弦交流电路的欧姆定律 $\dot{U}=Z\dot{I}$ 和关系式 $Z=1/Y$，有

$$
\begin{cases}
\dot{S} = \dot{U}\overset{*}{I}^{t} = ZI^2 = \overset{*}{Y}U^2 \\
S = \sqrt{P^2+Q^2} = UI
\end{cases}
\tag{1-3}
$$

于是，由式（1-2），图 1-9 中电路消耗的瞬时功率为

$$
p(t) = P(1-\cos2\omega t) - Q\sin2\omega t = p_{\mathrm{R}} + p_{\mathrm{X}} \tag{1-4}
$$

式中：$p_{\mathrm{R}}=P(1-\cos2\omega t)$ 称为瞬时功率的有功分量；$p_{\mathrm{X}}=-Q\sin2\omega t$ 称为瞬时功率的无功分量。

瞬时功率在一个周期内的平均值为

$$
\frac{1}{T}\int_0^T p(t)\mathrm{d}t = \frac{1}{2\pi}\int_0^{2\pi}[P(1-\cos2\omega t) - Q\sin2\omega t]\mathrm{d}t = P \tag{1-5}
$$

可见，交流电路的有功功率 P 正是它的平均功率，更准确地说，是瞬时功率的有功分量 p_{R} 在一个周期内的平均值，它反映了电路中电阻元件消耗电能的速率。瞬时功率无功分量 p_{X} 在一个周期内的平均值为零，表明不消耗电能而仅与电源交换能量，无功功率 Q 就反映了电路中电抗（电容）元件与电源交换能量的速率。

综上，单相交流电路的基本关系可归纳为

$$
\begin{cases}
\dot{U} = Z\dot{I}(\dot{I} = Y\dot{U}) \\
\dot{S} = \dot{U}\overset{*}{I} = P + \mathrm{j}Q(S = UI, P = UI\cos\varphi, Q = UI\sin\varphi)
\end{cases}
\tag{1-6}
$$

值得指出的是，图 1-9 中元件的阻抗 Z 为感性，$Z=R+\mathrm{j}X$（$X>0$），此时无功功率 $Q=UI\sin\varphi>0$，习惯中称为“消耗”无功功率，是无功负荷。如元件的阻抗 Z 为容性，则 $\varphi<0$，此时无功功率 $Q<0$，称为“发出”无功，是无功电源。另需注意，计算功率时电压和电流必须取自同一点。

二、三相交流电路的基本关系

现代电力系统均为三相正弦交流电路。虽然三相接线有 Y 和△两种方式，但为了简化分析，均以 Y 连接作为标准连接方式。若为△连接，则将其化为等值的 Y 连接。于是，在对称三相交流系统中，存在如下关系：线电压为相电压的$\sqrt{3}$倍，线电流与相电流相等，三相功率为一相功率的 3 倍，即

$$\begin{cases} U_l = \sqrt{3}U_{ph}, I_l = I_{ph} \\ S = 3S_{ph} = 3U_{ph}I_{ph} = \sqrt{3}UI \\ (P = \sqrt{3}UI\cos\varphi, Q = \sqrt{3}UI\sin\varphi) \end{cases} \tag{1-7}$$

式中：U_l 为相与相之间的电压，称为线电压，常简记为 U；U_{ph} 为相与中性线之间的电压，称为相电压；I_l 为线电流，常简记为 I；I_{ph} 为相电流；S_{ph} 为一相功率；S、P 和 Q 为三相功率；φ 仍为相电压与相电流之间的相位差，称为功率因数角。

在电力系统分析中，电压均指线电压，单位为 kV；电流指相电流，单位为 kA；功率 S、P 和 Q 指三相功率，单位分别用 MVA、MW 和 Mvar；阻抗 Z 指一相等值阻抗，单位为 Ω；导纳 Y 指一相等值导纳，单位为 S。从而三相交流电路的基本关系式可归纳为

$$\begin{cases} \dot{U} = \sqrt{3}Z\dot{I} \\ \dot{S} = \sqrt{3}\dot{U}\overset{*}{I} = 3ZI^2 = \overset{*}{Y}U^2 = P + jQ \\ (S = \sqrt{3}UI, P = \sqrt{3}UI\cos\varphi, Q = \sqrt{3}UI\sin\varphi) \end{cases} \tag{1-8}$$

三相交流电路的上述基本关系用于电力系统分析时，每个物理量的含义和单位以及与单相交流电路基本关系的区别与联系，需弄清并牢记。

三、标幺制

（一）单位制

要表示一个物理量的大小，必须先选定单位。如上述基本关系中电压的单位为 kV、电流的单位为 kA、功率的单位为 MVA、阻抗的单位为 Ω 等，这种用实际有名单位表示物理量大小的单位制称为有名制或绝对单位制。这是大量采用的一类单位制，如现在通用的国际单位制 SI。此外，还可以采用相对单位制，它是用该物理量与一个预先选定的同性质基准量的比值表示其大小的一种方法，如百分制和标幺制。百分制中，物理量用百分值表示，定义为

$$百分值 = \frac{实际有名值}{基准值（与有名值同单位）} \times 100\%$$

标幺制中，物理量用标幺值表示，定义为

$$标幺值 = \frac{实际有名值}{基准值（与有名值同单位）}$$

可见，标幺值与百分值之间的关系十分简单：标幺值乘以 100 即为百分值。

标幺值既是一种单位制，也是一种简化运算的工具。电力系统计算中广泛采用标幺制，因其具有一系列优点，如各物理量的标幺值较小、计算简单、易于判断一些物理量和计算结果的正确性等。当然，其也有缺点，如无量纲、有时会引起一些物理意义上的混淆等，正所谓“有利必有弊”，关键在于准确理解，熟练运用。

由以上定义可见，要将一个物理量表示为标幺值，必须首先选定基准值，所以基准值的选择十分重要。

（二）电力系统计算中常用基准值的选择

基准值的选择，要达到简化计算和便于对所得结果做出分析判断的目的，同时应使得用标幺制表示的基本关系式与有名值时的基本关系式相同或相近。为此，基准值之间应遵循与有名值之间同样的基本关系，这是一条基本原则。

单相交流电路中，基本关系为

$$\dot{U}=Z\dot{I},\quad \dot{S}=\dot{U}\overset{*}{I} \tag{1-9}$$

基准值之间应遵循同样的基本关系，即

$$U_B=Z_BI_B,\quad S_B=U_BI_B \tag{1-10}$$

式中：下标B表示基准值。

依标幺值定义将式（1-9）与式（1-10）相除，得到

$$\dot{U}_*=Z_*\dot{I}_*,\quad \dot{S}_*=\dot{U}_*\overset{*}{I}_* \tag{1-11}$$

式中：下标*表示标幺值。

可见，采用标幺制后，基本关系式的形式未变。

三相交流电路中，基本关系式为

$$\dot{U}=\sqrt{3}Z\dot{I},\quad \dot{S}=\sqrt{3}\dot{U}\overset{*}{I} \tag{1-12}$$

基准值之间遵循同样的基本关系，即

$$U_B=\sqrt{3}Z_BI_B,\quad S_B=\sqrt{3}U_BI_B \tag{1-13}$$

式（1-12）和式（1-13）相除，得到

$$\dot{U}_*=Z_*\dot{I}_*,\quad \dot{S}_*=\dot{U}_*\overset{*}{I}_* \tag{1-14}$$

式（1-14）就是用标幺制表示的三相电路的基本关系式。其有如下特点：形式与单相电路时完全相同，这样易于记忆；线电压和相电压的标幺值相等；三相功率和一相功率的标幺值相等。对后两个特点值得指出的是，其并不意味着线电压和相电压、三相功率和一相功率的有名值相等，因为它们的基准值不同，且仍有关系式$U_B=\sqrt{3}U_{pB}$和$S_B=3S_{pB}$。

三相电路的基本关系式在用有名制表示和用标幺制表示时有$\sqrt{3}$的差别，需注意。

由于四个基准值U_B、I_B、Z_B和S_B之间存在两个约束关系：$U_B=\sqrt{3}Z_BI_B$和$S_B=\sqrt{3}U_BI_B$，故只能任选两个，其余两个需由上述关系式求得。在电力系统计算中，一般选定三相功率的基准值S_B（常取为某一整数值，如100MVA，或系统中最大发电厂的额定视在功率）和线电压的基准值U_B（常取额定电压U_N或平均额定电压$U_{av\,N}$），从而另两个基准值为

$$Z_B=\frac{U_B}{\sqrt{3}I_B}=\frac{U_B^2}{S_B},\quad I_B=\frac{S_B}{\sqrt{3}U_B} \tag{1-15}$$

（三）采用标幺制解题的步骤

采用标幺制解题时，一般按下列步骤进行：①选定基准值；②将各量化为标幺值；③解题求出所需结果；④将结果还原为有名值。有时第四步可省去。

需指出，由于标幺制仅作为简化计算的工具，基准值取得不同时结果的标幺值不同，但还原为有名值后结果应相同，而且和采用有名制时的计算结果一样。

下面举例说明。

【例1-2】 图1-10所示一简单电力系统，由发电机G经电力线路L供给负荷D。已知发电机的额定容量$S_{GN}=25$MVA，端电压$U_G=10.5$kV，电力线路L的阻抗为$Z_L=0.05+j0.2\Omega$。负荷的等值阻抗为$Z_D=3.6+j2.3\Omega$。试用有名制和标幺制两种方法求负荷的端电压U_D和发电机的输出功率S_G。

解　取$\dot{U}_G$为参考相量，即$\dot{U}_G=10.5\angle 0°$ kV。

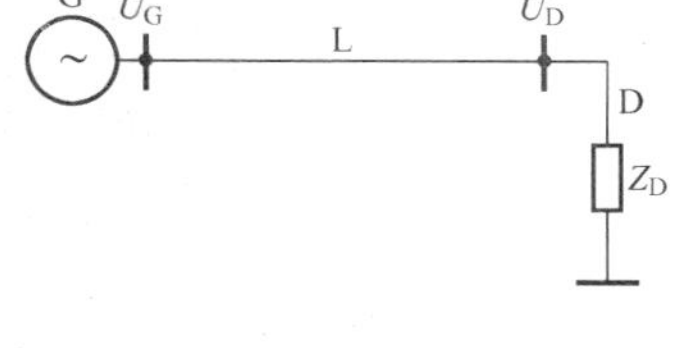

图1-10　[例1-2]图

方法一：用有名制计算得

$$\dot{I}=\frac{\dot{U}_G}{\sqrt{3}(Z_L+Z_D)}=\frac{10.5\angle 0°}{\sqrt{3}(0.05+j0.2+3.6+j2.3)}$$
$$=1.3703\angle -34.4085°(kV)$$

$$\dot{U}_D=\sqrt{3}Z_D\dot{I}=\sqrt{3}(3.6+j2.3)\times 1.3703\angle -34.4085°$$
$$=10.1393\angle -1.8344°(kV)$$

$$\dot{S}_G=\sqrt{3}\dot{U}_G\overset{*}{I}=\sqrt{3}\times 10.5\angle 0°\times 1.3703\angle 34.4085°=24.9210\angle 34.4085°$$
$$=20.5606+j14.0826(MVA)$$

方法二：用标幺制计算：

第一步，选基准：取$S_B=25$MVA，$U_B=10.5$kV。

第二步，化为标幺值

$$U_{G*}=\frac{10.5}{10.5}=1$$

$$Z_{L*}=\frac{Z_L}{Z_B}=Z_L\frac{S_B}{U_B^2}=(0.05+j0.2)\times\frac{25}{10.5^2}=0.1134+j0.04535$$

$$Z_{D*}=Z_D\frac{S_B}{U_B^2}=(3.6+j2.3)\times\frac{25}{10.5^2}=0.81633+j0.52154$$

第三步，计算

$$\dot{I}_*=\frac{\dot{U}_{G*}}{Z_{L*}+Z_{D*}}=\frac{1\angle 0°}{0.82767+j0.56687}=0.99681\angle -34.4082°$$

$$\dot{U}_{D*}=Z_{D*}\dot{I}_*(0.81633+j0.52154)\times 0.99681\angle -34.4082°$$
$$=0.96362\angle -1.8343°$$

$$\dot{S}_{G*}=\dot{U}_{G*}\overset{*}{I}_*=1\angle 0°\times 0.99681\angle 34.4082°=0.99681\angle 34.4082°$$

第四步，还原

$$\dot{U}_D=\dot{U}_{D*}U_B=0.99562\angle -1.8343°\times 10.5=10.1391\angle -1.8343°(kV)$$

$$\dot{S}_G=\dot{S}_{G*}S_B=0.99681\angle 34.4082°\times 25=24.9204\angle 34.4082°(MVA)$$

可见，两种方法所得结果相同。

标幺制的应用是电力系统分析的基础，也是一个重点和难点，需认真掌握。它的进一步应用将在后面介绍。

小　结

本章介绍了电力系统的一些基本概念和常识，包括电力系统、动力系统和电力网的定义，电力系统的接线、接线图和接线方式；电力系统的运行特点和对电力系统运行的基本要求；电力系统的额定频率、额定电压、平均额定电压和各个元件的额定电压；电力系统的运行状态和中性点接地方式；简要复习了稳态单相和三相交流电路的基本关系，同时介绍了标幺制。标幺制既是一种单位制，也是一种运算工具，正确合理地运用标幺制可以简化计算，在电力系统分析中得到了广泛应用。具体计算时的关键在选择合适的基准，特别是电压基准，这点在多电压级电力系统中尤为突出。用标幺制表示的三相交流电路的基本关系式在形式上和单相交流电路的相同，而和有名制表示的三相交流电路的基本关系式不同，需引起注意。

额定电压和标幺制是本章中值得注意的两个问题。

思考题和习题 1

1-1　电力系统的定义是什么？电力系统、动力系统和电力网有何差别？有何联系？

1-2　电力系统的接线方式有几种？何谓开式网络？何谓闭式网络？

1-3　何谓单线图？电力系统的接线图有几种？各有何特点？

1-4　电能的生产有何特点？对电力系统的运行有何要求？

1-5　如何评价电能质量？如何评价电力系统的经济性？

1-6　电力系统的频率和电压各有何特点？我国现行规定的高压电压等级有哪些？其对应的平均额定电压是多少？

1-7　三绕组变压器有几个额定电压？如何确定这些额定电压？

1-8　电力系统的运行状态如何分类？各用在什么场合？

1-9　何谓电力系统的稳态？何谓电力系统的暂态？二者之间的主要差别何在？

1-10　电力系统的中性点接地方式有几种？各有何优缺点？各适用于哪些电压级的系统？

1-11　采用标幺制选取基准值时应遵循什么原则？为何应遵循这条原则？电力系统分析中基准功率常如何选取？基准电压如何选取？

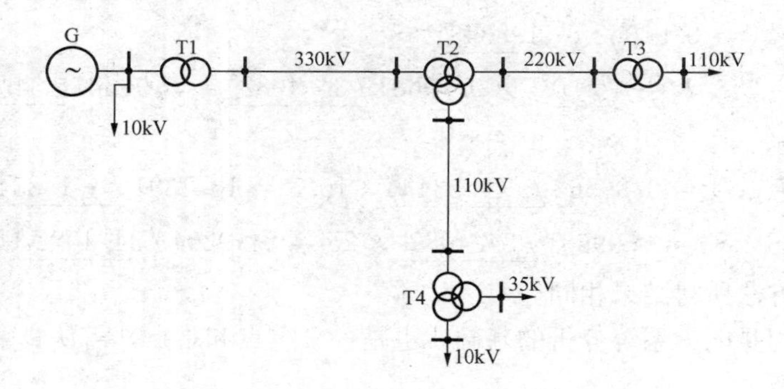

图 1-11　题 1-15 图

1-12　导纳的基准值如何确定？同一元件导纳的标幺值和阻抗的标幺值之间有何关系？

1-13　［例 1-2］中负荷相电压的标幺值和有名值是多少？发电机每相功率的标幺值和有名值是多少？

1-14　单相交流电路和三相交流电路有哪些基本关系式？用标幺制表示时有无不同？

1-15　标出图 1-11 中发电机和变压器的额定电压。

1-16　已知图 1-12 所示简单系统的 $U_G=10.5$kV，试用有名制和标幺制两种方法求负荷 D1 和 D2 的端电压及发电机的输出功率 $\dot{S}_G$。

1-17　假设三相电动势对称，试证明图 1-13 中 a 相单相接地时的电流为 $\dot{I}_a = j3\omega C E_a$。

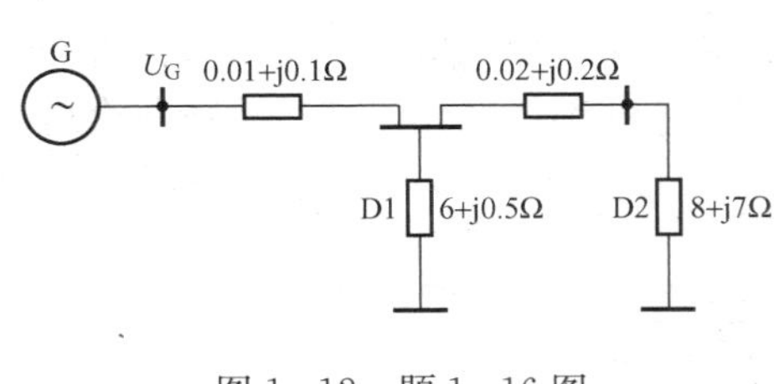

图 1-12　题 1-16 图

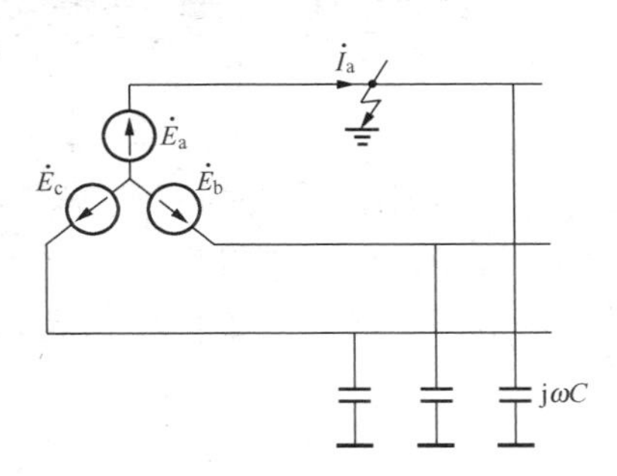

图 1-13　题 1-17 图

第二章 电力系统各元件的特性和等值电路

要分析电力系统，首先必须了解它的每个元件的特性。本章介绍电力系统四大元件——负荷、电力线路、变压器和发电机的特性，包括它们的参数和等值电路，然后形成整个电力系统的等值电路。这一章是电力系统分析的基础。

第一节 负 荷

负荷是电力系统的组成部分，又是电力系统的服务对象。它有两个特点：综合性和随机性。负荷由分散于各处的千千万万个用电设备组成，是各类用电设备的综合代名词；负荷几乎时时刻刻在变化，不仅大小在随机变化，而且其组成也在随机变化。因此要准确地描述负荷的特性不是一件容易的事。然而，对负荷进行一定程度的研究，了解其特性，确定适当的数学模型，又是进行电力系统分析所必需的。本节介绍负荷的组成、负荷曲线、负荷特性和负荷的数学模型。

一、负荷的组成

负荷由千千万万用电设备组成，是各类用电设备的综合代名词。用电设备的种类虽然很多，但从电力系统的角度分析，负荷总是由若干类基本负荷组成，如异步电动机、同步电动机、电加热电炉、整流设备、照明设备等。下面对这些基本负荷分别予以简单介绍。

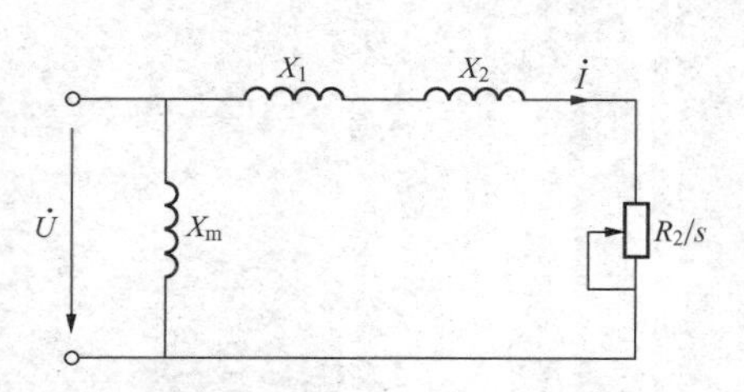

图 2 - 1 异步电动机的简化等值电路

X_1—定子漏抗；X_m—励磁电抗；X_2—已归算至定子侧的转子漏抗；R_2—转子电阻；s—转差率

1. 异步电动机

异步电动机是电力系统中的主要用电设备，约占系统总负荷的 60%。异步电动机的简化等值电路如图 2—1 所示，图中略去了励磁支路和定子回路的电阻，定义为 $s=(\omega_N-\omega)/\omega_N$，式中 ω_N 为同步转速，ω 为电动机的实际转速。额定负载时 $s=1.5\%\sim5\%$（小数字对应于大容量的电动机，大数字对应于 3～10kW 的小容量电动机）。

由图 2 - 1 可知，异步电动机从电网吸取的有功功率和无功功率分别为

$$P_m = I^2\frac{R_2}{s} = \frac{U^2}{(R_2/s)^2+(X_1+X_2)^2}\times\frac{R_2}{s} = \frac{U^2R_2s}{R_2^2+s^2(X_1+X_2)^2} \tag{2 - 1}$$

$$Q_m = (U^2/X_m)+I^2(X_1+X_2) = (U^2/X_m)+\frac{U^2s^2(X_1+X_2)}{R_2^2+s^2(X_1+X_2)} \tag{2 - 2}$$

由上两式可见，异步电动机的有功功率和无功功率与其端电压 U 的二次方成正比。异步电动机的功率因数在额定负载时约为 0.8～0.88，空载时小于 0.2，其额定效率约为 74%～93%，轻载时效率较低。

采用标幺制时，式(2 - 1)、式(2 - 2)既适用于单相异步电动机，也适用于三相异步电动机。

2. 同步电动机

同步电动机有过激和欠激两种运行方式。过激时电流 $\dot{I}$ 超前端电压 $\dot{U}$，从而在从电网取用有功功率的同时向电网提供无功功率，即发出无功；欠激时电流 $\dot{I}$ 滞后于端电压 $\dot{U}$，从而既消耗有功又消耗无功，实际中同步电动机大多工作于过激状态，以改善负荷的功率因数。

3. 电加热电炉

电加热电炉分为电弧炉和电阻炉。后者为一基本恒定的纯电阻，只消耗有功，不消耗无功；前者则以消耗有功为主，同时也消耗无功。其消耗的功率随运行状况而变化。

4. 整流设备

整流设备一般既消耗有功，也消耗无功，其特性随设备而不同，要采用实测的方法得到。

5. 照明设备

照明设备以白炽灯和荧光灯为主，前者只消耗有功，后者则除了主要消耗有功外还消耗少量无功。

电力负荷除了可划分为上述的几类基本负荷外，还可按行业划分为：①工业负荷，包括煤炭、石油、冶金、机械、化学、建筑材料、纺织、造纸、食品等行业；②农业负荷，主要指农用机械和电力排灌；③交通运输负荷，主要指电气机车；④市政生活用电，主要指照明和各类家用电器。不同行业中各类用电设备所占的比重不同。表 2-1 列出了几种工业部门用电设备比重的统计。

表 2-1　几种工业部门用电设备比重的统计

比重（%）	类型					
	综合性中小工业	棉纺工业	化学工业化肥厂、焦化厂	化学工业电化厂	大型机械加工工业	钢铁工业
异步电动机	79.1	99.8	56.0	13.0	82.5	20.0
同步电动机	3.2	—	44.0	—	1.3	10.0
电加热电炉	17.7	0.2	—	—	15.0	70.0
整流设备	—	—	—	87.0	1.2	—

注　比重按功率计，照明设备比重很小，未统计在内。

所有工业、农业、交通运输、市政生活用电等各行各业所消费的功率之和便是电力系统的综合用电负荷，综合用电负荷加上网络中的功率损耗就是电力系统的供电负荷，供电负荷再加上各发电厂本身消费的厂用电就是电力系统的发电负荷。它们之间的关系可用图 2-2 表示。

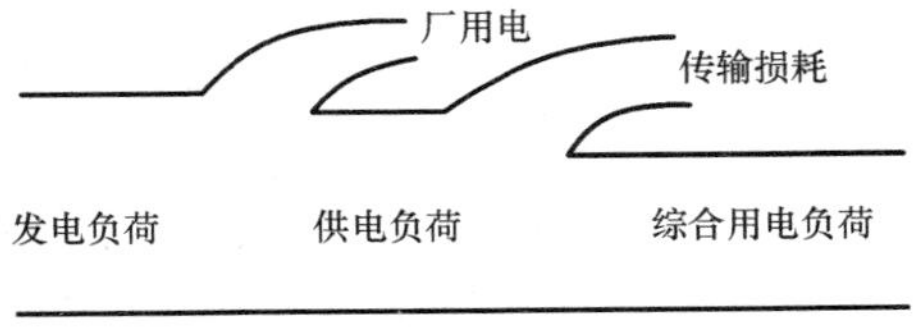

厂用电
传输损耗
发电负荷　供电负荷　综合用电负荷

图 2-2　发电负荷、供电负荷和综合用电负荷关系图

二、负荷曲线

由于电力系统的负荷随时间变化，因而常用曲线反映其变化情况。这种反映负荷随时间变化的曲线称为负荷曲线。负荷曲线按负荷的种类（有功、无功）、时间的长短（日、月、年）和计量的地点（用户、线路、变电站、发电厂、系统）可有很多种，各有各的用途。常用的是日负荷曲线、年最大负荷曲线和年持续负

荷曲线。

1. 日负荷曲线

日负荷曲线是描述一天 24h 内负荷变化情况的曲线，如图 2-3（a）所示，曲线中的最大负荷 P_{max} 称为日最大负荷，又称尖峰负荷；曲线中的最小负荷 P_{min} 称为日最小负荷，又称低谷负荷。二者之差（$P_{max}-P_{min}$）称为峰谷差。

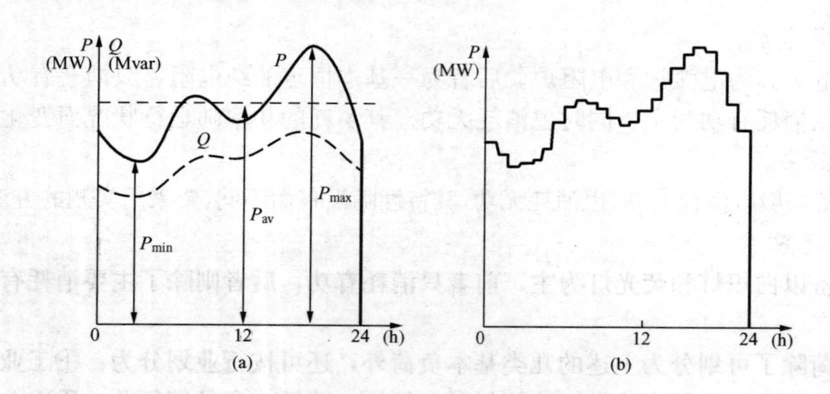

图 2-3　日负荷曲线及其近似处理

（a）日负荷曲线；（b）近似处理

由日有功负荷曲线可计算一天内所消耗的总电能，计算式为

$$W_{d}=\int_{0}^{24}P(t)\mathrm{d}t \qquad (\mathrm{kWh}) \tag{2-3}$$

其单位 kWh 俗称度。

由此可得出日平均负荷为

$$P_{av}=W_{d}/24 \tag{2-4}$$

日有功负荷曲线中最小负荷 P_{min} 以下的部分称为基荷。平均负荷 P_{av} 和最小负荷 P_{min} 之间的部分称为腰荷。最大负荷 P_{max} 和平均负荷 P_{av} 之间的部分称为峰荷。由图可见，基荷不随时间变化，腰荷随时间变化较小，峰荷则随时间变化很大。电力系统的运行调度人员将根据峰荷、腰荷和基荷的大小制订各类发电厂的发电计划，以保证整个系统有功功率的平衡。

为描述负荷曲线的起伏特性，可定义负荷率

$$\gamma=P_{av}/P_{max} \tag{2-5}$$

和最小负荷率

$$\beta=P_{min}/P_{max} \tag{2-6}$$

β 也称谷峰比，现代电力系统中 β 常小于 0.5。β 越小表明峰谷差越大，从而对电力系统调度的要求越高。

为便于应用，实际中常将图 2-3（a）所示连续变化的负荷曲线按时间段加工成阶梯形供调度人员分配负荷，如图 2-3（b）所示。加工时应注意使特征点 P_{max}、P_{min} 以及总面积不变。

除日有功负荷曲线外，还有日无功负荷曲线 Q（t）。Q（t）的形状与 P（t）不完全相似，因负荷的功率因数是变化的，且最大功率 Q_{max} 和 P_{max} 不一定在同一时间出现。

2. 年最大负荷曲线

年最大负荷曲线描述一年12个月中最大有功负荷的变化情况，如图2-4所示。系统运行调度人员根据它有计划地提出扩建发电机组和安排发电机组检修的计划。系统装机容量（即系统中所有已安装完毕的发电机组的容量之和）与对应的负荷容量之差称为系统的备用容量。显然，系统的备用容量越大，系统运行时的安全可靠性越高。

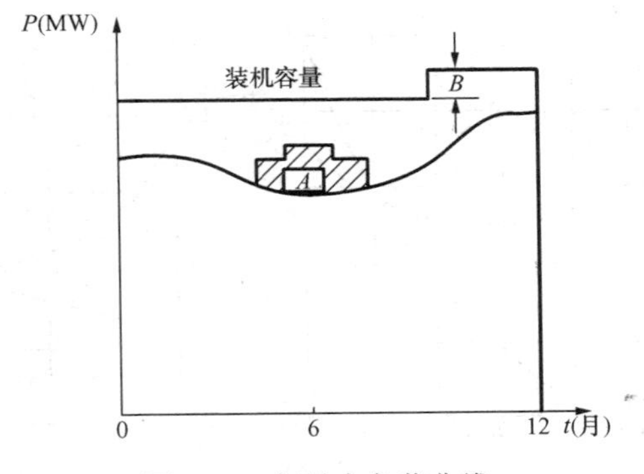

图2-4　年最大负荷曲线

3. 年持续负荷曲线

年持续负荷曲线是按一年中系统负荷的数值大小及其持续小时数顺次排列绘制而成的曲线，如图2-5所示。根据该曲线可计算负荷全年耗电量，计算式为

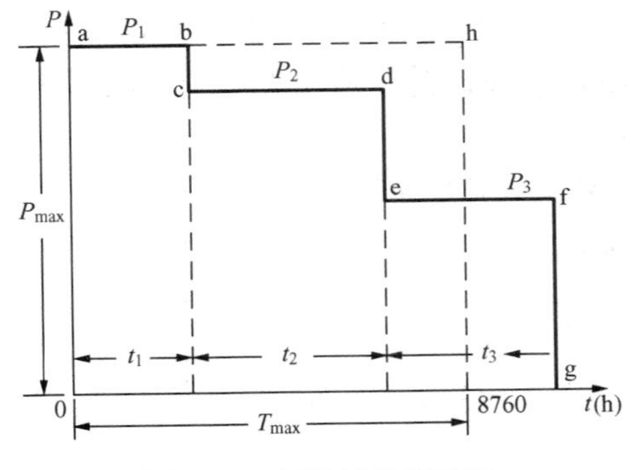

图2-5　年持续负荷曲线

$$W_y=\int_0^{8760}P(t)\mathrm{d}t \qquad (2-7)$$

全年耗电量 W_y 与年最终取用最大负荷 P_{max} 之比称为年最大负荷利用小时数，即

$$T_{max}=W_y/P_{max} \qquad (2-8)$$

其物理意义为：若用户始终取用最大负荷 P_{max}，则经 T_{max} 小时后，其消耗的电能将与实际负荷全年消耗的电能相等。

年最大负荷利用小时数 T_{max} 随负荷的性质和特点而不同，根据电力系统的运行经验，各类负荷的年最大负荷利用小时数 T_{max} 见表2-2。

表2-2　各类用户的年最大负荷利用小时数

负荷类型	T_{max} (h)	负荷类型	T_{max} (h)
户内照明及生活用电	2000～3000	三班制企业用电	6000～7000
一班制企业用电	1500～2200	农灌用电	1000～1500
二班制企业用电	3000～4500		

设计电网时，用户的负荷曲线未知，由表2-2根据用户的性质及其最大负荷利用小时即可近似估算出其全年耗电量 $W_y=P_{max}T_{max}$。

三、负荷特性

负荷消耗的功率随负荷端电压和系统频率的变化而变化，反映其变化规律的曲线或数学表达式称为负荷特性。一般可将其表达为 $P=F_1(U,f),Q=F_2(U,f)$，为二元函数，较复杂，不便于分析，因此常研究一个变量暂时不变时负荷功率与另一个变量之间的变化关系。频率维持额定值不变时负荷功率与端电压的关系称为负荷的电压特性；端电压维持额定值不变时负荷功率与频率的关系称为负荷的频率特性。显然，这两者都是在系统稳态运行时得到的，故称为静态特性。与此相对应，暂态过程中负荷功率与电压和频率的关系则称为动态特性。负荷特性一般通过实际测量得到，如图2-6所示。为了分析方便也可将这些曲线通过

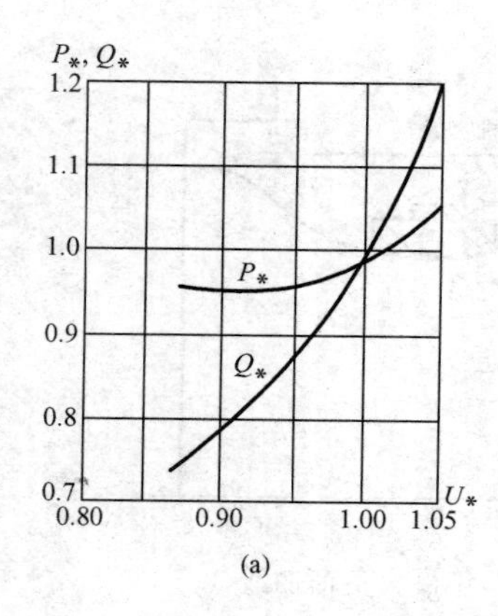

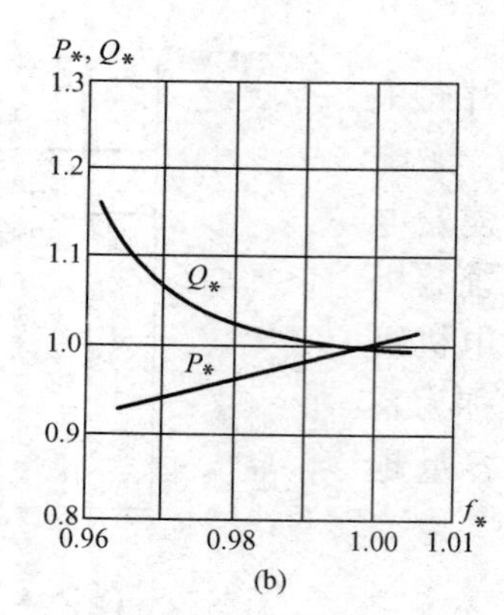

图 2-6　6kV 综合性中小工业负荷特性

(a) 电压静态特性；(b) 频率静态特性

负荷组成：异步电动机 79.1%，同步电动机 3.2%，电加热电炉 17.7%

拟合技术表示为数学表达式，例如多项式，称为负荷的数学模型。

四、负荷的静态数学模型

一般，将负荷的静态电压特性表示为二次多项式

$$\begin{cases} P_{D*} = a_P U_*^2 + b_P U_* + c_P \\ Q_{D*} = a_Q U_*^2 + b_Q U_* + c_Q \end{cases} \tag{2-9}$$

式中：P_{D*}、Q_{D*}、U_* 分别为负荷功率和电压的标幺值；系数 a、b、c 根据实测的曲线通过拟合技术确定。

对具体问题，式（2-9）可进一步简化。如取 $a_P = b_P = a_Q = b_Q = 0$，则表示负荷为恒定功率，在潮流计算中常采用这种负荷模型；$b_P = c_P = b_Q = c_Q = 0$，则表示负荷为恒定阻抗，在故障计算和稳定计算中常采用这种负荷模型。

上述两种模型可以互相转化，如已知用恒定功率表示的负荷模型为

$$\dot{S}_D = P_D + jQ_D \tag{2-10}$$

则用恒定阻抗表达时为

$$Z_D = U_D^2 / \overset{*}{S}_D = U_D^2 / (P_D - jQ_D) \tag{2-11}$$

一般，将负荷的静态频率特性表示为

$$P_{D*} = a_0 + a_1 f_* + a_2 f_*^2 + a_3 f_*^3 + \cdots \tag{2-12}$$

频率偏离额定值不大时，负荷的静态频率特性可近似为一直线，其斜率为 $\Delta P_{D*}/\Delta f_* = K_{D*}$，称为负荷的频率调节效应系数。它在电力系统运行时的频率控制分析中起着重要作用。

综合考虑电压和频率的影响，可将二者结合起来，表示成

$$P_D = P_{D_0}\left(\frac{U}{U_0}\right)^{P_U}\left(\frac{f}{f_0}\right)^{P_f}$$

对无功负荷也可表示为类似形式。

关于负荷各种数学模型的具体应用将在后续有关章节中介绍。

本节介绍了负荷的组成、负荷曲线、负荷特性和负荷静态负荷模型。电力系统的负荷是千千万万用电设备所消耗功率的总称，具有综合性和随机性。它由异步电动机、同步电动机、电加热电炉、整流设备和照明设备等基本负荷组成，随时间变化。反映其随时间变化的曲线称为负荷曲线。负荷曲线有多种，常用的有日负荷曲线、年最大负荷曲线和年持续负荷曲线，它们各有各的用途。负荷随电压和频率而变化，反映其随电压而变化的曲线称为负荷的电压特性，反映其随频率而变化的曲线称为负荷的频率特性。也可将这种变化关系表示为数学式，称为负荷的数学模型。负荷模型有多种，如恒定功率模型、恒定阻抗模型及一般模型等，不同的问题采用不同的负荷模型。

第二节　电　力　线　路

电力线路犹如电力系统的躯干，电力系统绵延几百乃至上千公里，给凡是需要电能的用户提供服务，正是凭借着电力线路的传输作用。由于电力线路分布辽阔，途经的地形地质情况复杂，从而给它的设计、施工、运行维修以及参数的准确计算都带来困难。电力线路是整个电力系统运行中比较薄弱的环节：故障概率高，检修不易。这就是电力线路的特点。本节介绍电力线路的分类及结构、电力线路的参数和等值电路。前者是实际工程中的一些常识，参数部分是以前课程中有关电感、电容计算的复习和推广，等值电路则是它的具体表达形式。

一、电力线路的分类及结构

电力线路按其功能可分为输电线路、配电线路和联络线路：输电线将电厂发出的电能传输至负荷中心，经降压后由配电线路分配给用户；联络线路的作用是将两个相邻的系统连接起来，以加强联系，提高运行的稳定性，改善运行条件，也可相互传送功率，互为备用。按其结构可分为架空线路和电缆线路两大类：前者由杆塔、绝缘子、金具、导线和避雷线等部件组成，耸立在地上；后者由电力电缆和电缆附件组成，敷设在地下。二者各有利弊：电缆线路占地少，供电可靠，比较安全，但造价高，检修费事；架空线路造价低，维修较易，但占地多，易受损伤，供电可靠性较差。目前，除大城市、发电厂和变电站内部及穿越江河海峡时采用电缆线路外均采用架空线路。下面分别予以介绍，但以架空线路为主。

（一）架空线路

架空线路由导线、避雷线、杆塔、绝缘子和金具组成。

1. 导线

导线的作用是传输电能，其应有良好的导电性能，还应有足够的机械强度和抗腐蚀能力。导线的常用材料有铜、铝、钢等。架空线路的导线多采用裸线，由多股绞合而成。每股芯线截面相同时，绞线的排列规律是：最里层 1 股，由内向外第二层 6 股，第三层 12 股，第四层 18 股。推算绞线总股数的公式为

$$n = 3x^2 - 3x + 1 \tag{2-13}$$

式中：x 为总层数。

由于多股铝线的机械性能差，故将铝线和钢线绞合成钢芯铝线。其外层为铝线，主要承担载流作用，而机械应力则由钢芯和铝线共同承担。10kV 以上线路广泛采用钢芯铝线，在 220kV 以上线路中，为了减小电抗和电晕损耗，还采用分裂导线和扩径导线，如图 2-7 所示。

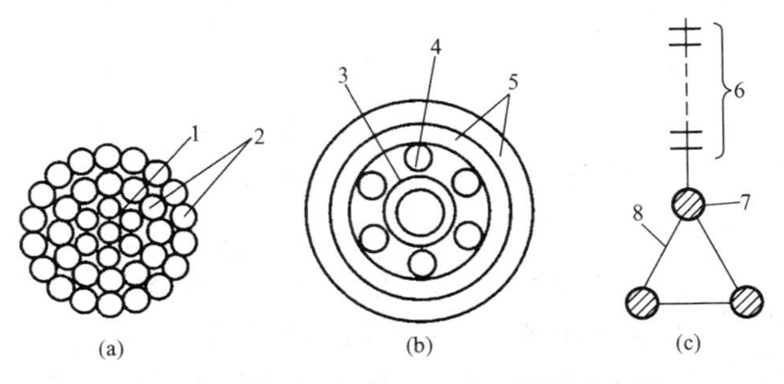

图 2-7　架空输电线路导线的结构示意图

(a) 钢芯铝线；(b) 扩径导线；(c) 一相三分裂导线

1—钢线；2—铝线；3—多股钢芯线；4—支撑层 6 股铝线；5—外层多股铝线；6—绝缘子串；7—多股绞线；8—金属间隔棒

钢芯铝线按铝线和钢线截面积比值不同分为三类：

（1）比值为 4.0～4.5 时为加强型，代号为 LGJJ（用于重冰区或大跨越）；

（2）比值为5.2～6.1时为普通型，代号为LGJ；

（3）比值为7.6～8.3时为轻型，代号为LGJQ。

扩径导线的代号为LGJK。分裂导线的代号与普通导线的差别在于铝线截面积后有分裂数，如LGJQ-300×3，代表三分裂导线，每一相由三根铝线截面积为300mm^{2}的轻型钢芯铝绞线组成。

2. 避雷线

避雷线俗称架空地线或地线，其作用是保护导线，受雷击时将雷电引入地中，一般采用钢绞线，如GJ-70（截面积为70mm^{2}的钢绞线）。

3. 杆塔

杆塔有木杆、钢筋混凝土杆和铁塔之分。其作用是支持导线和避雷线。按受力不同杆塔可分为耐张杆塔、直线杆塔、转角杆塔、终端杆塔和特种杆塔等。耐张杆塔主要用来承担杆塔两侧正常及故障情况下导线和避雷线的拉力，两基耐张杆塔之间形成一个耐张段，将线路分成相对独立的部分以便于施工、检修和限制事故的范围。由于承受两侧导线的拉力，耐张杆塔上的绝缘子串与导线的方向一致，杆塔两边的同相导线由跳线连接。直线杆塔是相邻两基耐张杆塔之间的杆塔，其上的绝缘子串垂直向下悬挂导线。它是线路上用得最多的一类杆塔。转角杆塔用于线路转角处，转角小时可用直线杆塔代替，转角大时做成耐张形式，但均应能承受侧向拉力。终端杆塔是线路始端和末端进出发电厂和变电站的一基杆塔，能承受比耐张杆塔更大的两侧张力差。特种杆塔是在特殊情况下使用的一类杆塔，如换位杆塔，用以使导线互换位置达到三相参数基本对称的目的，跨越杆塔用以跨越江河湖海等。

4. 绝缘子

绝缘子俗称瓷瓶，用以支持或悬挂导线并使之与杆塔绝缘，因此应具有良好的绝缘性能和足够的机械强度。常用的绝缘子有针式绝缘子、线路柱式绝缘子、盘形悬式绝缘子、长棒形绝缘子等。绝缘子片数根据线路的电压等级和当地的污秽等级确定，一般35kV线路不少于3片，110kV线路不小于7片，220kV线路不少于13片，330kV线路不少于19片。因而由绝缘子串的片数可判断线路的电压等级。

5. 金具

金具是用于固定、连接、保护导线和避雷线的各种金属零件的总称。如悬垂线夹和耐张线夹用以固定导线和避雷线；压接管用以连接导线和避雷线；防震锤用以防止导、地线因风振而损坏等。

（二）电缆线路

电缆线路由电力电缆和电缆附件组成。

1. 电力电缆

电力电缆由导电线芯、绝缘层、屏蔽层和保护层组成。导电线芯采用多股铜绞线或铝绞线。绝缘层采用橡胶、聚乙烯、纸、油、气等，使各相导体及保护层之间绝缘。保护层采用铝包皮或铅包皮，电缆外层还采用钢带铠甲，以保护绝缘层不受损伤及防止水分侵入。屏蔽层可以均匀导电线芯和绝缘层电场，6kV及以上的中高压电力电缆一般都有导体屏蔽层和绝缘屏蔽层，部分低压电缆不设置屏蔽层。屏蔽层有半导电屏蔽和金属屏蔽两种。

电缆按导体数分为单芯、三芯和四芯，按导体截面分为圆形和扇形，按保护层分为统包型、屏蔽型和分相铅包型。10kV以下电缆线路常采用扇形铝（铜）芯纸绝缘铝（铅）包屏蔽型电力电缆，110kV 及以上电缆线路采用单芯或三芯充油电缆，其导体中空，内充油。

2. 电缆附件

电缆附件主要有中间接头和终端接头。连接盒用以连接两段电缆，终端盒用于线路末端以保护缆芯绝缘及连接缆芯和其他电气设备。对充油电缆还有一套供油装置。

由于电力线路以架空线路为主，故以下主要讨论架空线路的参数和等值电路。

二、架空线路的参数

架空线路的参数指每相单位长度（1km）线路的电阻 r_1、电抗 x_1、电导 g_1 和电纳 b_1。下面分别讨论。

（一）电阻 r_1

电阻是表征电流流经导体时所产生热效应的参数。每相导线单位长度的电阻计算式为

$$r_1 = \rho/S \quad (\Omega/\text{km}) \tag{2-14}$$

式中：ρ 为导线的电阻率，$\Omega\cdot\text{mm}^2/\text{km}$；$S$ 为导线载流部分的截面积，mm^2，一般取导线型号中的铝线截面积。

电力系统计算中，钢芯铝线的电阻率取为 $\rho=31.5\Omega\cdot\text{mm}^2/\text{km}$，它略大于其直流电阻率（$29.5\Omega\cdot\text{mm}^2/\text{km}$），因需计及导线流过三相交流时产生的趋肤效应、邻近效应及绞线实际长度略大于直线长度等因素。

实际应用中，导线的电阻也可从产品目录或手册中查得。值得注意的是，无论查得还是计算所得均是温度为 20℃时的电阻值。如导线实际运行于温度 t，则其电阻为

$$r_t = r_{20}[1 + a(t - 20)] \quad (\Omega/\text{km}) \tag{2-15}$$

式中：r_t、r_{20}分别为导线温度为 t 和 20℃时的电阻；a 为电阻温度系数，取 0.0036（1/℃）。

因温度修正的幅度不大，且电阻本身很小，故上述修正仅用于精度要求高的特殊场合。

（二）电抗 x_1

电抗是表征电流流经导体时所产生磁场效应的参数。因为电抗 $X=\omega L$，所以求电抗的核心在求电感 L；由电感的定义 $L=\psi/I$，故需求磁链 ψ；为求 ψ，须知磁通密度 B，而 B 可由安培环路定律求取，这就是求电抗 x_1 的思路。

具体推导时，采用从一般到个别再到一般的分析方法：先推导出一组基本公式——单直长导体的自感互感；再利用它得出各种具体情况——单相，三相三角排列、水平排列、换位，分裂导线等的电感计算公式；最后，归纳出统一的电抗通用计算公式。

为简化分析，采用如下假设：①输电线为无限长平直平行导体；②导线截面为圆形，电流密度均匀；③导线之间的距离 D 远大于导线半径 R，即 $D\gg R$；④不计大地对磁场的影响。

1. 电感基本公式的推导——单直长导体的电感

当电流 I 流经长度为 l 的圆柱形导体时，其产生的磁通由两部分组成：导体外部的磁通，称为外磁通，它交链导体中的全部电流；导体内部的磁通，称为内磁通，它仅交链导体中的部分电流。与此相应，导体的电感也由外电感 L_e 和内电感 L_i 两部分组成。

先求内电感。由安培环路定律

$$\oint_l B\,\mathrm{d}l = \mu\Sigma I \tag{2-16}$$

$$\mu = \mu_r\mu_0$$

式中：B 为磁通密度，也称磁感应强度，T；ΣI 为积分路径 l 所围电流的代数和；μ 为介质的导磁系数；μ_0 为真空的导磁系数，$\mu_0=4\pi\times10^{-7}$ H/m；μ_r 为介质的相对导磁系数，对空气、铜、铝等非铁磁材料，$\mu_r=1$。

取积分路径 l 为如图 2-8 所示以导体轴心为圆心、距轴心距离 x 为半径的圆。由于圆上各点的磁通密度相等且与路径 l 相切，故有

$$\oint_l B\mathrm{d}l = B_x 2\pi x = \mu\Sigma I \tag{2-17}$$

l 内部包围的总电流为

$$\Sigma I = \frac{I}{\pi R^2}\times\pi x^2 = Ix^2/R^2 \tag{2-18}$$

故可求得

$$B_x = \mu I x/2\pi R^2 \quad (\mathrm{T}) \tag{2-19}$$

在 x 处取沿导体方向长度为 1m、宽度为 $\mathrm{d}x$ 的矩形截面（见图 2-9），其上的磁通密度处处相等，故截面上的磁通为

$$\mathrm{d}\phi = B_x\times 1\mathrm{d}x \quad (\mathrm{Wb/m^2})$$

导体全截面为 1 匝，则 $\mathrm{d}\phi$ 所交链的导体匝数为 $\pi x^2/\pi R^2=x^2/R^2$，相应磁链为

$$\mathrm{d}\psi = \mathrm{d}\phi x^2/R^2 = \frac{\mu I x^3}{2\pi R^4}\mathrm{d}x \tag{2-20}$$

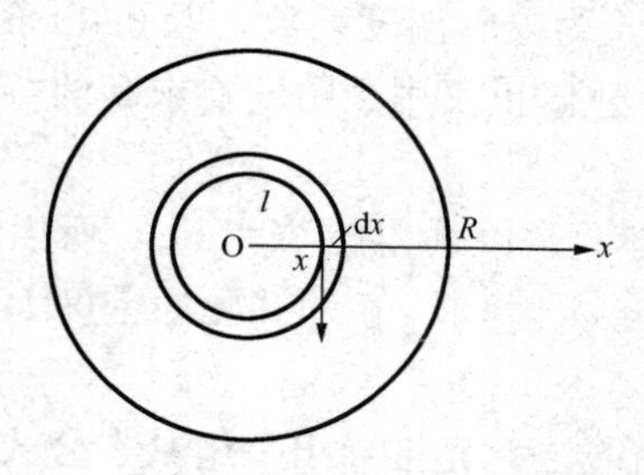

图 2-8 导体内部磁场的计算

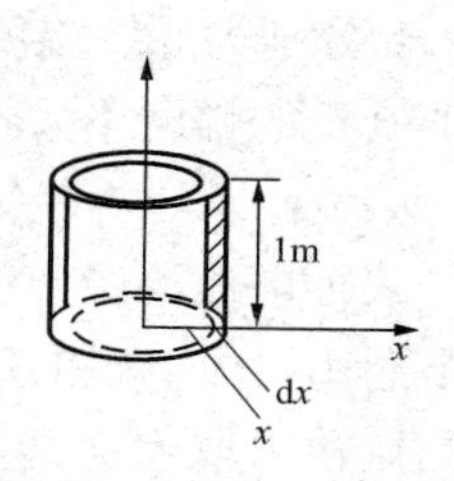

图 2-9 矩形截面磁场的计算

于是导体内的总磁链为

$$\psi_i = \int_0^R \mathrm{d}\psi = \int_0^R \frac{\mu I x^3}{2\pi R^4}\mathrm{d}x = \mu I/8\pi \tag{2-21}$$

从而导体的内电感为

$$l_i = \psi/I = \mu/8\pi \quad (\mathrm{H/m}) \tag{2-22}$$

对非铁磁材料导体，$\mu_r=1$，故

$$l_i = \mu_0/8\pi \quad (\mathrm{H/m}) \tag{2-23}$$

再求外电感。仍利用安培环路定律，取积分路径 l 如图 2-10 所示，有

$$\oint_l B\mathrm{d}l = 2\pi x B_x = \mu\Sigma I = \mu_0 I \tag{2-24}$$

所以

$$B_x = \mu_0 I/2\pi x \tag{2-25}$$

同上，单位长度（1m）、宽度为 dx 的矩形截面上的磁通为

$$d\phi = B_x \times 1dx$$

总的外磁链为

$$\psi_e = \int_R^{\infty} d\phi = \int_R^{\infty} \frac{\mu_0 I}{2\pi x} dx = \frac{\mu_0 I}{2\pi} \ln \frac{d}{R}$$

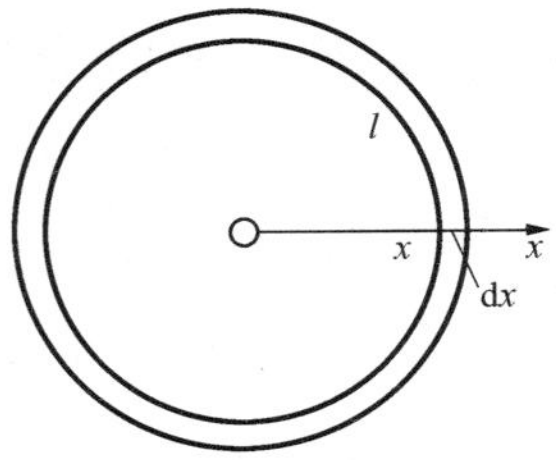

式中：d 为从导体中心至无限远处的距离。从而导体的外电感为

$$l_e = \psi / I = \frac{\mu_0}{2\pi} \ln \frac{d}{R} \quad (\text{H/m}) \tag{2-26}$$

图 2-10　求外电感路径

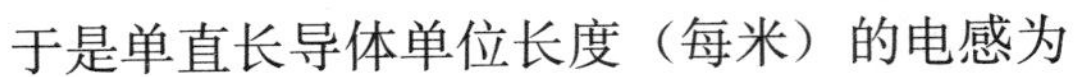

于是单直长导体单位长度（每米）的电感为

$$l_1 = l_i + l_e = \frac{\mu_0}{8\pi} + \frac{\mu_0}{2\pi} \ln \frac{d}{R} = \frac{\mu_0}{2\pi} \ln \frac{d}{R'} \tag{2-27}$$

式中：$R' = Re^{-\frac{1}{4}} = 0.7788R$，称为单股导体的等值半径，物理意义为：无内磁链时半径为 R' 的导体的电感与有内磁链时半径为 R 的导体的电感相等。

如在距导体距离为 D 处有另一根半径也为 R 的长直平行导体（见图 2-11），则由于导体 1 中流过电流 I 产生的与导体 2 交链的单位长度的磁链为

$$\psi_{21} = \int_D^{\infty} l_x dx = \int_D^{\infty} \frac{\mu_0 I}{2\pi} dx = \frac{\mu_0 I}{2\pi} \ln \frac{d}{D} \tag{2-28}$$

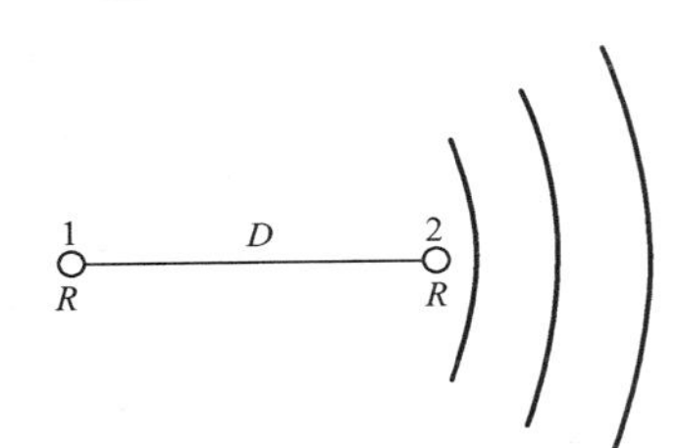

图 2-11　求互电感用图

于是平行长直单导体单位长度的互感为

$$m = \frac{\psi_{21}}{I} = \frac{\mu_0}{2\pi} \ln \frac{d}{D} \quad (\text{H/m}) \tag{2-29}$$

综上，长直导体单位长度的自感和互感为

$$\begin{cases} l = \dfrac{\mu_0}{2\pi} \ln \dfrac{d}{R'} \\ m = \dfrac{\mu_0}{2\pi} \ln \dfrac{d}{D} \end{cases} \quad (\text{H/m}) \tag{2-30}$$

加上公式

$$\begin{cases} \psi_i = lI_i \pm \sum\limits_{j=1}^{n} m_{ij} I_j \\ l_i = \psi_i / I_i \end{cases} \tag{2-31}$$

便组成了计算架空线路电感的基本公式。利用它可求出各种情况下导线的电感。

需说明，式（2-31）中的互感磁链 $m_{ij} I_j$ 有正负之分，取决于电流的方向。I_j 与 I_i 同向时为正，反向时为负。

2. 各种情况下导线电感的计算

下面以简要形式示出，有的予以推导，有的则直接给出结果，其推导可作为练习完成。

情况 1：复合导体的自感和互感。

所谓复合导体是由多根平行的长直导体组成的导体，如图 2-12 所示。设 A 组由 n 根导体、B 组由 m 根导体组成，每根导体的半径均为 r。

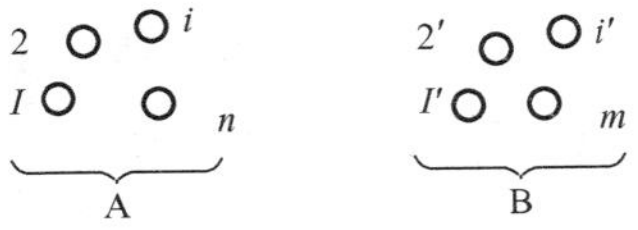

图 2-12　复合导体

当复合导体 A 中流过电流 I 时，每根导体中的电流则

为 I/n。将整个复合导体视为 1 匝，则每根导体代表 $1/n$ 匝，利用基本公式可求出此时与单位长度导体 i 交链的磁通为

$$\phi_i = lI_i + \sum_{j\neq i} m_{ij} I_j = \frac{\mu_0}{2\pi}\frac{I}{n}\left[\ln\frac{d}{r'_i} + \sum_{j\neq i}\ln\frac{d}{d_{ij}}\right] = \frac{\mu_0}{2\pi}\ln\frac{d}{d'_i} \tag{2-32}$$

式中

$$d'_i = \sqrt[n]{r' d_{i1} d_{i2} \cdots d_{in}}$$

与导体 i 交链的磁链为

$$\psi_i = \phi_i \frac{1}{n} = \frac{\mu_0 I}{2\pi n}\ln\frac{d}{d'_i} \tag{2-33}$$

与整个复合导体 A 交链的磁链为

$$\psi_A = \sum_{i=1}^{n}\phi_i = \frac{\mu_0 I}{2\pi n}\sum_{i=1}^{n}\ln\frac{d}{d'_i} = \frac{\mu_0 I}{2\pi}\ln\frac{d}{D_s} \tag{2-34}$$

于是复合导体单位长度的自感为

$$l = \frac{\mu_0}{2\pi}\ln\frac{d}{D_s} \quad (\text{H/m}) \tag{2-35}$$

式中：D_s 称为导体的自几何均距，$D_s = \sqrt[n^2]{(r'd_{12}d_{13}\cdots d_{1n})(r'd_{21}d_{23}\cdots d_{2n})\cdots(r'd_{n1}d_{n2}\cdots d_{n\,n-1})}$。

同理可推得复合导体的互感公式为

$$m = \frac{\mu_0}{2\pi}\ln\frac{d}{D_m} \quad (\text{H/m}) \tag{2-36}$$

式中：D_m 称为复合导体的互几何均距，$D_m = \sqrt[mn]{(D_{11'}D_{21'}\cdots D_{n1'})(D_{12'}D_{22'}\cdots D_{n2'})\cdots(D_{1m}D_{2m}\cdots D_{nm})}$。

如复合导体 A 的结构对称，则 $d_{12}d_{13}\cdots d_{1n} = d_{21}d_{23}\cdots d_{2n} = \cdots = d_{n1}d_{n2}\cdots d_{n\,n-1}$，于是其自几何均距为

$$D_s = \sqrt[n]{r'd_{12}d_{13}\cdots d_{1n}}$$

如复合导体 A 和 B 的结构对称且相同，$m=n$，考虑到 $D_{11'} \approx D_{12'} \approx \cdots \approx D_{1m'} \approx D$（$D$ 为两个复合导体几何中心间的距离），于是其互几何均距为 $D_m = D$。

可见，对复合导体，求其电感时只需以自几何均距 D_s 和互几何均距 D_m 分别代替基本公式中的 R' 和 D 即可。架空线路中的钢芯铝绞线，虽然不是严格的长直导体，但仍可采用上式进行计算。此时自几何均距 D_s 与组成绞线的股数有关：对 7 股绞线，$D_s=0.7255R$（R 为导线的计算半径，可由手册查得）；对 19 股绞线，$D_s=0.7588R$；对 37 股绞线，$D_s=0.7685R$；对 169 股胶线，$D_s=0.7770R$，此时已非常接近单股导线的等值半径。考虑到钢芯铝绞线中的钢芯部分基本上无电流流通，故等值半径应增大，取值范围为（0.77～0.9）R，工程中常取 $D_s=0.81R=R'$。

需注意：R 应由手册查得，不能直接由导线型号中的截面积求，因该截面积是铝线的截面积，而不是导线的全面积。例如，LGJQ - 300 型导线的计算半径 R 由手册查得为 23.5/2mm（查得的计算外径为 23.5mm），显然 $\pi\times(23.5/2)^2\neq 300$（$\text{mm}^2$）。

情况 2：单相架空线的电感。设导线半径均为 R。

将基本公式用于图 2 - 13 可得到

$$l = l_1 + l_2 - 2m = \frac{\mu_0}{2\pi}\ln\frac{D}{R'} \quad (\text{H/m})$$

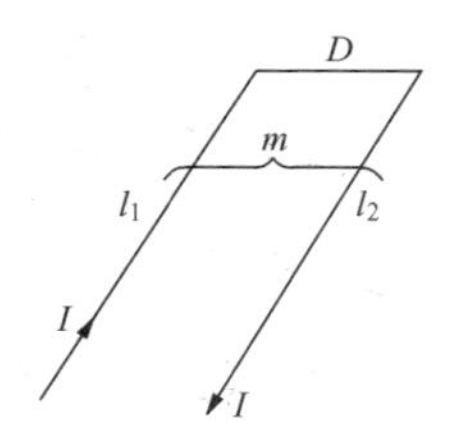

图 2-13　单相架空线

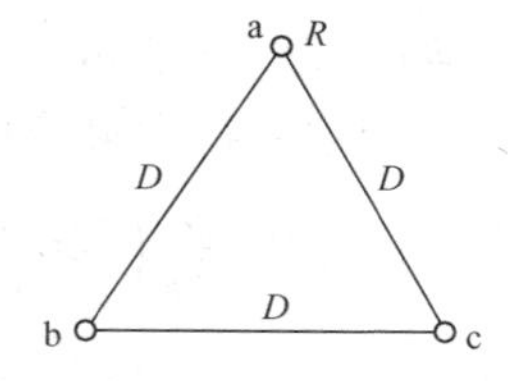

图 2-14　三相正三角形排列的架空线

情况 3：三相正三角形排列时架空线（见图 2-14）的电感（设三相导线相同）。

利用基本公式，a 相单位长度导线的磁链为

$$\begin{aligned}\psi_a &= li_a + mi_b + mi_c \\ &= \frac{\mu_0}{2\pi}\left(i_a\ln\frac{d}{R'} + i_b\ln\frac{d}{D} + i_c\ln\frac{d}{D}\right)\end{aligned}$$

因 $i_a+i_b+i_c=0$，故

$$\psi_a = \frac{\mu_0}{2\pi}i_a\ln\frac{D}{R'}$$

从而

$$l_a = \frac{\psi_a}{i_a} = \frac{\mu_0}{2\pi}\ln\frac{D}{R'} = l_b = l_c \quad (\text{H/m})$$

此为三相输电线的一相等值电感。它代表了三相输电线通以平衡三相交流电流时一相导线的磁链与其电流之比，反映了三相导线之间磁场耦合的影响。

和情况 2 单相线路相比，三相线路的电感仅为其半，这是三相输电的优点之一。

【例 2-1】　某 220kV 线路采用 LGJ-300 型导线，其计算外径由手册查得为 24.2mm，线距 $D=6$m，正三角形排列。求其电感。

解　其电感为

$$l_1 = \frac{\mu_0}{2\pi}\ln\frac{D}{R'} = 2\times10^{-7}\ln\frac{6000}{0.81\times\frac{24.2}{2}} = 12.83641\times10^{-7} \quad (\text{H/m})$$

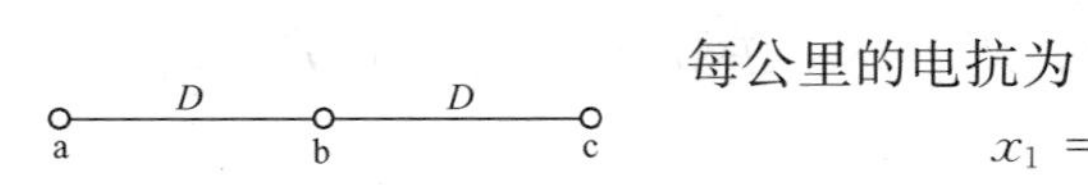

图 2-15　三相水平排列的架空线

每公里的电抗为

$$x_1 = \omega l_1\times1000 = 0.4032 \quad (\Omega/\text{km})$$

$x_1=0.4\Omega/\text{km}$ 是一个典型的数据。110、220kV 单导线架空线路的电抗 x_1 均约为此值。

情况 4：三相水平排列线路（见图 2-15）的电感。

由基本公式推得

$$\begin{cases}\psi_a = \dfrac{\mu_0}{2\pi}\left(i_a\ln\dfrac{2D}{R'} + i_b\ln2\right) \\ \psi_b = \dfrac{\mu_0}{2\pi}i_b\ln\dfrac{D}{R'} \\ \psi_c = \dfrac{\mu_0}{2\pi}\left(i_b\ln2 + i_c\ln\dfrac{2D}{R'}\right)\end{cases}$$

可见此时三相电感不相等。为了消除这种不对称现象，可采用换位，如图 2-16 所示。

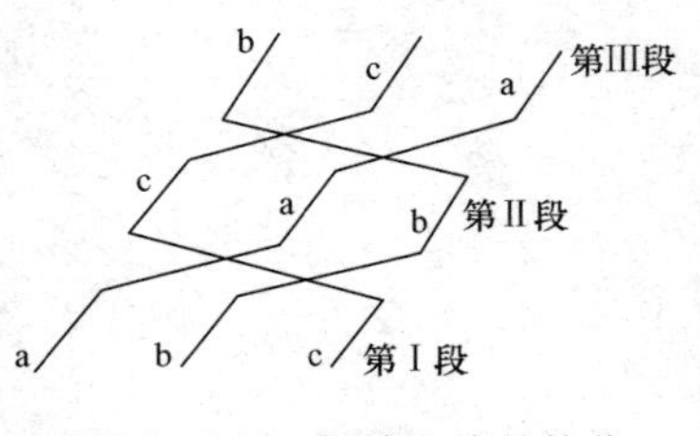

图 2-16　三相输电线的换位

情况 5：三相水平排列换位后的电感。

在第Ⅰ段　$\psi_{aⅠ}=\frac{\mu_0}{2\pi}\left(i_a\ln\frac{d}{R'}+i_b\ln\frac{d}{D}+i_c\ln\frac{d}{2D}\right)$

在第Ⅱ段　$\psi_{aⅡ}=\frac{\mu_0}{2\pi}\left(i_c\ln\frac{d}{D}+i_a\ln\frac{d}{R'}+i_b\ln\frac{d}{D}\right)$

在第Ⅲ段　$\psi_{aⅢ}=\frac{\mu_0}{2\pi}\left(i_b\ln\frac{d}{2D}+i_c\ln\frac{d}{D}+i_a\ln\frac{d}{R'}\right)$

平均值为　$\psi_{av}=\frac{\psi_{aⅠ}+\psi_{aⅡ}+\psi_{aⅢ}}{3}=\frac{\mu_0}{2\pi}i_a\ln\frac{D_m}{R'}$

式中：$D_m=\sqrt[3]{DD\times2D}=\sqrt[3]{D_{ab}D_{bc}D_{ca}}=1.26D$，称为三相导线的互几何均距。

从而

$$l_a=\frac{\mu_0}{2\pi}\ln\frac{D_m}{R'}=l_b=l_c\quad(\mathrm{H/m})$$

可见，换位确实消除了三相参数的不对称现象，且此时的电抗比正三角形排列时略大。

众所周知，线路的电抗越大，传输电能时产生的电压降 $d\dot{U}=Z\dot{I}$ 越大，无功损耗 $\Delta Q=I^2X$ 也越大。这显然不符合希望。为减小电抗，由其表达式可知途径有二：一是减小 D_m，但互几何均距由线路的电压水平决定，无法减小；二是增大 R'，但过分增大导线实际半径不经济，而且效果有限。于是可从另一角度入手，将一相导线分成几根，例如 2～4 根，用间隔棒分开，相距 400mm 左右（称为裂距），排列在正多边形的顶点，以使等效半径 R' 增大。这便是分裂导线。

情况 6：分裂导线的电感（换位）。

利用基本公式，由情况 1 和情况 5 的结论可得到

$$l_1=\frac{\mu_0}{2\pi}\ln\frac{D_m}{R'_e}\quad(\mathrm{H/m})$$

式中：$R'_e=\sqrt[n]{R'd_{12}d_{13}\cdots d_{1n}}$，称为分裂导线的自几何均距或等效半径，二分裂时，$R'_e=\sqrt{R'd}$，三分裂时，$R'_e=\sqrt{R'd^2}$，四分裂时，$R'_e=\sqrt[4]{\sqrt{2}R'd^3}=1.09\sqrt[4]{R'd^3}$，其中 d 为裂距。

可见，采用分裂导线后，其等效半径 R'_e 增大，从而有效地减小了电抗。

应指出，由于 R'_e 在对数符号内，当分裂数大于 4 时，减小 x_1 的效果已不显著。因而实际中很少用到分裂数 4 以上的分裂导线。二分裂、三分裂、四分裂时线路的电抗约为 0.33、0.30、0.28Ω/km。

3. 统一的电抗通用计算公式

综上所述，可归纳出架空线路电抗 x_1 的通用计算公式为

$$x_1=\omega l_1\times1000=0.02\pi\ln\frac{D_m}{R'_e}\quad(\Omega/\mathrm{km})\tag{2-37}$$

式中：$D_m=\sqrt[3]{D_{ab}D_{bc}D_{ca}}$ 为三相导线的互几何均距，正三角形排列时 $D_m=D$，水平排列时 $D_m=1.26D$；$R'_e=\sqrt[n]{R'd_{12}\cdots d_{1n}}$ 为导线的等效半径，单导线时 $R'_e=R'=0.81R$，分裂导线

时 $R'_e=\sqrt[n]{R'd_{12}\cdots d_{1n}}$。

（三）电导 g_1

电导是表征电压施加在导体上时产生泄漏现象和电晕现象引起有功率损耗的参数。泄漏是电流在杆塔处沿绝缘子串的表面流入大地的一种现象。一般情况下线路导体的绝缘良好，因而泄漏电流很小，可忽略。电晕是当导体表面的电场强度超过空气的击穿强度时导体附近的空气游离而产生局部放电的一种现象。电晕时会发出咝咝声，并产生臭氧，夜间还可看到紫色的晕光。

因为电晕产生功率损耗，所以设计时应避免其发生。导线的半径越大，导体表面的电场强度就越小，故增大导体半径是防止电晕的有效方法，扩径导线由此而产生。在 110、220kV 线路选择导线截面时，电晕是校验条件，在 330kV 及以上电压线路设计中，避免电晕的发生是决定性条件。表 2-3 列出了对应于各级电压下在晴天不发生电晕时导线的最小半径和相应的导线型号。选择导线截面时应遵守这一规定。这样，在一般的电力系统计算中可忽略电晕损耗，从而取 $g_1=0$。

表 2-3　各级电压下晴天不发生电晕的最小导线半径和相应的导线型号

额定电压（kV）	60 以下	110	154	220	330	
导线半径（mm） 及相应导线型号	— —	9.6 LGJ-50	13.68 LGJ-95	21.28 LGJ-240	33.2 LGJ-600	2×21.28 LGJ-240×2

（四）电纳 b_1

电纳是表征电压施加在导体上时产生电场效应的参数。因为电纳 $B=\omega C$，所以电纳的核心为求电容 C；由电容的定义 $C=q/U$，而电压为两点电位之差，故求电纳的关键为求电位 φ；电位梯度的负值为电场强度，而电场强度可由高斯定理求取。这就是求电纳 b_1 的思路。

和求电抗时一样，具体推导时采用从一般到个别再到一般的分析方法：先推导出一组基本公式——单直导体电场的电位；再利用它得出各种具体情况下的电容计算公式；最后归纳出统一的电纳通用计算公式。

1. 电位基本公式的推导——单直长导体电场的电位

如图 2-17 所示，设长直导体 A 的线电荷密度为 q，取积分曲面 S 为以导体 A 的轴线为圆心、点 p 至轴线的距离 d_1 为半径、长度为 1m 的柱面，由于面上各点的电场强度相等，且均与柱面的外法线方向一致，故由高斯定理有

$$\oint E\mathrm{d}s=E_p 2\pi d_1\times 1=q/\varepsilon \tag{2-38}$$

$$\varepsilon=\varepsilon_r\varepsilon_0$$

式中：ε 为介质的介电常数；ε_0 为真空的介电常数，$\varepsilon_0=1/3.6\pi\times10^{10}$ F/m；ε_r 为介质的相对介电常数，对空气，$\varepsilon_r=1$；E 为电场强度（V/m）。

从而

$$E_p=\frac{q}{2\pi\varepsilon d_1} \tag{2-39}$$

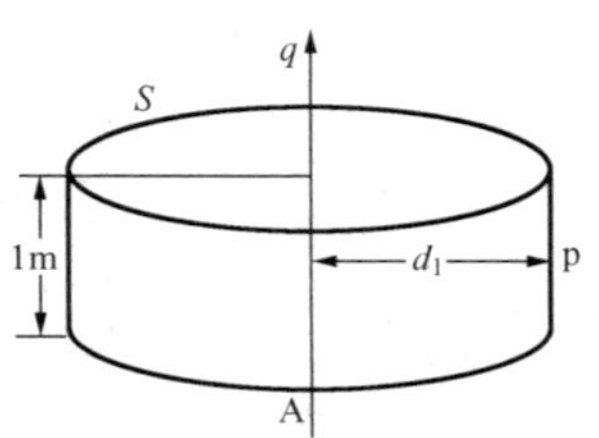

图 2-17　求电场强度时的积分曲面

又因 $E=-\nabla\varphi=-\mathrm{d}\varphi/\mathrm{d}r$，所以

$$d\varphi = -\frac{q\,dr}{2\pi\varepsilon r} \tag{2-40}$$

于是

$$\varphi_{\mathrm{P}} = \int_{d_{10}}^{d_1} \frac{-q\,dr}{2\pi\varepsilon r} = -\frac{q}{2\pi\varepsilon}\ln r\Big|_{d_{10}}^{d_1} = \frac{q}{2\pi\varepsilon}\ln\frac{d_{10}}{d_1} \tag{2-41}$$

式中：d_{10}为选定的电位参考点至导体A的距离。

式（2-41）可推广至多个线电荷存在的情况，因输电线中电荷之和必为零，故得到计算电位的一组基本公式为

$$\begin{cases} \varphi_{\mathrm{P}} = \sum_{i=1}^{n} \frac{q_i}{2\pi\varepsilon}\ln\frac{d_{i0}}{d_i} = \sum_{i=1}^{n} \frac{q_i}{2\pi\varepsilon}\ln\frac{d_0}{d_i} \\ \sum_{i=1}^{n} q_i = 0 \end{cases} \tag{2-42}$$

式（2-42）中最后一步是考虑到总可选择合适的电位参考点使得$d_{10} = d_{20} = \cdots = d_{n0} = d_0$。

2. 各种情况下导线电容的计算

情况1：三相正三角形、不计大地影响时的电容。

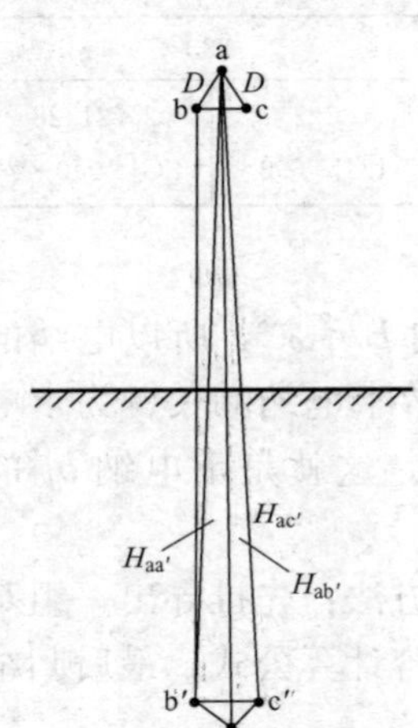

图2-18 采用镜像法考虑大地对电容的影响

由基本公式（2-42）可写出a相导线表面的电位为

$$\varphi_{\mathrm{a}} = \frac{1}{2\pi\varepsilon}\left(q_{\mathrm{a}}\ln\frac{d_0}{R} + q_{\mathrm{b}}\ln\frac{d_0}{D} + q_{\mathrm{c}}\ln\frac{d_0}{D}\right)$$

及

$$q_{\mathrm{a}} + q_{\mathrm{b}} + q_{\mathrm{c}} = 0$$

于是$\varphi_{\mathrm{a}} = \frac{q_{\mathrm{a}}}{2\pi\varepsilon}\ln\frac{D}{R}$，从而

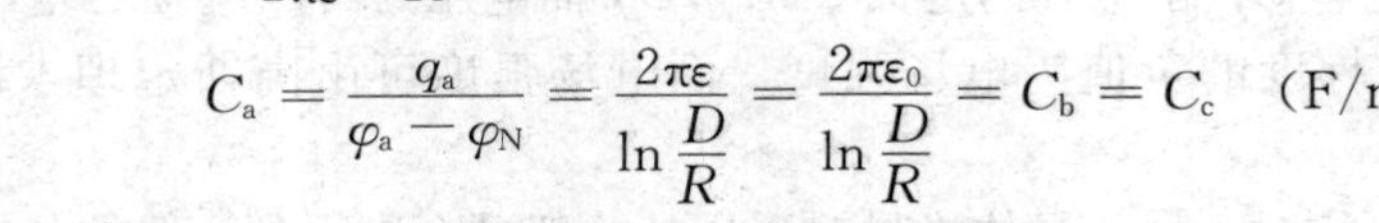

$$C_{\mathrm{a}} = \frac{q_{\mathrm{a}}}{\varphi_{\mathrm{a}} - \varphi_{\mathrm{N}}} = \frac{2\pi\varepsilon}{\ln\frac{D}{R}} = \frac{2\pi\varepsilon_0}{\ln\frac{D}{R}} = C_{\mathrm{b}} = C_{\mathrm{c}} \quad (\mathrm{F/m})$$

式中：φ_{N}为中性点的电位，$\varphi_{\mathrm{N}}=0$；对空气$\varepsilon=\varepsilon_0$。

此为三相输电线路的一相等值电容，它代表三相均带负荷时三相的电荷线密度与相电压之比，反映了三相导体之间电场耦合的影响。

情况2：三相正三角排列、计及大地影响时的电容。

采用镜像法考虑大地对电容的影响，如图2-18所示。由基本公式可写出

$$\begin{cases} \varphi_{\mathrm{a}} = \frac{1}{2\pi\varepsilon}\left(q_{\mathrm{a}}\ln\frac{d_0}{R} - q_{\mathrm{a}}\ln\frac{d_0}{H_{\mathrm{aa'}}} + q_{\mathrm{b}}\ln\frac{d_0}{D} - q_{\mathrm{b}}\ln\frac{d_0}{H_{\mathrm{ab'}}} + q_{\mathrm{c}}\ln\frac{d_0}{D} - q_{\mathrm{c}}\ln\frac{d_0}{H_{\mathrm{ac'}}}\right) \\ q_{\mathrm{a}} + q_{\mathrm{b}} + q_{\mathrm{c}} = 0 \end{cases}$$

于是

$$\varphi_{\mathrm{a}} = \frac{q_{\mathrm{a}}}{2\pi\varepsilon}\ln\frac{D}{R} - \frac{q_{\mathrm{b}}}{2\pi\varepsilon}\ln\frac{H_{\mathrm{aa'}}}{H_{\mathrm{ab'}}} - \frac{q_{\mathrm{c}}}{2\pi\varepsilon}\ln\frac{H_{\mathrm{aa'}}}{H_{\mathrm{ac'}}}$$

式中后两项反映了大地的影响。由于实际导线距地面的高度比导线相间距离大得多，从而$H_{\mathrm{aa'}}$与$H_{\mathrm{ab'}}$、$H_{\mathrm{ac'}}$相差不多，所以后两项的比重很小（$<2\%$），故一般电力系统计算中均不计大地影响。

情况3：三相水平排列、不换位时的电容。

可以预料，与电感相类似，会出现三相电容不对称的现象。

情况 4：三相水平排列、换位时的电容。

由基本公式可推得

$$C_a = \frac{2\pi\varepsilon_0}{\ln\frac{D_m}{R}} = C_b = C_c \qquad (F/m)$$

式中：$D_m = \sqrt[3]{D_{ab}D_{bc}D_{ca}}$。

情况 5：分裂导线的电容（换位）。

可推得

$$C_a = \frac{2\pi\varepsilon_0}{\ln\frac{D_m}{R_e}} = C_b = C_c$$

式中：$R_e = \sqrt[n]{Rd_{12}\cdots d_{1n}}$。

3. 统一的电纳通用计算公式

综上所述，可归纳出架空线路电纳的通用计算公式为

$$b_1 = \omega C_1 \times 1000 = \frac{17.4533}{\ln\frac{D_m}{R_e}} \times 10^{-6} \qquad (S/km) \qquad (2-43)$$

说明：

(1) 式（2-43）中 $R_e = \sqrt[n]{Rd_{12}\cdots d_{1n}}$，请注意 R_e 和电抗计算公式（2-37）中 R'_e 的区别。其原因在于导体内部有磁力线而无电力线。

(2) 110、220kV 单导线架空线路电纳的典型数据约为 $b_1=2.8\times10^{-6}$S/km。采用分裂导线时，二分裂、三分裂和四分裂的电纳分别约为 3.4×10^{-6}、3.8×10^{-6}、4.1×10^{-6}S/km。采用分裂导线后电容增大。

本小节介绍了架空线路的参数，现将计算公式汇总如下：

$$\begin{cases} r_1 = \frac{\rho}{S} \quad (\Omega/km) \\ x_1 = 0.02\pi\ln\frac{D_m}{R'_e} \quad (\Omega/km) \\ g_1 \approx 0 \\ b_1 = 17.4533\times10^{-6}/\ln\frac{D_m}{R_e} \quad (S/km) \end{cases} \qquad (2-44)$$

四个参数中 r_1、x_1 组成了架空线路的串联阻抗 $z_1=r_1+jx_1$，将对输电线路的传输能力产生影响；g_1、b_1 组成了架空线路的并联导纳 $y_1=g_1+jb_1\approx jb_1$，它代表了一个无功功率源（即充电功率 $Q_{C1}=U^2b_1$），将对电网的运行特性产生影响。

附带指出，对电缆线路，其参数可由手册查得。与同截面、同电压级的架空线路相比，其电抗小得多，而电纳大得多。其中的原因请读者思考。

三、架空线路的等值电路

虽然上面已推导出架空线路四个参数的表达式，但并不意味着其等值电路已可得到，因

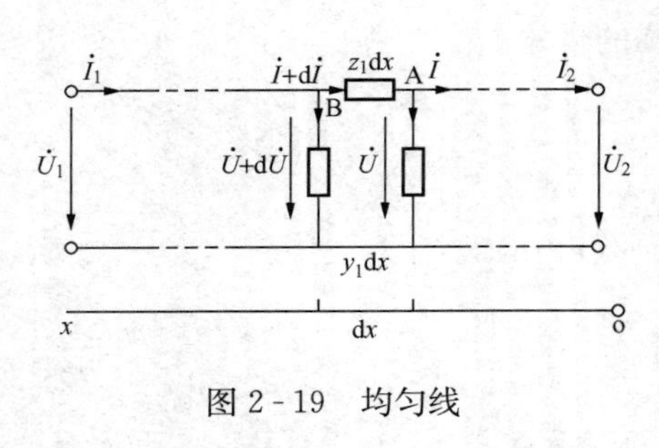

图 2-19 均匀线

线路参数具有分布特性——r_1、x_1 和 b_1 沿整个线路均匀分布。下面就讨论这种均匀线的运行特性。

（一）均匀线方程

如图 2-19 所示，取线路末端为 x 轴的原点，在距末端 x 处取微段 dx。由于微段极短，可以忽略该段上参数的分布特性，将其作为集中参数 $z_1\mathrm{d}x=(r_1+\mathrm{j}x_1)\mathrm{d}x$ 和 $y_1\mathrm{d}x=(g_1+\mathrm{j}b_1)\mathrm{d}x$ 处理。A 点电压、电流为 $\dot{U}$ 和 $\dot{I}$，B 点电压、电流为 $\dot{U}+\mathrm{d}\dot{U}$ 和 $\dot{I}+\mathrm{d}\dot{I}$，于是可列出方程

$$\begin{cases}\mathrm{d}\dot{U}=(\dot{I}+\mathrm{d}\dot{I})z_1\mathrm{d}x\approx\dot{I}z_1\mathrm{d}x\\ \mathrm{d}\dot{I}=\dot{U}y_1\mathrm{d}x\end{cases}\tag{2-45}$$

式（2-45）中的第一式第二项是计及 $\mathrm{d}\dot{I}z_1\mathrm{d}x=\dot{U}y_1\mathrm{d}x^2$ 为二阶微量，可略去。

将式（2-45）写成

$$\begin{cases}\dfrac{\mathrm{d}\dot{U}}{\mathrm{d}x}=\dot{I}z_1\\ \dfrac{\mathrm{d}\dot{I}}{\mathrm{d}x}=\dot{U}y_1\end{cases}\tag{2-46}$$

对 x 求导，得到

$$\begin{cases}\dfrac{\mathrm{d}^2\dot{U}}{\mathrm{d}x^2}=z_1\dfrac{\mathrm{d}\dot{I}}{\mathrm{d}x}=z_1y_1\dot{U}=\gamma^2\dot{U}\\ \dfrac{\mathrm{d}^2\dot{U}}{\mathrm{d}x^2}=y_1\dfrac{\mathrm{d}\dot{U}}{\mathrm{d}x}=z_1y_1\dot{I}=\gamma^2\dot{I}\end{cases}\tag{2-47}$$

式中：γ 称为传播常数，$\gamma=\sqrt{z_1y_1}=a+\mathrm{j}\beta$；$a$ 为衰减系数；β 为相位系数，其物理意义将在稍后介绍。

式（2-47）的通解为

$$\begin{cases}\dot{U}=C_1\mathrm{e}^{\gamma x}+C_2\mathrm{e}^{-\gamma x}\\ \dot{I}=C_1\dfrac{\gamma}{z_1}\mathrm{e}^{\gamma x}-C_2\dfrac{\gamma}{z_1}\mathrm{e}^{-\gamma x}\end{cases}\tag{2-48}$$

定义 $z_c=\dfrac{z_1}{\gamma}=\sqrt{\dfrac{z_1}{y_1}}$，称为波阻抗。利用边界条件：$x=0$ 时，$\dot{U}=\dot{U}_2$，$\dot{I}=\dot{I}_2$ 可定出积分常数 $C_1=(\dot{U}_2+z_c\dot{I}_2)/2$，$C_2=(\dot{U}_2-z_c\dot{I}_2)/2$，于是有

$$\begin{cases}\dot{U}=\dfrac{\dot{U}_2+z_c\dot{I}_2}{2}\mathrm{e}^{\gamma x}+\dfrac{\dot{U}_2-z_c\dot{I}_2}{2}\mathrm{e}^{-\gamma x}=\dot{U}_2\mathrm{ch}\gamma x+z_c\dot{I}_2\mathrm{sh}\gamma x\\ \dot{I}=\dfrac{1}{z_c}\dfrac{\dot{U}_2+z_c\dot{I}_2}{2}\mathrm{e}^{\gamma x}-\dfrac{1}{z_c}\dfrac{\dot{U}_2-z_c\dot{I}_2}{2}\mathrm{e}^{-\gamma x}=\dfrac{1}{z_c}\dot{U}_2\mathrm{sh}\gamma x+\dot{I}_2\mathrm{ch}\gamma x\end{cases}\tag{2-49}$$

式中：$\mathrm{ch}\gamma x=(\mathrm{e}^{\gamma x}+\mathrm{e}^{-\gamma x})/2$，$\mathrm{sh}\gamma x=(\mathrm{e}^{\gamma x}-\mathrm{e}^{-\gamma x})/2$，ch 为双曲余弦，sh 为双曲正弦。

将式（2-49）表为矩阵形式

$$\begin{bmatrix}\dot{U}\\ \dot{I}\end{bmatrix}=\begin{bmatrix}\mathrm{ch}\gamma x & z_c\mathrm{sh}\gamma x\\ \frac{1}{z_c}\mathrm{sh}\gamma x & \mathrm{ch}\gamma x\end{bmatrix}\begin{bmatrix}\dot{U}_2\\ \dot{I}_2\end{bmatrix} \tag{2-50}$$

此即具有分布参数特性线路的方程——均匀线方程。取 $x=l$（l 为输电线路长度），得到线路首端的电压和电流

$$\begin{bmatrix}\dot{U}_1\\ \dot{I}_1\end{bmatrix}=\begin{bmatrix}\mathrm{ch}\gamma l & z_c\mathrm{sh}\gamma l\\ \frac{1}{z_c}\mathrm{sh}\gamma l & \mathrm{ch}\gamma l\end{bmatrix}\begin{bmatrix}\dot{U}_2\\ \dot{I}_2\end{bmatrix} \tag{2-51}$$

将线路视为一两端口网络，则其通用常数为

$$A=\mathrm{ch}\gamma l, B=z_c\mathrm{sh}\gamma l, C=\mathrm{sh}\gamma l/z_c, D=\mathrm{ch}\gamma l$$

满足性质 $AD-BC=1$。

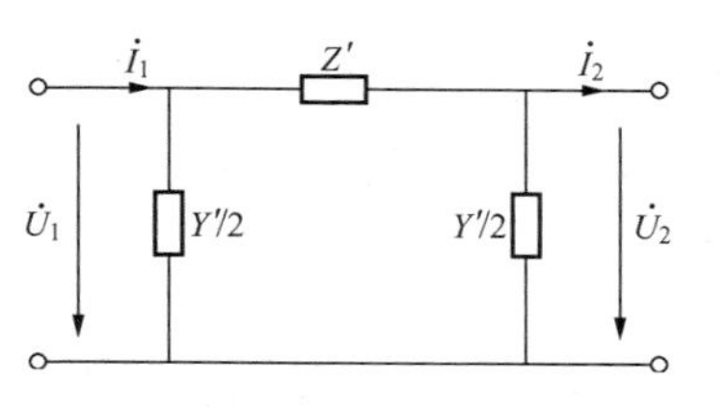

图 2-20　π 形等值电路

如用一 π 形电路（也可用 T 形电路）等值该两端口网络（见图 2-20），则可列出

$$\begin{cases}\dot{U}_1=\dot{U}_2+\left(\dot{I}_2+\dot{U}_2\frac{Y'}{2}\right)Z'=\left(1+Z'\frac{Y'}{2}\right)\dot{U}_2+Z'\dot{I}_2\\ \dot{I}_1=\dot{I}_2+\frac{Y'}{2}\dot{U}_2+\frac{Y'}{2}\dot{U}_1=\left(1+\frac{Z'Y'}{4}\right)Y'\dot{U}_2+\left(1+\frac{Z'Y'}{2}\right)\dot{I}_2\end{cases} \tag{2-52}$$

即

$$\begin{bmatrix}\dot{U}_1\\ \dot{I}_1\end{bmatrix}=\begin{bmatrix}1+\frac{Z'Y'}{2} & Z'\\ \left(1+\frac{Z'Y'}{4}\right)Y' & 1+\frac{Z'Y'}{2}\end{bmatrix}\begin{bmatrix}\dot{U}_2\\ \dot{I}_2\end{bmatrix} \tag{2-53}$$

与式（2-51）相比较，得到

$$\begin{cases}Z'=z_c\mathrm{sh}\gamma l=Z\frac{\mathrm{sh}\sqrt{ZY}}{\sqrt{ZY}}\\ \frac{Y'}{2}=\frac{1}{z_c}\mathrm{th}\frac{\gamma l}{2}=\frac{1}{z_c}\frac{\mathrm{ch}\gamma l-1}{\mathrm{sh}\gamma l}=Y\frac{\mathrm{ch}\sqrt{ZY}-1}{\sqrt{ZY}\mathrm{sh}\sqrt{ZY}}\end{cases} \tag{2-54}$$

式中：Z、Y 为不计分布特性时长度为 l 的输电线路的阻抗和导纳，$Z=z_1l$、$Y=y_1l$；th 为双曲正切。

应用式（2-54）时，常需求复数双曲函数 sh 和 ch，计算式为

$$\begin{cases}\mathrm{sh}\gamma l=\mathrm{sh}(a+\mathrm{j}\beta)l=\mathrm{sh}al\cos\beta l+\mathrm{j}\mathrm{ch}al\sin\beta l\\ \mathrm{ch}\gamma l=\mathrm{ch}(a+\mathrm{j}\beta)l=\mathrm{ch}al\cos\beta l+\mathrm{j}\mathrm{sh}al\sin\beta l\end{cases} \tag{2-55}$$

注意式中 βl 的单位为 rad。

由式（2-54）可见，考虑分布特性时长线参数 Z' 和 Y' 与不计分布特性时的参数 Z 和 Y 不同。l 越大，二者的差别越大。因此，架空线路的等值电路随长度不同有几种形式。在介绍等值电路前，先对前面定义的波阻抗和传播常数两个参数以及自然功率的物理意义做一介绍。

（二）关于波阻抗 z_c、传播常数 γ 和自然功率 P_n

由波阻抗的定义 $z_c=\sqrt{z_1/y_1}=\sqrt{(r_1+\mathrm{j}x_1)/(g_1+\mathrm{j}b_1)}$，可见其有阻抗量纲。由式（2-48）得

$$\begin{cases} \dot{U} = C_1 e^{\lambda x} + C_2 e^{-\lambda x} = \dot{U}_\psi + \dot{U}_\varphi \\ \dot{I} = C_1 \dfrac{y}{z_1} e^{\lambda x} - C_2 \dfrac{y}{z_1} e^{-\lambda x} = \dot{I}_\psi - \dot{I}_\varphi \end{cases} \tag{2-56}$$

式中：$\dot{U}_\psi$、$\dot{I}_\psi$ 分别称为电压和电流的正向行波，其从输电线路的首端向末端传播，也称入射波，$\dot{U}_\psi = C_1 e^{\gamma x}$，$\dot{I}_\psi = C_1 \dfrac{y}{z_1} e^{\gamma x}$；$\dot{U}_\varphi$、$\dot{I}_\varphi$ 分别称为电压和电流的反向行波，其从输电线路的末端向首端传播，也称反射波，$\dot{U}_\varphi = C_2 e^{-\gamma x}$，$\dot{I}_\varphi = C_2 \dfrac{y}{z_1} e^{-\gamma x}$。

向同一方向行进的电压行波与电流行波之比即为波阻抗

$$\frac{\dot{U}_\psi}{\dot{I}_\psi} = \frac{\dot{U}_\varphi}{\dot{I}_\varphi} = \frac{z_1}{\gamma} = \sqrt{\frac{z_1}{y_1}} = z_c \tag{2-57}$$

当输电线路末端接有阻抗为 z_c 的负荷时，会出现一些有趣的现象。此时在末端有关系式 $\dot{U}_2 = z_c \dot{I}_2$，代入式（2—50）得到

$$\begin{cases} \dot{U} = e^{\gamma x} \dot{U}_2 \\ \dot{I} = e^{\gamma x} \dot{I}_2 \end{cases} \tag{2-58}$$

可见：

（1）此时无反射波，且 $\dot{U}/\dot{I} = \dot{U}_2/\dot{I}_2 = \dot{U}_1/\dot{I}_1 = z_c$。表明输电线路上任一点的电压、电流之比均等于波阻抗，或者说，从输电线路上任一点看去的入端阻抗均等于波阻抗。

（2）$\dot{U}/\dot{U}_2 = \dot{I}/\dot{I}_2 = e^{\gamma x} = e^{\alpha x} \angle \beta x$，表明沿输电线每传播一个单位长度（$x$=1），则电压、电流变化 e^{γ}：幅值衰减为原来的 $e^{-\alpha}$，幅角滞后 β（单位为 rad），故称 γ 为传播常数，α 为衰减系数，β 为相位系数。而且各点电压、电流间的相位差始终不变（$\varphi = \angle z_c$）。据此可画出电压、电流的轨迹如图 2-21 所示。

（3）若忽略电阻和电导，则 $z_c = \sqrt{x_1/b_1} = r_c$，其为一纯电阻，$\gamma = \mathrm{j}\sqrt{x_1 b_1} = \mathrm{j}\beta$ 为一纯虚数，表明各点的电压、电流同相位，电压、电流在传输过程中幅值不衰减，从而其轨迹为圆，如图 2-22 所示。这样的传输线称为无损线：既无有功损耗，因 $r_1 = g_1 = 0$，又无无功损耗，因电流流过电抗消耗的无功恰等于电纳发出的无功，从而输电线路各点的电压均相等。

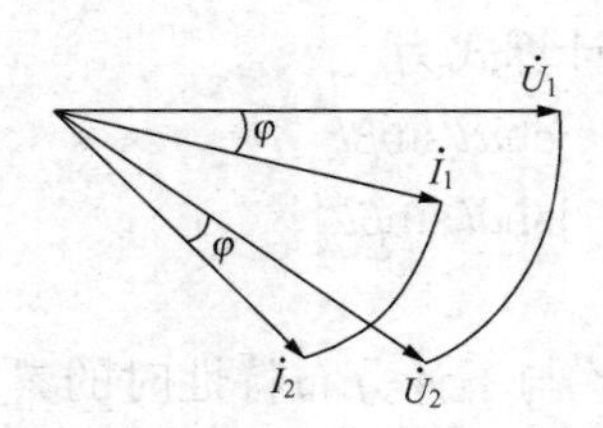

图 2-21 电能沿输电线路传输时的电压、电流轨迹

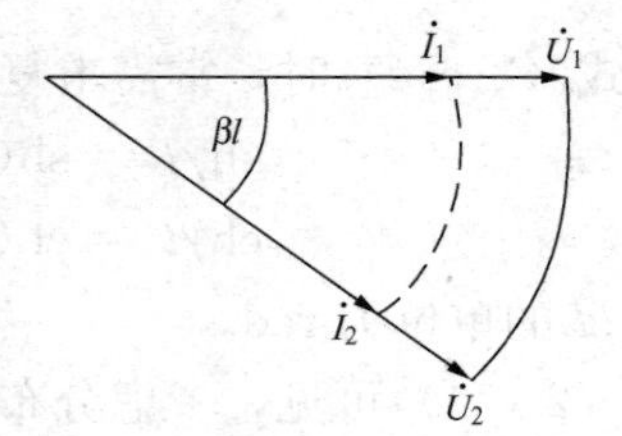

图 2-22 无损线传输时的电压、电流轨迹

无损线末端带波阻抗负荷时的功率称为自然功率，即

$$P_n = U_N^2 / r_c \tag{2-59}$$

例如，对 220kV 线路，设 x_1=0.4Ω/km，b_1=2.8×10^{-6}S/km，则 $r_c = x_1/b_1$=378Ω，从而

$P_n=220^2/378\approx128$MW。输电线路带自然功率时有最佳的性能，所以 220kV 及以上电压输电线路的传输容量一般应大致接近其自然功率。各电压级下的自然功率列于表 2-4。

表 2-4　　**各电压级下的自然功率**

电压（kV）	导数分裂数	r_c（Ω）	P_n（MW）	电压（kV）	导数分裂数	r_c（Ω）	P_n（MW）
220	1	380	127	500	3	270	925
330	2	309	353	750	4	260	2160

（4）对无损线，方程为

$$\begin{cases}\dot U=\cos\beta x\dot U_2+\mathrm{j}r_c\sin\beta x\dot I_2\\ \dot I=\mathrm{j}\dfrac{1}{r_c}\sin\beta x\dot U_2+\cos\beta x\dot I_2\end{cases}\tag{2-60}$$

从而电压、电流均以 2π 为周期变化。一个周期的长度称为波长，记作 λ，于是

$$\lambda=\frac{2\pi}{\beta}=\frac{2\pi}{\sqrt{x_1b_1}}\tag{2-61}$$

以典型参数 $x_1=0.4\Omega/\text{km}$、$b_1=2.8\times10^{-6}\text{S/km}$ 代入，得到 $\lambda\approx6000$km。从而行波的传播速度为

$$v=\lambda f\tag{2-62}$$

由上述数据可知，约为 30 万 km/s，接近光速。

此时，其 π 形等值电路的阻抗和导纳为

$$\begin{cases}Z'=z_c\text{sh}\gamma l=\sqrt{\dfrac{x_1}{b_1}}\sin\dfrac{2\pi l}{\lambda}=\mathrm{j}X'\\ \dfrac{Y'}{2}=\dfrac{1}{z_c}\text{th}\dfrac{\gamma l}{2}=\mathrm{j}\sqrt{\dfrac{b_1}{x_1}}\text{tg}\dfrac{\pi l}{\lambda}=\mathrm{j}\dfrac{B'}{2}\end{cases}\tag{2-63}$$

当 $l<\lambda/60$，即 $l<100$km 时，$\dfrac{2\pi l}{\lambda}<6°$，$\dfrac{\pi l}{\lambda}<3°$，从而 $\sin\dfrac{2\pi l}{\lambda}\approx\dfrac{2\pi l}{\lambda}=\sqrt{x_1b_1}l,\tan\dfrac{\pi l}{\lambda}=\dfrac{1}{2}\sqrt{x_1b_1}l$，于是 $X'=x_1l,B'=b_1l$，和不计分布特性时相同。故将长度小于 100km 的输电线路称为短线，长度超过 300km 的输电线路称为长线，介于二者之间的输电线路称为中长线。与此相应，有三种不同的等值电路。

（5）长线运行中若空载，会出现末端电压升高的现象。此时 $\dot U_2=0$，从而 $\dot U_{10}=\text{ch}\gamma l\dot U_{20}=\cos\dfrac{2\pi l}{\lambda}\dot U_{20}$，于是末端电压的升高率为

$$\Delta U=\frac{U_{20}-U_{10}}{U_{10}}\times100\%=\left[\frac{1}{\cos(\sqrt{x_1b_1}l)}-1\right]\times100\%\tag{2-64}$$

若 $l=\lambda/8(\approx750\text{km}),\Delta U=41.2\%;l=\lambda/4(\approx1500\text{km}),\Delta U=\infty$。可见，输电线路足够长时，一旦空载，末端电压会升高许多，应极力避免。实际上，对超高压长输电线，即使正常运行（非空载）时末端电压也高于首端电压，需采取一定的措施，如在末端并联电抗、受端发电机进相运行等，以吸收线路多余的无功。

（三）架空线路的等值电路

上已述及，对应于不同长度的输电线路有三种不同的等值电路。

短线：指长度小于100km的架空线路。此时$G=0$，$B=b_1l$很小（$<3\times10^{-4}$S）可以略去。故仅以串联阻抗$Z=r_1l+jx_1l$表之，如图2-23所示。

中长线：指长度介于100～300km的架空线路，此时$B=b_1l$不能忽略，将其分成两半，分别并联在线路的始终和末端，与串联阻抗$Z=r_1l+jx_1l$一起组成π形等值电路，如图2-24所示。

长线：指长度在300km以上的架空线路，此时需考虑分布特性。其等值电路如图2-25所示。图中的参数Z'和Y'由式（2-54）计算。有时为避免双曲函数的运算，可取其级数展开式的前两项推导出近似表达式。

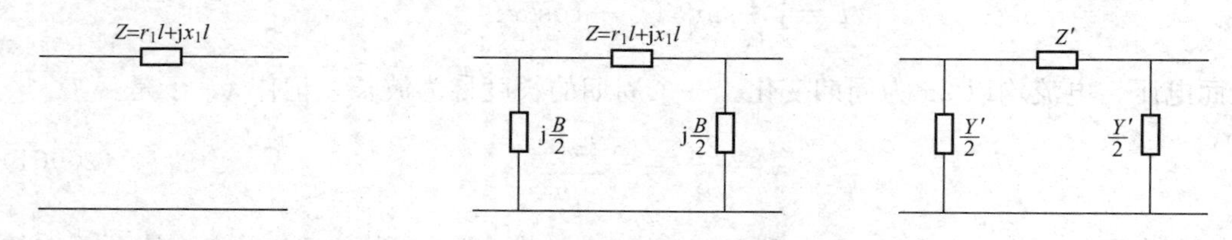

图2-23 短线的等值电路　　图2-24 中长线的等值电路　　图2-25 长线的等值电路

本节介绍了电力线路的分类和结构、架空线路的参数和等值电路。电力线路的分类和结构作为常识应有所了解，有条件时可到现场参观或观看录像片，架空线路的参数和等值电路应予掌握。参数部分归结为r_1、x_1和b_1的计算。r_1计算简单，本身数值也较小，x_1和b_1计算的核心在于确定具体情况下导线的等值半径R'_e、R_e和三相导线间的互几何均距D_m，并注意体会换位和分裂导线的作用。架空线路的等值电路一般均采用π形，长线时应考虑参数的分布特征，中长线和短线时可不计分布特征，短线还可略去并联导纳，使其进一步简化。其间还介绍了波阻抗、传播常数、无损线、自然功率等概念，既有助于了解电能的传输特性，也属于电力系统的基本常识，作为电力工作者理应知晓。

最后，用一实例对上述内容加以说明。

【例2-2】 330kV架空输电线，长600km，三相导线水平排列，线距8m，拟采用LGJQ-600型或LGJQ-300×2型导线（裂距$d=400$mm）。试计算每种情况下的参数r_1、x_1、b_1及波阻抗r_c、自然功率P_n、充电功率和空载时末端的电压升高率ΔU，并作出采用LGJQ-600型导线时计及分布特性和不计分布特性的等值电路。

解 查手册，知LGJQ-600型导线的计算外径为33.2mm、LGJQ-300型导线的计算外径为23.7mm。

1）电阻r_1：二者相同，因其载流面积一样，有

$$r_1=\frac{\rho}{S}=\frac{31.5}{600}=0.0525\ (\Omega/\text{km})$$

2）电抗x_1：二者的互几何均距D_m同为

$$D_m=1.26\times8000=10080\ (\text{mm})$$

二者的等值半径不同：对LGJQ-600型，$R'_e=0.81\times33.2/2=13.446$（mm）；对LGJQ-300×2型，$R'_e=\sqrt{R'd}=\sqrt{0.81\times\frac{23.70}{2}\times400}=61.9629$(mm)。各自的电抗为

$$x_{1(600)}=0.02\pi\ln\frac{D_m}{R'_e}=0.4159 \quad (\Omega/km)$$

$$x_{1(300\times2)}=0.02\pi\ln\frac{D_m}{R'_e}=0.3199 \quad (\Omega/km)$$

3）电纳 b_1：注意此时的等值半径与求 x_1 时不同，分别为 $R_e=33.2/2=16.6(mm)$ 和 $R_e=\sqrt{\frac{23.70}{2}\times400}=68.8477(mm)$，从而

$$b_{1(600)}=17.4533\times10^{-6}/\ln\frac{D_m}{R_e}=2.7233\times10^{-6} \quad (S/km)$$

$$b_{1(300\times2)}=17.4533\times10^{-6}/\ln\frac{D_m}{R_e}=3.5002\times10^{-6} \quad (S/km)$$

4）波阻抗：$r_c=\sqrt{x_1b_1}$，二者分别为 390.8Ω 和 302.3Ω。

5）自然功率：$P_n=U_N^2/r_c$，二者分别为 278.66MW 和 360.23MW。

6）充电功率：$Q_c\approx U_N^2b_1l$，二者分别为 178Mvar 和 229Mvar。

7）空载时末端电压升高率：$\Delta U=\{[1/\cos(\sqrt{x_1b_1}l)]-1\}\times100\%$，二者分别为 24.54%和 24.21%，计算时注意 $\sqrt{x_1b_1}$ 的单位为 rad。

8）等值电路：

计及分布特性时

$$z_c=\sqrt{z_1/y_1}=\sqrt{(0.0525+j0.4159)/j(2.7233\times10^{-6})}=392.3405\angle-3.5973^\circ$$

$$\gamma l=\sqrt{z_1y_1}\times l=600\times\sqrt{(0.0525+j0.4159)\times(2.7233\times10^{-6})}$$

$$=0.6411\angle86.4027^\circ=0.0402+j0.6398$$

$$\text{sh}\gamma l=\text{sh}(0.0402+j0.6398)=\text{sh}0.0402\cos0.6398+j\text{ch}0.402\sin0.6398$$

$$=0.0402\times0.8022+j1.008\times0.5971=0.0323+j0.5976=0.5984\angle86.9061^\circ$$

$$\text{ch}\gamma l=\text{ch}(0.0420+j0.6398)=\text{ch}0.0402\cos0.6398+j\text{sh}0.0402\sin0.6398$$

$$=1.008\times0.8022+j0.0402\times0.5971=0.8028+j0.024=0.8032\angle1.7126^\circ$$

$$Z'=z_c\text{sh}\gamma l=392.3405\angle-3.5973^\circ\times0.5984\angle86.9061^\circ$$

$$=234.7766\angle83.3088^\circ=27.3557+j233.1774(\Omega)$$

$$Y'/2=\frac{1}{z_c}\frac{\text{ch}\gamma l-1}{\text{sh}\gamma l}=\frac{1}{392.3405\angle-3.5973^\circ}\times\frac{0.8028+j0.0240-1}{0.5984\angle86.9061^\circ}$$

$$=8.4615\times10^{-4}\angle89.7522^\circ\approx j7.4515\times10^{-4}(S)$$

不计分布特性时

$$\begin{cases}Z=z_1l=(r_1+jx_1)l=31.5+j249.54(\Omega)\\ Y/2=jb_1l/2=j8.1699\times10^{-4}(S)\end{cases}$$

等值电路如图 2-26 所示。

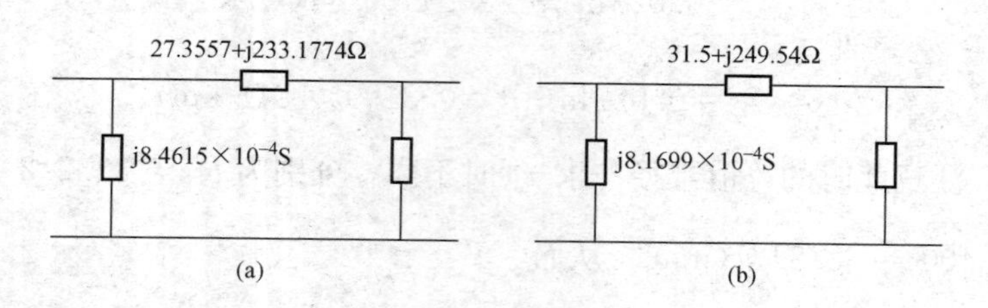

图 2-26 ［例 2-2］等值电路

(a) 计及分布特性；(b) 不计分布特性

二者相比较，可见不计分布特性时会产生一定误差：电阻达 15.15%，电抗达 7.02%，电纳达 3.45%。

第三节 变 压 器

变压器是电力系统中非常重要、较为复杂和数量很多的元件。由于它的出现，使得高电压大容量电力系统成为可能；也由于它的出现，使得电力系统成为一个多电压级的复杂系统。本节先简单介绍变压器的定义、用途和分类，再介绍变压器的基本关系和等值电路，特别要引入适合电力系统分析用的 π 形等值电路，最后介绍变压器的参数计算。

一、变压器的定义、用途和分类

变压器是一种静止感应电器，它有一个共同的磁路和与其交链的几个绕组，绕组间的相互位置固定不变，当某一绕组从电源接受交流电能时，通过电磁感应作用在其余绕组中以同频率传递电能，其电压和电流的大小可由绕组匝数予以改变。

在电力系统中大量应用变压器是为了实现高压传输电能和低压使用电能，以增加传输能力（因为 $S=\sqrt{3}UI$），减少功率损耗（因为 $S_L=3I^2Z=ZS^2/U^2$）和电压降落（因为 $d\dot{U}=\sqrt{3}\dot{Z}I=Z\overset{*}{S}/\overset{*}{U}$）。

变压器的种类很多，从不同角度有不同的分类方法，如按相分为单相变压器和三相变压器，按绕组分为两绕组变压器和三绕组变压器，按电磁联系分为普通变压器和自耦变压器，按调压方式分为普通变压器、有载调压变压器和加压调压变压器。

变压器的种类虽多，但电力系统分析中常遇到的是两绕组、三绕组变压器和自耦变压器。

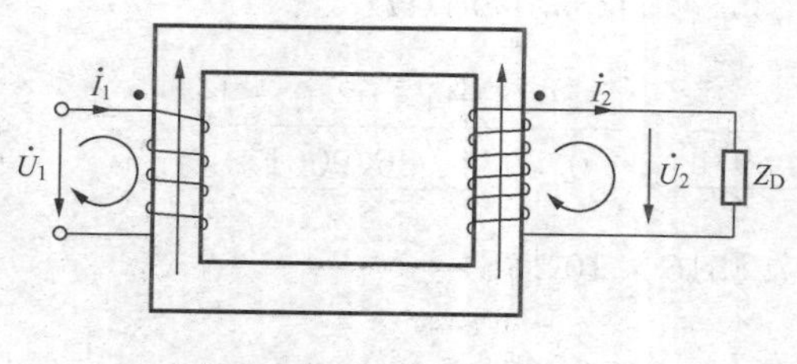

图 2-27 变压器原理图

二、变压器的基本关系和等值电器

（一）变压器的基本关系

现以两绕组变压器为例分析变压器的基本关系，其结果可推广到三绕组变压器。

两绕组变压器由两个相互有磁耦合的回路组成，如图 2-27 所示。设 L_1、L_2、R_1 和 R_2 分别为一次和二次绕组的自感和电阻，M 为互感，$\dot{U}$、$\dot{I}$ 各量的正方向示于图中。由图可列出一次和二次两个回路的电压方程为

$$\begin{cases} \dot{U}_1 = R_1\dot{I}_1 + \mathrm{j}\omega L_1\dot{I}_1 - \mathrm{j}\omega M\dot{I}_2 \\ 0 = R_2\dot{I}_2 + \mathrm{j}\omega L_2\dot{I}_2 - \mathrm{j}\omega M\dot{I}_1 + \dot{U}_2 \end{cases} \tag{2-65}$$

将式（2-65）改写成

$$\begin{cases} \dot{U}_1 = R_1\dot{I}_1 + \mathrm{j}\omega(L - kM)\dot{I}_1 + \mathrm{j}\omega Mk\left(\dot{I}_1 - \dfrac{\dot{I}_2}{k}\right) = Z_1\dot{I}_1 + Z_0\dot{I}_0 \\ 0 = \dot{U}_2 + R_2\dot{I}_2 + \mathrm{j}\omega\left(L_2 - \dfrac{M}{k}\right)\dot{I}_2 - \mathrm{j}\omega M\left(\dot{I}_1 - \dfrac{\dot{I}_2}{k}\right) = \dot{U}_2 + Z_2\dot{I}_2 - Z_0\dfrac{\dot{I}_0}{k} \end{cases} \tag{2-66}$$

式中：$Z_1 = R_1 + \mathrm{j}\omega(L_1 - kM)$，$Z_2 = R_2 + \mathrm{j}\omega(L_2 - M/k)$，$Z_0 = \mathrm{j}\omega Mk$，$\dot{I}_0 = \dot{I}_1 - \dot{I}_2/k = \dot{I}_1 - \dot{I}'_2$，$k = \dot{I}_2/\dot{I}'_2$。

上式可写成

$$\dot{U}_1 - Z_1\dot{I}_1 = Z_0\dot{I}_0 = k\dot{U}_2 + Z_2k\dot{I}_2 = \dot{U}'_2 + Z'_2\dot{I}'_2 \tag{2-67}$$

式中：$\dot{U}'_2 = k\dot{U}_2$，$Z'_2 = k^2Z_2$，$\dot{I}'_2 = \dot{I}_2/k$。

式（2-67）即两绕组变压器的基本关系，它表达了变压器一次和二次各量之间的联系。

（二）两绕组变压器的T形、Γ形和简化等值电路

由式（2-67）可画出两绕组变压器的等值电路（见图2-28），称为T形等值电路，它是变压器电磁关系的较为准确描述。

由于电力系统中所用变压器的激磁电流 I_0 一般很小（小于 $5\% I_N$），故常将激磁支路前移至电源以简化计算，并定义 $Y_T = 1/Z_0$，称为变压器的导纳，便得到变压器的Γ型等值电路，如图2-29所示。其中 $Z_T = Z_1 + Z'_2 = Z_1 + k^2Z_2 = R_1 + k^2R_2 + \mathrm{j}(X_1 + k^2X_2)$，称为变压器的阻抗，由一次和二次的电阻及漏抗组成。Γ形等值电路是电力系统分析中常用的变压器等值电路。

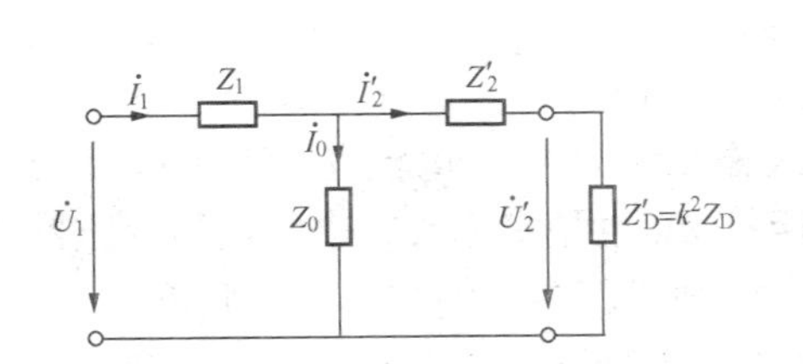

图2-28　变压器的T形等值电路

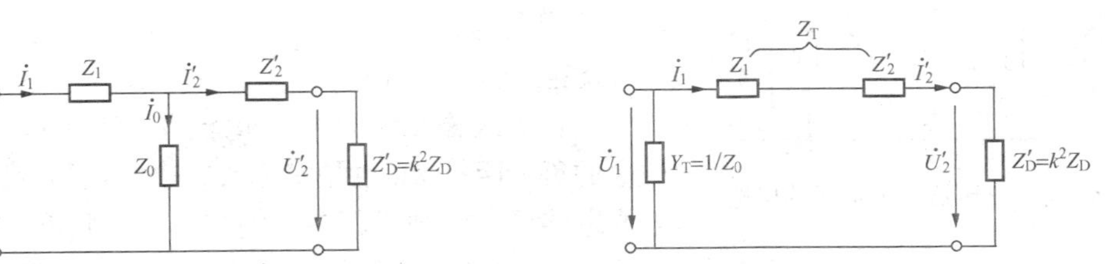

图2-29　变压器的Γ形等值电路

此时若变压器一次接额定电压 U_{1N}，二次空载，则有 $\dot{U}'_{20} = \dot{U}_{1N} = k\dot{U}_{20}$，从而 $k = \dot{U}_{1N}/\dot{U}_{20}$，称为变压器的变比。它是变压器的重要参数。请读者回顾第一章中关于变压器额定电压的定义，此时，会更清楚二次额定电压 U_{2N} 的含义：是二次回路空载时的电压。

在精度要求不高的场合，还可略去激磁支路，得到变压器的简化等值电路，如图2-30所示。

（三）变压器的π形等值电路

上述三种等值电路虽各有用途，但有着共同的缺点：首先，要将二次的阻抗归算到一次，例如 $Z'_D = k^2Z_D$，才能进行有关的求解计算；其次，求出的二次电压和电流（$\dot{U}'_2$ 和

$\dot{I}'_2$）还要进行反归算才能得到实际值（即 $\dot{U}_2 = \dot{U}'_2/k, \dot{I}_2 = k\dot{I}'_2$）。这显然不方便，特别在有多个变压器时。为此提出了另一种等值电路——π 形等值电路。

推导 π 形等值电路的思路如下：上述的反归算过程（$\dot{U}_2 = \dot{U}'_2/k, \dot{I}_2 = k\dot{I}'_2$）等效于在二次串联一个变比为 $k:1$ 的理想变压器（所谓理想变压器应满足三个条件：无漏磁、无损耗、导磁率为∞），如图 2 - 31 所示。此图中有磁的耦合，不便使用，需将其化为无磁耦合电路。

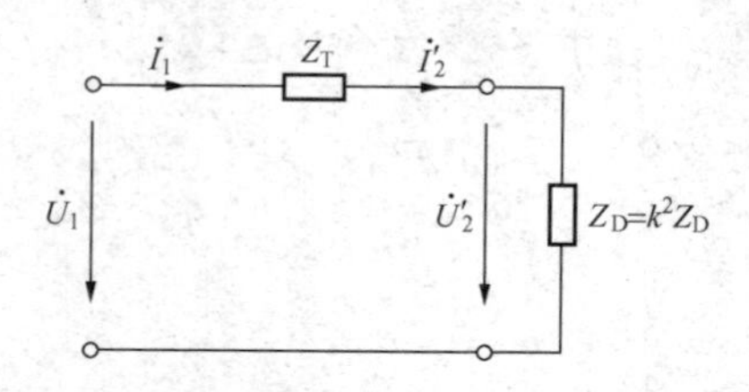

图 2 - 30 变压器的简化等值电路

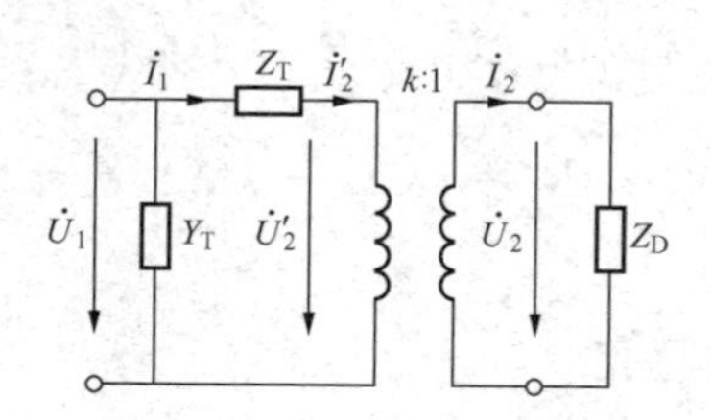

图 2 - 31 反归算过程的等效

对图 2 - 31 列出方程

$$\begin{cases} \dot{U}_1 - Z_T\dot{I}_1 = \dot{U}'_2 = k\dot{U}_2 \\ \dot{I}_1 = \dot{I}_2/k \end{cases} \tag{2 - 68}$$

解得

$$\begin{cases} \dot{I}_1 = \dfrac{\dot{U}_1 - k\dot{U}_2}{Z_T} = \dfrac{1-k}{Z_T}\dot{U}_1 + \dfrac{k}{Z_T}(\dot{U}_1 - \dot{U}_2) \\ -\dot{I}_2 = -k\dot{I}_1 = \dfrac{k}{Z_T}(\dot{U}_2 - \dot{U}_1) + \dfrac{k(k-1)}{Z_T}\dot{U}_2 \end{cases} \tag{2 - 69}$$

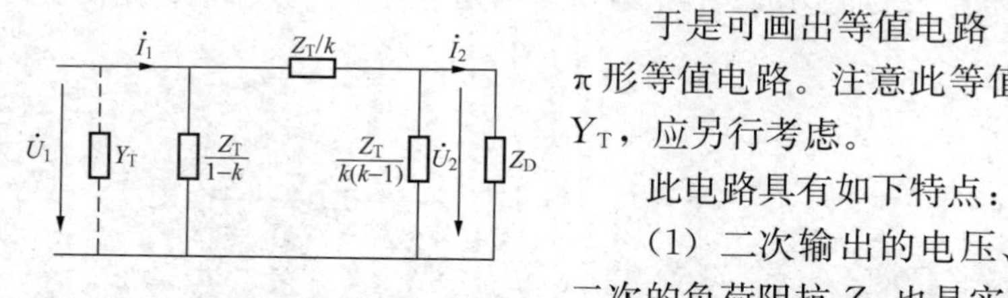

图 2 - 32 变压器的 π 形等值电路

于是可画出等值电路（见图 2 - 32），称为变压器的 π 形等值电路。注意此等值电路中未计入变压器的导纳 Y_T，应另行考虑。

此电路具有如下特点：

(1) 二次输出的电压、电流是实际的电压、电流，二次的负荷阻抗 Z_D 也是实际值，表明使用变压器的 π 形等值电路后，无须进行参数的归算和反归算。

(2) π 形等值电路中三条支路的阻抗只是数学上的等效，并无实际的物理意义，这与 Γ 形等值电路中的支路参数 Z_T、Y_T 有根本的不同：Z_T、Y_T 有明确的物理意义，可由试验测取。

(3) π 形等值电路中三条支路阻抗之和为零，即 $Z_T/k + Z_T/(1-k) + Z_T/k(k-1) = 0$。表明其组成了一个谐振三角形，正是这种谐振作用实现了二次的变流和变压，使得该电路能与实际变压器等值。利用此关系可检验所求 π 形支路各阻抗数值的正确性。

(4) 上述等值电路中的变压器阻抗 Z_T 是归算至一次的值，即 $Z_T = Z_1 + Z'_2 = Z_1 + k^2 Z_2$，此称为标准情况。如已知的是已归算至二次的阻抗 Z'_T，则只需以 $Z_T = k^2 Z'_T$ 代入即可得到相对应的等值电路。如为其他情况，例如变压器的变比不是 $k:1$ 而是 $1:k$，也可类似处理。

(5) 当变压器的变比由 $k:1$ 变为 $k':1$ 时，如是其他等值电路，需完全重新进行参数的归算、计算及结果的反归算，而π形等值电路中只需修改π形电路自身三条支路的参数，网络的其他部分完全不必改动。这是π形等值电路的灵活方便之处，在多电压级系统中显得尤为优越。

（6）上述等值电路既适用于有名值，也适用于标幺值，用于标幺值时，变压器的所有参数包括变比 k，均应化为标幺值。

（7）变压器采用π形等值电路后，可和输电线路一样作为支路看待，简化了问题的处理。

在变压器π形等值电路的上述特点中，最主要的是无须归算和修改灵活。下面用一实例说明之。

【例 2-3】　如图 2-33 所示简单单相交流电路，变压器归算至一次的参数为 $Z_T = j2\Omega$，$Y_T = j0.1S$，$Z_1 = j1\Omega$，$Z_2 = j1\Omega$，$Z_D = j10\Omega$。求变压器变比为 2∶1 和 1.9∶1 时负载的端电压 U_D。

图 2-33　［例 2—3］的单相交流电路

图 2-34　［例 2—3］Γ形等值电路（k=2∶1）

解　为进行比较，采用两种方法求解：一是Γ形等值电路和常规的归算方法；二是π形等值电路法。

（1）Γ形等值电路法：

1）k=2∶1 时，先将变压器二次的阻抗归算至一次，并将导纳 Y_T 化为阻抗以便于手算，得到Γ形等值电路如图 2-34 所示。由于它为纯电抗电路，故可不计所有元件阻抗中的 j 直接进行电压的计算，有

$$U_a = \frac{230\times[10/\!/(2+4+40)]}{1+10/\!/(2+4+10)} = 205.0388\ (\text{V})$$

式中：符号//表示并联，下同。

$$U'_D = 205.0388\times 40/(2+4+40)$$
$$= 187.2946\ (\text{V})$$

负载的实际端电压由反归算得到，即

$$U_D = U'_D/k = 178.2946/2 = 89.1473\ (\text{V})$$

2）k=1.9∶1 时，需重新进行归算，得到等值电路如图 2-35 所示。

$$U_a = \frac{230\times[10/\!/(2+3.61+36.1)]}{1+10/\!/(2+3.61+36.1)} = 204.6309\ (\text{V})$$

$$U'_D = 204.6309\times 36.1/(2+3.61+36.1) = 177.1980\ (\text{V})$$

$$U_D = 177.1080/1.9 = 93.2147\ (\text{V})$$

（2）π形等值电路法：此时等值电路如图 2-36 所示。

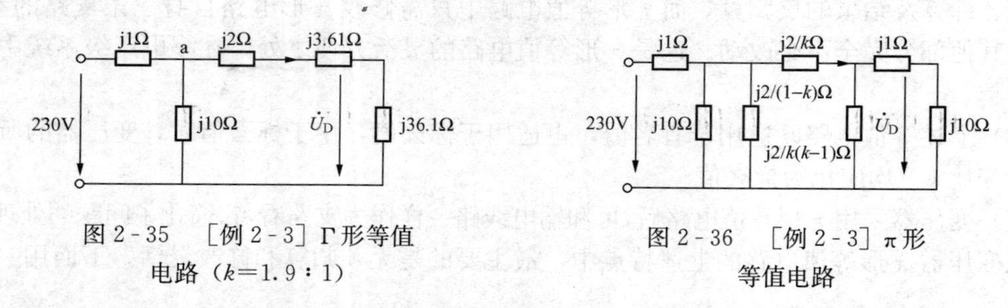

图 2-35 ［例 2-3］Γ形等值电路（k=1.9：1）

图 2-36 ［例 2-3］π形等值电路

1）k=2：1时，等值电路如图 2-37 所示。此时可采用如上的阻抗串并联及分压公式求解，也可采用节点电压法求解。此处采用单位电流法，先设末端负载中的电流为1A，则

$$U_b=1\times(1+10)=11\text{（V）}$$

从而

$$I'_b=1+11/1=12\text{（A）}$$

$$U_a=11+12\times1=23\text{（V）}$$

于是

$$I'_a=12+23/(-2)+23/10=2.8\text{（A）}$$

$$U_1=23+2.8\times1=25.8\text{（V）}$$

再利用线性电路的齐次性求得

$$U_D=10\times230/25.8=89.1473\text{（V）}$$

2）k=1.9：1时，等值电路如图 2-38 所示。与图 2-37 相比，此时仅变压器本身三条支路的数值发生了变化。采用同样的方法可求得 U_D=93.2147V。

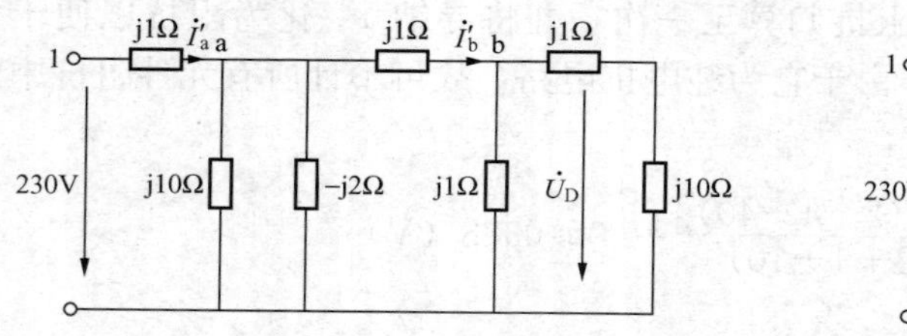

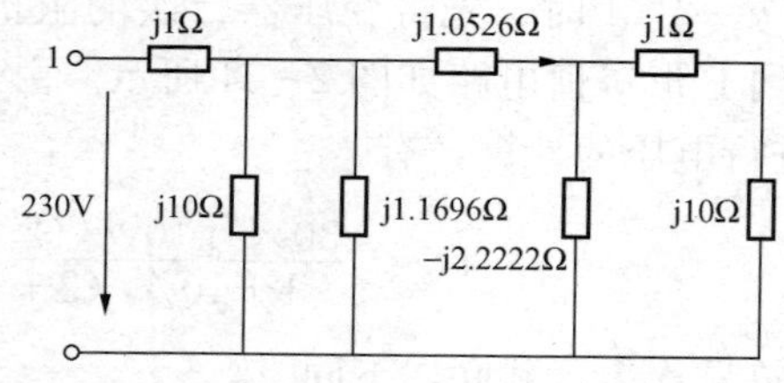

图 2-37 ［例 2-3］π形等值电路（k=2：1）　　图 2-38 ［例 2-3］π形等值电路（k=1.9：1）

两种方法的结果相同，但用π形等值电路时免去了归算和反归算，变比改变时只需修改π形等值电路自身，从而给计算带来了方便。由于此题太简单，其优势还不明显。如果是多电压级的复杂系统，其优势将非常突出。

应指出，变压器的π形等值电路也有缺点：比起Γ形等值电路来，它增加了一个节点，使计算，特别是手算，变繁。但在普遍使用计算机的今天，这已不成其难。利弊相比，仍是利大于弊，所以在电力系统计算中得到了广泛应用。

（四）三绕组变压器的等值电路

上述两绕组变压器的分析结果可容易地推广到三绕组变压器。例如，其Γ形和π形等值电路如图 2-39 所示。图中 Z_1、Z'_2、Z'_3 为三绕组变压器归算至一次的三个绕组的等值阻抗；$k_{12}=\dot{U}_{1N}/\dot{U}_{20}$，$k_{13}=\dot{U}_{1N}/\dot{U}_{30}$，分别为第一绕组与第二、第三绕组的变比。

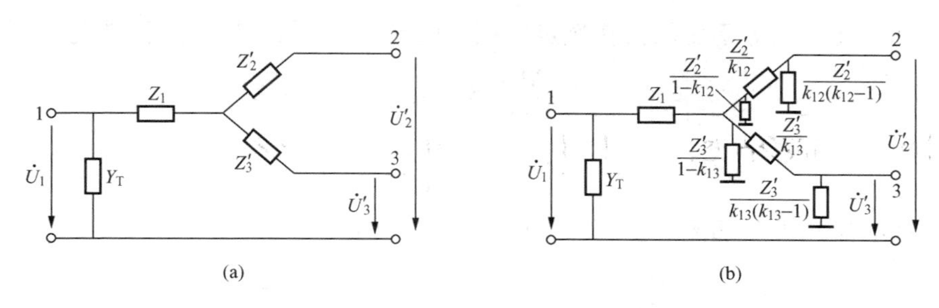

图 2-39　三绕组变压器的 Γ 形等值电路和 π 形等值电路

(a) 三绕组变压器的 Γ 形等值电路；(b) π 形等值电路

三、变压器的参数

前已述及，等值电路中表征变压器特征的参数为阻抗 Z_T 和导纳 Y_T：阻抗 Z_T 由电阻和电抗组成，$Z_T=R_r+jX_T$，导纳 Y_T 由电导和电纳组成，$Y_T=G_T-jB_T$。注意式中 B_T 前为负号，其原因在于由定义 $Y_T=1/Z_0$，而 Z_0 为一感性激磁阻抗。此外，变比 k 也是变压器的重要参数。

下面分别对两绕组、三绕组和自耦变压器的参数予以讨论。

（一）两绕组变压器的参数

1. 阻抗 Z_T

变压器阻抗 Z_T 可由短路试验测得。试验时，为便于测量，一般将低压绕组短接，在高压侧逐步加压至低压绕组电流为额定电流，读取此时高压侧电压（表示为其与额定电压比值的百分值）和三相有功功率（单位为 kW）。高压侧电压称为短路电压的百分值，记为 $U_s\%$；三相有功功率称为短路损耗，记为 ΔP_s。

由于电力变压器激磁电流 I_0 相对较小，从而短路损耗 ΔP_s 近似等于额定电流流过变压器高低压绕组时在电阻上产生的损耗（俗称铜耗，虽然有的变压器绕组用铝或铝合金制造，但仍沿用此名），于是利用三相电路中有名制表示的基本关系，有

$$\Delta P_s \approx 3I_N^2R_T=3\left(\frac{S_N}{\sqrt{3}U_N}\right)^2R_T=\frac{S_N^2}{U_N^2}R_T \tag{2-70}$$

又因电力系统计算中功率以 MW 为单位，而试验数据 ΔP_s 的单位为 kW，故

$$R_T=\frac{\Delta P_s}{1000}\frac{U_N^2}{S_N^2} \tag{2-71}$$

因电力变压器的阻抗以电抗为主，于是可近似认为短路电压全部降于电抗上，即

$$U_s\%=\frac{\sqrt{3}X_TI_N}{U_N}\times 100 \tag{2-72}$$

故

$$X_T=\frac{U_s\%}{100}\frac{U_N}{\sqrt{3}I_N}=\frac{U_s\%}{100}\frac{U_N^2}{S_N} \tag{2-73}$$

2. 导纳 Y_T

变压器导纳 Y_T 可由空载试验测得。试验时，为安全起见，一般将低压绕组接电源，高压侧空载。读取低压侧电压为额定值时的空载电流（表示为与额定电流比值的百分值）和三相有功功率（单位为 kW）。额定值时的空载电流称为空载电流的百分值，记为 $I_0\%$；三相有功功率称为空载损耗，记为 ΔP_0。

由于空载损耗近似等于变压器在额定电压下电导 G_T 中的损耗（俗称铁耗），即

$$\frac{\Delta P_0}{1000} \approx U_N^2 G_T \tag{2-74}$$

故

$$G_T = \frac{\Delta P_0}{1000 U_N^2} \tag{2-75}$$

由于空载电流几乎全部流经变压器的电纳支路，即

$$I_0\% \approx \frac{U_{pN} B_T}{I_T} \times 100 = \frac{U_N B_T}{\sqrt{3} I_T} \times 100 = \frac{U_N B_T}{S_N} \times 100 \tag{2-76}$$

式中：U_{pN}为额定相电压。从而

$$B_T = \frac{I_0\%}{100} \frac{S_N}{U_N^2} \tag{2-77}$$

3. 变比 k

本书将其定义为一次额定电压与二次空载电压之比，即

$$k = U_{1N} : U_{20} = U_{1N} : U_{2N} \tag{2-78}$$

变比可由变压器的铭牌参数查得，也可由空载试验测得。

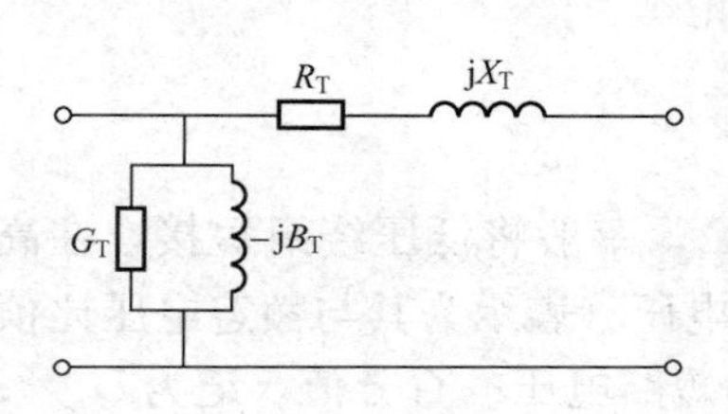

图 2-40　两绕组变压器的 Γ 形等值电路

为满足运行中调节电压的需要，在高压绕组上（对三绕组变压器在高压和中压绕组上）设有分接头（也称抽头），对应于额定电压的抽头称为主抽头，其余抽头的电压相对额定电压偏离一定值，如±2.5%或±5%。于是变压器的实际变比应为对应于实际抽头位置的一次电压与二次电压之比。

综上所述，将两绕组变压器的 Γ 形等值电路（见图 2-40）及其参数计算公式汇总如下

$$\begin{cases} R_T = \dfrac{\Delta P_s}{1000} \dfrac{U_N^2}{S_N^2}, \ X_T = \dfrac{U_s\%}{1000} \dfrac{U_N^2}{S_N} \\ R_T = \dfrac{\Delta P_0}{1000 U_N^2}, \ B_T = \dfrac{I_0\%}{100} \dfrac{S_N}{U_N^2} \\ k = U_{1N}/U_{2N} \end{cases} \tag{2-79}$$

有几点说明：

(1) 上述参数计算公式为有名值计算式，式中各量的单位按电力系统计算的惯例取用：S_N（三相功率）单位为 MVA；U_N（线电压）单位为 kV；R_T、X_T（一相等值电阻和电抗）单位为 Ω；G_T、B_T（一相等值电导和电纳）单位为 S；ΔP_s、ΔP_0（试验数据）单位为 kW。

(2) 变压器的阻抗为 $Z_T = R_T + jX_T$，导纳为 $Y_T = G_T - jB_T$。再次强调 B_T 前为负号。

(3) 由于两绕组变压器有两个额定电压：一次额定电压 U_{1N} 和二次额定电压 U_{2N}，因此，以 U_{1N} 代入公式计算，得到的是归算至一次的参数值，以 U_{2N} 代入公式计算，得到的是归算至二次的参数值。所以求参数应讲明归算至何侧。为统一起见，建议归算至一次。

(4) 上述公式可化为标幺值参数的计算公式：以变压器自身的额定参数为基准，取 $S_B = S_{TN}$（三相），$U_B = U_N$（线电压），从而 $Z_B = U_B^2/S_B$，$Y_B = S_B/U_B^2$，于是 $R_{T*} = \dfrac{\Delta P_s}{1000 S_N}$，$X_{T*} = \dfrac{U_s\%}{100}$，$G_{T*} = \dfrac{\Delta P_0}{1000 S_N}$，$B_{T*} = \dfrac{I_0\%}{100}$，$k_* = U_1/U_{1B} : U_2/U_{2B}$。

由于电力变压器的电阻与电抗相比很小，导纳也很少，实用中常将 R_T 和 Y_T 略去，仅用 X_{T*} 表示变压器，如图 2-41 所示。图中 $X_{T*}=U_s\%/100$，简洁易记，不应忘却。

图 2-41　变压器的实用表示

(5) 两绕组变压器额定运行时的功率损耗为

$$\begin{cases}\Delta P_T=U_N^2G_T+3I_N^2R_T=\dfrac{\Delta P_0}{1000}+\dfrac{\Delta P_s}{1000}\\ \Delta Q_T=U_N^2B_T+3I_N^2X_T=\left(\dfrac{I_0\%}{1000}+\dfrac{U_s\%}{1000}\right)S_N\end{cases} \tag{2-80}$$

如运行时 $S\neq S_N$（即 $I\neq I_N$），但设 $U=U_N$ 时，有

$$\begin{cases}\Delta P_T=\dfrac{\Delta P_0}{1000}+\dfrac{\Delta P_s}{1000}\left(\dfrac{S}{S_N}\right)^2\\ \Delta Q_T=\dfrac{I_0\%}{100}S_N+\dfrac{U_s\%}{100}\Delta S_N\left(\dfrac{S}{S_N}\right)^2\end{cases} \tag{2-81}$$

与式（2-80）比较可以看出，Y_T 中的功率损耗未变（因为 $U=U_N$ 未变），故称为变压器的不变损耗；Z_T 中的功率损耗则随实际功率与额定功率之比的二次方变化（实质为随电流的二次方变化），故称为变压器的可变损耗。式（2-81）的推导请读者完成。

下面举一例说明之。

【例 2-4】 一台型号为 SFL1-20000/110 的电力变压器向 10kV 网络供电，变压器铭牌给出的试验数据为：$\Delta P_s=135$kW，$U_s\%=10.5$，$\Delta P_0=22$kW，$I_0\%=0.8$。试求归算至一次的变压器参数，作出以有名值和标幺值表示的 Γ 型等值电路。如变压器工作于 +2.5% 抽头，求变压器的变比及二次空载电压。

解 查手册，知此变压器为三相（S）、风冷（F）、铝绕组（L），三相容量为 $S_N=20000$kVA$=20$MVA，高压侧电压 $U_{1N}=110$kV，为降压变压器，故二次额定电压为 $U_{2N}=1.1\times10=11$kV。

因要求的是归算至一次的参数，故取 $U_N=110$kV，由公式得到

$$R_T=\frac{\Delta P_s}{1000}\frac{U_N^2}{S_N^2}=\frac{135}{1000}\times\frac{110^2}{20^2}=4.0838\ (\Omega)$$

$$X_T=\frac{U_s\%}{100}\frac{U_N^2}{S_N^2}=\frac{10.5}{100}\times\frac{110^2}{20^2}=63.5250\ (\Omega)$$

$$G_T=\frac{\Delta P_0}{1000}\frac{1}{U_N^2}=\frac{22}{1000}\times\frac{1}{110^2}=1.8182\times10^{-6}\ (\text{S})$$

$$B_T=\frac{I_0\%}{100}\frac{S_N}{U_N^2}=\frac{0.8}{100}\times\frac{20}{110^2}=13.2231\times10^{-6}\ (\text{S})$$

由上述数值可见：$R_T\ll X_T$，$Y_T=G_T-jB_T\approx0$。

$k=110:11$，变压器的标幺值参数为

$$R_{T*}=\frac{\Delta P_s}{1000}\frac{1}{S_N}=\frac{135}{1000}\times\frac{1}{20}=0.00675$$

$$X_{T*}=\frac{U_s\%}{100}=\frac{10.5}{100}=0.105$$

$$G_{T*}=\frac{\Delta P_0}{1000}\frac{1}{S_N}=\frac{22}{1000}\times\frac{1}{20}=0.00011$$

$$R_{T*}=\frac{I_0\%}{100}=\frac{0.8}{100}=0.008$$

$$k_*=U_{1N}/U_{1B}:U_{2N}/U_{2B}=110/110:11/11=1:1$$

其Γ形等值电路如图2-42所示。

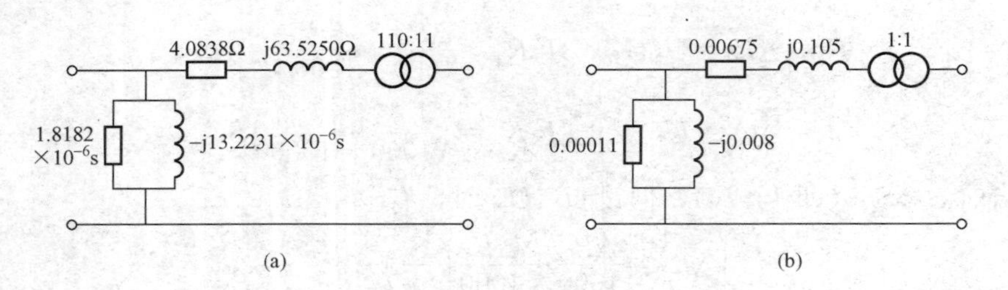

图2-42 ［例2-4］变压器的Γ形等值电路

(a) 有名值；(b) 标幺值

如变压器工作于+2.5%抽头，则

$$k=110\times1.025:11=112.75:11$$

此时二次的空载电压为

$$U_{20}=U_{1N}/k=110\times\frac{11}{112.75}=10.7317\ (\text{kV})$$

（二）三绕组变压器的参数

1. 阻抗 Z_T

R_T 的计算公式与两绕组变压器的相同，但厂家提供的短路损耗为 $\Delta P_{s(1-2)}$、$\Delta P_{s(2-3)}$ 和 $\Delta P_{s(3-1)}$。按电力系统的惯例，此处1代表高压绕组，2代表中压绕组，3代表低压绕组。从而 $\Delta P_{s(1-2)}$ 为第3绕组开路时高压、中压绕组进行短路试验时的短路损耗，即此时为高压绕组和中压绕组的功率损耗之和。同理可理解 $\Delta P_{s(2-3)}$ 和 $\Delta P_{s(3-1)}$。为求出高压、中压和低压三个绕组的等值电阻，须先求出三个绕组的等值短路功率损耗 ΔP_s，而这和三个绕组的容量配置有关。我国三绕组变压器高压、中压和低压绕组的容量比共有三种规格：100/100/100，100/100/50，100/50/100。当然，实际中使用的老式变压器还可能有其他容量比。下面分别讨论三种情况下每个绕组等值短路功率的求取方法。

第一种情况：容量比为100/100/100，三个绕组的容量相同。如前所述，因

$$\begin{cases}\Delta P_{s(1-2)}=\Delta P_{s1}+\Delta P_{s2}\\ \Delta P_{s(2-3)}=\Delta P_{s2}+\Delta P_{s3}\\ \Delta P_{s(3-1)}=\Delta P_{s3}+\Delta P_{s1}\end{cases}\tag{2-82}$$

所以每个绕组的短路功率为

$$\begin{cases}\Delta P_{s1}=[\Delta P_{s(1-2)}+\Delta P_{s(3-1)}-\Delta P_{s(2-3)}]/2\\ \Delta P_{s2}=\Delta P_{s(1-2)}-\Delta P_{s1}\\ \Delta P_{s3}=\Delta P_{s(3-1)}-\Delta P_{s1}\end{cases}\tag{2-83}$$

将其代入公式即可求出电阻

$$R_i=\frac{\Delta P_{si}U_N^2}{1000S_N^2},\ i=1,\ 2,\ 3\tag{2-84}$$

计算时仍需注意 U_N 的取值和所得结果的含义。

第二种和第三种情况：100/100/50 和 100/50/100。因其中均有一个绕组的容量为额定容量的 50%，从而其额定电流只有容量为 100%绕组额定电流的 1/2。短路试验时将受此绕组额定电流的限制，所以需将厂家提供的短路试验数据折算到容量为 100%的标准情况，由于短路损耗与电流二次方成正比，故

$$\begin{cases}\Delta P_{s(1-2)}=\Delta P'_{s(1-2)}\left(\dfrac{S_N}{S_{2N}}\right)^2\\ \Delta P_{s(2-3)}=\Delta P'_{s(2-3)}\left(\dfrac{S_N}{\min\{S_{2N},\ S_{3N}\}}\right)^2\\ \Delta P_{s(3-1)}=\Delta P'_{s(3-1)}+\left(\dfrac{S_N}{S_{3N}}\right)^2\end{cases}\tag{2-85}$$

式中：$\Delta P'_s$ 为厂家提供的短路损耗；$\min\{S_{2N},\ S_{3N}\}$ 表示取 S_{2N} 和 S_{3N} 中的小者。

然后再用式（2-83）、式（2-84）求取 ΔP_{si} 和 R_i。

式（2-85）也可用于容量比为其他值，如 100/66.7/100 的情况。

有时厂家只给出一个短路损耗数据——最大短路损耗 $\Delta P_{s\max}$，其为两个 100%绕组流过额定电流 I_N 而另一绕组空载时的损耗。此时有

$$\begin{cases}R_{(100\%)}=\dfrac{\Delta P_{s\max}/2}{1000}\dfrac{U_N^2}{S_N^2}\\ R_{(非100\%)}=R_{(100\%)}S_N/S_{iN}\end{cases}\tag{2-86}$$

式中：S_{iN} 为非 100%容量绕组的额定容量。

求 X_T 时由厂家提供的短路电压百分值 $U_{s(1-2)}\%$、$U_{s(2-3)}\%$ 和 $U_{s(3-1)}\%$ 均已折算至额定情况，故有

$$\begin{cases}U_{s1}\%=[U_{s(1-2)}\%+U_{s(3-1)}\%-U_{s(2-3)}\%]/2\\ U_{s2}\%=U_{s(1-2)}\%-U_{s1}\%\\ U_{s3}\%=U_{s(3-1)}\%-U_{s1}\%\end{cases}\tag{2-87}$$

再代入公式求取 X_i

$$X_i=\frac{U_{si}\%}{100}\frac{U_N^2}{S_N},\ i=1,\ 2,\ 3\tag{2-88}$$

应指出，求出的 X_1、X_2、X_3 中，必有一个值最小，近似为零甚至为一很小的负值。当其为负时并不意味着为容抗，因为它只是数学上等值的结果，并无实际的物理意义；且其对应于中间绕组，它和相邻绕组的漏抗较小，而内外两绕组相距较远，漏抗较大，以至前二者之和小于后者，便出现负值。三绕组变压器的三个绕组在排列时应遵循两个原则：为便于绝缘，高压线组排列在最外层；传递功率的绕组应紧靠，以减小漏磁损失。因此，升压变压器的三绕组排列顺序由外至内为高—低—中，降压变压器的三绕组排列顺序为高—中—低。从而，对于升压变压器，低压绕组的等值电抗最小；对于降压变压器，中压绕组的等值电抗最小。当然，实际上存在着一些未遵循上述原则的老式变压器。

此外，按前述变压器变比的定义：以一次绕组为 1，二次绕组为 2 和 3（2 绕组的电压高于 3 绕组），即 $k_{12}=U_{1N}:U_{2N}$，$k_{13}=U_{1N}:U_{3N}$。这和厂家提供试验数据时取 1 代表高压绕组、2 代表中压绕组、3 代表低压绕组的含义不同，须勿混淆。

2. 导纳 Y_T

因三绕组变压器中仍只有一个激励支路，与两绕组变压器相同，故其导纳计算公式相

同。导纳支路位于一次，如图 2-39 所示。

【例 2-5】 型号为 SFPS-120000/80000/120000 的 220kV 三绕组变压器，额定电压为 220/121/38.5kV。厂家给出的试验数据为：$\Delta P_{s(3-1)}=700\text{kW}$，$U_{s(1-2)}\%=21$，$U_{s(2-3)}\%=7$，$U_{s(3-1)}\%=14$，$\Delta P_0=140\text{kW}$，$I_0\%=0.85$。求归算至高压侧的变压器参数并作出其 Γ 形等值电路。

解 由手册可知这是一台三相（S）、风冷（F）、强迫循环（P）的三绕组（S）变压器，容量比为 120/80/120MVA，即 100/66.7/100。

先对短路损耗进行折算，由式（2-85）得

$$\begin{cases}\Delta P_{s(1-2)}=500\times(120/80)^2=1125\text{（kW）}\\ \Delta P_{s(2-3)}=450\times(120/80)^2=1012.5\text{（kW）}\\ \Delta P_{s(3-1)}=700\times(120/120)^2=700\text{（kW）}\end{cases}$$

由式（2-83）得

$$\begin{cases}\Delta P_{s1}=(1125+700-1012.5)/2=406.25\text{（kW）}\\ \Delta P_{s2}=1125-406.25=718.75\text{（kW）}\\ \Delta P_{s3}=700-406.25=293.75\text{（kW）}\end{cases}$$

因求归算至高压侧的参数，故取 $U_N=220\text{kV}$，由式（2-84）得

$$\begin{cases}R_1=\dfrac{406.25}{1000}\times\dfrac{220^2}{120^2}=1.3655\text{（Ω）}\\ R_2=\dfrac{718.75}{1000}\times\dfrac{220^2}{120^2}=2.4158\text{（Ω）}\\ R_3=\dfrac{293.75}{1000}\times\dfrac{220^2}{120^2}=0.9873\text{（Ω）}\end{cases}$$

由式（2-87）求各绕组短路电压百分值为

$$\begin{cases}U_{s1}\%=(21+14-7)/2=14\\ U_{s2}\%=21-14=7\\ U_{s3}\%=14-14=0\end{cases}$$

由式（2-88）求各绕组等值电抗为

$$\begin{cases}X_1=\dfrac{14}{100}\times\dfrac{220^2}{120}=56.4667\text{（Ω）}\\ X_2=\dfrac{7}{100}\times\dfrac{220^2}{120}=28.2338\text{（Ω）}\\ X_3=0\end{cases}$$

对此变压器，低压绕组的等值电抗最小，表明其绕组排列顺序为高—低—中，但其为降压变压器，理应按高—中—低排列。从而可断言，这是一台非标准的老式变压器。它的容量比也说明了这一点。变压器的导纳为

$$G_T=\frac{\Delta P_0}{1000}\frac{1}{U_N^2}=\frac{140}{1000}\times\frac{1}{220^2}=2.8926\times10^{-6}\ (S)$$

$$B_T=\frac{I_0\%}{1000}\frac{S_N}{U_N^2}=\frac{0.85}{100}\times\frac{120}{220^2}=21.0744\times10^{-6}\ (S)$$

$$k_{12}=220:121,\ k_{13}=220:38.5$$

其Γ形等值电路如图2-43所示。

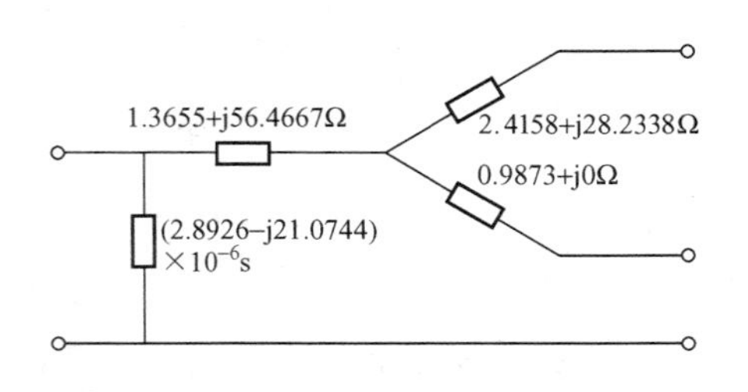

图2-43　［例2-5］变压器的Γ形等值电路

（三）自耦变压器

自耦变压器与普通变压器的主要差别在于：普通变压器只有磁的耦合，没有电的直接联系，而自耦变压器既有磁的耦合，又有电的直接联系。

如图2-44所示，将一台普通两绕组变压器的高压绕组和低压绕组串联起来，便成了一台自耦变压器。其中一次和二次的共同部分称为公共绕组，另一绕组称为串联绕组。

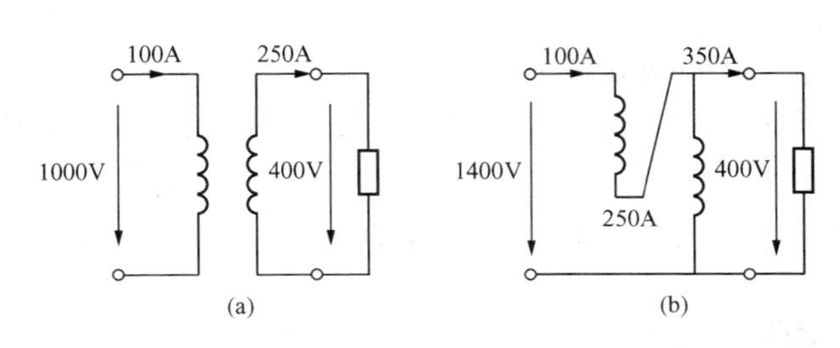

图2-44　普通变压器（a）与自耦变压器（b）

比较两台变压器的容量：原容量为1000V×100A＝100kVA，现容量为1400V×100A＝140kVA。在不改变每个绕组所承受电压、电流的情况下，仅在连接上做了改变便增加了变压器的容量，所以自耦变压器具有省材料、投资低、效率高的优点。当然其也有缺点，如短路电流大、绝缘要求高。自耦变压器在现代电力系统中得到了广泛的应用。

自耦变压器的等值电路和参数计算公式与普通变压器相同。只是由于自耦变压器均采用星形自耦的接线方式，为了消除铁芯饱和引起的三次谐波，常加上一个三角形连接的第三绕组作为低压绕组，给附近的负荷供电，或接调相机和电力电容器以调节系统的无功功率和电压。第三绕组在电气上独立，容量小，例如容量比为100/100/50或100/100/33.3。所以计算时需对短路试验数据进行折算。如短路电压百分值也未折算，也需按式（2-89）先折算

$$\begin{cases}U_{s(2-3)}\%=U'_{s(2-3)}\%S_N/S_{2N}\\U_{s(3-1)}\%=U'_{s(3-1)}\%S_N/S_{3N}\end{cases}\tag{2-89}$$

式中：$U'_s\%$为厂家提供的未折算的短路电压百分值。之所以只乘以容量比而不是其二次方是因为短路电压只与电流成正比。

总之，在求取三绕组变压器（不论是普通变压器还是自耦变压器）的参数时，首先需弄清所给数据的含义，进行必要的折算，然后再代入公式计算。

本节对电力系统中非常重要和较为复杂的一类元件——变压器——进行了分析。介绍了它的定义、用途和分类；推导了变压器的基本关系和相应的T形、Γ形等值电路及简化等值电路；在此基础上引入了电力系统中广泛应用的π形等值电路，它的主要优点是无须归算、反归算和修改灵活；然后介绍了电力系统中变压器参数的计算公式，包括变压器的电阻、电抗、电导、电纳和变比。对三绕组变压器和自耦变压器，计算时要注意原始数据的折算。本节中还介绍了变压器标幺值参数的计算，作为标幺制在电力系统中的一个具体应用，在制订电力系统的等值电路时还将详细讨论。

第四节　发　电　机

发电机是电力系统中最重要，也是最复杂的元件。它是一种旋转的能量转换装置，将原动机的机械能转换为电能。现代电力系统中的发电机均为同步发电机。“电机学”课程中，曾从旋转磁场和电枢反应的角度研究过同步发电机方程。本节先介绍原始的基本方程，分析其存在的不便使用之处——电感系数的时变；为解决这一问题引入 Park 变换，从而得到同步发电机的通用方程——Park 方程，达到用电路表达其电磁关系的目的；然后作为它的应用，对同步发电机的稳态运行方式进行分析，得到与“电机学”中相同的方程、相量图、等值电路和功率方程。至于它在暂态分析中的应用将在第四章介绍。

讨论中以理想电机为对象。所谓理想电机，是指为简化分析采用了一定假设条件的电机。这些简化假设是：

（1）不计磁路饱和和影响，认为电机铁芯的导磁系数为常数；

（2）定子三相绕组结构相同，在空间相差 120°，定子绕组电流在气隙中产生正弦分布的磁势；

（3）转子绕组对称于本身的直轴（记为 d 轴）和交轴（记为 q 轴），定子绕组和转子绕组间的互感磁通在气隙中呈正弦分布；

（4）不计定子和转子表面沟和槽的影响。

实践证明，按理想电机进行分析得到的结果与实际电机十分相近，而分析过程却简单得多。

一、发电机的原始基本方程

所谓同步发电机的基本方程，是指表征其电磁特性的电压方程和磁链方程。所谓原始基本方程，是指直接对发电机列写的、未经变换的电压方程和磁链方程。

如图 2-45 所示，发电机用定子上的 a、b、c 三相三个绕组、转子上的励磁绕组（f 绕组）和直轴、交轴方向的两个等效阻尼绕组（D 绕组和 Q 绕组）共六个绕组表示。为列写方程，应先确定原始运行方式、采用的坐标和各物理量的正向。此处以过激发电机为原始运行方式；采用 qd 坐标系统，q 轴超前 d 轴 90°；各物理量的正向取为：定子绕组磁链的正向

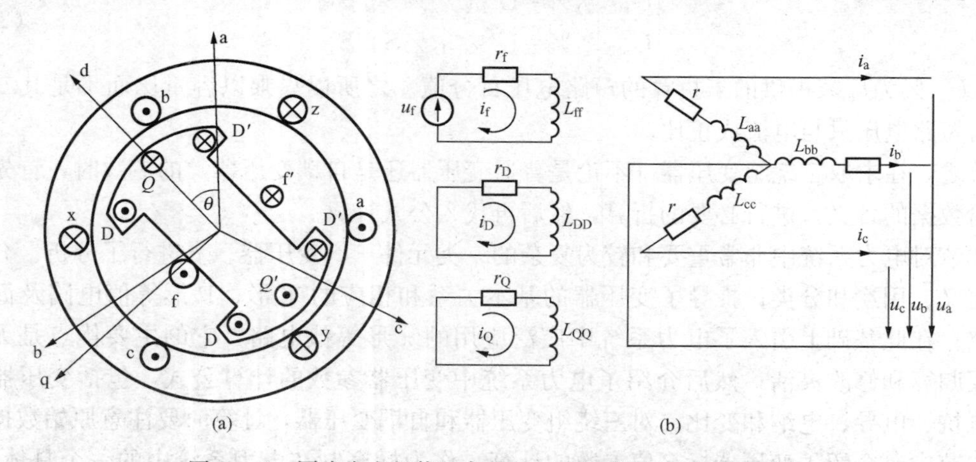

图 2-45　同步发电机绕组各量的正向示意图和回路电路图

（a）同步发电机绕组各量的正向示意图；（b）回路电路图

与定子电流的正向相反，即正的定子电流产生负的磁链，以与过激运行时定子电流的去磁电枢反应一致；转子绕组磁链的正向和转子电流的正向一致，即正的转子电流产生正的磁链；电动势的正向与磁链正向一致，以符合楞次定理。各量的正向均标于图中。

根据上述规定，由欧姆定律，可列出以矩阵形式表达的电压方程为

$$\begin{bmatrix} u_a \\ u_b \\ u_c \\ u_f \\ 0 \\ 0 \end{bmatrix} = \begin{bmatrix} r & & & & & \\ & r & & & 0 & \\ & & r & & & \\ & & & r_f & & \\ & 0 & & & r_D & \\ & & & & & r_Q \end{bmatrix} \begin{bmatrix} -i_a \\ -i_b \\ -i_c \\ i_f \\ i_D \\ i_Q \end{bmatrix} + \begin{bmatrix} \dot{\Psi}_a \\ \dot{\Psi}_b \\ \dot{\Psi}_c \\ \dot{\Psi}_f \\ \dot{\Psi}_D \\ \dot{\Psi}_Q \end{bmatrix} \tag{2-90}$$

简记为

$$\begin{bmatrix} u_{abc} \\ u_{fDQ} \end{bmatrix} = \begin{bmatrix} r_S & 0 \\ 0 & r_R \end{bmatrix} \begin{bmatrix} -i_{abc} \\ i_{fDQ} \end{bmatrix} + \begin{bmatrix} \dot{\boldsymbol{\Psi}}_{abc} \\ \dot{\boldsymbol{\Psi}}_{fDQ} \end{bmatrix} \tag{2-91}$$

式中：r、r_f、r_D 和 r_Q 分别为定子和转子 f、D、Q 绕组的电阻；$\dot{\psi}=\mathrm{d}\psi/\mathrm{d}t$ 代表绕组磁链的变化率。

由绕组磁链等于自感磁链与互感磁链之和，即 $\psi_\Sigma=\psi_S+\Sigma\psi_m$，可列出矩阵形式的磁链方程为

$$\begin{bmatrix} \psi_a \\ \psi_b \\ \psi_c \\ \psi_f \\ \psi_D \\ \psi_Q \end{bmatrix} = \begin{bmatrix} L_{aa} & M_{ab} & M_{ac} & M_{af} & M_{aD} & M_{aQ} \\ M_{ba} & L_{bb} & M_{bc} & M_{bf} & M_{bD} & M_{bQ} \\ M_{ca} & M_{cb} & L_{cc} & M_{cf} & M_{cD} & M_{cQ} \\ M_{fa} & M_{fb} & M_{fc} & L_{ff} & M_{fD} & M_{fQ} \\ M_{Da} & M_{Db} & M_{Dc} & M_{Df} & L_{DD} & M_{DQ} \\ M_{Qa} & M_{Qb} & M_{Qc} & M_{Qf} & M_{QD} & L_{QQ} \end{bmatrix} \begin{bmatrix} -i_a \\ -i_b \\ -i_c \\ i_f \\ i_D \\ i_Q \end{bmatrix} \tag{2-92}$$

简记为

$$\begin{bmatrix} \boldsymbol{\Psi}_{abc} \\ \boldsymbol{\Psi}_{fDQ} \end{bmatrix} = \begin{bmatrix} \boldsymbol{L}_{SS} & \boldsymbol{M}_{SR} \\ \boldsymbol{M}_{RS} & \boldsymbol{L}_{RR} \end{bmatrix} \begin{bmatrix} -\boldsymbol{i}_{abc} \\ \boldsymbol{i}_{fDQ} \end{bmatrix} \tag{2-93}$$

式中的电感系数经推导，得到表达式为

$$\boldsymbol{L}_{SS} = \begin{bmatrix} l_0+l_2\cos2\theta & -m_0-m_2\cos2(\theta+30^\circ) & -m_0-m_2\cos2(\theta+150^\circ) \\ -m_0-m_2\cos2(\theta+30^\circ) & l_0+l_2\cos2(\theta-120^\circ) & -m_0-m_2\cos2(\theta-90^\circ) \\ -m_0-m_2\cos2(\theta+150^\circ) & -m_0-m_2\cos2(\theta-90^\circ) & l_0+l_2\cos2(\theta+120^\circ) \end{bmatrix}$$

$$\boldsymbol{M}_{SR} = \begin{bmatrix} m_{af}\cos\theta & m_{aD}\cos\theta & -m_{aQ}\sin\theta \\ m_{af}\cos(\theta-120^\circ) & m_{aD}\cos(\theta-120^\circ) & -m_{aQ}\sin(\theta-120^\circ) \\ m_{af}\cos(\theta+120^\circ) & m_{aD}\cos(\theta+120^\circ) & -m_{aQ}\sin(\theta+120^\circ) \end{bmatrix} = \boldsymbol{M}_{RS}^{T}$$

$$\boldsymbol{L}_{RR}=\begin{bmatrix} L_f & M_R & 0 \\ M_R & L_D & 0 \\ 0 & 0 & L_Q \end{bmatrix}$$

式中：$\theta=\omega t+\theta_0$，θ_0 为 d 轴与 a 相绕组轴线的初始夹角；$l_0=N^2\left(\Lambda_l+\dfrac{\Lambda_{ad}+\Lambda_{aq}}{2}\right)$，其中 N 为定子绕组的匝数，Λ_l 为定子绕组漏磁导；Λ_{ad}、Λ_{aq} 分别为直轴和交轴磁导；$l_2=N^2\dfrac{\Lambda_{ad}-\Lambda_{aq}}{2}=m_2$；$m_0=N^2\dfrac{\Lambda_{ad}+\Lambda_{aq}}{4}$；$m_{af}$、$m_{aD}$、$m_{aQ}$分别为 a 相绕组与 f 绕组、D 绕组和 Q 绕组之间互感的最大值；L_f、L_D、L_Q 分别为 f 绕组、D 绕组和 Q 绕组的自感；M_R 为转子 f 绕组和 D 绕组之间的互感。

定子绕组自感 L_{aa}和互感 M_{ba}的推导可作为练习完成。

观察上述电感系数的表达式发现，在同步发电机的原始磁链方程中，由于定子和转子之间的旋转运动以及转子结构上的不对称，致使不少电感系数时变，即随时间做周期变化。如将其代入电压方程就会得到一组变系数微分方程，从而难于分析求解。同时观察转子绕组的电感系数矩阵 $\boldsymbol{L}_{RR}$发现，由于其磁通所经磁路的磁阻在转子旋转过程中始终不变，所以表达式是常数，不随角度 θ 变化。为此，人们想到能否采用坐标变换的方法解决电感系数时变的问题。1929 年，美国工程师 Park 提出了一种变换，成功地解决了这一问题。下面予以介绍。

二、Park 变换

Park 提出，采用下述变换矩阵可将在空间静止不动的定子 abc 坐标中的量（如 $\boldsymbol{i}_{abc}$、$\boldsymbol{u}_{abc}$、$\boldsymbol{\psi}_{abc}$）变换到与转子一起旋转的 dq0 坐标，即

$$\boldsymbol{F}_{dq0}=\boldsymbol{P}\boldsymbol{F}_{abc} \tag{2-94}$$

式中：$\boldsymbol{F}$ 可为电流 $\boldsymbol{i}$、电压 $\boldsymbol{u}$ 或磁链 $\boldsymbol{\psi}$；$\boldsymbol{P}$ 称为 Park 变换矩阵，定义为

$$\boldsymbol{P}=\frac{2}{3}\begin{bmatrix} \cos\theta & \cos(\theta-120^\circ) & \cos(\theta+120^\circ) \\ -\sin\theta & -\sin(\theta-120^\circ) & -\sin(\theta+120^\circ) \\ \frac{1}{2} & \frac{1}{2} & \frac{1}{2} \end{bmatrix} \tag{2-95}$$

$\boldsymbol{P}$ 阵非奇异，其逆矩阵为

$$\boldsymbol{P}^{-1}=\begin{bmatrix} \cos\theta & -\sin\theta & 1 \\ \cos(\theta-120^\circ) & -\sin(\theta-120^\circ) & 1 \\ \cos(\theta+120^\circ) & -\sin(\theta+120^\circ) & 1 \end{bmatrix} \tag{2-96}$$

称为 Park 逆变换矩阵，它将 dq0 坐标系统中的量变换到 abc 坐标，即

$$\boldsymbol{F}_{abc}=\boldsymbol{P}^{-1}\boldsymbol{F}_{dq0} \tag{2-97}$$

Park 变换有何特点？其物理意义何在？下面以例题说明之。

【例 2-6】 设三相电流的瞬时值分别为

$$(1)\begin{bmatrix}i_a\\i_b\\i_c\end{bmatrix}=I_m\begin{bmatrix}\cos(\omega t+a_0)\\\cos(\omega t+a_0-120°)\\\cos(\omega t+a_0+120°)\end{bmatrix},\quad(2)\begin{bmatrix}i_a\\i_b\\i_c\end{bmatrix}=I_m\begin{bmatrix}1\\-0.25\\-0.25\end{bmatrix}$$

试求经 Park 变换后的电流 i_d、i_q、i_0。

解　(1) 由式 (2-94) 计及 $\theta=\omega t+\theta_0$，有

$$\begin{bmatrix}i_d\\i_q\\i_0\end{bmatrix}=\frac{2}{3}I_m\begin{bmatrix}\cos(\omega t+\theta_0) & \cos(\omega t+\theta_0-120°) & \cos(\omega t+\theta_0+120°)\\-\sin(\omega t+\theta_0) & -\sin(\omega t+\theta_0-120°) & -\sin(\omega t+\theta_0+120°)\\\frac{1}{2} & \frac{1}{2} & \frac{1}{2}\end{bmatrix}\begin{bmatrix}\cos(\omega t+a_0)\\\cos(\omega t+a_0-120°)\\\cos(\omega t+a_0+120°)\end{bmatrix}$$

$$=\frac{2}{3}I_m\begin{bmatrix}\frac{3}{2}\cos(\theta_0-\alpha_0)\\-\frac{3}{2}\sin(\theta_0-\alpha_0)\\0\end{bmatrix}=I_m\begin{bmatrix}\cos(\theta_0-a_0)\\-\sin(\theta_0-a_0)\\0\end{bmatrix}$$

(2) 由式 (2-94) 计及 $\theta=\omega t+\theta_0$，有

$$\begin{bmatrix}i_d\\i_q\\i_0\end{bmatrix}=\frac{2}{3}I_m\begin{bmatrix}\cos(\omega t+\theta_0) & \cos(\omega t+\theta_0-120°) & \cos(\omega t+\theta_0+120°)\\-\sin(\omega t+\theta_0) & -\sin(\omega t+\theta_0-120°) & -\sin(\omega t+\theta_0+120°)\\\frac{1}{2} & \frac{1}{2} & \frac{1}{2}\end{bmatrix}\times\begin{bmatrix}1\\-0.25\\-0.25\end{bmatrix}$$

$$=\frac{I_m}{6}\begin{bmatrix}5\cos(\omega t+\theta_0)\\-5\sin(\omega t+\theta_0)\\1\end{bmatrix}$$

上述结果表明，abc 坐标中的三相对称基频交流经过 Park 变换后在 dq0 坐标中成了直流，而 abc 坐标中的直流经过 Park 变换后在 dq0 坐标中成了基频交流，这种交直流互换是 Park 变换的特点。尽管发生了互换，但二者是等效的。以交流变直流为例，在空间静止的 abc 三相绕组中的基频交流在空间共同形成一个以基频 ω 沿转子运动方向旋转的综合电流相量 $\dot{I}_m$，其在三个坐标轴上的投影就是三相电流的瞬时值 i_a、i_b 和 i_c，如图 2-46 所示。而在以转速 ω 和转子一起旋转的 dq0 坐标系中直流性质的电流 i_d、i_q 和 i_0 一起合成的综合电流相量也是 $\dot{I}_m$。正是在这一意义上，abc 坐标中的基频交流和 dq0 坐标中的直流得以等效。也就是说，原在空间静止不动的定子 a、b、c 三相三个绕组（电流分别为 i_a、i_b 和 i_c）可以用和转子一起以速度 ω 旋转的 d、q、0 三个绕组（电流分别为 i_d、i_q 和 i_0）代替，其作用完全相同。这就是 Park 变换的物理意义。实际上，Park 变换正是从上述等效关系推出。

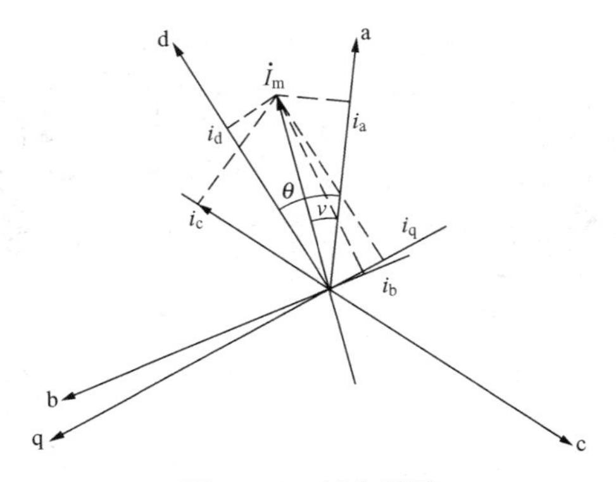

图 2-46　综合相量

由图 2-46 可列出

$$\begin{cases} i_a=-I_m\cos v \\ i_b=-I_m\cos(v-120°) \\ i_c=-I_m\cos(v+120°) \end{cases} \tag{2-98}$$

同时有

$$\begin{cases} i_d=-I_m\cos(\theta-v) \\ i_q=-I_m\cos(\theta-v+90°) \\ \quad =I_m\sin(\theta-v) \end{cases} \tag{2-99}$$

上两式中的“—”号均源于定子绕组磁链的正向规定及取综合电流相量$\dot{I}_m$的正向与定子磁链正向一致。

经三角变换，可解得

$$\begin{cases} i_d=\dfrac{2}{3}[i_a\cos\theta+i_b\cos(\theta-120°)+i_c\cos(\theta+120°)] \\ i_q=-\dfrac{2}{3}[i_a\sin\theta+i_b\sin(\theta-120°)+i_c\sin(\theta+120°)] \end{cases}$$

加上零轴分量关系式

$$i_0=\frac{2}{3}\left(\frac{1}{2}i_a+\frac{1}{2}i_b+\frac{1}{2}i_c\right)$$

便组成了 Park 变换式（2-95）。

三、Park 变换后的基本方程——Park 方程

（一）电压方程

对原始电压方程$\begin{bmatrix}\boldsymbol{u}_{abc}\\ \boldsymbol{u}_{fDQ}\end{bmatrix}=\begin{bmatrix}\boldsymbol{r}_S & 0\\ 0 & \boldsymbol{r}_R\end{bmatrix}\begin{bmatrix}-\boldsymbol{i}_{abc}\\ \boldsymbol{i}_{fDQ}\end{bmatrix}+\begin{bmatrix}\dot{\boldsymbol{\Psi}}_{abc}\\ \dot{\boldsymbol{\psi}}_{fDQ}\end{bmatrix}$左乘变换矩阵$\begin{bmatrix}\boldsymbol{P} & 0\\ 0 & \boldsymbol{U}\end{bmatrix}$，其中$\boldsymbol{U}$为3×3单位矩阵，得到

$$\begin{aligned}\begin{bmatrix}\boldsymbol{u}_{dq0}\\ \boldsymbol{u}_{fDQ}\end{bmatrix}&=\begin{bmatrix}\boldsymbol{P} & 0\\ 0 & \boldsymbol{U}\end{bmatrix}\begin{bmatrix}\boldsymbol{r}_S & 0\\ 0 & \boldsymbol{r}_R\end{bmatrix}\begin{bmatrix}-\boldsymbol{i}_{abc}\\ \boldsymbol{i}_{fDQ}\end{bmatrix}+\begin{bmatrix}\boldsymbol{P} & 0\\ 0 & \boldsymbol{U}\end{bmatrix}\begin{bmatrix}\dot{\boldsymbol{\psi}}_{abc}\\ \dot{\boldsymbol{\psi}}_{fDQ}\end{bmatrix}\\ &=\begin{bmatrix}\boldsymbol{P} & 0\\ 0 & \boldsymbol{U}\end{bmatrix}\begin{bmatrix}\boldsymbol{r}_S & 0\\ 0 & \boldsymbol{r}_R\end{bmatrix}\begin{bmatrix}\boldsymbol{P}^{-1} & 0\\ 0 & \boldsymbol{U}\end{bmatrix}\begin{bmatrix}\boldsymbol{P} & 0\\ 0 & \boldsymbol{U}\end{bmatrix}\begin{bmatrix}-\boldsymbol{i}_{abc}\\ \boldsymbol{i}_{fDQ}\end{bmatrix}+\begin{bmatrix}\boldsymbol{P}\dot{\boldsymbol{\psi}}_{abc}\\ \dot{\boldsymbol{\psi}}_{fDQ}\end{bmatrix}\\ &=\begin{bmatrix}\boldsymbol{r}_S & 0\\ 0 & \boldsymbol{r}_R\end{bmatrix}\begin{bmatrix}-\boldsymbol{i}_{dq0}\\ \boldsymbol{i}_{fDQ}\end{bmatrix}+\begin{bmatrix}\boldsymbol{P}\dot{\boldsymbol{\psi}}_{abc}\\ \dot{\boldsymbol{\psi}}_{fDQ}\end{bmatrix}\end{aligned} \tag{2-100}$$

注意式（2-100）最后一项中$\boldsymbol{P}\dot{\boldsymbol{\psi}}_{abc}\neq\dot{\boldsymbol{\psi}}_{dq0}$，因$\dot{\boldsymbol{\psi}}_{dq0}=(\boldsymbol{P}\boldsymbol{\psi}_{abc})=\dot{\boldsymbol{P}}\boldsymbol{\psi}_{abc}+\boldsymbol{P}\dot{\boldsymbol{\psi}}_{abc}=\boldsymbol{P}\boldsymbol{P}^{-1}\boldsymbol{\psi}_{dq0}+\boldsymbol{P}\dot{\boldsymbol{\psi}}_{abc}$，故

$$\boldsymbol{P}\dot{\boldsymbol{\psi}}_{abc}=\dot{\boldsymbol{\psi}}_{dq0}-\boldsymbol{P}\boldsymbol{P}^{-1}\boldsymbol{\psi}_{dq0}=\dot{\boldsymbol{\psi}}_{dq0}+\boldsymbol{s} \tag{2-101}$$

$$\boldsymbol{s}=-\boldsymbol{P}\boldsymbol{P}^{-1}\boldsymbol{\psi}_{dq0}=\begin{bmatrix}-\omega\psi_q\\ \omega\psi_d\\ 0\end{bmatrix}$$

于是，经 Park 变换后的电压方程为

$$\begin{bmatrix} \boldsymbol{u}_{dq0} \\ \boldsymbol{u}_{fDQ} \end{bmatrix} = \begin{bmatrix} \boldsymbol{r}_S & 0 \\ 0 & \boldsymbol{r}_R \end{bmatrix} \begin{bmatrix} -\boldsymbol{i}_{dq0} \\ \boldsymbol{i}_{fDQ} \end{bmatrix} + \begin{bmatrix} \dot{\boldsymbol{\psi}}_{dq0} \\ \dot{\boldsymbol{\psi}}_{fDQ} \end{bmatrix} + \begin{bmatrix} \boldsymbol{s} \\ 0 \end{bmatrix} \tag{2-102}$$

与原始电压方程式（2-91）相比，原来的电势项$\dot{\boldsymbol{\psi}}_{abc}$现在成了两项：$\dot{\boldsymbol{\psi}}_{dq0}$和$\boldsymbol{s}$。$\dot{\boldsymbol{\psi}}_{dq0}$代表由于磁链的变化感应的电势，称为变压器电势（习惯称为变压器电势）；$\boldsymbol{s}$代表由于定转子间的旋转运动产生的电势，称为发电机电势（习惯称为发电机电势）。$\dot{\boldsymbol{\psi}}_{dq0}$在稳态运行时为零，仅在暂态过程中存在，因为稳态运行时所有量对时间的变化率均为零；$\boldsymbol{s}$则不管稳态还是暂态时，只要发电机转子中有磁链和以速度ω旋转就存在。

（二）*磁链方程*

对原始磁链方程$\begin{bmatrix} \boldsymbol{\psi}_{abc} \\ \boldsymbol{\psi}_{fDQ} \end{bmatrix} = \begin{bmatrix} \boldsymbol{L}_{RR} & \boldsymbol{M}_{RR} \\ \boldsymbol{M}_{RR} & \boldsymbol{L}_{RR} \end{bmatrix} \begin{bmatrix} -\boldsymbol{i}_{abc} \\ \boldsymbol{i}_{fDQ} \end{bmatrix}$左乘变换矩阵$\begin{bmatrix} \boldsymbol{P} & 0 \\ 0 & \boldsymbol{U} \end{bmatrix}$得到

$$\begin{bmatrix} \boldsymbol{\psi}_{dq0} \\ \boldsymbol{\psi}_{fDQ} \end{bmatrix} = \begin{bmatrix} \boldsymbol{P}\boldsymbol{L}_{SS}\boldsymbol{P}^{-1} & \boldsymbol{P}\boldsymbol{M}_{SR}\boldsymbol{P}^{-1} \\ \boldsymbol{M}_{RS}\boldsymbol{P}^{-1} & \boldsymbol{L}_{RR} \end{bmatrix} \begin{bmatrix} -\boldsymbol{i}_{dq0} \\ \boldsymbol{i}_{fDQ} \end{bmatrix} \tag{2-103}$$

$$\boldsymbol{P}\boldsymbol{L}_{SS}\boldsymbol{P}^{-1} = \begin{bmatrix} l_0 + m_0 + \frac{3}{2}l_2 & 0 & 0 \\ 0 & l_0 + m_0 - \frac{3}{2}l_2 & 0 \\ 0 & 0 & l_0 - 2m_0 \end{bmatrix} = \begin{bmatrix} L_d & 0 & 0 \\ 0 & L_q & 0 \\ 0 & 0 & L_0 \end{bmatrix}$$

$$\boldsymbol{P}\boldsymbol{M}_{SR}\boldsymbol{P}^{-1} = \begin{bmatrix} m_{af} & m_{aD} & 0 \\ 0 & 0 & m_{aQ} \\ 0 & 0 & 0 \end{bmatrix},\ \boldsymbol{M}_{RS}\boldsymbol{P}^{-1} = \begin{bmatrix} \frac{3}{2}m_{af} & 0 & 0 \\ \frac{3}{2}m_{aD} & 0 & 0 \\ 0 & \frac{3}{2}m_{aQ} & 0 \end{bmatrix}$$

于是，经过 Park 变换后的磁链方程为

$$\begin{bmatrix} \psi_d \\ \psi_q \\ \psi_0 \\ \psi_f \\ \psi_D \\ \psi_Q \end{bmatrix} = \left[\begin{array}{ccc:ccc} L_d & & 0 & m_{af} & m_{af} & 0 \\ & L_q & & 0 & 0 & m_{aQ} \\ 0 & & L_0 & 0 & 0 & 0 \\ \hdashline \frac{3}{2}m_{af} & 0 & 0 & L_f & M_R & 0 \\ \frac{3}{2}m_{af} & 0 & 0 & M_R & L_D & 0 \\ 0 & \frac{3}{2}m_{af} & 0 & 0 & 0 & L_Q \end{array}\right] \begin{bmatrix} -i_d \\ -i_q \\ -i_0 \\ i_f \\ i_D \\ i_Q \end{bmatrix} \tag{2-104}$$

与原始磁链方程式（2-93）相比，有三点变化：

（1）变换后磁链方程中的电感系数成为常数，Park 变换确实解决了电感时变的问题，达到了预期目的。

（2）式中出现了新的电感系数L_d、L_q、L_0。下面阐述它们的物理意义：

$L_d = l_0 + m_0 + \frac{3}{2}l_2 = N^2\left(\Lambda_l + \frac{3}{2}l_{ad}\right) = L_l + L_{ad}$。式中第一项为定子绕组漏感，第二项为

直轴电枢反应电感，对应的磁路如图 2-47 所示，二者之和便是发电机的直轴同步电感。前已指出，Park 变换的物理意义是用 dq0 坐标系中的三个绕组（d 轴绕组、q 轴绕组和 0 轴绕组）等效代替原 abc 坐标系中的 a、b、c 三相三个绕组，L_d 就是定子等效 d 轴绕组的自感系数，请注意图中的等效绕组 dd′在空间随转子一起旋转。图中仅画出了磁通的一半，下同。

$L_q=l_0+m_0-\frac{3}{2}l_2=N^2\left(\Lambda_l+\frac{3}{2}\Lambda_{aq}\right)=L_l+L_{aq}$。式中第一项仍为定子绕组漏感，第二项为交轴电枢反应电感，对应的磁路如图 2-48 所示，二者之和便是发电机的交轴同步电感，也就是定子等效 q 轴绕组的自感系数。

$L_0=l_0-2m_0=N^2\Lambda_l$，是定子绕组漏感，即定子等效零轴绕组的自感系数。

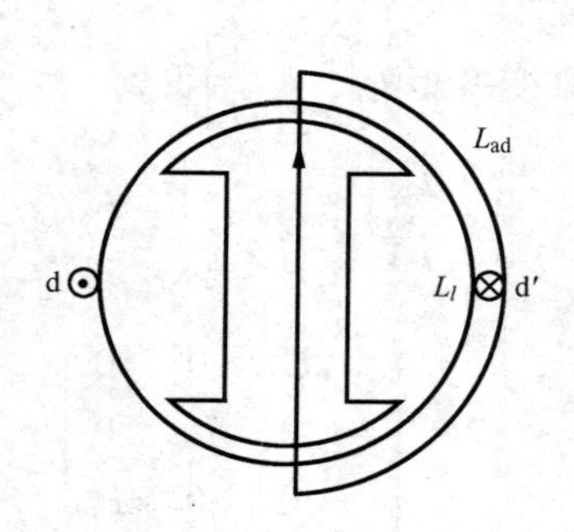

图 2-47 直轴同步电感

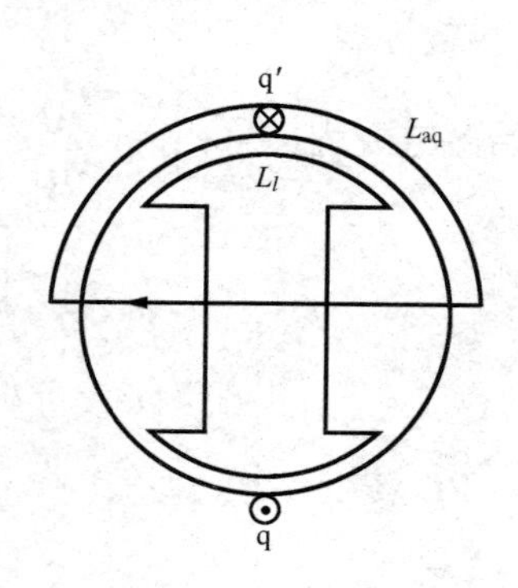

图 2-48 交轴同步电感

阐述了新电感系数 L_d、L_q、L_0 的物理意义，不难理解为什么经 Park 变换后磁链方程中的时变电感系数会变为常数。因如前所述，Park 变换的物理本质是用在空间随转子一起旋转的 d、q、0 三个等效绕组代替在空间不动的 a、b、c 三相绕组。这样等效后，d、q、0 轴各绕组中磁通所经磁路的磁导已恒定，各自为 L_d、L_q 和 L_0 对应的磁导，不再时变，而原来的 a、b、c 绕组，磁导一会儿是 a d，一会儿是 a q，故时变。观察上述三个电感系数的表达式可见：L_d 最大，L_q 次之，L_0 最小。这和电机学中得到的结论一致。

还应指出，实际上 $L_d=l_0+m_0+\frac{3}{2}l_2$，$L_q=l_0+m_0-\frac{3}{2}l_2$ 和 $L_0=l_0-2m_0$ 正是定子电感系数矩阵 $\boldsymbol{L}_{SS}$的特征根，而 Park 变换矩阵 $\boldsymbol{P}$ 的三行正是这三个特征根所对应的一组线性独立的特征向量，这样，从线性代数理论的角度对 Park 变换的本质会有新的理解：通过线性变换实现解耦。

(3) 方程中系数矩阵出现了不对称现象：$\boldsymbol{PM}_{SR}$ 和 $\boldsymbol{M}_{RS}\boldsymbol{P}^{-1}$ 不再像原方程中的 $\boldsymbol{PM}_{SR}$ 和 $\boldsymbol{M}_{RS}\boldsymbol{P}^{-1}$那样互为转置，其原因是变换矩阵 $\boldsymbol{P}$ 为非正交矩阵（根据线性代数的理论，其逆与转置相等的矩阵为正交矩阵）。为消除这一现象，可采用两种方法：一是将 $\boldsymbol{P}$ 阵改造为正交阵，二是采用标幺制，通过对定子侧和转子侧各量基准值的适当选取消除系数矩阵的不对称，例如，采用“x_{ad*} 基准值系统”，关于这种方法的详细讨论请见参考文献 [1]。总之，经过上述处理，Park 变换后的磁链方程中不再出现系数 3/2，从而消除了系数矩阵的不对称现象。

（三）Park 方程

基于上述分析，经 Park 变换后的电压方程和磁链方程均用标幺值表达，为书写方便，

略去标幺值下标 *；并且由于在标幺制中 $L_*=x_*$（因为有名值中 $x=\omega L$，基准值应有相同的关系 $x_B=\omega_B L_B$，二者相除，得到 $x_*=\omega_* L_*$，而发电机以同步速 ω_N 旋转时，$\omega_*=1$，故有 $L_*=x_*$）；又因采用了公共磁链假定：认定只存在同时和 d 轴三个绕组 d、f、D 绕组都交链的公共磁通，而不存在只和其中任两个绕组交链的磁通，故有 $m_{af}=m_{aD}=m_R=L_{ad}=x_{ad}$；同理对 q 轴有 $m_{aQ}=L_{aq}=x_{aq}$。这样，同步发电机的通用基本方程——Park 方程形如

$$\left\{\begin{aligned}&\begin{bmatrix}u_d\\u_q\\u_0\\u_f\\0\\0\end{bmatrix}=\begin{bmatrix}r&&&&&\\&r&&&0&\\&&r&&&\\&&&r_f&&\\&0&&&r_D&\\&&&&&r_Q\end{bmatrix}\begin{bmatrix}-i_d\\-i_q\\-i_0\\i_f\\i_D\\i_Q\end{bmatrix}+\begin{bmatrix}\dot{\psi}_d\\\dot{\psi}_q\\\dot{\psi}_0\\\dot{\psi}_f\\\dot{\psi}_D\\\dot{\psi}_Q\end{bmatrix}+\begin{bmatrix}-\psi_q\\\psi_d\\0\\0\\0\\0\end{bmatrix}\\&\begin{bmatrix}\psi_d\\\psi_q\\\psi_0\\\psi_f\\\psi_D\\\psi_Q\end{bmatrix}=\begin{bmatrix}x_d&0&0&x_{ad}&x_{ad}&0\\0&x_q&0&0&0&x_{aq}\\0&0&x_0&0&0&0\\x_{ad}&0&0&x_f&x_{ad}&0\\x_{ad}&0&0&x_{ad}&x_D&0\\0&x_{aq}&0&0&0&x_Q\end{bmatrix}\begin{bmatrix}-i_d\\-i_q\\-i_0\\i_f\\i_D\\i_Q\end{bmatrix}\end{aligned}\right. \tag{2-105}$$

三相对称时，$i_0=0$，从而 $\psi_0=0$，$u_0=0$。于是同步电机的基本方程由五个电压方程和五个磁链方程组成

$$\text{电压方程}\quad\left\{\begin{aligned}&u_d=-ri_d+\dot{\psi}_d-\psi_q\\&u_q=-ri_q+\dot{\psi}_q+\psi_d\\&u_f=r_f i_f+\dot{\psi}_f\\&0=r_D i_D+\dot{\psi}_D\\&0=r_Q i_Q+\dot{\psi}_Q\end{aligned}\right. \tag{2-106}$$

$$\text{磁链方程}\quad\left\{\begin{aligned}&\psi_d=-x_d i_d+x_{ad}i_f+x_{ad}i_D\\&\psi_q=-x_q i_q+x_{aq}i_Q\\&\psi_f=-x_{ad}i_d+x_f i_f+x_{ad}i_D\\&\psi_D=-x_{ad}i_d+x_{ad}i_f+x_D i_D\\&\psi_Q=-x_{aq}i_q+x_Q i_Q\end{aligned}\right. \tag{2-107}$$

上述方程可用图 2-49 所示的等值电路表示。

图 2-49（a）中示出了 qd 坐标和电流 i_d、i_q 的正向。图 2-49（b）中五个回路代表了五个绕组的电压方程；d 绕组和 q 绕组回路中存在两个电势：变压器电势和发电机电势，注意 d 回路中两个电势的方向相反。图 2-49（c）中五个回路代表了五个绕组的磁链方程，图中标出了每个回路电流的正向，读者不难列出回路方程验证其正确性。列写时须注意电抗之间的关系，如 $x_d=x_l+x_{ad}$，$x_f=x_{fl}+x_{ad}$，$x_D=x_{Dl}+x_{ad}$，$x_q=x_l+x_{aq}$，$x_Q=x_{Ql}+x_{aq}$。这些

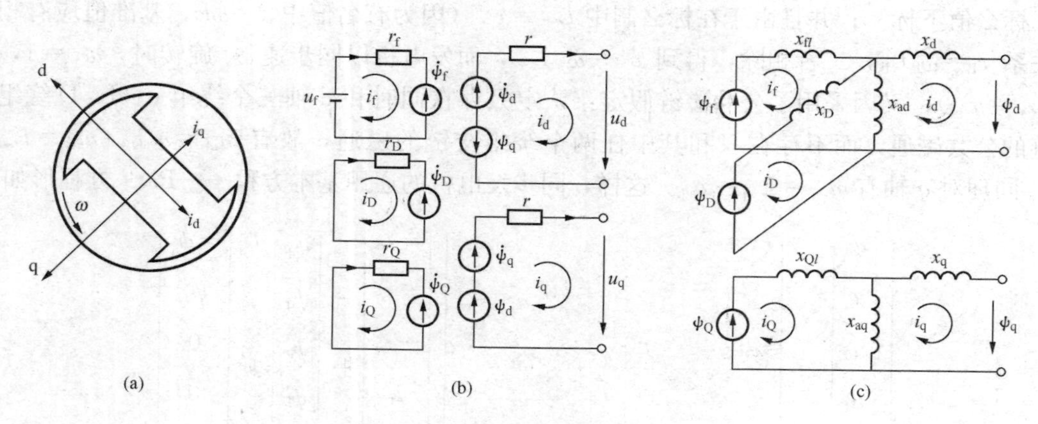

图 2 - 49 Park 方程的等值电路

(a) 坐标和电流正向；(b) 电压方程等值电路；(c) 磁链方程等值电路

本是电机参数的基本关系，从磁路角度应不难理解。

至此，同步发电机的基本方程已推导完毕，等值电路给出了它的形象表达，达到了从电路的角度表述其电磁关系的目的。有几点说明：

(1) 同步发电机的基本方程有多种形式，其中最具代表性的是两种：一是上文介绍的 Park 方程；一是由苏联学者 Горев（戈列夫）于 1930 年提出的 Горев 方程。二者的差别在于：①选定的原始运行方式不同，即 Park 为过激，Горев 为欠激；②采用的坐标系统不同，即 Park 为 qd 坐标，Горев 为 dq 坐标，从而导致方程形式的差异。但二者实质一样：均为坐标变换，用在空间随转子一起旋转的 d、q、0 绕组代替在空间静止的 a、b、c 三相绕组，且均应用了法国 Blondel 提出的双反应原理。

(2) 有的文献对隐极发电机采用了不同的表达方式。隐极电机的转子不装设专门的阻尼绕组，但它实心锻钢转子中流动的涡流起着和阻尼绕组类似的作用。由于涡流既存在于转子的浅层表面，也存在于转子的深层，因此可增加一个代表深层涡流作用的等效绕组。这样，同步发电机的基本方程中增加一个电压方程和一个磁链方程。其推导过程并无原则上的差异。

(3) 在分析同步电机的专著中，除了 d q 0 坐标变换（Park 变换与 Горев 变换同称为 d q 0 坐标变换）外，还有等效二相 αβ0 变换、复数分量 120°变换、顺转逆转分量 f b c 变换等，它们各有所长，应用于不同的场合，虽然都不及 d q 0 变换应用广泛。

四、同步发电机的稳态运行方式

同步发电机的基本方程——Park 方程是分析各种运行状态下发电机行为的有力工具，既可分析稳态特性，也可分析暂态特性，特别在分析暂态特性时有独到的优点，这点将在第四章故障计算中介绍。作为它的应用，此处分析稳态运行方式。

稳态运行时，各磁链对时间的变化率为零，从而 $i_D=i_Q=0$，于是 Park 方程退化为

$$\text{电压方程}\quad\begin{cases}u_d=-ri_d-\psi_q\\u_q=-ri_q-\psi_d\\u_f=r_f i_f\end{cases}\tag{2-108}$$

$$\text{磁链方程}\quad \begin{cases} \psi_d = -x_d i_d + x_{ad} i_f \\ \psi_q = -x_q i_q \\ \psi_f = -x_{ad} i_d + x_f i_f \end{cases} \tag{2-109}$$

将式（2 - 109）中的前两式代入式（2 - 108）中的前两式，得到

$$u = u_d + ju_q = -r(i_d + ji_q) + x_q i_q - jx_d i_d + jx_{ad} i_f \tag{2-110}$$

定义$\dot{E}_q = jx_{ad} i_f$，并将各量表为相量形式，得到

$$\dot{U} = -r\dot{I} - jx_q\dot{I} - j(x_d - x_q) I_d + \dot{E}_q \tag{2-111}$$

再定义

$$\dot{E}_Q = \dot{U} + r\dot{I} + jx_q\dot{I} \tag{2-112}$$

于是式（2 - 111）成为

$$\dot{E}_q = \dot{E}_Q + j(x_d - x_q) I_d \tag{2-113}$$

由式（2 - 111）和式（2 - 112）可画出同步发电机稳态运行时的相量图和等值电路，如图 2 - 50 所示。

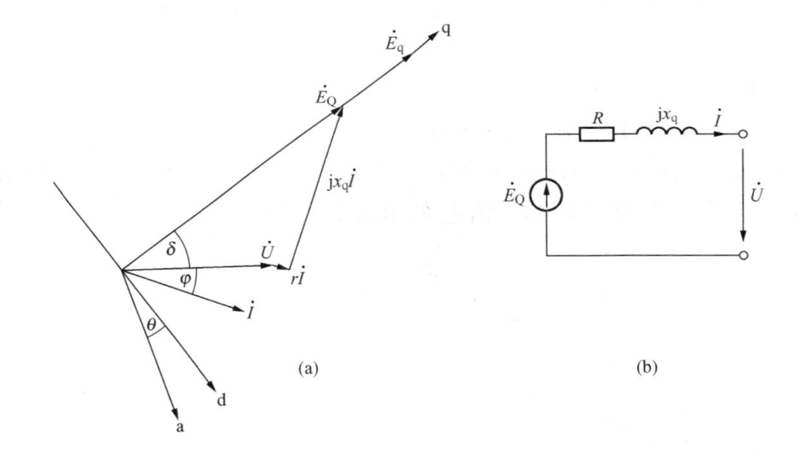

图 2 - 50　同步发电机稳态运行时的相量图（a）和等值电路（b）

有几点说明：

（1）$\dot{E}_q = jx_{ad} i_f$ 也称为发电机的空载电动势，因当$\dot{I}=0$时，由式（2 - 111）有$\dot{E}_q = \dot{U}$，即与发电机空载时的端电压相等，它正比于励磁绕组中的直流电流 i_f。注意：有载时其依然存在，只是不再等于端电压，需由式（2 - 144）计算

$$\dot{E}_q = \dot{U} + r\dot{I} + jx_q\dot{I} + j(x_d - x_q) I_d \tag{2-114}$$

式中：$I_d = I\sin(\delta + \varphi)$ 为电流$\dot{I}$的 d 轴分量。

此时 E_q 一般比 U 大得多。

（2）$\dot{E}_Q = \dot{U} + r\dot{I} + jx_q\dot{I}$ 称为发电机的 q 轴虚构电动势。它用以确定 q 轴的方向，并与发电机的内阻抗 $r + jx_q$ 一起组成发电机的一种模型，称为凸极机的等值隐极机模型，如图 2 - 50（b）所示。对隐极机，一般取 $x_d = x_q$，从而 $E_Q = E_q$，尽管实际上由于汽轮机转子上大齿的影响 x_d 总稍大于 x_q。

（3）相量图以发电机的端电压$\dot{U}$为参考相量画出。图中$\dot{E}_q$（或$\dot{E}_Q$）与电压$\dot{U}$之间的夹角

δ称为发电机的功率角，是一个标志发电机运行状况的重要物理量，其可由式（2-112）确定，也可由式（2-115）直接求得

$$\delta=\arctan\frac{U\sin\varphi+Ix_q}{U\cos\varphi+rI}-\varphi \tag{2-115}$$

式中：φ为功率因数角，即$\dot{U}$与$\dot{I}$间的夹角。

式（2-115）不难由相量图推出。

（4）一般，发电机的电阻r远小于其同步电抗x_d、x_q，常忽略不计，此时有十分简洁的关系式：$\dot{E}_q=r\dot{I}+jx_q\dot{I}$，$E_q=U_q+x_dI_d$，式中，$U_q=U\cos\delta$为电压$\dot{U}$的q轴分量。

【例2-7】 已知一同步发电机的参数为：$x_d=1.2$，$x_q=1.0$，$\cos\varphi_N=0.85$，电阻不计，试作出其额定运行时的相量图和等值电路。

解 额定运行时$U=1$，$I=1$，$\cos\varphi=\cos\varphi_N$，$s=1$。取发电机的端电压为参考相量，$\dot{U}=1\angle 0°$，从而

$$\dot{I}=I\angle -\cos^{-1}\varphi_N=1\angle -\cos^{-1}0.85=1\angle -31.788°$$

于是

$$\dot{E}_Q=\dot{U}+jx_q\dot{I}=1\angle 0°+j1\times 1\angle -31.788°=1.7474\angle 29.106°$$
$$I_d=I\sin(\delta+\varphi)=1\sin(29.106°+31.788°)=0.8737$$
$$E_q=E_Q+(x_d-x_q)I_d=1.7474+(1.2-1.0)\times 0.8737=1.9221$$

由此作出额定运行时的相量图和等值电路如图2-51所示。

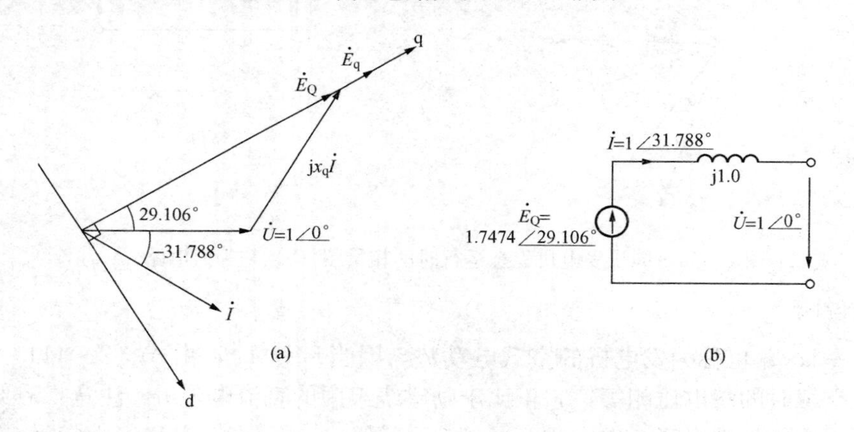

图2-51 ［例2-7］的相量图（a）和等值电路（b）

五、发电机的功率方程和P-Q极限图

利用三相电路中标幺制形式的基本关系可得到发电机的功率为

$$\dot{S}_G=\dot{U}_G\overset{*}{I}_G=(U_d+jU_q)(I_d-jI_q)=(U_dI_d+U_qI_q)+j(U_qI_q-U_dI_q)=P_G+jQ_G \tag{2-116}$$

稳定运行时$\dot{\psi}_d=\dot{\psi}_q=0$，不计电阻$r$，由式（2-108）和式（2-109）有

$$\begin{cases}E_q=U_q+x_dI_d\\0=U_d-x_qI_q\end{cases} \tag{2-117}$$

代入式（2-116），得到

$$\begin{cases} P_G=\dfrac{E_qU}{x_d}\sin\delta+\dfrac{U^2}{2}\left(\dfrac{1}{x_q}-\dfrac{1}{x_d}\right)\sin2\delta \\ Q_G=\dfrac{E_qU}{x_d}\cos\delta-U^2\left(\dfrac{\cos^2\delta}{x_d}+\dfrac{\sin^2\delta}{x_q}\right) \end{cases} \tag{2-118}$$

对隐极机，因 $x_d=x_q$，有

$$\begin{cases} P_G=\dfrac{E_qU}{x_d}\sin\delta \\ Q_G=\dfrac{E_qU}{x_d}\cos\delta-\dfrac{U^2}{x_d} \end{cases} \tag{2-119}$$

以上即同步发电机的功率方程。稳态运行时，功率角 δ 为一定值，因此发电机就是一个运行在端电压 U_G 下向系统发出功率 $\dot{S}_G=P_G+jQ_G$ 的电源。从而 U_G、δ_G、P_G 和 Q_G 便是表征发电机稳态运行状态的四个物理量。电力系统的潮流计算和正常运行时的质量控制及经济调度就是针对这些量进行的。

在同步发电机稳态运行相量图的基础上可作出发电机的 P-Q 极限图。

以隐极机为例，不计定子绕组电阻 r，取发电机额定电压 $\dot{U}_N$ 为参考相量，首端为 O'，末端为 O，以 O 点为 PQ 坐标系的原点，横轴为无功功率 Q，纵轴为有功功率 P，画出相量图，如图 2-52 所示。图中 A 点代表发电机的额定运行点，OA 为 $jx_q\dot{I}_N$，正比于发电机定子额定电流 I_N，取它代表发电机的额定视在功率 S_{GN}，其在横轴 Q 上的投影为 $Q_{GN}=S_{GN}\cos\varphi_N$，在纵轴 P 上的投影为 $P_{GN}=S_{GN}\cos\varphi_N$，$O'A$ 是发电机额定运行时的空载电动势，$\dot{E}_q$ 正比于发电机的额定励磁电流 I_{fN}（因为 $E_q=x_{ad}I_f$）。发电机运行时，要受限于额定定子电流 I_N、额定励磁电流 I_{fN} 和额定有功功率 P_{GN}。于是 BAC 便组成了发电机的 P-Q 极限图。图中直线 BA 代表有功功率限值 P_{GN}；曲线 AC 是以 O' 为圆心，$O'A$ 为半径的圆弧，代表励磁电流的限值 I_{fN}；曲线 AD 是以 O 为圆心、OA 为半径的圆弧，代表发电机定子电流的限值 I_N。

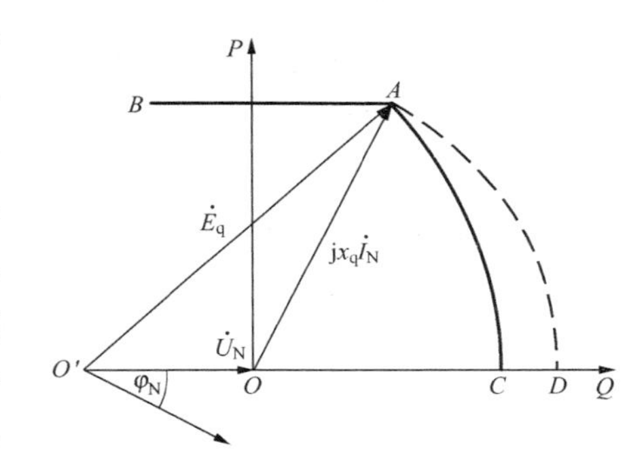

图 2-52　发电机的 P-Q 极限图

由图 2-52 可见，只有在额定状态下，即在 A 点运行时，发电机才得到最充分的利用：$S=S_{GN}$，$P=P_{GN}$，$Q=Q_{GN}$，$I=I_N$，$I_f=I_{fN}$，$U_G=U_{GN}$，$\cos\varphi=\cos\varphi_N$。一般情况下，发电机的运行不应超过 BA 和 AC 围成的边界，故称其为发电机的 P-Q 极限图。

发电机的 P-Q 极限图是一个非常重要的图，发电厂的运行人员和调度中心的调度人员在工作中必须遵循它。

本节对电力系统中是最重要和最复杂的元件——发电机——进行了分析。从用电路表述其电磁关系的角度出发，先推导了原始的电压方程和磁链方程，由于其对空间静止不动的定子 a、b、c 三相绕组直接列写，有不少电感系数时变，不便使用。为此引入 Park 变换，解决了上述困难，得到了同步发电机的基本方程——Park 方程。这组方程既适用于分析发电机的稳态行为，也适用于而且更适用于发电机暂态行为的分析。作为它的初步应用，推导了发电机稳态运行时的方程、相量图、等值电路、功率方程和P-Q极限图。

Park变换是本课程的难点之一，须仔细揣摩、认真体会。其本质，从数学上讲，是坐标变换，也是一种线性变换，它利用定子电感系数矩阵三个特征根对应的特征向量组成的变换矩阵实现解耦。从物理上讲，是一种定子绕组的等效代换，用和转子一起旋转的d、q、0三个绕组代替在空间静止不动的定子a、b、c三相绕组，使得各绕组链通所经磁路的磁导恒定，从而解决了电感系数时变问题，得到了Park方程，为分析同步电机提供了强有力的工具。第四章同步发电机的突然三相短路分析中将进一步介绍它的应用。

第五节 电力系统的等值电路

在以上四节分别阐述了电力系统四大元件——负荷、电力线路、变压器和发电机——的特性、参数和等值电路的基础上，本节进而讨论如何形成全系统的等值电路。

制订全系统等值电路的目的是将各个孤立的元件形成一个有机的整体，以便进行有关的计算和分析。

前已述及，由于存在着有名制和标幺制两种单位制，从而电力系统的等值电路也有有名制和标幺制之分；同时由于变压器的存在使得电力系统是一个多电压级系统，如在本章第三节变压器中已介绍的，其计算既可将变压器表示为Γ形等值电路后采用归算的方法，也可采用无需归算的变压器π形等值电路法。由此，共有四种类型的等值电路可用于电力系统计算：归算的有名制等值电路，不归算的有名制等值电路，归算的标幺制等值电路和不归算的标幺制等值电路。

虽然这四种等值电路均可用于电力系统计算，但有的较繁，有的较简。对归算的等值电路，无论是有名制还是标幺制，因其需归算和反归算，加之电力系统中变压器数量很多，从而其运算很繁，同时变压器变比一旦变化便需完全重新归算，所以实际中不采用；对不归算的有名制等值电路，虽无上述缺点，但有如下弊端：元件参数相差太大，求得的电压、电流数值也相差很大，不易判断其正确性。经过长期实践，在电力系统计算中现均采用不归算的标幺制等值电路，简称标幺制等值电路或等值电路。下面就讨论这类等值电路的制订方法。

一、标幺制等值电路

由第一章第五节关于标幺制的介绍可知，应用标幺制的关键在于选取基准值，电力系统中归结为选取基准功率S_B和基准电压U_B。现要制订全系统等值电路，基准功率的选取并无困难，仍取某一整数，如100MVA，或系统中最大容量机组的视在功率，而且对整个系统不管哪一电压级都统一；然而基准电压的选取却非易事：因电力系统是"多电压级"系统，现又不采用归算法，所以应有多个基准电压。要处理的第二个问题是如何将每个元件的参数，不管是以自身参数为基准表示的标幺值或百分值（如发电机、变压器、电抗器等），还是有名值（如电力线路），统一表示为全系统共同基准上的标幺值。下面分别讨论之。

（一）基准电压的确定

对于上述第一个问题，如何确定每个电压级的基准电压，解决的办法是：借助基本级和变压器变比的概念，由基本级的基准电压U_B和各电压级之间的基准电压比k_B就可定出每个电压级的基准电压U_{iB}。所谓基本级是指用作基点的电压级，基本级的基准电压U_B，一般取该级的额定电压U_N或平均额定电压$U_{av\,N}$；所谓基准电压比类似于变压器变比，定义为一次基准电压U_{1B}和二次基准电压U_{2B}之比，即$k_B=U_{1B}/U_{2B}$。于是，在选取了基本级的基准电压U_B和电压级之间的基准电压比k_B后，经过简单的计算便可求出各个电压级的基准电压U_{iB}。

关于基准电压比的选择，虽然原则上可任意，不会影响最终以有名值表示的计算结果，但实际中为达到简化计算的目的，常采用如下三种选择：

（1）选基准电压比等于各变压器的实际变比，即选$U_{1B}=U_1$，$U_{2B}=U_2$，从而$k_B=k_T$。这种选择优点是此时变压器的标幺变比$k_{T*}\equiv1$（称为标准变比），从而简化了等值电路，相当于省去了与变压器阻抗相串联的理想变压器，π形等值电路退化为简化等值电路。这种选择的缺点是：对电磁环网（指含有变压器的环形网络），当变压器的变比不匹配时会出现基准电压无法确定的问题，也称参数难以归算的问题。如图2-53所示电磁环网，选网络中最高电压级220kV为基本级，取$U_{\mathrm{II}B}=220$kV，并取基准电压比等于各变压器的实际变化。由此按顺时针方向$U_{\mathrm{III}B}=220\times121/220=121$kV，$U_{\mathrm{IV}B}=121\times11/110=12.1$kV，$U_{\mathrm{I}B}=121\times10.5/121=10.5$kV。这样出现一个问题：同是10kV级的第Ⅰ段和第Ⅳ段，基准电压却不相同，一个为10.5kV，一个为12.1kV。再者，如按逆时针方向却有$U_{\mathrm{I}B'}=220\times10.5/242=9.5455$kV。同是第Ⅰ段，却出现了两个基准电压。选何者呢？难以确定！此外，这种选择方法还有一个缺点：当电压级较多时，由于变压器变比的原因会使某些电压级的基准电压与额定电压相去甚远，从而使得对所求电压值的判断不够直观。例如，求得的电压为1.2（标幺值）如基准电压为U_N和U_{avN}，便可判断该点电压太高；如基准电压与U_N相去甚远，则难以判断。所以这种基准电压比的选择方法仅用于某些极简单系统，一般用于教科书例题或习题中，实际电力系统中并不采用，而是采用下面的两种选择方法。

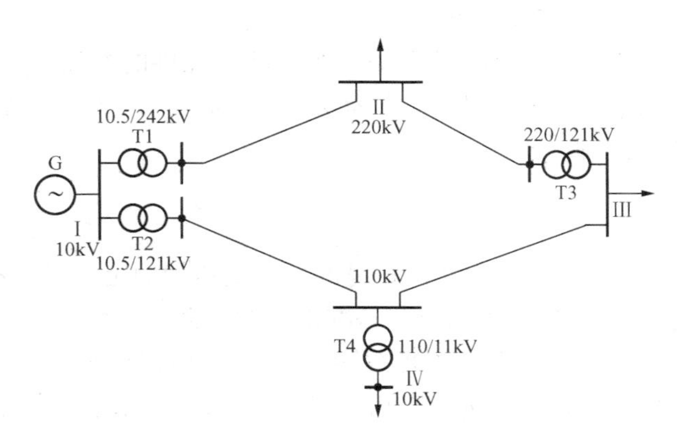

图2-53　电磁环网中的参数归算

（2）选基准电压比等于各电压级的额定电压U_{iN}或平均额定电压U_{iavN}之比。从而，各电压级的基准电压就等于该级的额定电压或平均额定电压，即$U_{iB}=U_{iN}$（U_{iavN}）。这种选择的优点是：基准电压一目了然，易于直观判断所得电压结果的高低，从而可省去将其还原为有名值的步骤，不会出现上述基准电压难以确定的问题。这种选择的缺点是：此时变压器的标幺变比$k_{T*}\neq1$（称为非标准变比），如手算，会增加一定难度，但用计算机计算时，均将其表示为π形等值电路，作为一条支路，和电力线路一样对待，几乎不增加难度。所以这种基准电压比的选择方法得到了广泛应用。在我国，习惯上取基准电压等于该级的平均额定电压，平均额定电压的值见表1-2。

（3）仍取基准电压等于平均额定电压，并同时认为系统中所有的额定电压就等于其平均额定电压。这意味着变压器的标幺变比$k_{T*}\equiv1$。所以这种选择方法集中了前两种方法的优点：既简化了变压器的等值电路，又不会出现基准电压难以确定的问题，基准电压也一目了然，但其计算精度降低。因其为近似计算：用平均额定电压近似各元件的实际额定电压，故仅用于某些精度要求不高的场合，如电力系统的故障计算。

综上，多电压级系统中基准电压的选择方法为：

$$\begin{cases}\text{极简单系统（例题、习题）：选基本级，}U_B=U_N\text{；由 }k_B=k_T\text{ 求出各级基准电压。}\\ \text{实际系统：}U_{iB}=U_{iav\,N}\begin{cases}k_{T*}\neq 1\text{，为准确计算。}\\ k_{T*}\equiv 1\text{，且 }U_{iN}=U_{iav\,N}\text{，为近似计算。}\end{cases}\end{cases}$$

（二）参数化标幺

对于上述第二个问题，如何将各元件的参数化为标幺值，采用的方法是：如元件的阻抗为有名值，则其标幺值为 $Z_*=ZS_B/U_B^2$；如元件的阻抗是以自身定值为基准的标幺值 $Z_{*(N)}$，则

$$Z_{*(B)}=Z_{*(N)}\frac{U_N^2}{S_N}\frac{S_B}{U_B^2} \tag{2-120}$$

式中：U_N、S_N 为元件自身的额定电压和额定容量，$Z_{*(N)}$ 为元件以自身额定值为基准的阻抗标幺值，$Z_{*(B)}$ 为用公共基准表示的标幺值。

式（2-120）可理解为：先将以其自身额定值为基准的标幺值乘以自身的基准阻抗 $Z_{NB}=U_N^2/S_N$，还原为有名值，然后再除以共同的基准阻抗 $Z_B=U_B^2/S_B$ 便得到公共基准表示的标幺值。

也可推导如下：因用绝对值表示的有名值唯一，故

$$Z=Z_{*(N)}Z_{NB}=Z_{*(N)}U_N^2/S_N=Z_{*(B)}Z_B=Z_{*(B)}U_B^2/S_B \tag{2-121}$$

从而得到式（2-120）。

进行上述换算时有几点值得注意：

（1）如已知的是以元件自身额定值为基准的百分值，则需先除以 100，然后再代入公式。

（2）电抗器的额定标幺值是以其自身额定电压和额定电流为基准表示的，故其换算式为

$$X_{R*(B)}=X_{R*(N)}\frac{U_N}{\sqrt{3}I_N}\frac{S_B}{U_B^2} \tag{2-122}$$

（3）发电机的额定容量为 $S_{GN}=P_{GN}/\cos\varphi_N$。

（4）对变压器，由于其有几个额定电压，故式（2-120）中的 U_N 取哪一侧的额定电压时，U_B 也应取相应的基准电压，从而得到的参数就是换算至该侧的标幺值，为统一起见，建议换算至一次。

（5）近似计算时，因 $U_B=U_{av\,N}$，同时取 $U_N=U_{av\,N}$，故换算公式为

$$Z_{*(B)}=Z_{*(N)}S_B/S_N$$

对电抗器，则为

$$X_{R*(B)}=X_{R*(N)}S_B/(\sqrt{3}I_NU_B)$$

下面以一实例说明。

【例 2-8】 试用归算的有名制和不归算的标幺制（基准电压比的选择用三种方法）计算图 2-54 所示简单电力系统中负荷的端电压及发电机的空载电势。设发电机端电压为 10.5kV，负荷用恒定阻抗表示，并联导纳及变压器的电阻不计，其他数据列于下：

汽轮发电机 G：QF2-25-2 型，25MW，$x_d=1.5$，$\cos\varphi_N=0.8$；

升压变压器 T1：SFL1-31500 型，31.5MVA，10.5/121kV，$U_s\%=10.5$；

架空线 L：80km，$r_1=0.21\Omega/\text{km}$，$x_1=0.415\Omega/\text{km}$；

降压变压器 T2：SFL1-16000 型，16MVA，110/6.6kV，$U_s\%=10.5$；

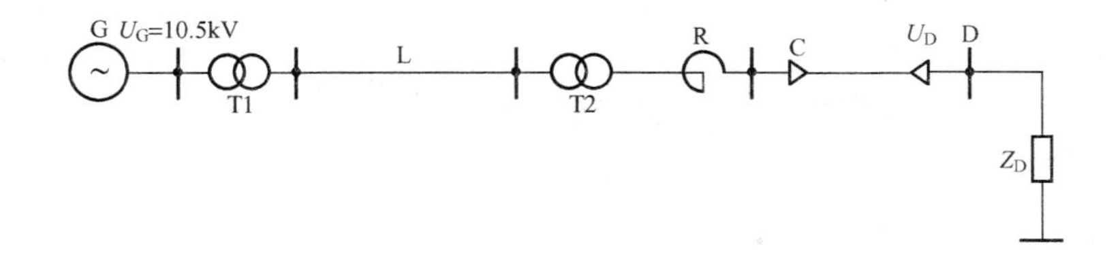

图 2-54　[例 2-8] 系统图

电抗器 R：NKL-6-1000-5 型，6kV，1kA，$X_R\%=5$；

电缆 C：ZLQ2-3×70 型，$r_1=0.26\Omega/\text{km}$，$x_1=0.072\Omega/\text{km}$，1km；

负荷 D：$Z_D=2.54+\text{j}2.208\Omega$。

解　(1) 有名制：取 10kV 为基本级，将所有元件的参数归算至 10kV 级，计算如下：

G：$x_d=\dfrac{x_d U_{GN}^2}{S_{GN}}=1.5\times\dfrac{10.5^2}{25/0.8}=5.292\ (\Omega)$，无须归算。

T1：$X_{T1}=\dfrac{U_s\%}{100}\dfrac{U_N^2}{S_N}=\dfrac{10.5}{100}\times\dfrac{10.5^2}{31.5}=0.3675\ (\Omega)$，无须归算。

L：$R_L=0.21\times80=16.8\Omega$，归算后 $R'_L=16.8\times(10.5/121)^2=0.1265\ (\Omega)$；

$X_L=0.415\times80=33.2\Omega$，归算后 $X'_L=33.2\times(10.5/121)^2=0.25\ (\Omega)$。

T2：$X_{T2}=\dfrac{U_s\%}{100}\dfrac{U_N^2}{S_N}=\dfrac{10.5}{100}\times\dfrac{110^2}{16}=79.406\ (\Omega)$；

$$X'_{T2}=79.406\times(10.5/121)^2=0.5979\ (\Omega)。$$

R：$X_R=\dfrac{X_R\%}{100}\dfrac{U_N}{\sqrt{3}I_N}=\dfrac{5}{100}\dfrac{6}{\sqrt{3}\times1}=0.1732\ (\Omega)$；

$X'_R=0.1732\ (10.5/12)^2\ (110/6.6)^2=0.3623\ (\Omega)$。

C：$R_C=r_1 l=0.26\times1=0.26$，$R'_C=0.26\times(10.5/121)^2\times(110/6.6)^2=0.5438\ (\Omega)$；

$X_C=x_1 l=0.072\times1=0.072$，$X'_C=0.072\times(10.5/121)^2\times(110/6.6)^2=0.1506\ (\Omega)$。

D：$Z_D=2.54+\text{j}2.208\Omega$；

$Z'_D=(2.54+\text{j}2.208)\times(10.5/121)^2\times(110/6.6)^2=5.3130+\text{j}4.6185\Omega=7.0398\angle41^\circ\ (\Omega)$。

$\Sigma Z=R'_L+R'_C+Z'_D+\text{j}\ (X_{T1}+X'_L+X'_{T2}+X'_R+X'_C)=5.9833+\text{j}6.3468=8.7225\angle46.69^\circ\ (\Omega)$。

所以$\dot{I}'=\dfrac{\dot{U}_G/\sqrt{3}}{\Sigma Z}=\dfrac{10.5\angle0^\circ\ /\sqrt{3}}{0.6950\angle46.69^\circ}=0.6950\angle-46.69^\circ\ (\text{kA})$。注意计算电流时应将电压除以$\sqrt{3}$。

$$U_D=\sqrt{3}Z'_D I'/k_1k_2=\sqrt{3}\times7.0398\times0.6950\Big/\left(\frac{10.5}{121}\times\frac{110}{6.6}\right)=5.859\ (\text{kV})；$$

$\dot{E}_q=\dot{U}_G+\sqrt{3}\text{j}x_d\ \dot{I}'=10.5\angle0^\circ+\sqrt{3}\text{j}5.292\times0.6950\angle-46.69^\circ=15.7539\angle16.104^\circ\ (\text{kV})$。

如取 110kV 或 6kV 为基本级，计算过程相似，结果应相同，可作为练习完成。

（2）标幺制，取 $S_B=100MVA$。

1）取 $k_B=k_T$，以 110kV 为基本级，$U_B=110kV$，于是

$$U_{IB}=110\times10.5/121=9.5455kV，U_{IIB}=110\times6.6/100=6.6kV$$

各元件参数的标幺值计算如下：

G：$x_{d*}=x_{d(N)}\frac{U_{GN}^2}{S_{GN}}\frac{S_B}{U_B^2}=1.5\times\frac{10.5^2}{25/0.8}\times\frac{100}{9.5455^2}=5.8079$；

T1：$X_{T1*}=\frac{U_B\%}{100}\frac{U_N^2}{S_N}\frac{S_B}{U_B^2}=\frac{10.5}{100}\times\frac{10.5^2}{31.5}\times\frac{100}{9.5444^2}=0.4033$；

L：$R_{L*}=16.8\times\frac{100}{110^2}=0.1388$，$X_{L*}=33.2\times\frac{100}{110^2}=0.2744$；

T2：$X_{T2*}=\frac{10.5}{100}\times\frac{110^2}{10}\times\frac{100}{110^2}=0.6562$；

R：$X_{R*}=\frac{5}{100}\times\frac{6}{\sqrt{3}\times1}\times\frac{100}{6.6^2}=0.3976$；

C：$R_{C*}=0.26\times\frac{100}{6.6^2}=0.5969$，$X_{C*}=0.072\times\frac{100}{6.6^2}=0.1653$；

D：$Z_{D*}=(2.54+j2.208)\times100/6.6^2=5.8310+j5.0689=7.7262\angle41.0°$；

U_G：$U_{G*}=10.5/9.5455=1.1$。

所以$\dot{I}_*=\dot{U}_{G*}/\Sigma Z_*=1.1\angle0°/(6.5667+j6.9659)=0.1149\angle-46.69°$，从而

$U_{D*}=Z_{D*}I_*=7.7262\times0.1149=0.8874$

$U_D=U_{D*}U_B=0.8874\times6.6=5.8591$（kV）

$\dot{E}_{q*}=\dot{U}_{G*}+jx_{d*}\dot{I}_*=1.1\angle0°+j5.8079\times0.1149\angle-46.69°=1.6504\angle16.1°$

$$E_q=E_{q*}U_B=1.6504\times9.5455=15.7539\text{（kV）}$$

结果与有名制时相同，理应如此！另请注意标幺制中计算 I_* 和 U_* 时表达式中均无$\sqrt{3}$，这是和有名制时不同的地方。前已多次指出，此处再次重申。

2）取 $U_{iB}=U_{iav\,N}$，即 $U_{IB}=10.5kV$，$U_{IIB}=115kV$，$U_{IIIB}=6.3kV$，从而各元件参数的标幺值计算如下：

G：$x_{d*}=1.5\times\frac{10.5^2}{25/0.8}\times\frac{100}{10.5}=4.8$；

T1：$X_{T1*}=\frac{10.5}{100}\times\frac{10.5^2}{31.5}\times\frac{100}{10.5^2}=0.3333$，$k_{T1*}=\frac{10.5/10.5}{121/115}=0.9504$；

L：$R_{L*}=16.8\times\frac{100}{115^2}=0.1270$，$X_{L*}=33.2\times\frac{100}{115^2}=0.2510$；

T2：$X_{T2*}=\frac{10.5}{100}\times\frac{110^2}{16}\times\frac{100}{115^2}=0.6004$，$k_{T2*}=\frac{110/115}{6.6/6.3}=0.9130$；

R：$X_{R*}=\frac{5}{100}\times\frac{6}{\sqrt{3}}\times\frac{100}{6.3^2}=0.4364$；

C：$R_{C*}=0.26\times\frac{100}{6.3^2}=0.6551$，$X_{C*}=0.072\times\frac{100}{6.3^2}=0.1814$；

D：$Z_{D*}=(2.54+j2.208)\times\frac{100}{6.3^2}=6.3996+j5.5631=8.4796\angle41.0°$；

U_G：$U_{G*}=10.5/10.5=1$。

此时等值电路如图 2-55 所示。

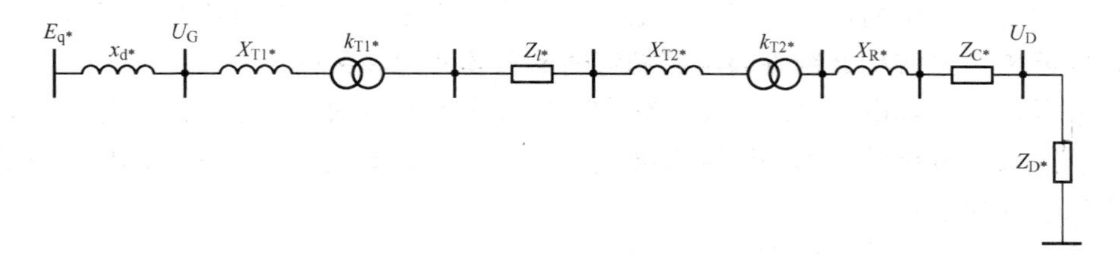

图 2-55　[例 2-8] 标幺制等值电路

为求解上述电路，要将变压器表为π形等值电路，而后由节点电压法求解。这一过程可作为练习完成，此处采用归算方法直接求解，得

$$\dot{I}_*=\dot{U}_{G*}/\left[jX_{T1*}+k_{T1*}^2(R_L+jX_{L*}+jX_{T2*})+(k_{T1}k_{T2})^2(jX_{R*}+Z_{C*}+Z_{D*})\right]$$

$$=1\angle 0^\circ/7.9107\angle 46.69^\circ=0.1264\angle -46.69^\circ$$

从而
$$U_{D*}=k_{T1*}k_{T2*}|Z_{D*}|I_*=0.9504\times 0.9130\times 8.4796\times 0.1264=0.9300$$

$$U_D=0.9300\times 6.3=5.8592\ (\text{kV})$$

$$\dot{E}_{q*}=\dot{U}_{G*}+jx_{d*}\dot{I}_*=1\angle 0^\circ+j4.8\times 0.1264\angle -46.69^\circ=1.5004\angle 16.104^\circ$$

$$E_q=1.5004\times 10.5=15.7539\ (\text{kV})$$

结果亦同前，因均为准确计算。

3）近似计算：仍取 $U_{\text{I}B}=10.5\text{kV}$，$U_{\text{II}B}=115\text{kV}$，$U_{\text{III}B}=6.3\text{kV}$，并取 $U_N=U_{avN}$。此时 $k_{T1*}=k_{T2*}=1$。各元件参数计算如下：

G：$x_{d*}=1.5\times\dfrac{100^2}{25/0.8}=4.8$；

T1：$X_{T1*}=\dfrac{10.5}{100}\times\dfrac{100}{31.5^2}=0.3333$；

L：$R_{L*}=16.8\times\dfrac{100}{115^2}=0.1270$，$X_{L*}=33.2\times\dfrac{100}{115^2}=0.2510$；

T2：$X_{T2*}=\dfrac{10.5}{100}\times\dfrac{100^2}{16}=0.6563$；

R：$X_{R*}=\dfrac{5}{100}\times\dfrac{100}{\sqrt{3}\times 1\times 6.3}=0.4582$；

C：$R_{C*}=0.26\times\dfrac{100}{6.3^2}=0.6551$，$X_{C*}=0.072\times\dfrac{100}{6.3^2}=0.1814$；

D：$Z_{D*}=(2.54+j2.208)\times\dfrac{100}{6.3^2}=6.3996+j5.5631=8.4796\angle 41.0^\circ$；

U_G：$U_{G*}=10.5/10.5=1$。

此时由于 $k_{T1*}=1$，故可直接求得

$$\dot{I}_*=\dot{U}_{G*}/\Sigma Z_*=1\angle 0^\circ/10.3431\angle 46.025^\circ=0.0967\angle -46.025^\circ$$

从而
$$U_{D*}=Z_{D*}I_*=0.0967\times 8.4796=0.8198$$

$$U_D=0.8198\times 6.3=5.1649\ (\text{kV})$$

$\dot{E}_{q*}=\dot{U}_{G*}+jx_{d*}\dot{I}_{*}=1\angle 0°+j4.8\times0.0967\angle -46.225°=1.3638\angle 14.117°$

$E_q=1.3638\times10.5=14.3199$ (kV)

由以上计算可见，此法简便，但产生一定误差，故仅应用于精度要求不高的场合。

二、实际电力系统标幺制等值电路制订时的具体考虑和实例

上已叙及，在实际电力系统分析计算中，均采用不归算的标幺制方法制订电力系统等值电路，并且除故障分析外，均采用取基准电压等于平均额定电压的准确标幺制。现将此法的要点和步骤重述如下：

（1）选基准：取 $S_B=100$MVA，$U_{iB}=U_{i\,av\,N}$。

（2）化标幺：如已知阻抗为有名值，则 $Z_*=ZS_B/U_{iB}^2$；若已知阻抗为以自身额定值为基准的标幺值 $Z_{*(N)}$，则 $Z_*=Z_{*(N)}\dfrac{U_N^2}{S_N}\dfrac{S_B}{U_{iB}^2}$；若已知阻抗为百分值 $Z\%$，则 $Z_*=\dfrac{Z\%}{100}\dfrac{U_N^2}{S_N}\dfrac{S_B}{U_{iB}^2}$。

（3）计算：具体内容将在后面介绍。

（4）还原为有名值。对有的量，如电压和功率，因基准值显然，常省去此步。

此外，在制订等值电路时，可同时做一些简化，如：

有时，某个元件甚至部分系统可不出现在等值电路中。例如，将某些发电厂的高压母线视作电压恒定、输出功率给定的等值电源时，这些发电厂内部的元件，包括发电机和升压变压器，就不出现在等值电路中；又如，系统中的某一部分，对其不太关注时，也可以一定值的功率代之而不出现在等值电路中。

变压器的电阻一般均略去，其导纳支路或者略去，或者以一定功率（等于其不变损耗）代之，且将其归并在其他功率中。例如，对升压变压器，将其不变损耗归并在发电机发出的功率中（实为从发电机功率中减去变压器的不变损耗，称为等值电源功率），从而升压变压器的 Y_T 不再出现在等值电路中。而且由于升压变压器的一次与发电机直接相连，其额定电压为 $1.05U_N$，与平均额定电压 $U_{av\,N}$ 相同，从而 $U_{1*}=U_{1N}/U_{1B}=1$，又低压绕组不装分接头，故 $U_{1*}\equiv1$，而二次额定电压为 $1.1U_N$，和平均额定电压不等，又装有分接头，常随运行情况调节，故 $U_{2*}\neq1$。所以升压变压器常用图 2 - 56 所示的标幺值模型。

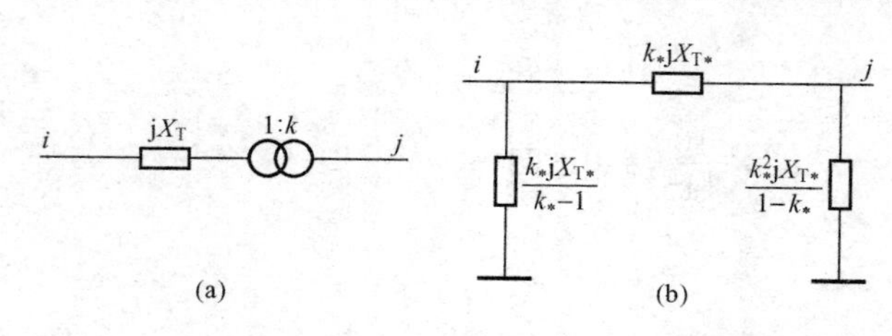

图 2 - 56　升压变压器的标幺制等值电路
（a）示意图；（b）等值电路

对降压变压器，则将其二次的负荷功率 $\dot{S}_D=P_D+jQ_D$ 与变压器自身的功率损耗（包括不变损耗和可变损耗）合并，得到该节点的等值负荷功率，从而降压变压器不再出现在等值电路中。上述处理过程中采用了假设条件 $U_T=U_N$。

制订电力系统的标幺制等值电路是电力系统课程中的重点和难点，也是进行有关计算和分析的基础，须认真领会，加强练习，以求熟练掌握，下面再举一例说明之。

【例 2 - 9】 如图 2 - 57 所示简单电力系统，各元件的有关数据如下：

汽轮发电机 G1：60MW，10.5kV，$\cos\varphi_N=0.8$。

水轮发电机 G2：50MW，10.5kV，$\cos\varphi_N=0.8$。

升压变压器 T1：63MVA，10.5/242kV，$U_s\%=12$，$\Delta P_0=98$kW，$I_0\%=3$。

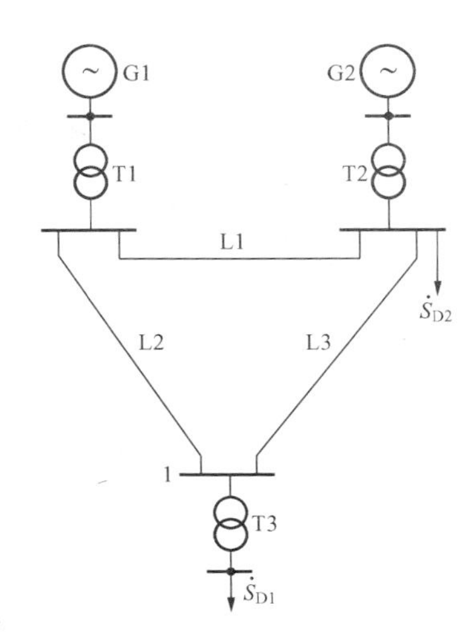

图 2-57　[例 2-9] 简单电力系统

升变变压器 T2：同 T1。

降压变压器 T3：100MVA，220/11kV，$\Delta P_s=510$kW，$U_s\%=13$，$\Delta P_0=140$kW，$I_0\%=2.8$。

输电线 L1：75km，$r_1=0.14107\Omega$/km，$x_1=0.4232\Omega$/km，$b_1=2.5205\times10^{-6}$S/km。

输电线 L2：10km，$r_1=0.13225\Omega$/km，$x_1=0.4232\Omega$/km，$b_1=2.6465\times10^{-6}$S/km。

输电线 L3：130km，$r_1=0.1221\Omega$/km，$x_1=0.4069\Omega$/km，$b_1=2.6174\times10^{-6}$S/km。

负荷 D1：$\dot{S}_{D1}=80+j40$MVA。

负荷 D2：$\dot{S}_{D2}=18+j12$MVA。

试制订该系统的标幺制等值电路。发电机 G1 和 G2 表示为电压恒定电源；节点 1 用等值负荷功率表示；变压器 T1 和 T2 的电阻不计，励磁导纳作为负荷功率并入发电机发出的功率中。

解　先求节点 1 的等值负荷功率

$$\dot{S}_1=\dot{S}_{D1}+\Delta\dot{S}_{T3}$$

$$=(80+j40)+\left[\left(\frac{140}{1000}+\frac{510}{1000}\times\frac{80^2+40^2}{100^2}\right)+j\left(\frac{2.8}{100}\times100+\frac{13}{100}\times\frac{80^2+40^2}{100^2}\right)\right]$$

$$=80.548+j53.2\ (\text{MVA})$$

再将各元件参数化为标幺值。取 $S_B=100$MVA，$U_B=U_{av\,N}$，有

$$\text{T1：}X_{T1*}=\frac{U_s\%U_N^2}{100}\frac{S_B}{S_N}\frac{S_B}{U_B^2}=\frac{12}{100}\times\frac{10.5^2}{6.3}\times\frac{100}{10.5^2}=0.1905$$

$$k_{T1*}=\frac{U_{1N}\big/U_{1B}\%}{U_{2N}}=1:1.0522$$

T2：同 T1，$X_{T2}=0.1905$，$k_{T2*}=1:1.0522$

$$\text{L1：}R_*=r_1l\frac{S_B}{U_B^2}=0.14104\times75\times\frac{100}{230^2}=0.02$$

$$X_*=x_1lS_B/U_B^2=0.4232\times75\times100/230^2=0.06$$

$$B_*/2=0.5b_1l\times U_B^2/S_B=0.5\times2.5205\times10^{-6}\times75\times230^2/100=0.05$$

$$\text{L2：}R_*=0.13225\times100\times100/230^2=0.025$$

$$X_*=0.423\times100\times100/230^2=0.08$$

$$B_*/2=0.5\times2.6465\times10^{-6}\times100\times230^2/100=0.07$$

$$\text{L3：}R_*=0.1221\times130\times100/230^2=0.03$$

$$X_*=0.4069\times13\times100/230^2=0.1$$

$B_*/2=0.5\times2.6174\times10^{-6}\times130\times230^2/100=0.09$

D：$\dot{S}_{D1}=0.8055+j0.5320$，$\dot{S}_{D2}=0.18+j0.12$

从而作出系统的标幺制等值电路如图 2 - 58 所示。

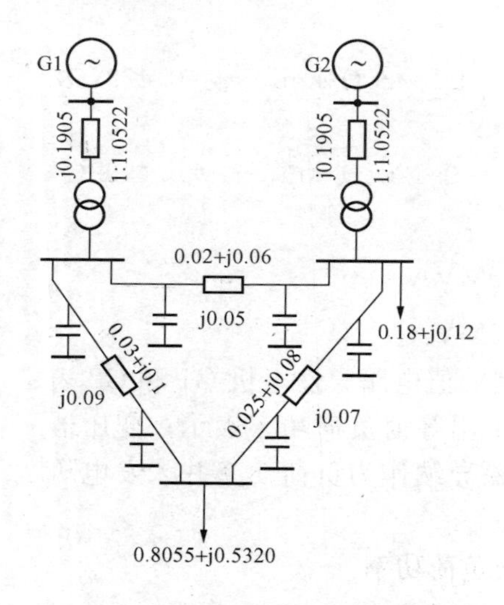

图 2 - 58 ［例 2 - 9］系统的标幺制等值电路

小　结

本章分别介绍了电力系统四大元件——负荷、电力线路、变压器和发电机——的特性、参数和等值电路，然后讨论了形成全系统等值电路的方法及注意事项。

本章内容十分丰富，有的是原有知识的复习和总结，有的是新的分析方法的引入，篇幅也较大，因而在每节末均进行了小结。

本章的重点是：建立在各个元件参数和等值电路基础上如何形成全系统的标幺制等值电路。多电压级系统中标幺制应用时电压基准的选取是关键，不同的选择有不同的特点。经过实践，电力系统分析中确定了常用的方法及实用的处理方式。本章的难点是发电机的基本方程和变压器的 π 形等值电路，须注意领会。

思考题和习题 2

2 - 1　何谓电力系统的负荷？发电负荷、供电负荷和综合用电负荷有何不同？三者之间有何关系？

2 - 2　何谓负荷曲线？常用的负荷曲线有哪几种？有何用途？

2 - 3　何谓负荷特性？如何分类？

2 - 4　何谓负荷的数学模型？常用的负荷数学模型有哪几种？

2 - 5　同样截面的导线，如 LGJ - 240 型导线，用于不同的电压等级，如 110kV 和 220kV，其电抗 x_1 是否相同？为什么？

2-6　分裂导线的电纳比同载流截面单导线大还是小？其对输电线的运行特性有何影响？

2-7　和架空线路相比，同截面同电压级电缆的电抗 x_1 是大还是小？电纳 b_1 是大还是小？为什么？

2-8　和架空线路相比，电能沿电缆的传输速度是快还是慢？为什么？查有关手册，进行计算，验证你的回答。

2-9　计算电抗 x_1 公式中的 R'_e 和计算电纳 b_1 公式中的 R_e 含义各是什么？为何前者用 R'_e 而后者用 R_e？

2-10　何谓输电线路的自然功率？为何希望输送的功率接近自然功率？

2-11　何谓短输电线路、中长输电线路和长输电线路？它们是相对于什么而言的？它们的等值电路有何不同？

2-12　长输电线路首端带电、末端空载时会出现什么现象？为何会出现这种现象？有何危害？如何防止？

2-13　在电力系统计算中，广泛采用变压器的何种等值电路？其优点何在？

2-14　同容量、同电压等级的升压变压器和降压变压器的参数是否相同？为什么？

2-15　自耦变压器与普通变压器相比有何优点？为何其总有一个容量较小且接成三角形的第三绕组？

2-16　三绕组变压器三个绕组的排列应遵循什么原则？升压变压器三个绕组如何排列？降压变压器三个绕组如何排列？其等值电路中哪一个绕组的等值电抗最小？为什么？

2-17　何谓变压器的铜耗和铁耗？何谓变压器的不变损耗和可变损耗？如何计算？

2-18　一用户将同电压级的升压变压器作为降压变压器使用，用户端电压是高了还是低了？

2-19　何谓同步发电机的原始基本方程？其为何不便于直接使用？是什么原因造成的？

2-20　为何要引入 Park 变换？Park 变换的实质是什么？

2-21　何谓发电机电动势？何谓变压器电动势？二者各有何特点？稳态运行时，上述两种电势均存在否？

2-22　E_q 是何电动势？E_Q 是何电动势？二者有何不同？有何联系？

2-23　试画出稳态运行时凸极发电机的相量图和等值电路。

2-24　何谓基本级？何谓基准电压比？制订电力系统标幺制等值电路时，常用的基准电压比有几种选择方法？各有何优缺点？各应用于什么场合？

2-25　何谓变压器的标准变比和非标准变比？变压器 π 形等值电路的标准情况指什么情况？在电力系统等值电路中常采用哪种表示方法？为何采用这种方法？

2-26　何谓变压器的等值负荷功率？如何计算？

2-27　110kV 母线上接有负荷 $\dot{S}_D=20+j15$MVA。试分别用阻抗和导纳表示该负荷，如取 $S_B=100$MVA，$U_B=U_{av\,N}$，将其表为以导纳表示的标幺制等值电路。

2-28　500kV 架空线长 600km，采用三分裂导线，型号为 LGJQ－400×3（计算半径 $R=13.7$mm），裂距 400mm，三相导线水平排列，线距 $D=11$m。试作出其等值电路并计算波阻抗 R_c、波长 λ、传播速度 v、自然功率 P_N、充电功率 Q_c 和末端空载时的电压升高率 ΔU。

2-29　试推导同杆架设的双回输电线每回的电感计算公式（换位）为

$$x_1 = 0.02\pi \ln \frac{D_m}{R'_e}$$

其中：$D_m = \sqrt[3]{\sqrt[4]{D_{12}D_{13}D_{15}D_{16}}\ \sqrt[4]{D_{21}D_{23}D_{24}D_{26}}\ \sqrt[4]{D_{31}D_{32}D_{34}D_{33}}}$

$$R'_e = \sqrt[3]{\sqrt{0.81Rd_{14}}\ \sqrt{0.81Rd_{25}}\ \sqrt{0.81Rd_{36}}}$$

式中各量含义见图 2-59。

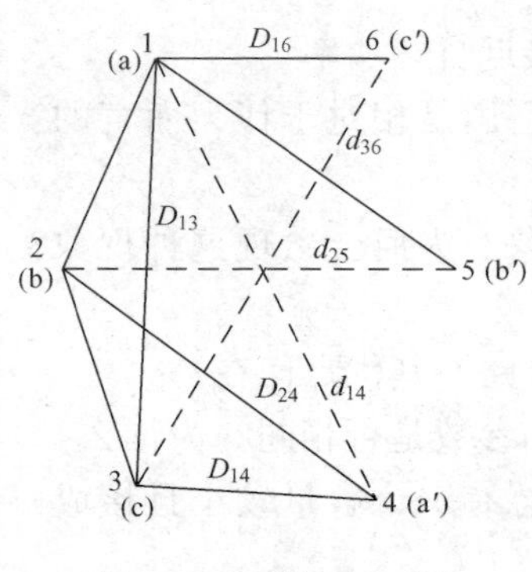

图 2-59　题 2-29 图

2-30　一变压器的等值电路如图 2-60 所示，试写出其 π 形等值电路的表达式。

2-31　OSFPSL1-120000/120000/60000 型号 220kV 三相三圈自耦变压器，额定电压为 220/121/115kV，短路损耗（未折算）为 $\Delta P_{s(1-2)} = 410$kW，$\Delta P_{s(1-3)} = 440$kW，$\Delta P_{s(2-3)} = 350$kW，短路电压百分值（已折算）为 $U_{s(1-2)}\% = 10.1$，$U_{s(1-3)}\% = 37.2$，$U_{s(2-3)}\% = 23.2$，空载数据为 $\Delta P_{0(1-2)} = 131.2$kW，$I_0\% = 0.5$。试求：①归算至原方的有名值参数，作出变压器的 π 形等值电路；②以自身额定值为基准的标幺值参数；③设二次绕组均带 50% 额定负荷，求变压器功率损耗。

2-32　按照 Горев（戈列夫）选定的原始运行状态和坐标系，列写原始基本方程和经过变换后的同步电机基本方程。

2-33　验证 L_d、L_q 和 L_0 为系数矩阵 $\boldsymbol{L}_{SS}$ 的特征根。

2-34　同步发电机定子三相分别通入电流：

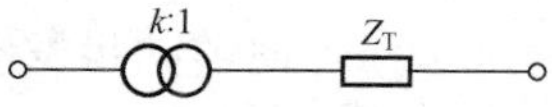

（1）倍额正序电流 $\begin{bmatrix} i_a \\ i_b \\ i_c \end{bmatrix} = I_m \begin{bmatrix} \cos(2\omega t + \theta_0) \\ \cos(2\omega t + \theta_0 + 120) \\ \cos(2\omega t + \theta_0 - 120) \end{bmatrix}$；

（2）基频负序电流 $\begin{bmatrix} i_a \\ i_b \\ i_c \end{bmatrix} = I_m \begin{bmatrix} \cos(\omega t + \theta_0) \\ \cos(\omega t + \theta_0 - 120) \\ \cos(\omega t + \theta_0 + 120) \end{bmatrix}$。

求 $\begin{bmatrix} i_d \\ i_q \\ i_0 \end{bmatrix}$。

k:1　　Z_T

图 2-60　题 2-30 图

2-35　同步发电机额定运行，$x_d = 1.1$，$x_q = 0.7$，$\cos\varphi_N = 0.8$，作相量图及等值电路，求其输出功率。

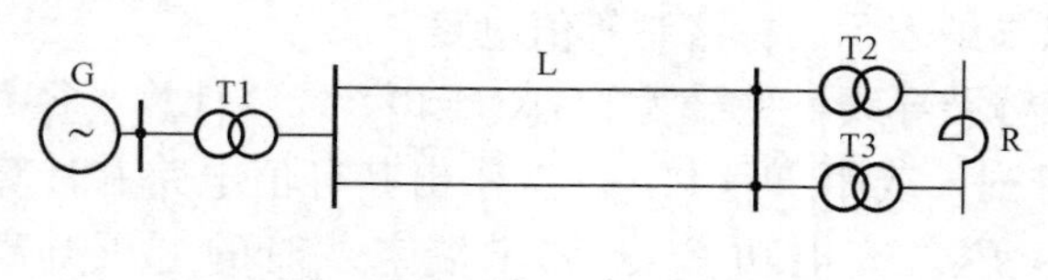

图 2-61　题 2-36 系统图

2-36　如图 2-61 所示简单电力系统，各元件有关参数如下：G：25MW，10.5kV，$x_d\% = 130$，$\cos\varphi_N = 0.8$；T1：31.5MVA，10.5/121kV，$U_s\% = 10.5$；L：100km；$x_1 = 0.4\Omega$/km；T2：15MVA，110/6.6kV，

$U_s\%=10.5$；R：6kV，1.5kA，$X_R\%=6$。试完成：①以110kV为基本级，作有名制等值电路；②取$S_B=100$MVA，按基准电压比的三种选择方法作标幺制等值电路。

2-37　如图2-62所示简单电力系统，各元件有关参数如下：G：100MW，10.5kV，$x_d=1.5$，$x_q=1.0$，$\cos\varphi_N=0.8$；T1：125MV，10.5/242kV，$U_s\%=12$；L：LGJQ-400导线，水平排列，线距6m，长度100km；T2：125MVA，220/121kV，$U_s\%=12$；系统S：$U_S=115$kV，输送至系统的功率为100MW，$\cos\varphi_N=0.98$。试不计元件电阻和并阻导纳，取$S_B=100$MVA，110kV为基本级，$U_B=115$kV，取$k_B=k_T$，作系统标幺制等值电路，求U_G、E_q并画出发电机运行于此状态的相量图。

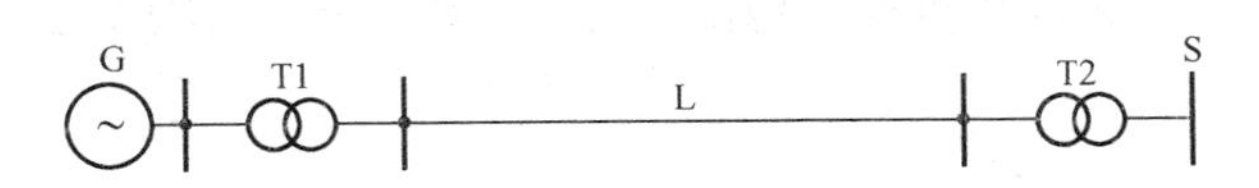

图2-62　题2-37系统图

2-38　某110kV降压变电所有两台额定量均为10MVA的变压器，两台变压器的参数相同：$\Delta P_s=74$kW，$U_s\%=10.5$，$\Delta P_0=26$kW，$I_0\%=1.5$，共同承担18MVA负荷。求此变电所等值负荷。

第二篇　电力系统的基本计算

本篇进入电力系统分析课程的核心部分——电力系统的基本计算。其内容包括第三章电力系统的潮流计算、第四章电力系统的故障分析及计算、第五章电力系统的稳定计算，常称电力系统的三大常规计算——潮流、短路和稳定。电力系统的基本计算既有自身独立的意义，又是电力系统设计、运行和研究的理论基础，其重要性自不待言。

第三章　电力系统的潮流计算

电压（包括幅值U和相位θ）和功率（包括有功功率P和无功功率Q）是表征电力系统稳态运行的主要物理量。所谓电力系统的潮流计算就是采用一定的方法确定系统中各处的电压和功率分布［实为功率流（power flow），但电力界惯称潮流］。电力系统的潮流计算和一般交流电路计算的根本差别在于：一般交流电路计算已知和待求的是电压和电流，而电力系统的潮流计算是电压和功率。正是这一差别决定了二者本质上的不同：描述交流电路特性的方程，如节点电压方程、回路电流方程，是线性方程，而描述电力系统稳态运行特性的潮流方程是非线性方程。以一条阻抗为Z的支路为例，描述其电路特性的方程$\dot{U}=Z\dot{I}$是线性方程，其中电压$\dot{U}$和电流$\dot{I}$之间的关系是线性关系；如果已知和待求的是电压和功率，因功率与电流之间的关系为$\dot{S}=\dot{U}\overset{*}{I}$，则描述其特性的方程成为$\dot{U}=Z\dot{I}=Z$（$\overset{*}{S}/\overset{*}{U}$），从而电压$\dot{U}$和功率$\dot{S}$之间是非线性关系。由此使得求解方法有了根本不同：线性方程可直接采用消去法求解，而非线性方程只能采用迭代法求解。这就是电力系统潮流问题的特点：已知和待求的是电压和功率，为非线性关系，需迭代求解。

电力系统中进行电力系统潮流计算的目的在于：确定电力系统的运行方式；检查系统中的各元件是否过电压或过载；为电力系统继电保护的整定提供依据；为电力系统的稳定计算提供初值；为电力系统规划和经济运行提供分析的基础。可见，电力系统的潮流计算是电力系统中一项最基本的计算，既有一定独立的实际意义，又是研究其他问题的基础。

本章介绍利用计算机进行电力系统潮流计算的原理和方法。利用计算机解题，一般包括建立数学模型、确定解算方法、制订计算流程图和编程上机等步骤。本章主要介绍前两步：潮流计算的数学模型——潮流方程和潮流方程的迭代求解方法，至于编制程序上机计算可在上机实践环节中进行。另附带讨论潮流计算中的有关技术，包括潮流方程迭代求解时的初值设定、线性方程组的求解、稀疏技术简介和网络化简。应强调指出，用计算机求解潮流时，均采用标幺值。

第一节　潮流计算的数学模型——潮流方程

本节从电力网络的标幺值电压方程入手，介绍节点导纳矩阵和节点阻抗矩阵的性质、形成和修改方法，进而引出潮流计算的数学模型——潮流方程。

一、电力网络的节点电压方程

电力网络是一种电路，因而求解电路的方法，如回路电流法、节点电压法和割集法等，原则上均可用于电力网络。但实际中割集法几乎不用于电力系统，回路电流法用得也很少，广泛应用的是节点电压法，所以此处仅介绍节点电压法。

节点电压方程形如

$$\boldsymbol{I}_{\mathrm{B}}=\boldsymbol{Y}_{\mathrm{B}}\boldsymbol{U}_{\mathrm{B}} \tag{3-1}$$

式中：下标B代表节点，是英文单词bus的第一个字母，因在电力系统中常以发电厂和变电站的母线（bus）作为节点；$\boldsymbol{I}_{\mathrm{B}}$ 为节点注入电流列向量，注入电流有正有负，注入网络的电流为正，流出网络的电流为负，根据这一规定，电源节点的注入电流为正，负荷节点为负，既无电源又无负荷的联络节点为零，带有地方负荷的电源节点为二者之代数和；$\boldsymbol{U}_{\mathrm{B}}$ 为节点电压列向量，由于节点电压是相对于参考节点而言的，因而需先选定参考节点，在电力系统中一般以地为参考节点，如整个网络无接地支路，则需选某一节点为参考，设网络中节点数为 n（不含参考节点），则 $\boldsymbol{I}_{\mathrm{B}}$、$\boldsymbol{U}_{\mathrm{B}}$ 均为 $n\times1$ 列向量；$\boldsymbol{Y}_{\mathrm{B}}$ 为 $n\times n$ 阶节点导纳矩阵。

节点电压方程可写成另一形式

$$\boldsymbol{U}_{\mathrm{B}}=\boldsymbol{Y}_{\mathrm{B}}^{-1}\boldsymbol{I}_{\mathrm{B}}=\boldsymbol{Z}_{\mathrm{B}}\boldsymbol{I}_{\mathrm{B}} \tag{3-2}$$

式中：$\boldsymbol{Z}_{\mathrm{B}}=\boldsymbol{Y}_{\mathrm{B}}^{-1}$ 称为节点阻抗矩阵。

注意式（3－2）与回路电流方程 $\boldsymbol{U}_{\mathrm{L}}=\boldsymbol{Z}_{\mathrm{L}}\boldsymbol{I}_{\mathrm{L}}$ 是本质完全不同的两类方程，不应混淆。从而节点阻抗矩阵 $\boldsymbol{Y}_{\mathrm{B}}$ 和回路阻抗矩阵 $\boldsymbol{Z}_{\mathrm{L}}$ 也有本质的不同。

二、节点导纳矩阵 $\boldsymbol{Y}_{\mathrm{B}}$

节点导纳矩阵 $\boldsymbol{Y}_{\mathrm{B}}$ 是 $n\times n$ 方阵，其对角元 Y_{ii}（$i=1$，…，n）称为自导纳，非对角元 Y_{ij}（i，$j=1$，…，n，$i\neq j$）称为互导纳。下面介绍节点导纳矩阵各元素的含义、性质及其形成和修改方法。

1. 节点导纳矩阵各元素的意义和性质

将节点电压方程 $\boldsymbol{I}_{\mathrm{B}}=\boldsymbol{Y}_{\mathrm{B}}\boldsymbol{U}_{\mathrm{B}}$ 展开为

$$\begin{bmatrix}\dot{I}_1\\ \dot{I}_2\\ \vdots\\ \dot{I}_n\end{bmatrix}=\begin{bmatrix}Y_{11} & Y_{12} & \cdots & Y_{1n}\\ Y_{21} & Y_{22} & \cdots & Y_{2n}\\ \vdots & & & \vdots\\ Y_{n1} & Y_{n2} & \cdots & Y_{nn}\end{bmatrix}\begin{bmatrix}\dot{U}_1\\ \dot{U}_2\\ \vdots\\ \dot{U}_n\end{bmatrix} \tag{3-3}$$

可见

$$Y_{ii}=\dot{I}_i/\dot{U}_i\Big|_{\dot{U}_j=0},\ i,\ j=1,\ \cdots,\ n,\ i\neq j \tag{3-4}$$

表明，自导纳 Y_{ii} 在数值上等于仅在节点 i 施加单位电压而其余节点电压均为零（即其余节点全部接地）时，经节点 i 注入网络的电流。其显然等于与节点 i 直接相连的所有支路的导纳之和。注意不直接相连支路的导纳不应包括在内。

同时可见

$$Y_{ij}=\dot{I}_i/\dot{U}_j\Big|_{\dot{U}_i=0},\ i,\ j=1,\ \cdots,\ n,\ j\neq i \tag{3-5}$$

表明，互导纳 Y_{ij} 在数值上等于仅在节点 j 施加单位电压而其余节点电压均为零（即接地）时，经节点 i 注入网络的电流。其显然等于（$-y_{ij}$），即 $Y_{ij}=-y_{ij}$。y_{ij} 为支路 ij 的导纳，负号表示该电流流出网络。如节点 ij 之间无支路直接相连，则该电流为 0，从而 $Y_{ij}=0$。

注意字母 y 几种不同写法的不同意义：粗体黑字 $\boldsymbol{Y}$ 代表导纳矩阵，大写字母 Y_{ij} 代表矩阵 $\boldsymbol{Y}_B$ 中的第 i 行第 j 列元素，即节点 i 和节点 j 之间的互导纳，小写字母 y_{ij} 代表 ij 支路的导纳，等于支路阻抗的倒数，$y_{ij}=1/z_{ij}$。

根据以上定义，可以容易地直接形成节点导纳矩阵，下面用一简单实例说明之。

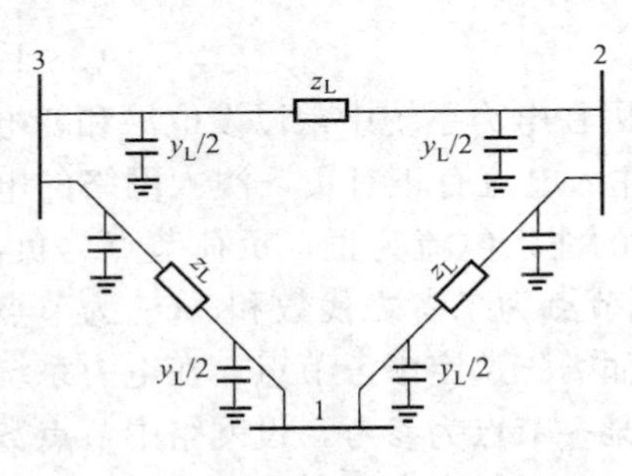

图 3-1 ［例 3-1］网络图

【例 3-1】 如图 3-1 所示系统是一个由三条输电线组成的环形网络，输电线用 π 形等值电路表示。设三条线路参数的标幺值均相同：$z_L=j0.1$，$y_L=j0.02$。求系统的节点导纳矩阵。

解 选地为参考节点。以节点 1 为例说明自导纳 Y_{ii} 的形成。和节点 1 直接相连的支路有：支路 12 的阻抗支路 z_L，支路 13 的阻抗支路 z_L 以及和节点 1 直接相连的两条并联导纳支路 $y_L/2$。

将 z_L 表为导纳，从而

$$Y_{11}=1/j0.1+1/j0.1+j0.01+j0.01=-j19.98$$

以节点 1 与节点 2 之间的互导纳 Y_{12} 为例说明互导纳的形成。1、2 节点间有直接支路，其导纳为 $1/z_L$，故

$$Y_{12}=-y_{12}=-1/z_L=j10$$

照此办理，得到此系统的节点导纳矩阵

$$\boldsymbol{Y}_B=\begin{bmatrix}-j19.98 & j10 & j10\\ j10 & -j19.98 & j10\\ j10 & j10 & -j19.98\end{bmatrix}$$

节点导纳矩阵具有如下性质：

（1）$\boldsymbol{Y}_B$ 为对称阵，$Y_{ji}=Y_{ij}$。若网络中有含源元件（如移相变压器）则对称性不再成立。

（2）对无接地支路的节点，其所在行和列的元素之和均为零，即 $\sum\limits_j Y_{ij}=0,\sum\limits_i Y_{ji}=0$；对有接地支路的节点，其所在行和列的元素之和等于该点接地支路的导纳。利用这一性质，可以检验所形成节点导纳矩阵的正确性。

（3）$\boldsymbol{Y}_B$ 具有强对角性：对角元的值不小于同一行或同一列中的任一元素。

以上三点性质可在［例 3-1］中得到验证。

（4）$\boldsymbol{Y}_B$ 为稀疏阵，因节点 i、j 之间无支路直接相连时 $Y_{ij}=0$，这种情况在实际电力系统中非常普遍。矩阵的稀疏性用稀疏度表示，其定义为矩阵中的零元素数与全部元素数之比，即

$$S=Z/n^2 \tag{3-6}$$

式中：Z 为 $\boldsymbol{Y}_B$ 中的零元素数。

S 随节点数 n 的增加而增加：n 为 50 时，S 可达 92%；n 为 100 时，S 达 96%；n 为 500 时，S 达 99%。充分利用节点导纳矩阵的稀疏特性可节省计算机内存，加快计算速度，这种技巧称为稀疏技术。

节点导纳矩阵 $\boldsymbol{Y}_B$ 的形成除了上述的直接方法外，还可利用支路—节点关联矩阵得到。此处不再介绍，有兴趣者可参阅有关文献。

2. 节点导纳矩阵的修改方法

电力系统的接线方式经常发生变化，从而节点导纳矩阵也随之发生变化。人们经过实践发现，系统接线情况变化后，不必完全重新形成节点导纳矩阵，而只需在原节点导纳矩阵的基础上稍做修改即可。这样可大大减少重复工作量。下面就介绍这类修改方法。

电力系统接线方式情况的变化分为两大类：一类是新增一条支路，如新建一条输电线给一个新负荷供电；另一类是原有网络某条支路的情况发生变化，如投入、退出一条支路或支路的参数发生变化。对应于这两类变化，节点导纳矩阵的修改方法也分为两大类。

第一类：从原网络节点 i 引出一新的支路，同时增加一个新的节点（编为第 $n+1$ 节点）。此时节点导纳矩阵将增加一阶，从 $n\times n$ 阶变为 $(n+1)\times(n+1)$ 阶。由于节点 $n+1$ 只有这条支路和节点 i 相连，从而增加的对角元为 $Y_{n+1,n+1}=y$（y 为新增支路的导纳），增加的非对角元除 $Y_{i,n+1}=Y_{n+1,i}=-y$ 外其余元素均为 0，同时原来的对角元 Y_{ii} 变为 $Y_{ii}+y$，即

$$\underset{n\times n}{i\begin{bmatrix} & i & \\ & \vdots & \\ \cdots & Y_{ii} & \cdots \\ & \vdots & \\ & & \end{bmatrix}} \Rightarrow \underset{(n+1)\times(n+1)}{i\begin{bmatrix} & 1 & & 0 \\ & \vdots & & \\ \cdots & Y_{ii}+y & \cdots & -y \\ & \vdots & & 0 \\ & & & \vdots \\ 0 & -y & 0 & y \end{bmatrix}}$$

上述修改方法由对角元和非对角元的定义直接得来。

第二类：原网络 i、j 支路的参数发生变化。此时节点导纳矩阵 $\boldsymbol{Y}_B$ 的阶数不变，仅需对其中的四个元素 Y_{ii}、Y_{ij}、Y_{ji} 和 Y_{jj} 进行修正，即

$$\begin{matrix} \\ \\ i \\ \\ j \\ \\ \end{matrix}\begin{bmatrix} & i & & j & \\ & \vdots & & \vdots & \\ \cdots & Y_{ii} & \cdots & Y_{ij} & \cdots \\ & \vdots & & \vdots & \\ \cdots & Y_{ji} & \cdots & Y_{jj} & \cdots \\ & \vdots & & \vdots & \end{bmatrix} \Rightarrow \begin{matrix} \\ \\ i \\ \\ j \\ \\ \end{matrix}\begin{bmatrix} & i & & j & \\ & \vdots & & \vdots & \\ \cdots & Y'_{ii} & \cdots & Y'_{ij} & \cdots \\ & \vdots & & \vdots & \\ \cdots & Y'_{ji} & \cdots & Y'_{jj} & \cdots \\ & \vdots & & \vdots & \end{bmatrix}$$

式中：$Y'_{ii}=Y_{ii}+\Delta y_{ij}$，$Y'_{jj}=Y_{jj}+\Delta y_{ij}$，$Y'_{ij}=Y_{ij}-\Delta y_{ij}$，$Y'_{ji}=Y_{ji}-\Delta y_{ij}$，$\Delta y_{ij}$ 为 ij 支路导纳的变化量。当 $\Delta y_{ij}=y_{ij}-0$ 时，表示该支路投入运行；当 $\Delta y_{ij}=0-y_{ij}$ 时，表示该支路退出运行；当 $\Delta y_{ij}=y'_{ij}-y_{ij}$ 时，表示其支路参数发生变化，由原来的 y_{ij} 变为 y'_{ij}，如双回路输电线运行变单回线运行或反之。

若某一变压器的变比由 k 改变为 k'，则由标准情况下变压器 π 形等值电路（见图 3 - 2，该图由图 2 - 32 得来，各支路参数表示成导纳，$Y_T=1/Z_T$，注意其不是变压器导纳支路的导纳 G_T - jB_T），得到

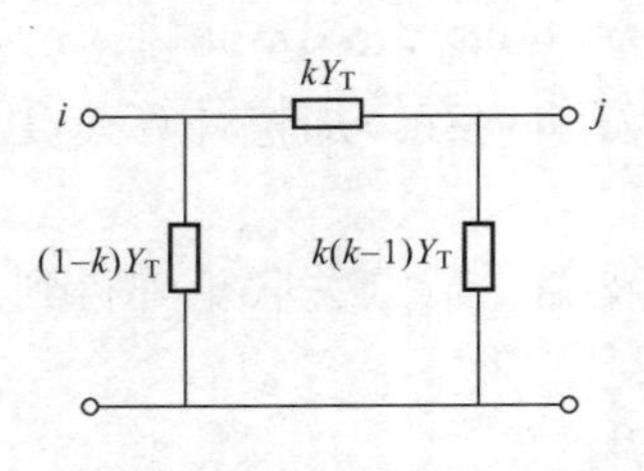

图 3-2 变压器 π 形等值电路的导纳形式

$$\begin{cases}\Delta y_{ii}=0\\ \Delta y_{jj}=(k'^2-k^2)Y_T\\ \Delta y_{ij}=\Delta y_{ji}=(k'-k)Y_T\end{cases} \tag{3-7}$$

图中节点 i 对应于变压器一次，j 对应于二次。

三、节点阻抗矩阵 $\boldsymbol{Z}_B$

节点阻抗矩阵 $\boldsymbol{Z}_B$ 也是 $n\times n$ 方阵，其对角元 Z_{ii}（$i=1$，…，n）称为节点自阻抗，非对角元 Z_{ij}（i，$j=1$，…，n，$i\neq j$）称为节点 i 和节点 j 之间的互阻抗。将 $\boldsymbol{U}_B=\boldsymbol{Z}_B\boldsymbol{I}_B$ 展开为

$$\begin{bmatrix}\dot{U}_1\\ \dot{U}_2\\ \vdots\\ \dot{U}_n\end{bmatrix}=\begin{bmatrix}Z_{11} & Z_{12} & \cdots & Z_{1n}\\ Z_{21} & Z_{22} & \cdots & Z_{2n}\\ \vdots & \vdots & & \vdots\\ Z_{n1} & Z_{n2} & \cdots & Z_{nn}\end{bmatrix}\begin{bmatrix}\dot{I}_1\\ \dot{I}_2\\ \vdots\\ \dot{I}_n\end{bmatrix} \tag{3-8}$$

可见

$$Z_{ii}=\dot{U}_i/\dot{I}_i\Big|_{\dot{I}_j=0}，i，j=1，\cdots，n，i\neq j \tag{3-9}$$

表明，自阻抗在数值上等于仅在节点 i 注入单位电流而其余节点均不注入电流（电源均开路）时节点 i 的电压。

同时可见

$$Z_{ii}=\dot{U}_i/\dot{I}_j\Big|_{\dot{I}_i=0}，i，j=1，\cdots，n，i\neq j \tag{3-10}$$

表明，互阻抗在数值上等于仅在节点 j 注入单位电流而其余节点均不注入电流时节点 i 的电压。

节点阻抗矩阵 $\boldsymbol{Z}_B$ 在网络中无含源元件时也是对称阵，但与稀疏的节点导纳矩阵 $\boldsymbol{Y}_B$ 不同，$\boldsymbol{Z}_B$ 是满阵。其原因在于当在某节点注入电流时网络的所有节点上均会感受到电压；或者从数学上看，稀疏矩阵的逆阵不再是稀疏阵。与节点导纳矩阵不同的另一点是，Y_{ii}、Y_{ij} 均由具体支路的导纳组成，而 Z_{ii}、Z_{ij} 无具体支路阻抗相对应。

形成节点阻抗矩阵的方法也有两类：一类是求逆法，即由定义 $\boldsymbol{Z}_B=\boldsymbol{Y}_B^{-1}$，对已形成的节点导纳矩阵求取逆阵；另一类是根据自阻抗和互阻抗的定义直接一步步形成阻抗矩阵的方法，称为支路追加法。利用支路追加法还可方便地对节点阻抗矩阵进行修改。关于这方面的内容不再详叙，有兴趣者可参阅参考文献［1］。

四、潮流方程

前已提出，由于电力系统已知和待求的不是电流而是功率（原因是：对庞大的交流系统，电流相位的测定十分困难；而功率的测量十分方便，可由有功功率表和无功功率表得到），故将节点电压方程中的电流代之以功率，$\dot{I}=\overset{*}{S}/\overset{*}{U}$，得到

$$\overset{*}{\boldsymbol{S}}/\overset{*}{\boldsymbol{U}}=\boldsymbol{Y}\boldsymbol{U} \tag{3-11}$$

即
$$\overset{*}{S}_i = \overset{*}{U}_i \sum_j Y_{ij} \dot{U}_j \tag{3-12}$$

或
$$P_i - jQ_i = \overset{*}{U}_i \sum_j Y_{ij} \dot{U}_j, i = 1, \cdots, n \tag{3-13}$$

式中 $\sum_j = \sum_{j=1}^{n}$，下同。

式（3-12）就是电力系统潮流计算的数学模型——潮流方程。它具有如下特点：

（1）它是一组代数方程，因而表征的是电力系统的稳态运行特性。

（2）它是一组非线性方程，因而只能用迭代方法求其数值解。

（3）由于方程中的电压$\dot{U}$和导纳Y既可表为直角坐标，又可表为极坐标，因而潮流方程有多种表达形式——极坐标形式、直角坐标形式和混合坐标形式。

取$\dot{U}_i = U_i \angle \theta_i$，$Y_{ij} = |y_{ij}| \angle \beta_{ij}$，得到潮流方程的极坐标形式

$$P_i - jQ_i = U_i \angle -\theta_i \sum_j Y_{ij} U_j \angle \theta_j \tag{3-14}$$

取$\dot{U}_i = e_i + jf_i$，$Y_{ij} = G_{ij} + jB_{ij}$，得到潮流方程的直角坐标形式

$$\begin{cases} P_i = e_i \sum_j (G_{ij} e_j - B_{ij} f_j) + f_i \sum_j (G_{ij} f_j + B_{ij} e_j) \\ Q_i = f_i \sum_j (G_{ij} e_j - B_{ij} f_j) - e_i \sum_j (G_{ij} f_j + B_{ij} e_j) \end{cases} \tag{3-15}$$

取$\dot{U}_i = U_i \angle \theta_i$，$Y_{ij} = G_{ij} + jB_{ij}$得到潮流方程的混合坐标形式

$$\begin{cases} P_i = U_i \sum_j U_j (G_{ij} \cos\theta_{ij} + B_{ij} \sin\theta_{ij}) \\ Q_i = U_i \sum_j U_j (G_{ij} \sin\theta_{ij} - B_{ij} \cos\theta_{ij}) \end{cases} \tag{3-16}$$

式中：$\theta_{ij} = \theta_i - \theta_j$。

不同坐标形式的潮流方程适用于不同的迭代解法。例如，利用牛顿-拉夫逊迭代法求解时，以直角坐标和混合坐标形式的潮流方程为方便；而P-Q解耦法是在混合坐标形式的基础上发展而成，故采用混合坐标形式。实际中真正极坐标形式的潮流方程用得很少，因而常将式（3-16）称为潮流方程的极坐标形式。

（4）它是一组n个复数方程，因而实数方程数为$2n$，但方程中共含$4n$个变量：P_i、Q_i、U_i和θ_i，$i=1$，…，n，故必须预先指定$2n$个变量才能求解。为将$2n$个变量定为已知量，根据电力系统的实际情况，对每个节点指定两个变量，余下两个变量待求。通常将节点分为三种类型：PQ节点、PV节点和$V\theta$节点。下面分别对这三类节点加以说明。

PQ节点：对这类节点指定P和Q，U和θ待求。电力系统中绝大多数节点均属此类，如变电站母线节点，其无电源功率，负荷功率又已知，故该节点的节点注入功率$\dot{S}_i = -P_{Di} - jQ_{Di}$已知；又如一些按指定有功和无功功率发电的电厂，其$P_{Gi}$、$Q_{Gi}$指定，所带机端负荷也已知，从而节点的注入功率$\dot{S}_i =$（$P_{Gi} - P_{Di}$）$+j$（$Q_{Gi} - Q_{Di}$）已知。

PV 节点：对这类节点指定 P 和 U，Q 和 θ 待求。电力系统中此类节点属少数，个别小系统甚至没有。设置 PV 节点是为了控制该点的电压为一定值从而保证系统的电压质量。为了控制电压必须要有一定的无功功率可供调节（其机理将在第七章阐述），故这类节点是有一定无功储备的发电厂和装有无功电源（电容器、调相机或静止无功补偿器）的变电站。这类节点也称为电压控制节点。

$V\theta$ 节点：对这类节点指定 U 和 θ，其有功功率 P 和无功功率 Q 由保证全系统功率平衡的条件确定，因而又称平衡节点。一般取其 $\theta=0°$。电力系统潮流计算中必须有且只有一个 $V\theta$ 节点，负责系统频率调整的主调频厂基本上起着平衡节点的作用。

这三类节点各有不同的特点，在潮流方程的求解过程中有不同的处理方法，须引起注意。此外，由于电力系统在运行中必须满足一定的技术经济要求，如电压必须在允许范围内：$U_{i\min}\leqslant U_i\leqslant U_{i\max}$；各电源的功率必须在其所能发出的功率范围内：$P_{Gi\min}\leqslant P_{Gi}\leqslant P_{Gi\max}$，$Q_{Gi\min}\leqslant Q_{Gi}\leqslant Q_{Gi\max}$；某些节点电压间的相位差应在一定的范围内以满足系统运行稳定性的要求（其机理将在第五章阐述）：$|\theta_{ij}|<|\theta_{ij}|_{\max}$。这些便构成了潮流方程的约束条件。所以电力系统的潮流计算归结为求解一组非线性方程——潮流方程，并满足一定的约束条件。

应指出，上述的节点分类方法并非唯一，还可有其他的分类方法。原则上讲，只要指定的变量总数为 $2n$ 且实际中有意义的方案均属可行，如 P 节点（只给定 P）、U 节点（均不给定）、$PQV\theta$ 节点（均给定）等。

第二节　潮流方程的迭代求解

潮流方程是非线性方程，求解非线性方程的基本方法是迭代。有多种迭代算法：高斯迭代、牛顿-拉夫逊迭代等。高斯（Gauss）迭代是最简单的一类迭代。在电力系统潮流计算中，牛顿-拉夫逊迭代（Newton-Raphson 迭代，简记为 N-R 迭代）是占主导地位的有效方法，在其基础上结合电力系统的实际特点进行简化而成的 P-Q 解耦迭代（简记为 P-Q 迭代）得到了广泛应用。下面分别予以介绍。

一、潮流方程的 N-R 迭代

先介绍一维情况下的 N-R 迭代，进而介绍 n 维情况下的 N-R 迭代，然后将其用于潮流方程的求解。

1. 一维情况下的 N-R 迭代

设非线性方程 $f(x)=0$，x 为满足该方程的真解，其与所设初值 $x^{(0)}$ 的差记为 Δx，$\Delta x=x-x^{(0)}$。若 Δx 求出，则 $x=x^{(0)}+\Delta x$。

将 $f(x)=f(x^{(0)}+\Delta x)=0$ 在 $x^{(0)}$ 处展为台劳级数

$$f(x^{(0)}+\Delta x)=f(x^{(0)})+f'(x^{(0)})\Delta x+f''(x^{(0)})\frac{\Delta x^2}{2!}+\cdots \tag{3-17}$$

若初值选择得当，Δx 很小，则式（3-17）中的二次及以上高次项可略去，得到近似式

$$f(x^{(0)})+f'(x^{(0)})\Delta x=0 \tag{3-18}$$

称为 N-R 迭代的修正方程式，由其可得到修正量

$$\Delta x^{(0)}=-f(x^{(0)})/f'(x^{(0)}) \tag{3-19}$$

注意到此时得到的 $\Delta x^{(0)}$ 并不是真正需要的 Δx（因忽略了高次项），故 $x^{(0)}+\Delta x^{(0)}=x^{(1)}$ 并不是真解 x，只是向真解逼近了一步的改进值。

以 $x^{(1)}$ 作为新的初值代入修正方程

$$f(x^{(k)})+f'(x^{(k)})\Delta x^{(k)}=0,\ k=0,1,\cdots \tag{3-20}$$

得到 $\Delta x^{(1)}$，于是 $x^{(2)}=x^{(1)}+\Delta x^{(1)}$。照此办理，当 $\Delta x^{(k)}\to 0$ 时便有 $f(x^{(k)})\to 0$，从而 $x^{(k)}$ 即为所求解。故 N-R 迭代的收敛判据为 $|\Delta x^{(k)}|<\varepsilon$ 或 $|f(x^{(k)})|<\varepsilon$。

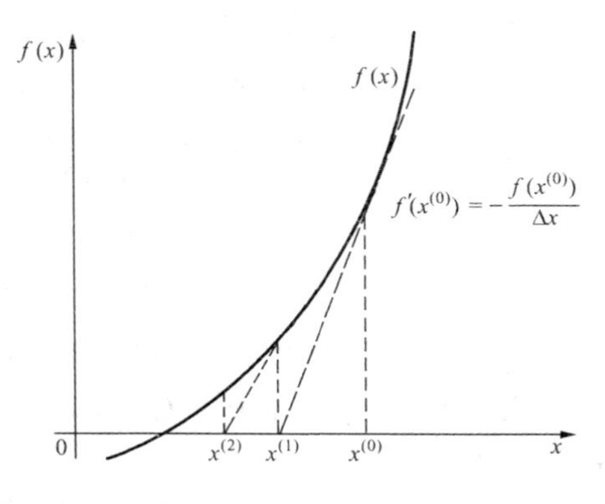

图 3-3　N-R 迭代

N-R 迭代的核心是将非线性方程式的求解转换成相应线性修正方程式的多次求解。其迭代过程如图 3-3 所示。从直观上可见，N-R 迭代的收敛速度比较快，是一种滑梯式逼近过程。由于推导修正方程的前提是 $x^{(0)}$ 选择得当使 Δx 较小，故 N-R 迭代对初值要求较严，否则会不收敛。因而有时利用其他方法得到较好的初值，然后转用 N-R 迭代加快收敛，能取得较好的效果（参见本章第三节）。

【例 3-2】 利用 N-R 迭代计算非线性方程 $x^2-8x+7=0$ 的解。

解　此时 $f'(x)=2x-8$，N-R 迭代公式为

$$x^{(k+1)}=x^{(k)}-[(x^{(k)})^2-8x^{(k)}+7]/[2x^{(k)}-8],\ k=0,1,2,\cdots$$

设初值为 $x^{(0)}=3$，得到

$x^{(1)}=-1$，$x^{(2)}=0.6$，$x^{(3)}=0.9765$，$x^{(4)}=0.9999084$。四次迭代后 $f(x)=5.5\times 10^{-5}$，收敛速度确实比较快。

2. n 维情况下的 N-R 迭代

对 n 维非线性方程组 $\boldsymbol{F}(\boldsymbol{X})=0$，其修正方程为

$$\boldsymbol{F}(X)+\boldsymbol{F}'(\boldsymbol{X})\Delta\boldsymbol{X}=0 \tag{3-21}$$

式中

$$\boldsymbol{F}'(\boldsymbol{X})=\begin{bmatrix}\frac{\partial f_1}{\partial x_1} & \frac{\partial f_1}{\partial x_2} & \cdots & \frac{\partial f_1}{\partial x_n}\\ \frac{\partial f_2}{\partial x_1} & \frac{\partial f_2}{\partial x_2} & \cdots & \frac{\partial f_2}{\partial x_n}\\ \vdots & \vdots & & \vdots\\ \frac{\partial f_n}{\partial x_1} & \frac{\partial f_n}{\partial x_2} & \cdots & \frac{\partial f_n}{\partial x_n}\end{bmatrix}=\boldsymbol{J}(\boldsymbol{X})$$

称为雅可比矩阵。迭代公式为

$$\begin{cases}\boldsymbol{F}(\boldsymbol{X}^{(k)})+J(\boldsymbol{X}^{(k)})\Delta\boldsymbol{X}^{(k)}=0\\ \boldsymbol{X}^{(k+1)}=\boldsymbol{X}^{(k)}+\Delta\boldsymbol{X}^{(k)}\end{cases},\ k=0,1,2,\cdots \tag{3-22}$$

收敛判据为 $\max\{|f_i(x^{(k)})|\}<\varepsilon$。

修正方程的求解常采用高斯消去法。

3. 潮流方程的N-R迭代求解

前已提及，利用N-R迭代求解潮流方程时，常采用直角坐标或混合坐标形式。此处仅介绍混合坐标形式（一般文献称其为极坐标形式），因下面将要介绍的另一种迭代方法——P-Q解耦迭代就是在其基础上结合电力系统的实际特点经过简化而得到。直角坐标形式潮流方程的求解原理和步骤与混合坐标形式基本相似，读者可自行推导。

将混合坐标形式的潮流方程［式（3-16）］表为 $f(x)=0$ 的形式，得到

$$\begin{cases}\Delta P_i = P_i - U_i\sum_j U_j(G_{ij}\cos\theta_{ij}+B_{ij}\sin\theta_{ij}) = P_i - P'_i = 0\\ \Delta Q_i = Q_i - U_i\sum_j U_j(G_{ij}\sin\theta_{ij}-B_{ij}\cos\theta_{ij}) = Q_i - Q'_i = 0\end{cases} \tag{3-23}$$

式（3-23）的含义是：求一组节点电压 $U_i\angle\theta_i$，使得由节点电压求得的功率 P'_i、Q'_i 与指定的节点注入功率 P_i、Q_i 相等，或者说，使失配功率（mismatch power）ΔP、ΔQ 满足给定的精度要求 ε。

此时三类节点的处理方法为：对 $V\theta$ 节点，因其电压已给定，仍不参与迭代；对 PQ 节点，因其 P 和 Q 指定，U 和 θ 待求，故既有有功失配功率，又有无功失配功率，即每一个 PQ 节点有两个迭代方程，并需设定电压的初值 $U_i^{(0)}$ 和 $\theta_i^{(0)}$，$i=1,\cdots,m$。对 PV 节点，因其 P 和 U 指定，Q 和 θ 待求，故仅有 ΔP_i 一个迭代方程，并需设定无功功率初值 $Q_i^{(0)}$ 和电压相位初值 $\theta_i^{(0)}$，$i=m+1,\cdots,n-1$。每次迭代后，对 PV 节点，令 $\dot{U}_i^{(k)}=U_i\angle\theta_i^{(k)}$，计算无功功率 $Q_i^{(k)}=U_i\sum_j U_j(G_{ij}\sin\theta_{ij}-B_{ij}\cos\theta_{ij})$，检验其是否满足约束条件 $Q_{i\min}\leqslant Q_i\leqslant Q_{i\max}$；如不满足，“越限代限”，意思是“越过下限时代之以下限，越过上限时代之以上限”，此时 PV 节点便转换成 PQ 节点，转入下一次迭代。

综上可知，利用N-R迭代求解混合坐标形式的潮流方程时共有 $(n-1)$ 个有功失配功率方程（$i=1,\cdots,n-1$）和 m 个无功失配功率方程（$i=1,\cdots,m$），方程总数为 $(n+m-1)$，未知量有 $(n-1)$ 个电压相角 θ_i（$i=1,\cdots,n-1$）和 m 个电压幅值 U_i（$i=1,\cdots,m$），总数为 $(n+m-1)$，方程数与未知量数相等，方程有定解。

此时的迭代方程为

$$\begin{bmatrix}\Delta P_1\\ \vdots\\ \Delta P_{n-1}\\ \hdashline \Delta Q_1\\ \vdots\\ \Delta Q_m\end{bmatrix}+\left[\begin{array}{ccc:ccc}\dfrac{\partial\Delta P_1}{\partial\theta_1} & \cdots & \dfrac{\partial\Delta P_1}{\partial\theta_{n-1}} & \dfrac{\partial\Delta P_1}{\partial U_1} & \cdots & \dfrac{\partial\Delta P_1}{\partial U_m}\\ \vdots & & \vdots & \vdots & & \vdots\\ \dfrac{\partial\Delta P_{n-1}}{\partial\theta_1} & \cdots & \dfrac{\partial\Delta P_{n-1}}{\partial\theta_{n-1}} & \dfrac{\partial\Delta P_{n-1}}{\partial U_1} & \cdots & \dfrac{\partial\Delta P_{n-1}}{\partial U_m}\\ \hdashline \dfrac{\partial\Delta Q_1}{\partial\theta_1} & \cdots & \dfrac{\partial\Delta Q_1}{\partial\theta_{n-1}} & \dfrac{\partial\Delta Q_1}{\partial U_1} & \cdots & \dfrac{\partial\Delta Q_1}{\partial U_m}\\ \vdots & & \vdots & \vdots & & \vdots\\ \dfrac{\partial\Delta Q_m}{\partial\theta_1} & \cdots & \dfrac{\partial\Delta Q_m}{\partial\theta_{n-1}} & \dfrac{\partial\Delta Q_m}{\partial U_1} & \cdots & \dfrac{\partial\Delta Q_m}{\partial U_m}\end{array}\right]\begin{bmatrix}\Delta\theta_1\\ \vdots\\ \Delta\theta_{n-1}\\ \hdashline \Delta U_1\\ \vdots\\ \Delta U_m\end{bmatrix}=\mathbf{0}$$

$$\begin{bmatrix} \theta_1^{(k+1)} \\ \vdots \\ \theta_{n-1}^{(k+1)} \\ \cdots \\ U_1^{(k+1)} \\ \vdots \\ U_m^{(k+1)} \end{bmatrix} = \begin{bmatrix} \theta_1^{(k)} \\ \vdots \\ \theta_{n-1}^{(k)} \\ \cdots \\ U_1^{(k)} \\ \vdots \\ U_m^{(k)} \end{bmatrix} + \begin{bmatrix} \Delta\theta_1^{(k)} \\ \vdots \\ \Delta\theta_{n-1}^{(k)} \\ \cdots \\ \Delta U_1^{(k)} \\ \vdots \\ \Delta U_m^{(k)} \end{bmatrix}, k=0,1,2,\cdots \tag{3-24}$$

简记为

$$\begin{bmatrix} \Delta \boldsymbol{P} \\ \Delta \boldsymbol{Q} \end{bmatrix} + \begin{bmatrix} \boldsymbol{H} & \boldsymbol{N} \\ \boldsymbol{K} & \boldsymbol{L} \end{bmatrix} \begin{bmatrix} \Delta \boldsymbol{\theta} \\ \Delta \boldsymbol{U} \end{bmatrix} = \boldsymbol{0}$$

$$\begin{bmatrix} \boldsymbol{\theta}^{(k+1)} \\ \boldsymbol{U}^{(k+1)} \end{bmatrix} = \begin{bmatrix} \boldsymbol{\theta}^{(k)} \\ \boldsymbol{U}^{(k)} \end{bmatrix} + \begin{bmatrix} \Delta\boldsymbol{\theta}^{(k)} \\ \Delta\boldsymbol{U}^{(k)} \end{bmatrix}, k=0,1,2,\cdots \tag{3-25}$$

收敛判据为 $\max\{|\Delta P_i, \Delta Q_i|\} < \varepsilon$。

式中：$\boldsymbol{H}$ 为 $(n-1)\times(n-1)$ 矩阵，其各元素的表达式为

$$\begin{cases} H_{ii} = \dfrac{\partial \Delta P_i}{\partial \theta_i} = U_i \sum\limits_{j\neq i} U_j (G_{ij}\sin\theta_{ij} - B_{ij}\cos\theta_{ij}) = U_i^2 B_{ii} + Q'_i \\ H_{ij} = \dfrac{\partial \Delta P_i}{\partial \theta_j} = -U_i U_j (G_{ij}\sin\theta_{ij} - B_{ij}\cos\theta_{ij}) \end{cases} \tag{3-26}$$

式中：Q'_i 的定义见式（3-23），为由节点电压求得的无功，此处应用它是因在计算失配功率 ΔQ_i 时已算出，直接引用可节省工作量。

$\boldsymbol{N}$ 为 $(n-1)\times m$ 矩阵，其各元素的表达式为

$$\begin{cases} N_{ii} = \dfrac{\partial \Delta P_i}{\partial U_i} = -2U_i G_{ii} - \sum\limits_{j\neq i} U_j (G_{ij}\cos\theta_{ij} + B_{ij}\sin\theta_{ij}) = -U_i G_{ii} - P'_i/U_i \\ N_{ij} = \dfrac{\partial \Delta P_i}{\partial U_j} = -U_i (G_{ij}\cos\theta_{ij} + B_{ij}\sin\theta_{ij}) \end{cases} \tag{3-27}$$

式中：P'_i 的定义见式（3-23），为由节点电压求得的有功功率。

$\boldsymbol{K}$ 为 $m\times(n-1)$ 矩阵，其各元素为

$$\begin{cases} K_{ii} = \dfrac{\partial \Delta Q_i}{\partial \theta_i} = -U_i \sum\limits_{j\neq i} U_j (G_{ij}\cos\theta_{ij} + B_{ij}\sin\theta_{ij}) = U_i^2 G_{ii} - P'_i \\ K_{ij} = \dfrac{\partial \Delta Q_i}{\partial \theta_j} = U_i U_j (G_{ij}\cos\theta_{ij} + B_{ij}\sin\theta_{ij}) \end{cases} \tag{3-28}$$

$\boldsymbol{L}$ 为 $m\times m$ 阶矩阵，各元素为

$$\begin{cases} L_{ii} = \dfrac{\partial \Delta Q_i}{\partial U_i} \\ \quad = -\sum\limits_{j\neq i} U_j (G_{ij}\sin\theta_{ij} - B_{ij}\cos\theta_{ij}) + 2U_i B_{ii} \\ \quad = U_i B_{ii} - Q'_i/U_i \\ L_{ij} = \dfrac{\partial \Delta Q_i}{\partial U_j} = -U_i (G_{ij}\sin\theta_{ij} - B_{ij}\cos\theta_{ij}) \end{cases} \tag{3-29}$$

观察上述各元素表达式发现：$\boldsymbol{H}$、$\boldsymbol{N}$、$\boldsymbol{L}$、$\boldsymbol{K}$ 的非对角元 H_{ij}、N_{ij}、K_{ij}、L_{ij} 的表达式均只有一项，且均含 G_{ij}、B_{ij}。可以想见，如节点 i 和 j 间无支路直接连接，则 G_{ij}、B_{ij} 为 0，从而对应的 H_{ij}、N_{ij}、K_{ij} 和 L_{ij} 均为 0。所以雅可比矩阵 $\boldsymbol{J}$ 是稀疏阵。利用稀疏技术可以节省计算机内存及提高计算速度。同时，$\boldsymbol{J}$ 具有强对角性，但不对称。

由于 $\boldsymbol{J}$ 阵中的元素随 θ 和 U 而改变，因而利用 N - R 迭代求解潮流方程时每次均需形成 $\boldsymbol{J}$ 阵，每次要解修正方程，因而运算量大，但其收敛速度快，一般迭代 5～7 次便可得到满意的精度，且迭代次数不随节点数 n 明显增加。

利用 N - R 迭代求解潮流的计算流程示于图 3 - 4。

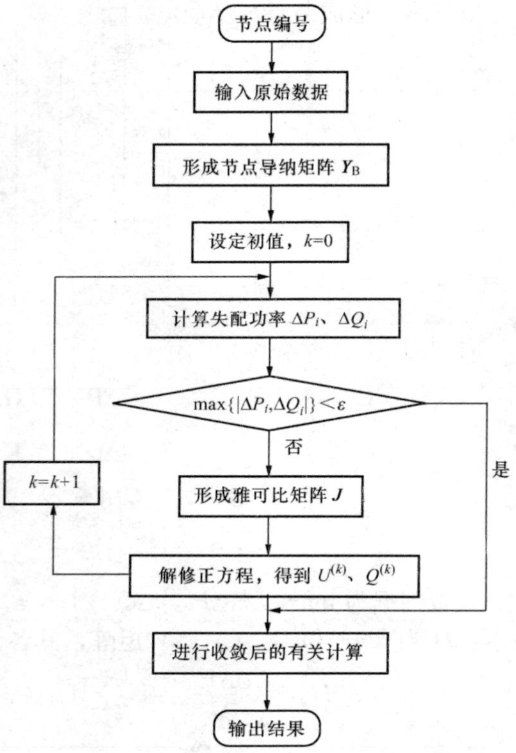

节点编号

输入原始数据

形成节点导纳矩阵 Y_B

设定初值，$k=0$

计算失配功率 ΔP_i、ΔQ_i

$\max\{|\Delta P_i, \Delta Q_i|\} < \varepsilon$

否

是

形成雅可比矩阵 J

$k=k+1$

解修正方程，得到 $U^{(k)}$、$Q^{(k)}$

进行收敛后的有关计算

输出结果

图 3 - 4　N - R 潮流迭代框图

【例 3 - 3】 利用 N - R 迭代法求解［例 2 - 9］给出的系统的潮流。设发电机 G1 的端电压为 1（标幺值），发出的有功、无功可调；发电机 G2 的端电压为 1（标幺值），按指定的有功 $P=0.5$（标幺值）发电，取 $\varepsilon=10^{-4}$。

解 将［例 2 - 9］系统的等值电路重画于图 3 - 5。

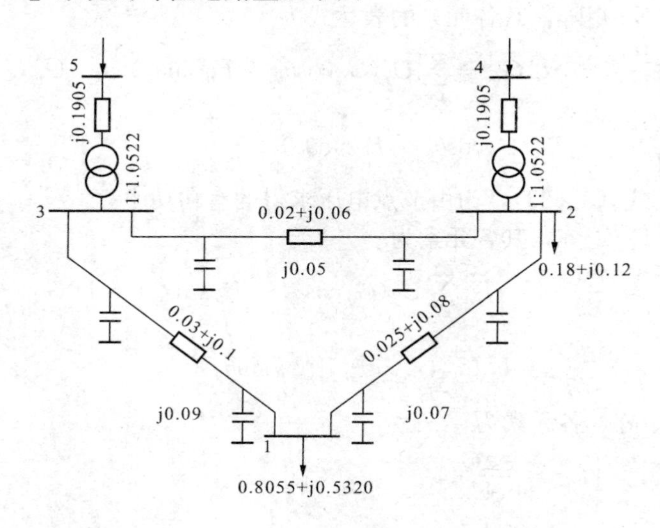

图 3 - 5　［例 3 - 3］系统等值电路

第一步，节点编号：由已知条件，G1 为平衡节点，编号为 5；G2 为 PV 节点，编号为 4；其余为 PQ 节点，分别编号为 1、2、3。

第二步，原始数据见表 3 - 1、表 3 - 2。

第三步，形成节点导纳矩阵

表 3-1　　支　路　数　据

i	j	R	X	$B/2$（或 k）
1	2	0.25	0.08	0.07
1	3	0.03	0.1	0.09
2	3	0.02	0.06	0.05
4	2	0	0.1905	1.0522
5	3	0	0.1905	1.0522

表 3-2　　节　点　数　据

i	U	P_G	Q_G	P_D	Q_D	类　型
1	待求	0	0	0.8055	0.5320	PQ
2	待求	0	0	0.18	0.12	PQ
3	待求	0	0	0	0	PQ
4	1.0	0.5	待定	0	0	PV
5	1.0	待定	待定	0	0	$V\theta$

$$\boldsymbol{Y}_B = \begin{bmatrix} 6.3110 - j20.4022 & -3.5587 + j11.3879 & -2.7523 + j9.1743 & 0 + j0 & 0 + j0 \\ & 8.5587 - j31.0093 & -5 + j15 & 0 + j4.9889 & 0 + j0 \\ & & 7.7523 - j28.7757 & 0 + j0 & 0 + j4.9889 \\ & & & 0 - j5.2493 & 0 + j0 \\ & & & & 0 - j5.2493 \end{bmatrix}$$

因 $\boldsymbol{Y}_B$ 为对称阵，只示出了上三角部分，下同。

第四步，设定初值：$\dot{U}_1^{(0)} = \dot{U}_2^{(0)} = \dot{U}_3^{(0)} = 1\angle 0°, Q_4^{(0)} = 0, \theta_4^{(0)} = 0$。

第五步，计算失配功率

$$\Delta P_1^{(0)} = P_1 - P_1^{(0)} = -0.8055 - U_1 \sum_j (G_{ij}\cos\theta_{ij} + B_{ij}\sin\theta_{ij}) = -0.8055$$

$$\Delta P_2^{(0)} = P_2 - P_2^{(0)} = -0.18, \qquad \Delta P_3^{(0)} = P_3 - P_3^{(0)} = 0$$

$$\Delta P_4^{(0)} = P_4 - P_4^{(0)} = -0.5, \qquad \Delta Q_1^{(0)} = Q_1 - Q_1^{(0)} = -0.3720$$

$$\Delta Q_2^{(0)} = Q_2 - Q_2^{(0)} = 0.2475, \qquad \Delta Q_3^{(0)} = Q_3 - Q_3^{(0)} = 0.3875$$

显然，$\max\{|\Delta P_i, \Delta Q_i|\} = 0.8055 > \varepsilon$。

第六步，形成雅可比矩阵（阶数为 7×7）

$$\boldsymbol{J}^{(0)} = \left[\begin{array}{cccc|ccc} 20.5622 & 11.3879 & 9.1743 & 0.0000 & -6.3110 & 3.5587 & 2.7523 \\ 11.3879 & -31.3768 & 15.0000 & 4.9889 & 3.5587 & -3.5587 & 5.0000 \\ 9.1743 & 15.0000 & -29.1632 & 0.0000 & 2.7523 & 5.0000 & -7.7523 \\ 0.0000 & 4.9889 & 0.0000 & -4.9889 & 0.0000 & 0.0000 & 0.0000 \\ \hline 6.3110 & -3.5587 & -2.7523 & 0.0000 & -20.2422 & 11.3879 & 9.1743 \\ -3.5587 & 8.5587 & -5.0000 & 0.0000 & 11.3879 & -30.6418 & 15.0000 \\ -2.7523 & -5.0000 & 7.7523 & 0.0000 & 9.1743 & 15.0000 & -28.3882 \end{array}\right]$$

第七步，解修正方程，得到

$$\Delta\theta_1^{(0)} = -7.484819°, \Delta\theta_2^{(0)} = -5.840433°$$

$$\Delta\theta_3^{(0)} = -5.575785°, \Delta\theta_4^{(0)} = -0.0981331°$$

$$\Delta U_1^{(0)} = 0.003449°, \Delta U_2^{(0)} = 0.028523, \Delta U_3^{(0)} = 0.033880$$

从而 $$\theta_1^{(1)} = \theta_1^{(0)} + \Delta\theta_1^{(0)} = -7.484819°, \theta_2^{(1)} = \theta_2^{(0)} + \Delta\theta_2^{(0)} = -5.840433°$$

$$\theta_3^{(1)} = \theta_3^{(0)} + \Delta\theta_3^{(0)} = -5.575785°, \theta_4^{(1)} = \theta_4^{(0)} + \Delta\theta_4^{(0)} = -0.0981331°$$

$$U_1^{(1)} = U_1^{(0)} + \Delta U_1^{(0)} = 1.003449$$

$$U_2^{(1)} = U_2^{(0)} + \Delta U_2^{(0)} = 1.028523$$

$$U_3^{(1)} = U_3^{(0)} + \Delta U_3^{(0)} = 1.03388$$

然后转入下一次迭代。经三次迭代后，$\max\{|\Delta P_i, \Delta Q_i|\} < \varepsilon = 10^{-4}$。迭代过程中失配功率的变化情况列于表3-3，节点电压的变化情况列于表3-4。

表3-3 迭代过程中失配功率变化情况

k	0	1	2	3
ΔP_1	−0.8055	1.9322×10^{-2}	2.00×10^{-4}	-7.7×10^{-7}
ΔP_2	−0.18	4.0048×10^{-3}	-4.73×10^{-5}	9.39×10^{-7}
ΔP_3	0	-5.5076×10^{-3}	-8.66×10^{-5}	-1.01×10^{-6}
ΔP_4	−0.5	-1.3401×10^{-2}	-8.37×10^{-5}	$<10^{-8}$
ΔQ_1	−3.3720	-1.4848×10^{-2}	-2.75×10^{-4}	-2.15×10^{-6}
ΔQ_2	0.2475	-3.8574×10^{-2}	-4.06×10^{-4}	6.78×10^{-7}
ΔQ_3	0.3875	-4.2440×10^{-2}	-4.34×10^{-4}	3.14×10^{-8}

表3-4 迭代过程中节点电压变化情况

k	U_1	U_2	U_3	k	U_1	U_2	U_3
0	1	1	1	2	0.99171	1.01765	1.02299
1	1.00345	1.02852	1.03388	3	0.99156	1.01751	1.02286

迭代收敛后的计算，包括平衡节点功率的计算、支路功率的计算及全系统功率损耗的计算，现将结果列于表3-5和表3-6，表3-6中同时列出了支路电流 I。

表3-5 迭代收敛后各节点的电压和功率

k	U	θ	P_G	Q_G	P_D	Q_D
1	0.9916	−7.4748	0.0000	0.0000	0.8055	0.5320
2	1.0175	−5.8548	0.0000	0.0000	0.1800	0.1200
3	1.0229	−5.5864	0.0000	0.0000	0.0000	0.0000
4	1.0000	−0.2022	0.5000	0.1977	0.0000	0.0000
5	1.0000	0.0000	0.4968	0.1706	0.0000	0.0000

表3-6　迭代收敛后各支路的功率和功率损耗

i	j	P_{ij}	Q_{ij}	I_{ij}	P_{ji}	Q_{ji}	I_{ji}	P_L	Q_L
1	2	−0.4510	−0.2558	0.4916	0.4202	0.1314	0.4327	0.0053	−0.1244
1	3	−0.3905	−0.2762	0.4824	0.3962	0.1126	0.4027	0.0057	−0.1636
2	3	−0.1003	−0.1087	0.1454	0.1005	0.0054	0.0984	0.0003	−0.1033
4	2	−0.5000	0.1977	0.5377	−0.5000	−0.1426	0.5110	0.0000	0.0511
5	3	−0.4968	0.1706	0.5252	−0.4968	−0.1181	0.4992	0.0000	0.0526

全系统的功率损耗为

$$\Delta\dot{S}=\sum_i\dot{S}_i=0.0113-\mathrm{j}0.2837=\sum\Delta\dot{S}_L$$

顺便指出，如采用直角坐标，因其无三角函数运算，故每次迭代的运算速度略快。采用混合坐标时对 PV 节点的处理较方便，收敛性略好。从总体而言，二者相差无几。习惯上，国外大多采用混合坐标，国内则普遍采用直角坐标。

二、潮流方程的 P-Q 解耦迭代

潮流方程的 P-Q 解耦迭代方法是在上述混合坐标形式 N-R 迭代方程的基础上结合电力系统的特点，经过改进发展而成的一种求解潮流方程的算法。所做改进有两点：

(1) 解耦，将有功功率的迭代和无功功率的迭代分开进行。由 N-R 迭代方程式 (3-25)

$$\begin{bmatrix}\Delta\boldsymbol{P}\\ \Delta\boldsymbol{Q}\end{bmatrix}+\begin{bmatrix}\boldsymbol{H} & \boldsymbol{N}\\ \boldsymbol{K} & \boldsymbol{L}\end{bmatrix}\begin{bmatrix}\Delta\boldsymbol{\theta}\\ \Delta\boldsymbol{U}\end{bmatrix}=\mathbf{0}$$

在实际电力系统中，有功功率的分布主要取决于节点电压的相位，无功功率的分布主要取决于节点电压的幅值，表现在迭代方程中矩阵 $\boldsymbol{N}$ 的元素相对于矩阵 $\boldsymbol{H}$ 的元素小得多，矩阵 $\boldsymbol{K}$ 的元素相对于矩阵 $\boldsymbol{L}$ 的元素也小得多（可参看上例中的 $\boldsymbol{J}^{(0)}$），从而可略去，得到

$$\begin{cases}\Delta\boldsymbol{P}+\boldsymbol{H}\Delta\boldsymbol{\theta}=0\\ \Delta\boldsymbol{Q}+\boldsymbol{L}\Delta\boldsymbol{U}=0\end{cases}\tag{3-30}$$

这样，就将一个 $(n+m-1)$ 阶的修正方程分解成一个 $(n-1)$ 阶和一个 m 阶的两个低阶修正方程，求解起来容易得多，速度也快得多。

(2) 以不变的矩阵 $\boldsymbol{B}'$ 和 $\boldsymbol{B}''$ 分别代替式 (3-30) 中变化的矩阵 $\boldsymbol{H}$ 和 $\boldsymbol{L}$。由式 (3-26) 和式 (3-29) 可见，矩阵 $\boldsymbol{H}$ 和 $\boldsymbol{L}$ 中的元素在迭代中是变化的，每次均需重新计算，然后求解修正方程，因而工作量很大。实际电力系统中，通常节点电压间的相位差 θ_{ij} 不大，从而 $\cos\theta_{ij}\gg\sin\theta_{ij}$，又由于高压网络中电阻 $R\ll$ 电抗 X，或者说 R/X 很小，从而 $B_{ij}\gg G_{ij}$，故 $B_{ij}\cos\theta_{ij}\gg G_{ij}\sin\theta_{ij}$，于是可将 $G_{ij}\sin\theta_{ij}$ 略去，并取 $\cos\theta_{ij}\approx1$。又因式 (3-26) 中 H_{ii} 表达式的第一项 $U_i^2B_{ii}$ 远大于第二项 Q'_i，式 (3-29) 中 L_{ii} 表达式的第一项 U_iB_{ii} 远大于第二项 Q'_i/U_i，故均可将第二项略去（其物理解释是：$U_i^2B_{ii}$ 代表除 i 点外其余节点均接地时节点 i 的注入无功，而 Q'_i 代表所有节点均不接地时节点 i 的注入无功，显然前者远大于后者）。于是，$\boldsymbol{H}$ 和 $\boldsymbol{L}$ 各元素的表达式成为

$$\begin{cases}H_{ii}=U_i^2B_{ii}+Q'_i\approx U_i^2B_{ii}\\ H_{ij}=-U_iU_j(G_{ij}\sin\theta_{ij}-B_{ij}\cos\theta_{ij})\approx U_iU_jB_{ij}\end{cases}\tag{3-31}$$

$$\begin{cases}L_{ii}=U_iB_{ii}-Q'_i/U_i\approx U_iB_{ii}\\ L_{ij}=-U_i(G_{ij}\sin\theta_{ij}-B_{ij}\cos\theta_{ij})\approx U_iB_{ij}\end{cases}\tag{3-32}$$

从而有

$$\boldsymbol{H}=\begin{bmatrix} U_1^2B_{11} & U_1U_2B_{12} & \cdots & U_1U_{n-1}B_{1\,n-1} \\ U_2U_1B_{21} & U_2^2B_{22} & \cdots & U_2U_{n-1}B_{2\,n-1} \\ \vdots & \vdots & \vdots & \vdots \\ U_{n-1}U_1B_{n-1\,1} & U_{n-1}U_2B_{n-1\,2} & \cdots & U_{n-1}^2B_{n-1\,n-1} \end{bmatrix}$$

$$=\begin{bmatrix} U_1 & & & 0 \\ & U_2 & & \\ & & \ddots & \\ 0 & & & U_{n-1} \end{bmatrix}\begin{bmatrix} B_{11} & \cdots & B_{1\,n-1} \\ \vdots & & \vdots \\ B_{n-1\,1} & \cdots & B_{n-1\,n-1} \end{bmatrix}\begin{bmatrix} U_1 & & & 0 \\ & U_2 & & \\ & & \ddots & \\ 0 & & & U_{n-1} \end{bmatrix}$$

$$=\boldsymbol{U}'\boldsymbol{B}'\boldsymbol{U}' \tag{3-33}$$

$$\boldsymbol{L}=\begin{bmatrix} U_1B_{11} & U_1B_{12} & \cdots & U_1B_{1m} \\ U_2B_{21} & U_2B_{22} & \cdots & U_2B_{2m} \\ \vdots & \vdots & \vdots & \vdots \\ U_mB_{m1} & U_mB_{m2} & \cdots & U_mB_{mm} \end{bmatrix}$$

$$=\begin{bmatrix} U_1 & & & 0 \\ & U_2 & & \\ & & \ddots & \\ 0 & & & U_m \end{bmatrix}\begin{bmatrix} B_{11} & \cdots & B_{1m} \\ \vdots & & \vdots \\ B_{m1} & \cdots & B_{mm} \end{bmatrix}=\boldsymbol{U}''\boldsymbol{B}'' \tag{3-34}$$

将其代入式（3-30），得到

$$\begin{cases} \Delta\boldsymbol{P}+\boldsymbol{U}'\boldsymbol{B}'\boldsymbol{U}'\Delta\boldsymbol{\theta}=0 \\ \Delta\boldsymbol{Q}+\boldsymbol{U}''\boldsymbol{B}''\Delta\boldsymbol{U}=0 \end{cases} \tag{3-35}$$

又因 $\boldsymbol{U}'$ 近似为一单位阵，故可取 $\boldsymbol{B}'\boldsymbol{U}'\approx\boldsymbol{B}'$，并各乘以 $\boldsymbol{U}'^{-1}$ 和 $\boldsymbol{U}''^{-1}$，从而式（3-35）成为

$$\begin{cases} \Delta\boldsymbol{P}/\boldsymbol{U}'+\boldsymbol{B}'\Delta\boldsymbol{\theta}=0 \\ \Delta\boldsymbol{Q}/\boldsymbol{U}''+\boldsymbol{B}''\Delta\boldsymbol{U}=0 \end{cases} \tag{3-36}$$

此即 P-Q 解耦迭代的修正方程，注意式（3-36）中 $\boldsymbol{B}'$ 和 $\boldsymbol{B}''$ 的元素均直接取原节点导纳矩阵相应元素的虚部，但阶数不同：前者为 $(n-1)\times(n-1)$，后者为 $m\times m$。同理，$\boldsymbol{U}'$ 为 $(n-1)\times(n-1)$，$\boldsymbol{U}''$ 为 $m\times m$。

P-Q 解耦的迭代公式为

$$\begin{cases} \boldsymbol{\theta}^{(k+1)}=\boldsymbol{\theta}^{(k)}-\boldsymbol{B}'^{-1}\Delta\boldsymbol{P}^{(k)}/\boldsymbol{U}'^{(k)} \\ \boldsymbol{U}^{(k+1)}=\boldsymbol{U}^{(k)}-\boldsymbol{B}''^{-1}\Delta\boldsymbol{Q}^{(k)}/\boldsymbol{U}''^{(k)} \end{cases} \quad k=0,1,2,\cdots \tag{3-37}$$

【例 3-4】 利用 P-Q 解耦迭代求解［例 3-3］。

解 此时 $\boldsymbol{B}'$ 和 $\boldsymbol{B}''$ 分别为

$$\boldsymbol{B}'=\begin{bmatrix} -20.4022 & 11.3879 & 9.1743 & 0 \\ & -31.0093 & 15 & 4.9889 \\ & & -28.7757 & 0 \\ & & & -5.2493 \end{bmatrix}$$

$$
\boldsymbol{B}'' = \begin{bmatrix} -20.4022 & 11.3879 & 9.1743 \\ & -31.0093 & 15 \\ & & -28.7757 \end{bmatrix}
$$

设初值同［例 3 - 3］，算得的失配功率仍为 $\Delta P_1^{(0)}=-0.8055$，$\Delta P_2^{(0)}=-0.18$，$\Delta P_3^{(0)}=0$，$\Delta P_4^{(0)}=-0.5$，$\Delta Q_1^{(0)}=-0.3720$，$\Delta Q_2^{(0)}=0.2475$，$\Delta Q_3^{(0)}=0.3875$，从而 $\Delta P_1^{(0)}/U_1^{(0)}=-0.8055$，$\Delta P_2^{(0)}/U_2^{(0)}=-0.18$，$\Delta P_3^{(0)}/U_3^{(0)}=0$，$\Delta P_4^{(0)}/U_4^{(0)}=-0.5$，$\Delta Q_1^{(0)}/U_1^{(0)}=-0.3720$，$\Delta Q_2^{(0)}/U_2^{(0)}=0.2475$，$\Delta Q_3^{(0)}/U_3^{(0)}=0.3875$。

代入式（3 - 37），有

$$
\begin{bmatrix} \theta_1^{(1)} \\ \theta_2^{(1)} \\ \theta_3^{(1)} \\ \theta_4^{(1)} \end{bmatrix} = \begin{bmatrix} 0^\circ \\ 0^\circ \\ 0^\circ \\ 0^\circ \end{bmatrix} - \boldsymbol{B}'^{-1} \begin{bmatrix} -0.8055 \\ -0.18 \\ 0 \\ -0.5 \end{bmatrix} = \begin{bmatrix} -9.4811^\circ \\ -7.3933^\circ \\ -6.8767^\circ \\ -1.5691^\circ \end{bmatrix}
$$

$$
\begin{bmatrix} U_1^{(1)} \\ U_2^{(1)} \\ U_3^{(1)} \end{bmatrix} = \begin{bmatrix} 1 \\ 1 \\ 1 \end{bmatrix} - \boldsymbol{B}''^{-1} \begin{bmatrix} -0.3720 \\ 0.2475 \\ 0.3875 \end{bmatrix} = \begin{bmatrix} 1.0105 \\ 1.0267 \\ 1.0307 \end{bmatrix}
$$

继续迭代，所得结果示于表 3 - 7，迭代收敛后的计算同 N - R 迭代法，不再重复。

表 3-7　迭代过程中节点电压变化情况

k	θ_1	θ_2	θ_3	θ_4	U_1	U_2	U_3
1	−9.4811	−7.3933	−6.8767	−1.5691	1.0105	1.0267	1.0307
2	−7.2731	−5.5498	−5.2948	−0.0328	0.9862	1.0150	1.0213
3	−7.4879	−5.9017	−5.6451	−0.2233	0.9905	1.0172	1.0225
4	−7.4639	−5.8538	−5.5844	−2.2010	0.9917	1.0175	1.0228
5	−7.4802	−5.8571	−5.5875	−0.2043	0.9917	1.0176	1.0229
6	−7.4743	−5.8535	−5.5854	−0.2013	0.9915	1.0175	1.0229
7	−7.4746	−5.8548	−5.5865	−0.2022	0.9916	1.0175	1.0229
8	−7.4748	−5.8548	−5.5864	−0.2022	0.9916	1.0175	1.0229

由此例可见：①由于解耦降阶和用常数阵 $\boldsymbol{B}'$、$\boldsymbol{B}''$取代 $\boldsymbol{H}$、$\boldsymbol{L}$ 这两点改进，从而使计算大为简化。②P - Q 解耦迭代的次数多于 N - R 迭代法，但每次迭代费时少，约为原算法时间的 1/3，故总的速度快于 N - R 迭代法。③特别值得指出的是：虽然采用了一些简化假设，但丝毫不影响最终结果的精度（请比较表 3 - 5 和表 3 - 7 中节点电压的幅值和相角），因收敛判据和失配功率的计算公式与用 N - R 迭代法时完全相同。这是一种新的思维方法——目标控制的方法：虽每一步不如常规时准确，但如果省时，可多走几步，仍能先期达到同样的目标。

还需说明的是：①由于其推导过程中采用了一些简化假设，如实际系统中这些假设不成

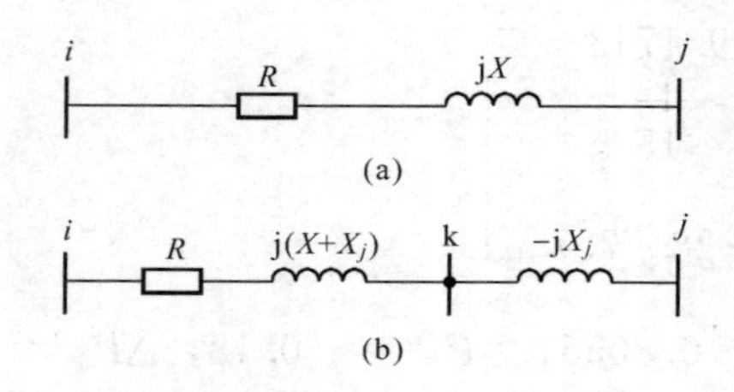

图 3 - 6　支路 R/X 太大时的处理
(a) R/X 太大的支路；(b) 增加虚拟节点 k

立，会出现潮流求解不收敛的情况，需采取一定的补救措施。例如，对于配电线路，其电阻电抗比 R/X 较大，不符合假设 $R \ll X$，会导致潮流不收敛。此时可采用下述方法：在支路中增加一个虚拟节点 k，使得每条支路的 R/X 均足够小，如图 3 - 6 所示。这样处理后可使潮流收敛。②关于 $\boldsymbol{H}$、$\boldsymbol{L}$ 矩阵的上述简化只是各种简化方法中的一种，形式上最简单，最易于理解，即 $\boldsymbol{B}'$、$\boldsymbol{B}''$均取节点导纳矩阵元素的虚部组成，但其收敛性能并不好（如［例 3 - 4］中迭代了 8 次），因而可做一些改进。如形成 $\boldsymbol{B}'$时不计线路的充电电容及变压器非标准变比的影响，因其与系统中有功功率的分布基本无关；此外，对支路电阻可采用不同的处理方法：$\boldsymbol{B}'$和 $\boldsymbol{B}''$均计及电阻，取 $b_{ij}=-x_{ij}/(r_{ij}^2+x_{ij}^2)$，称为 B - B 型；$\boldsymbol{B}'$不计电阻，取 $b_{ij}=-1/x_{ij}$，称为 X - B 型；$\boldsymbol{B}''$不计电阻，称为 B - X 型；$\boldsymbol{B}'$和 $\boldsymbol{B}''$均不计电阻，称为 X - X 型。实践表明，X - B 型和B - X型收敛性能较好。同时，B - X 型对 R/X 较大的网络有更好的收敛性。这方面的研究工作仍在进行中，有兴趣者可参阅有关文献。③P - Q 解耦迭代时可在 $\Delta\boldsymbol{P}$ 迭代求出 $\theta^{(k+1)}$ 后立即代入 $\Delta\boldsymbol{Q}$ 迭代，以加快收敛。

本节首先从节点电压方程入手导出了潮流计算的数学模型——潮流方程，然后介绍了求解非线性潮流方程的两种迭代方法：N - R 迭代法和 P - Q 解耦迭代法。前一种方法是求解非线性方程的通用方法，后一种方法是利用电力系统的特点得出的简化快速方法，由于其简单快速，因而得到了广泛应用。

回顾电力系统潮流计算的发展史，其经历了几个阶段：开始是手算，只能求解简单系统的潮流，而且还需采用一些简化假设。其后在 20 世纪 50 年代曾广泛采用计算台（包括直流计算台和交流计算台）解算潮流。这实际上是一种物理模拟方法。限于其规模，只能进行小型电力系统的潮流解算。自 50 年代开始，随着数字计算机的出现，电力工作者立即采用这一强有力工具，进行了计算机求解潮流问题的研究。最初，并没有取得多少成功，因为它仅仅是手工劳动的替代而没有充分发挥计算机的潜力；采用的数学模型是回路电流方程，需要大量的数据准备工作。50 年代中期，美国学者 Ward 和 Hale 应用节点形式的数学模型取得了成功，基于节点导纳矩阵的迭代算法，即 G - S（高斯 - 赛德尔）迭代问世。到 60 年代，电力系统的规模越来越大，G - S 迭代的收敛性差，速度慢的缺点日益突出，于是出现了牛顿法和基于节点阻抗矩阵的算法。此后，潮流计算便沿着这两条路线向前发展：在 N - R 迭代的基础上于 70 年代提出了 P - Q 解耦迭代，后又在直角坐标 N - R 迭代基础上提出了带二阶项的牛顿法；在节点阻抗矩阵法的基础上采用了分块矩阵和分割系统的方法。直到今天，潮流计算仍在继续研究中，新的算法不断出现。其发展方向不外是改善收敛、提高速度和减少内存。同时，新的潮流问题，如动态潮流、谐波潮流、状态估计潮流、概率潮流、最优潮流等，也得到了研究。此处仅对基本的常规潮流，也称静态潮流，做了介绍。有了这个基础，其他潮流问题便可进一步深入。

第三节　潮流计算中的有关技术

计算潮流时，除了上面介绍的基本原理和方法外，还要用到一些有关技术，以加快计算速度、节省计算机内存和提高求解的稳定性。这方面的技术具有重要的实用价值，内容十分丰富，而且在不断发展中。此处仅摘其要者介绍之，作为潮流问题的扩展和延伸。内容包括：潮流方程迭代求解时的初值设定、线性方程组的求解、处理稀疏矩阵的稀疏技术和网络化简。

一、潮流方程迭代求解时的初值设定

从计算机求解潮流的过程可看出，无论采用何种迭代方法，都需首先设定初值，然后方能进入迭代。在前述例题中，均设电压幅值为1(标幺值)，相角为0°，称为平启动。实际计算中，这样的初值设定一般可收敛，但不难想象，如果有更好的初值设定，一定可以减少迭代次数，加快计算进程，提高求解的稳定性。下面介绍这类方法中的一种。

这种方法由两步组成：第一步设定电压相角的初值；第二步设定节点电压幅值的初值。

第一步中采用如下两点假设：①节点电压的相角差 θ_{ij} 很小，从而可取 $\cos\theta_{ij}\approx 1$，$\sin\theta_{ij}\approx\theta_{ij}$；②取所有节点电压的幅值均为 1。于是由混合坐标形式的潮流方程式（3 - 16）$P_i = U_i\sum_{j=1}^{n}U_j(G_{ij}\cos\theta_{ij}+B_{ij}\sin\theta_{ij})$ 得到

$$P_i=\sum_{j}[G_{ij}+B_{ij}(\theta_i-\theta_j)],i=1,\cdots,n-1 \tag{3-38}$$

这是一组线性方程，共（$n-1$）个，可解出（$n-1$）个未知量 θ_1，$\theta_2\cdots$，θ_{n-1}。

第二步中只需计算 PQ 节点电压幅值的初值，因 PV 节点和 $V\theta$ 节点的电压幅值已给定。对 PQ 节点，有

$$\dot{S}_i=P_i+\mathrm{j}Q_i=\dot{U}_i\sum_{j}\overset{*}{Y}_{ij}\overset{*}{U}_j,i=1,\cdots,m \tag{3-39}$$

即

$$\begin{aligned}(P_i+\mathrm{j}Q_i)/\dot{U}_i&=(P_i+\mathrm{j}Q_i)(\cos\theta_i-\mathrm{j}\sin\theta_i)/U_i\\&=\sum_{j}(G_{ij}-\mathrm{j}B_{ij})U_j(\cos\theta_i-\mathrm{j}\sin\theta_i)\end{aligned} \tag{3-40}$$

其虚部为

$$(Q_i\cos\theta_i-P_i\sin\theta_i)/U_i=-\sum_{j}U_j(B_{ij}\cos\theta_j+G_{ij}\sin\theta_j)=-\sum_{j}U_jA_{ij} \tag{3-41}$$

式中

$$A_{ij}=B_{ij}\cos\theta_j+G_{ij}\sin\theta_j$$

取 $U_i=1+\Delta U_i\approx 1/(1-\Delta U_i)$，即 $1/U_i=1-\Delta U_i$，代入式(3 - 41) 得到

$$\begin{aligned}(Q_i\cos\theta_i-P_i\sin\theta_i)(1-\Delta U_i)&=-\sum_{j=1}^{n}U_jA_{ij}\\&=-\left[\sum_{j=1}^{m}A_{ij}(1+\Delta U_j)+\sum_{j=m+1}^{n}A_{ij}U_j\right]\end{aligned} \tag{3-42}$$

式中第二步是将 $\sum$ 展开，最后一项代表所有 PV 节点和 $V\theta$ 节点，其电压幅值已给定，为已知量。将式（3 - 42）重新整理，未知量 ΔU_i，$i=1$，…，m 归在左侧，已知量归在右侧，得到

$$(Q_i\cos\theta_i-P_i\sin\theta_i)\Delta U_i-\sum_{j=1}^{m}\Delta U_jA_{ij}$$

$$= Q_i\cos\theta_i - P_i\sin\theta_i + \sum_{j=1}^{m} A_{ij} + \sum_{j=m+1}^{n} A_{ij}U_j, i = 1,\cdots,m \tag{3-43}$$

这也是一组线性方程，共 m 个，可解出 m 个未知量 ΔU_i，$i=1$，…，m。从而节点电压幅值的初值为

$$U_i = 1 + \Delta U_i \quad i = 1,\cdots,m \tag{3-44}$$

【例 3 - 5】 设定［例 3 - 3］的初值。

解 第一步求 PQ 节点和 PV 节点的电压相角的初始值。由式（3 - 38），代入［例 3 - 3］有关数据，得到线性方程组

$$\begin{bmatrix} 20.5622 & -11.3879 & -9.1743 & 0 \\ -11.3879 & 31.3768 & -15.000 & -4.9889 \\ -9.1743 & -15.0000 & 29.1632 & 0 \\ 0 & -4.9889 & 0 & 4.9889 \end{bmatrix} \begin{bmatrix} \theta_1 \\ \theta_2 \\ \theta_3 \\ \theta_4 \end{bmatrix} = \begin{bmatrix} -0.8055 \\ -0.18 \\ 0 \\ 0.5 \end{bmatrix}$$

解得

$$\begin{bmatrix} \theta_1 \\ \theta_2 \\ \theta_3 \\ \theta_4 \end{bmatrix} = \begin{bmatrix} -0.1400 \\ -0.1036 \\ -0.0973 \\ -0.0034 \end{bmatrix}$$

转化为角度

$$\begin{bmatrix} \theta_1 \\ \theta_2 \\ \theta_3 \\ \theta_4 \end{bmatrix} = \begin{bmatrix} -8.0214^\circ \\ -5.9358^\circ \\ -5.5749^\circ \\ -0.1948^\circ \end{bmatrix}$$

第二步求 PQ 节点的电压幅值得初始值。由式（3 - 43），代入［例 3 - 3］有关数据，得到线性方程组

$$\begin{bmatrix} 21.0831 & -11.6949 & -9.3983 \\ -11.7730 & 31.7281 & -15.4148 \\ -9.4686 & -15.4366 & 29.3928 \end{bmatrix} \begin{bmatrix} \Delta U_1 \\ \Delta U_2 \\ \Delta U_3 \end{bmatrix} = \begin{bmatrix} -0.6291 \\ 0.3106 \\ 0.5013 \end{bmatrix}$$

解得

$$\begin{bmatrix} \Delta U_1 \\ \Delta U_2 \\ \Delta U_3 \end{bmatrix} = \begin{bmatrix} -0.0104 \\ 0.0169 \\ 0.0226 \end{bmatrix}$$

从而各 PQ 节点电压幅值得初值为

$$\begin{bmatrix}U_1\\U_2\\U_3\end{bmatrix}=\begin{bmatrix}1\\1\\1\end{bmatrix}+\begin{bmatrix}\Delta U_1\\\Delta U_2\\\Delta U_3\end{bmatrix}=\begin{bmatrix}0.9896\\1.0169\\1.0226\end{bmatrix}$$

这样的初值已和真值十分接近，以其参与迭代，自然较快，求解过程也较稳定。

二、线性方程组的求解

在利用 N－R 和 P－Q 解耦迭代法求解潮流方程时，需求解修正方程式 $\boldsymbol{F}+\boldsymbol{J}\Delta X=0$，这实际是要求解一组线性方程。上面介绍的初值设定方法中，也要求解两组线性方程。可见，求解线性方程组的运算在电力系统计算中经常出现。线性方程组的解法分为两类：一类是迭代法，Gauss 迭代可用于解线性方程组；另一类是直接解法，如逆矩阵法、克莱姆法则法、高斯消去法等。在电力系统计算中广泛采用的是直接解法中的高斯消去法，以及在其基础上发展而成的三角分解法或因子表法。一般，如线性方程 $\boldsymbol{F}+\boldsymbol{J}\Delta X=0$ 中的系数矩阵 $\boldsymbol{J}$ 变化，则采用高斯消去法；如 $\boldsymbol{J}$ 为常数阵，不变化，仅 $\boldsymbol{F}$ 变化，则采用三角分解法或因子表法。这些方法的原理，“计算方法”或“数值分析”课程中均有介绍。

三、稀疏技术简介

所谓稀疏技术是一些有关稀疏矩阵的处理方法和技巧。稀疏技术有三个基本原则：① 尽量节省内存。具体而言，就是只存矩阵中的非零元素，不存零元素。②尽量减少无效运算。具体而言，就是只对非零元素进行运算，零元素的运算按规则处理：加、减零时值不变，乘零时积为零。③尽量保持矩阵的稀疏结构。具体而言，就是在进行消去运算或形成因子表时应使新增加的非零元素［称为注入元或填元（fill-in)］最少。为达到这一目的，需采用优化排序，对节点导纳矩阵而言，称作节点编号优化。下面以图 3 - 7 所示网络为例予以简单介绍。

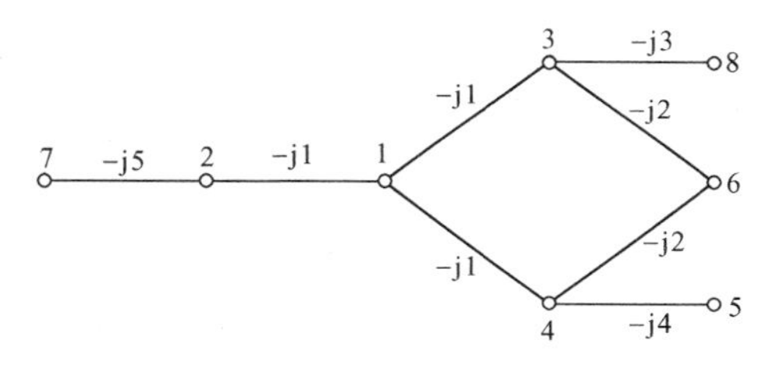

图 3 - 7　节点编号优化用例（一）

各支路导纳示于图中。按图中的节点编号，得到节点导纳矩阵为

$$\mathrm{j}\begin{bmatrix}-3&1&1&1&0&0&0&0\\1&-6&0&0&0&0&5&0\\1&0&-6&0&0&2&0&3\\1&0&0&-7&4&2&0&0\\0&0&0&4&-4&0&0&0\\0&0&2&2&0&-4&0&0\\0&5&0&0&0&0&-5&0\\0&0&3&0&0&0&0&-3\end{bmatrix}$$

进行三角分解后得到的因子表形如

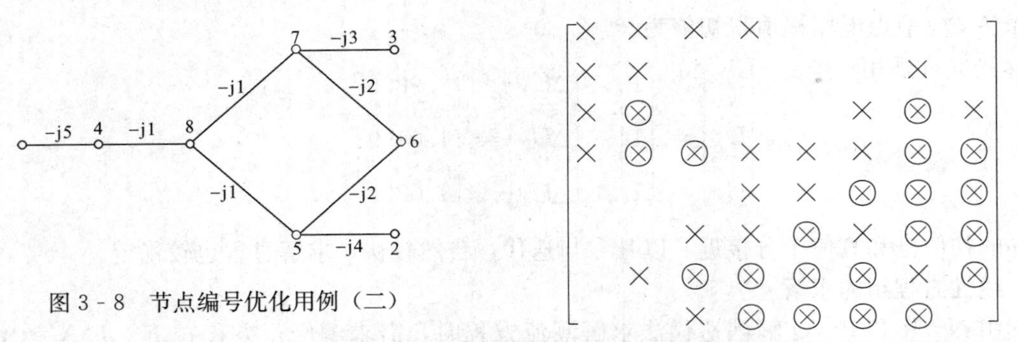

图3-8 节点编号优化用例（二）

其中×代表非零元，⊗代表和原节点导纳矩阵相比新增加的非零元，即注入元。可见，按图3-7的节点编号出现了21个注入元。

若采用图3-8所示的编号顺序，则节点导纳矩阵和因子表示为

$$
\mathrm{j}\begin{bmatrix}
-5 & 0 & 0 & 5 & 0 & 0 & 0 & 0 \\
0 & -4 & 0 & 0 & 4 & 0 & 0 & 0 \\
0 & 0 & -3 & 0 & 0 & 0 & 3 & 0 \\
5 & 0 & 0 & -6 & 0 & 0 & 0 & 1 \\
0 & -4 & 0 & 0 & -7 & 2 & 0 & 1 \\
0 & 0 & 0 & 0 & 2 & -4 & 2 & 0 \\
0 & 0 & 3 & 0 & 0 & 2 & -6 & 1 \\
0 & 0 & 0 & 1 & 1 & 0 & 1 & -3
\end{bmatrix} \tag{3-45}
$$

$$
\begin{bmatrix}
\times & & & \times & & & & \\
 & \times & & & \times & & & \\
 & & \times & & & & \times & \\
\times & & & \times & & & & \times \\
 & \times & & & \times & \times & & \times \\
 & & & & \times & \times & \times & \\
 & & \times & & & \times & \times & \times \\
 & & & \times & \times & \otimes & \times & \times
\end{bmatrix}
$$

可见，后一种编号方法基本上保留了原节点导纳矩阵的稀疏性，仅增加了一个注入元，从而大大减少了求取 $\Delta \boldsymbol{X}$ 时对常数项列向量 $\boldsymbol{F}$ 进行运算的工作量。本例是一个很小的网络，其稀疏度为 $S=Z/n^2=40/8^2=65.6\%$，对实际电力系统，其节点数 n 常成百上千，很多节点间无线路连接，稀疏度高达97%以上。在这种情况下，节点编号优化有着重要的实用价值。

图3-8采用的编号原则是：消去时增加新支路最少的节点优先编号，具体讲就是：1支路节点（即只连有一条支路的节点）最先编号，因其消去时不出现新支路，如图中的节点1、2和3；其次是邻近的1支路节点消去后即成为1支路节点的，如节点4，再其次是2支路节点、3支路节点等。性质相同的节点并列，次序不限。

由以上原则可见，节点的性质在消去过程中会发生变化，如节点4，原为2支路节点，当节点1消去后成为1支路节点，所以它应排在其他2支路节点前。这种优化编号的方法称为动态优化。与此相对应，若仅按原始网络中各节点性质编号的方法则称为静态优化。显

然，静态节点编号优化简单，但效果不如动态节点编号优化。

上述原则同样适用于矩阵行或列的编号优化。

为仅存储稀疏矩阵中的非零元素，无须采用二维数组，只定义两对一维数组：一对数组用于存储矩阵中所有非零元素的值：其中一个存放对角元，以式（3 - 45）的矩阵为例，定义

$$\boldsymbol{Y}_{\mathrm{diag}}=\mathrm{j}[-5,-4,-3,-6,-7,-4,-6,-3] \tag{3-46}$$

其为 $1\times n$ 行向量；另一个用于按行存放非零非对角元，即

$$\boldsymbol{Y}_{\mathrm{offd}}=\mathrm{j}[5,4,3,5,1,-4,2,1,2,2,3,2,1,1,1,1] \tag{3-47}$$

其为 $1\times(n^2-n-z)$ 行向量，z 为矩阵中的零元素数。

另一对数组用于定义每一非零非对角元素的位置：其中一个 $1\times n$ 行向量用于确定每一行的非零非对角元素是从 $\boldsymbol{Y}_{\mathrm{offd}}$ 的第几个元素开始的。对式（3 - 47）有

$$\boldsymbol{I}_{\mathrm{row}}=[1,2,3,4,6,9,11,14] \tag{3-48}$$

例如，其第 5 个元素为 6，表明第五行的第一个非零非对角元素是从 $\boldsymbol{Y}_{\mathrm{offd}}$ 的第 6 个元素（即 $-\mathrm{j}4$）开始的。另一个 $1\times(n^2-n-z)$ 阶行向量用于确定 $\boldsymbol{Y}_{\mathrm{offd}}$ 中每一元素所在的列，称为列指数（或列足码）。对式（3 - 47）有

$$\boldsymbol{I}_{\mathrm{cal}}=[4,5,7,1,8,2,6,8,5,7,3,6,8,4,5,7] \tag{3-49}$$

例如，其第 7 个元素为 6，表示 $\boldsymbol{Y}_{\mathrm{offd}}$ 的第 7 个元素（即 j2）是在第 6 列，连同式（3 - 48）中的信息，它应在第 5 行（因 7 在 $\boldsymbol{I}_{\mathrm{row}}$ 中的第 5 个元素 6 和第 6 个元素 9 之间），从而可知它是节点导纳矩阵中的第 5 行第 6 列元素，即 Y_{56}。

以上介绍的是一种最简单直观的存储方式，称为线性表。此外，还有单链表、双链表、位结构多种存储方案。此处不再赘述，有兴趣的读者可参阅有关文献和专著。

至于只对非零元素进行运算这一原则可在编制程序时体现。

四、网络化简

随着电力系统规模的日益扩大，电力网络越来越复杂，因而进行电力系统计算时对网络做适当化简是必要的，也是可能的。必要是因为要减少工作量，加快计算速度；可能是因为网络化简不会影响网络未化简部分，即化简前后网络其余部分仍然等效，例如电压、功率的分布不改变。化简网络的方法很多，如电路中常用的串、并联化简和星网变换化简，此处介绍意义更广、效率更高的两类网络化简方法——高斯消去化简和矩阵分块化简。

为使问题简单起见，先设化简的目的是消去联络节点，即消去网络中那些既无电源又无负荷的节点，如开关站母线代表的节点。这些节电的注入功率为零，从而注入电流为零。若将负荷用恒定阻抗表示，则负荷节点也属此类。

1. 高斯消去化简网络

众所周知，解线性方程组进行高斯消去时每运算一次就消去一个变量，这实际上就是消去一个节点。

以星网变换为例。如图 3 - 9 所示，星网变换的目的是要消去星形网络的中点 o。

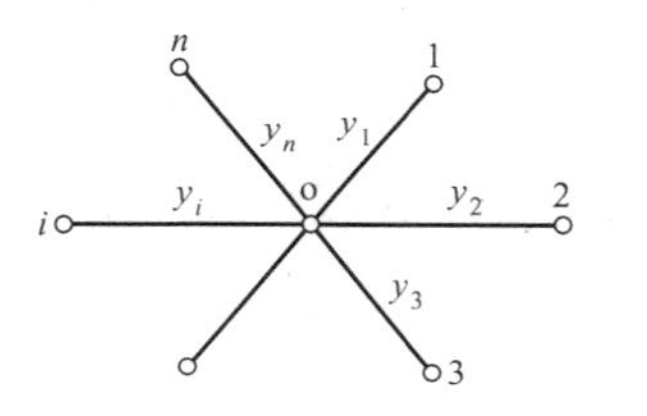

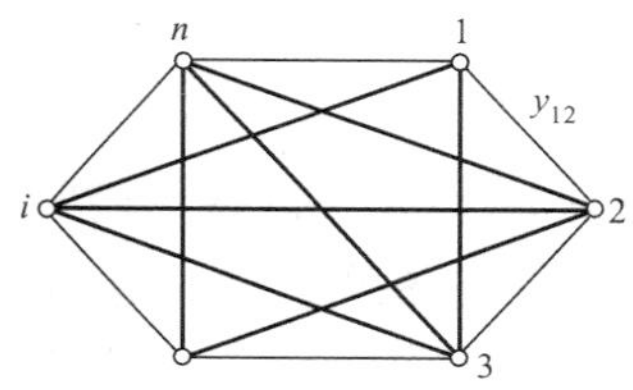

图 3 - 9　星网变换

写出星形网络的节点导纳矩阵，将o点排在第一行，得到（$n+1$）×（$n+1$）矩阵

$$\begin{bmatrix} \sum_j y_i & -y_1 & -y_2 & \cdots & -y_n \\ -y_1 & y_1 & 0 & \cdots & 0 \\ -y_2 & 0 & y_2 & \cdots & 0 \\ & \vdots & & \vdots & \\ -y_n & 0 & 0 & \cdots & y_n \end{bmatrix} \tag{3-50}$$

进行高斯消元，第一行乘以 $y_1/\Sigma y_i$ 加到第二行，乘以 $y_2/\Sigma y_i$ 加到第三行……乘以 $y_n/\Sigma y_i$ 加到最后一行，便消去了第一列，完成了一次消去运算。去掉第一行第一列，得到网形网络的节点导纳矩阵

$$\begin{bmatrix} y_1-y_1^2/\Sigma y_i & -y_1y_2/\Sigma y_i & \cdots & -y_1y_n/\Sigma y_i \\ -y_2y_1/\Sigma y_i & y_2-y_2^2/\Sigma y_i & \cdots & -y_2y_n/\Sigma y_i \\ \vdots & \vdots & & \vdots \\ -y_ny_1/\Sigma y_i & -y_ny_2/\Sigma y_i & \cdots & y_n-y_n^2/\Sigma y_i \end{bmatrix} \tag{3-51}$$

从而网形网络中 ij 支路的导纳为

$$y'_{ij} = y_iy_j/\Sigma y_i \tag{3-52}$$

此即熟知的星网变换公式，$n=3$ 时可推出Y—△及△—Y变换公式。

可见，常规的星网变换等价于进行高斯消去的一次运算。如需同时消去多个节点，可多次进行星网变换，但显然不如用高斯消去既直观又方便。如网络中共有 n 个节点，需消去其中的 m 个联络节点（$m<n$），将这 m 个节点排在前 m 行，此时节点导纳矩阵形如

$$\begin{bmatrix} Y_{11} & Y_{12} & \cdots & Y_{1m} & Y_{1\,m+1} & \cdots & Y_{1n} \\ Y_{21} & Y_{22} & \cdots & Y_{2m} & Y_{2\,m+1} & \cdots & Y_{2n} \\ \vdots & & & & & & \vdots \\ Y_{m+1\,1} & Y_{m+1\,2} & \cdots & Y_{m+1\,m} & Y_{m+1\,m+1} & \cdots & Y_{m+1\,n} \\ \vdots & & & & & & \vdots \\ Y_{n1} & Y_{n2} & \cdots & Y_{nm} & Y_{n\,m+1} & \cdots & Y_{nn} \end{bmatrix} \tag{3-53}$$

进行高斯消去，到第 m 步得到

$$\begin{bmatrix} Y_{11} & Y_{12} & \cdots & Y_{1m} & Y_{1\,m+1} & \cdots & Y_{1n} \\ & Y_{22}^{(1)} & \cdots & Y_{2m}^{(1)} & Y_{2\,m+1}^{(1)} & \cdots & Y_{2n}^{(1)} \\ & & & & Y_{m+1\,m+1}^{(m)} & \cdots & Y_{m+1\,n}^{(m)} \\ & & & & \vdots & & \vdots \\ & & & & Y_{n\,m+1}^{(m)} & & Y_{nn}^{(m)} \end{bmatrix} \tag{3-54}$$

式（3-54）中虚线框内的（$n-m$）×（$n-m$）方阵就是消去了 m 个联络节点后简化网络的节点导纳矩阵。

2. 矩阵分块法化简网络

将节点电压方程 $\boldsymbol{I}=\boldsymbol{YU}$ 用于待化简网络，将待消去的 m 个节点排在前 m 行，得到

$$\begin{bmatrix} \boldsymbol{I}_m \\ \boldsymbol{I}_k \end{bmatrix} = \begin{bmatrix} \boldsymbol{M} & \boldsymbol{L} \\ \boldsymbol{L}^{\mathrm{T}} & \boldsymbol{K} \end{bmatrix} \begin{bmatrix} \boldsymbol{U}_m \\ \boldsymbol{U}_k \end{bmatrix} \tag{3-55}$$

式中：$\boldsymbol{I}_m$、$\boldsymbol{U}_m$ 为待消的 m 个联络节点的电流、电压列向量，由联络节点的性质有 $\boldsymbol{I}_m=0$；$\boldsymbol{I}_k$、$\boldsymbol{U}_k$ 为保留节点的电流、电压列向量；$\boldsymbol{M}$、$\boldsymbol{L}$、$\boldsymbol{K}$ 为相应分块矩阵；$\boldsymbol{L}^{\mathrm{T}}$ 为 $\boldsymbol{L}$ 的转置。

将式（3－55）展开，得到

$$\begin{cases} \boldsymbol{I}_m = 0 = \boldsymbol{M}\boldsymbol{U}_m + \boldsymbol{L}\boldsymbol{U}_k \\ \boldsymbol{I}_k = \boldsymbol{L}^{\mathrm{T}}\boldsymbol{U}_m + \boldsymbol{K}\boldsymbol{U}_k \end{cases} \tag{3-56}$$

由其第一式解得

$$\boldsymbol{U}_m = -\boldsymbol{M}^{-1}\boldsymbol{L}\boldsymbol{U}_k \tag{3-57}$$

代入第二式得到

$$\boldsymbol{I}_k = (\boldsymbol{K} - \boldsymbol{L}^{\mathrm{T}}\boldsymbol{M}^{-1}\boldsymbol{L})\boldsymbol{U}_k = \boldsymbol{Y}_r\boldsymbol{U}_k \tag{3-58}$$

式中：$\boldsymbol{Y}_r = \boldsymbol{K} - \boldsymbol{L}^{\mathrm{T}}\boldsymbol{M}^{-1}\boldsymbol{L}$ 为化简后网络的节点导纳矩阵。

此法实质和高斯消去法相同，只不过运算时采用了不同形式。下面用一例题说明。

【例 3－6】 如图 3－10 所示网络，试用高斯消去法和矩阵分块法化简，消去联络节点 1、2 和 3。各支路导纳值示于图中。

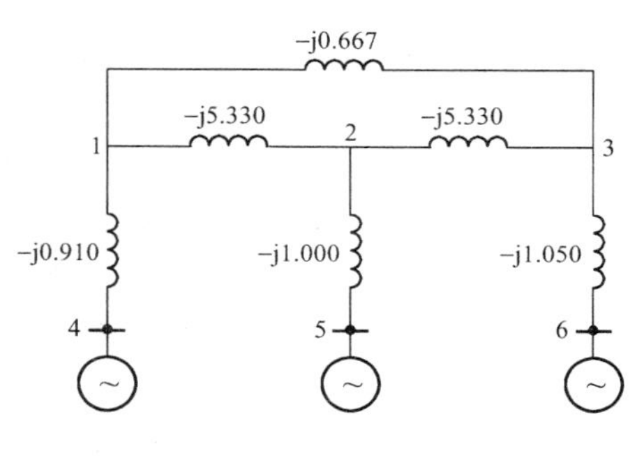

图 3－10　［例 3－6］的网络

解　此时的节点导纳矩阵为

$$\boldsymbol{Y}_{\mathrm{B}} = \mathrm{j}\left[\begin{array}{ccc|ccc} -6.910 & 0.667 & 5.330 & 0.910 & 0 & 0 \\ 0.667 & -7.050 & 5.330 & 0 & 1.050 & 0 \\ 5.330 & 5.330 & -11.660 & 0 & 0 & 1.000 \\ \hline 0.910 & 0 & 0 & -0.910 & 0 & 0 \\ 0 & 1.050 & 0 & 0 & -1.050 & 0 \\ 0 & 0 & 1.000 & 0 & 0 & -1.000 \end{array}\right]$$

(1) 高斯消去法化简。

先消去节点 1：第一行乘以 0.667/6.910 加到第二行，乘以 5.330/6.910 加到第三行，乘以 0.910/6.910 加到第四行，并删去第一行第一列，得到

$$\mathrm{j}\begin{bmatrix} -6.986 & 5.845 & 0.088 & 1.050 & 0 \\ 5.845 & -7.550 & 0.702 & 0 & 1.000 \\ 0.088 & 0.702 & -0.790 & 0 & 0 \\ 1.050 & 0 & 0 & -1.050 & 0 \\ 0 & 1.000 & 0 & 0 & -1.000 \end{bmatrix}$$

同理消去节点 2，得到

$$\mathrm{j}\begin{bmatrix} -2.660 & 0.776 & 0.878 & 1.000 \\ 0.776 & -0.789 & 0.013 & 0 \\ -0.878 & 0.892 & -0.892 & 0 \\ 1.000 & 0 & 0 & -1.000 \end{bmatrix}$$

消去节点 3，得到

$$\mathrm{j}\begin{bmatrix} -0.561 & 0.269 & 0.292 \\ 0.269 & -0.602 & 0.331 \\ 0.292 & 0.331 & -0.624 \end{bmatrix}$$

（2）矩阵分块法化简。

$\boldsymbol{Y}_{\mathrm{B}}$ 分块如虚线所示，由式（3－58）得

$$\boldsymbol{Y}_r=\boldsymbol{K}-\boldsymbol{L}^{\mathrm{T}}\boldsymbol{M}^{-1}\boldsymbol{L}=\mathrm{j}\begin{bmatrix} -0.910 & 0 & 0 \\ 0 & -1.050 & 0 \\ 0 & 0 & -1.000 \end{bmatrix}+\mathrm{j}\begin{bmatrix} 0.910 & 0 & 0 \\ 0 & 1.050 & 0 \\ 0 & 0 & 1.000 \end{bmatrix}$$

$$\times\begin{bmatrix} -0.910 & 0.667 & 5.330 \\ 0.667 & -7.050 & 5.330 \\ 5.330 & 5.330 & -11.660 \end{bmatrix}^{-1}\times\begin{bmatrix} 0.910 & 0 & 0 \\ 0 & 1.050 & 0 \\ 0 & 0 & 1.000 \end{bmatrix}$$

$$=\mathrm{j}\begin{bmatrix} -0.561 & 0.269 & 0.292 \\ 0.269 & -0.602 & 0.331 \\ 0.292 & 0.331 & -0.624 \end{bmatrix}$$

应指出，上述高斯消去法和矩阵分块法化简网络的方法也适用于非联络节点，即如待消去的节点有注入电流，也可进行化简。此时化简后网络的节点导纳矩阵与前相同，但保留节点的注入电流有了变化。下面以矩阵分块法为例加以说明。

由式（3－55）的第一式解得

$$\boldsymbol{U}_m=-\boldsymbol{M}^{-1}\boldsymbol{L}\boldsymbol{U}_k+\boldsymbol{M}^{-1}\boldsymbol{L}_m \tag{3-59}$$

代入第二式得到

$$\boldsymbol{I}_k-\boldsymbol{L}^{\mathrm{T}}\boldsymbol{M}^{-1}\boldsymbol{I}_m=(\boldsymbol{K}-\boldsymbol{L}^{\mathrm{T}}\boldsymbol{M}^{-1}\boldsymbol{L})\boldsymbol{U}_k \tag{3-60}$$

即 $\boldsymbol{I}'_k=\boldsymbol{Y}_r\boldsymbol{U}_k$。

可见，化简后网络的节点导纳矩阵与前相同，但保留节点的注入电流变为

$$\boldsymbol{I}'_k=\boldsymbol{I}_k-\boldsymbol{L}^{\mathrm{T}}\boldsymbol{M}^{-1}\boldsymbol{I}_m=\boldsymbol{I}_k+\Delta\boldsymbol{I}_k \tag{3-61}$$

式中：$\Delta\boldsymbol{I}_k=-\boldsymbol{L}^{\mathrm{T}}\boldsymbol{M}^{-1}\boldsymbol{I}_m$ 称为移置电流，即由于消去使得消去节点电流移至保留节点的电流。

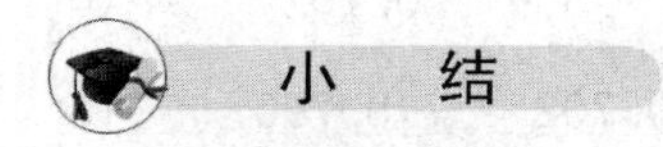

小　结

本章阐述了电力系统计算中的第一个也是最基本的计算问题——潮流计算的含义、目的、原理和方法。从本质上讲，潮流计算属交流电路计算，只不过因已知和待求的是功率而不是电流，从而使得潮流方程为一非线性方程。利用计算机计算潮流，均采用迭代法求解：既可用求解非线性代数方程的通用方法——N－R 迭代法，也可用基于电力系统特点的 P－Q

解耦迭代法，这两种迭代法的本质都是将非线性潮流方程的求解化为线性修正方程的多次求解。迭代求解潮流时，均是先求出各节点电压，然后再求各节点及各支路功率。除这些潮流求解方法本身外，还要用到一些有关技术，如初值设定、线性方程组的求解、稀疏技术、网络化简和负荷移置等，它们有着重要的实用价值。本章特点是计算多而繁，只有多练才能对方法心领神会，即使是迭代求解，通过手算也能对计算过程体会更深，从而有助于程序的编制。如能进一步配合上机，则通过对计算机解决工程问题的全过程——建立数学模型、确定计算方法、编程调试和结果分析，会有全面的了解和切身的感受，对计算机应用能力和分析问题能力的提高大有好处。

思考题和习题 3

3 - 1　何谓电力系统的潮流？进行潮流计算的目的是什么？

3 - 2　电力系统的潮流方程是由什么方程推得的？有何特点？有几种表达形式？

3 - 3　电力系统的节点导纳矩阵有何特点？其和节点阻抗矩阵有何关系？

3 - 4　一个系统如无接地支路也未选定参考节点，其节点阻抗矩阵能否由节点导纳矩阵求逆得到？

3 - 5　潮流方程常用的求解方法有哪些？这些方法的共同点是什么？它们之间有何联系？

3 - 6　为什么求解潮流方程时要将系统中的节点分类？通常分成几类？各类节点有何特点？

3 - 7　何谓 $V\theta$ 节点？为什么潮流计算中必须有一个而且只有一个 $V\theta$ 节点？

3 - 8　P - Q 解耦法推导时采用了什么假设？它为何既能提高计算速度又能保证同样的精度？如果实际电力系统的情况与采用的假设不符，会出现什么情况？如何克服？

3 - 9　为何要采用网络化简？常用的网络化简方法有哪些？

3 - 10　何谓稀疏技术？其包含哪些方面的内容？

3 - 11　某五节点系统如图 3 - 11 所示。图中接地支路标注的是导纳标幺值（两侧相同），非接地支路标注的是阻抗标幺值。试完成：①写出该网络的节点导纳矩阵；②若从节点 4 新建一条线路至节点 6，如何修改导纳矩阵？③若支路 34 开断，如何修改？④若节点 2 发生三相接地故障，如何修改导纳矩阵？⑤若变压器变比变为 1∶1.1，如何修改？（注：②、③、④、⑤向均在①向基础上修改）

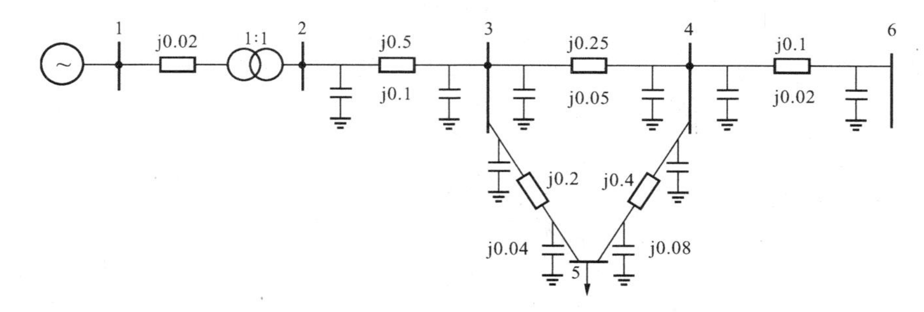

图 3 - 11　题 3 - 11 图

3－12 已知一网络的节点导纳矩阵为 $\begin{bmatrix} -j20 & j9 & j8 & j7 \\ j9 & -j6 & 0 & 0 \\ j8 & 0 & -j6 & 0 \\ j7 & 0 & 0 & -j6 \end{bmatrix}$，试画出其相应的网络，标出各并联支路的导纳和串联支路的阻抗。

3－13 直流网络如图 3－12 所示，试用 N－R 迭代法求 U_2、U_3（迭代 2 次）。

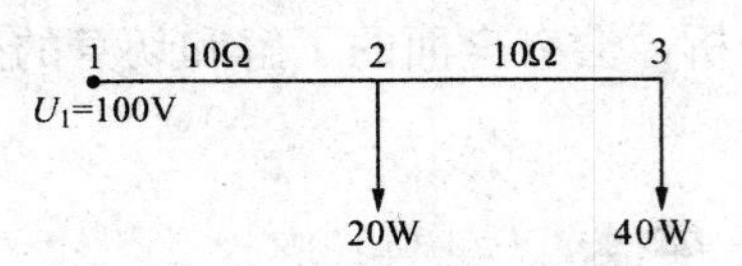

图 3－12 题 3－13 图

3－14 编制混合坐标形式的 N－R 迭代法的潮流计算程序，完成［例 3－2］的计算。

3－15 写出直角坐标形式 N－R 迭代法的求解潮流的修正方程和雅可比矩阵元素的表达式。

3－16 某三节点系统如图 3－13 所示，线路阻抗已标注于图。已知负荷功率的标幺值为：$\dot{S}_{D1}=1+j0.5$，$\dot{S}_{D3}=1+j1$；电源功率为：$P_{G1}=0.5$，$P_{G2}=1.5$；各节点电压幅值均为 1（标幺值），节点 3 装有无功补偿设备。试用 N－R 迭代法迭代 1 次求解潮流，求出 Q_{G2}、Q_{G3} 及线路功率 $\dot{S}_{12}$。

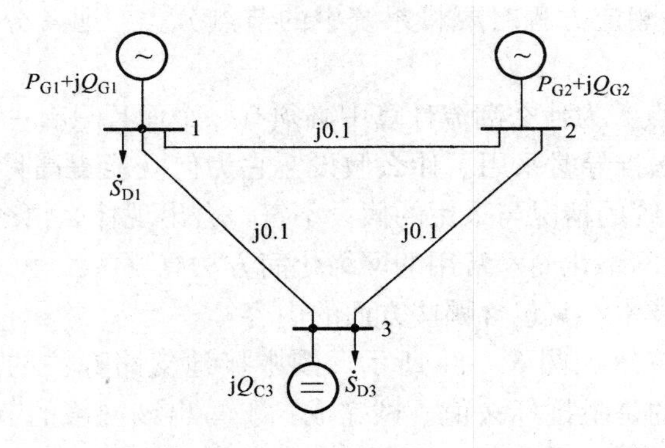

图 3－13 题 3－16 图

3－17 用 N－R 迭代法和 P－Q 解耦迭代法求解［例 3－5］，取 $\varepsilon=10^{-2}$。

第四章　电力系统故障分析及计算

在电力系统的运行过程中，不可避免地会出现故障。尽管故障出现的概率很小，持续的时间也不长，但产生的后果却往往十分严重。电力系统发生故障时，运行状态将经历急剧变化。轻则造成电流增大，电压下降，从而危及设备的安全或使设备无法正常运行；重则将导致电力系统对用户的正常供电局部甚至全部遭到破坏，从而对国民经济造成重大损失。因此对电力系统故障应予以高度重视。

作为电力系统三大计算之一，电力系统的故障计算主要计算电力系统的故障所引起的电磁暂态过程，即电参量（电压、电流）和磁参量（磁链）的变化情况，分析故障发生的原因及其产生的后果，从而为防止故障的发生和尽可能减少故障产生的损害提出有效措施。

电力系统的故障属暂态范畴，大部分电磁量将随时间变化，描述其特性的是微分方程，这给分析计算带来一定困难。在分析过程中通常尽量避免对微分方程直接求解，而是采用一定的工具（如拉普拉斯变换）和假设使问题得以简化，即把“微分方程代数化，暂态分析稳态化”。在分析不对称故障时，各相之间电磁量的耦合使问题的分析更为复杂，此时常用的分析方法是尽量避开对不对称故障直接求解，而是采用一定的工具（如对称分量变换）将不对称问题转化为对称问题的叠加进行处理，即把“不对称问题对称化”。这就是电力系统故障计算方法的特点。

本章共分为三部分。第一部分介绍有关电力系统故障的基本概念及故障计算中标幺值的特点，并通过无限大功率电源供电时三相短路电流的计算，对电力系统故障分析有一初步的认识。第二部分为电力系统对称故障的分析计算，主要内容为同步发电机突然三相短路的分析计算和电力系统三相短路电流的实用计算。第三部分为电力系统不对称故障的分析计算，内容包括用对称分量法分析计算各种不对称故障以及正序等效定则的应用。

第一节　电力系统故障计算的基本知识

一、故障概述

（一）故障的分类

凡造成电力系统运行不正常的任何连接或情况均称为电力系统的故障。电力系统的故障有多种类型，如短路、断线或它们的组合。短路又称横向故障，断线又称为纵向故障。短路故障可分为三相短路、单相接地短路（简称单相短路）、两相短路和两相接地短路，分别简记为 $f^{(3)}$、$f^{(1)}$、$f^{(2)}$ 和 $f^{(1,1)}$。注意两相短路和两相接地短路是两类不同性质的短路故障，前者无短路电流流入地中，而后者有。三相短路时三相回路依旧是对称的，故称为对称短路；其他几种短路均使三相回路不对称，因此称为不对称短路。断线故障可分为单相断线和两相断线，分别简记为 $o^{(1)}$、$o^{(2)}$。三相断线如同开断一条支路，一般不作为故障处理。断线又称为非全相运行，也是一种不对称故障。大多数情况下在电力系统中一次只有一处故障，称为简单故障或单重故障，但有时可能有两处或两处以上故障同时发生，称为复杂故障或多重故障。由此，将电力系统故障做如下分类：

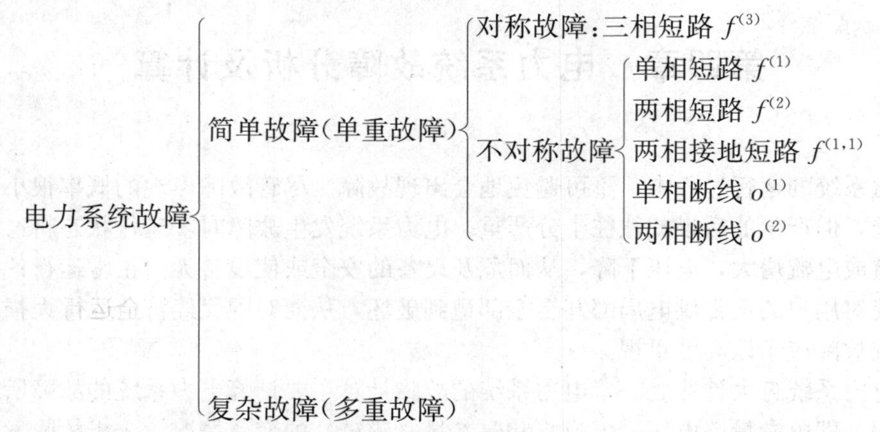

电力系统中最常发生、危害最严重的故障是短路故障，因此故障计算的重点是短路，也常称为短路计算。

（二）短路发生的原因及产生的后果

所谓短路，是指电力系统正常运行情况之外的一切相与相之间或相与地之间的短接。电力系统正常运行时，相与相以及相与地之间是不直接相连的，或者说是相互间绝缘的。如果由于某种原因使绝缘破坏，形成了相互间的通路，就发生了短路。

由上述定义可知，导致短路发生的原因是绝缘受到破坏。引起绝缘破坏的原因有多种：电气设备绝缘材料的自然老化、污秽或机械损伤，雷击引起过电压，自然灾害引起杆塔倒地或断线，鸟兽跨接导线引起短路，运行人员误操作（如检修后未拆除地线就合闸）等。电力系统的运行经验表明，各类短路发生的概率不同，其中单相接地发生得最多，三相短路发生得最少。根据某些系统的统计资料，在所有短路故障中，三相短路占 5%，单相接地占 65%，两相短路占 10%，两相接地短路占 20%。虽然三相短路发生的概率最小，但其产生的后果最严重，同时它又是分析不对称故障的基础，因此将重点进行研究。

短路故障一旦发生，往往造成十分严重的后果，主要有：

（1）电流急剧增大。短路时的电流要比正常工作电流大得多，严重时可达正常电流的十几倍。大型发电机出线端三相短路电流可达几万甚至十几万安培。这样大的电流将产生巨大的冲击力，使电气设备变形或损坏，同时会大量发热使设备过热而损坏。有时短路点产生的电弧可能直接烧坏设备。

（2）电压大幅度下降。三相短路时，短路点的电压为零，短路点附近的电压也明显下降，这将导致用电设备无法正常工作，例如异步电动机转速下降，甚至停转。

（3）可能使电力系统运行的稳定性遭到破坏。电力系统发生短路后，发电机输出的电磁功率减少，而原动机输入的机械功率来不及相应减少，从而出现不平衡功率，这将导致发电机转子加速。有的发电机加速快，有的发电机加速慢，从而使得发电机相互间的角度差越来越大，这就可能引起并列运行的发电机失去同步，破坏系统的稳定性，引起大片地区停电。

（4）不对称短路时系统中将流过不平衡电流，会在邻近平行的通信线路中感应出很高的电动势和很大的电流，对通信产生干扰，也可能对设备和人身造成危险。

在以上后果中，最严重的是电力系统并列运行稳定性的破坏，被称为国民经济的灾难。

其次是电流的急剧增大。

（三）故障计算的目的

正由于短路会产生十分严重的后果，因而引起了高度重视。除尽量消除导致短路的原因外，还应在短路故障发生后及时采取措施，尽量减少短路造成的损失，如采用继电保护将故障隔离，在合适的地点装设电抗器以限制短路电流，采用自动重合闸消除瞬时故障使系统尽快恢复正常等。这些措施均须建立在故障计算的基础上。在发电厂、变电站以及整个电力系统的设计工作中，都必须事先进行短路计算，以此作为合理选择电气接线、选用有足够热稳定度和动稳定度的电气设备及载流导体、确定限制短路电流的措施、合理配置各种继电保护并整定其参数等的重要依据。因此故障计算对于电力系统的设计和安全运行具有十分重要的意义。

二、故障计算中的标幺值

在电力系统故障计算中大多采用标幺制，使运算过程简单、数值简明、便于分析。故障计算中的标幺制和潮流计算中的标幺制有所不同，其主要特点表现在：

（1）广泛采用标幺制中的近似计算法。标幺制近似计算法是取系统平均额定电压为基准电压，即 $U_{iB}=U_{iaN}$，而且认为每一元件的额定电压就等于其相应的平均额定电压，即 $U_N=U_{aN}$。这样在不同电压等级电网中变压器的变比就取为相应的平均额定电压之比，从而其标幺变比恒为 1。至于基准功率 S_B 仍取某一整数，如取为 100MVA。采用近似计算时，各元件参数标幺值的计算公式就十分简单，分列如下：

$$\left.\begin{aligned}
&\text{发电机} && X_{G*}=\frac{X_G\%}{100}\frac{S_B}{S_{GN}}\\
&\text{变压器} && X_{T*}=\frac{U_s\%}{100}\frac{S_B}{S_{TN}}\\
&\text{线路} && X_{L*}=X_L\frac{S_B}{U_{aN}{}^2}\\
&\text{负荷} && Z_{D*}=Z_D\frac{S_B}{U_{aN}{}^2}\\
&\text{电抗器} && X_{R*}=\frac{X_R\%}{100}\frac{S_B}{\sqrt{3}I_{RN}U_{aN}}
\end{aligned}\right\}\qquad(4-1)$$

（2）在故障计算中还要牵涉到时间、转速和频率等物理量。基准频率取工频，$f_B=f_N$，我国为 50Hz；基准转速取同步速，$\omega_B=\omega_N$，我国为 $100\pi\frac{\text{rad}}{\text{s}}$；与此相应，基准角度为 $\frac{180}{\pi}$，从而角度 α 的标幺值为 $\frac{\alpha\pi}{180}$rad。时间的基准值取为 $t_B=\frac{1}{\omega_B}=\frac{1}{\omega_N}$，从而时间 t 的标幺值为 $t\omega_N$ rad。这样选取时间基准值的好处是使得 ωt 的标幺值和有名值相等，从而可以方便地计算 $\sin\omega t$、$\cos\omega t$ 等量。

（3）在故障分析中采用标幺制计算的步骤仍为四步：取基准、化标幺、计算、将结果返回有名值。需要说明的是，在潮流计算中常省略第四步，因为计算结果是电压和功率，二者的有名值和标幺值之间的关系十分清楚，所以一般无须再进行返回计算。但在故障分析中所求的主要是电流，而电流的基准值随电压等级而不同［因为 $I_B=S_B/(\sqrt{3}U_B)$］，所以通常必须求出其有名值。

【例 4-1】 作出图 4-1 所示电力系统的近似标幺值等值电路。有关参数为：发电机 G：30MW，$\cos\varphi_N=0.85$，$U_G=10.5$kV，$X_G\%=150$；升压变压器 T1：31.5MVA，10.5/121kV，$U_s\%=10.5$；输电线 L：80km，$X_1=0.4\ \Omega$/km；降压变压器 T2：15MVA，110/6.6kV，$U_s\%=10.5$；电抗器 R：6kV，0.3kA，$X_R\%=5$；电缆 C：2.5km，X=0.08 Ω/km；负荷 D：10+j8MVA。

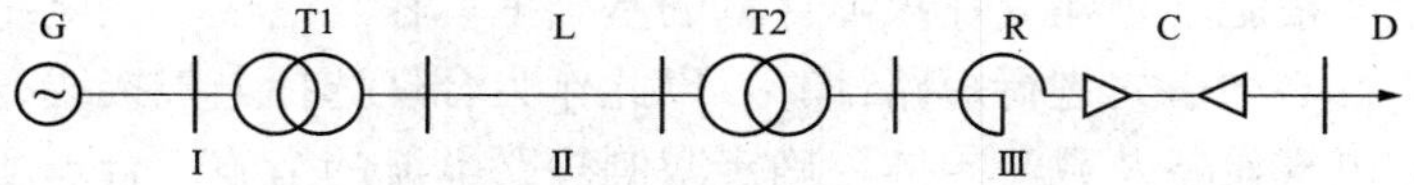

图 4-1 ［例 4-1］系统图

解 取 $S_B=100$MVA，$U_B=U_{aN}$，$U_{IB}=10.5$kV，$U_{IIB}=115$kV，$U_{IIIB}=6.3$kV。

按式(4-1)求取各元件参数的标幺值。

发电机 $X_{G*}=\dfrac{X_G\%}{100}\dfrac{S_B}{S_{GN}}=\dfrac{150}{100}\times\dfrac{100}{\dfrac{30}{0.85}}=4.25$

升压变压器 $X_{T1*}=\dfrac{U_s\%}{100}\dfrac{S_B}{S_{TN}}=\dfrac{10.5}{100}\times\dfrac{100}{31.5}=0.3333$

输电线 $X_{L*}=X_L\dfrac{S_B}{U_{aN}^{\ 2}}=0.4\times80\times\dfrac{100}{115^2}=0.2420$

降压变压器 $X_{T2*}=\dfrac{U_s\%}{100}\dfrac{S_B}{S_{TN}}=\dfrac{10.5}{100}\times\dfrac{100}{15}=0.7$

电抗器 $X_{R*}=\dfrac{X_R\%}{100}\dfrac{S_B}{\sqrt{3}I_{BN}U_{aN}}=\dfrac{5}{100}\times\dfrac{100}{\sqrt{3}\times0.3\times6.3}=1.5274$

电缆 $X_{C*}=X_C\dfrac{S_B}{U_{aN}^{\ 2}}=0.08\times2.5\times\dfrac{100}{6.3^2}=0.5309$

负荷 $\dot{S}_{D*}=\dfrac{\dot{S}_D}{S_B}=\dfrac{(10+j8)}{100}=0.1+j0.08$

得到其近似标幺制等值电路如图 4-2 所示。

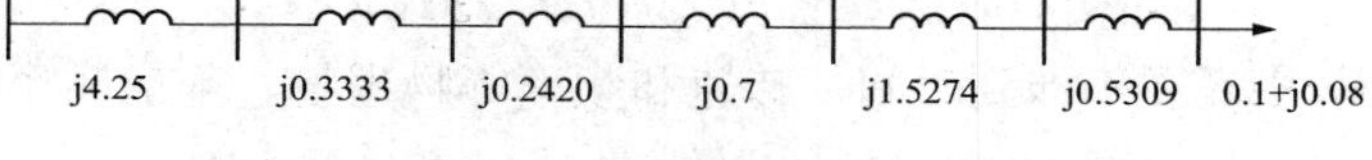

图 4-2 ［例 4-1］系统近似标幺制等值电路

三、无限大功率电源供电三相短路电流分析

（一）无限大功率电源

无限大功率电源是一种理想电源，它具有两个特点：一是电源提供的功率被看作是无穷大，即使在短路情况下引起的功率急剧变化也不引起系统频率的变化，即系统频率恒定；二是电源的内阻抗为零，即相当一恒压源，从而在短路时电源内部没有过渡过程。

在实际中并不存在真正的无限大功率电源，但如果电源的内阻抗小于短路回路总阻抗的5%～10%，则短路时电源电压的变化很小，则可近似认为其为一无限大功率电源。

无限大功率电源供电系统在某点 f 发生三相短路时的电路图如图 4-3 所示。

图中 R、L 和 R'、L' 分别代表短路点 f 左侧和右侧的等值电阻和电感。三相交流电源

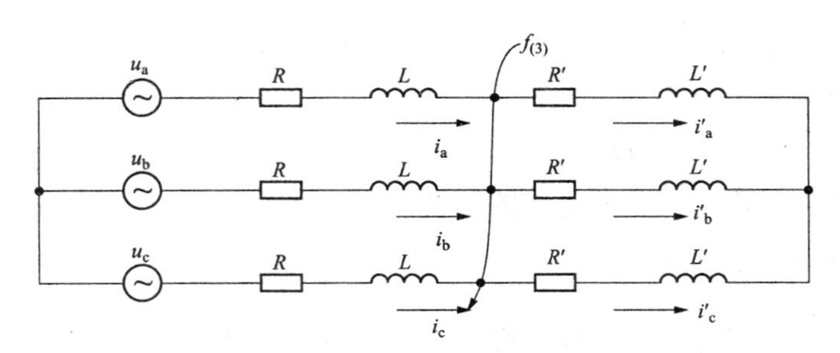

图 4-3　无限大功率电源供电系统的三相短路电路图

的 a 相电动势为

$$u_a = \sqrt{2}U\sin(\omega t + \alpha) \tag{4-2}$$

式中：U 为电压的有效值；ω 为交流电源角频率；α 为初始角，也称合闸角。

短路前，a 相电流的表达式为

$$i_a = \sqrt{2}I_{|0|}\sin(\omega t + \alpha - \varphi_{|0|}) \tag{4-3}$$

其中，

$$I_{|0|} = \frac{U}{\sqrt{(R+R')^2 + \omega^2(L+L')^2}}$$

$$\varphi_{|0|} = \arctan\frac{\omega(L+L')}{R+R'}$$

（二）三相短路电流分析

设 $t=0$ 时 f 点发生三相短路。由于是对称故障，电路仍然对称，故可采用“按相分析”的方法，只需对一相（a 相）进行分析。此时整个系统分成两个独立的回路。左边的回路仍与电源连接，右边的回路则变成无源回路。

对于右边的 R'、L'无源回路，三相短路后的微分方程为

$$L'\frac{\mathrm{d}i'_a}{\mathrm{d}t} + R'i'_a = 0 \tag{4-4}$$

这是一常系数线性齐次微分方程，初始条件由换路定律有 $i'_{a(0)} = i_{a|0|} = \sqrt{2}I_{|0|}\sin(\alpha - \varphi_{|0|})$，式中 $i_{a|0|}$ 代表短路前一瞬间的 a 相电流值。

式（4-4）的特征方程为

$$L'p + R' = 0$$

其特征根为

$$p = -\frac{R'}{L'}$$

从而可得到短路电流的解为

$$i'_a = c\mathrm{e}^{-\frac{R'}{L'}t} = c\mathrm{e}^{-\frac{t}{T'}} \tag{4-5}$$

$$T' = \frac{L'}{R'}$$

式中：T' 称为该回路的时间常数，单位为 s。需要指出的是，当 L' 和 R' 为标幺值时，求得的时间常数的单位为 rad，应乘以 $t_B = \dfrac{1}{\omega_B}$ 才能化为 s。

利用初始条件定出积分常数C：$C=\sqrt{2}I_{|0|}\sin(\alpha-\varphi_{|0|})$

从而得到a相短路电流为

$$i'_{a}=\sqrt{2}I_{|0|}\sin(\alpha-\varphi_{|0|})e^{-\frac{t}{T'}} \tag{4-6}$$

可见，三相短路后右边回路的电流的初值为$i'_{a(0)}=\sqrt{2}I_{|0|}\sin(\alpha-\varphi_{|0|})$、以时间常数$T'=\dfrac{L'}{R'}$按指数规律衰减的电流。

由于右边回路短路电流为负载反馈电流，其最大值发生在$t=0$时刻，且数值上就等于原系统正常运行时的电流，随后逐渐衰减至零，故不会对电气设备产生危害，一般不予关注。

在与电源相连的左边回路中，短路后每相阻抗由原来的$(R+R')+j\omega(L+L')$减少为$R+j\omega L$，因此其稳态电流值必将增大。三相短路暂态过程的分析计算主要是对这一回路进行。采用同样的方法，列出左边回路a相的微分方程为

$$L\frac{di}{dt}+Ri_{a}=\sqrt{2}U\sin(\omega t+\alpha) \tag{4-7}$$

这是一常系数非齐次线性微分方程，其解为相应齐次方程的通解加一特解。

特解取短路后稳态解$\sqrt{2}I\sin(\omega t+\alpha-\phi)$，其中

$$I=\frac{U}{\sqrt{R^{2}+(\omega L)^{2}}},\ \phi=\arctan\left(\frac{\omega L}{R}\right)$$

可得

$$i_{a}=ce^{-\frac{t}{T}}+\sqrt{2}I\sin(\omega t+\alpha-\phi) \tag{4-8}$$

其中时间常数$T=\dfrac{L}{R}$。

利用初始条件$i_{a(0)}=\sqrt{2}I_{|0|}\sin(\alpha-\phi_{|0|})$定出积分常数C：

$$C=\sqrt{2}[I_{|0|}\sin(\alpha-\phi_{|0|})-I\sin(\alpha-\phi)]$$

从而

$$i_{a}=\sqrt{2}[I_{|0|}\sin(\alpha-\phi_{|0|})-I\sin(\alpha-\phi)]e^{-\frac{t}{T}}+\sqrt{2}I\sin(\omega t+\alpha-\phi) \tag{4-9}$$

由于三相电路对称，只要用（$\alpha-120°$）和（$\alpha+120°$）代替式（4-9）中的α就可分别得到b相和c相电流的表达式。现将三相短路电流表达式综合如下

$$\begin{cases}i_{a}=\sqrt{2}[I_{|0|}\sin(\alpha-\phi_{|0|})-I\sin(\alpha-\phi)]e^{-\frac{t}{T}}+\sqrt{2}I\sin(\omega t+\alpha-\phi)\\ i_{b}=\sqrt{2}[I_{|0|}\sin(\alpha-120°-\phi_{|0|})-I\sin(\alpha-120°-\phi)]e^{-\frac{t}{T}}+\sqrt{2}I\sin(\omega t+\alpha-120°-\phi)\\ i_{c}=\sqrt{2}[I_{|0|}\sin(\alpha+120°-\phi_{|0|})-I\sin(\alpha+120°-\phi)]e^{-\frac{t}{T}}+\sqrt{2}I\sin(\omega t+\alpha+120°-\phi)\end{cases} \tag{4-10}$$

观察式（4-10），可见无限大功率电源供电系统三相短路电流有以下特点：

（1）短路电流由两部分组成，一部分为非周期分量，记作i_{a}，它以时间常数$T=L/R$按指数规律衰减至零，称为自由分量；另一部分为周期分量，记作i_{p}，它不衰减，称为强制分量。

（2）周期分量的有效值I的大小与合闸角α无关，而非周期分量的大小与合闸角α有关。当α取不同值时，非周期分量之值也不同，可能最大，也可能为零，从而总的短路电流的大小也相差很大。从实际工程考虑，在什么情况下短路电流取得最大值以及最大短路电流是多大才是最关心的事。下面就分析这一问题。

（三）短路冲击电流、最大有效值电流和短路功率

1. 短路冲击电流

由式（4-9）可见，只有当非周期分量电流最大时，总的短路电流才最大。而非周期分量可能的最大值不但与电路短路前的情况有关，而且与电源电压的合闸角 α 有关，非周期分量当 $I_{|0|}=0$，且 $\alpha-\Phi=\pm 90°$ 时取得最大值。又在一般的短路回路中，感抗值要比电阻值大得多，即 $\omega L \gg R$，因此可以认为 $\phi=90°$，这样，当合闸角 $\alpha=0°$ 或 $\alpha=180°$时，a 相短路电流处于最严重的情况。将 $I_{|0|}=0$（即空载时短路）、$\alpha=0$、$\Phi=90°$代入式（4-9），可得 a 相短路电流的表达式如下

$$i_a=-\sqrt{2}I\cos\omega t+\sqrt{2}I e^{-\frac{t}{T}} \tag{4-11}$$

其波形如图 4-4 所示。由图可见，短路电流的最大瞬时值，即短路冲击电流，将在短路发生约半个周期时（当 f 为 50Hz 时，此时间约为 0.01s）出现。由此可得短路冲击电流为

$$i_M=\sqrt{2}I+\sqrt{2}I e^{-0.01/T}=\sqrt{2}I(1+e^{-0.01/T})=\sqrt{2}K_M I \tag{4-12}$$

$$K_M=1+e^{-0.01/T}$$

式中：K_M 称为冲击系数，它反映了最大短路电流幅值相对于周期分量电流幅值的倍数。很明显，K_M的值介于 1～2。在工程实用计算中，K_M一般取 1.8～1.9。短路发生于近电源点时，取 $K_M=1.9$；发生于远电源点时，取 $K_M=1.8$。

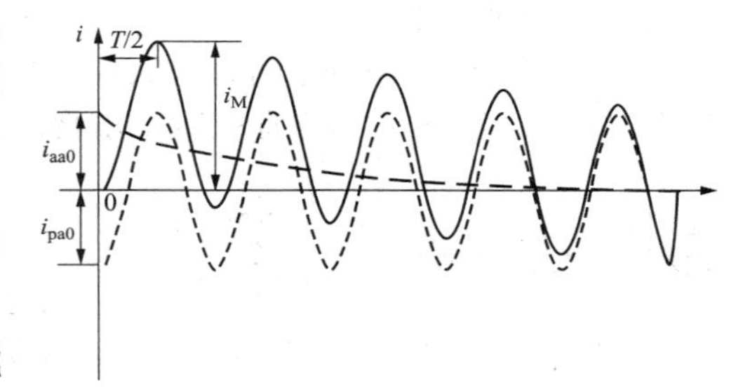

图 4-4　直流分量最大时短路电流波形

短路冲击电流主要用于检验电气设备和载流导体的动稳定，以保证设备在短路时不致因短路电流产生的冲击力而发生变形或损坏。

2. 最大有效值电流

最大有效值电流是指一个周期内平均值最大的短路电流。由有效值的定义，可用式（4-13）求取

$$I_t=\sqrt{\frac{1}{T}\int_{t-\frac{T}{2}}^{t+\frac{T}{2}} i^2 \mathrm{d}t} \tag{4-13}$$

由图 4-4 可见，最大有效值电流发生于以 $t=0.01$s 为中心的一个周期内，从而最大有效值电流为

$$I_M=\sqrt{\frac{1}{2\pi}\int_0^{0.02}(i_p+i_a)^2\mathrm{d}t} \tag{4-14}$$

式中：i_p为短路电流中的周期分量；i_a为非周期分量。

设在该周期内非周期分量 i_a不衰减，可推得

$$I_M=\sqrt{1+2(K_M-1)^2}I \tag{4-15}$$

当 $K_M=1.9$ 时，$I_M=1.62I$；当 $K_M=1.8$ 时，$I_M=1.51I$。

最大有效值电流主要用于校验电气设备的断流能力。

3. 短路功率

在选择某些电气设备（如断路器）时，有时要用到短路功率（也称作短路容量）的概

念。其定义为

$$S_{\mathrm{f}}=\sqrt{3}U_{\mathrm{N}}I_{\mathrm{f}} \tag{4-16}$$

式中：U_{N}为短路处正常运行时的额定电压；I_{f}为短路电流周期分量的有效值。

由定义可见，短路功率意味着该电气设备既要承受正常情况下电压U_{N}的作用，又要具备开断短路电流 I_{f}的能力。由于短路电流 I_{f}可取不同时刻的值，如 $t=0$、0.01、0.2s 等，故 S_{f}也指相应时刻的短路功率。

采用标幺制时的短路功率可表示为

$$S_{\mathrm{f}*}=\frac{S_{\mathrm{f}}}{S_{\mathrm{B}}}=\frac{\sqrt{3}U_{\mathrm{N}}I_{\mathrm{f}}}{\sqrt{3}U_{\mathrm{B}}I_{\mathrm{B}}}=I_{\mathrm{f}*} \tag{4-17}$$

表明短路功率的标幺值与短路电流标幺值相等。如求得 $I_{\mathrm{f}*}$，则短路功率的有名值为

$$S_{\mathrm{f}}=I_{\mathrm{f}*}S_{\mathrm{B}} \tag{4-18}$$

以上便是无限大功率电源供电系统三相短路电流计算的内容。通过分析可得到两点重要结论：

（1）短路电流由周期分量和非周期分量两部分组成。周期分量始终存在且不衰减，而非周期分量将衰减至零。

（2）短路电流周期分量的有效值是一个非常重要的量。短路冲击电流、最大有效值电流和短路功率（容量）都可在此基础上求得。

下面举例说明有关的具体计算。

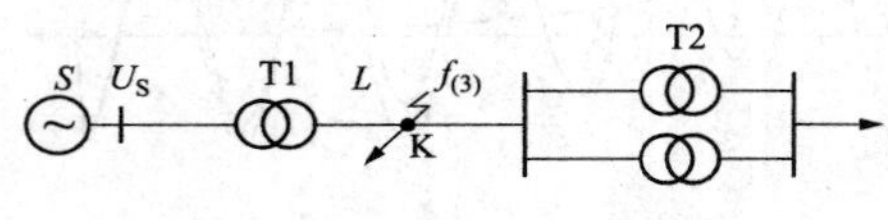

图 4-5 ［例 4-2］系统图

【例 4-2】 如图 4-5 所示供电系统，电源可视为无限大功率电源，变压器和输电线并联导纳不计。在输电线中点发生三相短路，求短路冲击电流 i_{M}、最大有效值电流 I_{M}和短路功率 S_{f}。已知：$U_{\mathrm{S}}=110\mathrm{kV}$；T1：20MVA，110/38.5kV，$U_{\mathrm{S}}\%=10.5$，$P_{\mathrm{S}}=135\mathrm{kW}$；$L$：10km，$X_{l}=0.38\Omega/\mathrm{km}$，$r_{1}=0.13\Omega/\mathrm{km}$；T2：2×3.2MVA，35/10.5kV，$U_{\mathrm{S}}\%=7$。

解 对所关心的短路点左边回路求出有关参数（归算至 35kV 侧）

变压器 T1：

$$R_{\mathrm{T1}*}=\frac{\Delta P_{\mathrm{S}}}{1000}\cdot\frac{{U_{\mathrm{N}}}^{2}}{{S_{\mathrm{N}}}^{2}}=0.5003(\Omega)$$

$$X_{\mathrm{T1}*}=\frac{U_{\mathrm{S}}\%}{100}\cdot\frac{{U_{\mathrm{N}}}^{2}}{S_{\mathrm{N}}}=7.7818(\Omega)$$

输电线 L：

$$R_{\mathrm{L}}/2=r_{1}l/2=0.65(\Omega)$$

$$X_{\mathrm{L}}/2=x_{1}l/2=1.9(\Omega)$$

$$U_{\mathrm{S}}'=110\times38.5/110=38.5(\mathrm{kV})$$

此时左边回路的等值电路如图 4-6 所示。

图 4-6 ［例 4-2］等值电路

短路电流周期分量的有效值为

$$I=\frac{U_{\mathrm{S}}'}{\sqrt{R^{2}+X^{2}}}=\frac{\dfrac{38.5}{\sqrt{3}}}{\sqrt{(0.5003+0.65)^{2}+(7.6818+1.9)^{2}}}=2.2798(\mathrm{kA})$$

取冲击系数 $K_{\mathrm{M}}=1.8$，则短路冲击电流为

$$i_{\mathrm{M}}=\sqrt{2}K_{\mathrm{M}}I=5.8035(\mathrm{kA})$$

最大有效值电流为

$$I_M = 1.51I = 3.4425\ (kA)$$

短路功率为

$$S_f = \sqrt{3}U_N I = \sqrt{3} \times 38.5 \times 2.2798 = 152.0261\ (MVA)$$

本题可计算实际的冲击系数

时间常数　$$T = \frac{L}{R} = \frac{(7.7818 + 1.9)/314.16}{0.5003 + 0.65} = 0.0268(s)$$

从而 $K_M = 1 + e^{-\frac{0.01}{T}} = 1.6885$。可见取 $K_M = 1.8$ 使本题所得结果偏保守。

第二节　电力系统对称故障的分析计算

一、同步发电机突然三相短路电流的分析计算

同步发电机的突然三相短路与无限大电源三相短路的根本差别在于同步发电机的内部存在磁场耦合，在扰动下电源内部有过渡过程，因而在过程中不能保持其端电压不变，而且由于发电机定子和转子间的旋转运动和各绕组间的相互影响使得发电机内部的过渡过程十分复杂。所以应进行认真分析，以求对同步发电机三相短路本身有所了解，同时为电力系统三相短路电流的实用计算打下基础。

分析同步发电机突然三相短路时采用以下假设：

（1）可近似认为发电机的转速恒定，且为同步速 ω_N（标幺值为 1），即不计短路引起的发电机转速变化，因故障分析最关注的是其电磁关系，特别是电流，其最大值发生于故障后极短时间，在此时间内发电机的转速由于惯性变化很小。

（2）认为发电机的励磁电压 U_f 恒定，即不计发电机端电压 U_G 下降后由于励磁调节系统的作用引起励磁电压 U_f 的变化。至于励磁调节系统的作用将做专门讨论。

（3）短路发生于机端，如果短路发生于机端外一段距离，只需将这段距离的阻抗计入即可。

应用第二章第四节推得的发电机的 Park 方程可对同步发电机突然三相短路电流进行分析计算。为方便计算，在分析中采用拉普拉斯变换，并采用由简至繁循序渐进的方式：①先不计发电机阻尼绕组，后计及阻尼绕组；②先物理分析，后数学推导；③先不计电阻求取短路电流初始值，后计及电阻引起的衰减；④先不计励磁调节系统的影响，后计及其作用。

（一）不计阻尼绕组时三相短路电流的分析计算

此时发电机的转子上只有励磁绕组。先进行物理分析，再进行数学推导。

1. 物理分析

物理分析的目的是分析短路时短路电流由哪些分量组成以及各个分量的性质，从而对短路电流的本质有较深的理解，并为下一步数学推导得出的结果提供解释。物理分析的依据是换路瞬间电感绕组中的磁链不发生突变，即电感中的电流不能发生突变。以下应用这一原理对无阻尼绕组同步发电机突然三相短路过程进行分析。

短路前：同步发电机处于正常稳态运行状态。发电机励磁绕组建立的励磁电流为

$$i_{f|0|} = \frac{u_f}{r_f}$$

式中：u_f为励磁电压，r_f为励磁绕组电阻。

$i_{f|0|}$ 为直流，它产生的磁链由两部分组成：一部分是只交链励磁绕组自身的漏磁链 ψ_{fl}（下标 l 代表漏磁）；另一部分是同时交链定子绕组的主磁链 ψ_{fd}（下标 d 代表直轴，因为励磁绕组产生的励磁方向为正向 d 轴）。这个主磁链随转子的旋转切割定子绕组，在定子绕组中感应出空载电动势 $E_{q|0|}=x_{ad}i_{f|0|}$ 。发电机带负荷后，定子绕组中有基频交流电流 $i_{\omega|0|}$ 流过。这就是短路前处于正常稳态运行时发电机定子和转子中的电流情况。

短路稳态后：设发电机端三相短路，时间足够长后便进入短路后的稳态。此时转子励磁绕组中的电流仍为 $i_{f|0|}$ ，而定子绕组中的电流为 $i_{\omega(\infty)}=E_{q|0|}/x_d$ ，x_d为发电机的直轴同步电抗，显然 $i_{\omega(\infty)}\neq i_{\omega|0|}$ 。

短路瞬间：发电机端三相短路后，发电机供电回路的阻抗减小，定子绕组的基频周期电流要发生变化，最终变为稳态短路电流 $i_{\omega(\infty)}$ 。定子电流的变化将引起定子绕组磁链的变化。但在短路瞬间磁链不能突变，于是定子绕组中必然要产生一个直流性质的自由电流 i'_α，在空间形成一个附加的静止磁场，以抵消定子绕组中磁链的变化。由于发电机转子呈现的磁路在直轴和交轴两个方向上不一样，从而自由电流 i'_α 将以两倍基频（即 2ω）脉动（因转子在空中旋转一周时 d 轴和 q 轴将两度经过该磁场）。于是 i'_α 可分解成一个真正的直流 i_α 和一个两倍基频的交流 $i_{2\omega}$ 。转子励磁绕组以同步速旋转切割由 i_α 形成的在空间静止的磁场，从而感应出一个基频交流分量 $i_{f\omega}$ 。由于励磁绕组是单相绕组，$i_{f\omega}$ 产生的是一个脉动磁场，因此可分解为两个大小相等、方向相反的 $-\omega$ 和 $+\omega$ 旋转磁场。由于转子自身以同步速 ω 旋转，因而对在空间静止的定子绕组而言，$-\omega$ 旋转磁场实为静止磁场，与定子绕组中 i_α 形成的磁场相对应；$+\omega$ 旋转磁场实为以二倍同步速旋转的磁场，与定子绕组中二倍基频交流 $i_{2\omega}$ 形成的磁场相对应。与此同时，电流 $i_{f\omega}$ 的出现要引起转子励磁绕组磁链的变化。励磁绕组为保持自身磁链不突变，也要产生一个直流性质的自由电流分量 $\Delta i_{f\alpha}$ ，它的出现相当于增加了一部分励磁电流，因而要在定子绕组中感应出一个基频电流分量 Δi_ω 。这就是短路瞬间发电机定子和转子绕组中的电流情况。综上，在短路瞬间定子绕组中共有四个电流分量：稳态短路电流 $i_{\omega(\infty)}$ 、附加的基频交流分量 Δi_ω 、直流分量 i_α 和两倍基频交流分量 $i_{2\omega}$ 。

为便于理解，将上述分析过程表示如下：

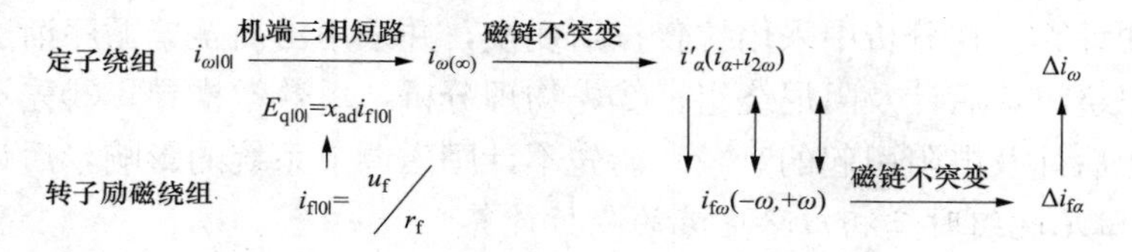

为便于分析，可将上述众多的电流分量进行适当分类和分组。

按电流性质，可分为强制分量和自由分量两大类，显然 $i_{f|0|}$ 和 $i_{\omega(\infty)}$ 为强制分量，不衰减，在短路稳定后依然存在；其余电流分量均为自由分量，将衰减至零。也可分为周期分量和非周期分量两大类，显然定子绕组中的 $i_{\omega(\infty)}$ 和 Δi_ω 为周期分量，i_α 为非周期分量，$i_{2\omega}$ 看上去属周期分量，但实质上是由直流性质的电流 i'_α 分解而来，故归为非周期分量，或单独归为倍频分量；励磁绕组中 $i_{f\omega}$ 为周期分量，$\Delta i_{f\alpha}$ 为非周期分量。

按电流间的关系可分为三组。

(1) 第一组为 $i_{f|0|}$ 和 $i_{\omega(\infty)}$ ，其中励磁电流 $i_{f|0|}$ 起主导作用，$i_{\omega(\infty)}$ 由其而产生，二者均

不衰减；

（2）第二组为 i_{α}、$i_{2\omega}$ 和 $i_{f\omega}$，其中定子绕组的电流 i_{α} 和 $i_{2\omega}$ 起主导作用，$i_{f\omega}$ 由其而产生，三者均为自由分量，将衰减至零，衰减的速度取决于定子绕组此时的时间常数 T_{a}；

（3）第三组为 $\Delta i_{f\alpha}$ 和 Δi_{ω}，其中转子励磁绕组中电流 $\Delta i_{f\alpha}$ 起主导作用，Δi_{ω} 由其而产生，二者均为自由分量，将衰减至零，衰减的速度取决于励磁绕组此时的时间常数 T'_{d}。

值得指出的是，以上的分析和分组是为了便于理解而引入，实际上每个绕组中只有一个总电流，且须符合换路定律，不发生突变。

下面推导同步发电机三相短路电流的表达式，同时验证上述物理分析的结论。

2. 数学推导

在不计同步发电机阻尼绕组 D 和 Q 时，Park 方程仅由三个电压方程和三个磁链方程组成

电压方程
$$\begin{cases} u_{d} = -ri_{d} + \dot{\psi}_{d} - \psi_{q} \\ u_{q} = -ri_{q} + \dot{\psi}_{q} + \psi_{d} \\ u_{f} = r_{f}i_{f} + \dot{\psi}_{f} \end{cases} \tag{4-19}$$

磁链方程
$$\begin{cases} \psi_{d} = -x_{d}i_{d} + x_{ad}i_{f} \\ \psi_{q} = -x_{q}i_{q} \\ \psi_{f} = -x_{ad}i_{d} + x_{f}i_{f} \end{cases} \tag{4-20}$$

相应的等值电路如图 4-7 所示。

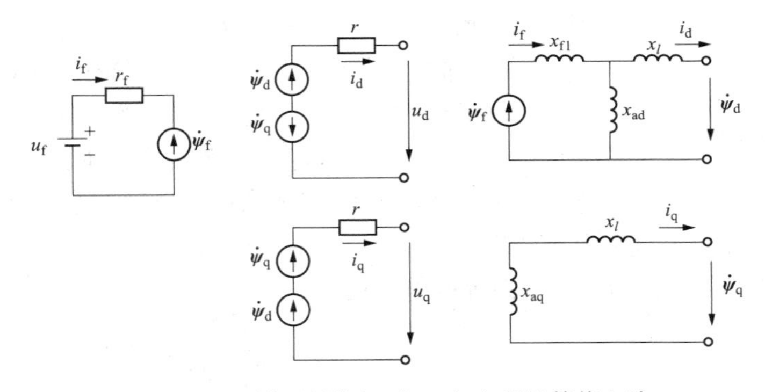

图 4-7　不计阻尼绕组时 Park 方程的等值电路

同步发电机三相短路的分析可用叠加原理进行，其等值电路如图 4-8 所示。发电机端短路时等效于在机端施加两个串联的电压源 $\dot{U}_{|0|}$ 和 $-\dot{U}_{|0|}$，$\dot{U}_{|0|}$ 为正常运行时的机端电压。因此可将其分解为正常分量和故障分量的叠加。故障分量的求取是在发电机无励磁电源情况下（即零起始状态）突然在端口加上电压源 $-\dot{U}_{|0|}$。总的短路电流即为正常运行电流 $\dot{I}_{|0|}$ 与故障分量 $\Delta\dot{I}$ 的叠加。

正常运行时，定子绕组中流过的电流 $i_{|0|} = i_{d|0|} + ji_{q|0|}$，励磁绕组中流过的电流为 $i_{f|0|}$。

对于故障分量，短路点施加的电压为 $-\dot{U}_{|0|} = -u_{d|0|} - ju_{q|0|} = -u_{|0|}\sin\delta_{0} - ju_{|0|}\cos\delta_{0}$，这可由稳态运行时的相量图求得。

由图 4-7 中 Ψ_{d} 的等值电路，利用戴维南定理，可简化成图 4-9 所示的等值电路。图中

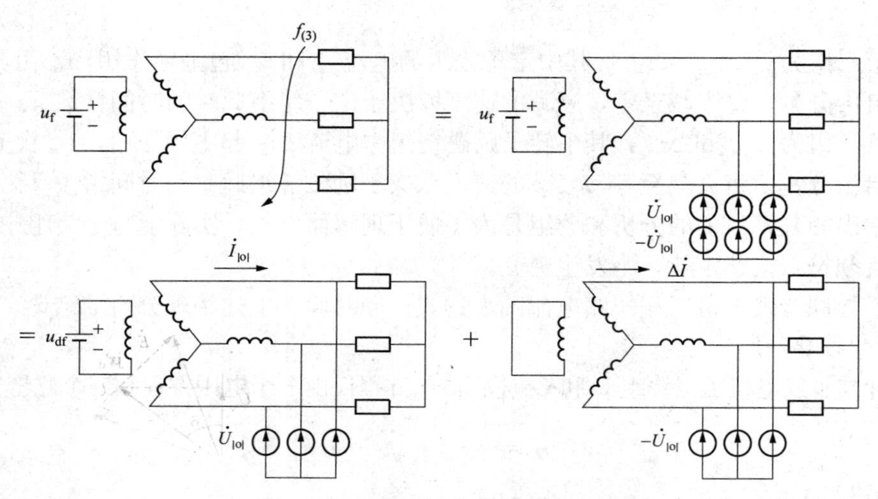

图 4 - 8 迭加原理在发电机三相短路中的应用

的等值电抗 x'_d为原电路的短路电抗，即

$$x'_d = x_l + x_{ad}//x_{fl} \tag{4-21}$$

称为同步发电机的暂态电抗。由式可见 $x'_d < x_l + x_{ad} = x_d$。

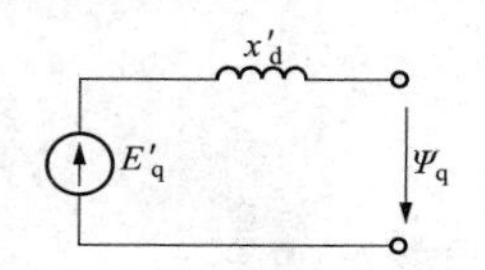

图 4 - 9 不计阻尼绕组 ψ_d 的简化等值电路

讲到电抗，必然与一定的磁路相对应，因为电抗与磁链所经过磁路的磁导成正比。图4 - 10画出了对应于直轴同步电抗 x_d和暂态电抗 x'_d的磁路图（只画了右边一半）。图中 x_l为定子绕组漏抗，其磁路为环绕定子绕组的小圆，x_{ad}为直轴电枢反应电抗，其磁路沿转子直轴方向经气隙和定子闭合。$x_{ad}//x_{fl}$对应与 x_{ad}和 x_{fl}二者磁路的串联。由图可见，由于短路瞬间励磁绕组为保持自身磁链不突变，将直轴磁链排除在它外部闭合，从而此时发电机在直轴方向呈现的电抗即为直轴暂态的电抗 x'_d。

图 4 - 9 中的等值电动势 E'_q即原 ψ_d等值电路的开路电压

$$E'_q = \frac{\psi_f}{x_{fl} + x_{ad}} x_{ad} = \frac{\psi_f}{x_f} x_{ad} \tag{4-22}$$

称为同步发电机的暂态电动势。由于其正比于磁链 ψ_f，而磁链在短路瞬间不突变，故 E'_q在短路瞬间也不突变。这是一个非常重要的性质，意味着可以利用短路前即稳态运行时的$E'_{q|0|}$ 计算短路瞬间的电流。

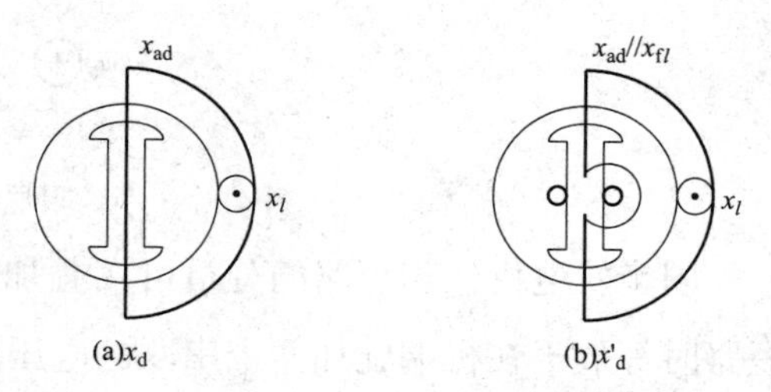

图 4 - 10 x_d和 x'_d的磁路图

与 E'_q形成对照的是，发电机空载电动势 E_q在短路瞬间将突变，因为由定义 $E_q = x_{ad} i_f$，空载电动势与励磁绕组中的直流电流 i_f成正比。由前面的物理分析可以看出，短路瞬间励磁绕组中有一个电流分量 $i_{f\alpha}$产生，从而导致 E_q在短路瞬间发生突变，所以不能用 E_q计算短路瞬间的电流。

由图 4 - 9 可列出此时的磁链方程为

$$\psi_d = E'_q - x'_d i_d \tag{4-23}$$

再由图 4 - 7 中 u_q的等值电路可知，稳态运行时变压器电磁势 $\dot{\psi}_q = 0$，定子绕组电阻 r

很小，可略去，从而有 $\psi_\mathrm{d}=u_\mathrm{q}$。这样就有

$$E'_{\mathrm{q}|0|}=u_{\mathrm{q}|0|}+x'_\mathrm{d}i_{\mathrm{d}|0|} \tag{4-24}$$

上式给出了计算短路瞬间暂态电动势 $E'_{\mathrm{q}(0)}=E'_{\mathrm{q}|0|}$ 的方法。图 4-11 画出了其在稳态运行相量图中的位置。图中引出了暂态电抗后电动势

$$\dot{E}'=\dot{U}+\mathrm{j}x'_\mathrm{d}\dot{I} \tag{4-25}$$

将 $\dot{U}$ 和 $\mathrm{j}x'_\mathrm{d}\dot{I}$ 投影到 q 轴，分别得到 u_q 和 $x'_\mathrm{d}i_\mathrm{d}$，二者相加便是 E'_q，所以 $\dot{E}'$ 在 q 轴上的投影便是暂态电动势 E'_q。由图可得到

$$E'_\mathrm{q}=u_\mathrm{q}+x'_\mathrm{d}i_\mathrm{d}$$

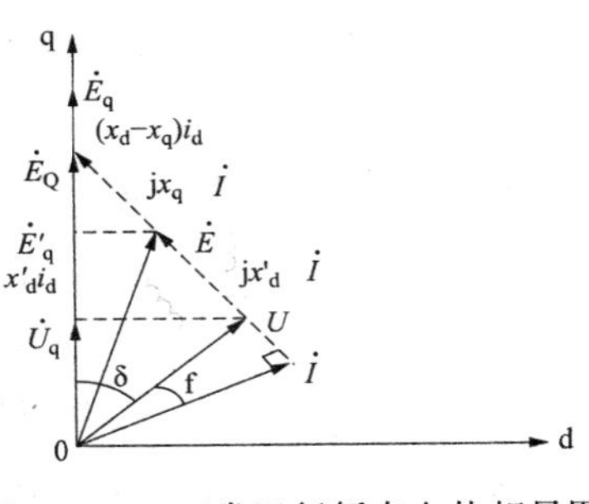

图 4-11　正常运行暂态电势相量图

对于图 4-8 中的故障分量电路，当在故障点突然施加电压 $-\dot{U}_{|0|}$ 后，其产生的故障分量电流为 Δi_d 和 Δi_q。由式(4-23)取增量形式，并考虑到 E'_q 不突变，得到

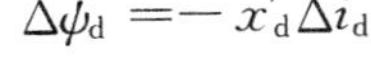

$$\Delta\psi_\mathrm{d}=-x'_\mathrm{d}\Delta i_\mathrm{d}$$

同理，由 $\psi_\mathrm{q}=-x_\mathrm{q}i_\mathrm{q}$ 得到

$$\Delta\psi_\mathrm{q}=-x_\mathrm{q}\Delta i_\mathrm{q}$$

将以上二式代入电压增量方程得

$$\begin{cases}\Delta u_\mathrm{d}=-r\Delta i_\mathrm{d}+\Delta\dot{\psi}_\mathrm{d}-\Delta\psi_\mathrm{q}=-u_{\mathrm{d}|0|}\\ \Delta u_\mathrm{q}=-r\Delta i_\mathrm{q}+\Delta\dot{\psi}_\mathrm{q}+\Delta\psi_\mathrm{d}=-u_{\mathrm{q}|0|}\end{cases} \tag{4-26}$$

得到

$$\begin{cases}-u_{\mathrm{d}|0|}=-r\Delta i_\mathrm{d}-x'_\mathrm{d}\Delta\dot{I}_\mathrm{d}+x_\mathrm{q}\Delta i_\mathrm{q}\\ -u_{\mathrm{q}|0|}=-r\Delta i_\mathrm{q}-x_\mathrm{q}\Delta\dot{I}_\mathrm{q}-x'_\mathrm{d}\Delta i_\mathrm{d}\end{cases} \tag{4-27}$$

上式为微分方程，直接求解不易。采用拉氏变换，将其化为代数方程，即微分方程代数化，得到

$$\begin{cases}\dfrac{-u_{\mathrm{d}|0|}}{p}=-r\Delta I_\mathrm{d}(p)-px'_\mathrm{d}\Delta I_\mathrm{d}(p)+x_\mathrm{q}\Delta I_\mathrm{q}(p)\\ \dfrac{-u_{\mathrm{q}|0|}}{p}=-r\Delta I_\mathrm{q}(p)-px_\mathrm{q}\Delta I_\mathrm{q}(p)-x'_\mathrm{d}\Delta I_\mathrm{d}(p)\end{cases} \tag{4-28}$$

解得短路电流故障分量的象函数为

$$\begin{cases}\Delta I_\mathrm{d}(p)=\dfrac{(r+px_\mathrm{q})u_{\mathrm{d}|0|}+x_\mathrm{q}u_{\mathrm{q}|0|}}{(r+px'_\mathrm{d})(r+px_\mathrm{q})+x'_\mathrm{d}x_\mathrm{q}}\times\dfrac{1}{p}\\ \Delta I_\mathrm{q}(p)=\dfrac{-x'_\mathrm{d}u_{\mathrm{d}|0|}+(r+px'_\mathrm{d})u_{\mathrm{q}|0|}}{(r+px'_\mathrm{d})(r+px_\mathrm{q})+x'_\mathrm{d}x_\mathrm{q}}\times\dfrac{1}{p}\end{cases} \tag{4-29}$$

如对上式直接求解，一方面太繁，另一方面所得结果的物理意义不明显，因此采用下述近似方法：考虑到同步发电机定子绕组的电阻 r 相对于电抗要小得多，因而其对于短路电流大小的影响很小，所以在求短路电流的起始值（即 $t=0$ 时刻）时可将其略去，从而使问题的求解简化。但电阻对于自由电流的衰减却起着关键作用，不容忽略。所以短路电流的求解分为两步：第一步先略去电阻，求出短路电流的起始值；第二步计及电阻分析短路电流的衰

减过程，从而得到短路电流的表达式。这就是“先不计电阻求起始值，后计及电阻分析自由分量衰减”的同步发电机短路电流的分析方法。

将式（4-29）中的电阻 r 取为零，并分解为部分分式得到

$$\begin{cases}\Delta I_{\mathrm{d}}(p)=\dfrac{pu_{\mathrm{d}|0|}+u_{\mathrm{q}|0|}}{(p^2+1)x_{\mathrm{d}}'}\times\dfrac{1}{p}=\dfrac{u_{\mathrm{q}|0|}}{x_{\mathrm{d}}'}\left(\dfrac{1}{p}-\dfrac{p}{p^2+1}\right)+\dfrac{u_{\mathrm{d}|0|}}{x_{\mathrm{d}}'}\times\dfrac{1}{p^2+1}\\ \Delta I_{\mathrm{q}}(p)=\dfrac{-u_{\mathrm{d}|0|}+pu_{\mathrm{q}|0|}}{(p^2+1)x_{\mathrm{q}}}\times\dfrac{1}{p}=\dfrac{u_{\mathrm{q}|0|}}{x_{\mathrm{q}}}\times\dfrac{1}{p^2+1}-\dfrac{u_{\mathrm{d}|0|}}{x_{\mathrm{q}}}\left(\dfrac{1}{p}-\dfrac{p}{p^2+1}\right)\end{cases} \tag{4-30}$$

取拉氏变换可得故障分量起始值

$$\begin{cases}\Delta i_{\mathrm{d}}(t)=\dfrac{u_{\mathrm{q}|0|}}{x_{\mathrm{d}}'}-\dfrac{u_{\mathrm{q}|0|}}{x_{\mathrm{d}}}\cos t+\dfrac{u_{\mathrm{d}|0|}}{x_{\mathrm{d}}'}\sin t\\ \Delta i_{\mathrm{q}}(t)=-\dfrac{u_{\mathrm{d}|0|}}{x_{\mathrm{q}}}+\dfrac{u_{\mathrm{d}|0|}}{x_{\mathrm{q}}}\cos t+\dfrac{u_{\mathrm{q}|0|}}{x_{\mathrm{q}}}\sin t\end{cases} \tag{4-31}$$

将正常分量与故障分量相加，得到短路电流起始值的表达式为

$$\begin{cases}i_{\mathrm{d}}(t)=i_{\mathrm{d}|0|}+\Delta i_{\mathrm{d}}(t)=i_{\mathrm{d}|0|}+\dfrac{u_{\mathrm{q}|0|}}{x_{\mathrm{d}}'}-\dfrac{u_{\mathrm{q}|0|}}{x_{\mathrm{d}}'}\cos t+\dfrac{u_{\mathrm{d}|0|}}{x_{\mathrm{d}}'}\sin t\\ \qquad=\dfrac{E_{\mathrm{q}|0|}'}{x_{\mathrm{d}}'}-\dfrac{u_{\mathrm{q}|0|}}{x_{\mathrm{d}}'}\cos t+\dfrac{u_{\mathrm{d}|0|}}{x_{\mathrm{d}}'}\sin t\\ \qquad=\dfrac{E_{\mathrm{q}|0|}}{x_{\mathrm{d}}}+\left(\dfrac{E_{\mathrm{q}|0|}'}{x_{\mathrm{d}}'}-\dfrac{E_{\mathrm{q}|0|}}{x_{\mathrm{d}}}\right)-\dfrac{u_{\mathrm{q}|0|}}{x_{\mathrm{d}}'}\cos t+\dfrac{u_{\mathrm{d}|0|}}{x_{\mathrm{d}}'}\sin t\\ i_{\mathrm{q}}(t)=i_{\mathrm{q}|0|}+\Delta i_{\mathrm{q}}(t)=i_{\mathrm{q}|0|}-\dfrac{u_{\mathrm{d}|0|}}{x_{\mathrm{q}}}+\dfrac{u_{\mathrm{d}|0|}}{x_{\mathrm{q}}}\cos t+\dfrac{u_{\mathrm{q}|0|}}{x_{\mathrm{d}}'}\sin t\\ \qquad=\dfrac{u_{\mathrm{d}|0|}}{x_{\mathrm{q}}}\cos t+\dfrac{u_{\mathrm{q}|0|}}{x_{\mathrm{q}}}\sin t\end{cases} \tag{4-32}$$

式（4-32）中最后一步利用了关系式 $E_{\mathrm{q}|0|}'=u_{\mathrm{q}|0|}+x_{\mathrm{d}}'i_{\mathrm{d}|0|}$ 和 $u_{\mathrm{d}|0|}=x_{\mathrm{q}}i_{\mathrm{q}|0|}$，并考虑到定子绕组的基频分量（对应于 d、q 坐标中的直流分量）由强制分量 $\dfrac{E_{\mathrm{q}|0|}}{x_{\mathrm{d}}}$ 和一个自由分量组成，故 $\dfrac{E_{\mathrm{q}|0|}'}{x_{\mathrm{d}}'}$ 分成 $\dfrac{E_{\mathrm{q}|0|}}{x_{\mathrm{d}}}$ 和 $\left(\dfrac{E_{\mathrm{q}|0|}'}{x_{\mathrm{d}}'}-\dfrac{E_{\mathrm{q}|0|}}{x_{\mathrm{d}}}\right)$ 两部分。

对式（4-2）取 Park 反变换，经整理得到 a 相电流表达式为

$$\begin{aligned}i_{\mathrm{a}}(t)&=i_{\mathrm{d}}\cos(t+\theta_0)-i_{\mathrm{q}}\sin(t+\theta_0)\\ &=\frac{E_{\mathrm{q}|0|}}{x_{\mathrm{d}}}\cos(t+\theta_0)+\left(\frac{E_{\mathrm{q}|0|}'}{x_{\mathrm{d}}'}-\frac{E_{\mathrm{q}|0|}}{x_{\mathrm{d}}}\right)\cos(t+\theta_0)\\ &\quad-\frac{u_{|0|}}{2}\left(\frac{1}{x_{\mathrm{d}}'}+\frac{1}{x_{\mathrm{q}}}\right)\cos(\delta_0-\theta_0)-\frac{u_{|0|}}{2}\left(\frac{1}{x_{\mathrm{d}}'}-\frac{1}{x_{\mathrm{q}}}\right)\cos(2t+\delta_0+\theta_0)\end{aligned} \tag{4-33}$$

用（$\theta_0-120°$）和（$\theta_0+120°$）代替式（4-33）中的 θ_0，便可以得到 $i_{\mathrm{b}}(t)$ 和 $i_{\mathrm{c}}(t)$ 的表达式，从而得到 abc 坐标系中的三相短路电流。

观察式（4-33），其第一项是前述物理分析中指出的稳态短路电流 $i_{\omega(\infty)}$，第二项是基频交流增量电流 Δi_{ω}，第三项是直流分量电流 i_{α}，第四项是两倍基频分量电流 $i_{2\omega}$，可见数学推导的结果和物理分析完全吻合。

采用类似推导，对于励磁绕组电流有 $i_{\mathrm{f}}=i_{\mathrm{f}|0|}+\Delta i_{\mathrm{f}}$，其中正常分量 $i_{\mathrm{f}|0|}=\dfrac{E_{\mathrm{q}|0|}}{x_{\mathrm{ad}}}$。而故障分

量 $\Delta i_{\rm f}$ 由励磁绕组磁链方程的增量形式 $\Delta\varphi_{\rm f}=-x_{\rm ad}\Delta i_{\rm d}+x_{\rm f}\Delta i_{\rm f}$，计及磁链不能突变 $\Delta\varphi_{\rm f}=0$，得到

$$\Delta i_{\rm f}=\frac{x_{\rm ad}}{x_{\rm f}}\Delta i_{\rm d}=\frac{x_{\rm d}-x'_{\rm d}}{x_{\rm ad}}\Delta i_{\rm d} \tag{4-34}$$

将式（4-31）中 $\Delta i_{\rm d}$ 的表达式代入，从而

$$\begin{aligned} i_{\rm f}&=i_{\rm f|0|}+\Delta i_{\rm f}=\frac{E_{\rm q|0|}}{x_{\rm ad}}+\frac{x_{\rm d}-x'_{\rm d}}{x_{\rm ad}}\left(\frac{u_{\rm q|0|}}{x'_{\rm d}}-\frac{u_{\rm q|0|}}{x'_{\rm d}}\cos t+\frac{u_{\rm d|0|}}{x'_{\rm d}}\sin t\right)\\ &=\frac{E_{\rm q|0|}}{x_{\rm ad}}+\frac{x_{\rm d}-x'_{\rm d}}{x_{\rm ad}}\left[\frac{u_{\rm q|0|}}{x'_{\rm d}}-\frac{u_{|0|}}{x'_{\rm d}}\cos(t+\delta_0)\right] \end{aligned} \tag{4-35}$$

其中，第一项为励磁电流强制分量 $i_{\rm f|0|}$，第二项为直流分量 $i_{\rm f\alpha}$，第三项为基频交流分量 $i_{\rm f\omega}$，可见数学推导结果与物理分析吻合。

下面考虑计及电阻后短路电流的衰减。按前述物理分析中对短路电流中各分量的分组法，第一组为强制分量，不衰减；第二组包括自由分量 i_α、$i_{2\omega}$ 和 $i_{\rm f\omega}$，其中定子绕组中的电流 i_α 和 $i_{2\omega}$ 起主导作用，三者将按此时定子绕组的时间常数 $T_{\rm a}$ 衰减。由时间常数的定义 $T=\dfrac{L}{R}$，在标幺制中 $L=x$。由于转子旋转，定子绕组的电抗一会儿为 $x'_{\rm d}$，一会儿为 $x_{\rm q}$。当定子绕组上施加电压 u 时，若转子与 d 轴重合，则定子绕组电流为 $\dfrac{u}{x'_{\rm d}}$；若转子与 q 轴重合，则定子绕组电流为 $u/x_{\rm q}$，从而定子绕组的平均电流为 $\dfrac{\left(\dfrac{u}{x'_{\rm d}}+\dfrac{u}{x_{\rm q}}\right)}{2}=\dfrac{u}{x_{\rm e}}$，式中 $x_{\rm e}=\dfrac{2x'_{\rm d}x_{\rm q}}{x'_{\rm d}+x_{\rm q}}$ 即为此时定子绕组的等值电抗，即决定 i_α、$i_{2\omega}$ 和 $i_{\rm f\omega}$ 衰减的时间常数为

$$T_{\rm a}=\frac{x_{\rm e}}{r}=\frac{2x'_{\rm d}x_{\rm q}}{r(x'_{\rm d}+x_{\rm q})} \tag{4-36}$$

第三组包括自由分量 $\Delta i_{\rm f\alpha}$ 和 Δi_ω，其中转子励磁绕组中的电流 $\Delta i_{\rm f\alpha}$ 起主导作用，二者将按此时励磁绕组的时间常数 $T'_{\rm d}$ 衰减。由图 4-7 中 $\psi_{\rm d}$ 的等值电路，当定子侧短路时，励磁绕组此时的等值电抗为

$$x_{\rm fe}=x_{\rm f\mathit{l}}+x_{\rm ad}//x_l$$

从而此时励磁绕组（即定子绕组闭合时）的时间常数近似值为

$$T'_{\rm d}=\frac{x_{\rm fe}}{r_{\rm f}}=\frac{x_{\rm f\mathit{l}}+x_{\rm ad}//x_l}{r_{\rm f}} \tag{4-37}$$

经推导，有关系式

$$T'_{\rm d}=\frac{x_{\rm f}}{r_{\rm f}}\frac{x'_{\rm d}}{x_{\rm d}}=T_{\rm d0}\frac{x'_{\rm d}}{x_{\rm d}} \tag{4-38}$$

其中，$T_{\rm d0}=\dfrac{x_{\rm f}}{r_{\rm f}}$ 为励磁绕组自身（即无其他绕组闭合时）的时间常数，因为 $x'_{\rm d}<x_{\rm d}$，故 $T'_{\rm d}<T_{\rm d0}$。

将以上各时间常数按对应的自由分量代入式（4-33）和式（4-35），便可得到计及电阻引起的衰减后，不计阻尼绕组时同步发电机端突然三相短路电流的表达式为

$$\begin{aligned} i_{\rm a}(t)=&\frac{E_{\rm q|0|}}{x_{\rm d}}\cos(t+\theta_0)+\left(\frac{E'_{\rm q|0|}}{x'_{\rm d}}-\frac{E_{\rm q|0|}}{x_{\rm d}}\right){\rm e}^{-\frac{t}{T'_{\rm d}}}\cos(t+\theta_0)\\ &-\frac{u_{|0|}}{2}\left(\frac{1}{x'_{\rm d}}+\frac{1}{x_{\rm q}}\right){\rm e}^{-\frac{t}{T_{\rm a}}}\cos(\delta_0-\theta_0)-\frac{u_{|0|}}{2}\left(\frac{1}{x'_{\rm d}}-\frac{1}{x_{\rm q}}\right){\rm e}^{-\frac{t}{T_{\rm a}}}\cos(2t+\delta_0+\theta_0) \end{aligned} \tag{4-39}$$

$$i_f(t)=\frac{E_{q|0|}}{x_{ad}}+\frac{x_d-x'_d}{x_{ad}}\left[\frac{u_{q|0|}}{x'_d}e^{-\frac{t}{T'_d}}-\frac{u_{|0|}}{x'_d}e^{-\frac{t}{T_a}}\cos(t+\delta_0)\right] \tag{4-40}$$

对上式有两点说明：

（1）当 $t=0$ 时，由式（4-39）、式（4-40）可得 $i_a(0)=i_{d|0|}\cos\theta_0-i_{q|0|}\sin\theta_0=i_{a|0|}$，$i_f(0)=E_{q|0|}/x_{ad}=i_{f|0|}$。可见电流未发生突变，满足换路定律。

（2）若短路前空载，则 $\delta_0=0$，$E'_{q|0|}=u_{|0|}=E_{q|0|}$，于是短路电流表达式为

$$\begin{aligned}i_a(t)=&\frac{E_{q|0|}}{x_d}\cos(t+\theta_0)+E_{q|0|}\left(\frac{1}{x'_d}-\frac{1}{x_d}\right)e^{-\frac{t}{T'_d}}\cos(t+\theta_0)\\&-\frac{E_{q|0|}}{2}\left(\frac{1}{x'_d}+\frac{1}{x_q}\right)e^{-\frac{t}{T_a}}\cos\theta_0-\frac{E_{q|0|}}{2}\left(\frac{1}{x'_d}-\frac{1}{x_q}\right)e^{-\frac{t}{T_a}}\cos(2t+\theta_0)\end{aligned} \tag{4-41}$$

$$i_f(t)=\frac{E_{q|0|}}{x_{ad}}+\frac{x_d-x'_d}{x_{ad}}\frac{E_{q|0|}}{x'_d}\left[e^{-\frac{t}{T'_d}}-e^{-\frac{t}{T_a}}\cos t\right] \tag{4-42}$$

当 $t=0$ 时，有 $i_{a(0)}=0=i_{a|0|}$，$i_{f(0)}=E_{q|0|}/x_{ad}=i_{f|0|}$，同样满足换路定律。

（二）计及阻尼绕组时三相短路电流的分析计算

1. 物理分析

此时的物理分析与不计阻尼绕组时类似，只是由于发电机直轴阻尼绕组 D 和交轴阻尼绕组 Q 的存在，而且必须遵循磁链不能突变的原理，在此二绕组中将分别有直流自由分量 $\Delta i_{D\alpha}$ 和 $\Delta i_{Q\alpha}$ 产生，从而将在定子绕组中分别感应出基频交流分量 $\Delta i_{\omega2}$ 和 $\Delta i_{\omega3}$（励磁绕组中自由分量 $\Delta i_{f\alpha}$ 在定子绕组中感应的基频交流分量为 Δi_{ω}）。这样定子绕组短路电流中共有 6 个分量，即稳态短路电流 $i_{\omega(\infty)}$，基频交流分量 Δi_{ω}、$\Delta i_{\omega2}$、$\Delta i_{\omega3}$，直流分量 i_{α} 和倍频分量 $i_{2\omega}$。其中 $i_{\omega(\infty)}$ 为强制分量，不衰减，Δi_{ω} 按此时励磁绕组的时间常数 T'_d 衰减，$\Delta i_{\omega2}$ 按直轴阻尼绕组的时间常数 T''_d 衰减，$\Delta i_{\omega3}$ 按交轴阻尼绕组的时间常数 T''_q 衰减，而 i_{α} 和 $i_{2\omega}$ 按定子绕组的时间常数 T_a 衰减。

由于工程中最为关心的是定子电流，所以下面只分析定子电流，其他绕组电流不再列出。

2. 数学推导

计及阻尼绕组时同步发电机的派克方程为

电压方程
$$\begin{cases}u_d=-ri_d+\dot{\psi}_d-\psi_q\\u_q=-ri_q+\dot{\psi}_q+\psi_d\\u_f=r_fi_f+\dot{\psi}_f\\0=r_Di_D+\dot{\psi}_D\\0=r_Qi_Q+\dot{\psi}_Q\end{cases} \tag{4-43}$$

磁链方程
$$\begin{cases}\psi_d=-x_di_d+x_{ad}i_f+x_{ad}i_D\\\psi_q=-x_qi_q+x_{aq}i_Q\\\psi_f=-x_{ad}i_d+x_fi_f+x_{ad}i_D\\\psi_D=-x_{ad}i_d+x_{ad}i_f+x_di_D\\\psi_Q=-x_{aq}i_q+x_Qi_Q\end{cases} \tag{4-44}$$

相应的等值电路如图 4-12 所示。

按与不计阻尼绕组分析时相同的思路，利用戴维南定理，将 ψ_d 的电路简化为图 4-13 所示电路。图中的等值电抗 x''_d 为原电路的等值电抗，即

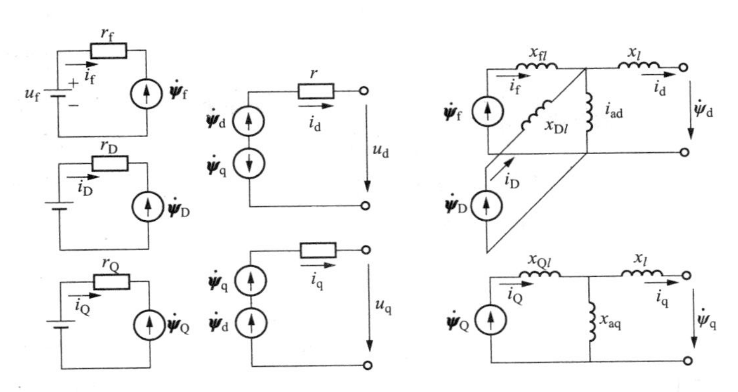

图 4-12　计及阻尼绕组时 Park 方程的等值电路

$$x''_d = x_l + x_{ad} // x_{fl} // x_{Dl} \tag{4-45}$$

称为发电机的直轴次暂态电抗。由式可见，$x''_d < x'_d < x_d$。x''_d对应的磁路如图 4-14 所示。由图可见，由于短路瞬间励磁绕组和直轴阻尼绕组为保持自身磁链不突变，将直轴磁链排挤在它们外部闭合，此时发电机在直轴方向呈现的电抗即直轴次暂态电抗 x''_d。

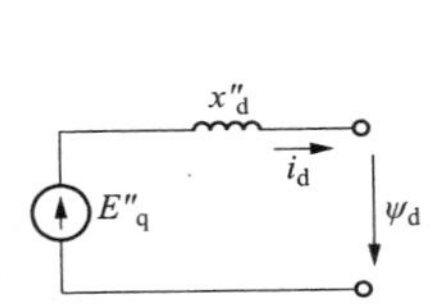

图 4-13　计及阻尼绕组 ψ_d的简化等值电路

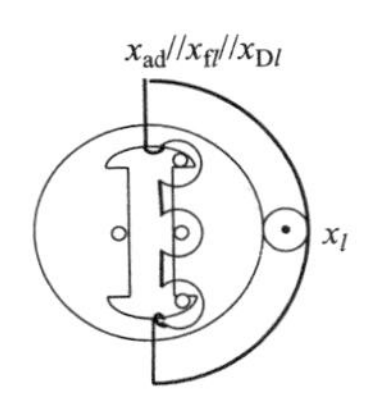

图 4-14　x''_d磁路图

图 4-14 中的等值电势 E''_q即为原 ψ_d等值电路的开路电压，计算式为

$$E''_q = \frac{\psi_f (x_{ad} // x_{Dl})}{x_{fl} + x_{ad} // x_{Dl}} + \frac{\psi_D (x_{ad} // x_{fl})}{x_{Dl} + x_{ad} // x_{fl}}$$

称为同步发电机的交轴次暂态电势。由于其正比于磁链 ψ_f和 ψ_D，磁链在短路瞬间不突变，故 E''_q在短路瞬间不突变。由图 4-13 可列出此时的磁链方程为

$$\psi_d = E''_q - x''_d i_d \tag{4-46}$$

稳态运行时有 $\psi_d = u_q$，从而

$$E''_{q|0|} = u_{q|0|} + x''_d i_{d|0|} \tag{4-47}$$

同理，利用戴维南定理将 ψ_q的等值电路简化成图 4-15 所示的等值电路。图中

$$x''_q = x_l + x_{aq} // x_{Dl} \tag{4-48}$$

称为发电机的交轴次暂态电抗。由式可见，$x''_q < x_l + x_{aq} = x_q$，$x_q$为发电机的交轴同步电抗，$x_{aq}$为交轴电枢反应电抗。图 4-16 画出了对应于 x_q和 x''_q的磁链图。可以清楚地看出，由于短路瞬间交轴阻尼绕组为保持自身磁链不突变，将交轴磁链排挤在它外部闭合，此时发电机在交轴方向呈现的电抗即交轴次暂态电抗 x''_q。

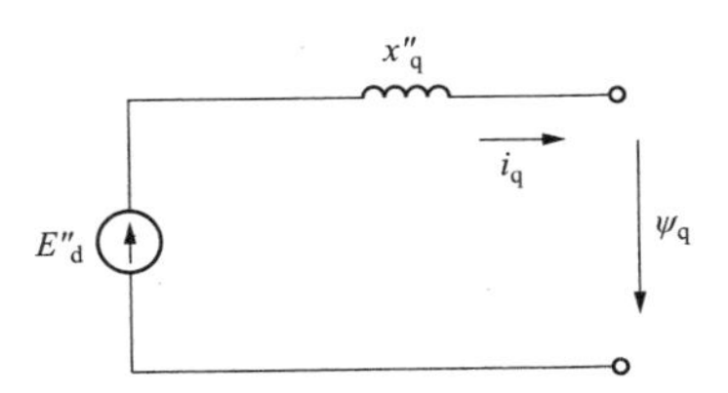

图 4-15　计及阻尼绕组时 ψ_q的简化等值电路

图 4-15 中的等值电动势 E''_d即原始 ψ_q等值电路的开路电压

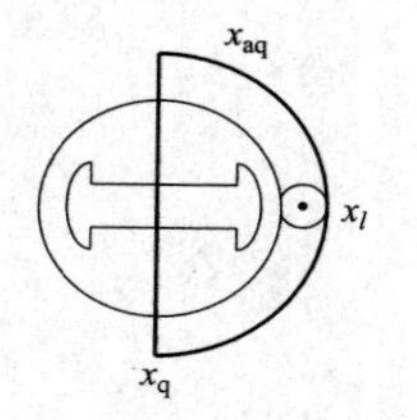

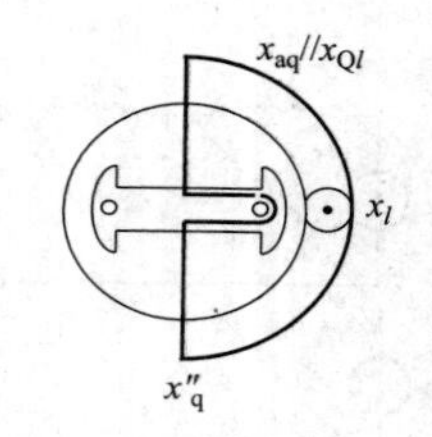

图 4 - 16　x_q和 x''_q磁链图

$$-E''_d=\frac{\psi_Q x_{aq}}{x_{Ql}+x_{aq}}=\psi_Q\frac{x_{aq}}{x_Q} \tag{4-49}$$

称为同步发电机的直轴次暂态电动势。由于它正比于磁链 ψ_Q，而磁链在短路瞬间不突变，故 E''_d在短路瞬间不突变。由图 4 - 15 可列出此时的磁链方程为

$$\psi_q=-E''_d-x''_q i_q \tag{4-50}$$

在稳态运行时有$-\psi_q=u_d$，从而

$$E''_{d|0|}=u_{d|0|}-x''_q i_{q|0|} \tag{4-51}$$

由于 $x''_d\approx x''_q$，取 $x''_d=x''_q=x''$，则由式（4 - 47）和式（4 - 51）得到

$$\dot{E}''_{|0|}=E''_{d|0|}+jE''_{q|0|}=\dot{U}_{|0|}+jx''\dot{I}_{|0|} \tag{4-52}$$

称为次暂态电抗后电动势。由式（4 - 52）可画出其在稳态运行相量图中的位置如图 4 - 17所示。$\dot{E}$ 在 q 轴和 d 轴上的投影便是次暂态电动势 E''_q和 E''_d。

由式（4 - 46）和（4 - 50），对故障分量有

$$\begin{cases}\Delta\psi_d=-x''_d\Delta i_d\\ \Delta\psi_q=-x''_q\Delta i_q\end{cases} \tag{4-53}$$

将其与不计阻尼绕组时的方程

$$\begin{cases}\Delta\psi_d=-x'_d i_d\\ \Delta\psi_q=-x_q i_q\end{cases}$$

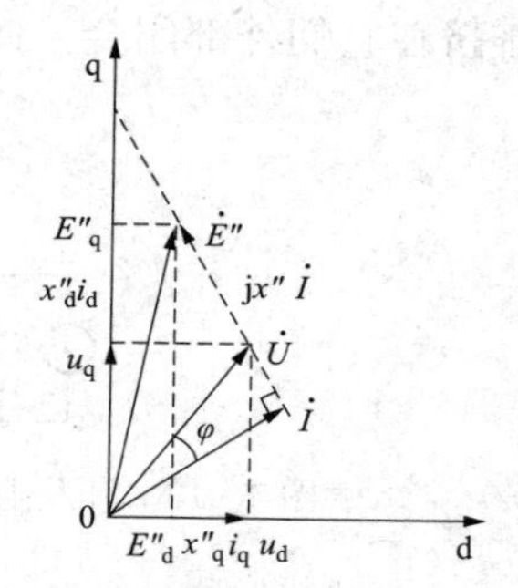

图 4 - 17　正常运行次暂态电动势相量图

相比较，可见差别在于 x'_d成了 x''_d，x_q成了 x''_q，将式（4 - 53）代入同样的电压增量方程（4 - 26），仿照式（4 - 31）可直接写出

$$\begin{cases}\Delta i_d(t)=\dfrac{u_{q|0|}}{x''_d}-\dfrac{u_{q|0|}}{x''_d}\cos t+\dfrac{u_{d|0|}}{x''_d}\sin t\\ \Delta i_q(t)=-\dfrac{u_{d|0|}}{x''_q}+\dfrac{u_{q|0|}}{x''_q}\sin t+\dfrac{u_{d|0|}}{x''_q}\cos t\end{cases} \tag{4-54}$$

与正常分量相加，得到

$$\begin{cases}i_d(t)=i_{d|0|}+\Delta i_{d(t)}=i_{d|0|}+\dfrac{u_{q|0|}}{x''_d}-\dfrac{u_{q|0|}}{x''_d}\cos t+\dfrac{u_{d|0|}}{x''_d}\sin t\\ \quad=\dfrac{E''_{q|0|}}{x''_d}-\dfrac{u_{q|0|}}{x''_d}\cos t+\dfrac{u_{d|0|}}{x''_d}\sin t\\ \quad=\dfrac{E_{q|0|}}{x_d}+\left(\dfrac{E'_{q|0|}}{x'_d}-\dfrac{E_{q|0|}}{x_d}\right)+\left(\dfrac{E''_{q|0|}}{x''_d}-\dfrac{E'_{q|0|}}{x'_d}\right)-\dfrac{u_{q|0|}}{x''_d}\cos t+\dfrac{u_{d|0|}}{x''_d}\sin t\\ i_q(t)=i_{q|0|}+\Delta i_{q(t)}=i_{q|0|}-\dfrac{u_{d|0|}}{x''_q}+\dfrac{u_{q|0|}}{x''_q}\sin t+\dfrac{u_{d|0|}}{x''_q}\cos t\\ \quad=-\dfrac{E''_{d|0|}}{x''_q}+\dfrac{u_{q|0|}}{x''_q}\sin t+\dfrac{u_{d|0|}}{x''_q}\cos t\end{cases} \tag{4-55}$$

式中最后一步利用了关系式 $E''_{q|0|}=u_{q|0|}+x''_d i_{d|0|}$ 和 $E''_{d|0|}=u_{d|0|}-x''_q i_{q|0|}$。采用与不计阻尼绕组时类似的做法，将 i_d中的直流分量分成三部分，分别对应于 $i_{\omega(\infty)}$、Δi_ω和 $\Delta i_{\omega 2}$。

对式（4 - 55）取 Park 反变换，经整理得到 a 相电流表达式：

$$
\begin{aligned}
i_{a(t)} = & \frac{E_{q|0|}}{x_d}\cos(t+\theta_0)+\left(\frac{E'_{q|0|}}{x'_d}-\frac{E_{q|0|}}{x_d}\right)\cos(t+\theta_0) \\
& +\left(\frac{E''_{q|0|}}{x''_d}-\frac{E'_{q|0|}}{x'_d}\right)\cos(t+\theta_0)+\frac{E''_{d|0|}}{x''_q}\sin(t+\theta_0) \\
& -\frac{u_{|0|}}{2}\left(\frac{1}{x''_d}+\frac{1}{x''_q}\right)\cos(\delta_0-\theta_0)-\frac{u_{|0|}}{2}\left(\frac{1}{x''_d}-\frac{1}{x''_q}\right)\cos(2t+\delta_0+\theta_0)
\end{aligned} \tag{4-56}
$$

用（$\theta_0-120°$）和（$\theta_0+120°$）代替式（4-56）中的 θ_0，可分别得到 $i_{b(t)}$ 和 $i_{c(t)}$ 的表达式。

观察上式，第一项为稳态短路电流 $i_{\omega(\infty)}$，第二项为基频交流分量 Δi_ω，第三项为 $\Delta i_{\omega 2}$，第四项为 $\Delta i_{\omega 3}$，第五项为直流分量 i_α，第六项为两倍基频分量 $i_{2\omega}$。可见数学推导的结果与前述物理分析完全吻合。

值得指出的是：

（1）由式（4-55）可见，dq0 坐标中的直流电流 $E''_{q|0|}/x''_d-jE''_{d|0|}/x''_q$ 形成的综合电流相量对应于 abc 坐标中基频交流电流形成的综合电流相量，故定子短路电流中周期分量的起始电流为

$$
\dot{I}=\frac{E''_{q|0|}}{x''_d}-j\frac{E''_{d|0|}}{x''_q}=\frac{E''_{d|0|}+jE''_{q|0|}}{jx''}=\frac{E''_{|0|}}{jx''} \tag{4-57}
$$

其中用到了条件 $x''_q=x''_d=x''$。

这是一个非常有价值的结论。无限大电源供电系统短路电流分析中得到，短路电流周期分量的起始有效值 I 是一个非常重要的量，短路冲击电流、最大有效值电流和短路容量均可通过其求得。现在，同步发电机三相短路电流周期分量的起始值已求得，而且表达十分简单，这就为电力系统三相短路电流的实用计算提供了依据。就是说，在计算短路电流周期分量的起始有效值时，只需将发电机表示为次暂态电势 $E''_{|0|}$ 和次暂态电抗 x'' 相串连的模型即可。

（2）在物理分析中曾指出，由于发电机转子在短路时直轴和交轴两个方向呈现的磁路不一样，定子绕组为保持自身磁链不突变产生的直轴自由分量 I'_α 是一个以两倍频率脉动的直流，因而将其分解为一个真正的直流分量 i_α 和一个两倍基频分量 $i_{2\omega}$。由此想到，若转子磁路均匀，$x''_d=x''_q$，则 I'_α 不再脉动，从而 $i_{2\omega}=0$。式（4-56）中 $i_{2\omega}$ 的表达印证了这一结果。

下面考虑电阻引起的短路电流衰减。与不计阻尼绕组时类似，定子绕组此时的时间常数为

$$
T_a=\frac{2x''_d x''_q}{r(x''_d+x''_q)} \tag{4-58}
$$

直轴阻尼绕组此时的时间常数近似取为

$$
T''_d=\frac{x_{De}}{r_D} \tag{4-59}
$$

式中：x_{De} 为直轴阻尼绕组的等值电抗，由图 4-12，当定子绕组闭合时，$x_{De}\approx x_{Dl}+x_{ad}//x_{fl}//x_l$。

交轴阻尼绕组此时的时间常数近似取为

$$
T''_q=\frac{x_{Qe}}{r_Q} \tag{4-60}
$$

式中：x_{Qe}为交轴阻尼绕组的等值电抗，由图 4 - 12，$x_{\mathrm{Qe}} \approx x_{\mathrm{Q}l} + x_{\mathrm{aq}} // x_l$。

励磁绕组此时的时间常数近似取为

$$T'_{\mathrm{d}} = \frac{x_{\mathrm{fe}}}{r_{\mathrm{f}}} \tag{4-61}$$

式中：x_{fe}为励磁绕组的等值电抗，由图 4 - 12，$x_{\mathrm{fe}} \approx x_{\mathrm{f}l} + x_{\mathrm{ad}} // x_{\mathrm{D}l} // x_l$。由于直轴阻尼绕组的电阻较大，时间常数较小，从而很快衰减完毕，相当于直轴阻尼绕组开路。据此在实用中仍可取 $x_{\mathrm{fe}} = x_{\mathrm{f}l} + x_{\mathrm{ad}} // x_l$，即与不计阻尼绕组时的励磁绕组时间常数相同。

考虑电阻引起的衰减后，短路电流的表达式为

$$\begin{aligned} i_{\mathrm{a}(t)} = & \frac{E_{\mathrm{q}|0|}}{x_{\mathrm{d}}}\cos(t+\theta_0) + \left(\frac{E'_{\mathrm{q}|0|}}{x'_{\mathrm{d}}} - \frac{E_{\mathrm{q}|0|}}{x_{\mathrm{d}}}\right)\mathrm{e}^{-\frac{t}{T'_{\mathrm{d}}}}\cos(t+\theta_0) \\ & + \left(\frac{E''_{\mathrm{q}|0|}}{x''_{\mathrm{d}}} - \frac{E'_{\mathrm{q}|0|}}{x'_{\mathrm{d}}}\right)\mathrm{e}^{-\frac{t}{T''_{\mathrm{d}}}}\cos(t+\theta_0) + \frac{E''_{\mathrm{d}|0|}}{x''_{\mathrm{q}}}\mathrm{e}^{-\frac{t}{T''_{\mathrm{q}}}}\sin(t+\theta_0) \\ & - \frac{u_{|0|}}{2}\left(\frac{1}{x''_{\mathrm{d}}} + \frac{1}{x''_{\mathrm{q}}}\right)\mathrm{e}^{-\frac{t}{T_{\mathrm{a}}}}\cos(\delta_0-\theta_0) - \frac{u_{|0|}}{2}\left(\frac{1}{x''_{\mathrm{d}}} - \frac{1}{x''_{\mathrm{q}}}\right)\mathrm{e}^{-\frac{t}{T_{\mathrm{a}}}}\cos(2t+\delta_0+\theta_0) \end{aligned} \tag{4-62}$$

以上通过冗长的分析推导，得到了同步发电机三相短路电流的表达式，对其中的物理过程、有关参数及其本质有了较深的理解。在此，还要强调以下几点：

（1）所得短路电流表达式虽然复杂，但仍为采用工程分析方法后的近似表达式，包括时间常数的表达式也是如此。其产生的误差不大，在工程允许范围内。

（2）同步发电机短路电流的表达式尽管很复杂，但与无限大电源短路电流相比较，仍然是由周期分量和非周期分量两部分组成。不同之处在于，对于无限大电源系统，短路电流周期分量的有效值不衰减；而对于同步发电机，周期分量的有效值衰减，其起始值为 $E''_{|0|}/x''$，称为次暂态电流。阻尼绕组中的电流衰减完毕后，进入暂态阶段，近似取为 $E'_{\mathrm{q}|0|}/x'_{\mathrm{d}}$，称为暂态电流。进入稳态后，周期分量的有效值为 $E_{\mathrm{q}|0|}/x_{\mathrm{d}}$，称为稳态短路电流。

（3）在同步发电机三相短路电流的分析过程中引入了很多参数，分为电抗、电动势和时间常数三大类。为便于理解和掌握，将其归纳整理如下。

1）电抗：有直轴同步电抗 x_{d}、交轴同步电抗 x_{q}、定子漏抗 x_l、直轴电枢反应电抗 x_{ad}、交轴电枢反应电抗 x_{aq}、暂态电抗 x'_{d}、次暂态电抗 x''_{d}和 x''_{q}、励磁绕组电抗 x_{f}、励磁绕组漏抗 $x_{\mathrm{f}l}$、直轴阻尼绕组 x_{D}、直轴阻尼绕组漏抗 $x_{\mathrm{D}l}$、交轴阻尼绕组 x_{Q}、交轴阻尼绕组漏抗 $x_{\mathrm{Q}l}$等。掌握时应和磁路联系在一起，以搞清物理概念，既能弄清它们之间的联系和区别，也能知道它们之间的大小关系。根据图 4 - 10、图 4 - 14 和图 4 - 17 的磁路分析各种电抗，物理概念较为清晰，同时不难举一反三，对其他电抗做出类似分析。

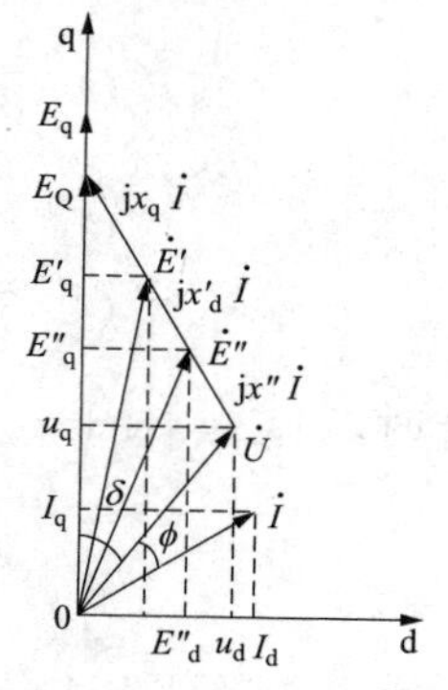

图 4 - 18　稳态运行相量图

各种电抗按大小排列，有如下关系：$x_{\mathrm{d}} > x_{\mathrm{q}} > x'_{\mathrm{d}} > x''_{\mathrm{d}}(x''_{\mathrm{q}})$。

2）电势：有空载电动势 E_{q}、虚构电动势 E_{Q}、暂态电动势E'_{q}、暂态电抗后电动势 E'、次暂态电动势 E''、E''_{d}和 E''_{q}。这可以通过相量图掌握，既明确各电动势的物理意义，又知道他们的计算公式及相互之间的大小关系。各电动势的相量图综合如图 4 - 18 所示。

将各电量的关系总结如下：

$$\dot{E}_{\mathrm{Q}} = \dot{U} + \mathrm{j}x_{\mathrm{q}}\dot{I} \qquad \dot{E}' = \dot{U} + \mathrm{j}x'_{\mathrm{d}}\dot{I}$$

$$\dot{E}''=\dot{U}+\mathrm{j}x''\dot{I} \qquad E_q=u_q+x_d i_d$$
$$E'_q=u_q+x'_d i_d \qquad E''_q=u_q+x''_d i_d$$
$$E''_d=u_d-x''_q i_q \qquad u_d=U\sin\delta$$
$$u_q=U\cos\delta \qquad I_d=I\sin(\delta+\phi)$$
$$I_q=I\cos(\delta+\phi)$$

各电动势按大小排列有

$$E_q>E_Q>E'>E'' \tag{4-63}$$

3）时间常数有 T_{d0}、T'_d、T''_d、T''_q和 T_a等，都为相应的电抗和电阻之比，关键在于分清决定时间常数的绕组类型和绕组状态。T_{d0}是励磁绕组自身的时间常数，周围无任何其他绕组闭合；T'_d是定子绕组闭合时励磁绕组的时间常数；T''_d是定子绕组和励磁绕组均闭合时直轴阻尼绕组的时间常数；T''_q是定子绕组闭合时交轴阻尼绕组的时间常数；T_a是转子所有绕组闭合时定子绕组的时间常数。据此不难根据等值电路写出各时间常数的表达式。

各时间常数按大小排列，有 $T_{d0}>T'_d>T''_d(T''_q)$。

表 4-1 给出同步发电机常用参数的典型数值。

表 4-1　　同步发电机常用参数的典型数值

电抗和时间常数	汽轮机	水轮机
x_d	1.2～2.2	0.7～1.4
x_q	$\approx x_d$	0.45～0.7
x'_d	0.15～0.24	0.22～0.38
x''_d	0.1～0.15	0.14～0.26
x''_q	$\approx x''_d$	0.15～0.35
T_{d0} (s)	2.8～12	1.7～8.6
T'_d (s)	0.4～1.6	0.4～2.7
T''_d (s)	0.03～0.11	0.02～0.06
T''_q (s)	$\approx T''_d$	$\approx T''_d$
T_a (s)	0.04～0.4	0.08～0.4

（4）以上推导的短路电流都是考虑在同步发电机端口处发生三相短路，若距发电机端口一段距离发生短路，只要在各表达式中将发电机各电抗加上外部的等值电抗进行计算即可。同时，以上分析推导都是在发电机带负荷的情况下进行的，如果为空载短路，只须取 $\delta_0=0$、$E_{q|0|}=E'_{q|0|}=E''_{q|0|}=u_{|0|}$、$E''_{d|0|}=0$ 代入相应的短路电流表达式中计算。

【例 4-3】 一台有阻尼绕组同步发电机参数为：$x_d=1.2$，$x_{ad}=1$，$x_q=0.8$，$r=0.005$，$r_f=0.0011$，$r_D=0.02$，$r_Q=0.04$，$x_{fl}=0.091$，$x_{Dl}=0.091$，$x_{Ql}=0.25$。

（1）计算发电机的暂态、次暂态电抗和时间常数；

（2）计算额定运行情况下的电动势 E_q、E_Q、E'_q、E'、E''_d、E''_q、E''（设 $\cos\varphi_N=0.85$）；

（3）若 $\theta_0=30°$时在机端发生三相短路，写出 $i_a(t)$ 的表达式，并计算 $t=0$、0.2 和∞时 i_a的值；

（4）求出额定运行情况下三相短路电流的最大值，并与空载短路时的最大电流比较。

解　（1）计算暂态和次暂态电抗：

定子绕组漏抗 $x_l = x_d - x_{ad} = 1.2 - 1 = 0.2$

交轴电枢反应电抗 $x_{aq} = x_q - x_l = 0.8 - 0.2 = 0.6$

直轴阻尼绕组电抗 $x_D = x_{Dl} + x_{ad} = 0.091 + 1 = 1.091$

交轴阻尼绕组电抗 $x_Q = x_{Ql} + x_{aq} = 0.25 + 0.6 = 0.85$

励磁绕组电抗 $x_f = x_{fl} + x_{ad} = 0.091 + 1 = 1.091$

暂态电抗 $x'_d = x_l + x_{ad}//x_{fl} = 0.2834$

次暂态电抗 $x''_d = x_l + x_{ad}//x_{fl}//x_{Dl} = 0.2435$

$x''_q = x_l + x_{aq}//x_{Ql} = 0.3765$

计算时间常数有：

励磁绕组自身的时间常数 $T_{d0} = \dfrac{x_f}{r_f} = \dfrac{1.091}{0.0011} = 991.8182\text{rad}$

这里要注意的是，当电抗和电阻均为标幺值时，所得时间常数也为标幺值。如需将其化为有名值，应除以 ω_B，即 $2\pi f_B$。当 $f_B = f_N = 50\text{Hz}$ 时，$T_{d0} = 991.8182/100\pi = 3.1517\text{s}$。

暂态时间常数 $T'_d = T_{d0}\dfrac{x'_d}{x_d} = 3.1517 \times \dfrac{0.2834}{1.2} = 0.7456\text{s}$

次暂态时间常数

$$T''_d = \frac{x_{De}}{r_D} = \frac{x_{Dl} + x_{ad}//x_l//x_{fl}}{r_D} = 7.4931\text{rad} = 0.0239\text{s}$$

$$T''_q = \frac{x_{Qe}}{r_Q} = \frac{x_{Ql} + x_{aq}//x_l}{r_Q} = 10\text{rad} = 0.0318\text{s}$$

定子时间常数 $T_a = \dfrac{2x''_d x''_q}{r(x''_d + x''_q)} = 59.1469\text{rad} = 0.1883\text{s}$

(2) 计算额定运行情况下的各电动势：

额定运行时 $U = 1$，$I = 1$，$\cos\phi_N = 0.85$，从而 $\phi_N = 31.79°$。以电压为参考相量 $\dot{U} = 1\angle 0°$，则 $\dot{I} = 1\angle -31.19°$。

虚构电动势 $\dot{E}_Q = \dot{U} + jx_q\dot{I} = 1\angle 0° + j0.8 \times 1\angle -31.79° = 1.5757\angle 25.565°$

从而初始功角 $\delta_0 = 25.565°$

由以可计算得到

$u_d = U\sin\delta_0 = 0.4315$　　$u_q = U\cos\delta_0 = 0.9012$

$I_d = I\sin(\delta_0 + \phi_N) = 0.8420$　　$I_q = I\cos(\delta_0 + \phi_N) = 0.5394$

$E_q = u_q + x_d i_d = 1.9125$　　$E'_q = u_q + x'_d i_d = 1.1407$

$E''_q = u_q + x''_d i_d = 1.1071$　　$E''_d = u_d - x''_q i_q = 0.2284$

$E'' = \sqrt{E''^2_q + E''^2_d} = 1.1304$

$\dot{E}' = \dot{U} + jx'_d\dot{I} = 1\angle 0° + j0.2834 \times 1\angle -31.79° = 1.1743\angle 11.837°$

(3) 当 $\theta_0 = 30°$ 三相短路 a 相电流表达式为

$$i_{a(t)} = \frac{E_{q|0|}}{x_d}\cos(t+\theta_0) + \left(\frac{E'_{q|0|}}{x'_d} - \frac{E_{q|0|}}{x_d}\right)e^{-\frac{t}{T'_d}}\cos(t+\theta_0) + \left(\frac{E''_{q|0|}}{x''_d} - \frac{E'_{q|0|}}{x'_d}\right)e^{-\frac{t}{T''_d}}\cos(t+\theta_0)$$
$$+ \frac{E''_{d|0|}}{x''_q}e^{-\frac{t}{T''_q}}\sin(t+\theta_0) - \frac{u_{|0|}}{2}\left(\frac{1}{x''_d} + \frac{1}{x''_q}\right)e^{-\frac{t}{T_a}}\cos(\delta_0 - \theta_0) - \frac{u_{|0|}}{2}\left(\frac{1}{x''_d} - \frac{1}{x''_q}\right)e^{-\frac{t}{T_a}}\cos(2t + \delta_0 + \theta_0)$$

$$= \frac{1.9125}{1.2}\cos(t+30°)+\left(\frac{1.1407}{0.2834}-\frac{1.9125}{1.2}\right)e^{-\frac{t}{0.7456}}\cos(t+30°)+\left(\frac{1.1071}{0.2435}-\frac{1.1407}{0.2834}\right)e^{-\frac{t}{0.0239}}\cos(t+30°)+\frac{0.2284}{0.3756}e^{-\frac{t}{0.0318}}\sin(t+30°)-\frac{1}{2}\left(\frac{1}{0.2435}+\frac{1}{0.3765}\right)e^{-\frac{t}{0.1883}}\cos(25.565°-30°)-\frac{1}{2}\left(\frac{1}{0.2435}-\frac{1}{0.3765}\right)e^{-\frac{t}{0.1883}}\cos(2t+25.565°+30°)$$

$$= 1.5938\cos(t+30°)+2.4313e^{-\frac{t}{0.7456}}\cos(t+30°)+0.5216e^{-\frac{t}{0.0239}}\cos(t+30°)+0.6066e^{-\frac{t}{0.0318}}\sin(t+30°)-3.3713e^{-\frac{t}{0.1883}}-0.7254e^{-\frac{t}{0.1883}}\cos(2t+55.565°)$$

$$i_{a(0)}=0.4596=i_{a|0|}=I\cos(\theta_0+90°-\delta_。-\phi_N)$$

式中：$i_{a|0|}$ 的表达式可从如图 4-19 所示的相量图得到，综合短路电流相量 $\dot{I}$ 在 a 轴上的投影便是短路瞬间 a 相电流。

$t=0.2$s 时有

$$\cos(t+\theta_0)=\cos(0.2\times100\pi+30°)=\cos30°,$$

$$\sin(t+\theta_0)=\sin30°$$

所以　$i_{a(0.2s)}=1.6839$

$t\to\infty$时，$i_{a(\infty)}=1.5938\cos\ (t+30°)$

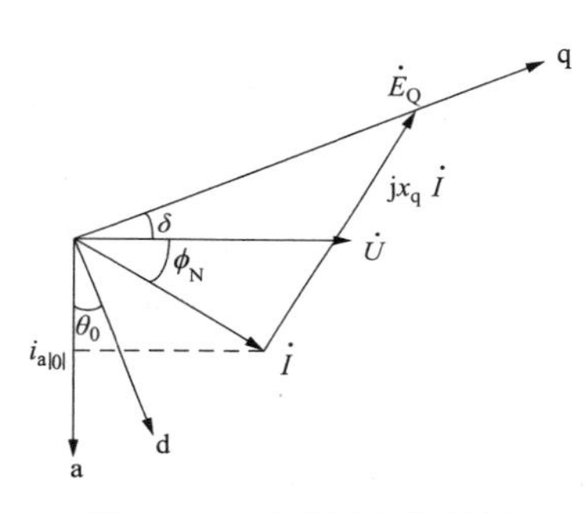

图 4-19　稳态运行相量图

(4) 额定情况下三相短路时，最大短路电流发生于 $\theta_0=\delta_0=25.565°$（此时直流分量 i_a 最大），$t=(180°-\delta_0)/18000°=0.0086$s [此时 $\cos(t+\theta_0)=-1$，$\sin(t+\theta_0)=0$，$\cos(2t+\delta_0+\theta_0)=1$]，从而有

$$i_{amax}=-1.5938-2.4313e^{-\frac{0.0086}{0.7456}}-0.5216e^{-\frac{0.0086}{0.0239}}-\frac{1}{2}\left(\frac{1}{0.2435}+\frac{1}{0.3765}\right)e^{-\frac{0.0086}{0.1883}}-\frac{1}{2}\left(\frac{1}{0.2435}-\frac{1}{0.3765}\right)e^{-\frac{0.0086}{0.1883}}=-8.2910$$

空载三相短路时，$\delta_0=0$，$E_{q|0|}=E'_{q|0|}=E''_{q|0|}=u_{|0|}=1$，$E''_{d|0|}=0$，最大短路电流发生于 $\theta_0=0$，及 $t=0.01$s，为

$$i_{amax}=-\frac{1}{1.2}-2.4313e^{-\frac{0.01}{0.7456}}-0.5216e^{-\frac{0.01}{0.0239}}-\frac{1}{2}\left(\frac{1}{0.2435}+\frac{1}{0.3765}\right)e^{-\frac{0.01}{0.1883}}-\frac{1}{2}\left(\frac{1}{0.2435}-\frac{1}{0.3765}\right)e^{-\frac{0.01}{0.1883}}=-7.4670$$

可见，同步发电机突然三相短路电流并非空载情况下最大，而是带负载时可能更大。原因在于有载时的 $E_{q|0|}$ 比空载时的 $E_{q|0|}=1$ 大得多。

（三）自动调节励磁装置对短路电流的影响

现代发电机无一例外均装有自动调节励磁装置。在以上讨论中，均假设发电机的自动调节励磁装置不动作。实际上，当发电机端电压波动时，自动调节励磁装置将自动地调节励磁电压 u_f，以改变励磁电流，由此改变发电机的空载电动势，以维持发电机端电压在允许范围内。当发电机端口附近突然短路时，机端电压急剧下降，自动调节励磁装置中的强行励磁装置就会迅速动作，增大励磁到它的极限值，以尽快恢复系统的电压水平和保持系统的稳定性。

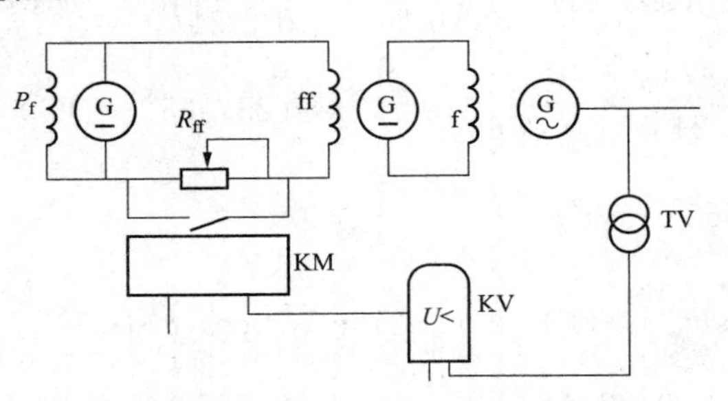

图 4-20　强行励磁系统示意图

下面分析自动调节励磁对短路暂态过程的影响。强行励磁的工作原理如图 4-20 所示。

发电机端口附近短路使端电压下降到额定值的 85%以下时，欠压继电器 kV 动作，启动接触器 KM 将副励磁机励磁回路的调节电阻 R_{ff}短接，从而使发电机励磁电压 u_f迅速上升。为了便于进行数学分析，通常设 u_f按指数规律上升，如图 4-21 所示，而这指数曲线的时间常数 T_{ff}就取励磁机的时间常数。故励磁电压 u_f可表示为

$$u_f = u_{f|0|} + (u_{fm} - u_{f|0|})(1 - e^{-\frac{t}{T_{ff}}}) = u_{f|0|} + \Delta u_{fm}(1 - e^{-\frac{t}{T_{ff}}}) \tag{4-64}$$

式中：u_{fm}为励磁顶值电压；u_{fm}与 $u_{f|0|}$ 的比值为强行励磁倍数。

根据叠加原理，此时发电机的短路电流只须将原来的短路电流加上由于励磁电压增加而附加的分量。对应这个分量的基本方程为（由于强行励磁装置具有一定惯性，当其动作时，可认为阻尼绕组中的电流已衰减完毕，故可不计阻尼绕组的作用）

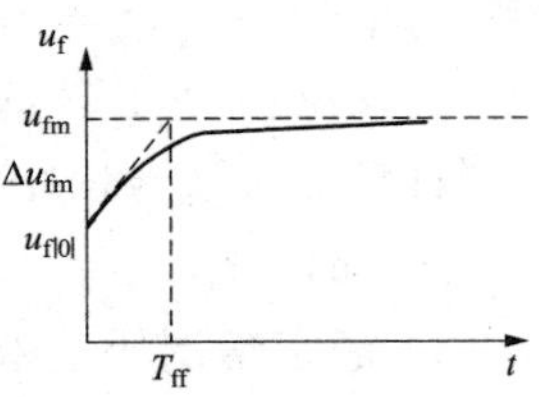

图 4-21　u_f的变化曲线

电压方程
$$\begin{cases}\Delta u_d = 0 = -r\Delta i_d + \Delta\dot{\psi}_d - \Delta\psi_q \\ \Delta u_q = 0 = -r\Delta i_q + \Delta\dot{\psi}_q + \Delta\psi_d \\ \Delta u_f = r_f\Delta i_f + \Delta\dot{\psi}_f\end{cases} \tag{4-65}$$

磁链方程
$$\begin{cases}\Delta\psi_d = -x_d\Delta i_d + x_{ad}\Delta i_f \\ \Delta\psi_q = -x_q\Delta i_q \\ \Delta\psi_f = -x_{ad}\Delta i_d + x_f\Delta i_f\end{cases} \tag{4-66}$$

上述电压方程中 $\Delta u_d = \Delta u_q = 0$ 是因为发电机端三相短路。由于定子绕组 r 很小，可不计，从而由电压方程前两式得到 $\Delta\psi_d = \Delta\psi_q = 0$，由磁链方程的第二式得到 $\Delta i_q = 0$。由其余三式可解得 Δi_d，对其取拉氏变换有

$$\Delta I_{d(p)} = \frac{x_{ad}\Delta u_f}{r_f x_d + p(x_d x_f - x_{ad}^2)} = \frac{x_{ad}}{r_f x_d(1 + pT'_d)}\Delta u_f \tag{4-67}$$

$$T'_d = \frac{x_d x_f - x_{ad}^2}{r_f x_d} = \frac{x_{fl} + x_{ad}//x_l}{r_f}$$

式中：T'_d 为定子绕组闭合时励磁绕组的时间常数。

将（4-64）代入得到

$$\Delta I_{d(p)} = \frac{x_{ad}\Delta u_{fm}}{r_f x_d(1 + pT'_d)}\left(\frac{1}{p} - \frac{1}{p + \frac{1}{T_{ff}}}\right) = \frac{\Delta E_{qm}}{x_d}\left(\frac{1}{1 + pT'_d}\right)\left(\frac{1}{p} - \frac{1}{p + \frac{1}{T_{ff}}}\right) \tag{4-68}$$

$$\Delta E_{qm} = \frac{x_{ad}\Delta u_{fm}}{r_f}$$

式中：ΔE_{qm} 为对应于励磁电压最大增量的空载电动势增量。

对式（4-68）取拉氏反变换，可得其原函数

$$\Delta i_{d(t)}=\frac{\Delta E_{qm}}{x_d}\left(1-\frac{T'_d e^{-\frac{t}{T'_d}}-T_{ff}e^{-\frac{t}{T_{ff}}}}{T'_d-T_{ff}}\right) \tag{4-69}$$

由 Park 逆变换可得由于励磁电压增加在 a 相电流中附加分量为

$$\Delta i_{a(t)}=\frac{\Delta E_{qm}}{x_d}\left(1-\frac{T'_d e^{-\frac{t}{T'_d}}-T_{ff}e^{-\frac{t}{T_{ff}}}}{T'_d-T_{ff}}\right)\cos(t+\theta_0)=\frac{\Delta E_{qm}}{x_d}\times F(t)\cos(t+\theta_0) \tag{4-70}$$

由式（4-70）可见：

（1）强行励磁对短路电流的影响与下列因素有关。

Δu_{fm}越大，即强行励磁倍数越高，则强行励磁作用越大，但实际中提高强行励磁倍数不容易，一般为 2 倍左右。

T_{ff}越小，即励磁机励磁绕组的时间常数越小，则 $F(t)$ 上升越快，从而强励磁作用越大。这意味着要尽量提高励磁系统的响应速度。

短路点距发电机越近，T'_d越小［因为 $T'_d=T_{d0}(x'_d+x_e)/(x_d+x_e)$，$x_e$为发电机至短路点的外电抗，当 x_e足够大时 $T'_d\to T_{d0}$］，则 $F(t)$ 上升越快，从而强励作用越大。

（2）当 $t=0$ 时，$\Delta i_a=0$，这意味着强行励磁对短路电流周期分量的起始值不起作用，而只在 $t>0$ 以后起作用。当 $t\to\infty$时，短路电流达到稳态，$\Delta i_a=\frac{\Delta E_{qm}}{x_d}\cos(t+\theta_0)$，但总的短路电流周期分量的稳态值不大于 $u_{|0|}/x_e$，因为发电机电压不会超过额定电压。实际上当发电机端电压恢复到一定值时，强行励磁停止作用，u_f不再继续升高。

二、电力系统三相短路电流的实用计算

计算电力系统三相短路电流有两类方法：一类是较为准确的数字仿真方法。将每台发电机用 Park 方程描述，负荷用相应的微分方程表示，网络部分用一些代数方程描述，确定初值后，采用一定的计算方法求取数值解。可以想见，这种方法较准，但工作量太大，所以有另一类方法——使用计算法。其核心，正如在无穷大功率电源和同步发电机三相短路分析中已指出的，是抓住短路电流的关键量，即周期分量起始值。只要求出了它，冲击电流 i_m，最大有效值电流 I_M和短路功率 S_f均可得到。上小节分析时已指出，在求取同步发电机三相短路电流周期分量起始值时，只需要将其表示为由次暂态电动势 $E''_{|0|}$ 和次暂态电抗 x''串联组成的次暂态模型即可。这样就把一个非常复杂的电磁暂态问题简化为稳态电路问题，这就是故障分析法的特点之一——暂态分析稳态化。本节就介绍电力系统三相短路电流的这种实用计算方法，工程中所讲的短路电流就指周期分量起始值，也称次暂态电流，记作 I''或 I_f。

由上述介绍可见，电力系统三相短路电流的实用计算由两步组成：第一步，形成求次暂态电流的次暂态等值电路；第二步，求解该等值电路，得到短路电流。下面分别予以介绍。

（一）次暂态等值电路的形成

电力系统由发电机、变压器、电力线路和负荷组成，形成次暂态等值电路时，只需分别用它们相应的次暂态模型表示即可。

对于发电机，用次暂态电动势 $E''_{|0|}$ 和次暂态电抗 x''相串联表示。次暂态电动势 $E''_{|0|}$ 有

$$\dot{E}''_{|0|}=\dot{U}_{|0|}+jx''\overset{*}{S}_{|0|}/\overset{*}{U}_{|0|} \tag{4-71}$$

式中：$\dot{U}_{|0|}$ 、$\dot{S}_{|0|}$ 为短路前正常运行时发电机端点的电压和功率，由潮流计算得到，如潮流中得到的 $\dot{U}_{|0|}$ 、$\dot{S}_{|0|}$ 是发电机经升压变压器在高压母线处的值；x''为发电机的次暂态电

抗和变压器电抗之和。

对于变压器和电力线路，因其为静止元件，一般不考虑它们的电磁暂态过程，从而其等值电路与稳态时相同。

对于负荷，由于其主要成分为异步电动机，所以需分析异步电动机的次暂态模型。异步电动机的定子和同步发电机类似，由三相对称绕组组成，其转子为圆形磁导体，其上均匀布置着短接的绕组（鼠笼型绕组），结构和同步发电机的阻尼绕组类似。这样，异步电动机相当于一个没有励磁绕组而仅有阻尼绕组的电机，它从系统中获取电功率，将其转化为机械功率，带动其他机械运行。由于异步电动机也是一个定转子绕组间有相互耦合的旋转机械，所以其短路瞬间的行为与同步发电机相似，各绕组磁链不发生突变，从而有类似的次暂态电动势和次暂态电抗。其次暂态电抗和同步发电机的交轴次暂态电抗x''_q类似，为

$$x'' = x_{1l} + x_m // x_{2l} \tag{4-72}$$

式中：x_{1l}为异步电动机定子绕组漏抗；x_{2l}为转子漏抗；x_m为定子和转子间的互感抗，即励磁电抗。由于其转子结构对称，故无x''_d和x''_q之分。

异步电动机的次暂态电抗和它的起动电抗x_{st}相近。从图4-22所示异步电动机的等值电路可以看到，起动瞬间$s=1$，从而其呈现的电抗为

$$x_{st} = x_{1l} + x_m // x_{2l} = 1/I_{st} \tag{4-73}$$

式中：I_{st}为异步电动机起动电流的标幺值，一般为4～7，从而$x''=x_{st}\approx 0.2$。

异步电动机的次暂态电动势可由图4-23所示的相量图得到，即

$$\dot{E}''_{|0|} = \dot{U}_{|0|} - \mathrm{j}x''\dot{I}_{|0|} \tag{4-74}$$

额定运行时$U_{|0|} = I_{|0|} = 1$，如功率因数为0.8，$x'' = 0.2$，则$E''_{|0|} \approx 0.9$。

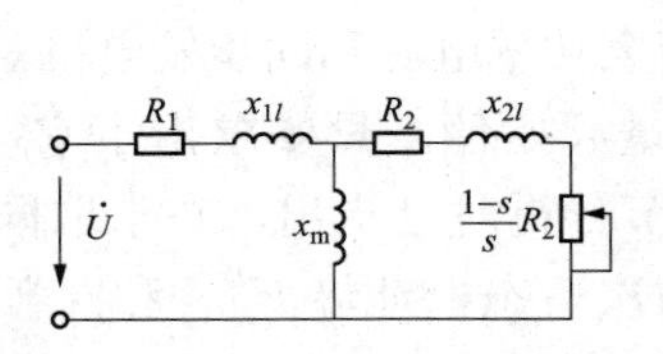

图4-22 异步电动机的等值电路

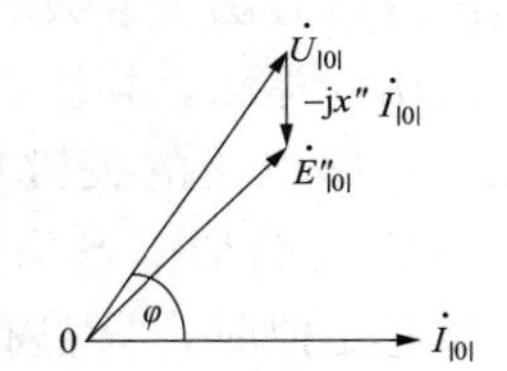

图4-23 异步电动机的相量图

可见，异步电动机的次暂态模型和发电机类似，也由次暂态电动势$E''_{|0|}$和次暂态电抗x''_I相串联组成。不同之处在于：对于发电机，$E''_{|0|} > 1$；对于异步电动机，$E''_{|0|} < 1$。

一般仅对在短路点附近的大型异步电动机（容量在1000kW以上）才用上述次暂态模型单独表示，因其可成为临时电源对短路点提供短路电流。对于一般负荷，则用恒定阻抗表示

$$Z_D = U_D^2 / \overset{*}{S}_D = U_D^2 / (P_D - \mathrm{j}Q_D) \tag{4-75}$$

应指出，由于异步电动机的电阻较大，因而非周期分量电流衰减较快。容量越小，衰减越快。对于200～500kW的异步电动机，冲击系数$K_m=1.3\sim1.5$；对于500～1000kW的异步电动机时，$K_m=1.5\sim1.7$；对于1000kW以上的异步电动机时，$K_m=1.7\sim1.8$。即使如此，异步电动机机端发生三相短路时，冲击电流也不小，如当$x''=0.2$，$E''=0.9$，$K_m=1.5$时，$i_m=1.5\times0.9/0.2=6.75$，为额定电流的6.75倍。故仍需重视。

形成次暂态等值电路的过程如图4-24所示。

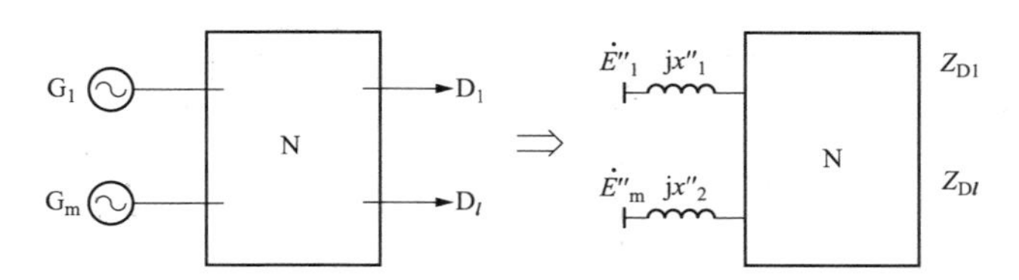

图 4 - 24　电力系统的次暂态等值电路形成过程

（二）短路电流的求解

1. 求解短路电流的一般方法

定制了短路时的次暂态等值电路后，开始求解短路电流。此时仍以采用节点电压方程 $I_B = Y''_B U_B$ 为便。式中 I_B为节点注入电流列向量，对短路时刻的次暂态等值电路，除各发电机和需单独考虑的大型异步电动机外，其余所有节点的注入电流均为零。发电机和异步电动机节点的注入电流为 $E''_{|0|}/\mathrm{j}x''$，这可从图 4 - 25 所示的电源等值变换中得到说明。式中 Y''_B 为对应于次暂态等值电路的节点导纳矩阵。注意它和潮流计算中的节点导纳矩阵 Y_B 不同。表现在：①对发电机和需单独考虑的异步电动机节点，其节点自导纳要加上 $1/\mathrm{j}x''$；②对以恒定阻抗表示的负荷节点，其节点自导纳要加上 $Y_D = 1/Z_D$；③对发生三相短路的节点，其自导纳要加上一个无穷大导纳（在计算机上计算时，可加上一个足够大的值，如，999999＋j999999），以代表该点接地的效果，并且不改变 Y_B 的结构。式中 U_B 为节点电压列向量。

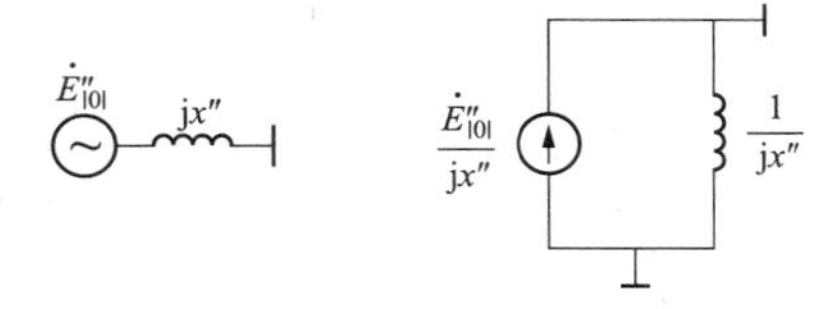

图 4 - 25　电动势源转化为等值电流源

方程 $I_B = Y''_B U_B$ 为一线性复数方程，可采用高斯消去方法，求出各节点电压 $\dot{U}_i$，从而可求出各支路中的短路电流，和短路点相连的所有支路电流的代数和便是短路点的短路电流。

这种计算短路电流的方法常借助计算机完成，编程并不复杂，有兴趣者不妨一试。图 4 - 26给出了简单的原理性流程图。

值得指出的是，对求短路电流周期分量的起始值即次暂态电流而言，这种方法是准确的方法，算法本身未做任何近似。

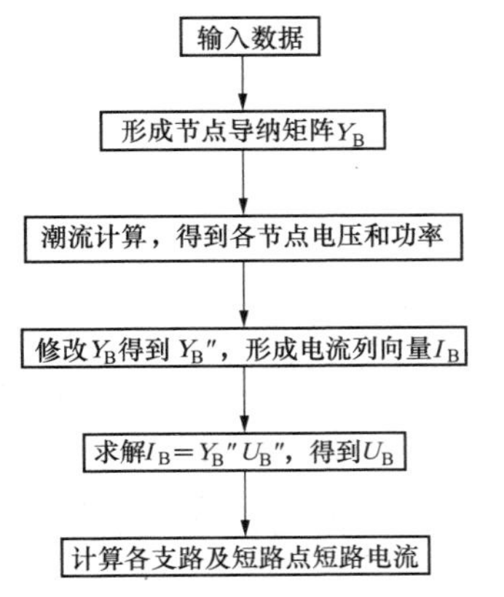

图 4 - 26　求解短路电流一般方法的原理流程图

2. 叠加原理的应用

如同在求同步发电机三相短路电流时一样，求次暂态电流也可应用叠加原理使计算简化。f 点发生短路，等效于在该点接入两个大小相等、方向相反的电压源，然后将其分解为正常分量和故障分量的叠加，如图 4 - 27 所示。

对于正常分量，其和正常稳态运行时的情况完全相同，故障点 f 的对地电流为 0；对故障分量，其为一单电源网络，求解十分方便，只要利用戴维南定理求出整个网络对故障端口（即 f 和地组成的端口）的等值阻抗 Z_{Σ}，则短路电流的故障分量为

$$\Delta\dot{I}_f = -\dot{U}_{f|0|}/Z_{\Sigma} \tag{4-76}$$

从而短路点总的短路电流为

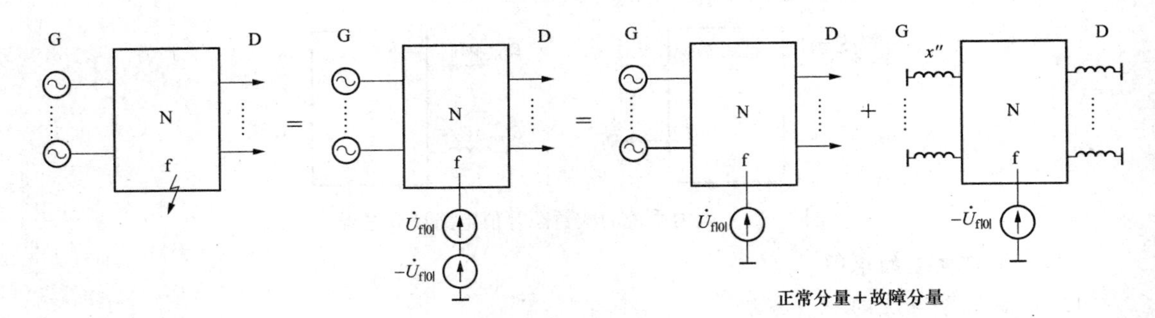

图 4-27 迭加原理在求解暂态电流中的应用

$$\dot{I}_f = \dot{I}_{f|0|} + \Delta\dot{I}_f = -\dot{U}_{f|0|}/Z_{\sum} \tag{4-77}$$

式中负号表示短路点的短路电流流出网络。式（4-77）可表示为图 4-28 所示的等值电路。

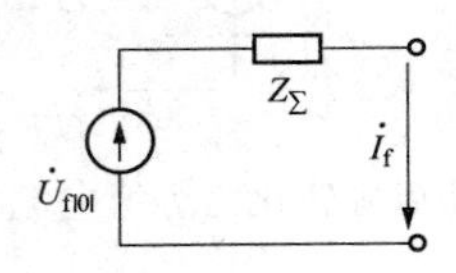

图 4-28 三相短路时的戴维南等值电路

可见，此时求短路电流的关键在于求阻抗 $Z_{\sum}$ 。其可通过常规的网络化简——串、并联和星网变换得到，因其就是从故障端口向整个无源网络看去的等值阻抗，所以也可以从对应于次暂态等值电路的节点导纳矩阵 Y''_B 得到。由节点电压方程 $I_B = Y_B U_B$ 的另一种形式 $U_B = Z_B I_B$ 可知节点阻抗矩阵 Z_B 对角元素 Z_{ii} 的物理意义：仅在节点 i 注入单位电流时该节点的电压 $\dot{U}_i$ ，这正是整个网络对该点和地端口的等值阻抗。还可以这样理解：从故障点 f 流出电流 $\dot{I}_f$ ，从而 f 点的电压为 $\dot{I}_f Z_{\sum} = -\dot{U}_{f|0|}$ ，这就是式（4-77）。所以只要求出了次暂态等值电路的节点导纳矩阵 $Z''_B = Y''^{-1}_B$ ，则其中的对角元 Z_{ff} 就是所求的等值阻抗 $Z_{\sum}$ 。

求出了 f 点短路电流故障分量 $\Delta\dot{I}_f$ ，便可由节点电压方程 $\Delta\dot{U}_B = Z_B\Delta I_B$ 求出各节点电压的故障分量 $\Delta\dot{U}_i$ 。在故障分量网络中，$\Delta I_B = [0,\cdots,0,\Delta I_f,0,\cdots,0]^T$ ，即除节点 f 有注入电流 ΔI_f 外其余节点均无注入电流，故

$$\Delta\dot{U}_i = Z_{if}\Delta\dot{I}_f = -Z_{if}\dot{U}_{f|0|}/Z_{ff} \tag{4-78}$$

从而各节点的全电压为

$$\dot{U}_i = \dot{U}_{i|0|} + \Delta\dot{U}_i = \dot{U}_{i|0|} - Z_{if}\dot{U}_{f|0|}/Z_{ff} \tag{4-79}$$

式中：$\dot{U}_{i|0|}$ 为故障前正常运行时的电压，和 $\dot{U}_{f|0|}$ 一样可由潮流计算得到。

于是各支路中的短路电流为

$$\dot{I}_{if} = \frac{\dot{U}_i - \dot{U}_j}{z_{if}} = \frac{\dot{U}_{i|0|} - \dot{U}_{j|0|}}{z_{if}} - \frac{(Z_{if} - Z_{jf})\dot{U}_{f|0|}}{Z_{ff}z_{ij}} \tag{4-80}$$

式中：z_{ij} 为 ij 支路阻抗，注意不要和节点阻抗矩阵中的元素 Z_{ij} 混淆。

由式（4-80）可见，各支路中的短路电流有两部分组成：正常分量 $(\dot{U}_{i|0|} - \dot{U}_{j|0|})/z_{ij}$ 和故障分量 $-(Z_{if} - Z_{jf})\dot{U}_{f|0|}/(Z_{ff}z_{ij})$ 。

这种利用叠加原理求取短路电流的方法，和上面介绍的一般方法一样，是准确方法，求得的结果应相同。

3. 短路电流的近似计算

尽管采用叠加原理使短路电流的计算得到简化，但仍较繁琐：需要知道各节点的正常电

压，又是复数运算。为此提出了更简化的方法——近似计算法，该方法也成为短路电流的实用计算法。

在电力系统故障计算中现均采用标幺制中的近似计算法，同时又做了进一步的简化：①不计元件的电阻和并联导纳；②负荷略去不计（和短路点直接相连的大容量电动机仍按前面介绍的方法单独处理）；③不计短路电流中的正常分量，因其一般比故障分量小得多；④取 $U_{f|0|}=1$，因正常运行时各节点电压均约为 1（标幺值）。这样，短路电流的求解便成为一个纯电抗稳态电路的求解，即无暂态过程，又无复数运算，所以十分简单，可归结为

$$I_f=1/x_{\Sigma}=1/x_{ff} \tag{4-81}$$

对于简单电力系统，x_{Σ} 可采用串并联或星网变换的方法求得。至于各支路短路电流，在求得短路点的短路电流 I_f 后，可用按电抗成反比的分流公式计算。

【例 4-4】 求［例 2-9］系统当节点 1 发生三相短路时短路点及发电机支路的短路电流。设发电机 G_1 的次暂态电抗为 0.12，发电机 G_2 的次暂态电抗为 0.2（均以其自身额定容量为基准）。

解　首先需将发电机的次暂态电抗进行基准转换

$x''_{G1}=0.12\times S_B/S_{G1N}=0.12\times 100/(60/0.8)=0.16$

$x''_{G2}=0.2\times 100/(50/0.8)=0.32$

引用［例 2-9］中图 2-58 的支路电抗，按短路电流实用计算的约定：不计电阻，并联导纳和负荷，取变压器标幺变比为 1，得到图 4-29（a）所示的等值电路。

（1）采用网络化简法。

利用 Δ-Y 变换得到图 4-29（b）所示网络，从而

$x_{1\Sigma}=(0.3505+0.025)//(0.5105+0.02)+0.0333=0.2532$

所以　$I_{1f}=1/x_{\Sigma}=1/0.2532=3.9494$

还原为有名值

$I_{1f}=3.9494\times 100/(\sqrt{3}\times 230)=0.9914(\text{kA})$

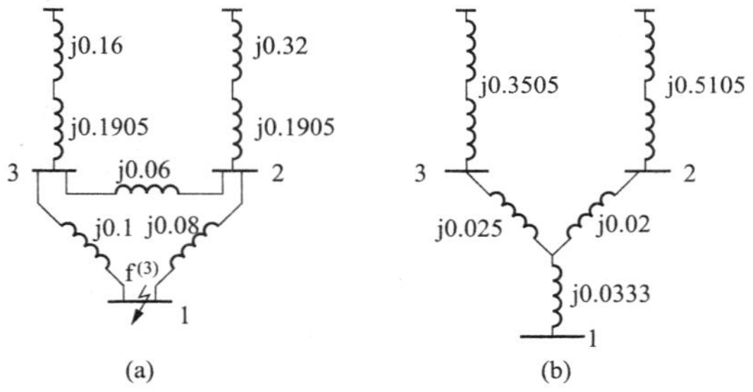

图 4-29　［例 4-4］等值电路及其 Δ-Y 变换
（a）等值电路；（b）Δ-Y 变换

利用分流公式可求出发电机 G_1 支路的电流（实为故障分量）

$$\Delta I_{G1}=3.9494\times(0.5105+0.02)/(0.3505+0.025+0.5105+0.02)=2.3125$$

其有名值为 $\Delta I_{G1}=2.3125\times 100/(\sqrt{3}\times 10.5)=12.7155(\text{kA})$。注意在还原为有名值时应乘以所在点电压的基准电流 $I_B=S_B/(\sqrt{3}U_B)$，即 U_B 应取所在点的平均额定电压 U_{aN}。

（2）采用节点阻抗矩阵法。

先列出图 4-29 网络的节点导纳矩阵为

$$Y_B=j\begin{bmatrix}-22.5 & 12.5 & 10\\ & -31.1256 & 16.667\\ & & -29.5198\end{bmatrix}$$

从而

$$Z_B = Y_B^{-1} = j\begin{bmatrix} 0.2532 & 0.2116 & 0.2052 \\ & 0.2229 & 0.1975 \\ & & 0.2149 \end{bmatrix}$$

所以

$$I_{1f} = 1/x_{11} = 1/0.2532 = 3.9494(\text{标幺值}) = 0.9914(\text{kA})$$

$$\begin{aligned} \Delta I_{G1} &= \Delta U_3/(x_{G1} + x_T) = -x_{31}I_{1f}/(x_{G1} + x_T) \\ &= 0.2532 \times 3.9494/(0.16 + 0.1905) \\ &= 2.3122(\text{标幺值}) = 12.7138(\text{kA}) \end{aligned}$$

从此例看，似乎网络化简法较为简单，但对于复杂系统，网络化简不是一件容易的事，而节点阻抗矩阵可由计算机容易地求得。而且，一旦求出了节点阻抗矩阵，任意节点阻抗矩阵，任意节点的短路电流便可容易地得到，包括各支路短路电流的故障分量。

例如，节点 3 发生三相短路时的短路电流为

$$I_{3f} = 1/x_{33} = 1/0.2149 = 4.6533$$

又如节点 1 发生短路时支路 31 中短路电流的故障分量为

$$\begin{aligned} \Delta I_{31} &= -(x_{31} - x_{11})/(x_{11}x_{31}) \\ &= -(0.2052 - 0.2532)/(0.2532 \times 0.1) \\ &= 1.8957 \end{aligned}$$

第一节曾介绍过短路功率的概念，并有式 $S_{f*} = I_{f*}$ 的关系，在短路电流实用计算中 $I_f = 1/x_{ff}$，故

$$S_f = 1/x_{ff} \tag{4-82}$$

可见，短路功率的大小既反映了该点短路电流的大小，也反映了该点和等值电源之间电气联系的紧密程度：短路功率越大，电气联系越紧密；电力系统越大，短路功率也越大。

计算短路电流时，可能缺乏整个系统的详细数据，或者不需对全系统进行计算。在此情况下，可将某一部分看作是一个具有一定内阻抗的足够大电源系统。此时如已知该部分系统的短路容量，便可由式（4-82）得到它的内电抗 $x_i = 1/S_{f*}$，然后这部分系统就可表示为内电抗 x_i 和一理想电源（无穷大功率电源）相串联的模型。

有时还可以从与该部分系统连接的断路器的切断容量近似估计该点的短路容量，从而进行有关计算。这些实用方法通过例题予以说明。

【例 4-5】 图 4-30 所示 110kV 网络，A、B、C 为三个等值电源，其容量和内电抗为：S_A=75MVA，x_A=0.38，S_B=535MVA，x_B=0.304（均以其自身额定容量为基准）。C 的容量和内电抗不详，只知装设在母线 4 上的断路器 CB 的切断容量为 3500MVA。线路 L1、L2 和 L3 的长度分别为 10、5km 和 24km，单位长度电抗均为 0.4Ω/km。试求母线 1 三相短路时的短路电流。

解 （1）作系统等值电路图。取 S_B=100MVA，$U_B=U_{aN}$。

$$x_A = 0.38 \times 100/75 = 0.5067$$

$$x_B = 0.304 \times 100/535 = 0.0568$$

$$x_{L1} = 0.4 \times 10 \times 100/115^2 = 0.0302$$

$$x_{L2} = 0.4 \times 5 \times 100/115^2 = 0.0151$$

$$x_{L3} = 0.4 \times 5 \times 100/115^2/3 = 0.0242$$

从而等值电路如图 4-31 所示。因其为纯电抗电路，故电抗前的 j 均略去，相应的计算均以实数进行，短路计算中经常如此。

（2）确定电源 C 的等值内电抗 x_C。

当短路发生 4′点时，其短路电流将为

$$I_f = 1/x_C + 1/[0.0242 + 0.0568//(0.5067 + 0.0151)]$$
$$= S_f = 3500/100 = 35$$

解得
$$x_C = 0.0460$$

（3）求母线 1 短路时的短路电流。

$$x_\Sigma = \{[(0.0460+0.0242)//0.0568]+0.0151\}//0.5067+0.0302$$
$$=0.0728$$

从而
$$I_f=1/x_\Sigma=1/0.0728=13.7363\ (\text{标幺值})\ =6.8962\ (\text{kA})。$$

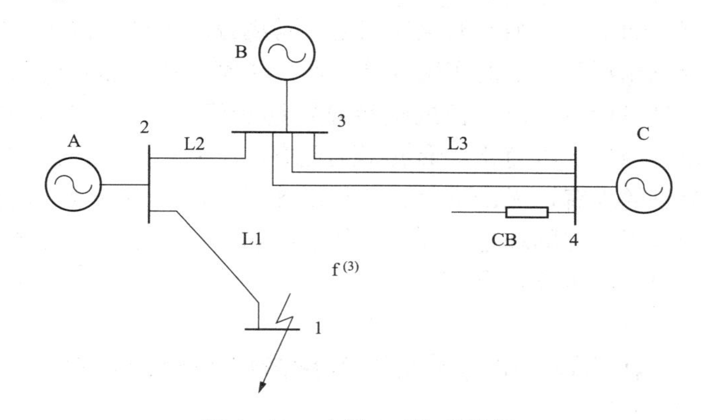

图 4-30　[例 4-5] 系统图

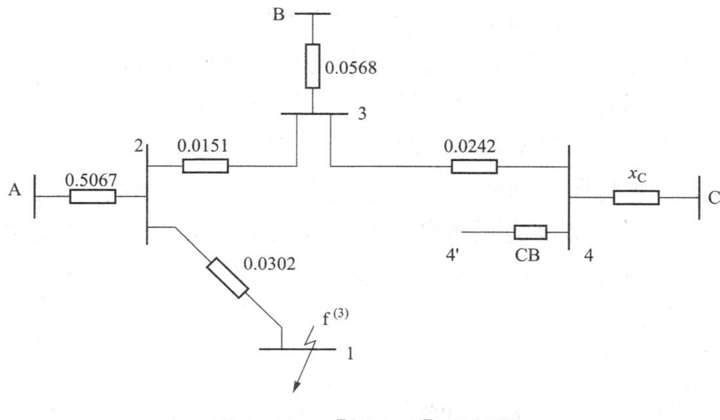

图 4-31　[例 4-5] 系统图

4. 其他时刻的短路电流

除起始次暂态电流外，工程中有时还要求计算其他时刻的短路电流（仍指周期分量），作为选择电气设备及整定继电保护的依据。如果对实际电力系统直接计算任意时刻的短路电流，将十分复杂，因此往往采用一些简化的工程方法：选择不同的典型参数，按不同条件经大量计算编制成表格或曲线，例如衰减系数曲线，运用时根据具体条件查出某一时刻相应的衰减系数 K_ω，从而该时刻的短路电流为 $I_{\omega t} = K_\omega I''$；又如运行曲线，按不同的发电机类型

（汽轮机或水轮机）和运算电抗的大小直接查出不同时刻的短路电流。不同国家有不同的习惯做法：日本采用衰减系数曲线；我国沿用苏联的做法，采用运算曲线；还有的国家不计算其他时刻的电流而直接用起始次暂态电流。关于运算曲线的原理及应用方法，有兴趣者可参阅有关文献。

本节讨论了电力系统故障计算中最复杂、最重要也是最基本的内容——对称故障的分析计算，即三相短路电流的计算。整个内容由三部分组成：无穷大功率电源供电系统的三相短路、同步发电机的突然三相短路和电力系统三相短路电流的实用计算。采用先由浅至深、后由深返浅的方法。第一部分无穷大功率电源供电系统的三相短路最简单，但它引出了两个重要的结论：短路电流由周期分量和非周期分量组成；周期分量是一个非常关键的量，短路冲击电流、最大有效值电流和短路功率均由其可得知。第二部分同步发电机的突然三相短路相当复杂，但只要抓住物理分析与数学推导相结合及有关参数的含义这个分析问题的思路，对所得结果并不难理解，而最后归纳出的重要结论：周期分量可采用次暂态模型求得，既简单又重要，为电力系统三相短路电流的实用计算提供了依据。第三部分电力系统三相短路电流的实用计算，其本质是只计算短路电流的周期分量起始值，即次暂态电流 I''。在此基础上已将暂态问题稳态化，经进一步简化，形成了工程中广泛采用的实用计算法，实质是短路电流周期分量中故障分量的求解，无论是手算还是用计算机均较为简单。这种实用算法体现了工程计算的特点，即基于一定的理论基础，抓住事物的重要方面，忽略次要因素，使计算简化，虽有一定误差，但满足工程要求。

第三节　电力系统不对称故障的分析计算

前已指出，电力系统中发生最多的故障是不对称故障，包括单相接地短路 $\mathrm{f}^{(1)}$、两相短路 $\mathrm{f}^{(2)}$、两相接地短路 $\mathrm{f}^{(1,1)}$、单相断线 $\mathrm{o}^{(1)}$ 和两相断线 $\mathrm{o}^{(2)}$。它们与三相短路 $\mathrm{f}^{(3)}$ 的根本区别在于，不对称故障时三相电路不对称，要计及相与相之间存在的耦合，因而不能采用“按相分析”的方法。如果对不对称故障直接求解将非常复杂。经过探索，人们找到了一种有效的方法——对称分量变换，将一组不对称分量分解为三组对称分量，从而可对各分量分别按对称电路进行分析，然后再将所得结果合成。这便是“不对称问题对称化”的处理方法。本节先介绍对称分量变换，再介绍电力系统各元件的序参数，在此基础上对各种简单不对称故障，包括不对称短路和断线，进行分析计算。本节基于对称故障的分析，仍是将暂态问题稳态化，因而实质仍是求解短路电流周期分量起始值中的故障分量。

一、对称分量变换

美国学者 C. L. Fortescue 于 1918 年提出：任意一组不对称三相相量（如三相电流 $\dot{I}_a$、$\dot{I}_b$ 和 $\dot{I}_c$）均可由三组对称分量合成：一组为正序分量，由三个大小相等、相位依次滞后 120°、从而相序为 abca 的相量组成，即

$$\begin{cases}\dot{I}_{a+}=\dot{I}_{+}\\ \dot{I}_{b+}=\dot{I}_{a+}\mathrm{e}^{-\mathrm{j}120^\circ}=a^2\dot{I}_{+}\\ \dot{I}_{c+}=\dot{I}_{b+}\mathrm{e}^{-\mathrm{j}120^\circ}=a^4\dot{I}_{a+}=a\dot{I}_{a+}\quad(\text{因 } a^3=1)\end{cases}\tag{4-83}$$

式中 a 为前向（逆时针方向）旋转 120°的算子。并以 a 相为参考相，即 $\dot{I}_{a+} = \dot{I}_{+}$；一组为负序分量，由三个大小相等、相位依次超前 120°（或依次滞后 240°）、从而相序为 abca 的相量组成，即

$$\begin{cases} \dot{I}_{a-} = \dot{I}_{-} \\ \dot{I}_{b-} = \dot{I}_{a-}e^{j120^\circ} = a\dot{I}_{-} \\ \dot{I}_{c-} = \dot{I}_{b-}e^{j120^\circ} = a^2\dot{I}_{-} \end{cases} \tag{4-84}$$

一组为零序分量，由三个大小相等、相位相同（也可理解为依次滞后 360°）的相量组成，即

$$\dot{I}_{a0} = \dot{I}_{b0} = \dot{I}_{c0} = \dot{I}_{0} \tag{4-85}$$

如图 4-32 所示。用数学语言，其为一种变换——对称分量变换（symmetric component transformation，SCT）。

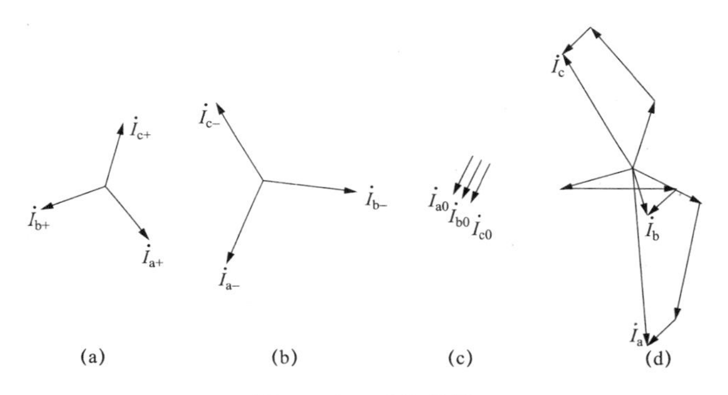

图 4-32　对称分量
(a) 正序分量；(b) 负序分量；(c) 零序分量；(d) 合成

$$I_{abc} = \begin{bmatrix} \dot{I}_a \\ \dot{I}_b \\ \dot{I}_c \end{bmatrix} = \begin{bmatrix} \dot{I}_{a+} + \dot{I}_{a-} + \dot{I}_{a0} \\ \dot{I}_{b+} + \dot{I}_{b-} + \dot{I}_{b0} \\ \dot{I}_{c+} + \dot{I}_{c-} + \dot{I}_{c0} \end{bmatrix} = \begin{bmatrix} 1 & 1 & 1 \\ a^2 & a & 1 \\ a & a^2 & a \end{bmatrix} \begin{bmatrix} \dot{I}_{+} \\ \dot{I}_{-} \\ \dot{I}_{0} \end{bmatrix} = TI_{+-0} \tag{4-86}$$

其中 $T = \begin{bmatrix} 1 & 1 & 1 \\ a^2 & a & 1 \\ a & a^2 & 1 \end{bmatrix}$，称为对称分量变换矩阵。其非奇异，从而逆矩阵存在，为

$$T^{-1} = \frac{1}{3}\begin{bmatrix} 1 & a & a^2 \\ 1 & a^2 & a \\ 1 & 1 & 1 \end{bmatrix} \tag{4-87}$$

关于对称分量变换 SCT 有如下几点说明：

(1) SCT 和第二章中介绍的 Park 变换有本质不同；SCT 为相量的合成与分解；正变换 T 为合成，逆变换 T^{-1} 为分解，而 Park 变换是一种坐标变换；Park 变换是对瞬时值的变换，SCT 是对有效值（相量）进行的变换；Park 变换中的 i_0 称为零轴分量，对称分量变换中的 $\dot{I}_0$ 称为零序分量。

（2）SCT 可推广到 n 相系统。此时共有 n 组对称分量，没序中相量的相位依次滞后 $k\times 2\pi/n$。

（3）以上变换同样适用于电压相量，即有 $U_{abc}=TU_{+-0}$。但对功率和阻抗不适用，因其均不是相量。

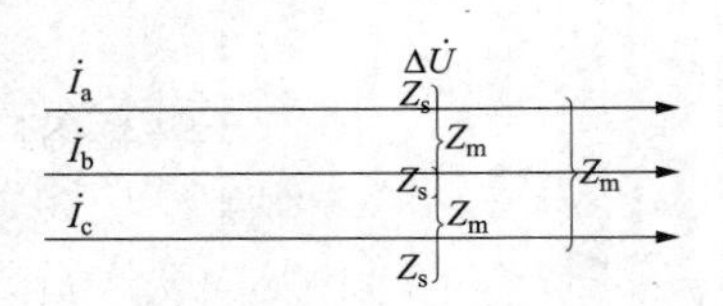

图 4-33 三相对称电力线路上的电压降

（4）SCT 具有解耦特性，变换后三组序量间具有独立性，无相互耦合。即正序电压施加在正序网络上只产生正序电流，不产生负序和零序电流，负序、零序亦然。正因为 SCT 具有这种解耦特性，才使得"按序分析"成为可能。下面以电力线路为例予以说明。

如图 4-33 所示三相对称电力线路，设每相的自阻抗为 Z_s，相间的互阻抗为 Z_m，于是可列出每相阻抗上的电压降为

$$\begin{bmatrix}\Delta\dot{U}_a\\ \Delta\dot{U}_b\\ \Delta\dot{U}_c\end{bmatrix}=\begin{bmatrix}Z_s & Z_m & Z_m\\ Z_m & Z_s & Z_m\\ Z_m & Z_m & Z_s\end{bmatrix}\begin{bmatrix}\dot{I}_a\\ \dot{I}_b\\ \dot{I}_c\end{bmatrix} \tag{4-88}$$

即

$$\Delta U_{abc}=Z_{abc}I_{abc} \tag{4-89}$$

如三相电流不对称，则三相电压降也不对称。

对上式取 SCT，将 $\Delta U_{abc}=T\Delta U_{+-0}$ 和 $\Delta I_{abc}=T\Delta I_{+-0}$ 代入，有 $T\Delta U_{+-0}=Z_{abc}TI_{+-0}$

从而

$$\Delta U_{+-0}=T^{-1}Z_{abc}TI_{+-0}=Z_{+-0}I_{+-0} \tag{4-90}$$

其中

$$\begin{aligned}Z_{+-0}=T^{-1}Z_{abc}T&=\frac{1}{3}\begin{bmatrix}1 & a & a^2\\ 1 & a^2 & a\\ 1 & 1 & 1\end{bmatrix}\begin{bmatrix}Z_s & Z_m & Z_m\\ Z_m & Z_s & Z_m\\ Z_m & Z_m & Z_s\end{bmatrix}\begin{bmatrix}1 & 1 & 1\\ a^2 & a & 1\\ a & a^2 & 1\end{bmatrix}\\ &=\begin{bmatrix}Z_s-Z_m & 0 & 0\\ 0 & Z_s-Z_m & 0\\ 0 & 0 & Z_s+2Z_m\end{bmatrix}=\begin{bmatrix}Z_+ & & \\ & Z_- & \\ & & Z_0\end{bmatrix}\end{aligned} \tag{4-91}$$

其中，$Z_+=\Delta\dot{U}_+/\dot{I}_+$，$Z_-=\Delta\dot{U}_-/\dot{I}_-$，$Z_0=\Delta\dot{U}_0/\dot{I}_0$，表示在元件上施加某序电压时只产生同相序电流，二者之比即称为元件的该序阻抗。

可见，各序之间实现了解耦，可以按序分析。同时可看出，对像电力线路这样的静止元件，其正序阻抗和负序阻抗相等：$Z_+=Z_-$，而零序阻抗则不同，且大于正序和负序阻抗。

值得指出的是，这种序分量之间的独立性只存在于对称电路中，如电路不对称，则施加某一相序电压时，不仅产生该相序电流，而且还会产生其他相序电流。因此在不对称电路中采用对称分量变换并不能使问题得到简化。正因为如此，在不对称故障分析中均假设除故障处外，系统其余部分均对称。

由上述介绍可知，采用对称分量变换而后按序分析是进行不对称故障分析计算的根本方法。要按序分析首先必须知道电力系统各元件的序参数，即序阻抗。下面便予以介绍。由于实用计算中均不计元件的电阻和并联导纳，所以仅介绍各元件的序电抗。

二、电力系统各元件的序电抗

（一）同步发电机的序电抗

在同步发电机三相短路分析中介绍的电抗 X_d、X_q、X_d'、X_d''、X_q''等均为正序电抗。

发电机的负序电抗定义为发电机端的基频分量负序电压与流入定子绕组的基频分量负序电流的比值。之所以这样定义，是因为在定子负序电流作用下，发电机定子、转子绕组电流中将产生一系列谐波分量。例如当发电机定子绕组中流过一组负序电流时，其产生的旋转磁场旋转方向与转子运动方向相反，相对于转子为两倍同步速，从而将在转子绕组中感应出两倍基频电流，该电流在转子绕组中形成两倍基频的脉动磁场，可分解为正向和反向两个旋转磁场。其中正向旋转磁场相对于定子为三倍同步速，因此在定子绕组中感应出三倍基频电流，反过来，定子绕组三次谐波中的负序分量又在转子绕组中感应出四倍基频电流。如此作用下去，定子电流中将含有一系列的奇次谐波，而转子电流中将含有一系列的偶次谐波。而转子中的反向两倍频旋转磁场与定子的相对速度为负的同步速，这与定子负序电流产生的负序旋转磁场相对，并迫使磁链在转子绕组外部通过，这种情况与同步发电机三相短路瞬间的情况类似。由于定子负序旋转磁场交替与转子的直轴和交轴重合，故同步发电机的负序电抗将是次暂态电抗 X_d''和 X_q''的平均值，一般取为

$$X_- = (X_d'' + X_q'')/2 \approx X'' \tag{4-92}$$

同步发电机的零序电抗定义为发电机端的基频分量零序电压与流入定子绕组的基频分量零序电流的比值。当发电机定子绕组中流过一组零序电流时，由于三相零序电流大小相等、相位相同，而定子三相绕组在空间各差 120°，因而其合成磁场为零，只以漏磁通存在。所以发电机的零序电抗就是这种条件下的漏抗。零序电流产生的漏磁通较正序电流产生的漏磁通小，所以发电机零序电抗较定子正序漏抗 X_l稍小。

需要指出的是，如果发电机中性点不接地，则其等值零序电抗为无穷大，因此不出现在系统零序等值电路中。

（二）变压器的序电抗及其零序等值电路

变压器的负序电抗与正序电抗相同，因其为静止元件，通过负序电流时磁链的路径与正序时一样。

变压器零序电抗则很不相同。因在变压器一方施加零序电压时，在另一方是否有零序电流 I_0 流过以及 I_0 的大小与变压器的绕组联结方式和磁路结构密切相关。现根据变压器的种类：分别予以讨论其序电抗及其零序等值电路。

1. 两绕组变压器

其等值电路如图 4-34 所示（忽略电阻），图中 X_1 为一次绕组漏抗，X_2 为二次绕组漏抗，X_m为激磁电抗。

先讨论和磁路结构的关系。重要体现在激磁电抗 X_m的大小上。变压器的磁路结构分为两类：一类为磁路相关系统，一类为磁路独立系统。前者指三相三柱铁芯式变压器，又称三芯柱结构；后者指除三芯柱以外的变压器，如三个单相变压器组成的变压器组、铁壳式变压器和三相五柱式变压器等。由于其各相磁路相互独立，正序和零序磁通都按相在自身的铁芯中形成回路，因而磁路的磁阻小，磁导大，从而相应的激磁电抗 X_m很大，一般大于 20（标幺值），可认为其开路。对磁路相关结构的变压器，当通以零序电流后，由于三相磁通的相位相同，因而相互排挤，只能经气隙和油箱形成回路。这样磁路磁阻增大，磁导变小，从而

激磁电抗较小，为0.3～1（标幺值），一般不应忽略。实用中的大型电力变压器多为磁路独立系统，因而如无特殊声明，均取 $X_m=\infty$，即视为开路，如图4-35所示。

图4-34 两绕组变压器的等值电路　　图4-35 磁路独立两绕组变压器的零序等值电路

再讨论和绕组联结方式的关系。变压器的绕组联结方式有Y、Y_N和△三种。其中Y_N表示中性点接地，可直接接地和经电抗接地，分别记为Y_N和Y_{Xn}。当一组零序电压 $\dot{U}_0$ 施加于变压器Y侧或△侧时，电路中将无零序电流 $\dot{I}_0$ 流通，即对 $\dot{I}_0$ 而言，此电路是断开的。因由基尔霍夫电流定律：流入和流出节点（或闭合曲面）电流的代数和为零，对无中性线的三相线路，有 $\dot{I}_{a0}+\dot{I}_{b0}+\dot{I}_{c0}=0$，又因 $\dot{I}_{a0}=\dot{I}_{b0}=\dot{I}_{c0}=0$，故必有 $\dot{I}_0=0$。表明横向施加零序电压 $\dot{U}_0$ 时，零序电流 $\dot{I}_0$ 只有以中性线或地形成回路才能流通。

对Y_0联结方式，有 $\dot{I}_0$ 通路，但 $\dot{I}_0$ 的大小取决于另一方的具体情况，如其为△联结，则原方绕组中的 $\dot{I}_0$ 在△各绕组中感应出零序电动势，但基于上面同样的原因，零序电流不能在外电路中流通，而只能在△中形成环流，相当于经其电抗短路，如图4-36所示。如另一方为Y联结，则无 $\dot{I}_0$ 通路，相当于开路；如为Y_N联结，则有 $\dot{I}_0$ 通路，但 $\dot{I}_0$ 大小与外电路的零序电抗有关。

综上，可用一开关电路表示两绕组变压器的零序等值电路，如图4-37所示。图中开关位置1对应于Y联结，2对应于Y_N联结，3对应于△联结。

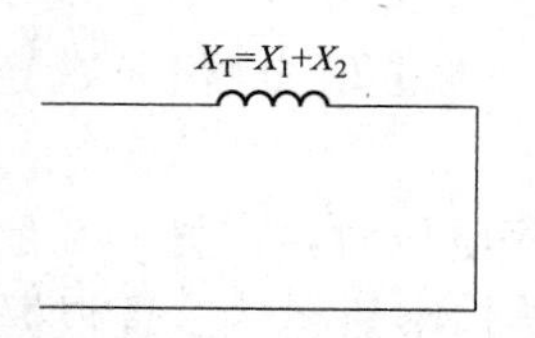

图4-36 Y_N/△联结变压器的零序等值

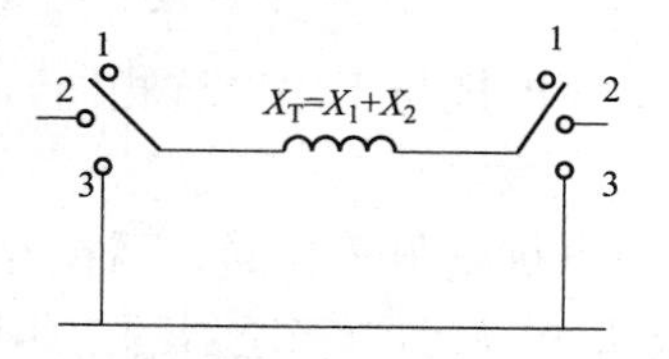

图4-37 两绕组变压器的零序等值电路

需指出，如变压器某一侧中性点经电抗 X_n 接地，则由于电抗 X_n 上将流过三倍零序电流，产生 $3I_0X_n$ 电压降，从而单线图中相当于有 $3X_n$ 电抗和绕组漏抗相串联，如图4-38所示。

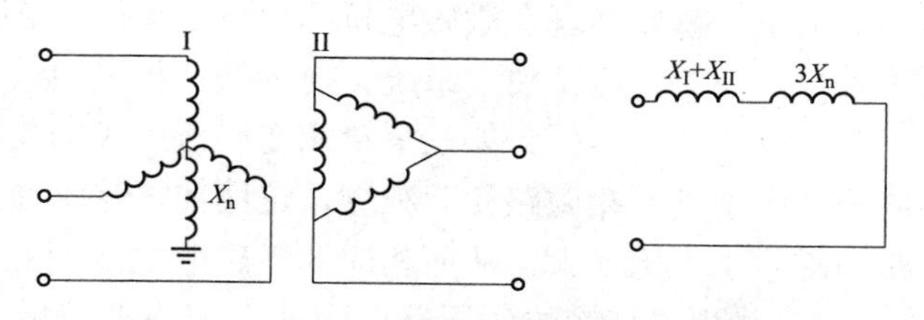

图4-38 Y_{xn}/△联结变压器的零序等值电路

2. 三绕组变压器

两绕组变压器零序等值电路的上述结论可推广到三绕组变压器，包括中性点经电抗接地情况，请读者自己总结，不再赘述。例如，$Y_{xn1}/Y_{xn2}/\triangle$联结的三绕组变压器的零序等值电路如图 4-39 所示。

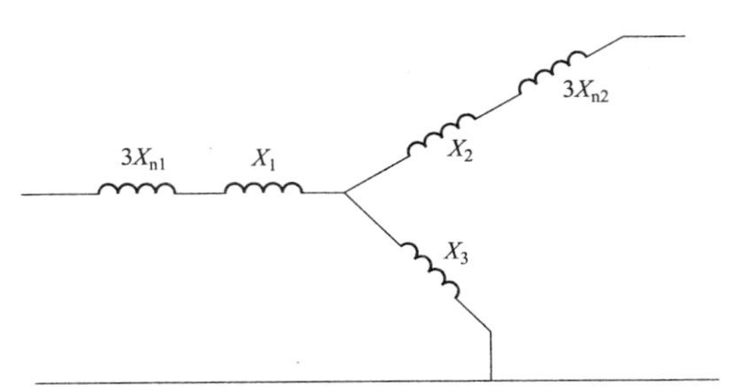

图 4-39　$Y_{xn1}/Y_{xn2}/\triangle$联结的三绕组变压器的零序等值电路

3. 自耦变压器

自耦变压器有两个电气上直接相联的绕组，它一般用来联系两个直接接地的系统，其自身中性点也接地，即第一、第二绕组为Y_N接线，如有第三绕组，则其大多数为△接线。对中性点直接接地的自耦变压器，其零序等值电路与一般变压器相同。对中性点经电抗接地的自耦变压器，其中性点的电位与两个自耦绕组中的零序电流有关，因而各绕组的零序等值电抗都将与接地电抗 X_n有关，这里不再做推导。

（三）架空线路的序电抗

架空线路的正序单位长度电抗的计算公式为

$$x_{+}=0.02\pi\ln\frac{D_m}{r'}\quad(\Omega/\text{km})\tag{4-93}$$

式中：D_m为三相导线间的互几何均距；r'为导线等值半径。

架空线路为静止元件，因此其负序电抗与正序电抗相同。

架空线路的零序电抗与正序电抗有很大的不同，其数值和平行线路的回路数（单回、双回）、有无架空地线以及地线的导电性能（包括大地的导电性能）等因素有关。所以要准确计算架空线路的零序电抗非常困难，因而通常采用一定的近似方法估算。下面予以简单介绍。

先考虑导线—大地回路的电抗。如图 4-40 所示为一根导线和大地组成的回路，零序电流由大地返回。由于电流在大地中的分布情况十分复杂，美国学者 J. R. Carson 于 1926 年提出一种简化考虑方法：用一根虚拟导线 g 等效代替大地的作用。虚拟导线的等值半径为 r'_g，与导线 a 间的距离为 D_{ag}，则这样一个单相架空线路的电抗（即自电抗）为

$$x_s=0.02\pi\ln\frac{D_{ag}^2}{r'r'_g}=0.02\pi\ln\frac{D_g}{r'}\quad(\Omega/\text{km})\tag{4-94}$$

式中：r'、r'_g分别为导线 a 和虚拟导线 g 的等值半径，$D_g=D_{ag}^2/r'_g$称为等值深度。Carson 还提出一个经验公式计算 D_g：$D_g=\dfrac{660}{\sqrt{f\gamma}}$（m）。式中 f 为电流的频率，γ 为大地的导电系数，当 γ 不明时，一般取 $D_g=1000$m。

在介绍对称分量变换时曾推得架空线路的正序阻抗为 $Z_{+}=Z_s-Z_m$，而由式（4-93）和

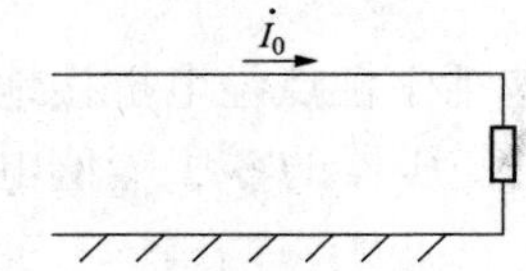

式（4-94）可求出两个导线—大地回路之间的互感抗为

$$X_m = X_s - X_+ = 0.02\pi\ln\frac{D_g}{D_m} \quad (\Omega/km) \qquad (4-95)$$

式中：D_g和D_m分别为虚拟导线的等值深度和三相导线间的互几何均距。

图 4-40　导线—大地回路

知道了导线—大地回路的自感抗X_s和两个导线—大地回路之间的互感抗X_m，便可求出各种情况下架空线路的零序电抗。

对于单回架空线路，由前推得式（4-95），有

$$X_0 = X_s + 2X_m = 0.02\pi\ln\frac{D_g^3}{r'D_m^2} = 3\times0.02\pi\ln\frac{D_g}{\sqrt[3]{r'D_m^2}} \quad (\Omega/km) \qquad (4-96)$$

由于$D_g \gg D_m$，由式（4-96）可见，其零序电抗将大于正序电抗的三倍，对于单回路，一般可取$X_0 \approx 3.5X_+$。

对于同杆架设的双回路架空线，其一回线的单相等值零序电抗将大于单回路时的单相等值零序电抗。因为当两个回路中均通以同方向的零序电流时，两回路间的互感磁链将起增磁作用。因此两回线时的零序等值电抗一般可取$X_0 \approx 5.5X_+$。

当单回线路有架空接地避雷线存在时，架空地线和地也可看作一个导线—大地回路，由于其中电流方向与导线中的相反，互感磁链起去磁作用，因此有架空地线时的零序电抗将小于无地线时的，一般可取$X_0 \approx 3X_+$。

鉴于同样的分析，双回线路均有架空地线时的零序电抗将比无架空地线时的小，一般可取$X_0 \approx 4.7X_+$。

综上，将各种情况下架空线路的零序电抗估算值归纳如下：

无架空地线单回路　$X_0 \approx 3.5X_+$；

无架空地线双回路　$X_0 \approx 5.5X_+$；

有架空地线单回路　$X_0 \approx 3X_+$；

有架空地线双回路　$X_0 \approx 4.7X_+$。

需指出的是，上述数据一般用于近似计算或对线路具体情况不明时，如线路已建成，应通过试验测定其零序电抗。

对于电缆线路，一般通过实测确定其零序阻抗，近似估算可取$X_0 = (3.5\sim4.6)X_+$。

（四）负荷的序电抗

负荷主要由异步电动机组成，异步电动机为旋转元件，其正序电抗应取次暂态电抗。异步电动机的负序电抗和次暂态电抗不尽相同。定子中通以负序电流时，负序旋转磁场相对于转子的转差率为$2-s$，可见其负序阻抗是转差 s 的函数。近似计算中常取$X_- \approx X'' = 0.2$。可以理解为：不对称故障发生瞬间，一组零序电压突然施加在异步电动机定子端，对于异步电动机而言，相当于换路，而换路瞬间异步电动机呈现的电抗即为次暂态电抗X''。

由于负荷中性点一般不接地，故其等值零序电抗为∞，不出现在零序等值电路中。

综上，从电力系统各元件序参数的介绍中可知，由于分析的仍然是起始次暂态电流，故对于旋转元件，包括发电机和负荷，其正序电抗和负序电抗均取次暂态电抗；对于静止元件，包括变压器和电力线路，其负序电抗与正序电抗相同。零序电抗有很大不同，应予以特别注意，并需根据具体情况进行具体分析。

三、简单不对称故障的分析计算

（一）分析简单不对称故障的一般方法和步骤

如前所述，分析不对称故障时，由于仅故障处不对称而系统其余部分均对称，需利用对称分量变换将故障处不对称电压电流分解为三组对称分量，得到三个相互独立的网络，如图 4-41 所示。

图 4-41 中右边三个网络分别称为正序网络、负序网络和零序网络。正序网络和三相短路时的等值网络，即次暂态等值电路完全相同；负序网络除了将所有电源的次暂态电势均取为零外，也与正序网络相同；因发电机只发出正序电动势，不发出负序电动势，也不发出零序电动势。零序网络和正序网络有很大不同，因网络中零序电流能否通过以及流通路径如何和正序时区别很大，需独立形成。上节已经讲述了零序网络的形成方法。

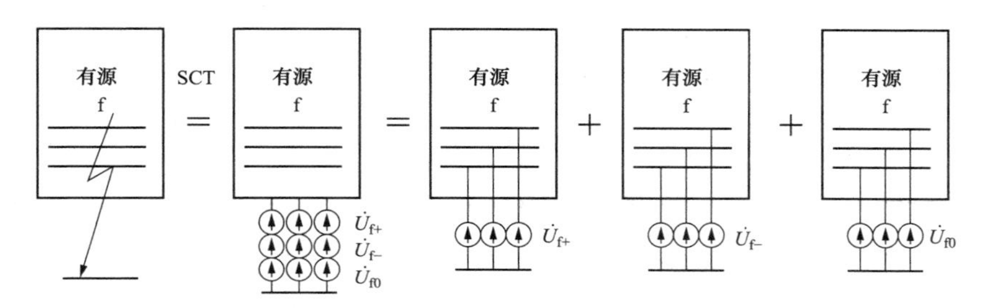

图 4-41　不对称故障的对称分量变换和分解

【例 4-6】　一简单电力系统如图 4-42 所示，各元件中性点接地情况示于图中。试制定其零序网络。

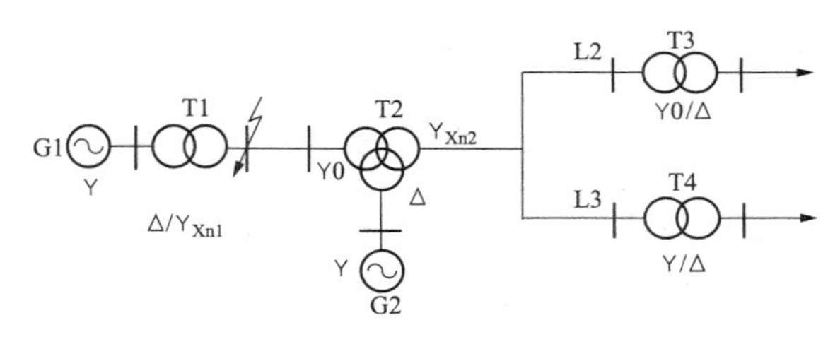

图 4-42　［例 4-6］系统图

解　考察零序电流的流通情况时，可从故障点开始。假想在故障点施加一组零序电压 $\dot{U}_0$ ，在 f 点左侧，因变压器 T1 的联结方式为$Y_{xn1}/\triangle$，故 $\dot{I}_0$ 可流通，但在△侧接地，同时由于其中性点经电抗 X_{n1} 接地，故应有 $3X_{n1}$ 电抗与 X_{T1} 串联出现在零序电路中。因 T1 的等值电路已经在△侧接地，故 $\dot{I}_0$ 不会流到发电机 G1 中去。所以 G1 不出现在零序网络。在 f 点右侧，因变压器 T2 的联结方式为$Y_N/Y_{xn2}/\triangle$，故 $\dot{I}_0$ 会流到 Y_{xn2} 侧，经线路L2流入变压器 T3 而后在其副方接地，但 $\dot{I}_0$ 不能流入变压器 T4，因其联结方式为Y/△，在Y侧相当于断开。另 $\dot{I}_0$ 在 T2 低压侧入地，不流入 G2，所以 L3、T1 及 G2 均不出现在零序网络中。根据以上分析，所得零序网络如图 4-43 所示。

形成各序网络后，应用戴维南定理，得到三个序网的戴维南等值电路，如图 4-44 所示。图中各序阻抗 $Z_{\Sigma+}$、$Z_{\Sigma-}$ 和 $Z_{\Sigma0}$ 是从故障端口（即 f 和地端口）向整个网络看去得到的等值阻抗。如同三相短路实用计算中一样，其也是相应节点阻抗矩阵中节点 f 的自阻抗，可

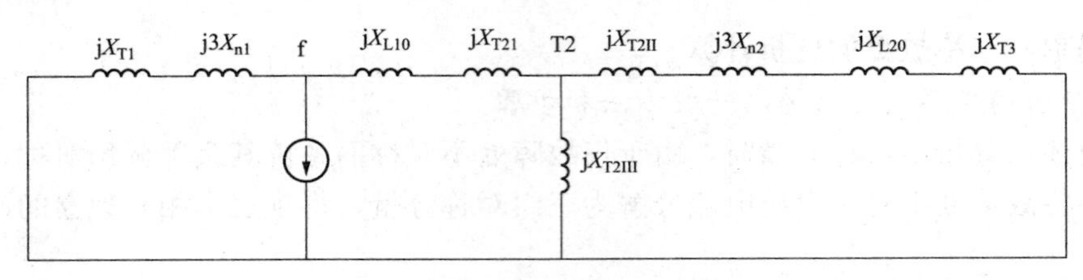

图 4-43 ［例 4-6］零序网络

通过网络化简得到，也可由网络导纳矩阵求逆得到。正序等值电路中的电动势 $\dot{U}_{f|0|}$ 为正序网络故障端口的开路电压，即故障前 f 点的电压。

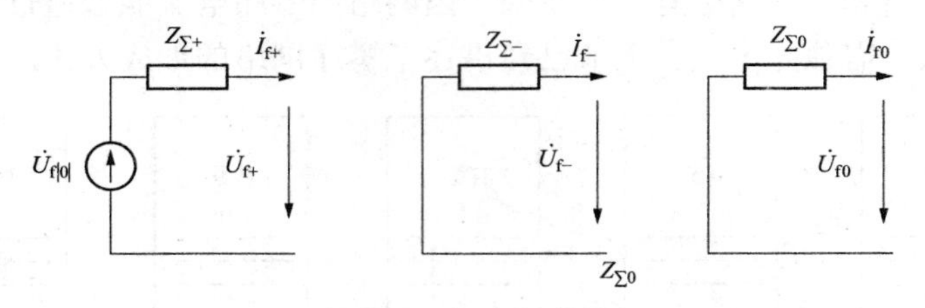

图 4-44 正序、负序和零序网络的戴维南等值电路

由图 4-44 可列出三个序网的电压方程，称为不对称故障时的通用电压方程。

$$\begin{cases}\dot{U}_{f|0|}-\dot{U}_{f+}=Z_{\Sigma+}\dot{I}_{f+}\\0-\dot{U}_{f-}=Z_{\Sigma-}\dot{I}_{f-}\\0-\dot{U}_{f0}=Z_{\Sigma0}\dot{I}_{f0}\end{cases}\tag{4-97}$$

方程中各序阻抗 $Z_{\Sigma+}$、$Z_{\Sigma-}$ 和 $Z_{\Sigma0}$ 可由序网得到是已知量；$\dot{U}_{f|0|}$ 可由故障前运行状态得到，已知，近似计算时取 $U_{f|0|}=1$。其余六个量 $\dot{U}_{f+}$、$\dot{U}_{f-}$、$\dot{U}_{f0}$ 和 $\dot{I}_{f+}$、$\dot{I}_{f-}$、$\dot{I}_{f0}$ 均为未知量，待求，但方程数为 3，故必须补充三个方程方能求解。这三个方程可由具体故障的边界条件，即反映故障点电压电流关系的方程得到。例如，在某点发生单相接地故障 $f^{(1)}$，设故障相为 a 相（称为特殊相，因 b、c 相未发生故障，从而 a 相相对于 b、c 相特殊），则有

$$\begin{cases}\dot{U}_{fa}=0\\\dot{I}_{fb}=\dot{I}_{fc}=0\end{cases}\tag{4-98}$$

注意式中 $\dot{I}_{fb}=\dot{I}_{fc}=0$ 指的是故障点 b 相和 c 相的横向电流即流入地中的电流为零，并不表示 b 相和 c 相的纵向电流为零。

利用对称分量变换将式（4-98）的边界条件化为序量形式，即

$$\begin{cases}\dot{U}_{f+}+\dot{U}_{f-}+\dot{U}_{f0}=0\\\begin{bmatrix}\dot{I}_{+}\\\dot{I}_{-}\\\dot{I}_{0}\end{bmatrix}=T^{-1}I_{abc}=\dfrac{1}{3}\begin{bmatrix}1&a&a^2\\1&a^2&a\\1&1&1\end{bmatrix}\begin{bmatrix}\dot{I}_{fa}\\0\\0\end{bmatrix}=\dfrac{\dot{I}_{fa}}{3}\begin{bmatrix}1\\1\\1\end{bmatrix}\end{cases}\tag{4-99}$$

从而

$$\dot{I}_{f+}=\dot{I}_{f\_}=\dot{I}_{f0}$$

将式（4-99）的三个方程和三个通用电压方程联立，便可求出故障电流和电压。可用数学

方法求解，也可用电路方法求解，即根据序量形式的边界条件将三个序网用一定方式连接起来，得到复合序网，然后用电路方法求出其电流。例如，对于式（4 - 99）所示关系，三个序网的电压之和为零、三个序网的电流相等，可见其必然是三个序网相串联，如图 4 - 45所示。从而可容易的求得故障电流的各序分量

$$\dot{I}_{f+} = \dot{I}_{f-} = \dot{I}_{f0} = \frac{\dot{U}_{f|0|}}{Z_{\sum+} + Z_{\sum-} + Z_{\sum0}} \tag{4-100}$$

然后可求得各相电流和电压，进而网络中其他点的电流和电压。

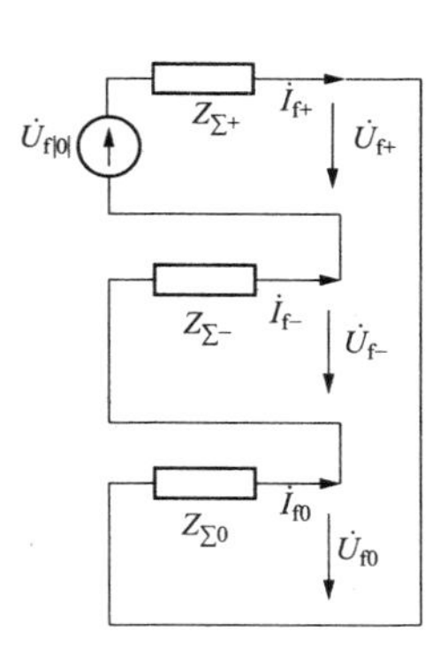

图 4 - 45　单相接地的复合序网

综上可见，分析不对称故障的方法是对称分量变换、叠加原理和常用的电路理论。其中对称分量变换是核心，它将不对称问题化为对称问题求解，即“不对称问题对称化”。概括起来，分析不对称故障的步骤如下：

（1）画出各序网络，求出各序等值阻抗 $Z_{\sum+}$、$Z_{\sum-}$ 和 $Z_{\sum0}$ 及故障点在故障前的电压 $\dot{U}_{f|0|}$。实用计算时可取 $U_{f|0|}=1$；

（2）列出故障的边界条件，化为序分量形式；

（3）由序分量形式边界条件形成复合序网；

（4）由复合序网求出故障电流各序分量，进而求出故障点各相电流和电压；

（5）必要时求出网络中非故障处电流和电压。

以下将针对各种简单不对称故障进行分析。分析时第一步是共同的，认为已知，仅分析第二、三步和第四步，第五步网络中非故障处的电流电压计算将进行专门讨论。

（二）各种简单不对称短路故障的分析计算

1. 单相接地短路 $f^{(1)}$

按上述步骤，从第二步开始。

（1）列出边界条件，化为序量形式。设 a 相发生单相接地短路 $f^{(1)}$，有

$$\dot{U}_{fa} = 0\ ,\ \dot{I}_{fb} = \dot{I}_{fc} = 0$$

化为序量形式为

$$\dot{U}_{f+} + \dot{U}_{f-} + \dot{U}_{f0} = 0\ ;\ \dot{I}_{f+} = \dot{I}_{f-} = \dot{I}_{f0}$$

（2）组成复合序网，如图 4 - 45 所示，为串联型复合序网。

（3）求故障处电流电压。

由复合序网可求得

$$\dot{I}_{f+} = \dot{I}_{f-} = \dot{I}_{f0} = \dot{U}_{f|0|}/(Z_{\sum+} + Z_{\sum-} + Z_{\sum0}) \tag{4-101}$$

对实用计算

$$I_{f+} = I_{f-} = I_{f0} = 1/(X_{\sum+} + X_{\sum-} + X_{\sum0}) \tag{4-102}$$

从而故障处各相的短路电流为

$$\begin{cases} I_{fa} = 3I_{+} = 3/(X_{\sum+} + X_{\sum-} + X_{\sum0}) \\ I_{fb} = I_{fc} = 0 \end{cases} \tag{4-103}$$

从上小节介绍电力系统各元件的序参数中得知，实用计算中无论是旋转元件还是静止元

件，其负序电抗常取与正序电抗相同，从而 $X_{\Sigma-}=X_{\Sigma+}$。另 $X_{\Sigma0}/X_{\Sigma+}=k_0$，则由（4-104）有

$$I_{fa}=\frac{3}{2+k_0}\frac{1}{X_{\Sigma+}}=\frac{3}{k_0+2}I_f^{(3)} \tag{4-104}$$

其中 $I_f^{(3)}=1/X_{\Sigma+}$ 为同一点的三相短路电流。

故障点各相的电压为

$$\dot{U}_{fa}=0$$

$$\dot{U}_{fb}=\dot{U}_{fb+}+\dot{U}_{fb-}+\dot{U}_{fb0}=a^2\dot{U}_{f+}+a\dot{U}_{f-}+\dot{U}_{f0}$$

将通用电压方程式（4-97）代入并整理，得到

$$\begin{aligned}\dot{U}_{fb}&=a^2(\dot{U}_{f|0|}-jX_{\Sigma+}\dot{I}_+)+a(-jX_{\Sigma-}\dot{I}_-)+(-jX_{\Sigma0}\dot{I}_0)\\&=\dot{U}_{fb|0|}-\dot{U}_{fa|0|}(k_0-1)/(k_0+2)\\&=1\angle-120^\circ-(k_0-1)/(k_0+2)\end{aligned} \tag{4-105}$$

同理

$$\begin{aligned}\dot{U}_{fc}&=\dot{U}_{fc|0|}-\dot{U}_{fa|0|}(k_0-1)/(k_0+2)\\&=1\angle120^\circ-(k_0-1)/(k_0+2)\end{aligned} \tag{4-106}$$

观察以上三式，有如下几点说明：

（1）单相接地短路时的短路电流 $I_f^{(1)}$ 和 k_0 有关。如 $k_0=\infty$，即 $X_{\Sigma0}=\infty$（相应于全系统中性点均不接地）时，$I_{fa}=0$。表明在中性点完全绝缘的电力系统中，若发生单相接地短路，将没有电流流入地中。这一结论似乎难以接受，那么是否可以放心大胆地去触摸一相高压输电线而无任何危险呢？值得注意的是：第一，现代电力系统没有中性点完全绝缘的情况。我们目前对110kV及以上电压系统均采用中性点直接接地方式，35kV及以下电压系统采用中性点不接地或经消弧线圈接地方式。第二，由于电力系统的各个元件，特别是输电线，和地之间存在一定大小的电容，因而即使是表面上看去中性点完全绝缘的系统，发生单相接地短路时仍有电流流入地中，尽管其较小，也会对人身造成危险，所以以上分析只在纯理论上成立。如 $k_0=1$，则 $I_f^{(1)}=I_f^{(3)}$，即单相短路电流和三相短路电流相等。如 $k_0=0$，即 $X_{\Sigma0}=0$，其相应于有无穷多个中性点接地支路并联，这当然在现实中不可能存在，但可作为一种极限情况研究。此时 $I_f^{(1)}=1.5I_f^{(3)}$，表明单相短路电流大于三相短路电流。现实中虽然没有这样的极端情况，但 $I_f^{(1)}>I_f^{(3)}$ 的情况是存在的，例如，$f^{(1)}$ 发生于 Y_N/△联结变压器的 Y_N 侧时，$X_{\Sigma0}$ 将小于 $X_{\Sigma+}$，从而 $I_f^{(1)}>I_f^{(3)}$。所以应注意：虽然一般情况下 $I_f^{(3)}$ 最大，但也存在例外。从上述分析可见，$I_f^{(1)}$ 的大小与 k_0 成反比。k_0 越大，$I_f^{(1)}$ 越小；k_0 越小，$I_f^{(1)}$ 越大。一般将 $k_0<4\sim5$ 的电力系统称为大电流接地系统，$k_0>4\sim5$ 的系统称为小电流接地系统。

（2）单相接地短路时故障点非故障相电压的大小也和 k_0 有关：$k_0=0$ 时，$\dot{U}_{fb}=\dot{U}_{fb|0|}+\dot{U}_{fa|0|}/2$，如图4-46所示。此时非故障相电压低于其正常时电压。$k_0=1$ 时，$U_{fb}=U_{fb|0|}$。$k_0=\infty$ 时，$U_{fb}=\sqrt{3}U_{fb|0|}$，此时非故障相电压为正常电压的$\sqrt{3}$倍，从而对设备的绝缘水平要求较高。

（3）上述计算短路电流的公式可推广到非金属性短路，即经阻抗 Z_f 接地情况。此时可

假想在故障点 f 三相都有一个阻抗 Z_f，但仅 a 相接地，如图 4-47所示。从而等效于在新节点 f′发生单相金属性接地短路。此时只需在复合序网的每一序等值阻抗上增加 Z_f 即可，于是

$$\dot{I}_{fa} = 3\dot{U}_{f|0|}/(Z_{\sum+} + Z_{\sum-} + Z_{\sum0} + 3Z_f) \quad (4-107)$$

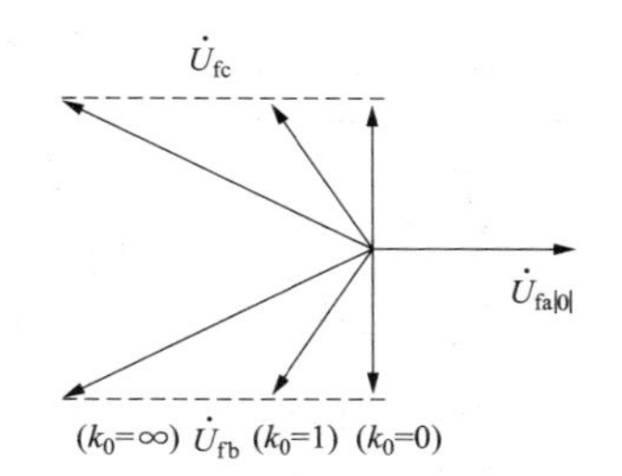

图 4-46　a 相接地短路非故障相电压变化情况

【例 4-7】 求［例 4-4］系统当节点 1 发生单相接地短路时短路点各相电流和电压。设三条输电线零序电抗均为正序电抗的 3 倍。设变压器 T1 和 T2 的联结方式均为 YN/△-11（发电机侧为△，另和节点 3 相连的变压器为 T1、发电机为

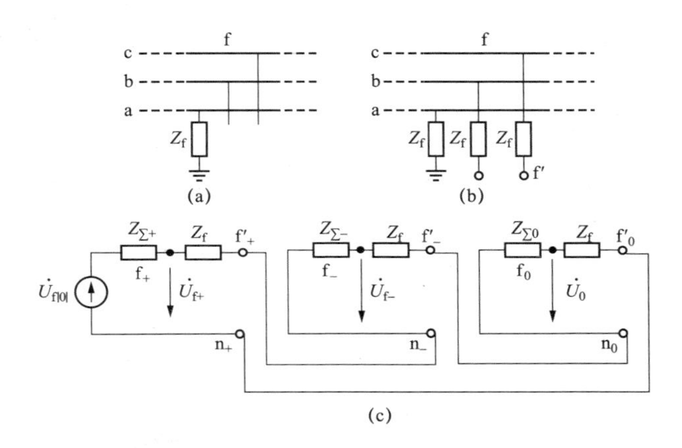

图 4-47　a 相经阻抗接地

（a）a 相经阻抗接地；（b）等值电路图；（c）复合序网

G1，和节点 2 相连的为 T2、G2）。

解　该系统的正序等值电路如图 4-29 所示，并已求得节点 1 的正序等值电抗 $X_{\sum+}=0.2532$，节点 1 的负序等值电抗与正序等值电抗相等。其零序等值电路如图 4-48 所示。

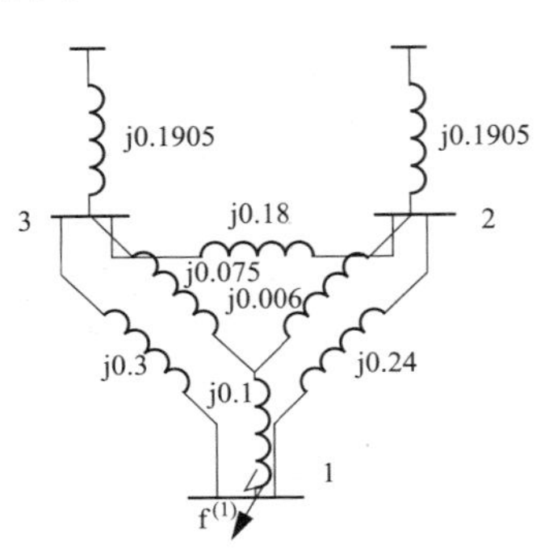

图 4-48　［例 4-7］零序等值电路及其△-Y 变换

采用与［例 4-4］类似的网络化简方法或节点阻抗矩阵法可求得节点 1 的零序等值电抗为 $X_{\sum0}=0.2289$，从而 $k_0=0.2289/0.2532=0.9040$。

由式（4-104）、式（4-105）和式（4-106）得到

$$I_{fa} = 3I_f^{(3)}/(2+k_0) = 3\times3.9494/(2+0.9040)$$
$$= 4.0800(\text{标幺值}) = 1.0242\text{kA}$$

$$\dot{U}_{fb} = 1\angle-120° - (k_0-1)/(k_0+2)$$
$$= 1\angle-120° - (0.9040-1)/(0.9040+2)$$
$$= 0.9839\angle-118.331°$$

$$\dot{U}_{fc} = 0.9839\angle118.331°$$

另有　$\dot{I}_{fb} = \dot{I}_{fc} = 0$，$\dot{U}_{fa} = 0$。

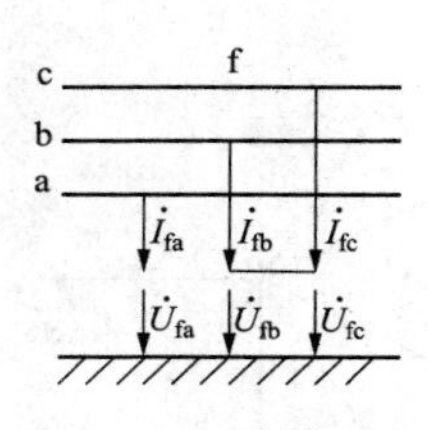

图 4-49 两相短路故障点电流、电压

这是一个 $I_f^{(1)} > I_f^{(3)}$ 的例子，因 $k_0 < 1$ 。

2. 两相短路

设 f 点 b 相和 c 相发生两相短路，如图 4-49 所示。此时 a 相仍为特殊相。采用同样的分析步骤。

（1）列出边界条件为，化为序量形式。此时有

$$\begin{cases}\dot{I}_{fa} = 0, \dot{I}_{fb} = -\dot{I}_{fc} \\ \dot{U}_{fb} = \dot{U}_{fc}\end{cases} \tag{4-108}$$

$$\begin{bmatrix}\dot{U}_{f+}\\ \dot{U}_{f-}\\ \dot{U}_{f0}\end{bmatrix} = \frac{1}{3}\begin{bmatrix}1 & a & a^2\\ 1 & a^2 & a\\ 1 & 1 & 1\end{bmatrix}\begin{bmatrix}\dot{U}_{fa}\\ \dot{U}_{fb}\\ \dot{U}_{fc}\end{bmatrix} = \frac{1}{3}\begin{bmatrix}\dot{U}_{fa} - \dot{U}_{fc}\\ \dot{U}_{fa} - \dot{U}_{fc}\\ \dot{U}_{fa} + 2\dot{U}_{fc}\end{bmatrix}$$

$$\begin{bmatrix}\dot{I}_{f+}\\ \dot{I}_{f-}\\ \dot{I}_{f0}\end{bmatrix} = \frac{1}{3}\begin{bmatrix}1 & a & a^2\\ 1 & a^2 & a\\ 1 & 1 & 1\end{bmatrix}\begin{bmatrix}0\\ \dot{I}_{fb}\\ -\dot{I}_{fb}\end{bmatrix} = \frac{\mathrm{j}\,\dot{I}_{fb}}{\sqrt{3}}\begin{bmatrix}1\\ -1\\ 0\end{bmatrix}$$

从而有

$$\begin{cases}\dot{I}_{f0} = 0, \dot{I}_{f+} = -\dot{I}_{f-} \\ \dot{U}_{f+} = \dot{U}_{f-}\end{cases} \tag{4-109}$$

（2）组成复合序网，如图 4-50 所示。为正序网络和负序网络的并联型复合序网，无零序网络，因零序电流只能经中性线或地形成流通回路，两相短路未与地相联，无零序电流流通回路，故 $\dot{I}_{f0} = 0$ ，从而复合序网中无零序网络。

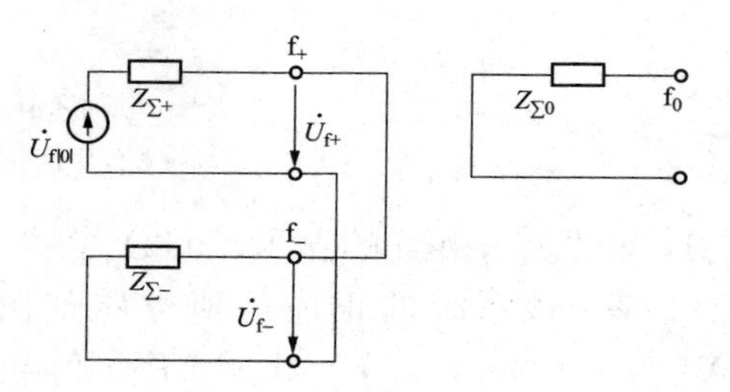

图 4-50 两相短路的复合序网

（3）求故障处电流电压。由复合序网可求得

$$\dot{I}_{f+} = -\dot{I}_{f-} = \frac{\dot{U}_{f|0|}}{Z_{\Sigma+} + Z_{\Sigma-}} \tag{4-110}$$

从而

$$\begin{cases}\dot{I}_{fb} = a^2\dot{I}_{f+} + a\dot{I}_{f-} = -\mathrm{j}\sqrt{3}\,\dfrac{\dot{U}_{f|0|}}{Z_{\Sigma+} + Z_{\Sigma-}} \\ \dot{I}_{fc} = a\dot{I}_{f+} + a^2\dot{I}_{f-} = \mathrm{j}\sqrt{3}\,\dfrac{\dot{U}_{f|0|}}{Z_{\Sigma+} + Z_{\Sigma-}}\end{cases} \tag{4-111}$$

由通用电压方程

$$\dot{U}_{f+} = \dot{U}_{f-} = \frac{1}{2}\dot{U}_{f|0|}$$

从而

$$\dot{U}_{fa} = \dot{U}_{f+} + \dot{U}_{f-} + \dot{U}_{f0} = \dot{U}_{f|0|} \tag{4-112}$$

$$\dot{U}_{fb}=\dot{U}_{fc}=a^2\dot{U}_{f+}+a\dot{U}_{f-}+\dot{U}_{f0}=-\frac{1}{2}\dot{U}_{f|0|} \tag{4-113}$$

其相量图如图 4-51 所示。

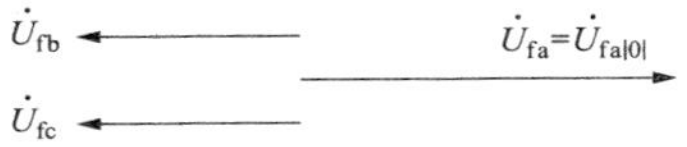

图 4-51　两相短路故障点各相电压相量图

由以上分析可见：

（1）两相短路时的短路电流 $I_f^{(2)}$ 小于同一点的三相短路电流 $I_f^{(3)}$：$I_f^{(2)}=0.866I_f^{(3)}$；

（2）两相短路时故障相（b 相和 c 相）的电压降至正常电压的一半，非故障相电压不变；

（3）如 b、c 相经阻抗 Z_f 短路，则按单相短路时同样的思路，有图 4-52 所示的等值电路和复合序网，从而

$$\dot{I}_{f+}=\dot{U}_{f|0|}/(Z_{\sum+}+Z_{\sum-}+Z_f)=-\dot{I}_{f-} \tag{4-114}$$

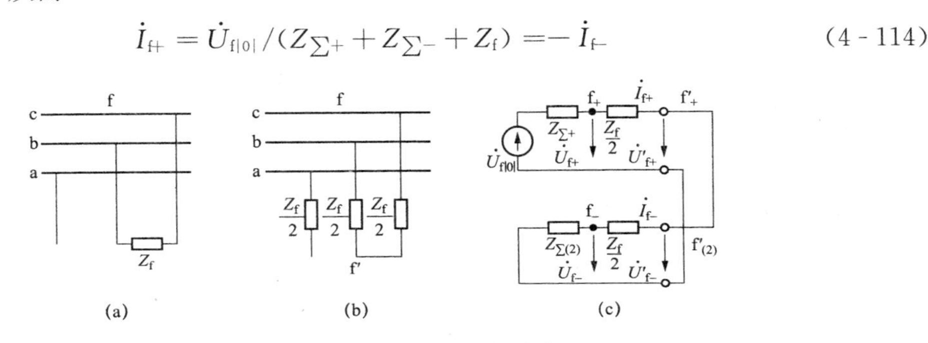

图 4-52　两相经阻抗 Z_f 短路的复合序网

（a）两相经阻抗短路；（b）等值电路；（c）复合序网

【例 4-8】 求［例 4-7］系统当节点 1 发生两相短路时短路点的电流。

解　由式（4-111）代入有关数据得到

$$I_f^{(2)}=0.866/X_{\sum+}=0.866/0.2532=3.4202(\text{标幺值})=0.8586\text{kA}$$

3. 两相短路接地 $f^{(1,1)}$

设 f 点 b 相和 c 相发生接地短路，如图 4-53（a）所示。此时 a 相仍未特殊相。

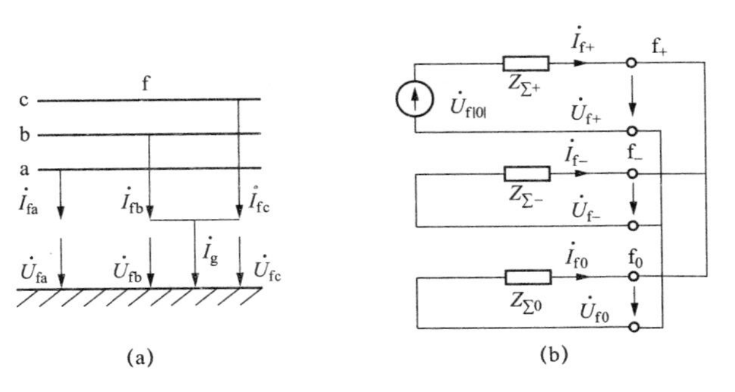

图 4-53　两相短路接地系统及复合序网

（a）两相短路接地；（b）复合序网

（1）列出边界条件

$$\begin{cases}\dot{I}_{fa}=0\\ \dot{U}_{fb}=\dot{U}_{fc}=0\end{cases} \tag{4-115}$$

化为序量形式

$$\begin{cases}\dot{U}_{f+}=\dot{U}_{f-}=\dot{U}_{f0}\\ \dot{I}_{f+}+\dot{I}_{f-}+\dot{I}_{f0}=0\end{cases} \tag{4-116}$$

（2）组成复合序网如图 4-52（b），为并联型复合序网。

（3）由复合序网可求得

$$\begin{cases}\dot{I}_{f+}=\dfrac{\dot{U}_{f|0|}}{Z_{\sum+}+Z_{\sum-}//Z_{\sum0}}\\ \dot{I}_{f-}=-\dot{I}_{f+}\dfrac{Z_{\sum0}}{Z_{\sum-}+Z_{\sum0}}\\ \dot{I}_{f0}=-\dot{I}_{f+}\dfrac{Z_{\sum-}}{Z_{\sum-}+Z_{\sum0}}\end{cases} \tag{4-117}$$

故障点电压的各序分量为

$$\dot{U}_{f+}=\dot{I}_{f+}(Z_{\sum-}//Z_{\sum0})=\dot{U}_{f-}=\dot{U}_{f0} \tag{4-118}$$

从而故障点各相的电流和电压为

$$\begin{cases}\dot{I}_{fb}=a^2\dot{I}_{f+}+a\dot{I}_{f-}+\dot{I}_{f0}=\left(a^2-\dfrac{Z_{\sum-}+aZ_{\sum0}}{Z_{\sum-}+Z_{\sum0}}\right)\dot{I}_{f+}\\ \dot{I}_{fc}=a\dot{I}_{f+}+a^2\dot{I}_{f-}+\dot{I}_{f0}=(a-\dfrac{Z_{\sum-}+a^2Z_{\sum0}}{Z_{\sum-}+Z_{\sum0}})\dot{I}_{f+}\end{cases} \tag{4-119}$$

$$\begin{cases}\dot{U}_{fa}=\dot{U}_{f+}+\dot{U}_{f-}+\dot{U}_{f0}=3\dot{U}_{f|0|}(Z_{\sum-}//Z_{\sum0})/(Z_{\sum+}+Z_{\sum-}//Z_{\sum0})\\ \dot{U}_{fb}=\dot{U}_{fc}=0\end{cases} \tag{4-120}$$

采用实用计算的有关假设，对式（4-120）取模，经整理后得到

$$\begin{cases}I_{fb}=I_{fc}=\sqrt{3}\dfrac{\sqrt{1+k_0+k_0^2}}{1+k_0}I_{f+}=\sqrt{3}\dfrac{\sqrt{1+k_0+k_0^2}}{1+2k_0}I_f^{(3)}\\ U_{fa}=3k_0/(1+2k_0)\end{cases} \tag{4-121}$$

可见：

（1）故障点故障相电流 I_{fb}、I_{fc} 和非故障相电压 U_{fa} 的大小均与 k_0 有关：$k_0=0$ 时，$I_{fb}=I_{fc}=\sqrt{3}I_f^{(3)}$，$U_{fa}=0$；$k_0=1$ 时，$I_{fb}=I_{fc}=I_f^{(3)}$，$U_{fa}=1$；$k_0=\infty$ 时，$I_{fb}=I_{fc}=0.866I_f^{(3)}$，$U_{fa}=1.5$。

（2）若 b 相和 c 相短路后经阻抗 Z_f 接地，则边界条件为 $\dot{I}_{fa}=0$，$\dot{U}_{fb}=\dot{U}_{fc}=(\dot{I}_{fb}+\dot{I}_{fc})Z_f$，可推得其复合序网如图 4-54 所示。从而

$$\dot{I}_{f+}=\frac{\dot{U}_{f|0|}}{[Z_{\sum+}+Z_{\sum-}//(Z_{\sum0}+3Z_f)]} \tag{4-122}$$

【例 4-9】 求［例 4-7］系统当节点 1 发生两相接地短路时短路点的电流和电压。

解 由式（4-121）代入有关数据得到

$$I_{fb}=I_{fc}=\sqrt{3}\times\frac{\sqrt{1+k_0+k_0^2}}{1+k_0}\times\frac{1}{x_{\sum+}}$$

$$=\sqrt{3}\times\frac{\sqrt{1+0.9040+0.9040^2}}{1+0.9040\times 2}\times\frac{1}{0.2532}=4.0187(\text{标幺值})$$

$$=1.0088\text{kA}$$

$$U_{fa}=3k_0/(1+2k_0)=0.9658$$

这是一个 $I_f^{(1,1)}>I_f^{(3)}$ 的例子，因 $k_0<1$ 。

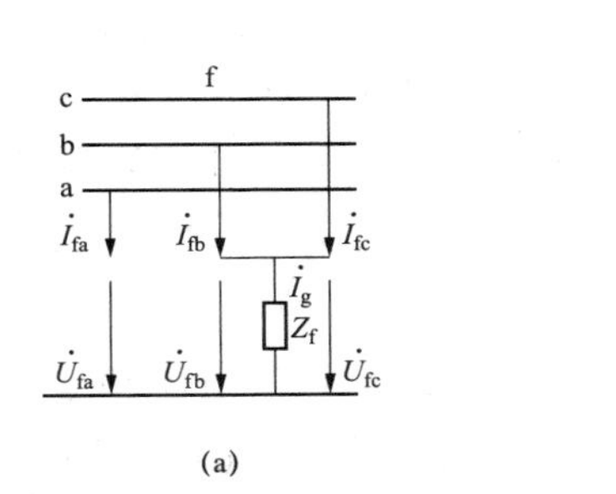

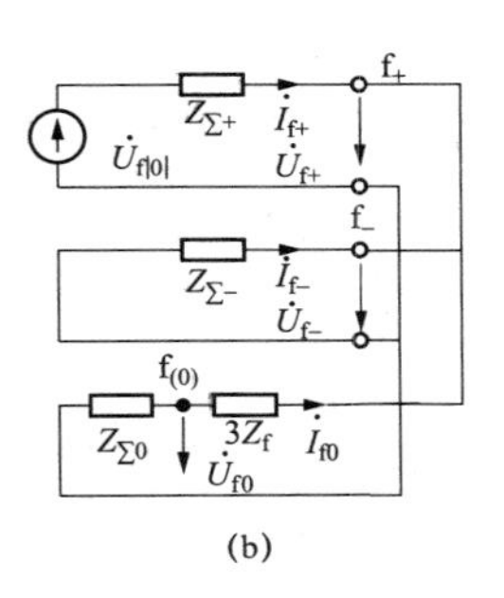

图 4-54　两相短路经阻抗 Z_f 接地

(a) 两相短路经阻抗接地；(b) 复合序网

4. 正序等效定则

以上分析讨论了单相接地短路 $f^{(1)}$、两相短路 $f^{(2)}$ 和两相接地短路 $f^{(1,1)}$ 短路电流的大小，现将其汇总如下：

$$f^{(1)}:\dot{I}_{f+}=\frac{\dot{U}_{f|0|}}{(Z_{\Sigma+}+Z_{\Sigma-}+Z_{\Sigma0})},\ I_{fa}=3I_{f+};$$

$$f^{(2)}:\dot{I}_{f+}=\frac{\dot{U}_{f|0|}}{(Z_{\Sigma+}+Z_{\Sigma-})},\ I_{fb}=I_{fc}=\sqrt{3}I_{f+};$$

$$f^{(1,1)}:\dot{I}_{f+}=\frac{\dot{U}_{f|0|}}{(Z_{\Sigma+}+Z_{\Sigma-}//Z_{\Sigma0})},\ I_{fb}=I_{fc}=\sqrt{3}\times\frac{\sqrt{1+k_0+k_0^2}}{1+k_0}I_{f+}。$$

三相短路时 $\dot{I}_{f+}=\dot{U}_{f|0|}/Z_{\Sigma+}$，$I_f=I_{f+}$

经比较可归纳出如下规律

$$\begin{cases}\dot{I}_{f+}=\dot{U}_{f|0|}/(Z_{\Sigma+}+\Delta Z)\\ I_f=MI_{f+}\end{cases}\qquad(4-123)$$

其中 ΔZ 为一附加阻抗，由负序等值阻抗和零序等值阻抗组合而成，其组合规律随短路类型不同：$f^{(1)}$ 时为 $(Z_{\Sigma-}+Z_{\Sigma0})$；$f^{(2)}$ 时为 $Z_{\Sigma-}$；$f^{(1,1)}$ 时为 $(Z_{\Sigma-}//Z_{\Sigma0})$。M 为故障相电流对正序电流的倍数，也随短路类型而不同：$f^{(1)}$ 时为 3；$f^{(2)}$ 时为 $\sqrt{3}$；$f^{(1,1)}$ 时为 $\sqrt{3}\times\sqrt{1+k_0+k_0^2}/(1+k_0)$。式中 $k_0=X_{\Sigma0}/X_{\Sigma+}$。

这一规律称为正序等效定则。它表明不对称短路时的短路电流可归结为正序电流的计算，而正序电流的计算只需在原计算三相短路电流的等值电路中串入一个相应的附加阻抗 ΔZ 即可。这一定则的提出，使不对称短路的计算显的简单明了，易于掌握。

至此，简单不对称短路的问题得到了较为圆满的解决：对称分量变换使得“不对称问题对称化”，正序等效定则概括了各种不对称短路计算的规律。

应指出，以上求出的仅为故障处电流和电压。有时需要求非故障处电流电压，还应进行一些计算，也有一些值得注意的问题。下面予以简单介绍。

5. 非故障处电流电压的计算

求非故障处电流电压所采用的方法是：由各个序网求出各序电流电压在网络中的分布，然后利用对称分量变换矩阵 **T** 将同一点的电流电压序分量合成得到各相的实际电流和电压。

具体计算时，对负序网络和零序网络，只有一个电流源——故障处短路电流的负序分量和零序分量 I_{f-} 和 I_{f0}，从而可利用分流公式，或者利用节点电压方程 $U_B = Z_B I_B$ 先求出各节点电压，然后求出各支路电流，原则上已无困难。对正序网络，可直接求解（此时为多电流源），也可再次利用迭加原理，将其分解为正常分量和故障分量的迭加。正常分量即正常运行时的电流，故障分量的计算原理上和负序分量相同，只是故障处的电流源此时为 $\dot{I}_{f+}$ 而已。

分别从网络中各点各序电流和电压的情况看，故障点的负序和零序电流最大，电压最高，正序电压则是电源处最高。合成后，各点三相电流电压仍不对称，不对称程度重要取决于负序分量，负序分量越大，不对称越严重，但非故障点的不对称程度小于故障点。此时，对于非故障点，边界条件不再成立。

还应指出，当网络中有变压器存在时，由于变压器绕组联结方式的影响，各序电流和电压经过变压器后会产生相位变化，需引起注意。

变压器的联结组别很多，电力系统中常用的联结方式为 Yy12 和 Yd11 两种。下面分别讨论。

对 Yy12 联结的变压器，图 4-55 示出了其绕组的联结方式及两侧正序和负序电压相量图。由图可见，变压器两侧的电压无相位变化（电流也如此）。对 Yy12 联结的变压器，其两侧均无零序电流流通；如 $Y_N y_n 12$，两侧均可能有零序电流流通，但无相位变化。

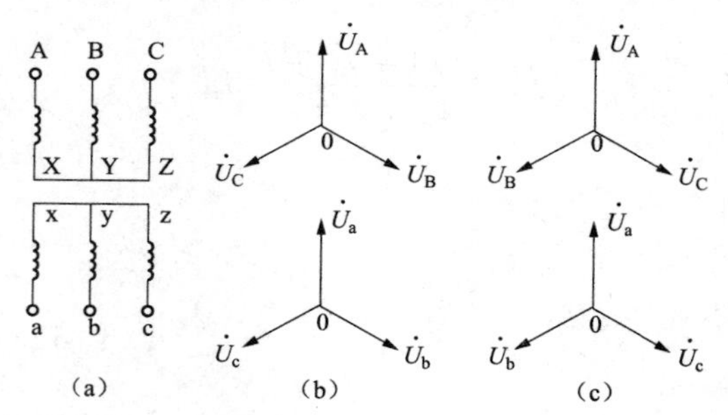

图 4-55　Yy12 变压器两侧对称分量的相位关系
(a) 绕组联结方式；(b) 正序电压相位关系；
(c) 负序电压相位关系

对于 Yd11 联结的变压器，图 4-56 示出了其绕组的接线方式及其两侧正序和负序电压相量图。由图可见，如在 Yd11 联结的变压器Y侧施加正序电压时，△侧相电压 $\dot{U}_a$ 将超前Y侧相电压 $\dot{U}_A$ 30°，施加负序电压时，△侧将滞后 30°，电流亦然。

可见，正序分量经过 Yd11 变压器时，△侧相位将超前Y侧 30°，负序分量经过Y/△变压器时，△侧相位将滞后Y侧 30°，对于零序分量，△侧外无零序电流。

【例 4-10】 计算［例 4-7］中节点 1 单相接地短路时：(1) 节点 2 和节点 3 的电压；(2) 线路 3-1 的电流；(3) 发电机 G1 的端电压。

解　(1) 求节点 2 和节点 3 的电压。

因 $f^{(1)}$ 时 $\dot{I}_{f+} = \dot{I}_{f-} = \dot{I}_{f0} = 1/j(X_{\sum+} + X_{\sum-} + X_{\sum0}) = 1/j(2 \times 0.2532 + 0.2289) = -j1.3600$，从而可利用分流公式或节点阻抗矩阵求出 G1T1 和 G2T2 支路中的电流（参阅图 4-29）。

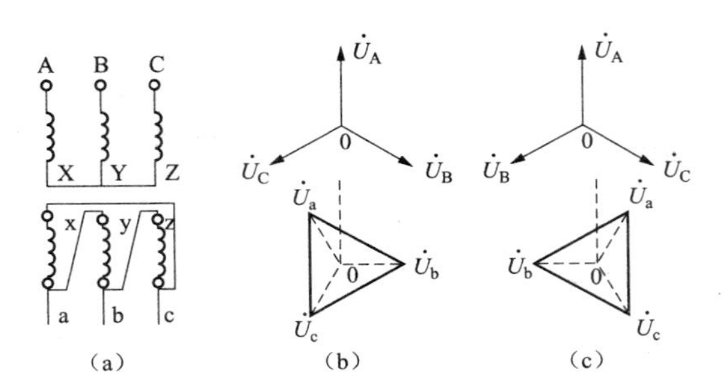

图 4-56　Yd11 变压器两侧对称分量的相位关系

(a) 绕组联结方式；(b) 正序电压相位关系；(c) 负序电压相位关系

$$\Delta\dot{I}_{G1+}=-\mathrm{j}1.3600\times \mathrm{j}0.5305/(\mathrm{j}0.3755+\mathrm{j}0.5305)$$
$$=-\mathrm{j}0.7963=\Delta\dot{I}_{G1-}$$
$$\Delta\dot{I}_{G2+}=-\mathrm{j}1.3600\times \mathrm{j}0.3755/(\mathrm{j}0.3755+\mathrm{j}0.5305)$$
$$=-\mathrm{j}0.5637=\Delta\dot{I}_{G2-}$$

于是节点 2 和节点 3 正序电压的故障分量为

$$\Delta\dot{U}_{2+}=-\Delta\dot{I}_{G2+}\times \mathrm{j}(X_{G2}+X_{T2})=\mathrm{j}0.5637\times \mathrm{j}(0.32+0.1905)$$
$$=-0.2878=\Delta\dot{U}_{2-}$$
$$\Delta\dot{U}_{3+}=-\Delta\dot{I}_{G1+}\times \mathrm{j}(X_{G1}+X_{T1})=\mathrm{j}0.7963\times \mathrm{j}(0.16+0.1905)$$
$$=-0.2791=\Delta\dot{U}_{3-}$$

节点 2 和 3 的总正序电压为

$$\dot{U}_{2+}=\dot{U}_{2|0|}+\Delta\dot{U}_2=1-0.2878=0.7122$$
$$\dot{U}_{3+}=\dot{U}_{3|0|}+\Delta\dot{U}_3=1-0.2791=0.7209$$

节点 2 和 3 的负序电压为

$$\dot{U}_{2-}=\Delta\dot{U}_{2-}=-0.2878$$
$$\dot{U}_{3-}=\Delta\dot{U}_{3-}=-0.2791$$

用类似的方法可求得节点 2 和节点 3 的零序电压

$$\dot{U}_{20}=\Delta\dot{U}_{20}=-[-\mathrm{j}1.36\times \mathrm{j}0.9505/(\mathrm{j}0.0655+\mathrm{j}0.0505)]\times \mathrm{j}0.1905$$
$$=-0.1333$$
$$\dot{U}_{30}=\Delta\dot{U}_{30}=-[-\mathrm{j}1.36\times \mathrm{j}0.2655/(\mathrm{j}0.2655+\mathrm{j}0.2505)]\times \mathrm{j}0.1905$$
$$=-0.1258$$

从而节点 2 和节点 3 的三相电压为

$$\begin{bmatrix}\dot{U}_{2a}\\ \dot{U}_{2b}\\ \dot{U}_{2c}\end{bmatrix}=TU_{2+-0}=\begin{bmatrix}1 & 1 & 1\\ a^2 & a & 1\\ a & a^2 & 1\end{bmatrix}\begin{bmatrix}0.7122\\ -0.2878\\ -0.1333\end{bmatrix}$$

$$=\begin{bmatrix}0.2991\\-0.3455-j0.8660\\-0.3455+j0.8660\end{bmatrix}=\begin{bmatrix}0.2911\angle 0^\circ\\0.9324\angle -111.750^\circ\\0.9324\angle 111.750^\circ\end{bmatrix}$$

$$\begin{bmatrix}\dot{U}_{3a}\\\dot{U}_{3b}\\\dot{U}_{3c}\end{bmatrix}=TU_{3+-0}=\begin{bmatrix}1&1&1\\a^2&a&1\\a&a^2&1\end{bmatrix}\begin{bmatrix}0.7209\\-0.2791\\-0.1258\end{bmatrix}$$

$$=\begin{bmatrix}0.3160\\-0.3467-j0.8660\\-0.3467+j0.8660\end{bmatrix}=\begin{bmatrix}0.3160\angle 0^\circ\\0.9328\angle -118.818^\circ\\0.9328\angle 118.818^\circ\end{bmatrix}$$

（2）求支路 3 - 1 中的电流。

此时需先求出节点 1 的各序电压。由通用电压方程有

$$\Delta\dot{U}_{1+}=-\Delta\dot{I}_{+}Z_{\sum+}=j1.36\times j0.2532=-0.3444=\Delta\dot{U}_{1-}$$

从而

$$\dot{U}_{1+}=\dot{U}_{1|0|}+\Delta\dot{U}_{1+}=1-0.3444=0.6556$$

$$\dot{U}_{1-}=\Delta\dot{U}_{1-}=-0.3444$$

$$\dot{U}_{10}=\Delta\dot{U}_{10}=-\Delta\dot{I}_{-}Z_{\sum 0}=j1.36\times j0.2289-j0.3112$$

注意和三相短路时短路点电压必为零的情况不同，不对称短路时短路点的各序电压均不为零。作为验证，求出短路点各相电压。

$$\begin{bmatrix}\dot{U}_{1a}\\\dot{U}_{1b}\\\dot{U}_{1c}\end{bmatrix}=TU_{+-0}=\begin{bmatrix}1&1&1\\a^2&a&1\\a&a^2&1\end{bmatrix}\begin{bmatrix}0.6556\\-0.3444\\-0.3112\end{bmatrix}$$

$$=\begin{bmatrix}0\\-0.4668-j0.8660\\-0.4668+j0.8660\end{bmatrix}=\begin{bmatrix}0\\0.9838\angle -118.325^\circ\\0.9838\angle 118.325^\circ\end{bmatrix}$$

与［例 4 - 7］相同，可见计算无误。

支路 3 - 1 中电流的各序分量为

$$\dot{I}_{31+}=(\dot{U}_{3+}-\dot{U}_{1+})/Z_{31+}=(0.7209-0.6556)/j0.1=-j0.6530$$

$$\dot{I}_{31-}=(\dot{U}_{3-}-\dot{U}_{1-})/Z_{31-}=(-0.2791+0.3444)/j0.1=-j0.6530$$

$$\dot{I}_{310}=(\dot{U}_{30}-\dot{U}_{10})/Z_{310}=(-0.1258+0.3112)/j0.3=-j0.6180$$

从而支路 3 - 1 中的各相电流为

$$\begin{bmatrix}\dot{I}_{31a}\\\dot{I}_{31b}\\\dot{I}_{31c}\end{bmatrix}=\begin{bmatrix}1&1&1\\a^2&a&1\\a&a^2&1\end{bmatrix}\begin{bmatrix}-j0.6530\\-j0.6530\\-j0.6180\end{bmatrix}=\begin{bmatrix}-j1.9240\\j0.0350\\j0.0350\end{bmatrix}$$

(3) 求发电机 G1 的端电压。

由于变压器 T1 的联结方式为 Yd11，所以求发电机 G1 的端电压时应注意各序分量的相位变化。

先求出不计相位变化时发电机端的各序电压

$$\Delta \dot{U}_{G1+} = 0 - \Delta \dot{I}_{G1} jX_{G1} = j0.7963 \times j0.16 = -0.1274 = \Delta U_{G1-}$$

从而

$$\dot{U}_{G1+} = 1 - 0.1274 = 0.8726$$

$$\dot{U}_{G2-} = \Delta \dot{U}_{G1-} = -0.1274 \qquad U_{G10} = 0$$

再计及正序分量经 Yd11 变压器后△侧相位超前 30°，负序分量滞后 30°，从而

$$\begin{bmatrix} \dot{U}_{G1a} \\ \dot{U}_{G1b} \\ \dot{U}_{G1c} \end{bmatrix} = \begin{bmatrix} 1 & 1 & 1 \\ a^2 & a & 1 \\ a & a^2 & 1 \end{bmatrix} \begin{bmatrix} 0.8726\angle 30^\circ \\ -0.1274\angle 30^\circ \\ 0 \end{bmatrix}$$

$$= \begin{bmatrix} 0.6454 + j0.5 \\ -j1 \\ -0.6454 + j0.5 \end{bmatrix} = \begin{bmatrix} 0.8164\angle 37.765^\circ \\ 1\angle -90^\circ \\ 0.8164\angle 142.235^\circ \end{bmatrix}$$

(三) 断线故障的分析计算

断线故障属纵向故障，是沿电能传播方向发生的故障，包括单相断线 $o^{(1)}$ 和两相断线 $o^{(2)}$。因正常时三相运行，现断开一相或两相，故又称为非全相运行。造成非全相运行的原因很多，如导线因机械负荷过载或因质量事故断开，或某处发生单相接地后断路器将故障相断开等。电力系统发生不对称纵向故障时，虽然不像不对称短路那样引起大的短路电流和电压的急剧下降，但会产生大的负序和零序电流。负序电流使发电机绕组过热，零序电流对通信系统产生干扰，它们引起的电压电流不对称可能使某些继电保护误动作。因此必须掌握非全相运行的分析方法。

分析非全相运行的方法仍为对称分量变换。电力系统在 f 处发生断线故障时，断口 ff′处的三相电压不对称（因仅一相或两相断开），将其分解为三相对称分量 $\Delta\dot{U}_+$、$\Delta\dot{U}_-$ 和 $\Delta\dot{U}_0$，然后利用序量的独立性将其分解成三个相互独立的序网，从而可得到与不对称短路时类似的通用电压方程

$$\begin{cases} \dot{U}_{ff'|0|} - Z_{ff'+}\dot{I}_+ = \Delta\dot{U}_+ \\ 0 - Z_{ff'-}\dot{I}_- = \Delta\dot{U}_- \\ 0 - Z_{ff'0}\dot{I}_0 = \Delta\dot{U}_0 \end{cases} \tag{4-124}$$

式中：$\dot{U}_{ff'|0|}$ 为断口 ff′三相完全断开时的电压，$Z_{ff'+}$、$Z_{ff'-}$ 和 $Z_{ff'0}$ 是从断线端口 ff′向整个网络看去的等值阻抗，即戴维南等值阻抗。

请注意：上式虽然和不对称短路时的通用电压方程在形式上相似，但有着本质差别：

(1) 不对称短路时的电压 $\dot{U}_{f|0|}$ 为短路点 f 故障前的电压，实用计算时取为 1，而此时的电压 $\dot{U}_{ff'|0|}$ 是断口 ff′三相完全断开时的电压，其值需通过专门计算求得（如再进行一次潮流计算），不易简单确定，通常也比 1（标幺值）小。

（2）短路时的各序等值阻抗 $Z_{\Sigma+}Z_{\Sigma-}Z_{\Sigma0}$ 与此处的各序等值阻抗 $Z_{ff'+}$、$Z_{ff'-}$ 和 $Z_{ff'0}$ 也有完全不同的意义和数值。前者是从短路点 f 和地端口向整个网络看去得到的，而后者是从断线处 f 和 f′端口向网络看去得到的。也就是说，观察点完全不同。正因为是从不同端口向网络看，所以网络呈现出的等值阻抗不同。二者的电流流通路径也不相同。例如对中性点全部不接地即完全绝缘系统，从任一点和地端口向整个网络看去的零序阻抗将为无穷大，因短路时零序电流必须以地组成流通回路，但对断线端口而言，其零序等值阻抗却不一定为无穷大，因其并不一定以地组成零序电流的流通路径。这是因为短路时零序电流时横向注入网络，而断线时是纵向注入，所以流通路径不一样。同时二者的求取方法也大不相同。

为弄清两者的本质区别，举一例说明。

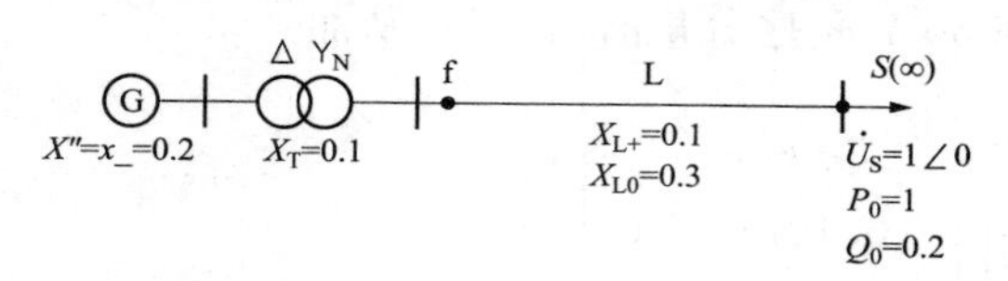

图 4-57 ［例 4-11］系统图

【例 4-11】 简单电力系统如图 4-57 所示，有关数据示于图中。设在线路首端 f 点发生断线故障。求端口的开路电压和各序等值阻抗。

解 （1）求断口开路电压 $\dot{U}_{ff'|0|}$。

为求 $\dot{U}_{ff'|0|}$，需先求出发电机 G 在该运行状态下的次暂态电动势 $\dot{E}''$：

$$\dot{E}''=\dot{U}_S+jX_{\Sigma}\dot{I}=1\angle0^\circ+j(X''+X_T+X_L)(P_0-jQ_0)/\dot{U}_S$$
$$=1\angle0^\circ+j0.4(1-j0.2)=1.08+j0.4=1.1517\angle20.323^\circ$$

如在 f 点将三相线路全部断开，则端口电压为

$$\dot{U}_{ff'|0|}=\dot{E}''-\dot{U}_S=0.08+j0.4=0.4079\angle78.690^\circ$$

（2）求断口各序等值电抗。

系统的正序（负序）零序等值电路如图 4-58 所示。注意无穷大系统的内阻抗为零，由图可知

$$X_{ff'+}=X_{ff'-}=0.4 \qquad X_{ff'0}=0.4$$

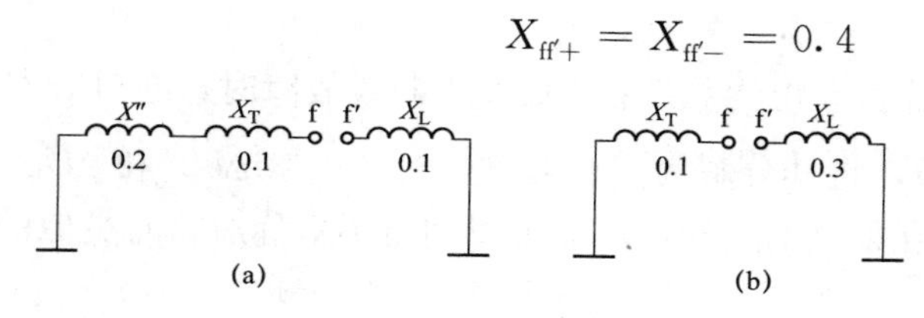

图 4-58 ［例 4-11］系统

（a）正序（负序）等值电路；（b）零序等值电路

由以上介绍可见，要分析断线故障，首先必须求取端口的各序等值阻抗，而后再对单相断线、两相断线进行具体分析。下面分别予以介绍。

1. 端口等值阻抗的求取

和短路时求取短路点等值阻抗一样，断线时断口处的等值阻抗既可通过网络化简，如同上例，由串并联及星网变换得到，也可由节点阻抗矩阵得到。前者仅适用于简单系统，后者是实际电力系统故障分析中采用的方法，也是计算机分析时采用的方法。

前已指出，短路时短路点的等值阻抗是节点阻抗矩阵中该点的自阻抗，因而只要由节点导纳矩阵求出节点阻抗矩阵，则网络各点短路时的等值阻抗均知晓，余下计算十分简单。但断线时并非如此，即使得到了节点阻抗矩阵，也还需要通过一定计算才能求出端口的等值阻抗。下面就推导这一关系，采用的方式是：先给出结论，然后予以证明，最后用实例验证。

（1）结论：断线时断口等值阻抗的计算公式为

$$Z_{ff'}=-z_{ij}^2/(Z_{ii}+Z_{jj}-2Z_{ij}-z_{ij}) \tag{4-125}$$

式中：z_{ij} 为断口所在支路 ij 的阻抗，Z_{ii}、Z_{jj}、Z_{ij} 为未断线时原网络节点阻抗矩阵中的元素。

（2）证明：由 $Z_{ff'}$ 的定义，从断口 ff′向整个网络看去的等值阻抗应等于断口 ff′所在支路 $i-j$ 的阻抗 z_{ij} 加上从 i、j 两节点向此时网络（$i-j$ 支路已三相断开的网络）看去的等值阻抗 $Z'_{ij\sum}$，即 $Z_{ff'}=z_{ij}+Z'_{ij\sum}$。后者在数值上等于此时从节点 i 注入单位正电流，同时从节点 j 注入单位负电流（即从 j 流出单位电流）时端口 ij 间的电压。将支路 ij 断开后的节点电压方程 $\dot{U}'_B=Z'_B\dot{I}'_B$ 展开，并令 $\dot{I}'_i=1$，$\dot{I}'_i=-1$，得到

$$\begin{bmatrix}\dot{U}'_1\\ \vdots\\ \dot{U}'_i\\ \vdots\\ \dot{U}'_j\\ \vdots\\ \dot{U}'_n\end{bmatrix}=\begin{bmatrix}Z'_{11} & \cdots & Z'_{1i} & \cdots & Z'_{1j} & \cdots & Z'_{1n}\\ \vdots & & & & & & \vdots\\ Z'_{i1} & \cdots & Z'_{ii} & \cdots & Z'_{ij} & \cdots & Z'_{in}\\ \vdots & & & & & & \vdots\\ Z'_{j1} & \cdots & Z'_{ji} & \cdots & Z'_{jj} & \cdots & Z'_{jn}\\ \vdots & & & & & & \vdots\\ Z'_{n1} & \cdots & Z'_{ni} & \cdots & Z'_{nj} & \cdots & Z'_{nn}\end{bmatrix}\begin{bmatrix}0\\ \vdots\\ 1\\ \vdots\\ -1\\ \vdots\\ 0\end{bmatrix} \tag{4-126}$$

从而

$$Z'_{ij\sum}=\dot{U}'_i-\dot{U}'_j=(Z'_{ii}-Z'_{ij})-(Z'_{ji}-Z'_{jj})=Z'_{ii}+Z'_{jj}-2Z'_{ij} \tag{4-127}$$

可见，如果知道了支路 ij 断开后的节点阻抗矩阵 Z'_B，则 $Z'_{ij\sum}$ 可求得，从而 $Z_{ff'}$ 就可求得，但一般不希望重新形成 Y'_B 再求取 Z'_B，而希望利用原网络的节点阻抗矩阵 Z_B 经适当修正得到，以减小工作量。

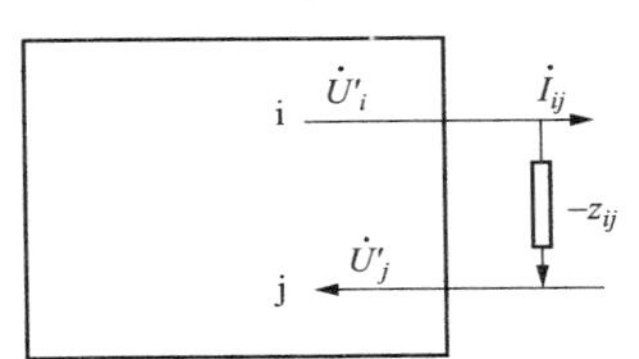

图 4-59　求取断口等值阻抗的示意图

设原网络如图 4-59 所示，断开支路 ij 相当于在节点 ij 间并上一条阻抗为 $-z_{ij}$ 的支路，此时 $-z_{ij}$ 支路中将有电流 $\dot{I}_{ij}$ 流过，从而网络节点电流的列向量为

$$I'_B=\begin{bmatrix}\dot{I}'\\ \vdots\\ \dot{I}_i-\dot{I}_{ij}\\ \vdots\\ \dot{I}_i+\dot{I}_{ij}\\ \vdots\\ \dot{I}_n\end{bmatrix}=I_B-\begin{bmatrix}0\\ \vdots\\ 1\\ \vdots\\ -1\\ \vdots\\ 0\end{bmatrix}\dot{I}_{ij}=I_B-C_{ij}^T\dot{I}_{ij} \tag{4-128}$$

其中 $C_{ij}=[0\cdots1\cdots-1\cdots0]^T$。

式（4-128）表明，支路 ij 断开可用节点电流改变而网络结构不变来等效，从而

$$U'_B=Z_BI'_B=Z_B(I_B-C_{ij}^T\dot{I}_{ij}) \tag{4-129}$$

对支路 ij 列写电压方程

$$-z_{ij}\dot{I}_{ij}=\dot{U}'_i-\dot{U}'_j=C_{ij}U'_B=C_{ij}Z_B(I_B-C_{ij}^T\dot{I}'_{ij})$$

所以

$$\dot{I}_{ij}=\frac{C_{ij}Z_B}{C_{ij}Z_BC_{ij}^T-z_{ij}}I_B \tag{4-130}$$

代入式（4-129），得到

$$U'_{\mathrm{B}}=Z_{\mathrm{B}}(I_{\mathrm{B}}-\frac{C_{ij}^{\mathrm{T}}C_{ij}Z_{\mathrm{B}}}{C_{ij}Z_{\mathrm{B}}C_{ij}^{\mathrm{T}}-z_{ij}}I_{\mathrm{B}})=(Z_{\mathrm{B}}-\Delta Z_{\mathrm{B}})I_{\mathrm{B}}=Z'_{\mathrm{B}}I_{\mathrm{B}} \tag{4-131}$$

式（4-131）表明，支路 ij 断开也相当于由原网络节点阻抗矩阵 Z_{B} 减去 ΔZ_{B}，即 $Z'_{\mathrm{B}}=Z_{\mathrm{B}}-\Delta Z_{\mathrm{B}}$。

将 ΔZ 展开，即

$$Z_{\mathrm{B}}C_{ij}^{\mathrm{T}}=Z_{\mathrm{B}}\begin{bmatrix}0\\ \vdots\\ 1\\ \vdots\\ -1\\ \vdots\\ 0\end{bmatrix}=\begin{bmatrix}Z_{1i}-Z_{1j}\\ \vdots\\ Z_{ii}-Z_{ij}\\ \vdots\\ Z_{ji}-Z_{jj}\\ \vdots\\ Z_{ni}-Z_{nj}\end{bmatrix}$$

$$C_{ij}Z_{\mathrm{B}}=[0\cdots1\cdots-1\cdots0]Z_{\mathrm{B}}=[(Z_{1i}-Z_{1j})\cdots(Z_{ii}-Z_{ij})\cdots(Z_{ji}-Z_{jj})\cdots(Z_{ni}-Z_{nj})]$$

$$C_{ij}Z_{\mathrm{B}}C_{ij}^{\mathrm{T}}=(Z_{ii}-Z_{ij})-(Z_{ji}-Z_{jj})=Z_{ii}+Z_{ij}-2Z_{ij}$$

所以

$$\Delta Z_{\mathrm{B}}=\frac{1}{Z_{ii}+Z_{ij}-2Z_{ij}-z_{ij}}\begin{bmatrix}Z_{1i}-Z_{1j}\\ \vdots\\ Z_{ii}-Z_{ij}\\ \vdots\\ Z_{ji}-Z_{jj}\\ \vdots\\ Z_{ni}-Z_{nj}\end{bmatrix}[(Z_{1i}-Z_{1j})\cdots(Z_{ii}-Z_{ij})\cdots(Z_{ji}-Z_{jj})\cdots(Z_{ni}-Z_{nj})]$$

从而

$$Z'_{ii}=Z_{ii}-\frac{1}{Z_{ii}+Z_{jj}-2Z_{ij}-z_{ij}}(Z_{ii}-Z_{ij})^2$$

$$Z'_{jj}=Z_{jj}-\frac{1}{Z_{ii}+Z_{jj}-2Z_{ij}-z_{ij}}(Z_{ji}-Z_{jj})^2$$

$$Z'_{ij}=Z_{ij}-\frac{1}{Z_{ii}+Z_{jj}-2Z_{ij}-z_{ij}}(Z_{ii}+Z_{ij})(Z_{ji}-Z_{jj}) \tag{4-132}$$

将其代入式（4-127），经整理得到

$$Z'_{ij\sum}=Z'_{ii}+Z'_{jj}-2Z'_{ij}=-z_{ij}\frac{(Z_{ii}+Z_{ij}-2Z_{ij})}{(Z_{ii}+Z_{ij}-2Z_{ij}-z_{ij})}$$

从而

$$Z_{\mathrm{ff'}}=z_{ij}+Z'_{ij\sum}=-z_{ij}^2/(Z_{ii}+Z_{ij}-2Z_{ij}-z_{ij})$$

式（4-125）得证。

（3）实例验证。

【例 4-12】 求［例 4-4］系统在支路 12 的 1 号节点侧发生断线故障，求其各序等值阻抗。

解 ［例 4-4］中已求得正序节点阻抗矩阵为

$$Z_{\mathrm{B+}}=\mathrm{j}\begin{bmatrix}0.2532 & 0.2116 & 0.2052\\ & 0.2229 & 0.1975\\ & & 0.2149\end{bmatrix}$$

又 $z_{12}=\mathrm{j}0.08$，由式（4-125）有

$$Z_{\mathrm{ff'}+}=-z_{ij}^{2}/(Z_{ii}+Z_{jj}-2Z_{ij}-z_{ij})$$
$$=\frac{-(\mathrm{j}0.08)^{2}}{\mathrm{j}(0.2532+0.2229-2\times0.2116-0.08)}=\mathrm{j}0.2362=Z_{\mathrm{ff'}-}$$

还可用网络化简法求取

$$Z_{\mathrm{ff'}+}=\mathrm{j}0.08+(\mathrm{j}0.032+\mathrm{j}0.16+2\times\mathrm{j}0.1905)//\mathrm{j}0.06+\mathrm{j}0.1$$
$$=\mathrm{j}0.2361=Z_{\mathrm{ff'}-}$$

二者结果一致。式（4-125）得到验证。

同理可求出 $Z_{\mathrm{ff'}0}$。

2. 单相断线故障 $\mathrm{o}^{(1)}$

与短路故障相似，断线故障的通用电压方程中共含六个未知量 $\Delta\dot{U}_{+}$、$\Delta\dot{U}_{-}$、$\Delta\dot{U}_{0}$ 和 I'_{+}、I'_{-}、I'_{0}，而方程数仅三，故需补充三个方程才能求解，其由具体故障的边界条件提供。

对于单相断线故障 $\mathrm{o}^{(1)}$，设 a 相发生断线，如图 4-60 所示，其边界条件为

$$\dot{I}'_{\mathrm{a}}=0\ ;\ \Delta\dot{I}_{\mathrm{ff'b}}=\Delta\dot{U}_{\mathrm{ff'b}}=0 \tag{4-133}$$

化为序量形式，得到

$$\dot{I}_{+}+\dot{I}_{-}+\dot{I}_{0}=0\ ;\ \Delta\dot{U}_{+}=\Delta\dot{U}_{-}=\Delta\dot{U}_{0} \tag{4-134}$$

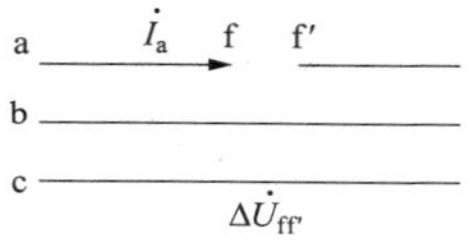

图 4-60　单相断线

不难发现，上述边界条件与两相接地短路时的边界条件在形式上完全相同，故其复合序网也为并联型复合序网，如图 4-61 所示。

由图可写出

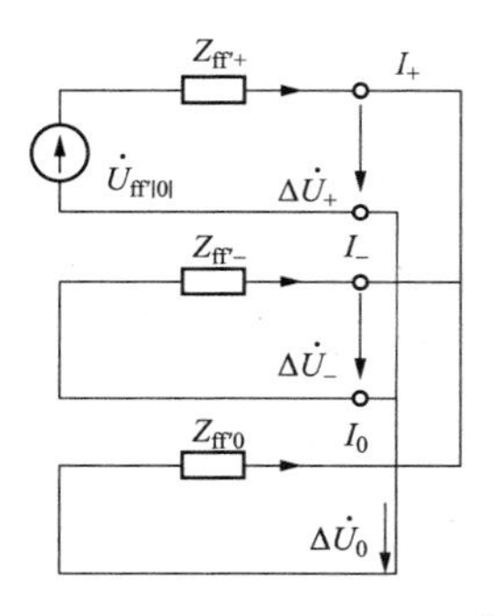

图 4-61　单相断线时的复合序网

$$\begin{cases}\dot{I}_{+}=\dot{U}_{\mathrm{ff'|0|}}/(Z_{\mathrm{ff'}+}+Z_{\mathrm{ff'}-}//Z_{\mathrm{ff'}0})\\ \dot{I}_{-}=-\dot{I}_{+}Z_{\mathrm{ff'}0}/(Z_{\mathrm{ff'}-}+Z_{\mathrm{ff'}0})\\ \dot{I}_{0}=-\dot{I}_{+}Z_{\mathrm{ff'}-}/(Z_{\mathrm{ff'}-}+Z_{\mathrm{ff'}0})\end{cases} \tag{4-135}$$

余下计算同前，不再赘述。

值得注意的时，断口开路电压 $\dot{U}_{\mathrm{ff'}0}$ 的求取不是易事，常需再进行一次潮流计算得到，因而应避免这一困难。

由断线时的正序网络，当正常运行，即未断线时，$\Delta\dot{U}_{+}=0$，断口处的电流即为正常运行时电流 $\dot{I}_{|0|}$（和 $\dot{U}_{\mathrm{f|0|}}$，$\dot{U}_{\mathrm{ff'|0|}}$ 一样，均指 a 相），故有关系式

$$\dot{U}_{\mathrm{ff'|0|}}=Z_{\mathrm{ff'}+}\dot{I}_{|0|} \tag{4-136}$$

代入式（4-135）得到

$$\begin{cases}\dot{I}_{+}=\dot{I}_{|0|}(1/Z_{\mathrm{ff'}-}+1/Z_{\mathrm{ff'}0})/\Delta\\ \dot{I}_{-}=-\dot{I}_{|0|}(1/Z_{\mathrm{ff'}-})/\Delta\\ \dot{I}_{0}=-\dot{I}_{|0|}(1/Z_{\mathrm{ff'}0})/\Delta\end{cases} \tag{4-137}$$

其中 $\Delta=1/Z_{\mathrm{ff'}+}+1/Z_{\mathrm{ff'}-}+1/Z_{\mathrm{ff'}0}$。

表明，只要知道了断口正常运行时的电流 $\dot{I}_{|0|}$（潮流计算中已求得）和断口各序等值阻抗，即可容易地求出断口处各序电流，从而各相电流、电压及非故障处电流、电压均可求得。

对于实用计算，只计电抗 $X_{\sum+}=X_{\sum-}$，引入 $k_0=X_{\sum0}/X_{\sum+}$ 则可推得

$$I_+=I_{|0|}(1+k_0)/(1+2k_0) \tag{4-138}$$

非故障相电流为

$$I_b=I_c=I_{|0|}\sqrt{3}\times\sqrt{1+k_0+k_0^2}/(1+2k_0) \tag{4-139}$$

可见，当 $k_0=0$ 时，$I_b=I_c=\sqrt{3}I_{|0|}$；$k_0=1$ 时，$I_b=I_c=I_{|0|}$；$k_0=\infty$时，$I_b=I_c=0.866I_{|0|}$。故如 $X_{\sum0}<X_{\sum+}$，即 $k_0<1$，则非故障相电流将大于正常电流，出现过载，应引起注意。但最大不会超过 $\sqrt{3}I_{|0|}$，所以比起短路来，故障电流要小得多，但由于此时负序和零序电流是沿线路纵向注入（短路时为垂直横向注入），各元件中实际流通的负序和零序电流较大，易引起绕组过热等问题，值得注意。

【例 4-13】 求［例 4-11］中 f 点发生单相断线时的故障电流。

解： 采用两种方法：$U_{ff'|0|}$ 法和 $I_{|0|}$ 法求解。

(1) $U_{ff'|0|}$ 法。

由式（4-135）代入有关数据，并取 $U_{ff'|0|}$ 为参考相量得到

$$\dot{I}_+=0.4079/\mathrm{j}(0.4+0.4//0.4)=-\mathrm{j}0.6798$$

$$\dot{I}_-=\mathrm{j}0.6798\times\mathrm{j}0.4/\mathrm{j}(0.4+0.4)=\mathrm{j}0.3399$$

$$\dot{I}_0=\mathrm{j}0.3399$$

从而各相故障电流为

$$\begin{bmatrix}\dot{I}_a\\ \dot{I}_b\\ \dot{I}_c\end{bmatrix}=TI_{+-0}=\begin{bmatrix}1 & 1 & 1\\ a^2 & a & 1\\ a & a^2 & 1\end{bmatrix}\begin{bmatrix}-\mathrm{j}0.6798\\ \mathrm{j}0.3399\\ \mathrm{j}0.3399\end{bmatrix}=\begin{bmatrix}0\\ 1.0198\angle 150^\circ\\ 1.0198\angle 30^\circ\end{bmatrix}$$

(2) $I_{|0|}$ 法。

由已知数据

$$\dot{I}_{|0|}=(P_0-\mathrm{j}Q_0)/U_S^*=1-\mathrm{j}0.2=1.0198\angle-11.31^\circ$$

为便于比较，亦取 $U_{ff'|0|}$ 为参考相量，从而 $\dot{I}_{|0|}=-\mathrm{j}1.0198$。

由式（4-137）代入有关数据得到

$$\dot{I}_+=-\mathrm{j}1.0198\left[\frac{\frac{1}{\mathrm{j}0.4}+\frac{1}{\mathrm{j}0.4}}{\frac{1}{\mathrm{j}0.4}+\frac{1}{\mathrm{j}0.4}+\frac{1}{\mathrm{j}0.4}}\right]=-\mathrm{j}0.6798$$

$$\dot{I}_-=-\mathrm{j}1.0198\left[\frac{\frac{1}{\mathrm{j}0.4}+\frac{1}{\mathrm{j}0.4}}{\frac{1}{\mathrm{j}0.4}+\frac{1}{\mathrm{j}0.4}+\frac{1}{\mathrm{j}0.4}}\right]=\mathrm{j}0.3399$$

$$\dot{I}_0=\mathrm{j}0.3399$$

两者结果相同。

还可以看出，此时非故障相电流 $I_b = I_c = 1.0198$，与正常时电流 $I_{|0|}$ 相等。因此时 $k_0 = X_{\sum 0}/X_{\sum +} = 0.4/0.4 = 1$。

3. 两相断线故障 o(2)

设 f 点 b 相和 c 相发生断线，如图 4-62 所示。其边界条件为

$$\dot{U}_{ff'a} = 0\ ;\ \dot{I}_b = \dot{I}_c = 0 \quad (4-140)$$

化为序量形式，得到

$$\Delta\dot{U}_+ = \Delta\dot{U}_- = \Delta\dot{U}_0 = 0\ ;\ \dot{I}_+ = \dot{I}_- = \dot{I}_0 \quad (4-141)$$

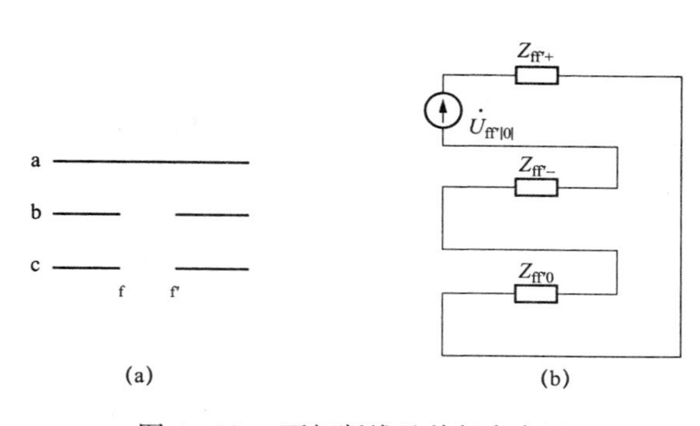

图 4-62　两相断线及其复合序网

(a) 两相断线；(b) 复合序网

不难发现，上述边界条件与单相接地短路时的边界条件在形式上完全相同，故其复合序网为串联型复合序网，如图 4-62 所示。由图可见

$$\dot{I}_+ = \dot{U}_{ff'|0|}/(Z_{ff'+} + Z_{ff'-} + Z_{ff'0}) = \dot{I}_- = \dot{I}_0 \quad (4-142)$$

基于和单相断线时相同的原因，为避免求取 $\dot{U}_{ff'|0|}$，将关系式 $\dot{U}_{ff'|0|} = Z_{ff'+}\dot{I}_{|0|}$ 代入，得到

$$\dot{I}_+ = \dot{I}_{|0|} Z_{ff'|0|}/(Z_{ff'+} + Z_{ff'-} + Z_{ff'0}) = \dot{I}_- = \dot{I}_0 \quad (4-143)$$

对于实用计算，有

$$\begin{aligned} I_+ &= I_{|0|}/(2+k_0) \\ I_a &= 3I_{|0|}/(2+k_0) \end{aligned} \quad (4-144)$$

可见当 $k_0 = 0$ 时，$I_a = 1.5I_{|0|}$；$k_0 = 1$ 时，$I_a = I_{|0|}$；$k_0 = \infty$时，$I_a = 0$。实际中会出现 $X_{\sum 0} < X_{\sum +}$，即 $k_0 < 1$ 的情况，此时非故障相电流会过负荷，但最大不会超过 $1.5I_{|0|}$。

（四）非标准故障条件的处理

前面所有的不对称故障分析中，均以 a 相作为故障的特殊相，例如单相短路时以 a 相接地，两相短路时以 b、c 相短路等，这样可使以 a 相为基准的各序分量边界条件比较简单，易于计算。这种做法称为标准故障条件。

如果在不对称故障分析中不取 a 相为特殊相，则称为非标准故障条件。这里简单介绍非标准故障条件的处理。

以 f 点 b 相发生单相短路为例，列出此时的边界条件为

$$\begin{cases} \dot{U}_{fb} = 0 \\ \dot{I}_{fa} = \dot{I}_{fb} = 0 \end{cases} \quad (4-145)$$

转换为各序分量的关系为

$$\begin{cases} a^2\dot{U}_{f+} + a\dot{U}_{f-} + \dot{U}_{f0} = 0 \\ a^2\dot{I}_{f+} = a\dot{I}_{f-} = \dot{I}_{f0} \end{cases} \quad (4-146)$$

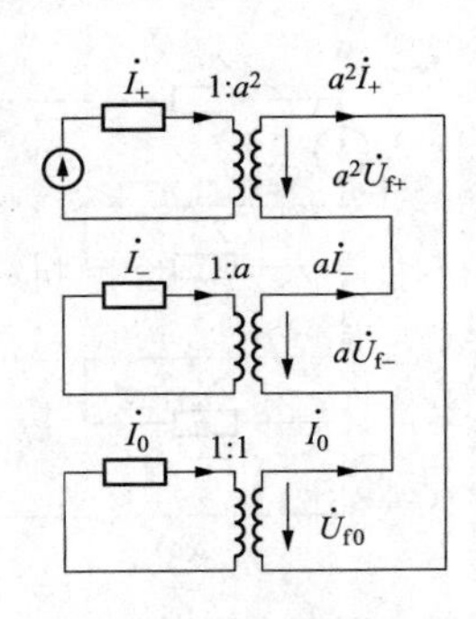

图 4-63 b相短路时的复合序网

1. 理想变压器法

为组成复合序网，引入变比 $1:a^2$、$1:a$ 和 $1:1$ 的三种理想变压器。所谓理想变压器应满足下述条件：无漏磁、无损耗、导磁率为 ∞。对上述三种理想变压器还具有电压变比与电流变比相等的特性，即 $\dot{U}_1/\dot{U}_2=\dot{I}_1/\dot{I}_2$（一般变压器两者应互为倒数）。从而可组成如图 4-63 所示的复合序网。

2. 边界条件矩阵法

所谓边界条件矩阵定义为 a 相为特殊相时，边界条件阵 $K_a=[1,1,1]$，b 相为特殊相时，$K_b=[a^2,a,1]$，c 相为特殊相时，$K_c=[a,a^2,1]$。三者正分别是对称分量变换矩阵 $\boldsymbol{T}$ 中的第一行、第二行和第三行。

将通用电压方程表示为矩阵形式，即

$$\begin{bmatrix}\dot{U}_{f|0|}\\0\\0\end{bmatrix}-\begin{bmatrix}\dot{U}_{f+}\\\dot{U}_{f-}\\\dot{U}_{f0}\end{bmatrix}=\begin{bmatrix}Z_{\Sigma+}&&\\&Z_{\Sigma-}&\\&&Z_{\Sigma0}\end{bmatrix}\begin{bmatrix}\dot{I}_{f+}\\\dot{I}_{f-}\\\dot{I}_{f0}\end{bmatrix}\tag{4-147}$$

对于串联型故障，如单相短路，只需用边界条件阵 K 左乘式（4-147），并利用相应的边界条件，便可求出故障电流。

例如，b 相发生三相短路，用 $K_b=[a^2,a,1]$ 左乘式（4-147），并利用边界条件（4-146）便得到

$$a^2\dot{U}_{f|0|}=(Z_{\Sigma+}+Z_{\Sigma-}+Z_{\Sigma0})\dot{I}_{f0}$$

从而

$$\dot{I}_{f0}=a^2\dot{U}_{f|0|}/(Z_{\Sigma+}+Z_{\Sigma-}+Z_{\Sigma0})\tag{4-148}$$

$$\dot{I}_{fb}=3\dot{I}_{f0}=3a^2\dot{U}_{f|0|}/(Z_{\Sigma+}+Z_{\Sigma-}+Z_{\Sigma0})\tag{4-149}$$

用同样方法可容易地推出 c 相为特殊相时的表述式。

将式（4-149）和 a 相为特殊相的结果相比较，可见短路电流的大小一样，仅相位不同而已。对于简单故障，即系统中只有一处故障的情况，上述差别无关紧要，因有实际意义的是短路电流的大小。但对于复杂故障，即系统中同时两处及以上故障的情况，就必须考虑特殊相，因不同相故障叠加会产生不同的结果。

对于复杂故障，例如两重故障，有两个故障端口，从而有两组通用电压方程及两组边界条件联立求解，也可用两端口理论进行推导。

还应指出，运用边界条件矩阵法处理非标准故障条件时，对于并联型故障，如两组短路和两相接地短路，需用边界条件阵左乘导纳形式的通用电压方程，即

$$\begin{bmatrix}\dot{I}_{f+}\\\dot{I}_{f-}\\\dot{I}_{f0}\end{bmatrix}=\begin{bmatrix}Y_{\Sigma+}\dot{U}_{f|0|}\\0\\0\end{bmatrix}-\begin{bmatrix}Y_{\Sigma+}&&\\&Y_{\Sigma-}&\\&&Y_{\Sigma0}\end{bmatrix}\begin{bmatrix}\dot{U}_{f+}\\\dot{U}_{f-}\\\dot{U}_{f0}\end{bmatrix}\tag{4-150}$$

在对称故障分析的基础上进行电力系统不对称故障的分析计算并不困难，采用的方法是先利用对称分量变换将"不对称问题对称化"，得到正序、负序和零序三个对称网络；再利

用具体故障的边界条件将三个序网络连成适当形式：串联型或并联型复合序网，从而得到故障电流各序分量的表达式，然后求出各处的电流电压。

在分别分析了单相短路、两相短路和两相接地短路的基础上，归纳出一条简明扼要的规律——正序等效定则：不对称短路时短路处的正序电流可在三相短路基础上串入一附加阻抗 ΔZ 求得，而总的短路电流可由正序分量乘以系数 M 得到。对于不同短路类型，附加阻抗 ΔZ 和系数 M 取不同值。断线故障可用类似方法分析，但需注意二者之间的区别，如断口电压 $\dot{U}_{\mathrm{ff'|0|}}$ 和短路点正常电压 $\dot{U}_{\mathrm{f|0|}}$ 的不同，断线端口等值阻抗和短路点端口等值阻抗的不同以及二者求取方法的不同。

制订电力系统的各序网络时，应注意零序网络的特殊性：零序电流的流通路径及元件零序阻抗的值与正、负序时有很大不同；短路时的零序网络和断线时的零序网络也有很大不同。

小　结

电力系统的故障计算是电力系统基本计算中的第二大计算。本章内容分为：①故障计算的基本知识，介绍故障的分类、短路的定义、原因及后果、故障分析的目的及故障计算中标幺制的特点，以及包括无穷大功率电源供电系统三相短路电流的计算；②对称故障的分析计算，同步发电机突然三相短路的分析和电力系统三相短路电流的实用计算；③不对称故障的分析计算，介绍了对称分量变换、元件的序参数和各种不对称故障的分析计算。

本章的难点在同步发电机的突然三相短路，由于概念多、参数多、数学推导也多，常被认为是本课程最为困难的部分之一，建议主要应注意物理概念的理解、分析问题的思路及内容之间的有机联系。本章的具体计算在实用计算中只考虑短路电流中周期分量的起始值，即次暂态电流 I''，而且是其中的故障分量，便可化为稳态电路的求解方式。至于不对称故障，在经过对称分量变换及总结出正序等效定则后，也可转化为一个简单稳态电路的求解。

思考题和习题 4

4-1　何谓电力系统的故障？如何分类？

4-2　何谓短路？短路发生的原因有哪些？短路会引起什么后果？后果中最为严重的是什么？

4-3　电力系统的各种故障中，哪种故障发生的概率最大？哪种最小？哪种短路的后果最严重？为什么？

4-4　故障计算中的标幺值有何特点？

4-5　时间标幺值的单位是什么？时间的基准值如何选取？为何要这样取？是否可以取别的基准？

4-6　何谓无穷大功率电源？有何特点？实际电源是否为无穷大功率电源？在什么情况下可以认为其为无穷大功率电源？

4-7　无穷大电源供电系统三相短路电流有何特点？在什么情况下短路电流最大？

4-8　何谓短路冲击电流？何谓最大有效值电流？如何计算？冲击系数的含义是什么？如何取值？

4-9 何谓短路电流衰减的时间常数？它的数学意义是什么？它的物理意义是什么？时间常数越小，电流衰减的越快还是越慢？为什么？

4-10 何谓短路功率（容量）？有何物理意义？

4-11 何谓磁链不突变原理？它的实质是什么？

4-12 简述无阻尼绕组同步发电机突然三相短路的物理过程。

4-13 有阻尼绕组同步发电机突然三相短路时定子绕组中的电流由哪些分量组成？各按什么时间常数衰减？

4-14 T'_d 是什么绕组在什么情况下的时间常数？无阻尼绕组和有阻尼绕组的 T'_d 是否相同？实用中是如何处理的？

4-15 何谓暂态电动势？它有什么特点？为何具有此特点？

4-16 何谓次暂态电动势？它有什么特点？为何具有此特点？

4-17 为何只提 E'_q，不提 E'_d？为何只提 X'_d，不提 X'_q？如在文献中看到 X'_q，你作何理解？

4-18 何谓暂态电抗后电动势？它在短路瞬间是否突变？

4-19 何谓次暂态电抗后电动势？它在短路瞬间是否突变？

4-20 画出发电机正常运行时的相量图，标出暂态和次暂态量。

4-21 画出次暂态电抗 X''_q 对应的磁路图，写出其表达式。

4-22 T''_d 是什么绕组在什么情况下的时间常数？写出其表达式。

4-23 何谓发电机的次暂态模型？用于什么目的？为何可用这样的模型？

4-24 异步电动机的次暂态模型有何特点？其与发电机的次暂态模型有何不同？异步电动机的次暂态电抗和起动电抗有何关系？

4-25 异步电动机短路电流的衰减速度比发电机快还是慢？为什么？

4-26 何谓强行励磁？其作用是什么？其作用的大小和哪些因素有关？

4-27 次暂态电流的含义是什么？求解次暂态电流的等值电路和求解潮流时的等值电路有何不同？

4-28 电力系统三相短路电流实用计算法的含义是什么？它求的是什么电流？

4-29 短路时短路点等值阻抗的含义是什么，如何求取？

4-30 如需求其他时刻的短路电流，可采用什么方法？

4-31 对称分量变换的实质是什么？它和 Park 变换有何不同？

4-32 变压器的零序电抗有何特点？它的大小和什么因素有关？

4-33 如图 4-64 所示变压器的联结方式，其从原方和副方看去的零序等值电抗各为多少？

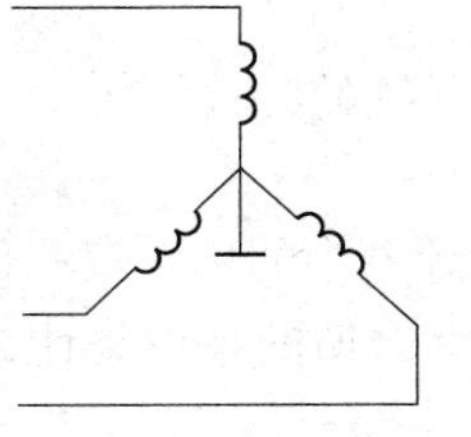
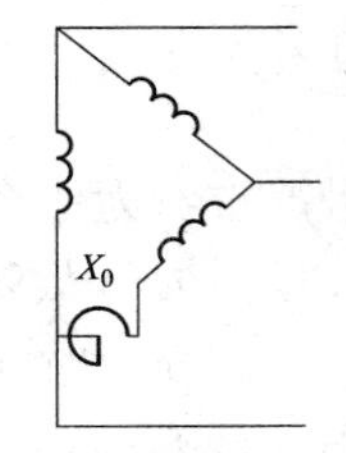

图 4-64 题 4-33 接线图

4-34 同杆架设的双回输电线每一回的零序等值电抗比单一回线的零序电抗大还是小？为什么？

4-35 何谓边界条件？为什么要列出故障的边界条件？

4-36 何谓复合序网？它有什么用途？

4-37 何谓正序等效定则？各类对称故障的附加阻抗 ΔZ 和系数 M 为多少？

4-38　不对称短路电流表达式中的 k_0 代表什么？如 $k_0=1$，$I_f^{(1)}$、$I_f^{(2)}$、$I_f^{(1,1)}$ 和 $I_f^{(3)}$，何者为大？

4-39　为何 $f^{(2)}$ 的复合序网中无零序网络？

4-40　正序、负序和零序电流经 YNd11 变压器后相位有何变化？

4-41　断线时断口电压 $\dot{V}_{ff'|0|}$ 的含义是什么？它和短路时短路点的电压 $\dot{V}_{f|0|}$ 有何不同？

4-42　断线时断口的等值阻抗和短路点的等值阻抗有何不同？

4-43　何谓标准故障条件？如故障条件非标准，如何处理？

4-44　图 4-65 所示简单电力系统，用近似法作其标幺值等值电路。取 $S_B=100\text{MVA}$，$U_B=U_{avN}$ 参数为

G：$P_N=240\text{MW}$，$\cos\varphi_N=0.8$，$U_N=10.5\text{kV}$，$X_d\%=100$，$X_q\%=65$；$T_1=300\text{MVA}$，$U_s\%=14$，$10.5/242\text{kV}$，I_1：120km，$X_1=0.4\Omega/\text{km}$，T_2：280MVA，$U_s\%=12$，$220/121\text{kV}$；$P_0=220\text{MW}$，$\cos\varphi_0=0.98$。

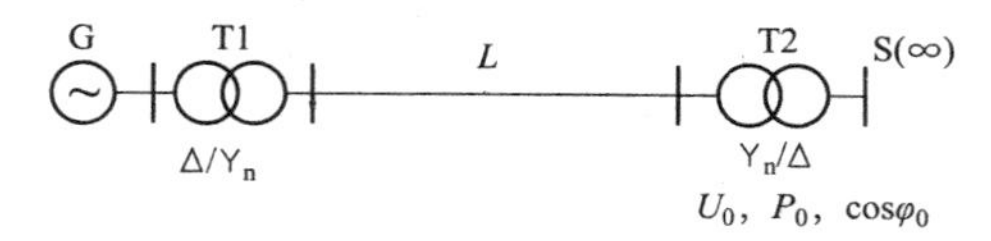

图 4-65　题 4-44 系统图

4-45　一 220V 交流电源可视为无穷大电源，与 R-L 串联电路接通，$R=30\,\Omega$，$L=0.25\text{H}$。

a）如果接通时电源电压的瞬时值为 100V，求电流中的非周期分量；

b）如接通时非周期分量最大，求 $t=0$ 时电压的瞬时值，并求出冲击电流和最大有效值电流；

c）如接通时非周期分量为 0，求 $t=0$ 时电压的瞬时值；

d）如接通时电压瞬时值为 0，求 $t=0.5$、1.5 和 5 时的电流瞬时值。设 $f_N=50\text{Hz}$。

4-46　如图 4-66 所示供电系统，设供电点处为无穷大功率电源，当空载运行时变压器低压母线发生三相短路，求 a）短路电流周期分量 I、冲击电流 i_m、最大有效电流 I_M 和短路功率 S_f 的有名值；b）当 a 相非周期分量电流的初始值为零和最大时，相应 b 相和 c 相非周期电流的初始值。

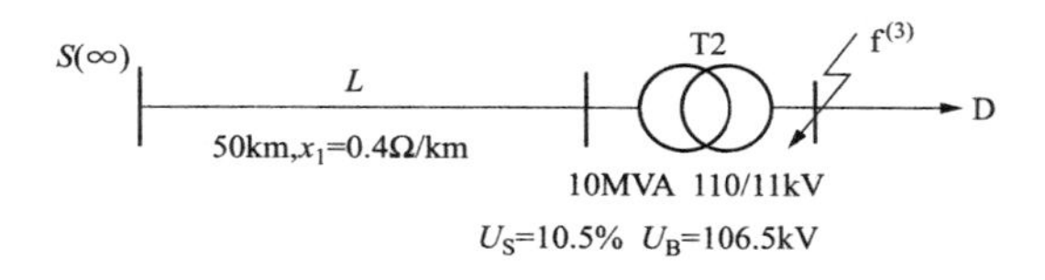

图 4-66　题 4-46 系统图

4-47　一台有阻尼绕组同步发电机，已知 $P_N=200\text{MW}$，$\cos\varphi_N=0.85$，$U_N=15.75\text{kV}$，$X_d=X_q=1.962$，$X'_d=0.246$，$X''_d=0.146$；$X''_q=0.178$，$T_{d0}=7.4\text{s}$，当发电机运行于额定电压且带负荷 $\dot{S}_D=180+\text{j}110\text{MVA}$ 时机端发生三相短路。求：

a）E_q、E'_q、E'、E''_q 和 E'' 短路前瞬间和短路瞬间的值，并画出正常运行时的相量图；

b）起始次暂态电流和倍频分量的起始值。

4-48　如图 4-67 所示系统，求 f 点发生三相短路时短路点的电流和各发电机支路的电流。设线路电抗 $X_1=0.4\Omega/\text{km}$，取 $S_B=100\text{MVA}$。

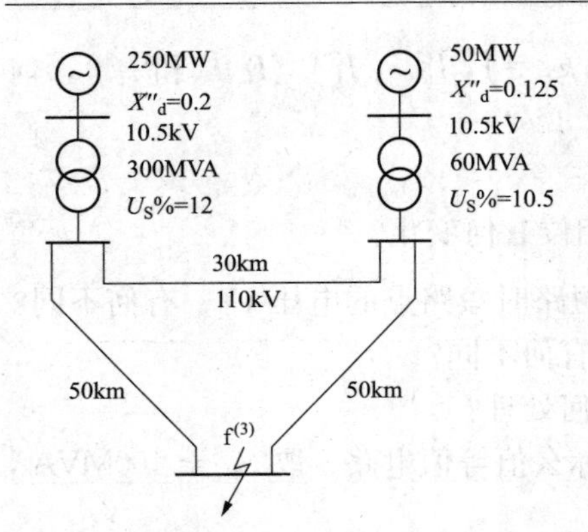

图 4 - 67　题 4 - 48 系统图

4 - 49　试计算图 4 - 68 中流过断路器 A 的最大可能次暂态电流 I''。

4 - 50　求图 4 - 69 所示系统中 f 点三相短路时的短路电流。图中系统 S 的资料不详，仅知：

a）其断路器 CB 的额定开断容量为 1000MVA；

b）其母线短路时的短路电流为 15kA；

c）设其为无穷大电源。

4 - 51　图 4 - 70 所示系统中已知 f_1 点三相短路时的短路功率为 1500MVA，f_2 点三相短路时的短路功率为 1000MVA，求 f_3 点短路时的短路功率。

4 - 52　如图 4 - 71 所示，已知 $I_a = 100\text{A}$，$I_b = 100\text{A}$，$I_c = 0$，$I_\pi = 100\text{A}$。求 $\dot{I}_+$、$\dot{I}_-$、$\dot{I}_0$：a）$\dot{I}_a$ 超前 $\dot{I}_b$；b）$\dot{I}_a$ 滞后 $\dot{I}_b$。

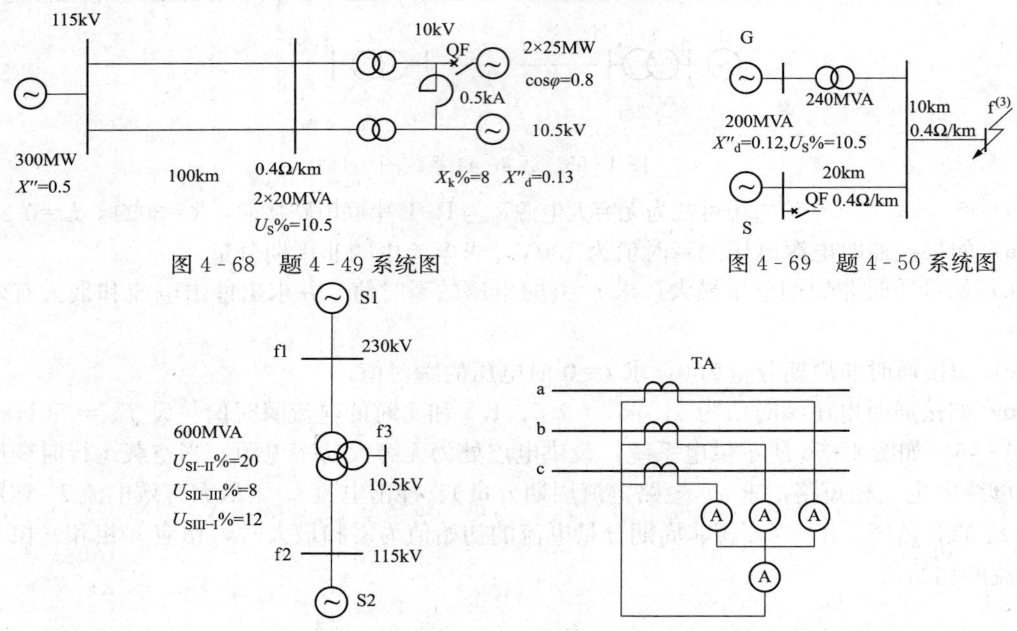

图 4 - 68　题 4 - 49 系统图

图 4 - 69　题 4 - 50 系统图

图 4 - 70　题 4 - 51 系统图

图 4 - 71　题 4 - 52 系统图

4 - 53　设定子绕组中通以负序电流

$$\begin{cases} i_a = -I_m\cos t \\ i_b = -I_m\cos(t+120^\circ) \\ i_c = -I_m\cos(t-120^\circ) \end{cases}$$

证明发电机端电压为

$$\begin{cases} U_a = -\dfrac{X''_d + X''_q}{2}I_m\sin t + \dfrac{3(X''_d - X''_q)}{2}I_m\sin(3t+2\theta_0) \\ U_b = -\dfrac{X''_d + X''_q}{2}I_m\sin(t+120^\circ) + \dfrac{3(X''_d - X''_q)}{2}I_m\sin(3t+2\theta_0-120^\circ) \\ U_c = -\dfrac{X''_d + X''_q}{2}I_m\sin(t-120^\circ) + \dfrac{3(X''_d - X''_q)}{2}I_m\sin(3t+2\theta_0+120^\circ) \end{cases}$$

从而按负序电抗的定义，$X_- =$？

4-54　图4-72为一序分量过滤器，证明：$\dot{V}_{12} \propto \dot{I}_+$，$\dot{V}_{31} \propto \dot{I}_-$，$\dot{V}_{56} \propto \dot{I}_0$。

4-55　画出图4-73所示系统下述四种组合情况下f点不对称短路时的零序网络，并用网络简化法写出$X_{\sum 0}$的表达式。各元件三相绕组连接方式见表4-1。

表4-1　**各元件三相绕组连接方式**

	1	2	3	4	5	6
a)	Y_{x_n}	Y_{x_n}	Δ	Y	Y_0	Δ
b)	Y_0	Y	Y_0	Y_0	Y_0	Y_{x_n}
c)	Y	Δ	Y_{x_n}	Y_{x_n}	Δ	Y_0
d)	Y_0	Y_0	Δ	Y_0	Y_{x_n}	Δ

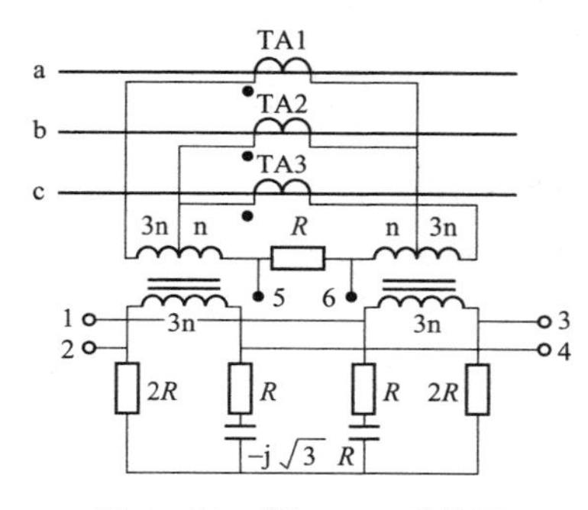

图4-72　题4-54系统图

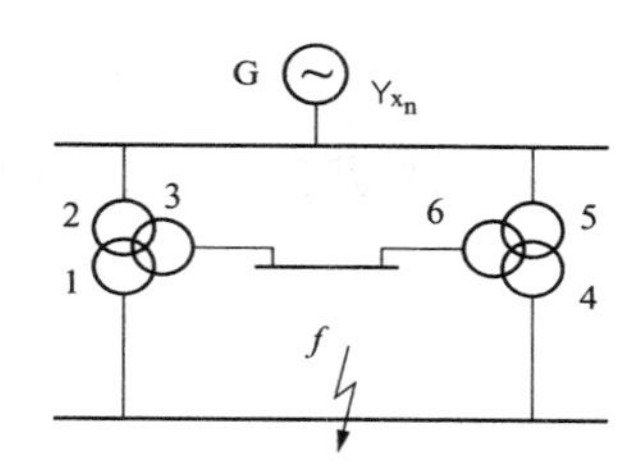

图4-73　题4-55系统图

4-56　确定图4-74所示网络的序网连接。

4-57　图4-75网络，母线Ⅰ与母线Ⅱ之间的输电线长25km，$X_1 = 0.4\Omega/\text{km}$，$X_0 = 3.5X_+$。母线Ⅱ A相发生$f^{(1)}$，已知母线Ⅰ各相电压为：$U_A = \text{j}21\text{kV}$，$U_B = 61.8\angle -21.3°\text{kV}$，$U_C = 61.8\angle 201.3°\text{kV}$，线路上电流$\dot{I}_{Aa} = 1.0509\text{kA}$，$\dot{I}_{Bb} = 0.1063\angle -12.55°\text{kA}$，$\dot{I}_{Cc} = 0.1063\angle 12.55°\text{kA}$，求$U_b$。

4-58　如图4-76所示系统，求：(a)变压器中性点直接接地；(b)变压器中性点经30Ω电抗接地时$I_f^{(1)}$、$I_f^{(2)}$、$I_f^{(1,1)}$和$I_f^{(3)}$的有名值。

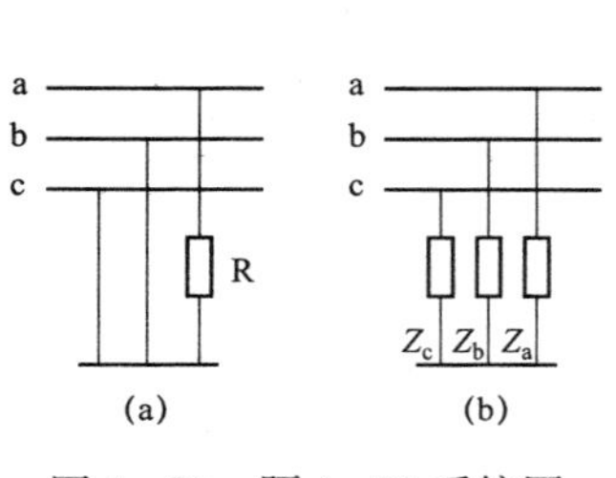

图4-74　题4-56系统图

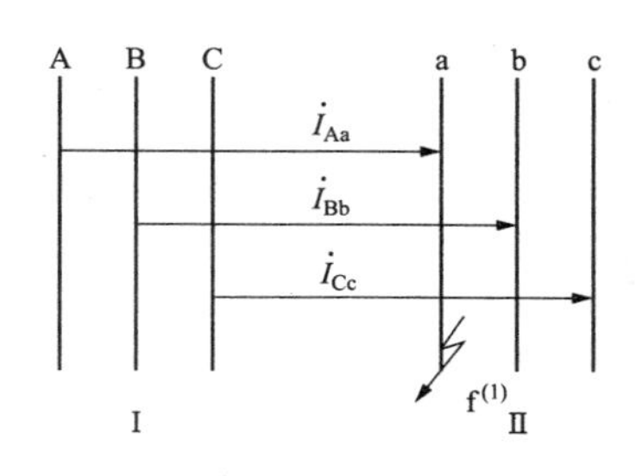

图4-75　题4-57系统图

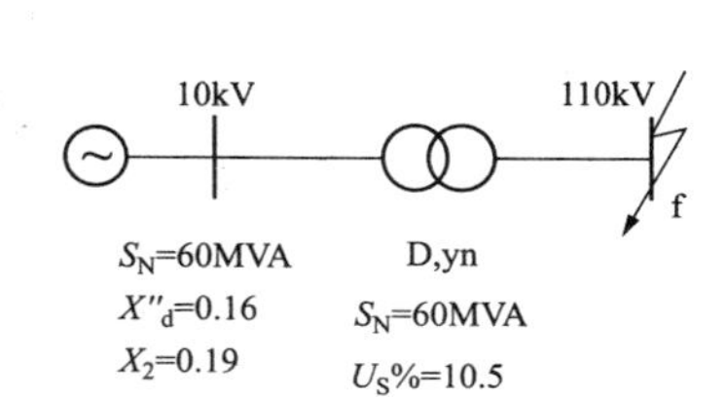

图4-76　题4-58系统图

4-59　画出图 4-77 系统 f 点发生故障时的零序网络，并写出 $X_{ff'0}$ 的表达式。

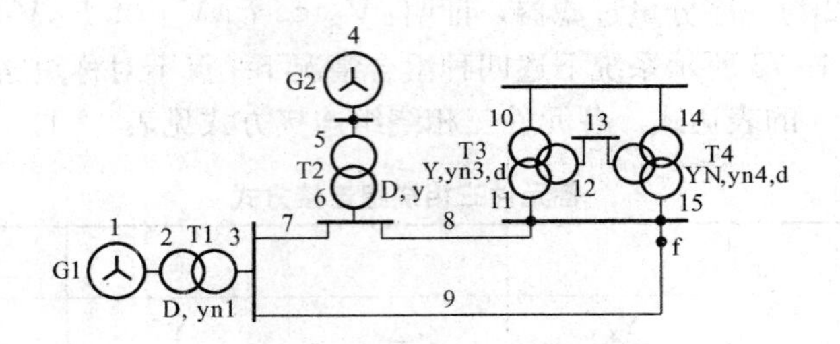

图 4-77　题 4-59 系统图

4-60　求图 4-78 系统 K 点发生单相和两相断线时的非故障相电流。

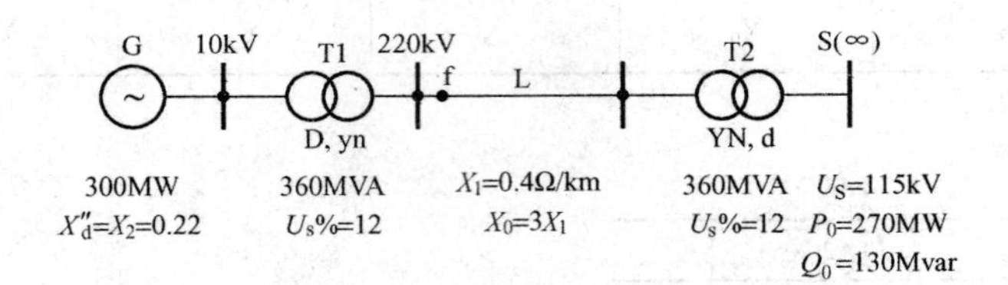

图 4-78　题 4-60 系统图

4-61　推导两相短路经相抗 Z_f 接地时的复合序网图（见图 4-52）。

第五章　电力系统的稳定计算

电力系统的根本任务是合理开发能源，向电力用户提供安全可靠、质量合格和经济的电能。在这三个基本要求中，安全可靠供电是第一位的要求。就是说，必须首先保证电力系统的正常运行，而正常运行所不可缺少的最基本条件是安全和稳定。所谓安全，是指电力系统中所有的电气设备必须在不超过其允许的电压、电流和频率条件下运行，否则会造成设备的损坏。所谓稳定，是指电力系统经受扰动后能继续保持向负荷正常供电的状态，即具有承受扰动的能力。本章的目的是进行电力系统的稳定计算。

电力系统运行时，有三种必须同时满足的稳定性要求：同步运行稳定性、频率稳定性和电压稳定性。电力系统的同步运行稳定性，又称功角稳定性，是指电力系统中所有发电机组能否保持同步稳定运行。当系统在某一正常状态下运行时，系统中所有发电机是保持同步的，它们的电气角速度一样，它们间的角度差为一常数，系统中每一点的电压、电流及功率也为常数。当系统受到某种扰动时，这些运行参数会发生变化，如经过一段时间后，系统能够回到原来的运行状态或者过渡到一个新的正常运行状态，则称系统是同步稳定的。同步稳定的标志是各个发电机之间的功角差（$\delta_{ij}=\delta_i-\delta_j$）能保持有限值而不随时间无限增大。如果系统失去了同步运行稳定性，就会发生振荡，引起系统中各点的电压、电流和功率大幅度周期波动，从而无法向负荷正常供电，严重时将会造成电力系统大面积停电。电力系统的频率稳定性是指能否保持电能的频率指标正常。频率是电能质量的一个重要指标，反映了电力系统中有功功率的平衡水平。由于电能不能大量储存，所以电能的生产、传输、分配和消费是同时进行的，即系统中所有发电厂任何时刻生产的电能必须与该时刻所有负荷所需的电能及传输、分配中损耗的电能之和相等，也就是必须满足有功平衡的等约束条件：$P_{G\Sigma}=P_{D\Sigma}+\Delta P_L$。在这种情况下，全系统的频率为一定值，且应维持在规定的允许范围内。如系统的有功电源不足，则频率下降，当频率下降到一定程度时，将引起系统崩溃，失去频率稳定性，造成全系统停电。电力系统的电压稳定性是指能否保持电能的电压指标正常。电压是电能质量的又一个重要指标，反映电力系统中无功功率的平衡水平。电力系统正常运行时，全系统包括每一地区的无功功率应处于正常的平衡水平，从而各点电压在规定的允许范围之内。如全系统或某一地区的无功电源不足，将引起全系统或该地区电压水平的降低，当电压降到一定程度将引起电压崩溃，失去电压稳定性，造成受影响的地区停电。

随着电力系统向大机组、大电网、高电压和远距离输电发展，电压稳定问题更突出地暴露出来。近年来国际上有多次由电压稳定问题引起的大面积长时间的停电事故发生。因此电压稳定问题引起了电力工业界更多的关注和重视。根据 2004 年 IEEE 电力系统稳定术语、定义工作小组的建议，对电压稳定的定义和分类有如下论述。电压稳定指的是在一个给定的初始运行状态承受扰动后维持所有母线稳态电压的能力。电压稳定问题分为大扰动电压稳定和小扰动电压稳定。大扰动电压稳定指的是在大扰动下（如系统故障、发电机跳闸等）维持稳态电压的能力。小扰动电压稳定指的是系统承受小扰动（如系统负荷变化）维持稳态电压的能力。电压稳定过程的时间可以从几秒变化到几十秒。因此电压稳定既可以是短期现象也可以是长期现象。短期电压稳定涉及快速作用的负荷元件，如感应电动机、电子控制负荷和 HVDC 转换器。长期电压稳定涉及较慢作用的设备，如变压器抽头变化等。

目前对电压稳定的研究内容主要包括对电压崩溃现象机理探讨、电压稳定安全分析以及预防措施、电压稳定研究的负荷模型等。对电压稳定分析的主要方法有基于物理概念的定性分析、基于潮流方程的静态分析方法、基于线性化动态方程的小干扰法分析、基于非线性动态方程的时域仿真方法。对以上分析方法的研究有大量的研究成果，但对电压失稳机理的认识还没有达到一致，有待进一步研究。

以上三种稳定性中，同步运行稳定性是最常发生、最受关注、研究得最多的一种稳定性，本章分析的就是这类稳定性。

由于同步运行稳定性是由发电机转子运动的功率角 δ 表征的，因而同步运行稳定性计算的目标就是求取各发电机受扰后功率角随时间的变化情况而后进行稳定性判别。为此必须首先了解电力系统中各个旋转元件的机械和电气特性，简称机电特性。通常它们由一组非线性微分方程和代数方程描述，所以分析同步运行稳定性的一般方法就是：求解一组在一定初始条件下的非线性微分方程和代数方程，得到发电机功率角 δ 随时间变化的曲线 $\delta(t)$，称为摇摆曲线，从而判断其稳定性。由于电力系统的复杂性，可以想见，这种大量非线性微分方程和代数方程的求解，只能借助计算机，采用一定的方法求解数值解，这类方法称为时域仿真法或逐步分析法（step by step，SBS）。由于其工作量很大，所以人们一直在寻求一些简化方法：如对小扰动，可将非线性微分方程在运行点附近线性化，然后按线性系统的方法，根据其特征根在复平面上的位置判断稳定，称为小扰动法；或者更简单地，找到一些判据直接判断稳定。对大扰动，设法找到一种描述系统运动的能量函数，从能量的角度判断其稳定性从而避免求数值解，称为直接分析法。这些就是分析电力系统同步运行稳定性的方法。

由于同步运行稳定性是电力系统在受到扰动后发电机转子运动的稳定性，所以它和扰动的大小有关。人们通常根据扰动的大小将其分为静态稳定性和暂态稳定性。电力系统的静态稳定性是指：如果在小扰动后系统达到扰动前一样或相近的稳定运行状态，则称系统对该特定运行情况为静态稳定，也称为小扰动下的稳定性。电力系统的暂态稳定性是指：如果在大扰动后系统达到允许的稳定运行情况，即仍能继续保持同步运行，则称系统对该特定运动情况和对该特定扰动为暂态稳定，也称为大扰动下的稳定性。

本章内容分三节：第一节介绍电力系统元件的机电特性，主要是发电机组的机电特性；第二节介绍电力系统暂态稳定性，较为详细地分析了简单电力系统暂态稳定性，简要介绍了复杂电力系统暂态稳定的分析步骤；第三节介绍电力系统静态稳定性，仍以简单系统为主。后两节中还分别介绍了提高电力系统暂态和静态稳定性的措施。

第一节　电力系统元件的机电特性

电力系统由发电机、变压器、电力线路和负荷四大元件组成，其中变压器和电力线路属静止元件，无机械旋转运动，因而只需了解发电机和负荷的机电特性，尤以发电机组的机电特性最为重要。

一、同步发电机组的机电特性

如上所述,机电特性指旋转电气设备的机械和电气特性及其相互联系。同步发电机组的机电特性包括机械运动特性、电磁功率特性、机械功率特性以及发电机励磁调节系统的特性。

（一）同步发电机组的机械运动特性——转子运动方程

同步发电机组的机械运动特性是指发电机转子做旋转运动的特性。描述物体做平面运动的定律是牛顿第二定律，即

$$\Delta F = ma = m\mathrm{d}v/\mathrm{d}t = m\mathrm{d}^2 s/\mathrm{d}t^2 \tag{5-1}$$

式中：ΔF 为作用在物体上的合力；m 为物体的质量；a 为物体运动的加速度；v 为速度；s 为位移；t 为时间。

与其类似，描述物体旋转运动的定律是旋转运动的牛顿定律，即

$$\Delta T = J\alpha = J\mathrm{d}\Omega/\mathrm{d}t = J\mathrm{d}^2\theta/\mathrm{d}t^2 \tag{5-2}$$

式中：ΔT 为作用在物体上的合成加速转矩，N・m；J 为物体的转动惯量，kg・m^2；α 为物体旋转的机械角加速度，rad/s^2；Ω 为机械角速度，rad/s；θ 为机械角位移，rad。

当发电机以同步机械速度旋转时，转子所具有的动能为 $W_\mathrm{K} = \frac{1}{2}J\Omega_\mathrm{N}^2$，从而 $J = 2W_\mathrm{K}/\Omega_\mathrm{N}^2$，代入式（5-2），有

$$\Delta T = \frac{2W_\mathrm{K}}{\Omega_\mathrm{N}^2}\frac{\mathrm{d}\Omega}{\mathrm{d}t} \tag{5-3}$$

将式（5-3）化为标幺值，同时除以以发电机自身额定容量为基准的转矩基准值 $T_\mathrm{B} = S_\mathrm{N}/\Omega_\mathrm{N}$（因转矩与功率间有关系式 $P = \Omega T$，故 $S_\mathrm{B} = \Omega_\mathrm{B} T_\mathrm{B} = \Omega_\mathrm{N} T_\mathrm{B}$），得到

$$\Delta T_* = \frac{2W_\mathrm{K}}{S_\mathrm{N}\Omega_\mathrm{N}}\frac{\mathrm{d}\Omega}{\mathrm{d}t} \tag{5-4}$$

令 $2W_\mathrm{K}/S_\mathrm{N} = T_J$，又考虑机械角速度 Ω 与电角速度 ω 间有关系式 $\omega = p\Omega$（p 为发电机转子的极对数），代入式（5-4）有

$$\Delta T_* = \frac{T_J}{\omega_\mathrm{N}}\frac{\mathrm{d}\omega}{\mathrm{d}t} \tag{5-5}$$

式中：ω_N 和 ω 的单位均为 rad/s；t 的单位为 s；ΔT_* 为标幺值；故 T_J 的单位为 s。式（5-5）可改写为 $\Delta T_* = T_J\mathrm{d}\omega_*/\mathrm{d}t$。如取 $\Delta T_* = 1$，则有 $\mathrm{d}t = T_J\mathrm{d}\omega_*$，从 $\omega_* = 0$ 积分到 $\omega_* = 1$，可得

$$\int_0^t \mathrm{d}t = \int_0^1 T_J\mathrm{d}\omega_* = T_J \tag{5-6}$$

可见 T_J 的物理意义为：在发电机转子上施加单位加速转矩，发电机组从静止（$\omega_* = 0$）升速到额定转速（$\omega_* = 1$）所需的时间，故称为发电机的惯性时间常数。它在数值上等于同步速度旋转时发电机单位容量所具有动能的 2 倍（$2W_\mathrm{K}/S_\mathrm{N}$）。有的文献将 $W_\mathrm{K}/S_\mathrm{N}$ 定义为惯性常数 H，从而 $T_J = 2H$。不同类型的发电机组，其惯性时间常数有不同的值：汽轮发电机组，$T_J = 8 \sim 16$s；水轮发电机组，$T_J = 4 \sim 8$s。容量小的机组有较大值，容量大的有较小值。其均以自身容量 S_N 为基准，如基准变化时，应进行相应的转换，转换式为

$$T_{J\mathrm{B}} = T_{J\mathrm{N}} S_\mathrm{N}/S_\mathrm{B} \tag{5-7}$$

对同步发电机组，作用在其转子上的转矩有起驱动作用的原动机输入的机械转矩 T_m，

起制动作用的发电机输出的电磁转矩 T_e 和摩擦、风阻等阻尼转矩 T_D，从而

$$\Delta T_* = T_{m*} - T_{D*} - T_{e*} \tag{5-8}$$

由于发电机转速一般均接近同步速，即 $\omega_* \approx 1$，故 $T_* \approx P_*$，书写时略去下标 *，同时又因 $d\omega/dt = d^2\delta/dt^2$（$\delta$ 为电角度，单位为 rad），从而可将式（5-5）写成

$$P_m - P_D - P_e = \frac{T_J}{\omega_N}\frac{d\omega}{dt} = \frac{T_J}{\omega_N}\frac{d^2\delta}{dt^2} \tag{5-9}$$

式中：原动机的机械功率 P_m、阻尼功率 P_D 和发电机的电磁功率 P_e 都为标幺值；T_J 和 t 的单位为 s；ω_N 和 ω 的单位为 rad/s；δ 的单位为 rad。

式（5-9）就是表征发电机机械特性的转子运动方程的基本形式，又称发电机的摇摆方程。

摇摆方程还有一些其他形式。如当电角度 δ 的单位取（°）时，$\omega_N = 2\pi f_N$（rad/s）或 $\omega_N = 360 f_N$（deg/s），从而形如

$$P_m - P_D - P_e = \frac{T_J}{360 f_N}\frac{d^2\delta}{dt^2} \tag{5-10}$$

其常用于手算中。

又如，可将摇摆方程表为由两个一阶微分方程表示的状态方程形式

$$\begin{cases} d\delta/dt = \omega - \omega_N \\ d\omega/dt = (P_m - P_D - P_e)\omega_N/T_J \end{cases} \tag{5-11}$$

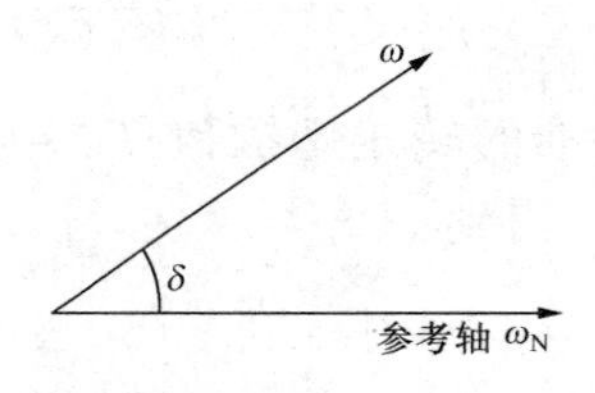

图 5-1　δ 和 ω 与 ω_N 的关系

注意式（5-11）中第一式的含义：发电机转子角度对时间的变化率等于发电机的相对角速度（$\omega - \omega_N$）。解释如下：选在空间以同步速 ω_N 转动的轴为参考轴，当发电机转子以角速度 ω 旋转时，其转子轴 q 与参考轴的夹角 δ（参考图 5-1）为

$$\delta = (\omega - \omega_N)t + \delta_0$$

式中：δ_0 为起始时刻发电机转子 q 轴和参考轴的夹角。将其对时间 t 求导即为上式。

还如，引入发电机转差率 $s = (\omega - \omega_N)/\omega_N$ 代入式（5-11）得到

$$\begin{cases} d\delta/dt = \omega_N s \\ ds/dt = (P_m - P_D - P_e)\omega_N/T_J \end{cases} \tag{5-12}$$

摇摆方程的基本形式和其他形式各有长处，用于不同场合。

需指出，发电机组的阻尼功率 P_D 主要有两部分组成：一部分是由轴承摩擦及转子旋转时空气阻力产生的机械阻尼作用；另一部分是由发电机转子的阻尼绕组（包括铁芯）产生的电气阻尼作用。前者与转子的实际转速有关，后者与发电机的相对转速有关：同步转速运行时无电气阻尼，当偏离同步转速时就会出现，以便使发电机回到同步情况。要准确计及发电机组的阻尼功率十分困难，工程中一般取阻尼功率与发电机的相对转速 $\Delta\omega = \omega - \omega_N$ 成正比，表示为标幺值，即 $P_{D*} = D\Delta\omega/\omega_N$，式中 D 称为阻尼系数，可由实测得到，一般为 1～3（标幺值）。由于相对转速 $\Delta\omega$ 较小，所以 P_D 和 P_m 及 P_e 相比很小，常将其忽略，暂态稳定计算时即如此。但在某些情况下如静态稳定分析中，则必须考虑其作用，因为其决定系统是否稳定和为何种形式的稳定。

从摇摆方程可看出，要了解发电机的机械运动情况，必须知道它的输入机械功率 P_m 和输出功率 P_e 的特性。下面分别予以介绍。

（二）发电机输出的电磁功率 P_e 的特性——功角方程

所谓发电机的功角方程是将发电机输出的电磁功率 P_e 表为功率角 δ 函数的方程 $P_e = f(\delta)$。它有多种表达形式，用于不同场合。此处采用从一般到个别的分析方法：先介绍发电机功角方程的一般表达形式，然后再讨论其特殊形式：两机系统和单机无穷大系统。对单机无穷大系统，又较为详细地讨论了它的多种情况。这一小节的内容较多，须注意掌握它们之间的联系和区别。

1. 功角方程的一般形式

在第三章潮流计算中曾得到节点注入功率表为各节点电压相位角的关系式

$$P_i = \mathrm{Re}(\dot{U}_i \overset{*}{I}_i) = \mathrm{Re}(\dot{U}_i \Sigma \overset{*}{Y}_{ij} \overset{*}{U}_j)$$

$$= U_i \Sigma U_j (G_{ij} \cos\theta_{ij} + B_{ij} \sin\theta_{ij}) \qquad (5-13)$$

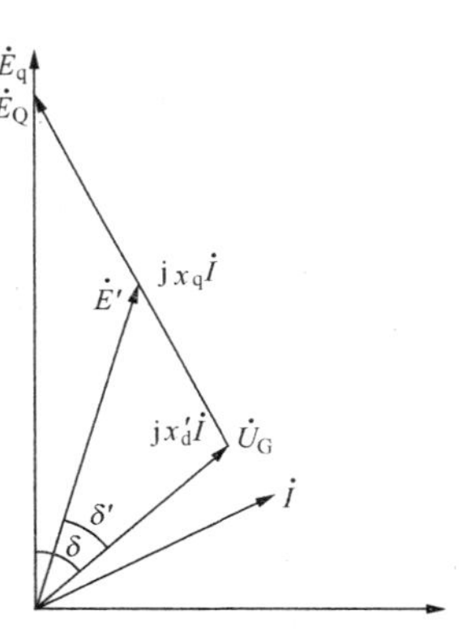

图 5-2　发电机的相量图

由于节点电压的相位角 θ 不能反映发电机转子的位置，所以须将发电机用一定的等值电路表示以得到 $P_e = f(\delta)$。由图 5-2 所示同步发电机的相量图可知，如将发电机表为电动势 $\dot{E}_Q$ 和电抗 x_q 相串联（见图 5-3），则可将发电机的电磁功率 P_e 表为反映转子位置的功率角 δ 的函数。可以有几种表达形式，其中之一是，只保留发电机的内电势节点 1′，…，m′（m 为发电机数）。将其余节点，包括负荷节点在将负荷表为阻抗后均消去，得到网络收缩到发电机内电动势 $\dot{E}_Q$ 的节点导纳矩阵 $\boldsymbol{Y}_r$，从而可写出发电机输出的电磁功率为

$$P_{ei} = E_{Qi} \Sigma E_{Qj} (G_{ij} \cos\delta_{ij} + E_{ij} \sin\delta_{ij}) \qquad (5-14)$$

注意式（5-14）中 G_{ij}、B_{ij}、δ_{ij} 和式（5-13）中 G_{ij}、B_{ij} 及 θ_{ij} 的区别。

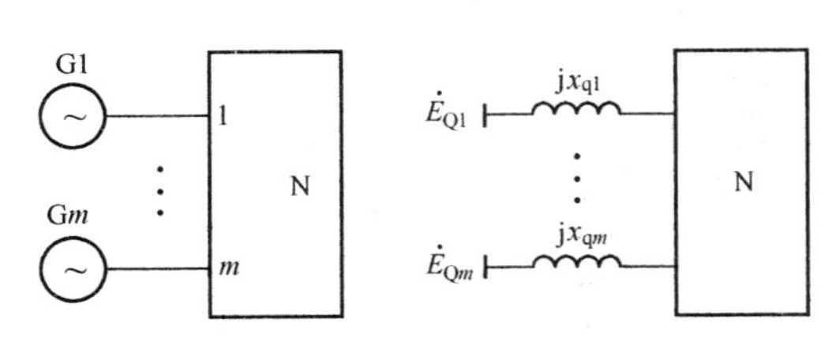

图 5-3　将发电机表为 $\dot{E}_Q$ 和 x_q 的等值电路

由于发电机的计算电动势 $\dot{E}_Q$ 在暂态过程中变化较大，短路瞬间又会突变，不是状态变量，因而不便于计算。由于稳定分析中不计阻尼绕组的作用，因而应以暂态电动势 $\dot{E}'_q$ 和 δ（二者均为状态变量）表示发电机，为了简化计算，同时又能近似反映发电机转子的运动变化情况，实用中常将发电机电动势表为暂态电抗后电动势 $\dot{E}'$ 与暂态电抗 x'_d 相串联，采用和 $\dot{E}_Q$ 时同样的步骤，消去除发电机内电动势 E' 节点以外的所有节点，从而有

$$P_e(E', \delta') = E'_i \Sigma E'_j (G_{ij} \cos\delta'_{ij} + B_{ij} \sin\delta'_{ij}) \qquad (5-15)$$

注意式（5-15）与式（5-14）中各量的区别。

式（5-14）和式（5-15）就是多机系统中发电机功角方程的一般形式。它们适用于不同情况，如发电机励磁调节系统的参数选择得当，使每台发电机的暂态电抗后电动势 E' 保持恒定，即 $E' = C$（constant，下同），则采用式（5-15）较为方便；如 E' 不为常数，则可以 E_Q 作中间变量，从而采用式（5-14）计算 P_e。

作为特例，将其用于两机系统和单机无穷大系统。

2. 两机系统的功角方程

如图 5-4（a）所示两机系统，两台发电机经网络 N 相连，设发电机用 $\dot{E}'$ 和 x'_d 表示。在消去其他节点后，得到图 5-4（b）所示等值电路，从而由式（5-15）有

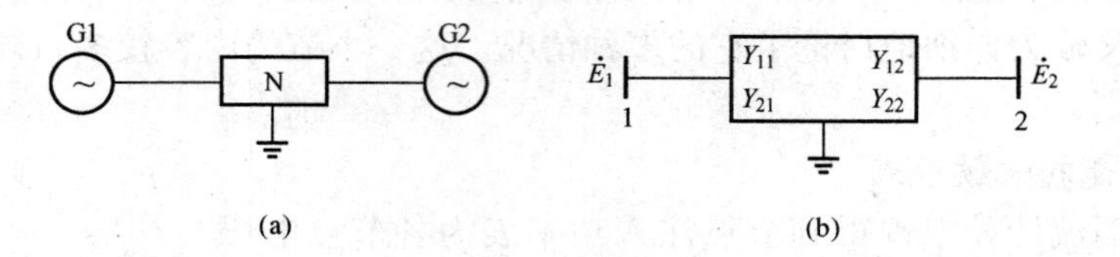

图 5-4　两机系统（a）及其等值电路（b）

$$\begin{aligned}P_{e1} &= E_1'^2 G_{11} + E_1' E_2' (G_{12}\cos\delta'_{12} + B_{12}\sin\delta'_{12}) \\ &= E_1'^2 G_{11} + E_1' E_2' \mid y_{12} \mid \sin(\delta'_{12} + \beta_{12})\end{aligned} \tag{5-16}$$

$$\beta_{12} = \arctan(G_{12}/B_{12})$$

$$\mid Y_{12} \mid = \sqrt{G_{12}^2 + B_{12}^2}$$

式中：β_{12} 为等值支路 12 的导纳角，含义如图 5-5 所示。

同理有

$$\begin{aligned}P_{e2} &= E_2'^2 G_{22} + E_1' E_2' (G_{12}\cos\delta'_{21} + B_{12}\sin\delta'_{21}) \\ &= E_2'^2 G_{22} - E_1' E_2' \mid y_{12} \mid \sin(\delta'_{12} - \beta_{12})\end{aligned} \tag{5-17}$$

式中最后一步推导中利用了关系式 $\delta'_{21} = -\delta'_{12}, \beta_{21} = \beta_{12}$。

当 E'_1 和 E'_2 为常数时，由式（5-16）和式（5-17）可画出两台发电机的功角曲线，如图 5-6 所示。

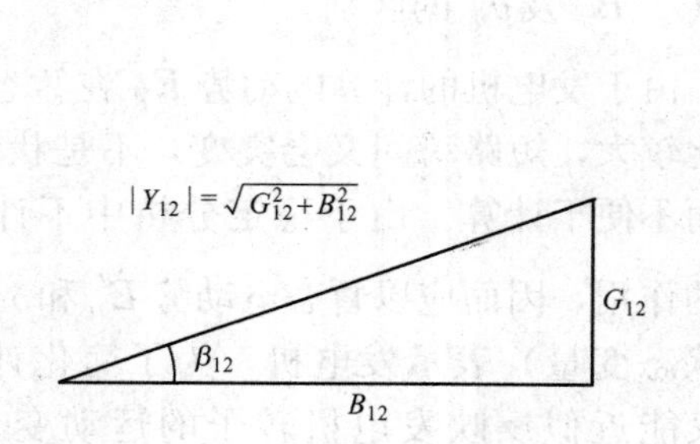

图 5-5　等值支路 12 的导纳角

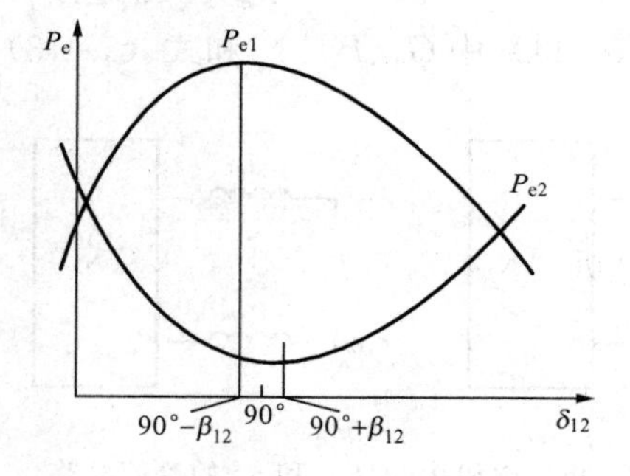

图 5-6　两机系统的功角曲线

当 $\delta_{12} = 90° - \beta_{12}$ 时，P_{e1} 最大；当 $\delta_{12} = 90° + \beta_{12}$ 时，P_{e2} 最小。在某一功角下，P_{e1} 和 P_{e2} 之和就是网络 N 中消耗的有功功率。

利用同样的推导，也可将两机系统的方程表为 E_Q 和 δ 的函数。

3. 单机无穷大系统的功角方程

所谓单机无穷大系统是指一台发电机 G 经升压变压器 T1、线路 L、降压变压器 T2 与无穷大系统 S 相连或类似形式的系统，如图 5-7（a）所示。它是稳定计算中常用到的一种系统，称作简单系统。如发电机用 $\dot{E}'$ 和 x'_d 表示，不计变压器和线路的并联导纳，得到其等值电路如图 5-7（b）所示。图中 $Z_\Sigma = R_\Sigma + jX_\Sigma$ 为发电机内电势节点 1 和无穷大系统母线节

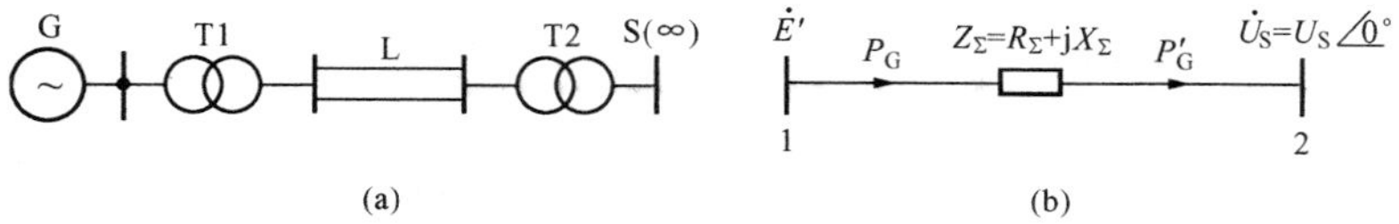

(a)　(b)

图 5-7　单机无穷大系统（a）及其等值电路（b）

点 2 之间的总阻抗，从而

$$Y_{11}=Y_{22}=y_{12}=\frac{1}{R_{\Sigma}+\mathrm{j}X_{\Sigma}}=\frac{R_{\Sigma}-\mathrm{j}X_{\Sigma}}{R_{\Sigma}^2+X_{\Sigma}^2}$$

$$Y_{12}=Y_{21}=-y_{12},\ |y_{12}|=1/\sqrt{R_{\Sigma}^2+X_{\Sigma}^2}$$

$$G_{12}=-R_{\Sigma}/(R_{\Sigma}^2+X_{\Sigma}^2),B_{12}=X_{\Sigma}/(R_{\Sigma}^2+X_{\Sigma}^2)$$

$$\beta_{12}=\arctan(G_{12}/B_{12})=\arctan(-R_{\Sigma}/X_{\Sigma})$$

$$P_{\mathrm{G}}=E'^2\frac{R_{\Sigma}}{R_{\Sigma}^2+X_{\Sigma}^2}+\frac{E'U_{\mathrm{S}}}{\sqrt{R_{\Sigma}^2+X_{\Sigma}^2}}\sin(\delta+\beta_{12}) \tag{5-18}$$

发电机向无穷大系统输送的功率 P'_{G}（见图 5-7）为

$$P'_{\mathrm{G}}=-P_{\mathrm{S}}=U_{\mathrm{S}}^2\frac{R_{\Sigma}}{R_{\Sigma}^2+X_{\Sigma}^2}+\frac{E'U_{\mathrm{S}}}{\sqrt{R_{\Sigma}^2+X_{\Sigma}^2}}\sin(\delta-\beta_{12}) \tag{5-19}$$

如 E'、U_{S} 为常数，其功角曲线如图 5-8 所示。曲线 P_{G} 和 P'_{G} 之差即为电阻 R_{Σ} 上消耗的有功功率，如不计电阻，则有

$$P_{\mathrm{e}}(E',\delta')=\frac{E'U_{\mathrm{S}}}{X_{\Sigma}}\sin\delta' \tag{5-20}$$

当 $R_{\Sigma}=0$、$E'=\mathrm{C}$，其功角曲线如图 5-9 所示。$\delta'=90°$时，P_{e} 取得最大值为

$$P_{\mathrm{em}}=E'U_{\mathrm{S}}/X_{\Sigma} \tag{5-21}$$

利用式（5-13）$P_{ei}=U_i\Sigma U_j(G_{ij}\cos\theta_{ij}+B_{ij}\sin\theta_{ij})$，设 $R_{\Sigma}=0$，发电机端电压 U_{G} 和无穷大系统母线电压 U_{S} 间的电抗即外电抗 $X_{\mathrm{e}}=X_{\mathrm{T1}}+X_{\mathrm{L}}+X_{\mathrm{T2}}$，从而 $G_{12}=0,B_{12}=1/X_{\mathrm{e}}$，则可将发电机的电磁功率表为其端电压 U_{G} 的函数

$$P_{\mathrm{e}}(U_G,\delta'')=\frac{U_{\mathrm{G}}U_{\mathrm{S}}}{X_{\mathrm{e}}}\sin\delta'' \tag{5-22}$$

式中：δ'' 为 $\dot{U}_{\mathrm{G}}$ 与 $\dot{U}_{\mathrm{S}}$ 间夹角。显然，如 $U_{\mathrm{G}}=\mathrm{C}$，则当 $\delta''=90°$ 时，P_{e} 取得最大值 $U_{\mathrm{G}}U_{\mathrm{S}}/X_{\mathrm{e}}$。

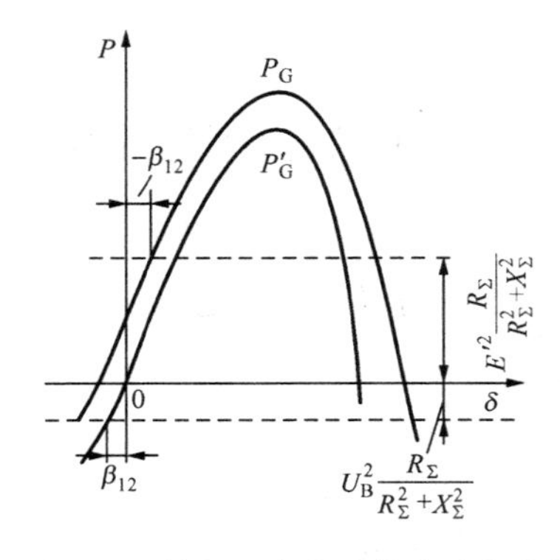

图 5-8　单机无穷大系统的功角曲线

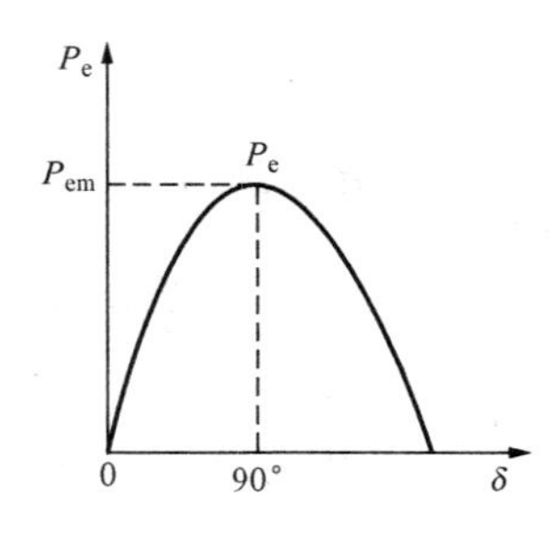

图 5-9　单机无穷大系统当 $R_{\Sigma}=0$、$E'=\mathrm{C}$ 时的功角曲线

同理，利用式（5-14）$P_{ei}=E_{Qi}\Sigma E_{Qj}(G_{ij}\cos\delta_{ij}+B_{ij}\sin\delta_{ij})$ 可得到

$$P_e(E_Q,\delta)=\frac{E_QU_S}{x_{q\Sigma}}\sin\delta \tag{5-23}$$

$$x_{q\Sigma}=x_q+X_e$$

式中：δ 为 $\dot{E}_Q$ 与 $\dot{U}_S$ 间夹角。

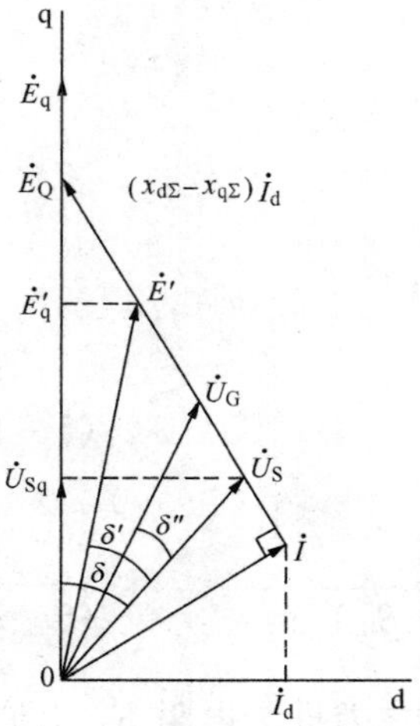

由如图 5-10 所示简单电力系统的相量图，可知

$$E_q=E_Q+(x_{d\Sigma}-x_{q\Sigma})I_d$$

$$=E_Q+(x_{d\Sigma}-x_{q\Sigma})\frac{E_q-U_{Sq}}{x_{d\Sigma}}$$

从而 $E_Q=E_q\frac{x_{q\Sigma}}{x_{d\Sigma}}+\frac{U_S\cos\delta}{x_{d\Sigma}}(x_{d\Sigma}-x_{q\Sigma})$，代入式（5-23），得到

$$P_e(E_q,\delta)=\frac{E_qU_S}{x_{d\Sigma}}\sin\delta+\frac{U_S^2}{2}\left(\frac{1}{x_{q\Sigma}}-\frac{1}{x_{d\Sigma}}\right)\sin2\delta \tag{5-24}$$

其中，$x_{d\Sigma}=x_d+X_e$。

又因 $E'_q=E_Q-(x_{q\Sigma}-x'_{d\Sigma})I_d,I_d=(E'_q-U_{Sq})/x'_{d\Sigma}$，从而

$$E_Q=E'_q\frac{x_{q\Sigma}}{x'_{d\Sigma}}+\frac{U_S\cos\delta}{x'_{d\Sigma}}(x_{q\Sigma}-x'_{d\Sigma})$$

图 5-10　简单电力系统的相量图

于是又可将电磁功率表为暂态电势 E'_q 的函数

$$P_e(E'_q,\delta)=\frac{E'_qU_S}{x'_{d\Sigma}}\sin\delta+\frac{U_S^2}{2}\left(\frac{1}{x_{q\Sigma}}-\frac{1}{x'_{d\Sigma}}\right)\sin2\delta \tag{5-25}$$

其中，$x'_{d\Sigma}=x'_d+X_e$。

以上介绍了发电机功角方程的各种表达形式，为便于掌握，将其归纳如下：

多机系统有

$$P_{ei}(E_Q,\delta)=E_{Qi}\Sigma E_{Qj}(G_{ij}\cos\delta_{ij}+B_{ij}\sin\delta_{ij})$$

$$P_{ei}(E',\delta')=E'_i\Sigma E'_j(G_{ij}\cos\delta'_{ij}+B_{ij}\sin\delta'_{ij})$$

两机系统有

$$P_{e1}(E',\delta)=E'^2_1G_{11}+E'_1E'_2\mid y_{12}\mid\sin(\delta'_{12}+\beta_{12})$$

$$P_{e2}(E',\delta)=E'^2_2G_{22}-E'_1E'_2\mid y_{12}\mid\sin(\delta'_{12}-\beta_{12})$$

单机无穷大系统（不计并联导纳）有

$R_\Sigma\neq0$ 时，$P_G=\frac{E'^2R_\Sigma}{R_\Sigma^2+X_\Sigma^2}+\frac{E'U_S}{\sqrt{R_\Sigma^2+X_\Sigma^2}}\sin(\delta'+\beta_{12})$

$R_\Sigma=0$ 时，$P_e(E_q,\delta)=\frac{E_qU_S}{X_{d\Sigma}}\sin\delta+\frac{U_S^2}{2}\left(\frac{1}{x_{q\Sigma}}-\frac{1}{x_{d\Sigma}}\right)\sin2\delta$

$$P_e(E'_q,\delta)=\frac{E'_qU_S}{x'_{d\Sigma}}\sin\delta+\frac{U_S^2}{2}\left(\frac{1}{x_{q\Sigma}}-\frac{1}{x'_{d\Sigma}}\right)\sin2\delta$$

$$P_e(E',\delta')=\frac{E'U_S}{x'_{d\Sigma}}\sin\delta'$$

$$P_e(U_G,\delta'')=\frac{U_GU_S}{X_e}\sin\delta''$$

再次提请注意上述公式中各量的含义，δ、δ'、δ'' 的区别和 X_e、$x_{d\Sigma}$、$x'_{d\Sigma}$、$x_{q\Sigma}$ 的区别。

值得指出的还有以下几点：

（1）功角方程的不同表达形式适用于不同的场合。例如，对单机无穷大系统，不计电阻，如空载电动势 E_q 维持不变，则用 $P_e(E_q,\delta)$ 描述发电机电磁功率随功率角 δ 的变化最简便。同理，当暂态电动势 E'_q 维持不变时，用 $P_e(E'_q,\delta)$ 描述最简便。暂态电抗后电动势 E' 维持不变时，用 $P_e(E',\delta')$ 描述最简便。端电压 U_G 维持不变时，用 $P_e(U_G,\delta'')$ 描述最简便。发电机能否维持 E_q、E'_q、E'、U_G 不变和能维持哪一个量不变，取决于其自动调节励磁系统的性能。E_q 为常数意味着没有励磁调节作用，因 $E_q=x_{ad}I_f$，E_q 为常数就意味着 I_f 为常数，表示没有励磁调节电流。E'_q、E' 和 U_G 为常数就意味着必须调节励磁，而且必须调节得当才能维持其不变。一般讲，维持 U_G 不变的要求是很高的，因输出功率增大从而电流增大时发电机端电压将下降。实际计算中常根据励磁调节器的性能认为暂态电动势 E'_q 保持恒定（其换路时不发生突变，是状态变量），以简化计算。进一步简化，可认为暂态电抗后电动势 E' 恒定（虽然其不为状态变量，在换路时会发生突变，但变化不大，且与 E'_q 相近）。发电机的这种模型（表示为 E' 与 jx'_d 相串联，且认为 $E'=C$）称为经典模型，后面分析中将经常用到。当必须考虑励磁调节器的动态过程时，则 E_q、E'_q、E'、U_G 均将随时间变化，都不会维持不变，从而功角曲线没有上述的简单形状，必须逐点由 δ 求取 P_e 后得到。求取 P_e 时可用上述公式中的任何一个，结果应相同。

（2）上述公式中的角度有 δ、δ' 和 δ''，从严格意义上讲，只有 δ 能代表发电机转子的真实位置，但其计算较繁，所以常取 δ'，使计算简化而且也能近似反映转子位置的变化。一般不用 δ''进行稳定计算。δ'、δ'' 和 δ 间具有下述关系

$$\begin{cases}\delta'=\delta-\arcsin\left[\dfrac{U_S}{E'}\left(1-\dfrac{x'_{d\Sigma}}{x_{q\Sigma}}\right)\sin\delta\right]\\[2ex]\delta''=\delta-\arcsin\left[\dfrac{U_S}{U_G}\left(1-\dfrac{x_e}{x_{q\Sigma}}\right)\sin\delta\right]\end{cases}\tag{5-26}$$

式（5-26）不难从相量图推得，可作为习题完成。于是，可将单机无穷大系统的功角曲线，无论是 $E_q=C$、$E'_q=C$、$E'=C$，还是 $U_G=C$ 的情况，均以 δ 为变量画出，如图5-11所示。

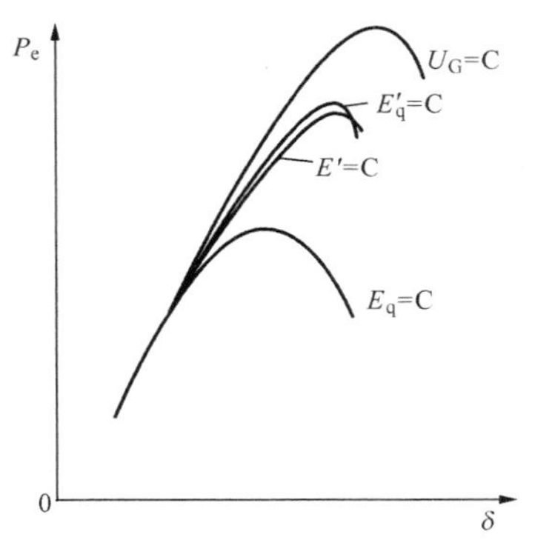

图 5-11　单机无穷大系统各种情况下的功角曲线

由图 5-11 可见，各种情况下的功角曲线均有一最高点，即有一极限功率 P_{eM}，与其相应的功率角称为极限功率角 δ_{SL}。通过推导，不难得出各种情况下 δ_{SL}的表达式为

$$\begin{cases} E_{\rm q}=C\text{时},\delta_{\rm SL}=\arccos\left\{-\dfrac{E_{\rm q}x_{\rm q\Sigma}}{4U_{\rm S}(x_{\rm d\Sigma}-x_{\rm q\Sigma})}+\sqrt{\left[\dfrac{E_{\rm q}x_{\rm q\Sigma}}{4U_{\rm S}(x_{\rm d\Sigma}-x_{\rm q\Sigma})}\right]^2+\dfrac{1}{2}}\right\} \\ E'_{\rm q}=C\text{时},\delta_{\rm SL}=\arccos\left\{-\dfrac{E'_{\rm q}x_{\rm q\Sigma}}{4U_{\rm S}(x'_{\rm d\Sigma}-x_{\rm q\Sigma})}-\sqrt{\left[\dfrac{E'_{\rm q}x_{\rm q\Sigma}}{4U_{\rm S}(x'_{\rm d\Sigma}-x_{\rm q\Sigma})}\right]^2+\dfrac{1}{2}}\right\} \\ E'=C\text{时},\delta_{\rm SL}=90^\circ+\arctan\left[\dfrac{U_{\rm S}}{E'}\left(1-\dfrac{x'_{\rm d\Sigma}}{x_{\rm q\Sigma}}\right)\right] \\ U_{\rm G}=C\text{时},\delta_{\rm SL}=90^\circ+\arctan\left[\dfrac{U_{\rm S}}{U_{\rm G}}\left(1-\dfrac{x_{\rm e}}{x_{\rm q\Sigma}}\right)\right] \end{cases} \tag{5-27}$$

上述表达式的推导也可作为习题完成。

（3）对隐极机，因其 $x_{\rm q}=x_{\rm d}$，故只需将以上公式中的 $x_{\rm q\Sigma}$ 用 $x_{\rm d\Sigma}$ 代替即可。对不计并联导纳和电阻时的单机无穷大系统，当用 $E_{\rm q}$ 表达时有最简单形式，即

$$P_{\rm e}(E_{\rm q},\delta)=\frac{E_{\rm q}U_{\rm S}}{x_{\rm d\Sigma}}\sin\delta$$

显然，$E_{\rm q}$=C 时，其极限功率角 $\delta_{\rm SL}=90^\circ$，极限功率 $P_{\rm eM}=E_{\rm q}U_{\rm S}/x_{\rm d\Sigma}$。

以上讨论了发电机输出的有功功率，因其和转子运动密切相关。至于发电机输出的无功功率，若需要，可按类似方法推出，此处不再赘述。

【例 5-1】 一简单电力系统如图 5-12 所示，有关参数示于图中。求 $E_{\rm q}={\rm C}$、$E'_{\rm q}={\rm C}$、$E'={\rm C}$ 和 $U_{\rm G}={\rm C}$ 时的功角方程及功率极限。

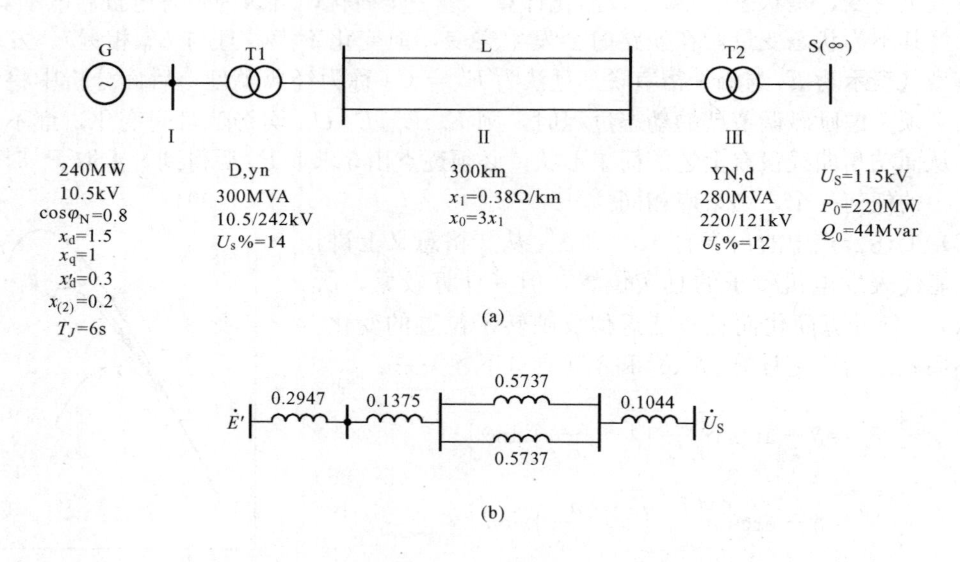

图 5-12　[例 5-1] 系统（a）及其等值电路（b）

解　（1）作等值电路图。

对简单系统，常取 $\dot{U}_{\rm S}$ 为参考变量，并以 P_0 的值作为基准功率，即取 $S_{\rm B}=220{\rm MVA}$，$U_{\rm III B}=115{\rm kV}$。同时取基准电压比等于变压器实际变比，以使变压器的标幺变比为 1，从而避免并联支路的出现，于是第Ⅰ段、第Ⅱ段的基准电压为

$$U_{\rm II B}=115\times 220/121=209.0909\ {\rm kV}$$

$$U_{1B}=209.0909\times 10.5/242=9.072\ \text{kV}$$

各元件参数的标幺值为

G：
$$x_d=x_{d(N)}\frac{S_B}{S_{GN}}\frac{U_{GN}^2}{U_B^2}=1.5\times\frac{220}{240/0.8}\times\frac{10.5^2}{9.0721^2}=1.4735$$

$$x_q=0.9823, x_d^1=0.2947, x_2=0.1965$$

$$T_J=T_{J(N)}S_{GN}/S_B=6\times 300/200=8.1818$$

T1：
$$X_{T1}=\frac{U_s\%}{100}\frac{S_B}{S_{TN}}\frac{U_{TN}^2}{U_B^2}=\frac{14}{100}\times\frac{200}{300}\times\frac{242^2}{209.0909^2}=0.1375$$

L：
$$X_L=x_1 l\frac{S_B}{U_R^2}=\frac{0.38\times 300\times 220}{209.0909^2}=0.5737$$

$$X_{L0}=3X_{L1}=1.7210$$

T2：
$$X_{T2}=\frac{12}{100}\times\frac{220}{280}\times\frac{220^2}{209.0909^2}=0.1044$$

S：
$$U_S=1, P_{0*}=1, Q_{0*}=0.2$$

等值电路如图 5 - 12（b）所示（G 以 E'、x'_d 表示），从而

$$X_e=x_d+X_L/2+X_{T2}=0.5287, x_{d\Sigma}=x_d+X_e=2.0022$$

$$x_{q\Sigma}=x_q+X_e=1.5110, x'_{d\Sigma}=x'_d+X_e=0.8234$$

（2）求初始运行点有关参数为

$$\dot{I}=(P_0-jQ_0)/\dot{U}_S=(1-j0.2)/1\angle 0^\circ=1.0198\angle -11.3099^\circ$$

$$\dot{E}_{Q|0|}=\dot{U}_S+jx_{q\Sigma}\dot{I}=1\angle 0^\circ+j1.5110\times(1-j0.2)=1.9948\angle 49.2459^\circ$$

$$I_d=I\sin(\delta+\varphi)=1.0198\sin(49.2459^\circ+11.3099^\circ)=0.8881$$

$$E_{q|0|}=E_{Q|0|}+(x_d-x_q)I_d=2.4310$$

$$\dot{E}'_{|0|}=\dot{U}_S+jx'_{d\Sigma}\dot{I}=1\angle 0^\circ+j0.8234\times(1-j0.2)=1.4264\angle 35.2606^\circ$$

$$E'_{q|0|}=E'\cos(\delta-\delta')=1.426\cos(49.2459^\circ-35.2606^\circ)=1.3841$$

$$\dot{U}_{G|0|}=\dot{U}_S+jX_e\dot{I}=1\angle 0^\circ+j0.5287\times(1-j0.2)=1.2257\angle 25.5544^\circ$$

（3）求功角方程及功率极限为

1）当 $E_q=E_{q|0|}=2.4310=C$ 时；有

$$P_e(E_q,\delta)=\frac{E_{q|0|}U_S}{x_{d\Sigma}}\sin\delta+\frac{U_S^2}{2}\left(\frac{1}{x_{q\Sigma}}-\frac{1}{x_{d\Sigma}}\right)\sin 2\delta=1.2142\sin\delta+0.0812\sin 2\delta$$

由式（5 - 27）求得

$$\delta_{SL}=\arccos\left[-\frac{E_q x_{q\Sigma}}{4U_S(x_{d\Sigma}-x_{q\Sigma})}+\sqrt{\left[\frac{E_q x_{q\Sigma}}{4U_S(x_{d\Sigma}-x_{q\Sigma})}\right]^2+\frac{1}{2}}\right]=82.5741^\circ$$

从而　$P_{eM}=1.2247$。

2）当 $E'_q = E'_{q|0|} = 1.3841 = C$ 时，有

$$P_e(E'_q,\delta)=\frac{E'_{q|0|}U_S}{x'_{d\Sigma}}\sin\delta+\frac{U_S^2}{2}\left(\frac{1}{x_{q\Sigma}}-\frac{1}{x'_{d\Sigma}}\right)\sin2\delta=1.6810\sin\delta-0.2763\cos2\delta$$

由式（5-27）求得 $\delta_{SL}=106.1392°$，从而

$$P_{eM}=1.7622$$

3）当 $E'=E'_{|0|}=1.4264=C$ 时，有

$$P_e(E',\delta)=\frac{E'U_S}{x'_{d\Sigma}}\left\{\delta-\arcsin\left[\frac{U_S}{E'}\left(1-\frac{x'_{d\Sigma}}{x_{q\Sigma}}\right)\sin\delta\right]\right\}$$
$$=1.7322\sin\{\delta-\arcsin[0.3190\sin\delta]\}$$

由式（5-27）求得

$$\delta_{SL}=90°+\arctan\left[\frac{U_S}{E'}\left(1-\frac{x'_{d\Sigma}}{x_{q\Sigma}}\right)\right]=107.6945°$$

显然有　$P_{eM}=1.7322$（当 sin｛　｝=1 时）。

4）当 $U_G=U_{G|0|}=1.2257=C$ 时，

$$P_e(U_G,\delta)=\frac{U_GU_S}{x_e}\sin\left\{\delta-\arcsin\left[\frac{U_S}{U_G}\left(1-\frac{x_e}{x_{q\Sigma}}\right)\sin\delta\right]\right\}$$
$$=2.3181\sin\{\delta-\arcsin[0.5304\sin\delta]\}$$

由式（5-27）求得

$$\delta_{SL}=90°+\arctan\left[\frac{U_S}{U_G}\left(1-\frac{x_e}{x_{q\Sigma}}\right)\right]=117.9415°$$

显然有　$P_{eM}=2.3181$。

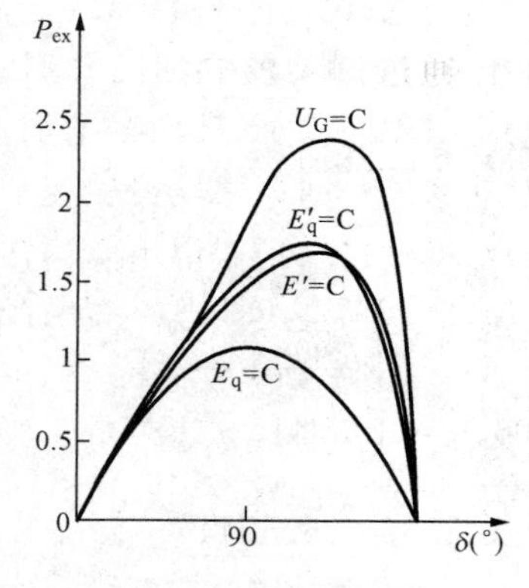

图 5-13　［例 5-1］系统功角曲线

以不同 δ 值代入，可画出其功率曲线，如图 5-13 所示。由该图可见，$U_G=C$ 的曲线最高，$E_q=C$ 的曲线最低，$E'_q=C$ 和 $E'=C$ 的曲线相近。

（三）原动机输入的机械功率 P_m 的特性

发电机输入的机械功率 P_m 由原动机供给：热力发电机由汽轮机供给，水力发电机由水轮机供给。现代发电机均装有调速器，它随转速的变化（由负荷的变化引起）调节汽门或水门开度的大小，从而改变输入的机械功率 P_m 的大小，以使发电机的转速维持额定值。要知道输入机械功率 P_m 的特性，必须了解调速系统的工作原理和特性以及原动机的特性。对调速系统，要了解其如何随转速的变化量 $\Delta\omega=(\omega-\omega_N)$ 调节汽（水）门的开度 μ，也就是要了解 μ 和 $\Delta\omega$ 之间的工作关系；对原动机，要了解当汽（水）门变化时其输出的机械功率 P_m 如何变化，也就是要了解 P_m 和 μ 之间的关系。下面分别予以介绍。

1. 自动调速系统的工作原理和框图

自动调速系统的形式有多种，根据其结构分为：①水轮机调速器，包括离心飞摆式机械液压调速器和电气液压调速器；②汽轮机调速器，包括旋转阻尼液压调速器、高压弹簧片液

压调速器和中间再热汽轮机功频电液调速器。它们的结构虽然不同，但工作原理基本一样。下面以最简单的离心飞摆式机械液压调速器为例予以说明。

图 5 - 14 给出该调速器的示意图，它由四个主要部分组成：

（1）测量元件：飞摆 。它起着传感器的作用，感受发电机转子的速度变化，将其转换为套筒 A 的位置变化。

（2）放大与执行元件：连杆、错油门和油动机。其一方面将飞摆产生的位移加以传递，另一方面通过高压油将错油门感受到的小位移加以放大，以推动油动机的主活塞对水门开启或关闭。

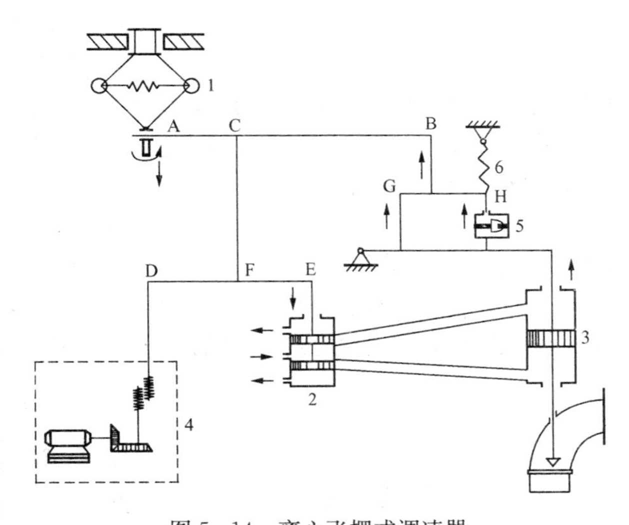

图 5 - 14　离心飞摆式调速器

1—飞摆；2—错油门；3—油动机；4—调频器；5—缓冲器；6—弹簧

（3）反馈元件：硬反馈连杆和软反馈缓冲器。硬反馈的作用是产生一个与油动机活塞位移成正比的负反馈，其和缓冲器及弹簧产生的软负反馈一起，减缓调节速度，改善调节品质。

（4）整定元件：调频器。用以确定水门的初始开度，也可在运行过程中改变其位置，以进一步改变水门开度的大小，称为“二次调整”。

离心飞摆式调速器的调节过程如下：正常额定运行情况下，调速系统处于某一平衡状态，飞摆以匀速转动，错油门活塞将通往油动机的油孔堵塞，从而油动机活塞固定在某一位置，进水阀门开度不变。此时原动机输入的机械功率与发电机输出的电磁功率及损耗功率相平衡。当负荷增加从而发电机输出的电磁功率增加时，水轮机转速下降，飞摆离心力减少，套筒下移。此时以 B 点为支点，经连杆传动使错油门活塞下移，通过油动机的油门开启，高压油从下部进入油动机，使活塞上移，从而水门开度增大，原动机输入的机械功率增加，水轮机转速得以回升。反之，当负荷减小从而发电机输出的电磁功率减小时，水轮机转速上升，调速器的作用使水门开度减小，从而减少原动机输入的机械功率，使转速得以下降。缓冲器的作用是产生一个与油动机活塞移动速度有关的负反馈，以减缓调节速度，改善调节品质。反馈连杆的作用是产生一个与油动机活塞位移成正比的负反馈，使调节过程结束时错油门回复到中间位移，将油门堵塞。调频器的作用是改变整定值，使支点 D 上移或下移，带动错油门活塞再次将油门开闭，水门开度进一步开大或减小，称为“二次调整”。

调速系统各环节的方程如下：

（1）离心飞摆。不计飞摆的质量和阻尼作用，飞摆套筒的相对位移 η 与转速偏差（$\omega_N-\omega$）成正比，即

$$\eta=-K_\delta(\omega_N-\omega) \tag{5 - 28}$$

$$K_\delta=1/\delta$$

式中：K_δ 为离心飞摆测速部件的放大倍数；δ 为测速部件的灵敏度，δ=0.05～0.10。

（2）错油门。错油门活塞的相对位移 ρ 等于飞摆套筒的相对位移 η 与油动机活塞的相对位移 μ 的总反馈量 ζ 之差，即

$$\rho = \eta - \zeta \tag{5-29}$$

$$\zeta = \zeta_1 + \zeta_2$$

式中：ζ_1 为缓冲器产生的软负反馈；ζ_2 为连杆产生的硬负反馈。

（3）油动机。油动机活塞的移动速度 $d\mu/dt$ 与错油门活塞的相对位移 ρ 成正比，比例系数为油动机的时间常数 T_S，即

$$T_S d\mu/dt = \rho \tag{5-30}$$

式中：μ 的取值范围为 $-0.3\sim1.0$，$\mu=1.0$ 相当于水门全开，$\mu=-0.3$ 相当于水门全闭；$T_S=4\sim7s$，其所以较大是为了防止水门的开启和关闭的速度太快。

（4）反馈环节。软负反馈与油动机活塞的移动速度 $d\mu/dt$ 有关，为一惯性微分环节，即

$$\zeta_1 = K_\beta T_i p\mu/(1+T_i p) \tag{5-31}$$

$$K_\beta = \beta/\delta$$

式中：T_i 为软负反馈时间常数，$2\sim10s$；K_β 为软反馈放大倍数；β 为软负反馈系数，$\beta=0\sim0.6$；δ 的意义同前；p 为微分算子。

硬负反馈为比例环节

$$\zeta_2 = K_i \mu \tag{5-32}$$

$$K_i = \sigma/\delta$$

式中：K_i 为硬反馈放大倍数；σ 为调差系数，定义为转速变化与水门开度变化之比，即 $\sigma=\dfrac{\omega_2-\omega_1}{\mu_2-\mu_1}\times\dfrac{1}{100}$，取值范围为 $0.03\sim0.06$。

由于错油门活塞的行程 ρ 和水门的开度 μ 均有一定的限制，同时调速器的调节因摩擦等原因存在失灵区，因此离心飞摆式调速系统的框图如图 5-15（a）所示。

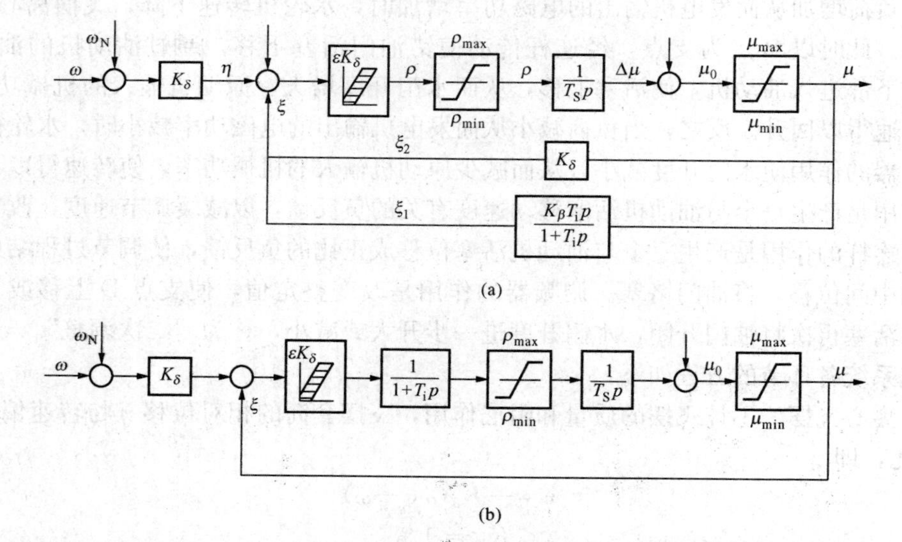

图 5-15　水轮机离心飞摆式调速系统框图（a）和汽轮机旋转阻尼式液压调速系统框图（b）

对汽轮机所采用的旋转阻尼式液压调速器，其工作原理与结构和离心飞摆式调速器相类似，通过分析得到的框图如图 5-15（b）所示。主要差别在于此时无柔性负反馈，而只是系

数为1的硬负反馈，因而框图显得简单。另油动机的时间常数 T_S 取值为0.1～0.5s，比水轮机的小，因而调节速度快。

2. 原动机的特性和框图

所谓原动机的特性是指当水门或汽门的开度 μ 变化时其输出的机械功率 P_m 随之变化的特性。

对水轮机，一般只考虑由于水轮机及其引水管道中水流的惯性引起的效应——水锤效应。所谓水锤效应，是指当迅速关小水门开度时，引水管中的压力将急剧上升，从而水轮机输出的机械功率 P_m 反而先增大，然后再减少的现象，如图5-16（a)所示。同样，当迅速开大水门时，引水管中的压力将急剧下降，从而水轮机输出的机械功率反而先减少，然后再增大。水锤效应的大小与导管的长度、截面积、水头的高低和导向叶片的关闭速度等因素有关。关闭得越快，水锤效应越严重。关闭速度过快时甚至会使导管破裂。

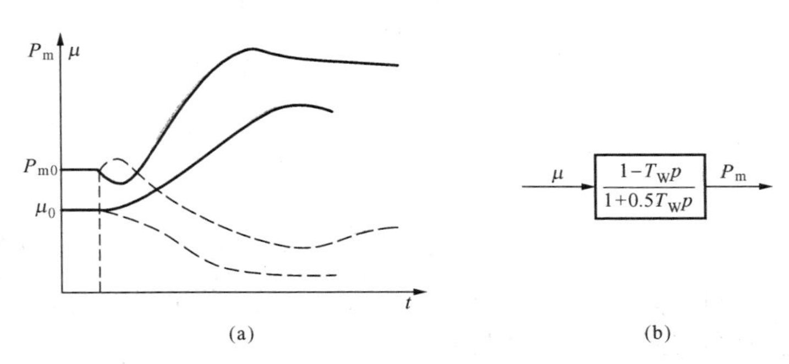

图5-16　水锤效应（a）及其框图（b）

计及水锤效应后，水轮机及其引水系统的动态特性可用图5-16（b）所示的框图表示。图中 T_W 为水锤时间常数，不同的水电厂有不同的值，范围为0.5～5s。

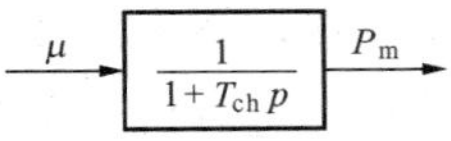

对于汽轮机，由于调节汽门和蒸汽喷嘴之间有一定空间，从而具有一定的惯性，形成输出的机械功率 P_m 滞后于汽门开度变化的现象，称为蒸汽容积的影响，简称汽容。

μ → $\frac{1}{1+T_{ch}p}$ → P_m

图5-17　汽轮机蒸汽容积框图

计及蒸汽容积的影响后，汽轮机的动态特性可用图5-17所示的框图表示。图中 T_{ch} 为汽容时间常数，其值为0.1～0.4s。

对于中间再热汽轮机，中间再热段的汽容影响更大，其蒸汽的流程如图5-18（a）所示：过热蒸汽经主阀门A先进入高压汽缸，做功后进入中间再热器rh，再经汽门B进入中压缸，做功后进入双低压缸，然后排出到冷凝器。此时，汽轮机可用图5-18（b）所示的框图表示，图中 T_{rh} 为再热时间常数，其值为4～11s。a 为高压缸功率占总功率的比重，一般 a 为0.2～0.3。

将调速系统的框图和原动机的框图连在一起，就可得到发电机的转速偏差 $\Delta\omega=\omega_N-\omega$ 和原动机输入的机械功率 P_m 之间的关系。可见，其关系是较复杂的。为简单起见，在某些情况下可做一定简化。如对较短时间的暂态过程，由于调节系统具有一定的惯性和失灵区，在短时间内机械功率的变化不会很大，因而可以不计调速系统的作用，认为 P_m 为一常数。

（四）自动调节励磁系统的工作原理和框图

现代发电机均装有自动调节励磁系统，其作用有二：正常运行情况下，当负荷变化，例如增大时，发电机输出的电磁功率 P_e 增加，电流增大，从而引起发电机端电压 U_G 下降，此时调节励磁系统自动增大励磁电流，使空载电动势 E_q 增大，以维持发电机的端电压 U_G 基本恒定；故障情况下，发电机端电压急剧下降，强行励磁动作，迅速将励磁电流调节到最

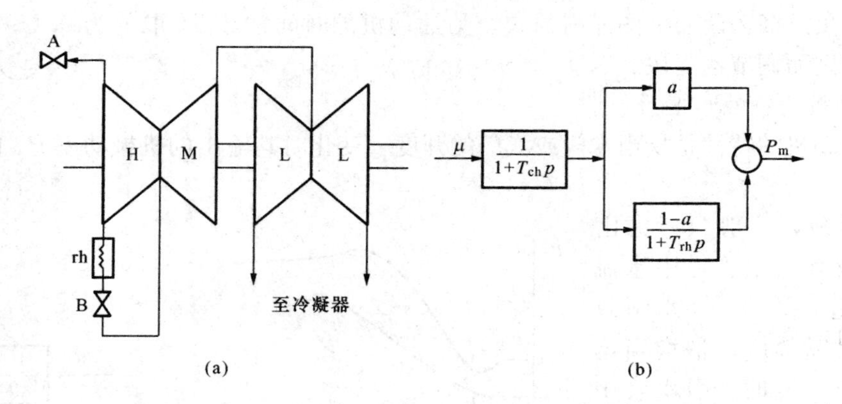

图 5-18　中间再热汽轮机蒸汽流程（a）及其框图（b）

大，以提高发电机的端电压，从而增大发电机输出的电磁功率，减少加速功率，达到提高发电机同步运行稳定性的目的。

发电机的自动调节励磁系统形式多样，其组成包括主励磁系统和励磁调节器两部分。主励磁系统的作用是提供励磁电源，形成一个电压为 U_f、电流为 I_f 的直流回路，产生直流磁场，随着转子的转动切割定子绕组，在其中感应出交流电动势。主励磁系统分直流励磁机和交流励磁机两大类。直流励磁机按励磁方式分为自励和他励两种。交流机励磁又称为半导体（可控硅）励磁，也分为自励和他励两种。自励式半导体励磁是利用发电机本身的工频交流经整流后作为发电机的励磁电源。他励式半导体励磁是利用与发电机同轴的交流励磁机发出的交流电经整流后作为发电机的励磁电源。为了提高运行可靠性，将交流励磁机的电枢绕组装在旋转的轴上，这样交流励磁机发出的交流电直接输入同轴旋转的整流装置，整流后作为发电机的励磁电源。这种励磁方式因无电刷和滑环，因而称为“无刷”励磁。直流机励磁只能用于较小容量（10 万 kW 以下）的发电机，且为他励式，大容量发电机均采用交流机励磁。随着大容量机组运行的需要，发电机的励磁电源不用励磁机，这种系统称为静止励磁系统或发电机自并励系统。该系统在发电机机端接有一励磁变压器，由励磁变压器经大功率晶闸管整流提供发电机励磁。这类励磁没有转动部分，故称为静止励磁系统。又因为此励磁电源由发电机本身提供，故又称为发电机自并励系统。该励磁系统的特点是无转动部分，调节速度快并缩短了机轴长度。

励磁调节器的种类也很多，可分为比例式和改进式两大类。比例式是按运行参数（如电压、电流、功率角）与整定值之间的偏差进行调节，分为单参数调节器和多参数调节器。前者按某一参数的偏差进行调节，如按电压偏差进行调节的比例式励磁调节器。后者按几个运行参数偏差量的线性组合进行调节，如既有电压偏差又有电流偏差的相复励励磁调节器。改进式是针对比例式调节励磁存在的缺点经改进，按运行参数的偏差及其变化率进行调节。从原理上讲，以按电压偏差调节的比例式励磁调节器更为简单和直观，下面就以其为例进行分析。

图 5-19 所示为一按电压偏差进行调节的可控硅励磁调节器，主励磁系统为他励式半导体励磁。不计调节器 AVR 本身的时间常数时，其为一比例环节，放大倍数为 K_V。不计励磁机 E 的饱和时，其为一惯性环节。时间常数为 $T_e = L_{ff}/r_{ff}$，即励磁机励磁回路的时间常数。从而励磁系统的框图如图 5-20（a）所示。图中最后一框是由空载电动势的定义

$E_{qe}=u_f x_{ad}/r_f$ 得到。由于其由励磁电源强制产生，不发生突变，因而称作强制空载电动势 E_{qe}，以与一般的空载电动势 $E_q=x_{ad}i_f$ 相区别，后者在换路时突变。图 5-20（a）可进一步简化为图 5-20（b），其中的 K_V 与（a）中的 K_V 不同，已将 x_{ad}/r_f 并入，为简单起见，仍记为 K_V。

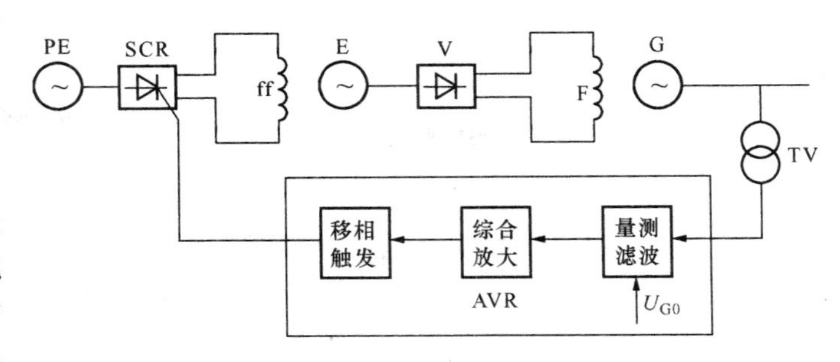

图 5-19　按电压偏差调节的可控硅励磁调节器

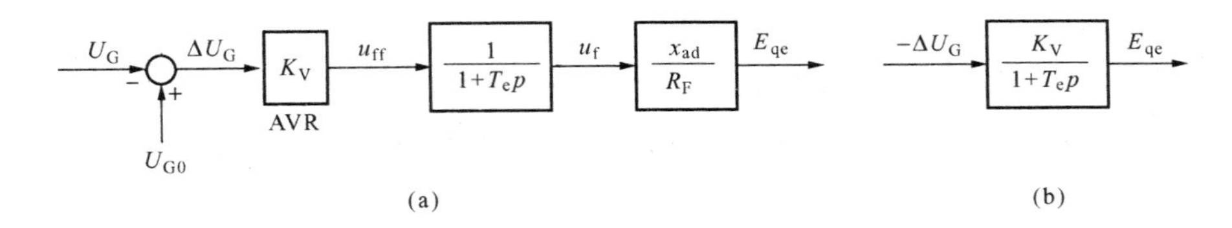

图 5-20　励磁调节器框图（a）及其简化框图（b）

强行励磁时，可控硅的导通角达到最小值 a_{min}，使励磁机励磁绕组的电压上升到它的最大值 u_{ffm}，从而励磁机励磁绕组的方程有

$$u_{ffm}=r_{ff}i_{ff}+L_{ff}di_{ff}/dt \tag{5-33}$$

除以 r_{ff}，得到

$$i_{ffm}=i_{ff}+T_e di_{ff}/dt \tag{5-34}$$

$$T_e=L_{ff}/r_{ff}$$

式中：T_e 为励磁机励磁回路的时间常数。

由于励磁机输出的电压 u_f 与励磁绕组的电流 i_{ff}成正比，故式（5-34）可写为

$$u_{fm}=u_f+T_e du_f/dt \tag{5-35}$$

$$u_{fm}=Ku_{f|0|}$$

式中：u_{fm}为励磁顶值；K 为强行励磁倍数；$u_{f|0|}$ 为正常运行时励磁电压。

又因 $E_{qe}=u_f x_{ad}/r_f$，式（5-35）同乘以 x_{ad}/r_f，得到

$$E_{qem}=E_{qe}+T_e dE_{qe}/dt \tag{5-36}$$

$$E_{qem}=KE_{qe|0|}=KE_{q|0|}$$

式中：$E_{qe|0|}$、$E_{q|0|}$ 分别为正常运行时的强制空载电动势和空载电动势。

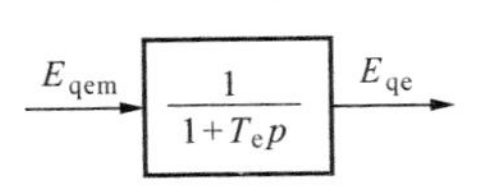

图 5-21　强行励磁时的框图

其框图如图 5-21 所示。

以上分别得到了励磁系统在正常和强行励磁时的框图。此外，还需知道强制空载电动势 E_{qe}和空载电动势 E_q 之间的关系，这样才能确切掌握励磁系统对发电机输出的电磁功率产生的影响，即发电机励磁绕组的动态特性。

前已提及，在分析电力系统稳定性时，不计发电机阻尼绕组的作用，此时发电机励磁绕组的方程为

$$u_f = r_f i_f + d\psi_f/dt \tag{5-37}$$

乘以 x_{ad}/r_f，得到

$$E_{qe} = E_q + \frac{x_f}{r_f}\frac{d(\psi_f x_{ad}/x_f)}{dt} = E_q + T_{d0}\frac{dE'_q}{dt} \tag{5-38}$$

其中：$E'_q = \psi_f x_{ad}/x_f$ 即第四章第二节同步发电机突然三相短路中引入的暂态电动势，它与励磁绕组的磁链 ψ_f 成正比，因而换路时不突变，是状态变量。

以上便是电力系统中最重要也最复杂元件——发电机组的机电特性，包括转子的运动方程、功角方程、原动机输入的机械功率 P_m 的特性和发电机励磁系统的特性。由于内容较多，望注意理顺思路，掌握内在联系，以便在其基础上进行稳定计算。

二、异步电动机的机电特性

电力系统的负荷主要由异步电动机组成。异步电动机也是旋转电气设备，故需了解它的机电特性。和发电机类似，需了解转子运动方程、机械转矩和电磁转矩。

（一）异步电动机的转子运动方程

与发电机类似，异步电动机的转子运动方程为

$$\Delta T = \frac{T_J}{\omega_N}\frac{d\omega}{dt} \tag{5-39}$$

和发电机不同的是，对于异步电动机，电磁转矩 T_e 为驱动转矩，机械转矩 T_m 为制动转矩，故加速转矩 $\Delta T = T_e - T_m$。另异步电动机的惯性时间常数 T_J 较小，一般为 2s 左右。此外，习惯于将其表为转差率 $s = (\omega_N - \omega)/\omega_N$ 的函数，将 $\omega = \omega_N(1-s)$ 代入上式，得到

$$T_J\frac{ds}{dt} = T_m - T_e \tag{5-40}$$

（二）异步电动机输出的机械转矩

由电机学知，异步电动机输出的机械转矩可表示为

$$T_m = K[a + (1-a)(1-s)^{\beta}] \tag{5-41}$$

$$K = P/P_N$$

式中：K 为异步电动机输出的实际功率与额定功率之比，称为负载率；a 为异步电动机所带负荷中与转差 s 无关的负荷所占的比例；β 表示负荷中与转差率 s 有关的指数，它和负荷的机械转矩特性有关，不同的负荷取值不同，如对纺织工业，$\beta=1$，对离心泵和风扇负荷，$\beta=2$等。

（三）异步电动机输入的电磁转矩

异步电动机的等值电路如图 5-22 所示。由图可知，其输入的电磁转矩为

$$\begin{aligned} T_e &= \frac{P_e}{\omega} = \frac{I^2R_2(1-s)/s}{1-s} = I^2R_2/s \\ &= \frac{U^2}{(R_1+R_2/s)^2+(X_1+X_2)^2}\frac{R_2}{s} \end{aligned} \tag{5-42}$$

若不计 R_1，由 $\partial M_e/\partial s = 0$ 可求出异步电动机的最大电磁转矩 T_{eM}。此时，$s = R_2/(X_1 +$

$X_2) = s_{cr}$，称为临界转差率。从而 $T_{eM} = U^2/2(X_1 + X_2)$，于是可将异步电动机的电磁转矩表为

$$T_e = \frac{2T_{eM}}{s/s_{cr} + s_{cr}/s} \tag{5-43}$$

异步电动机的转矩—转差特性如图 5-23 所示。

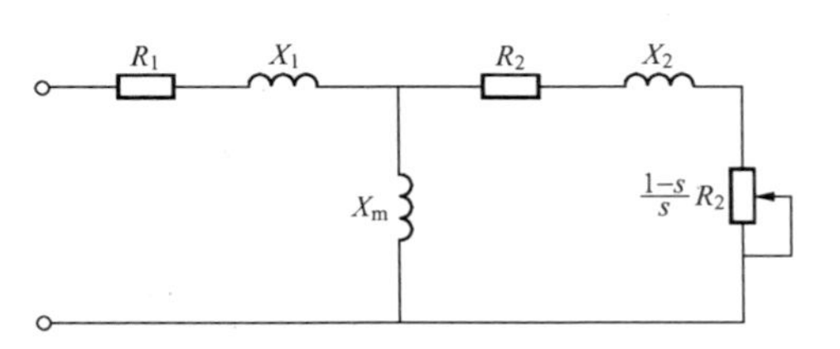

图 5-22　异步电动机的等值电路

R_1、R_2 —分别为异步电动机定子和转子绕组的电阻；

X_1、X_2 —分别为定子和转子绕组的电抗；

X_m—励磁电抗；s—转差率

综上，异步电动机的机电特性可表为

$$T_J \frac{ds}{dt} = K[a + (1-a)(1-s)^\beta] - \frac{2T_{eM}}{s/s_{cr} + s_{cr}/s} \tag{5-44}$$

异步电动机用上述方程表达的模型称为时变抗模型。因由其可求得转差率 s 随时间 t 变化的关系，从而异步电动机的阻抗随转差率 s 而变化。

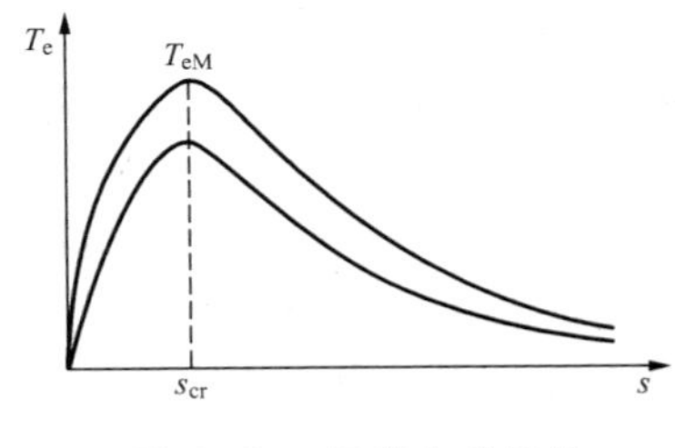

图 5-23　异步电动机的转矩—转差特性

在某些情况下，为简化计算，负荷可采用恒定阻抗模型，即用一个恒定的不随时间变化的阻抗 Z_D 代表该负荷

$$Z_D = \frac{U_D^2}{\overset{*}{S}_D} = \frac{U_D^2}{(P_D - jQ_D)} \tag{5-45}$$

$$\overset{*}{S}_D = P_D + jQ_D$$

式中：U_D 为正常情况下负荷的端电压；$\overset{*}{S}_D$ 为正常情况下的负荷功率。

第二节　电力系统的暂态稳定性

电力系统的暂态稳定性是指电力系统在某一运行状态下受到大扰动后，各同步电机保持同步运行并过渡到新的或恢复到原来稳态运行方式的能力。如受扰后任意两台发电机之间功角差随时间一直增大，则不稳；如受扰后电力系统各机组之间功角相对增大，在经过第一或第二个振荡周期不失步，逐渐振荡衰减，则称该系统在该运行情况对特定扰动为暂态稳定。

针对上述电力系统暂态稳定性的定义，有如下几点说明：

（1）定义中的大扰动指短路、断线或线路以及负荷的突然大变化等。上述大扰动中一般以短路故障，特别是三相短路最严重。各国考核电力系统暂态稳定性的标准不一。“我国《电力系统安全稳定导则》对 220kV 及以上的电力系统针对不同安全稳定标准规定了必须承受的扰动方式，例如任何线路单相瞬时接地故障重合成功，系统应保持稳定运行和电网的正常供电。”

（2）电力系统机电暂态持续时间的长短既与扰动的大小有关，也与系统本身的状况有关，有的持续时间较短，有的持续时间较长，随所研究问题的不同可对不同长度的时段进行研究。为此暂态分析时可按时间的长短将其分为三个阶段，在不同阶段考虑的因素有所不同。

初始阶段：一般指故障后 1s 内的阶段。此时电力系统的继电保护和断路器动作，例如切除故障线路、重合闸、切除发电机等，但发电机的调节系统特别是调速系统所起的作用不明显。

中间阶段：指从 1～5s 的时间段，此时需考虑发电机的调节系统。

后期阶段：指 5s 后的时间段。此时需考虑动力部分的变化所产生的影响、系统频率变化的影响以及低频减载等自动装置的作用等。

从而暂态分析可分为短期、中期和长期三种。本节对暂态稳定性的分析计算以起始阶段为主，兼及发电机调节系统的影响。

（3）暂态稳定计算分析计算中常用假设主要有：

1）不计故障电流中非周期分量的作用。这一方面是因为其衰减很快，大约在 0.1s 的时间即衰减完毕；另一方面，其产生在空间不动的磁场，它与转子绕组中的直流电流相互作用所产生的转矩以同步频率周期变化，平均值接近于零，对发电机转子的运动影响不大。同时，其为制动性质，故忽略它后使计算结果偏于保守。

2）不计负序和零序电流的作用。由于负序电流产生的磁场与转子绕组相互作用形成的转矩以两倍频率交变，平均值也接近零；零序电流产生的合成磁场为零，不产生转矩，故可将其忽略。

3）不计阻尼功率 P_D。这一方面因为其值很小，对转子运动影响不大；另一方面忽略它使计算结果偏于保守（因为其制动性质），易于为工程界接受。

（4）暂态稳定的分析方法从本质上讲是求解一组描述电力系统机电特性的方程，包括微分方程和代数方程，得到发电机功率角随时间变化的曲线——摇摆曲线，从而判断系统的稳定性。求取微分方程的数值解有多种，但均是将时间分成小段求取各个时刻的值。因此这类方法称为逐步积分（step by step，SBS）法或时域仿真法。可知，其计算工作量大，十分费时。为此，人们一直在寻求一种避免求取微分方程数值解而直接判断系统稳定性的方法，称为暂态稳定性的直接分析法。这两类方法各有长处，互为补充。

本节结构如下：首先分析简单电力系统，即单机无穷大系统的暂态稳定性：先考虑经典模型，再考虑非经典模型。然后分析复杂系统的暂态稳定性。分析时以逐步法为主，同时也简要介绍直接法。最后介绍提高电力系统暂态稳定性的措施。

一、简单电力系统的暂态稳性

本小节分析简单电力系统，即单机无穷大系统的暂态稳定性。由于此时只有发电机相对于无穷大系统的一个功率角 δ，因而判断简单电力系统暂态是否稳定的标志是看 δ 是否随时间一直增大，实用中一般当 $\delta>180°$ 时即认为已失稳。分析时由简到繁，先考虑经典模型：发电机用暂态电抗 x'_d 和暂态电抗后电动势 E' 相串联表示，且设 E' 恒定；发电机输入的机械功率 P_m 恒定；负荷用恒定阻抗表示。然后考虑非经典模型，包括励磁调节系统、速度调节系统和负荷模型对暂态稳定性的影响。分析时先介绍一般的求微分方程数值解得到摇摆曲线判断稳定的方法，即逐步法，然后介绍暂态稳定的直接分析法。

（一）经典模型下简单电力系统的暂态稳定性

1. 逐步积分法（SBS 法）

所谓逐步积分法是将时间分成小段，然后采用一定的方法求取发电机功率角在各个时刻的值，得到发电机转子运动的轨迹——摇摆曲线，以判断稳定性的方法。

图 5-24（a）所示为一单机无穷大系统：发电机 G 经升压变压器 T1、双回输电线 L 和降压变压器 T2 向无穷大系统 S 供电。发电机送到系统的功率为 P_0 和 Q_0，无穷大系统母线的电压为 $\dot{U}_S$（一般取其为参考相量）。设定的扰动形式为在 $t=0$ 时一回输电线首端发生某

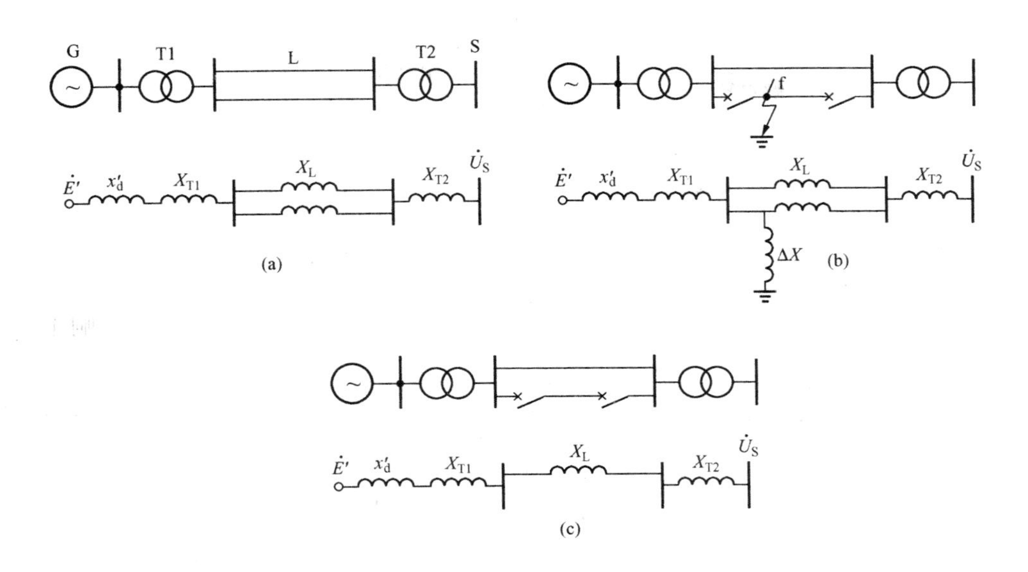

图 5-24　简单电力系统及其等值电路

(a) 故障前；(b) 故障期间；(c) 故障后

种类型的短路故障，在 $t=t_c$ 时刻继电保护和断路器动作将故障线路切除，此后以单回线运行。

采用经典模型，不计电阻和并联导纳，其故障前、故障期间和故障后的等值电路示于图 5-24。故障期间等值电路中的电抗 Δx 即正序等效定则中的附加电抗，对不同类型的短路故障有不同值。

为分析其稳定性，先列出转子运动方程

$$T_J\frac{\mathrm{d}\omega}{\mathrm{d}t}=\Delta P=P_m-P_e \tag{5-46}$$

其中，$P_m=P_0=C$，$P_e=\dfrac{E'U_S}{x'_{d\Sigma}}\sin\delta$。公式中的 δ 实为 δ'，为书写方便，省去上标，下同。

电磁功率 P_e 在故障前、故障期间和故障后因 $x'_{d\Sigma}$ 不同有不同的表达式和不同的功角曲线。

故障前

$$x'_{d\Sigma0}=x'_d+X_{T1}+X_L/2+X_{T2}$$

$$P_{e0}=\frac{E'U_S}{x'_{d\Sigma0}}\sin\delta=P_{e0M}\sin\delta \tag{5-47}$$

$$P_{e0M}=\frac{E'U_S}{x'_{d\Sigma0}}$$

式中：P_{e0M} 为故障前功角曲线 P_{e0} 最高点的电磁功率。

$$\dot{E}'=\dot{U}_S+\mathrm{j}x_{d\Sigma0}\dot{I}=U_S\underline{/0^\circ}+\mathrm{j}x'_{d\Sigma0}(P_0-\mathrm{j}Q_0)/U_S \tag{5-48}$$

故障期间

$$x'_{d\Sigma\mathrm{I}}=(x'_d+X_{T1})+(X_L/2+X_{T2})+(x'_d+X_{T1})(X_L/2+X_{T2})/\Delta x$$

此式是利用Y－△变换得到的 $\dot{E}'$ 和 $\dot{U}_S$ 之间的直接联系电抗。

从而

$$p_{e\mathrm{I}}=\frac{E'U_S}{x'_{d\Sigma\mathrm{I}}}\sin\delta=P_{e\mathrm{I}M}\sin\delta \tag{5-49}$$

故障后

$$x_{d\Sigma\mathrm{II}}=x'_d+X_{T1}+X_L+X_{T2}$$

$$p_{e\mathrm{II}}=\frac{E'U_S}{x'_{d\Sigma\mathrm{II}}}\sin\delta=P_{e\mathrm{II}M}\sin\delta \tag{5-50}$$

由于 $x'_{d\Sigma0}<x'_{d\Sigma\mathrm{II}}<x'_{d\Sigma\mathrm{I}}$，故功角曲线 P_{e0} 最高，$P_{e\mathrm{I}}$ 最低，如图 5 - 25 所示。图中点 a 为初始运行点，其对应的角度为

$$\delta_0=\arcsin\left(P_0/P_{e0M}\right) \tag{5-51}$$

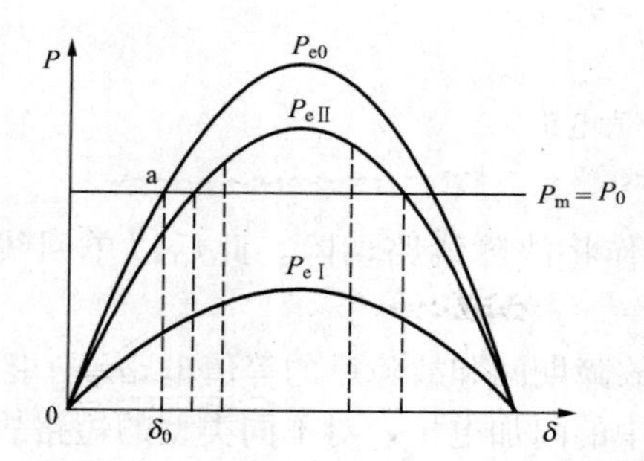

图 5 - 25　简单系统 E'＝C 时的功角曲线

其对应的初始角速度 $\omega_0=\omega_N$，即故障前发电机以同步速运行，从而 $\Delta\omega_0=0$，$s_0=0$。

以上定出了初始运行点的角度 δ_0 和角速度 ω_0，便可对转子运动方程式（5 - 46）求解。求解的方法有多种。下面介绍常用的两种：一是基于物理分析的分段匀速法；一是基于数值分析的微分方程数值积分法。

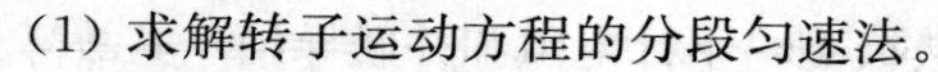

（1）求解转子运动方程的分段匀速法。

从转子运动方程和图 5 - 25 的功角曲线可以看出，由于故障期间和故障后发电机输出的电磁功率 $P_{e\mathrm{I}}$ 和 $P_{e\mathrm{II}}$ 与输入的机械功率 P_m 不等，且随功率角 δ 变化，从而发电机转子的运动是一个变加速度和变速度的运动，致使无法直接求出功率角 δ。如将时间分成小段，在每个时间段 Δt 的间隔内将其视为具有一定匀速度的匀加速运动，就可容易地求出每一时刻的转子角度和速度。这就是基于物理分析的分段匀速法的本质：将一个实际上是变加速度的运动分解为在每一小段时间内匀加速运动的合成。无疑，只要时间段 Δt（也称步长）取得适当，产生的误差将在工程允许范围内。

分段匀速法建立在如下两个简化假设基础上：

1）设在以（$k-1$）Δt 为中心的时间段 Δt 内转子的角加速度恒定，且等于在（$k-1$）Δt 处的值 a_{k-1}，从而

$$\omega_{(k)}-\omega_{(k-1)}=a_{(k-1)}\Delta t=\frac{\omega_N}{T_J}\Delta P_{(k-1)}\Delta t \tag{5-52}$$

式中：ω_k 和 ω_{k-1} 为以（$k-1$）Δt 为中心的 Δt 时段两端的角速度，即相邻两段中点的角速度；$a_{(k-1)}$ 为（$k-1$）Δt 时刻的加速度；ΔP_{k-1} 为（$k-1$）Δt 时刻的加速功率。

2）设在每个时间段内转子的角速度恒定，且等于该时段中点的值，从而有如下关系式

$$\begin{aligned}\Delta\delta_{(k-1)}&=\omega_{(k-1)}\Delta t\\ \Delta\delta_{(k)}&=\omega_{(k)}\Delta t\end{aligned} \tag{5-53}$$

式中：$\Delta\delta_{(k-1)}$ 和 $\Delta\delta_{(k)}$ 为该时段内角度的增量。由式（5-52）和式（5-53）可得到

$$\Delta\delta_{(k)}-\Delta\delta_{(k-1)}=K\Delta P_{(k-1)} \tag{5-54}$$

其中：$K=\omega_N\Delta t^2/T_J$，当 Δt 选定后便为一固定的计算常数；δ 以（°）为单位时，$\omega_N=360f_N$，以弧度单位时，$\omega_N=100\pi$。

于是，用分段匀速法求解转子运动方程的递推公式为

$$\begin{cases}\Delta\delta_{(k)}=\Delta\delta_{(k-1)}+K(P_0-P_{eiM}\sin\delta_{(k-1)})\\ \delta_{(k)}=\delta_{(k-1)}+\Delta\delta_{(k)}\end{cases},k=1,2,3,\cdots \tag{5-55}$$

其中：i=Ⅰ、Ⅱ，即对故障期间和故障后取相应的最大电磁功率 $P_{e\text{Ⅰ}M}$ 和 $P_{e\text{Ⅱ}M}$。

值得指出的是：

1）换路瞬间发电机输出的电磁功率 P_e 发生突变，从而加速功率 ΔP 有两个值，因而应取二者的平均值代入上式。具体讲，在故障瞬间 $t=0$ 时，$k=1$，$\Delta P_0=(\Delta P_{0+}+\Delta P_{0-})/2=\Delta P_{0+}/2$ 从而

$$\Delta\delta_1=\frac{K}{2}\Delta P_0=\frac{K}{2}(P_0-P_{e\text{Ⅰ}M}\sin\delta_0) \tag{5-56}$$

式中：下标（0+）代表故障后瞬间；下标（0－）代表故障前瞬间。显然 $\Delta P_{0-}=0$，$\Delta P_{0+}=P_0-P_{e\text{Ⅰ}M}\sin\delta_0$。在故障切除瞬间 $t=t_c$，加速功率取

$$\Delta P_{t_c}=P_0-\frac{P_{e\text{Ⅰ}M}+P_{e\text{Ⅱ}M}}{2}\sin\delta_c \tag{5-57}$$

2）计算实际表明，对转子运动方程求解时，时间段 Δt 的取值范围为 0.01～0.05s，手算时可取 0.05s。Δt 取得太大，会产生较大截断误差；取得太小，计算量增大，同时累积误差也增大，故应取得适当。

下面以[例 5-1]系统为例说明利用分段匀速法分析简单电力系统暂态稳定性的过程，以及如何判断系统的稳定。

【例 5-2】 设[例 5-1]给出的系统在一回输电线首端发生两相接地短路 $f^{(1,1)}$，$t_c=0.15$s 和 0.2s 时切除故障线路单回线运行。试分析其暂态稳定性，取 $\Delta t=0.05$s。

解　(1) 先求初始运行点和故障前、故障期间和故障后的功角方程。

[例 5-1]已求出

$$\dot{E}'_{|0|}=\dot{U}_S+jx'_{d\Sigma0}\dot{I}=1.4264\angle 35.2606°$$

故障前

$$P_e(E',\delta')=1.7322\sin\delta'$$

故障期间的附加电抗

$$\Delta x=X_{\Sigma(2)}//X_{\Sigma0}$$

其负序和零序等值电路如图 5-26 所示。注意此时发电机的负序电抗 $x_{(2)}$ 不同于暂态电抗 x'_d。

由图可求出负序和零序等值电路阻抗为

$$X_{\Sigma(2)}=(0.1965+0.1375)//(0.5737/2+0.1044)=0.1802$$

$$X_{\Sigma0}=0.1375//(1.7210/2+0.1044)=0.1204$$

对 $f^{(1,1)}$，$\Delta x=X_{\Sigma(2)}//X_{\Sigma0}=0.0722$。从而 $\dot{E}'$ 和 $\dot{U}_S$ 之间的等值电抗为

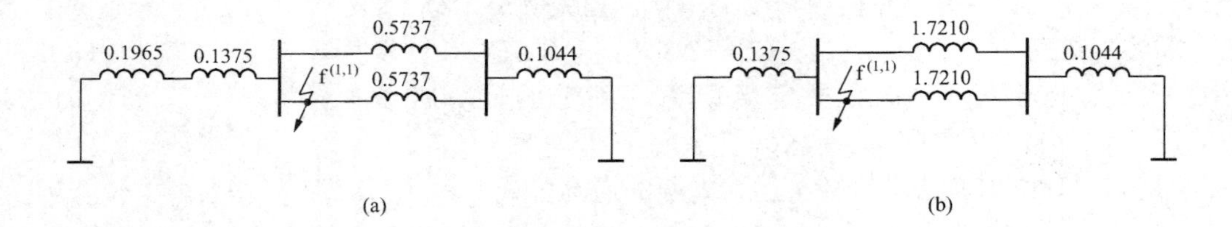

图 5-26 ［例 5-2］负序等值电路（a）和零序等值电路（b）

$$x'_{d\Sigma \mathrm{I}}=(x'_d+X_{T1})+(X_L/2+X_{T2})+(x'_d+X_{T1})(X_{T2}+X_L/2)/\Delta x=3.1667$$

$$P_{e\mathrm{I}M}=\frac{E'U_S}{x'_{d\Sigma \mathrm{I}}}=0.4504$$

故障后

$$x'_{d\Sigma \mathrm{II}}=x'_d+X_{T1}+X_{T2}+X_L=1.1103$$

$$P_{e\mathrm{II}M}=\frac{E'U_S}{x'_{d\Sigma \mathrm{II}}}=1.2847$$

（2）利用分段匀速法的递推公式求取摇摆曲线。

1）$t_c=0.15$s

$$\delta_0=35.2606°、P_0=1$$

$$K=\omega_N\Delta t^2/T_J=18000\times 0.05^2/8.1818=5.5$$

$$k=1(t=0.05\text{s})$$

$$\Delta\delta_1=K(P_0-P_{e\mathrm{I}M}\sin\delta_0)/2=2.0348°$$

$$\delta_1=\delta_0+\Delta\delta_1=37.2954°$$

$$k=2\ (t=0.10\text{s})$$

$$\Delta\delta_2=\Delta\delta_1+K(P_0-P_{e\mathrm{I}M}\sin\delta_1)/2=6.0338°$$

$$\delta_2=\delta_1+\Delta\delta_2=43.3292°$$

$$k=3\ (t=0.15\text{s})$$

$$\Delta\delta_3=\Delta\delta_2+K(P_0-P_{e\mathrm{I}M}\sin\delta_2)/2=9.8340°$$

$$\delta_3=\delta_2+\Delta\delta_3=53.1631°$$

$k=4$（$t=0.20$s），此时段开始时故障切除，从而

$$\Delta\delta_4=\Delta\delta_3+K\left(P_0-\frac{P_{e\mathrm{I}M}+P_{e\mathrm{II}M}}{2}\sin\delta_3\right)=11.5151°$$

$$\delta_4=\delta_3+\Delta\delta_4=75.3158°$$

余下计算的结果列于表 5-1。

表 5-1　[例 5-2] 计算结果（一）

k	t（s）	δ（°）	k	t（s）	δ（°）
5	0.25	80.9896	10	0.50	106.6013
6	0.30	84.5989	11	0.55	108.6639
7	0.35	92.3574	12	0.60	109.5322
8	0.40	98.5560	13	0.65	109.2411
9	0.45	103.2673	14	0.70	107.7789

当 $k=13$，$t=0.65$s，δ 开始减少，未一直增大，故可判断系统在 $t_c=0.15$s 时稳定。

2）$t_c=0.20$s

$k=1$，2，3 的计算同前。

$$k=4\ (t=0.20\text{s})$$

$$\Delta\delta_4=\Delta\delta_3+K\ (P_0-P_{e\text{I}M}\sin\delta_3)\ =13.3514°$$

$$\delta_4=\delta_3+\Delta\delta_4=66.5145°$$

$k=5$（$t=0.25$s），此时段开始时切除故障，从而

$$\Delta\delta_5=\Delta\delta_4+K\left(P_0-\frac{P_{e\text{I}M}+P_{e\text{II}M}}{2}\sin\delta_4\right)=14.4751°$$

$$\delta_5=\delta_4+\Delta\delta_5=80.9896°$$

余下计算的结果列于表 5-2。

表 5-2　[例 5-2] 计算结果（二）

k	t（s）	δ（°）	k	t（s）	δ（°）
6	0.30	93.9849	11	0.55	143.1537
7	0.35	105.4321	12	0.60	153.7780
8	0.40	115.5681	13	0.65	166.7801
9	0.45	124.8302	14	0.70	183.6664
10	0.50	132.7922			

从表 5-2 可见 δ 一直增大，已超过 180°，故可判断系统在 $t_c=0.20$s 时不稳定。

应指出，对其他形式的扰动，例如重合闸后系统的稳定性，其分析可仿上进行，只是多了一个换路状态，即重合状态，计算上并无原则上的区别。

（3）求解转子运动方程的数值积分法。

转子运动方程是微分方程，因而可以应用求解微分方程的数值积分法求数值解。数值积分法有多种，分为显示方法和隐式方法两大类。每类中又可以分为单步法和多步法两种：依靠一点的值就可推出下一点值的方法称为单步法，如欧拉法、改进欧拉法、龙格—库塔法等；需知道前几点的值才能推出下一点值的方法称为多步法，如 Adams 法等。此处仅介绍显示方法中的单步法，以改进欧拉法为重点。讲解时从欧拉法入手，再介绍改进欧拉法，并进一步推及 4 阶龙格—库塔法。对其他方法有兴趣者可参阅有关资料。

1）欧拉法。

设一阶微分方程 $\mathrm{d}x/\mathrm{d}t=f(x,t)$，其初值为 $x|_{t=0}=x_0$，将时间分为小段 $t_k=k\Delta t$，$k=1, 2, \cdots$。

对微分方程从 t_{k-1} 积分到 t_k，得到

$$\int_{t_{k-1}}^{t_k}\frac{\mathrm{d}x}{\mathrm{d}t}\mathrm{d}t=x(t_k)-x(t_{k-1})=\int_{t_{k-1}}^{t_k}f(x,t)\mathrm{d}t \tag{5-58}$$

式中右端表示曲线 $f(x,t)$ 下从 t_{k-1} 到 t_k 的面积，如图 5-27（a）所示。由于 $f(x,t)$ 未知，无法求得该面积，采用矩形近似，取

$$\int_{t_{k-1}}^{t_k}f(x,t)\approx f(x_{k-1},t_{k-1})\Delta t=\mathrm{d}x/\mathrm{d}t|_{t_{k-1}}\Delta t$$

从而

$$x_k=x_{k-1}+\mathrm{d}x/\mathrm{d}t|_{t_{k-1}}\Delta t,k=1,2,\cdots \tag{5-59}$$

此即欧拉法的递推公式。

欧拉公式的几何解释是：用一条折线 $x(t_k)$（称为欧拉折线）近似实际的曲线 $x(t)$，如图 5-27（b）所示。

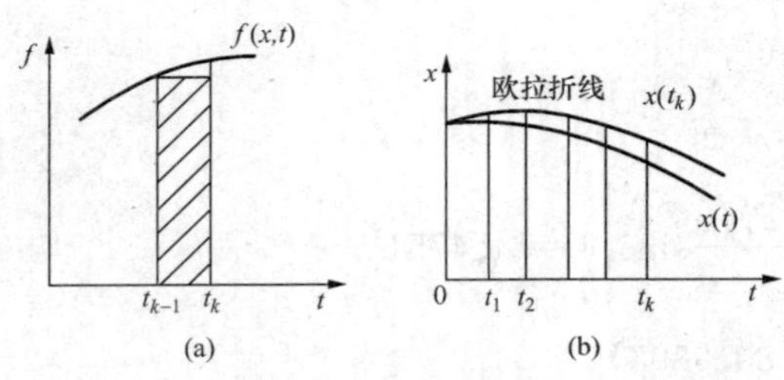

图 5-27 欧拉法的矩形近似和折线
（a）欧拉法的矩形近似；（b）折线

欧拉法的优点是简单，递推一步只需计算一次微分方程的右端函数 $f(x,t)$；缺点是精度低，只有一阶精度，截断误差为 $O(h^2)$，即与步长 $h(\Delta t)$ 的二次方同数量级。为提高精度，对其进行改进，称为改进欧拉法。

2）改进欧拉法。

如果不用矩形面积近似图 5-27（a）中曲线下的面积，而采用直角梯形近似，取

$$\int_{t_{k-1}}^{t_k}f(x,t)=(\mathrm{d}x/\mathrm{d}t|_{t_{k-1}}+\mathrm{d}x/\mathrm{d}t|_{t_k})\Delta t/2_{tt}$$

从而

$$x_k=x_{k-1}+(\mathrm{d}x/\mathrm{d}t|_{t_{k-1}}+\mathrm{d}x/\mathrm{d}t|_{t_k})\Delta t/2 \tag{5-60}$$

此即改进欧拉法的递推公式。但是此处存在一个问题：$\mathrm{d}x/\mathrm{d}t|_{t_k}$ 如何求？方法之一是利用欧拉法，即用欧拉法进行预报，求得 $x_k=x_{k-1}+\mathrm{d}x/\mathrm{d}t|_{t_{k-1}}$，然后代入 $f(x,t)$ 得到 $\mathrm{d}x/\mathrm{d}t|_{t_k}$，从而再用改进欧拉法的递推公式求得改进的 x_k。所以这种方法又称预报—校正法。其递推公式为

求初始变化率 $\quad \mathrm{d}x/\mathrm{d}t|_{t_{k-1}}=f(x_{k-1}, t_{k-1})$

预报 $\quad x_k^{\mathrm{p}}=x_{k-1}+\mathrm{d}x/\mathrm{d}t|_{t_{k-1}}\Delta t$

求终了变化率 $\quad \mathrm{d}x/\mathrm{d}t|_{t_k}=f(x_k^{\mathrm{p}}, t_k)$

校正 $\quad x_k^{\mathrm{c}}=x_{k-1}+(\mathrm{d}x/\mathrm{d}t|_{t_k}+\mathrm{d}x/\mathrm{d}t|_{t_{k-1}})\Delta t \quad (5-61)$

式中：上标 p 表示预报值，c 表示校正值。

将上述递推公式用于转子运动方程式（5-12）有

$$\mathrm{d}\delta/\mathrm{d}t=\omega_{\mathrm{N}}s=18000\ s$$

$$\mathrm{d}s/\mathrm{d}t=(P_{\mathrm{m}}-P_{\mathrm{e}})/T_J=(P_0-P_{\mathrm{eiM}})/T_J$$

上式中为便于手算，取角度δ的单位为度，故$\omega_N=360f_N=18000°/s$（$f_N=50Hz$）。如在计算机上求解，则应取$\omega_N=2\pi f_N$（rad/s），因计算机中角度均以弧度为单位进行计算。从而转子运动方程用改进欧拉法求解时的递推公式为

初率
$$d\delta/dt|_{t_{k-1}}=18000s_{k-1}$$
$$ds/dt|_{t_{k-1}}=(P_0-P_{eiM}\sin\delta_{k-1})/T_J$$

预报
$$\delta_k^p=\delta_{k-1}+d\delta/dt|_{t_{k-1}}\Delta t$$
$$s_k^p=s_{k-1}+ds/dt|_{t_{k-1}}\Delta t$$

终率
$$d\delta/dt|_{t_k}=18000s_k^p$$
$$ds/dt|_{t_k}=(P_0-P_{eiM}\sin\delta_k^p)/T_J$$

校正
$$\delta_k^c=\delta_{k-1}+(d\delta/dt|_{t_k}+d\delta/dt|_{t_{k-1}})\Delta t/2$$
$$s_k^c=s_{k-1}+(ds/dt|_{t_k}+ds/dt|_{t_{k-1}})\Delta t/2 \tag{5-62}$$

以上八式中，$t_k=k\Delta t$，$k=1$，2，…；初值$\delta_0=\arcsin(P_0/P_{e0M})$，$s_0=0$；下标$i=$Ⅰ、Ⅱ，表示故障期间值和故障后值。

值得指出的有两点：

利用改进欧拉法求解转子运动方程时，无需对换路情况进行特殊处理，因其本身已取初率和终率的平均值。

和欧拉法相比，改进欧拉法的计算精度有所提高，为二阶精度算法，截断误差为$O(h^3)$。但同时其计算工作量也增加：每递推一步需计算两次右端函数。和分段匀速法相比，二者精度相同，因分段匀速法本质上也是取两点加速度的平均值。说明如下：

在第一个时间段［0，Δt］，加速功率$\Delta P_0=P_m-P_{e\text{I}M}\sin\delta_0$，加速度$a_0=\omega_N\Delta P_0/T_J$，从而相对角速度的增量$\Delta\omega_1=a_0\Delta t$，角度的增量$\Delta\delta_1=\Delta\omega_1\Delta t/2=\dfrac{\omega_N}{T_J}\Delta t^2\Delta P_0/2=K\Delta P_0/2$，$\delta_1=\delta_0+\Delta\delta_1$。

在第二时间段［Δt，$2\Delta t$］，加速功率$\Delta P_1=P_m-P_{e\text{I}M}\sin\delta_1$，加速度$a_1=\omega_N\Delta P_1/T_J$，从而角度的增量$\Delta\delta_2=\Delta\omega_1\Delta t+a_1\Delta t^2/2$，如式中$\Delta\omega_1$用$a_0\Delta t$直接代入精度不高，因为它只用了初始变化率$a_0$进行计算。为提高精度，取第一时段初始变化率和终了变化率的平均值计算$\Delta\omega_1$，即$\Delta\omega_1=(a_0+a_1)\Delta t/2$，从而

$$\Delta\delta_2=(a_0+a_1)\Delta t^2/2+a_1\Delta t^2/2=\Delta\delta_1+a_1\Delta t^2=\Delta\delta_1+K\Delta P_1$$

此即分段匀速法的递推公式，可见其本质是两点的变化率平均，与改进欧拉法相同。上述过程同时说明了为何在故障瞬间应取$\Delta\delta_1=\dfrac{1}{2}K\Delta P_0$，即换路情况应取该瞬间前后两个加速功率的平均值。

还应指出，改进欧拉法是求取微分方程数值解的通用方法，而分段匀速法只适用于求解转子运动方程，因为它是从物理分析得到的方法，但其计算工作量小于改进欧拉法而精度相同，故在稳定计算中得到了一定应用。

【例5-3】 用改进欧拉法求解［例5-2］。取$t_c=0.15s$，$\Delta t=0.05s$。

解　由［例5-2］已知：$\delta_0=35.2606°$，$s_0=0$，$P_{e\text{I}M}=0.4504$，$P_{e\text{II}M}=1.2847$，$T_J=8.1818$。

$$k=1\ (t=0.05s)$$

初率 $d\delta/dt|_0=18000s_0=0$

$$ds/dt|_0=(P_0-P_{eiM}\sin\delta_0)/T_J=0.0904$$

预报 $\delta_1^p=\delta_0+d\delta/dt|_0\Delta t=35.2606°$

$$s_1^p=s_0+ds/dt|_0\Delta t=0+0.0904\times0.05=0.000452$$

终率 $d\delta/dt|_1=18000s_1^p=81.3984$

$$ds/dt|_1=(P_0-P_{eiM}\sin\delta_1^p)/T_J=(1-0.4504\sin35.2606°)/8.1818=0.0904$$

校正 $\delta_1^c=\delta_0+(d\delta/dt|_0+d\delta/dt|_1)\Delta t/2$

$$=35.2606°+(0+81.3984°)\times0.05/2=37.2955°$$

$$s_1^c=s_0+(ds/dt|_0+ds/dt|_1)\Delta t/2$$

$$=0+(0.0904+0.0904)\times0.05/2=0.00452$$

$$k=2\ (t=0.10s)$$

初率 $d\delta/dt|_1=18000s_1=81.36$

$$ds/dt|_1=(1-0.4504\sin37.2955°)/8.1818=0.0889$$

预报 $\delta_2^p=37.2955°+81.36\times0.05=41.3636$

$$s_2^p=0.00452+0.0889\times0.05=0.0090$$

终率 $d\delta/dt|_2=18000s_2^p=161.37$

$$ds/dt|_2=(1-0.4504\times\sin41.3636°)/8.1818=0.0858$$

校正 $\delta_2^c=37.2955°+(81.36+161.37)\times0.05/2=46.3638°$

$$s_2^c=0.00452+(0.0889+0.0858)\times0.05/2=0.0089$$

余下结果列于表5-3。

表5-3　　[例5-3] 计算结果

k	t (s)	δ (°)	s	k	t (s)	δ (°)	s
3	0.15	53.2648	0.012981	10	0.50	107.2038	0.003134
4	0.20	64.8660	0.012390	11	0.55	109.3992	0.001807
5	0.25	75.5682	0.011138	12	0.60	110.4429	0.000551
6	0.30	84.9206	0.009533	13	0.65	110.3783	−0.000682
7	0.35	98.7375	0.007816	14	0.70	109.2023	−0.001945
8	0.40	98.9870	0.007816				

当$k=13$，$t=0.65$s，$s<0$，δ已开始减小，未一直增大，故可判断该系统在$t_c=0.15$s时稳定。

将以上结果与[例5-2]分段匀速法相比较，二者十分相近，精度相同，但计算工作量增大，不过通用性和无需对换路情况特殊处理是其优点。

3）4阶龙格—库塔法。

为进一步提高计算精度，可采用其他算法，如4阶龙格—库塔法，它的思路和改进法类似，只是取4点变化率做加权平均，即

第一点的变化率为　$K_1=dx/dt|^{(1)}=f(x_k,t_k)$

第二点的变化率为　$K_2=dx/dt|^{(2)}=f(x_k+k_1\Delta t/2,t_k+\Delta t/2)$

第三点的变化率为　$K_3=dx/dt|^{(3)}=f(x_k+k_2\Delta t/2,t_k+\Delta t/2)$

第四点的变化率为 $K_4 = \mathrm{d}x/\mathrm{d}t|^{(4)} = f(x_k + k_3\Delta t/2, t_k + \Delta t/2)$

加权平均后 $$x_k = x_{k-1} + \frac{1}{6}\left(\frac{\mathrm{d}x}{\mathrm{d}t}|^{(1)} + 2\frac{\mathrm{d}x}{\mathrm{d}t}|^{(2)} + 2\frac{\mathrm{d}x}{\mathrm{d}t}|^{(3)} + \frac{\mathrm{d}x}{\mathrm{d}t}|^{(4)}\right)\Delta t$$
$$= x_{k-1} + (K_1 + 2K_2 + 2K_3 + K_4)\Delta t/6 \quad (5-63)$$

4 阶龙格—库塔法为 4 阶精度算法，截断误差为 $O(h^5)$，计算工作量相应增加：每递推一步要计算 4 次右端函数。其用于精度要求较高的场合，常作为校核结果用。值得注意的是，对龙格—库塔法，步长 h 的选择非常重要，选择不当会引起数值计算不稳。步长取决于系统中最小的时间常数，不能取得太大。

将 4 阶龙格—库塔法用于转子运动方程的求解，递推公式为

$$K_{11} = 18000 s_{k-1}$$
$$K_{12} = (P_m - P_{eiM}\sin\delta_{k-1})/T_J$$
$$K_{21} = 18000\left(s_{k-1} + \frac{K_{12}}{2}\Delta t\right)$$
$$K_{22} = \left[P_m - P_{eiM}\sin\left(\delta_{k-1} + \frac{K_{11}}{2}\Delta t\right)\right]/T_J$$
$$K_{31} = 18000\left(s_{k-1} + \frac{K_{22}}{2}\Delta t\right)$$
$$K_{32} = \left[P_m - P_{eiM}\sin\left(\delta_{k-1} + \frac{K_{21}}{2}\Delta t\right)\right]/T_J$$
$$K_{41} = 18000(s_{k-1} + K_{32}\Delta t)$$
$$K_{42} = [P_m - P_{eiM}\sin(\delta_{k-1} + K_{31}\Delta t)]/T_J$$
$$\delta_k = \delta_{k-1} + (K_{11} + 2K_{21} + 2K_{31} + K_{41})\Delta t/6$$
$$s_k = s_{k-1} + (K_{12} + 2K_{22} + 2K_{32} + K_{42})\Delta t/6 \quad (5-64)$$

由于计算工作量大，改进欧拉法和 4 阶龙格—库塔法一般均编程由计算机完成，此时需将递推公式中的 18000 代之 $2\pi f_N$。和改进欧拉法一样，采用 4 阶龙格—库塔法时无需对换路情况特殊处理，其也为通用算法。

【例 5-4】 用 4 阶龙格—库塔法重算［例 5-3］。

解 此例编程后由计算机完成，计算结果列于表 5-4。

表 5-4　　［例 5-4］计算结果

t (s)	δ (°)	s	t (s)	δ (°)	s
0.00	35.2605	0.000000	0.40	98.2395	0.006019
0.05	37.2895	0.004496	0.45	102.9274	0.004418
0.10	43.3067	0.008839	0.50	106.2281	0.002936
0.15	53.1175	0.012910	0.55	108.2419	0.001553
0.20	64.5278	0.012312	0.60	109.0415	0.000230
0.25	75.0828	0.011061	0.65	108.6579	−0.001085
0.30	84.3307	0.009453	0.70	107.0760	−0.002442
0.35	92.0617	0.007722			

由上述结果可见，当 $t=0.65$s，$s<0$，δ 开始减小，未一直增大，故系统稳定。

2. 直接分析法

从上述电力系统暂态稳定性的逐步积分法（SBS法）介绍中可以看出，其本质是求取转子运动微分方程的数值解，得到发电机转子角度随时间变化的摇摆曲线 $\delta(t)$，然后由任意两机的角度差 δ_{ij}（对简单系统即为发电机对系统的角度 δ）是否随时间一直增大判断系统的稳定性。这种方法通用灵活，可以考虑各种因素，采用各种模型，但缺点是计算工作量大，且只能得到系统是否稳定的结论，得不到系统稳定程度的概念。为克服上述缺点，人们一直在寻求一种避免数值计算求取转子运动轨迹，而从能量角度判断系统稳定与否以及稳定程度如何的方法，称为电力系统暂态稳定性的直接分析法。直接分析法主要应用于电力系统的在线暂态安全分析。以下简要介绍该方法的基本原理，具体算法将在安全分析的内容中介绍。

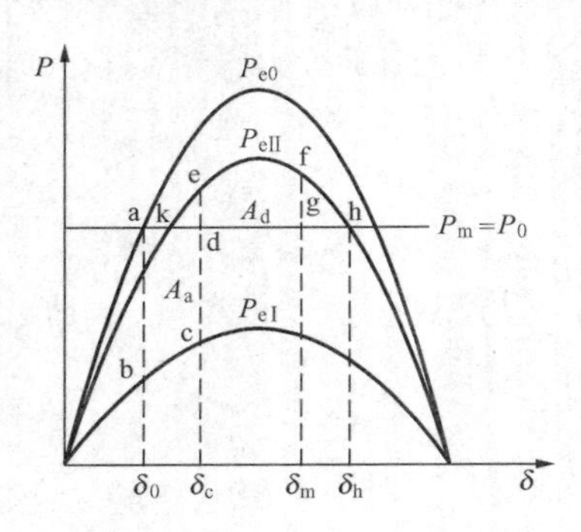

图 5-28　简单系统 $E'=C$ 时的功角曲线

下面仍以简单电力系统为例，从分析其暂态变化的物理过程入手，得到判断系统稳定的面积法则，进而介绍直接分析法的思路和步骤。

（1）简单电力系统暂态过程的物理分析。

将简单系统中发电机故障前、故障期间和故障后三个时段的功角曲线重画于图 5-28。故障前，其运行于 a 点，对应的功率角为 δ_0，转子的相对角速度为 ω_0，加速度 a 也为零。a 点称为故障前系统的稳定平衡点 SEP1（stable equilibrium point1）。故障瞬间，δ 不发生突变（实际上，此处的 δ 为 δ'，不是状态变量，换路时有小的突变，采用经典模型时以其为状态变量，认为不突变，引起的误差不大），于是运行点由 a 转移到故障期间功角曲线上的 b 点，由于此时 $\Delta P=P_m-P_e>0$，发电机转子开始加速，从而相对速度 $\omega>0$，转子角 δ 增大，运行点沿曲线 P_{eI} 向前转移。设在 t_c（角度为 δ_c）时切除故障，运行点由 c 转移到故障后功角曲线 P_{eII} 上的 e 点，由于此时 $\Delta P=P_m-P_c<0$，发电机转子开始减速，但速度 ω 仍大于 0，由于惯性作用，转子角 δ 仍增加，运行点沿曲线 P_{eII} 继续前移，设到 f 点时速度 $\omega=0$，则运行点将由 f 点开始返回，速度 ω 变为负值，δ 减小。运行点经过点 k 后，由于惯性转子继续回摆，随之又处于后向加速状态，δ 减小，到 $\omega=0$ 后又开始增大，开始第二次摇摆。如振荡过程中无能量损耗，则将以 k 点为中心来回振荡，但实际上总存在能量损耗，因而振荡逐渐衰减，最后稳定于新的运行点 k。由于角度 δ 不随时间一直增大，故此系统在该运行情况下对该扰动暂态稳定。k 点称为故障后系统的稳定平衡点 SEP2。

如故障切除时间 t_c 较长，即故障切除得较晚，则由于故障时转子加速较快，致使故障切除后运行点前冲到 P_m 与 P_{eII} 的交点 h 时转速仍大于零，则在过 h 后转子又处于加速状态，从而转速再度增加，于是角度 δ 将随时间不断增大，这种情况称为此系统在该运行情况下对该扰动暂态不稳。

由上述分析可知，故障切除时间 t_c 是决定系统是否暂态稳定的一个重要因素：t_c 小，系统容易稳定；t_c 大，系统不容易稳定。不难想见，必然存在一个临界切除时间 t_{cr}，对应于这个故障切除时间，系统正好处于临界稳定状态，相当于转子第一次摇摆前冲到 h 点时速度 ω 恰好为零（该点加速度 ω 也为 0，因 $\Delta P=0$）。该点称为不稳定平衡点 UEP（unstable equilibrium point）。所以，h 点，亦即不稳定平衡点 UEP，是判断系统第一摇摆稳定性的重要标志：如转子角前冲的最大角度 δ_m 小于 δ_h，则系统第一摇摆稳定；如超过 δ_h，则不稳定；如刚好冲到 δ_h，则为临界稳定。

读者或许会问：如果系统稳定，转子何时回摆？是否有法则确定返回点的位置？回答是肯定的，确实存在这样一个法则——等面积法则。

(2) 等面积法则（equal area criterion，EAC）。

将转子运动方程从初始运行点（δ_0，$\omega_0=0$）积分到故障切除点（δ_c，ω_c），得到

$$\int_{\delta_0}^{\delta_c}(P_m-P_e)\mathrm{d}\delta=\int_0^{\omega_c}\frac{T_J}{\omega_N}\omega\mathrm{d}\omega=\frac{1}{2}\frac{T_J}{\omega_N}\omega_c^2 \tag{5-65}$$

式（5-65）的左边为发电机转子在故障期间做加速运动时加速功率对角位移做的功，其大小等于图5-28中abcda所围的面积，称作加速面积 A_a；右边为类似于旋转物体动能的一种能量，也称动能。因而上式表明，故障期间加速功率所做的功转化为转子因加速而获得的动能。注意在初始运行点因其相对速度 $\omega_0=0$，从而其动能为零。

同理，将转子运动方程从故障切除点（δ_c，ω_c）积分到返回点 f（δ_m，$\omega_m=0$），得到

$$\int_{\delta_c}^{\delta_m}(P_m-P_e)\mathrm{d}\delta=\int_{\omega_c}^{0}\frac{T_J}{\omega_N}\omega\mathrm{d}\omega=-\frac{1}{2}\frac{T_J}{\omega_N}\omega_c^2$$

即

$$\int_{\delta_c}^{\delta_m}(P_e-P_m)=\frac{1}{2}\frac{T_J}{\omega_N}\omega_c^2 \tag{5-66}$$

式（5-66）的左边为发电机转子在故障切除后做减速功率对角位移做的功，其大小等于图5-28中defgd所围的面积，称作减速面积 A_d；右边仍为故障切除时转子的动能。因而上式表明，故障切除后发电机转子在故障期间获得的动能全部转为减速功率所做的功。

比较上两式，可知

$$A_a=A_d \tag{5-67}$$

这就是等面积法则，或称面积法则。它是一个非常有用的法则，下面列举它的几点应用。

1) 对经典模型下的简单电力系统，利用面积法则可求出临界切除时间所对应的角度—临界切除角 δ_{cr}。临界稳定时转子正好前冲到h点，从而有

$$\int_{\delta_0}^{\delta_h}(P_m-P_e)\mathrm{d}\delta=0$$

即

$$\int_{\delta_0}^{\delta_{cr}}(P_0-P_{e\text{I}M}\sin\delta)\mathrm{d}\delta+\int_{\delta_{cr}}^{\delta_h}(P_0-P_{e\text{III}M}\sin\delta)\mathrm{d}\delta=0$$

解得

$$\delta_{cr}=\arccos\frac{P_0(\delta_h-\delta_0)-P_{c\text{I}M}\cos\delta_0+P_{e\text{III}M}\cos\delta_h}{P_{e\text{III}M}-P_{e\text{I}M}} \tag{5-68}$$

其中，$\delta_0=\arcsin(P_0/P_{e0M})$，$\delta_h=\pi-\arcsin(P_0/P_{e\text{III}M})$，并注意计算 $P_0(\delta_h-\delta_0)$ 时，δ_h 和 δ_0 均应以rad为单位。

求出临界切除角 δ_{cr} 后，若需知道临界切除时间 t_{cr}，只要用上节介绍的SBS法求出持续故障，即故障一直存在时的摇摆曲线 $\delta(t)$，由 δ_{cr} 查得对应的时间即为临界切除时间 t_{cr}。此时可将系统的实际切除时间 t_c 和临界切除时间 t_{cr} 相比较判断系统的稳定：如 $t_c<t_{cr}$，系统稳定；如 $t_c>t_{cr}$，系统不稳。这是判断系统稳定与否的另一种方法。同时可将 $(t_{cr}-t_c)/t_{cr}$ 作

为系统稳定程度的一种度量：其值大于0，稳定；越大，稳定程度越高。

应指出，式（5-68）仅适用于经典模型下的简单电力系统，即 $E'=C$ 时的单机无穷大系统。如 $E'\neq C$，则该式不再成立。

【例5-5】 求［例5-2］给出系统的临界切除角 δ_{cr}、临界切除时间 t_{cr} 和判断 $t_c=0.15s$ 系统的稳定性。

解 ［例5-2］中已求得 $\delta_0=35.2606°$，$P_{eⅠM}=0.4504$，$P_{eⅡM}=1.2847$，从而

$$\delta_h=180°-\arcsin(P_0/P_{eⅡM})=128.8869°$$

代入式（5-68）得

$$\delta_{cr}=\arccos\frac{P_0(\delta_h-\delta_0)\frac{\pi}{180}-P_{eⅠM}\cos\delta_0+P_{eⅡM}\cos\delta_h}{P_{eⅡM}-P_{eⅠM}}=56.5571°$$

由［例5-2］中 $t_c=0.2s$ 时得到的结果：$t=0.15s$ 时，$\delta=53.1631°$，$t=0.20s$ 时，$\delta=66.5145°$，可见 t_{cr} 必在0.15～0.20s区段，可采用线性插值法求得

$$t_{cr}=0.15+\frac{56.5571-53.1631}{66.5145-53.1631}\times0.05=0.1627\ (s)$$

当 $t_c=0.15s$，因 $t_c<t_{cr}$，故系统此时稳定，但稳定程度不高，因 $(t_{cr}-t_c)/t_{cr}$ 较小。

2）利用面积法则可定性说明一些自动装置的动作对暂态稳定性的影响，如三相自动重合闸、单相自动重合闸、电气制动、快关汽门等。现以三相自动重合闸为例用面积法则说明其对暂态稳定的影响。图5-29所示为简单电力系统自动重合闸成功和不成功时的面积图形。扰动形式仍为 $t=0$ 时在一回输电线首端发生某种形式的短路故障，$t=t_c$ 时切除故障线路，不同的是在 $t=t_R$、功角为 δ_R 时重合闸装置动作，将故障线路合上。如故障由瞬时性原因造成，短路发生后即消失，则重合闸成功，系统恢复到原运行状态双回线运行。由图5-29（a）可见，此时的减速面积 A_d 增加，因而有利于系统的暂态稳定。如故障不是由瞬时性原因造成，短路的根源依然存在，则重合闸不成功，在 $t=t_{Rc}$ 时再度切除故障线路，这一过程如图5-29（b）所示。此时系统能否稳定，取决于重合闸和再切除的时间长短，可以再次用面积法则进行判断。由于电力系统中造成故障的瞬时性原因较多，因而自动重合闸的成功率较高，所以得到了广泛应用。采用单相重合闸可进一步提高暂态稳定性，因此时切除的不

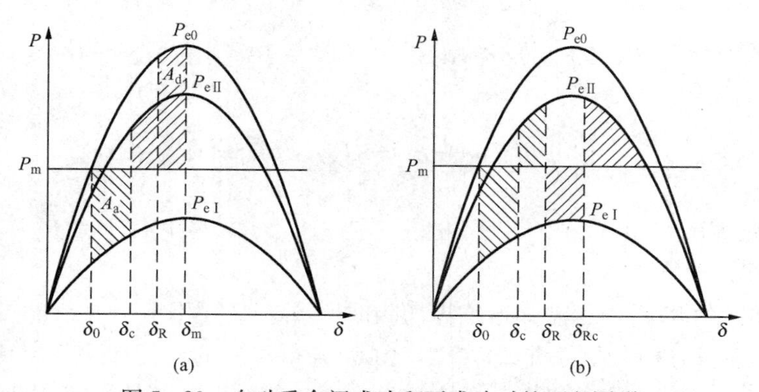

图5-29 自动重合闸成功和不成功时的面积图形

（a）自动重合闸成功时的面积图形；（b）自动重合闸不成功时的面积图形

是三相，而只是发生故障的那一相线路，也可用面积法则说明。请读者自行分析，不再赘述。

3）利用面积法则可直接判断简单系统的暂态稳定性：如故障切除后的总减速面积（图5-28中的defgd）大于故障切除时的加速面积，系统稳定；反之不稳定。从而面积法则开创了一条从能量角度判断系统稳定性的途径，奠定了直接分析法的基础。

（3）直接分析法。

直接分析法的理论基础由俄国学者李亚普诺夫（A. M. Ляпнов）于1892年在题为《关于运动稳定性的一般问题》的文章中提出。他在文中提出分析运动稳定性的两种方法：第一种方法用于分析小扰动时的运动稳定性，其将描述系统运动的微分方程在初始运行点线性化，得到相应线性系统的系统矩阵，再根据线性系统的理论，由其特征根在复平面的位置判断系统稳定性，称为“间接法”；第二种方法建立在下述直观的物理基础上：一个动态系统，当其储存的总能量随时间不断减少时，系统最终必然处于某一最小能量位置，即某一平衡状态。这样就可从能量角度判断系统的稳定性，而不必像SBS法那样求出系统的运动轨迹而后判断稳定，所以这类方法称为“直接法”。

应指出，李亚普诺夫提出的第二种方法只是判断系统稳定性与否的一个充分但非必要条件：如找到了具有上述性质的能量函数 V，$V>0$，且 $\mathrm{d}V/\mathrm{d}t<0$，则可判定系统稳定；但如未找到，却并不能说明该系统不稳定。

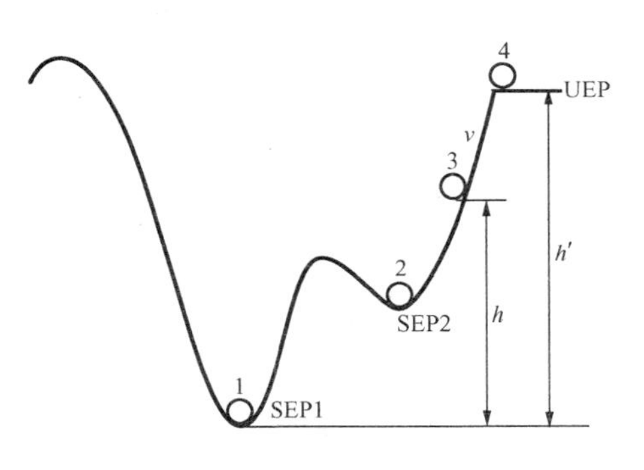

图5-30　小球的运动与直接法

现用小球的运动为例说明直接法的基本原理。如图5-30所示，一个质量为 m 的小球原处于平衡位置，即稳定平衡点SEP1。在该点，小球的速度为零，加速度也为零。设在 $t=0$ 时刻小球受到某种扰动，开始加速，离开了SEP1点。设在 $t=t_c$ 时刻扰动停止时小球处于位置3，具有速度 v，从而小球由于扰动获得的总能量为

$$V=\frac{1}{2}mv^2+mgh \tag{5-69}$$

式中：$\frac{1}{2}mv^2$ 为动能，mgh 为势能。此后小球将沿着容器的壁面做减速运动，并由于惯性继续上升。如小球在抵达不稳定平衡点UEP前速度已减为零，则小球将不会越过UEP，经过几次摇摆后最终停在另一稳定平衡点SEP2上。如小球在抵达UEP时速度仍大于零，则小球将越过UEP，开始新的加速运动，从而失去稳定。如小球在抵达UEP时速度正好为零，则称为临界稳定。因此将UEP所具有的势能 mgh 称作临界能量 V_{cr}，将其和扰动停止时小球具有的能量 V 进行比较就可判断受扰小球的稳定性：$V<V_{cr}$，系统稳定；$V>V_{cr}$，系统不稳定；$V=V_{cr}$，临界稳定。换言之，如系统具有将扰动停止时小球的动能全部转化为势能的能力，则系统稳定，否则不稳定。

电力工作者被李亚普诺夫上述设想的魅力所吸引，从20世纪40年代就开始了这方面的研究。可以说，对于电力系统的暂态稳定性，直接分析法是始终和逐步分析法平行发展、相互促进、互为补充的一类方法。直到现在，世界各国仍有很多学者继续从事其研究，并且有

一些新的发展。

仍以简单系统为例说明电力系统暂态稳定中能量函数的定义和进行稳定分析的思路。

定义发电机转子的动能为

$$V_{K}=\frac{1}{2}\frac{T_J}{\omega_N}\omega^2$$

定义发电机转子的势能为

$$V_{P}=\int_{\delta_h}^{\delta_k}(P_e-P_m)d\delta \tag{5-70}$$

式中：δ_k 为故障后系统稳定平衡点 SEP2 的角度；δ_h 为不稳定平衡点 UEP 的角度。根据上述定义，故障切除时发电机由于扰动获得的总能量为

$$V_c=V_{cK}+V_{cP}=\frac{1}{2}\frac{T_J}{\omega_N}\omega_c^2+\int_{\delta_k}^{\delta_c}(P_{e\mathrm{II}M}-P_m)\ d\delta=A_a+A_b \tag{5-71}$$

式中：A_a 为面积法则中的加速面积；A_b 为故障切除时相对于 SEP2 的势能，如图 5－28 中的面积 kedk。这相当于计算势能以 SEP2 为参考点。

因而发电机所具有的最大势能，即临界能量为

$$V_{cr}=\int_{\delta_k}^{\delta_h}(P_{e\mathrm{II}}-P_m)d\delta=A_b+A_d \tag{5-72}$$

式中：A_d 为面积法则中的减速面积。

由此，和小球运动时的情况相类似，将故障切除时系统的能量 V_c 和临界能量 V_{cr} 相比较就可判断系统的稳定性：$V_c<V_{cr}$，稳定；$V_c>V_{cr}$，不稳定；$V_c=V_{cr}$，临界稳定。

同时，可定义系统稳定程度的一种度量为

$$\Delta V_n=(V_{cr}-V_c)/V_{cK} \tag{5-73}$$

式中：V_{cK} 为故障切除时系统的动能。

文献建议：当 $\Delta V_n>2$ 时，为安全状态；$\Delta V_n=1\sim2$ 时，提出预先警告；$\Delta V_n=0.5\sim1$ 时，发出警告；$\Delta V_n=0\sim0.5$ 时，严重警告；$\Delta V_n<0$ 时，不稳定。

由上述介绍可知，直接分析法的核心是能量，因而又称为暂态能量函数法。其分析步骤为：①定义能量函数 V；②确定临界能量 V_{cr}；③将故障切除时的能量 V_c 和临界能量 V_{cr} 进行比较，判断稳定与否及稳定程度如何。

由上述介绍可知，对于简单系统，直接分析法和面积法则完全一致，由式（5－71）和式（5－72）即可得出 $A_a=A_d$，且其对稳定的判断方法和上述面积法则应用中的第 3）点相同。

【例 5－6】 试用直接法分析［例 5－2］给出系统当 $t_c=0.15$s 时的稳定性。

解 ［例 5－3］中已求得 $\delta_0=35.2606°$，$P_{e\mathrm{I}M}=0.4504$，$P_{e\mathrm{II}M}=1.2847$，$t_c=0.15$s 时，$\delta_c=53.1631°$，$s=0.012981$。

另 $\delta_k=\arcsin(P_0/P_{e\mathrm{II}M})=51.1131°$，从而 $\delta_h=180°-\delta_k=128.8869°$。

由式（5－71）可求出

$$\begin{aligned}V_c&=\frac{1}{2}\frac{T_J}{\omega_N}\omega_c^2+\int_{\delta_k}^{\delta_c}(P_{e\mathrm{II}M}-P_m)d\delta\\&=\frac{1}{2}\times8.1818\times314.159\times0.012981^2+\int_{51.1131°}^{53.1631°}(1.2847\sin\delta-1)d\delta\end{aligned}$$

$$=0.2166+0.0005=0.2171$$

由式（5-72）求得

$$V_{cr}=\int_{\delta_k}^{\delta_h}(P_{e\text{II}}-P_m)\mathrm{d}\delta=\int_{51.1131^\circ}^{128.8869^\circ}(1.2487\sin\delta-1)\mathrm{d}\delta=0.2556$$

从而

$$\Delta V_n=(V_{cr}-V_c)/V_{cK}=(0.2556-0.2171)/0.2166=0.18$$

可见，此时系统虽稳定，但稳定度不高，处于严重警告范围。此结论与［例 5-5］一致，因此时的切除时间 t_c（0.15s）十分接近临界切除时间 t_{cr}（0.1627s）。

需注意在计算转子动能时，ω 为转子的相对角速度，即 $\omega=\omega_N-\omega=\omega_N s$。

本小节分析了经典模型下简单电力系统的暂态稳定性。介绍了两类分析方法：一类是逐步分析法（SBS 法），它从转子运动轨迹的角度判断系统的稳定，包括基于物理分析的分段匀速法和基于数值分析的微分方程数值积分法：欧拉法、改进欧拉法和 4 阶 R—K 法；另一类是直接分析法，它从转子运动能量的角度分析系统稳定。这两类方法各有利弊，互为补充，以对电力系统的暂态稳定性有更好的了解。

以上分析均建立在经典模型基础上，对发电机认为其暂态电抗后电动势 E' 为常数，意味着虽然考虑了自动调节励磁系统的作用，但未考虑其实际的动态过程；认为发电机输入的机械功率 P_m 为常数，意味着不考虑自动调速系统的作用；对负荷将其表为恒定阻抗，意味着不考虑负荷的动态过程，认为负荷功率的变化仅与电压的二次方成正比。这些假设能简化问题的分析，也能在相当程度上把握问题的主要方面，但毕竟和实际情况有一定出入，因此有必要讨论在非经典模型下简单电力系统的暂态稳定性。

（二）非经典模型下简单电力系统的暂态稳定性

本小节先考虑发电机自动调节励磁系统的动态过程对系统暂态稳定的影响，再简要讨论自动调速系统对系统暂定稳定的影响以及负荷动态过程的考虑方法。

1. 自动调节励磁系统的动态过程对暂态稳定的影响

从上节关于发电机自动调节励磁系统的介绍中得知，其作用有二：①正常运行时维持发电机端电压基本恒定；②故障时强行励磁动作，快速增大励磁电压，提高发电机的端电压，从而增大输出的电磁功率，减小加速功率，达到提高发电机同步运行稳定性的目的。因而考虑自动调节励磁系统的动态过程，实际上就是考虑强行励磁的作用。此时，发电机暂态电抗后电动势 E' 不再是常数。如不计及这点，必然会产生一定误差。

上节曾推导出强行励磁的动态方程式［式（5-36）］为

$$E_{qeM}=E_{qe}+T_e\mathrm{d}E_{qe}/\mathrm{d}t$$

即

$$\mathrm{d}E_{qe}/\mathrm{d}t=(E_{qeM}-E_{qe})/T_e \tag{5-74}$$

式中：E_{qe} 为与励磁电压对应的励磁电流所感应的强制空载电动势，即 $E_{qe}=x_{ad}U_f/r_f$；E_{qeM} 为与最大励磁电压 U_{fM}（即励磁顶值电压）相对应的最大强制空载电动势，$E_{qeM}=KE_{qe|0|}=KE_{q|0|}$，其中 K 为强励倍数，即励磁顶值电压与正常额定励磁电压之比；T_e 为强行励磁作用时励磁机励磁回路的时间常数。

上节也已推导出发电机励磁绕组的动态方程式（5-38）为

$$E_{qe}=E_q+T_{d0}\mathrm{d}E'_q/\mathrm{d}t$$

即

$$\mathrm{d}E'_q/\mathrm{d}t=(E_{qe}-E_q)/T_{d0} \tag{5-75}$$

式中：T_{d0}为励磁绕组自身的时间常数，$T_{d0}=x_f/r_f$。

加上转子运动方程

$$\begin{cases} d\delta/dt=18000s \\ ds/dt=(P_m-P_e)/T_J \end{cases}$$

上述四个微分方程中，E_{qe}、E'_q、δ 和 s 均为状态变量，换路时不发生突变；T_e、T_{d0}、T_J 为已知量；P_m 仍设为常数；此外还有两个变量 E_q 和 P_e，它们不是状态变量，换路时会发生突变，因而应将其表示为状态变量的函数以便于计算。

从上章介绍同步发电机突然三相短路得知，发电机的电动势 E_q、E_Q 和 E'_q之间有如下关系

$$E_q=E_Q+(x_d-x_q)I_d$$

$$E'_q=E_Q+(x'_d-x_q)I_d$$

从而

$$E_Q=E'_q+(x_q-x'_d)I_d \tag{5-76}$$

本章第一节介绍发电机的电磁功率时曾推出

$$P_e=E_{Qi}\Sigma E_{Qi}(G_{ij}\cos\delta_{ij}+B_{ij}\sin\delta_{ij})$$

可见，只要将电流 I_d 和电动势 E_Q 表为状态变量的函数，则 E_q 和 P_e 也表为了状态变量的函数。

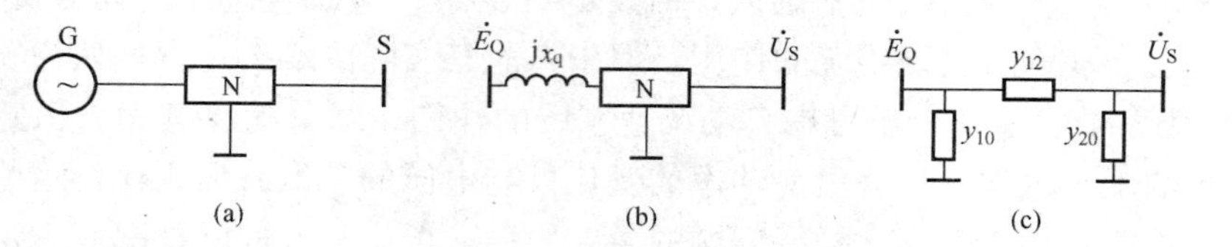

图 5-31　发电机经网络与无穷大系统相连时的等值电路

(a) 示意图；(b) 发电机表为电动势和电抗后的示意图；(c) 简化后的等值电路

设发电机经网络 N 与无穷大系统 S 相连，如图 5-31 所示。将发电机表为等值隐极机模型，即表为 $\dot{E}_Q$ 和 jx_q 相串联，仅保留 $\dot{E}_Q$ 和 $\dot{U}_S$ 节点，消去其余节点后得到其等值电路如图 5-31（c），从而发电机的电流 I_d 可表为

$$I_d=\text{Re}\{\dot{I}\}=\text{Re}\{\dot{E}_Q y_{11}+\dot{U}_S y_{12}\}$$

$$Y_{11}=y_{10}+y_{12}=G_{11}+jB_{11}$$

$$Y_{12}=-y_{12}=G_{12}+jB_{12}$$

式中：Y_{11}为 $\dot{E}_Q$ 节点的自导纳；Y_{12}为 $\dot{E}_Q$ 节点和 $\dot{U}_S$ 节点间的互导纳。

$$\dot{E}_Q=jE_Q,\ \dot{U}_S=U_d+jU_q=U_S(\sin\delta+j\cos\delta)，从而$$

$$\begin{aligned} I_d &=\text{Re}\{jE_Q(G_{11}+jB_{11})+U_S(\sin\delta+j\cos\delta)(G_{12}+jB_{12})\} \\ &=-E_QB_{11}-U_S(B_{12}\cos\delta-G_{12}\sin\delta) \end{aligned} \tag{5-77}$$

代入式（5-76），得到

$$E_Q=\frac{E'_q-U_S(x_q-x'_d)(B_{12}\cos\delta-G_{12}\sin\delta)}{1+(x_q-x'_d)B_{11}} \tag{5-78}$$

从而

$$E_q=E_Q+(x_d-x_q)I_d=f(E'_q,\delta) \tag{5-79}$$

$$P_e=E_Q^2G_{11}+E_QU_S(G_{12}\cos\delta+B_{12}\sin\delta)=g(E'_q,\delta) \tag{5-80}$$

综上，共有 4 个微分方程和 2 个代数方程，确定初值 $E_{qe|0|}$、$E'_{q|0|}$、$\delta_{|0|}$、$s_{|0|}$ 及

E_{q0}、P_{e0}（注意 $E_{q0}\neq E_{q|0|}$，$P_{e0}\neq P_{e|0|}$），便可采用一定的方法求解其数值解，如采用改进欧拉法，其递推公式为

初率

$$\begin{cases} E_{q(k-1)} = f(E'_{q(k-1)},\delta_{k-1}) \\ P_{e(k-1)} = g(E'_{q(k-1)},\delta_{k-1}) \\ d\delta/dt|_{t_{k-1}} = 18000 s_{k-1} \\ ds/dt|_{t_{k-1}} = (P_m - P_{e(k-1)})/T_J \\ dE'_q/dt|_{t_{k-1}} = (E_{qe(k-1)} - E_{q(k-1)})/T_{d0} \\ dE_{qe}/dt|_{t_{k-1}} = (KE_{q|0|} - E_{qe(k-1)})/T_e \end{cases},k=1,2,\cdots \quad (5-81a)$$

预报

$$\begin{cases} \delta_k^p = \delta_{k-1} + d\delta/dt|_{t_{k-1}}\Delta t \\ s_k^p = s_{k-1} + ds/dt|_{t_{k-1}}\Delta t \\ E'^p_{qk} = E'_{q(k-1)} + dE'_q/dt|_{t_{k-1}}\Delta t \\ E^p_{qek} = E_{qe(k-1)} + dE_{qe}/dt|_{t_{k-1}}\Delta t \end{cases},k=1,2,\cdots \quad (5-81b)$$

终率

$$\begin{cases} E^p_{qk} = f(E'^p_{qk},\delta_k^p) \\ P^p_{ek} = g(E'^p_{qk},\delta_k^p) \\ d\delta/dt|_{t_k} = 18000 s_k^p \\ ds/dt|_{t_k} = (P_m - P^p_{qk})/T_J \\ dE'_q/dt|_{t_k} = (E^p_{qek} - E^p_{qk})/T_{d0} \\ dE/dt|_{t_k} = (KE_{q|0|} - E^p_{qek})/T_e \end{cases},k=1,2,\cdots \quad (5-81c)$$

校正

$$\begin{cases} \delta_k^c = \delta_{k-1} + (d\delta/dt|_{t_{k-1}} + d\delta/dt|_{t_k})\Delta t/2 \\ s_k^c = s_{k-1} + (ds/dt|_{t_{k-1}} + ds/dt|_{t_k})\Delta t/2 \\ E'^c_{qk} = E'_{q(k-1)} + (dE'_q/dt|_{t_{k-1}} + dE'_q/dt|_{t_k})\Delta t/2 \\ E^c_{qek} = E_{qe(k-1)} + (dE_{qe}/dt|_{t_{k-1}} + dE_{qe}/dt|_{t_k})\Delta t/2 \end{cases},k=1,2,\cdots \quad (5-81d)$$

有几点说明：

1）上述递推过程是一个微分方程和代数方程交替求解的过程。显然，计算量比经典模型时大了许多。

2）注意换路时，包括短路瞬间和故障切除时，E_q 和 P_e 会发生突变。另计算 E_q 和 P_e 时，对故障期间和故障后，式（5-79）和式（5-80）中的 G_{11}、B_{11}、G_{12} 和 B_{12} 应取不同的相应于其等值电路的值。

3）此时不能用分段匀速法求解，也无法直接求出临界切除角 δ_{cr}。其道理请读者思考。此时判断系统稳定的标志仍是看功率角 δ 是否随时间一直增大。

【例 5-7】 对［例 5-1］给出系统，设 $T_{d0}=5$s，仍取 $t_c=0.15$s，$\Delta t=0.05$s，判断系统在考虑自动调节励磁系统时的暂态稳定性：①$K=1.5$，$T_e=0.5$s；②$K=2.5$，$T_e=0.5$s；③$K=1.5$，$T_e=0.1$s。

解 （1）列出短路故障期间和故障后 E_q 和 P_e 表达式。

故障期间和故障后的等值电路如图 5-32 所示。注意发电机的电抗为 x_q 而不是 x'_d。

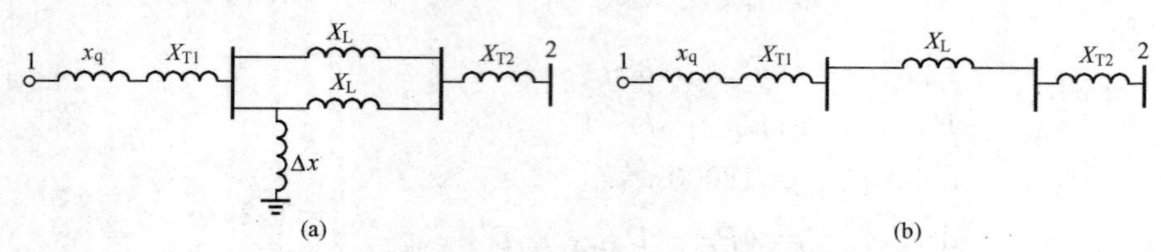

图 5-32 ［例 5-7］系统故障期间等值电路和故障后等值电路

(a)［例 5-7］系统故障期间等值电路；(b)［例 5-7］系统故障后等值电路

故障期间

$$X_{12}=(x_q+X_{T1})+(X_L/2+X_{T2})+(x_q+X_{T1})(X_L/2+X_{T2})/\Delta x=7.5284$$

$$Y_{12}=-y_{12}=-1/\mathrm{j}x_{12}=\mathrm{j}0.1319=\mathrm{j}B_{12}$$

$$X_{10}=(x_q+X_{T1})+\Delta x+(x_q+X_{T1})\Delta x/(X_L/2+X_{T2})=1.3987$$

$$Y_{11}=y_{10}+y_{12}=1/\mathrm{j}1.3987-\mathrm{j}0.1379=-\mathrm{j}0.8469$$

从而

$$E_Q=\frac{E'_q-U_S(x_q-x'_d)B_{12}\cos\delta}{1+(x_q-x'_d)B_{11}}=2.3944E'_q-0.2172\cos\delta$$

$$\begin{aligned}E_q&=E_Q[1-(x_d-x_q)B_{11}]-(x_d-x_q)U_S(B_{12}\cos\delta-G_{12}\sin\delta)\\&=3.3886E'_q-0.3721\cos\delta\end{aligned}$$

$$P_{e\mathrm{I}}=E_Q^2G_{11}+E_QU_S(G_{12}\cos\delta+B_{12}\sin\delta)=0.3158E'_q\sin\delta-0.0143\sin2\delta$$

故障后

$$X_{12}=x_q+X_{T1}+X_L+X_{T2}=1.7959$$

$$Y_{12}=-y_{12}=\mathrm{j}0.5562,Y_{11}=y_{12}=-\mathrm{j}0.5562$$

同理推得

$$E_Q=1.6193E'_q-0.6193\cos\delta$$

$$E_{q\mathrm{II}}=2.0609E'_q-1.0609\cos\delta$$

$$P_{e\mathrm{II}}=0.9007E'_q\sin\delta-0.1722\sin2\delta$$

（2）计算故障瞬间各量的初值

$$E_{qe|0|}=E_{q|0|}=2.4310,E'_{q|0|}=1.3841$$

$$\delta_{|0|}=49.2459°(\text{注意此处不得 }\delta'_{|0|}),s_0=0$$

$$E_{q0}=3.3886E'_{q0}-0.3723\cos\delta_0=4.4496$$

$$P_{e0}=0.3158E'_{q0}\sin\delta-0.0143\sin2\delta=0.3169$$

（3）判断稳定性计算：

1）情况①

$$K=1.5,T_e=0.5\mathrm{s}$$

$$\mathrm{d}\delta/\mathrm{d}t=18000\mathrm{s}$$

$$\mathrm{d}s/\mathrm{d}t=(P_m-P_e)/T_J=(1-P_e)/8.18182=0.1222-0.1222P_e$$

$$\mathrm{d}E'_q/\mathrm{d}t=(E_{qe}-E_q)/T_{d0}=(E_{qe}-E_q)/5=0.2E_{qe}-0.2E_q$$

$$\mathrm{d}E_{qe}/\mathrm{d}t=(KE_{q|0|}-E_{qe})/T_c=7.2930-2E_{qe}$$

情况①前四个时段的计算结果列于表5-5。

2）情况②

$$K=2.5,\ T_e=0.5\text{s}$$

$$\mathrm{d}E_{qe}/\mathrm{d}t=12.155-2E_{qe}$$

其余三式同上。

3）情况③

$$K=1.5,\ T_e=0.1\text{s}$$

$$\mathrm{d}E_{qe}/\mathrm{d}t=36.465-10E_{qe}$$

其余三式同上。

表5-5　［例5-7］利用改进欧拉法考虑自动调节励磁时的暂稳计算

	变量		计算公式	$k=1$ $t=0.05\text{s}$	$k=2$ $t=0.10\text{s}$	$k=3$ $t=0.15\text{s}$	$k=4$ $t=0.20\text{s}$
初率	$E_{q(k-1)}$	Ⅰ	$3.3886E'_{q(k-1)}-0.3721\cos\delta_{k-1}$	4.4496	4.3056	4.3633	4.3600
		Ⅱ	$2.0609E'_{q(k-1)}-1.0609\cos\delta_{k-1}$				2.3121
	$P_{e(k-1)}$	Ⅰ	$0.3158E'_{q(k-1)}\sin\delta_{k-1}-0.0143\sin2\delta_{k-1}$	0.3169	0.3344	0.3427	0.3733
		Ⅱ	$0.9007E'_{q(k-1)}\sin\delta_{k-1}-0.1722\sin2\delta_{k-1}$				0.9678
	$\mathrm{d}\delta/\mathrm{d}t\big\|_{t_{k-1}}$		$18000s_{k-1}$	0	0.3160	0.6063	3.8449
	$\mathrm{d}s/\mathrm{d}t\big\|_{t_{k-1}}$		$0.1222-0.1222P_{e(k-1)}$	0.0835	0.0829	0.0803	0.0040
	$\mathrm{d}E'_q/\mathrm{d}t\big\|_{t_{k-1}}$		$0.2E_{qe(k-1)}-0.2E_{q(k-1)}$	−0.4037	−0.3695	−0.3425	0.0867
	$\mathrm{d}E_{qe}/\mathrm{d}t\big\|_{t_{k-1}}$		$7.2930-2E_{qe(k-1)}$	2.4310	2.2800	1.9910	1.8019
预报	δ_k^p		$\delta_{k-1}+\mathrm{d}\delta/\mathrm{d}t\big\|t_{k-1}\Delta t$	49.2459	54.8945	64.2266	77.0490
	s_k^p		$s_{k-1}+\mathrm{d}s/\mathrm{d}t\big\|t_{k-1}\Delta t$	0.0042	0.0083	0.0123	0.0124
	E'^p_{qk}		$E'_{q(k-1)}+\mathrm{d}E'_{qe}/\mathrm{d}t\big\|t_{k-1}\Delta t$	1.3639	1.3464	1.3300	1.3340
	E^p_{qek}		$E_{qe(k-1)}+\mathrm{d}E_{qe}/\mathrm{d}t\big\|t_{k-1}\Delta t$	2.5525	2.6564	2.7505	2.8356
终率	E^p_{qk}	Ⅰ	$3.3886E'^p_{qk}-0.3721\cos\delta_k^p$	4.3811	4.3506	4.3474	
		Ⅱ	$2.0609E'^p_{qk}-1.0609\cos\delta_k^p$				2.5143
	P^p_{ek}	Ⅰ	$0.3158E'^p_{qk}\sin\delta_k^p-0.1722\sin2\delta_k^p$	0.3121	0.3344	0.3670	
		Ⅱ	$0.9007E'^p_{qk}\sin\delta_k^p-0.1722\sin2\delta_k^p$				0.0965
	$\mathrm{d}\delta/\mathrm{d}t\big\|_{t_k}$		$18000s_k^p$	1.3114	2.6186	3.8682	3.9077
	$\mathrm{d}s/\mathrm{d}t\big\|_{t_k}$		$0.1222-0.1222P^p_{ek}$	0.0841	0.0814	0.0774	0.0118
	$\mathrm{d}E'_q/\mathrm{d}t\big\|_{t_k}$		$0.2E^p_{qek}-0.2E^p_{qk}$	−0.3657	−0.3388	−0.3194	0.0643
	$\mathrm{d}E_{qe}/\mathrm{d}t\big\|_{t_k}$		$7.2930-2E^p_{qek}$	2.1879	1.9800	1.7919	1.6217
校正	δ_k^c		$\delta_{k-1}+(\mathrm{d}\delta/\mathrm{d}t\big\|t_{k-1}+\mathrm{d}\delta/\mathrm{d}t\big\|_{t_k})\Delta t/2$	51.1244	56.7603	66.0343	77.1390
	s_k^c		$s_{k-1}+(\mathrm{d}s/\mathrm{d}t\big\|t_{k-1}+\mathrm{d}s/\mathrm{d}t\big\|_{t_k})\Delta t/2$	0.0042	0.0083	0.0122	0.0120
	E'^c_{qk}		$E'_{q(k-1)}+(\mathrm{d}E'_{qe}/\mathrm{d}t\big\|t_k+\mathrm{d}E'_q/\mathrm{d}t\big\|_{t_k})\Delta t/2$	1.3649	1.3472	1.3306	1.3344
	E^c_{qek}		$E_{qe(k-1)}+(\mathrm{d}E_{qe}/\mathrm{d}t\big\|t_{k-1}+\mathrm{d}E_{qe}/\mathrm{d}t\big\|_{t_k})\Delta t/2$	2.5464	2.6509	2.7455	2.8311

图 5 - 33（a）示出了对应三种情况下的摇摆曲线 δ（t），（b）、（c）、（d）图分别示出了三种情况下 E_{qe}、E_q、E'_q和 E'的变化曲线。

（4）由此例计算结果可得出如下结论：

1）不计自动调节励磁系统的动态过程会使结果产生一定误差。同样的系统，同样的故障切除时间，在经典模型下得到的结论是稳定，但此例考虑自动调节励磁系统的动态过程时得到的结论却是不稳定的［见图 5 - 33（a）中的摇摆曲线 1］。

2）增大强行励磁数 K 有利于提高系统的暂态稳定性。情况②将 K 从 1.5 提高到 2.5 后，系统从不稳定成为稳定（摇摆曲线 2）。

3）减小励磁系统的时间常数 T_e 也有利于提高系统的暂态稳定性。情况③将 T_e 从 0.5s 减小为 0.1s 后，系统也从不稳成为稳定（摇摆曲线 3）。

4）暂态电动势 E'_q和暂态电抗后电动势 E'变化不大，尤其在 K 不高、T_e 较大时，如情况①。这正是近似计算时设 E'_q和 E'为常数的依据。

5）换路时 E_{qe}、E'_q和 δ 均不突变，因其为状态变量，但 E_q、P_e 和 E'发生突变，因其不是状态变量，其中 E'的突变很小。这也正是在经典模型时以 E'为状态变量且设其为常数的依据，同时也是以 δ'为状态变量的依据。

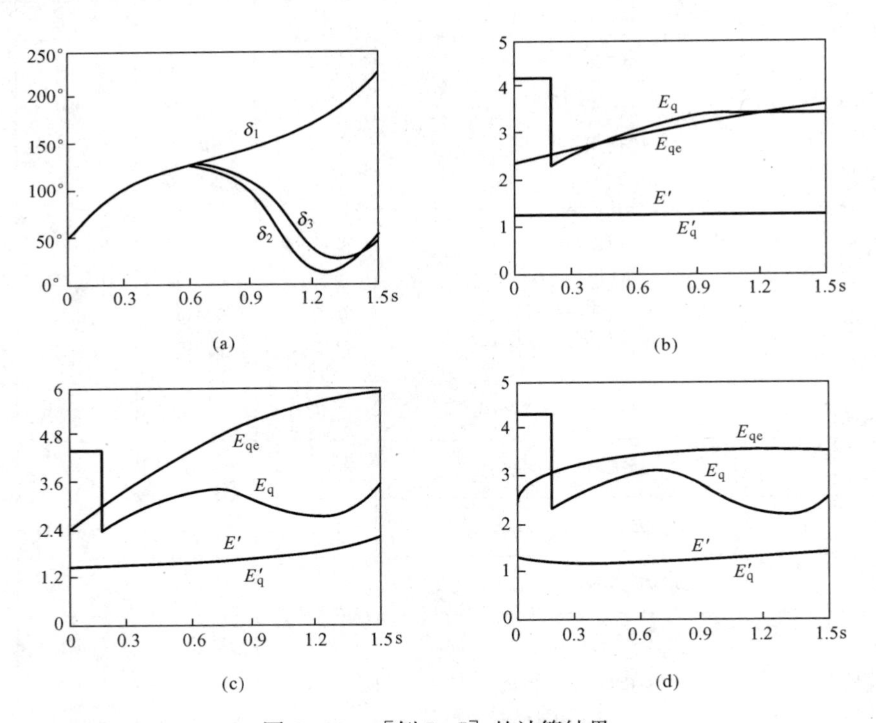

图 5 - 33　［例 5 - 7］的计算结果

（a）三种情况下的摇摆曲线；（b）情况①时的 E_{qe}、E_q、E'_q和 E'；（c）情况②时的 E_{qe}、E_q、E'_q 和 E'；（d）情况③时的 E_{qe}、E_q、E'_q 和 E'

此例可作为上机实践内容，编程在计算机上完成。

2. 自动调速系统对暂态稳定的影响

由于调速系统的性能日益改善，如死区减少、时间常数减少等，因而认为输入的机械功

率 P_m 始终维持常数的假设也会给计算带来误差。定性讲，故障发生后，随着发电机输出电磁功率的减少，出现了加速功率，发电机转子加速，此时调速器动作，减小汽门（或水门）的开度，以减小不平衡功率，从而原动机输入的机械功率 P_m 在故障时会减小，在故障切除后稍有增大，如图 5-34 所示。可见，考虑调速系统的作用后，加速面积 A_a 减小，减速面积 A_d 增大，有利于系统的暂态稳定。同时表明，在经典模型下设 P_m 恒定使结果偏于保守。

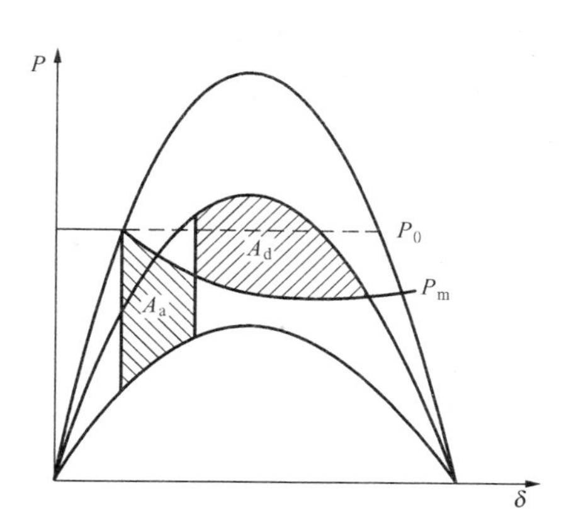

图 5-34　自动调速系统对暂态稳定的影响

如要进行定量计算，可仿照上面考虑强行励磁的做法，先列出描述调速系统特性的方程（本章第一节已做介绍），和转子运动方程及励磁系统方程一起，采用一定的方法，如改进欧拉法或 4 阶龙格—库塔法求解。原理上已无困难，只是方程数增多，计算工作量增大而已。值得注意的是，要注意区分汽轮机还是水轮机，因为描述二者调速系统的方程不一样。

3. 负荷特性对暂态稳定的影响

在经典模型中，负荷用恒定阻抗表示，较简单，但计算结果和实际情况有一定出入，而且常给出较乐观的结果，即计算出的临界切除时间会大于实际的临界切除时间。因此在要求较高的情况下应考虑负荷特性，即应考虑负荷功率随电压和频率变化的特性。

第二章第一节介绍电力系统负荷时曾指出，负荷的特性分为静态和动态两类。将负荷随电压和频率的缓慢变化而改变的特性称为负荷的静态特性，通常可表示为

$$\begin{cases} P_D = (a_P U^2 + b_P U + c_P)\left[1 + (dP_D/df)\ \Delta f\right] \\ Q_D = (a_Q U^2 + b_Q U + c_Q)\left[1 + (dQ_D/df)\ \Delta f\right] \end{cases} \tag{5-82}$$

如要考虑负荷的动态特性，对于其中的主要成分——异步电动机，可用上节推出的方程式（5-44）描述异步电动机的机电特性。如有必要，还可进一步考虑其电磁暂态过程，用暂态电动势和暂态电抗表示异步电动机，列写出有关方程，和发电机方程及网络方程一起求解。计算时应根据负荷的具体情况取一定比例，例如 65%～75%为异步电动机，其余部分仍做恒定阻抗处理。由于负荷的暂态过程非常快，所以一般仅用静态特性模拟负荷。又由于频率的变化很小，所以只在计算长过程的暂态稳定时才考虑负荷的频率特性。一般只考虑其静态电压特性，取

$$\begin{cases} P_D = a_P U^2 + b_P U + c_P \\ Q_D = a_Q U^2 + b_Q U + c_Q \end{cases} \tag{5-83}$$

总之，要准确模拟负荷特性是一件相当困难的事，因此实际中常做一定的简化。

以上从三个方面讨论了简单电力系统在非经典模型下暂态稳定性的分析计算，即发电机的自动调节励磁系统对暂态稳定的影响、自动调速系统对暂态稳定的影响以及负荷特性对暂态稳定的影响及其考虑方法。有了上述基础，就可进而分析实际电力系统，即复杂电力系统的暂态稳定性。

二、复杂电力系统的暂态稳定性

本小节分析复杂电力系统，即多机系统的暂态稳定性。首先应指出，由于此时有多台发电机，因而判断其是否稳定的标志是看任意两台发电机之间的相对功角 δ_{ij} 是否随时间一直增大：如不随时间一直增大，系统稳定；如随时间一直增大，则系统不稳定。和简单系统时一样，先分析经典模型下多机系统的暂态稳定，然后简要提及非经典模型下多机系统暂态稳定分析的特点。

（一）经典模型下多机系统的暂态稳定性

此处的经典模型仍指：发电机用 E' 和 $\mathrm{j}x'_{\mathrm{d}}$ 串联表示，E' 恒定；原动机输入的机械功率 P_{m} 恒定；负荷用恒定阻抗 Z_{D} 表示。分析的方法仍分为两类：逐步分析法和直接分析法。下面分别予以介绍。

1. 逐步分析法（SBS 法）

经典模型下多机系统暂稳 SBS 法的步骤如下：

（1）潮流计算，确定故障前的正常运行状态，即确定各点的电压和功率分布。

（2）暂稳计算的准备工作，包括：

1）设定扰动形式：何点发生何种类型故障，何时开断何条支路，确定计算时段长度。

2）对发电机节点，求出其暂态电抗后电动势 E'_i 为

$$\dot{E}'_i=\dot{E}_i+\mathrm{j}x'_{\mathrm{d}i}\dot{I}_i=\dot{U}_i+\mathrm{j}x'_{\mathrm{d}i}\ (P_i-\mathrm{j}Q_i)\ /\overset{*}{U}_i \tag{5-84}$$

式中：$\overset{*}{U}_i$ 为发电机节点的电压；P_i、Q_i 为发电机节点的注入功率。

同时，发电机输入的机械功率 $P_{\mathrm{m}i}=P_i$，转差 $s_i=0$。

此外，对发电机节点的电压的自导纳进行修正：加上发电机支路的导纳 $1/\mathrm{j}\,x'_{\mathrm{d}}$

$$Y'_{ii}=Y_{ii}+1/\mathrm{j}x'_{\mathrm{d}i} \tag{5-85}$$

式中：Y_{ii} 为潮流计算中节点导纳矩阵 $\boldsymbol{Y}_{\mathrm{B}}$ 对应于第 i 台发电机节点的自导纳。

3）对负荷节点，求出其阻抗

$$Z_{\mathrm{D}i}=U^2_{\mathrm{D}i}/\ (P_{\mathrm{D}i}-\mathrm{j}Q_{\mathrm{D}i}) \tag{5-86}$$

同时，对负荷节点的自导纳进行修正：加上负荷阻抗对应的导纳

$$Y'_{\mathrm{D}ii}=Y_{\mathrm{D}ii}+1/Z_{\mathrm{D}i} \tag{5-87}$$

4）消去除发电机内电动势节点外的所有其他节点，得到和扰动形式相应的故障期间和故障后收缩导纳阵 $\boldsymbol{Y}_{\mathrm{B\,I}}$ 和 $\boldsymbol{Y}_{\mathrm{B\,II}}$。

（3）采用一定的方法，如分段匀速法、改进欧拉法或 4 阶龙格—库塔法等，按其相应的递推公式求出每台发电机的功率角 δ_i（实为 δ'_i）随时间的变化情况。注意判断换路时刻，当 $t=t_{\mathrm{c}}$ 时需进行相应的处理：计算每台发电机电磁功率 $P_{\mathrm{e}i}$。计算式为

$$P_{\mathrm{e}i}=E'_i\Sigma E'_j\ (G'_{ij}\cos\delta_{ij}+B'_{ij}\sin\delta_{ij}) \tag{5-88}$$

式中的 G'_{ij}、B'_{ij} 应取故障后节点收缩导纳阵中 $\boldsymbol{Y}_{\mathrm{B\,II}}$ 的相应元素。

（4）计算到指定的时间，根据 δ_{ij} 判断系统是否稳定，或者在已能判断系统的稳定时，停止计算。

上述步骤可用图 5-35 所示的流程图表示。

有几点说明：

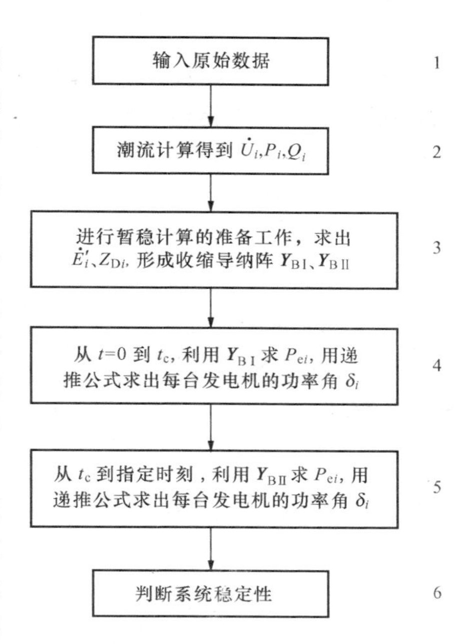

图 5-35　经典模型下多机系统暂稳计算的流程图

(1) 上述求解过程仍是求电磁功率 P_{ei} 代数方程和转子运动微分方程的交替求解过程。和简单系统时相比，P_{ei} 的求解复杂一些，方程数多一些，因而计算工作量大为增加，需用计算机完成，但求解的基本思想和方法相同。

(2) 第 3 框中求取节点收缩导纳阵 $\boldsymbol{Y}_{BI}$ 和 $\boldsymbol{Y}_{BII}$ 时可采用的方法有高斯消去法、矩阵分块法等。其运算工作量对大电力系统非常重，因而有一些快速求取方法，通常是在故障前收缩导纳阵 $\boldsymbol{Y}_{B0}$ 的基础上进行适当修改得到，而不必重新收缩，有兴趣者可参考有关文献。

(3) 判断稳定时通常是选取某一机，一般为惯性时间常数 T_J 最大的一台机，作为参考机。因其在暂态过程中加速较小（因为 $a\propto 1/T_J$），所以用其他机和它的角度差判断系统的稳定性。一般也认为当 $\delta_{ij}>180°$ 系统失稳。这种参考系称为同步坐标系或参考机坐标系。还可采用惯性中心坐标系判断系统的稳定。惯性中心（center of inertia，COI）坐标系定义如下：

系统惯性中心的等值转子角为

$$\delta_{COI}=\Sigma M_i\delta_i/M_T \tag{5-89}$$

式中：M_i 仍称为发电机的惯性时间常数，$M_i=T_{Ji}/\omega_N$；M_T 为系统中所有发电机的惯性时间常数之和，$M_T=\Sigma M_i$。

同理，惯性中心的等值相对角速度为

$$\omega_{COI}=\Sigma M_i\omega_i/M_T \tag{5-90}$$

从而，由每台发电机在 COI 坐标中的角度 $\theta_i=\delta_i-\delta_{COI}$ 即可判断系统的稳定。一般当 $\theta_i>180°$ 时认为系统失稳。COI 坐标在直接分析法中得到了广泛的应用。

(4) 上述方法是将发电机表为电动势源并消去中间节点。其优点是电磁功率 P_{ei} 的计算较为简单。其缺点是：求收缩导纳阵 $\boldsymbol{Y}_{BI}$、$\boldsymbol{Y}_{BII}$ 的工作量较大；得不到各点在暂态过程中的信息，因已作为中间节点消去。因而也可采用如下方法：将发电机表为等值电流源（见图 5-36），保留所有节点，对发电机节点和负荷节点，其自导纳的修改同上。对此时的网络列出节点电压方程

$$\boldsymbol{I}_B=\boldsymbol{Y}_B\boldsymbol{U}_B \tag{5-91}$$

式中：$\boldsymbol{I}_B$ 为节点注入电流列向量，仅发电机节点有注入电流 $\dot{E}'_i/\mathrm{j}x'_{di}$，其余节点的注入电流均为零。

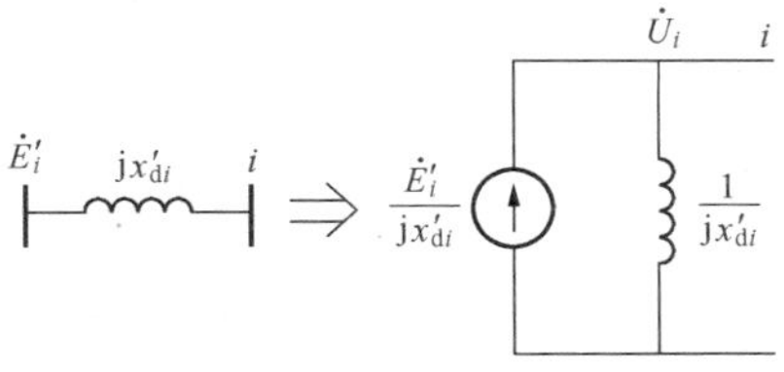

图 5-36　发电机节点的等值电流源

由上式可解得节点电压 $\dot{\boldsymbol{U}}_B$，从而各发电机输出的电磁功率为

$$P_{ei}=\mathrm{Re}\{\dot{E}'_i\overset{*}{I}_i\}=\mathrm{Re}\{\dot{E}'_i\ (\overset{*}{E}'_i-\overset{*}{U}_i)\ /\ (-\mathrm{j}x'_{di})\}\tag{5-92}$$

求出 P_{ei}后，余下计算同前。此法的优点是：不必求收缩导纳阵；可得到各节点信息；对负荷的处理比较灵活，不限于恒定阻抗表示。此法的缺点是：总的运算工作量大，递推每一步均需求解复数节点方程 1 次到几次，取决于所采用的方法：分段匀速法 1 次，改进欧拉法 2 次，4 阶龙格—库塔法 4 次。

下面用一例说明经典模型下多机系统暂态稳定性的计算过程。

【例 5 - 8】 此例引自（美）P. M. Anderson 和 A. A. Fouad 所著《电力系统的控制与稳定》一书中的［例 2 - 6］。该例为美 WSCC 系统的简化三机九节点系统，其单线图示于图 5 - 37，其余所需数据列于表 5 - 6。扰动形式为：$t=0$ 时在支路 7 - 5 的首端发生三相短路，$t_c=5$ 个周期（0.083s，注意美国 $f_N=60$Hz）时开断 7 - 5 支路。试分析系统稳定性。

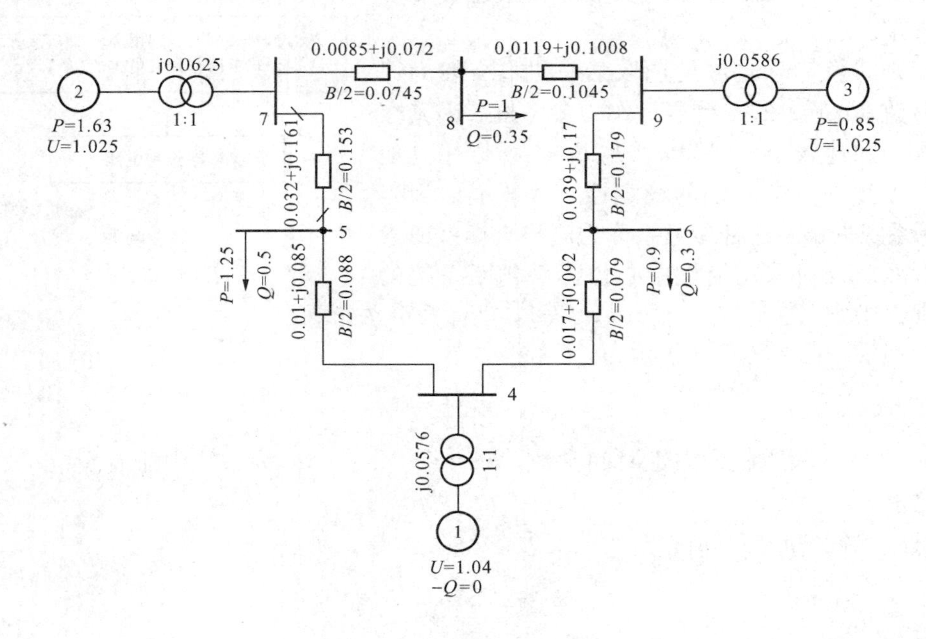

图 5 - 37 ［例 5 - 8］系统接线及阻抗图

表 5 - 6 发电机数据

	1	2	3		1	2	3
额定（MVA）	247.5	192	128	x'_d	0.0608	0.1198	0.1813
电压（kV）	16.5	18	13.8	x_q	0.0969	0.8645	0.2578
功率因数	1.0	0.85	0.85	x_l（漏抗）	0.0336	0.0521	0.0742
形　式	水　轮	汽　轮	汽　轮	T'_{d0}（s）	8.96	6.0	5.89
转速（r/min）	180	3600	3600	T'_{q0}（s）	0	0.535	0.6
x_d	0.146	0.8958	1.3125	惯性常数（s）	47.28	12.8	6.02

解 （1）潮流计算，节点 1 为 $V\theta$ 节点，2、3 为 PV 节点，其余为 PQ 节点。潮流结果

示与表5-7。

表5-7　潮　流　结　果

节　点	U	θ	P	Q
1	1.0400	0.0000	0.7164	0.2705
2	1.0250	9.2800	1.6300	0.0665
3	1.0250	4.6648	0.8500	−0.0186
4	1.0258	−2.2168	0.0000	0.0000
5	0.9956	−3.9888	−1.2500	−0.5000
6	1.0127	−3.6874	−0.9000	−0.3000
7	1.0258	3.7197	0.0000	0.0000
8	1.0159	0.7275	−1.0000	−0.3500
9	1.0324	1.9667	0.0000	0.0000

（2）暂态计算的准备工作：

1）对于发电机节点，由式（5-84）求得

$$\dot{E}'_1=1.0566\angle 2.2716^\circ,\ \dot{E}'_2=1.0502\angle 19.7316^\circ,\ \dot{E}'_3=1.0170\angle 13.1644^\circ$$

同时对应的自导纳进行修正。

2）对于负荷节点，由式（5-85）求得

$$Z_{D1}=U_{D1}^2/(P_D-jQ_D)=0.9956^2/(1.25-j0.5)=0.6836+j0.2739$$

$$Z_{D2}=1.0127^2/(0.9-j0.3)=1.0256+j0.3419$$

$$Z_{D3}=1.0159^2/(1-j0.35)=0.9194+j0.3218$$

同时对应的自导纳进行修正。

3）求故障前、故障期间和故障后收缩导纳矩阵，得到

$$\boldsymbol{Y}_{B0}=\begin{bmatrix}0.8455-j2.9883 & 0.2871+j1.5129 & 0.2096+j1.2256\\ & 0.4200-j2.7239 & 0.2133+j1.0879\\ & & 0.2770-j2.3681\end{bmatrix}$$

$$\boldsymbol{Y}_{B\text{I}}=\begin{bmatrix}0.6568-j3.8160 & 0+j0 & 0.0701+j0.6306\\ & 0-j5.4855 & 0+j0\\ & & 0.1740-j2.7959\end{bmatrix}$$

$$\boldsymbol{Y}_{B\text{II}}=\begin{bmatrix}1.1386-j1.2966 & 0.1290+j0.7063 & 0.1824+j1.0637\\ & 0.3744-j2.0151 & 0.1921+j1.2067\\ & & 0.2691-j2.3516\end{bmatrix}$$

（3）采用4阶R-K法求解，得到各发电机的摇摆曲线，示于图5-38中，由图（a）、（b）、（c）可见，由于δ_{ij}（或COI中的θ_i）未随时间一直增大，故系统在此扰动下稳定。图（d）、（e）、（f）示出了当$t_c=0.170$s时的摇摆曲线，可见此时系统不稳。计算步长为0.001s。

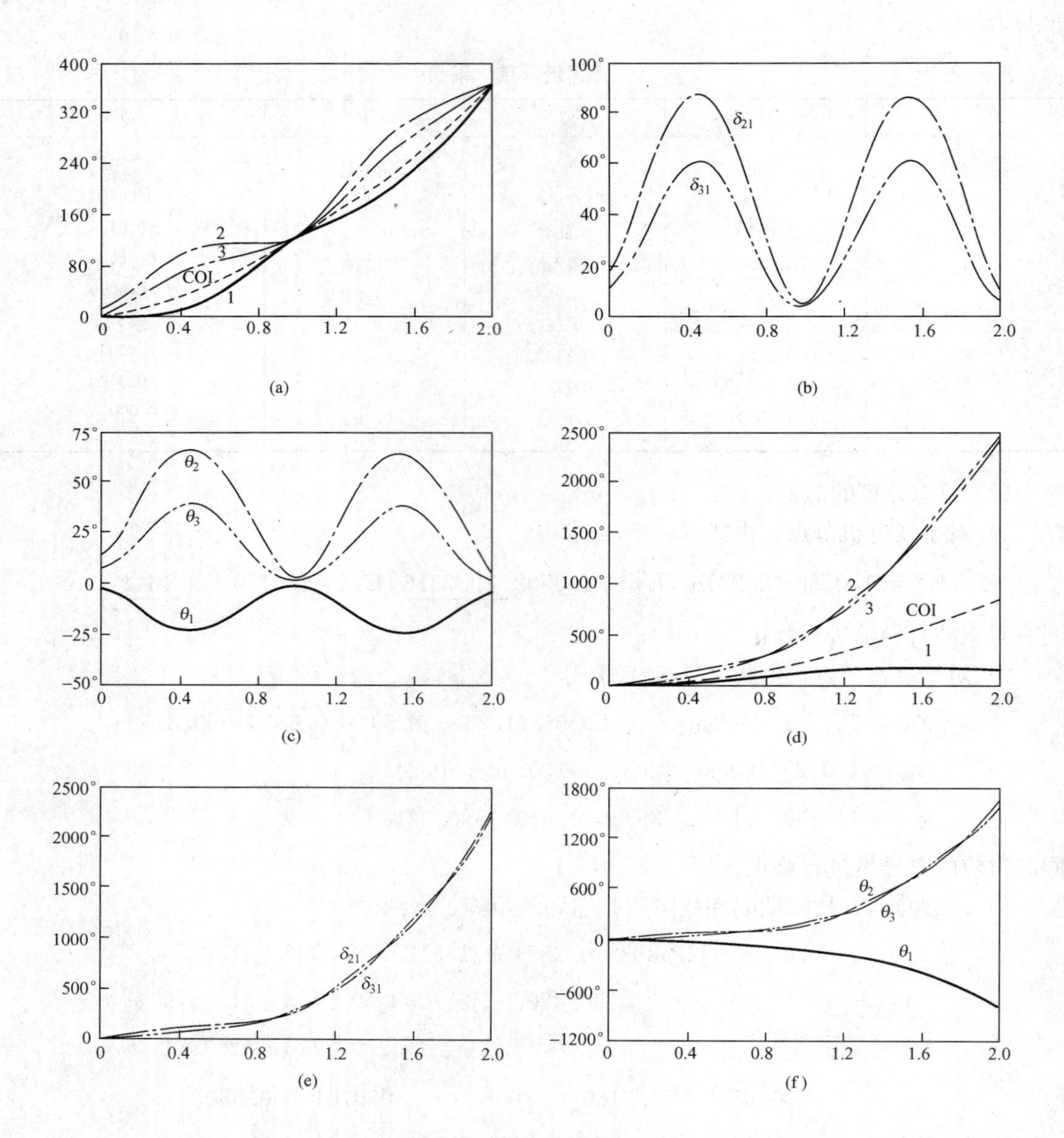

图 5-38　$t_c=0.0083$s 时和 $t_c=0.170$s 时的摇摆曲线

（a）、（d）分别为 $t_c=0.0083$s、$t_c=0.170$s 时，各发电机摇摆曲线（绝对角度）；

（b）、（e）分别为 $t_c=0.0083$s、$t_c=0.170$s 时，各发电机摇摆曲线（相对角度，以 1 号机组为参考）；

（c）、（f）分别为 $t_c=0.0083$s、$t_c=0.170$s 时，各发电机摇摆曲线（在 COI 坐标中的角度）

（二）非经典模型下多机系统的暂态稳定性

尽管多机系统暂态稳定的分析在经典模型下已经比较复杂，但由于经典模型与实际情况的差别使得计算结果的精度不高。为了提高精度，随着计算机性能和计算技术的不断进步，必然要尽可能准确地考虑各种因素。例如，考虑发电机励磁系统的动态过程，考虑调速系统的作用，考虑负荷的特性等。和简单电力系统非经典模型的情况相同，此时 E'、P_m 和 Z_D 不再恒定，必须选取 E_{qe}、E'_q 等量作为微分方程的状态变量，同时再补充一些计算发电机电

磁功率 P_e 的代数方程（称为网络方程）一起联立求解。原则上并无困难，但由于多机系统中求解网络方程的工作要比简单系统时复杂得多，同时由于发电机的变量用 dq 坐标表达，而网络中的量是用直角坐标 XY 表达，因此需进行坐标间的转换。此外，为了减少求解微分方程和代数方程之间的交接误差和提高微分方程数值解的稳定性，一般采用隐式方法，例如隐式梯形积分法（也称为隐式改进欧拉法），将微分方程化为差分格式，然后和网络方程一起求解。限于篇幅，此处不再展开，有兴趣者请参阅有关资料。

三、提高电力系统暂态稳定性的措施

众所周知，大面积停电，哪怕不长的时间，对国民经济都会带来灾难性的后果，而电力系统暂态失稳的直接后果就是各发电机不再同步运行，系统瓦解，造成大面积停电。所以电力工作者对暂态稳定一直高度重视，一方面力求弄清电力系统发生暂态失稳的机理，另一方面从机理入手，设法提高电力系统的暂态稳定水平。从前述介绍中得知，引起系统暂态失稳的根本原因是因为故障的发生使得发电机输出的电磁功率 P_e 减少，而原动机的机械功率 P_m 因惯性来不及相应减少，从而出现了加速功率 $\Delta P=P_m-P_e$，发电机开始加速，有的发电机加速快，有的发电机加速慢，经过一段时间后就出现是否能继续保持同步运行的问题。从这个根本机理出发，可以采取如下措施提高系统的暂稳水平：首先，要尽量防止和减少故障的发生。其次是故障发生后要千方百计减小加速功率，以减慢发电机转子的加速。而这可从两方面入手：一是设法增大发电机输出的电磁功率；二是设法相应减少原动机输入的机械功率。再者，如果失稳，也不应惊慌失措，还可采取一些适当措施将影响减低，以不引发长期大面积停电的灾难性后果。本小节就从这三方面介绍提高电力系统暂态稳定性的措施。

（一）增大发电机输出电磁功率的措施

这类措施包括快速切除故障、强行励磁、自动重合闸、强行串联电容补偿、电气制动和高压直流输电线的功率控制等。

1. 快速切除故障

快速切除故障是提高暂态稳定的最直接也最经济有效的措施。在介绍简单系统暂态的物理过程时曾明确指出，故障切除时间 t_c 是决定系统暂稳与否的重要因素：t_c 越小，故障期间的加速面积 A_a 越小，而故障后的减速面积 A_d 越大，从而系统越稳定；t_c 越大则反之。所以电力设备制造部门一直在设法加快故障的切除。t_c 的大小取决于继电保护的动作时间和断路器触头的动作时间。以前，t_c 约为 0.2s；现经改进后，220kV 以上系统已可做到大约在 0.06s 即能将故障切除，其中继电保护的动作时间约为 0.02s，断路器的动作时间约为 0.04s。相信随着技术水平的不断地提高，故障切除时间还会进一步减小。

2. 强行励磁

前已多次指出，发生故障后发电机励磁系统中的强行励磁马上投入，快速增大励磁电流，提高发电机端电压，从而增大发电机输出的电磁功率，以减小加速功率，提高系统的暂态稳定性。第四章第二节中曾指出，强行励磁的作用取决于故障点的远近、强励倍数 K 和励磁机的时间常数 T_e：故障点附近强励倍数 K 越大，励磁机的时间常数 T_e 越小，则强行励磁的作用越大。[例 5-7] 的计算结果清楚地说明了 K 和 T_e 对系统暂稳的影响。

3. 自动重合闸

在介绍面积法则时已经讨论过三相自动重合闸的作用，并用面积法则做了解释。除三相重合闸外，还可采用单相自动重合闸。由于电力系统的故障以短路为主，短路中又以单相瞬时性故障居多，例如雷击造成一相闪络放电，因而只需断开故障相，然后单相重合。由于单相重合闸时切除的是故障相，因而从故障切除到重合闸时段内发电机输出的电磁功率 P_{eII} 比三相完全切除时高（对单回线情况，三相切除时 $P_{eII}=0$，而单相切除时仍有两相可输电，$P_{eII}\neq 0$），因此可减小加速面积，从而有利于系统的稳定。实践表明，重合闸的成功率相当高，因而得到了广泛应用。

自动重合闸的作用不仅在于能恢复因故障而断开的线路，更重要的是能保持系统的完整性，从而避免在连续故障情况下事故的进一步扩大。

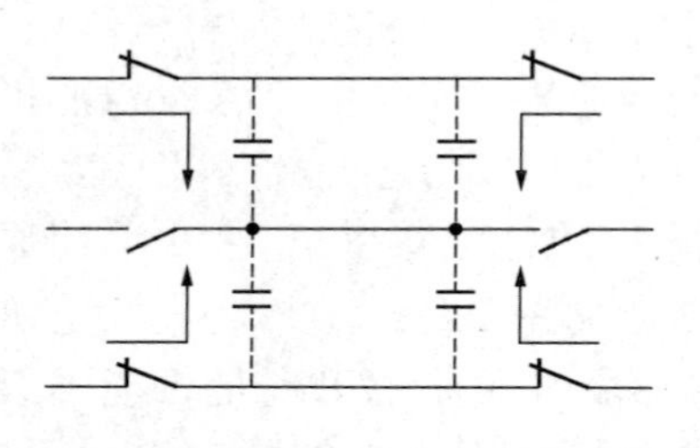
图 5-39 线路电容产生的潜供电流

采用单相重合闸应注意计算潜供电流的大小，其值不得超过允许的最大潜供电流值。所谓潜供电流是指当故障切除后，其余两相依然带电，由于相间电容的耦合作用使得短路点仍有电容电流流通，这种电流就称为潜供电流（图5-39）。当其超过一定值时，短路点始终存在电弧，成为永久性故障，因而必须避免在这种情况下重合闸。对于不同电压等级的输电线路，规定有不同的最大允许潜供电流值。

此外，采用自动重合闸装置时合理选用重合闸时间也是一个重要问题，值得研究。一般认为，重合闸动作越快对稳定越有利，这取决于短路处电弧去游离的时间，而其又与线路的电压等级和短路电流的大小有关：电压越高，短路电流越大，则去游离时间越长。但是考虑到如果重合到故障未消除线路上的系统稳定性，则采用快速重合闸往往会使本来不重合可以保持稳定的系统因重合于故障而失去稳定。这种情况可用图 5-40 予以说明。$t=0$ 时发生单相短路，$t=t_c$ 时切除故障线路。从图中的加速面积 A 和减速面积 B 看，如不采用重合闸，系统稳定。如在 t_R 时重合闸，若成功当然有利于稳定，但不成功时在 t_{Rc}再次切除故障，此时的减速面积 D 小于加速面积 C，于是系统失稳。针对这种情况有人建议推迟重合时间，待转子回摆到 δ_0 附近时再重合。这样，即使重合到故障未消除线路，对系统稳定也不会有坏的影响，而基本与不采用重合闸时相近，这种重合闸时间称为最优重合闸时间。据报道，采用最优重合闸时间，对以双回220kV 线路按单相重合闸失败仍应保持系统稳定作为校验准则的系统，可将线路的极限输送功率提高 15%～20%。

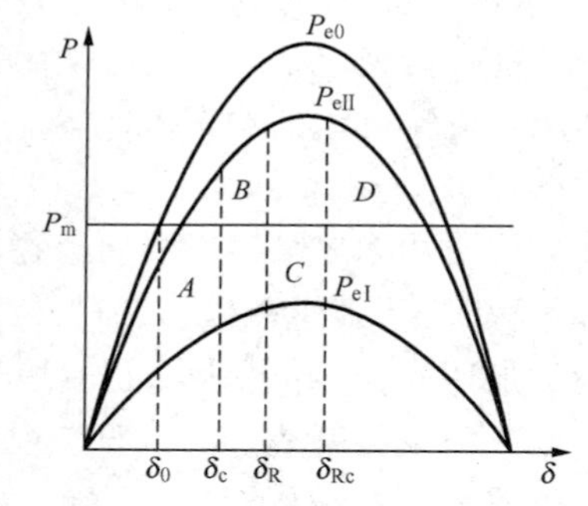

图 5-40 重合闸时间对暂稳的影响

还应指出，如故障发生在发电机或变压器内部，一般不采用自动重合闸，而应在故障排除后再恢复工作。这里因为其瞬时性故障较少，而设备贵重，不宜使其再受故障冲击。

4. 强行串联电容补偿

在输电线路中串联电容进行参数补偿可以提高发电机输出的电磁功率 P_e，因串入电容后减少了线路的电抗，从而减少了总电抗，而电磁功率与电抗成反比，故可提高 P_e。所谓强行串联电容补偿是对已装有串联电容补偿的双回输电线，在切除故障线路的同时切除另一回线路上的部分电容器组，以增大串联补偿电容的容抗，从而部分甚至全部抵消由于切除故障线路而增加的线路电抗，达到提高输出的电磁功率的目的。当然，此时必须考虑串联补偿电容和线路的承受能力。

5. 电气制动

所谓电气制动是当系统中发生故障时迅速投入电阻以消耗发电机发出的有功功率从而增大发电机输出电磁功率的一种方法，主要用于远方水电站，通常是在电厂母线上并联接入，也可在变压器中性点接入一电阻，当发生不对称故障时，其上有电流流过，可以消耗有功功率。

采用电气制动增大了发电机输出的电磁功率，因而可起到减小加速面积和增大减速面积的作用。值得注意的是，制动电阻的大小和投入的时间要经过计算确定。从投入时间讲，制动电阻应尽快投入，同时应及时退出。所谓及时退出是指发电机转子回摆时，即相对角速度 $\omega=0$ 时应退出，否则会产生过制动，使发电机在回摆时向减速方向失去稳定。应防止这种现象的发生。

6. 高压直流输电联络线的功率控制

高压直流输电在现代电力系统中得到了新的发展和应用。利用高压直流输电功率高度可控的特点，是增强交流系统的暂态稳定性的又一有效措施。

电力系统的暂态同步稳定是因电磁功率和机械功率不平衡所致。当电力系统发生扰动时，直流系统功率可快速减少两侧交流系统发电或负荷的不平衡。即直流输电送端的整流站相当于交流系统的一个负荷，逆变站则相当于交流系统的一个电源。因此直流功率的快速控制等同于交流系统切机、切负荷的控制效果。在某些情况下还可利用高压直流输电系统短期过载能力的优点提高直流功率，以益于维持系统的稳定性。

（二）减小原动机输入机械功率的措施

这类措施包括快关汽门和连锁切机。

1. 快关汽门

所谓快关汽门是指在故障发生后快速关闭中压调节汽门（图 5 - 18 中的阀门 B），从而有效地减少汽轮机输入的机械功率。前面介绍原动机特性时曾指出，汽轮机高压缸功率所占的比重为 0.2～0.3，也就是说，70%～80%的机械功率是由中压缸和低压缸产生的，因而快关中压调节汽门可以在很短的时间内将机械功率降到满负荷的 30%～40%。

采用快关汽门措施时，需注意按什么方式关闭和打开汽门，也就是按什么规律控制快关，如控制不当会产生相反的效果。一般讲，关闭时要求越快越好，而开启时则有多种选择。现在采用的方案有两种，一是短暂快关，一是持续快关。前者是在很短的时间，例如 1s 后逐步打开中压汽门，其作用和上面介绍的电气制动相类似，后者是当中压汽门快速关闭的同时部分关闭主控制阀（即图 5 - 18 中的主阀门 A），当中压阀门打开后主控制阀继续保持在部分关闭位置，使发电机的输入功率较长时间处于较低水平，从而限制输出功率，起到部分切机的作用。

快关汽门的作用也可用面积法则予以说明。和考虑调速系统时（见图 5 - 34）类似，此时机械功率 P_m 随汽门的关闭和开启将先减小后增大，或者一直保持在较低水平。显然，加速面积 A_a 明显减少，而减速面积 A_d 明显增大，从而提高了系统的稳定性。

需指出，对水轮机不能采用类似措施，因“水锤效应”的存在不允许其快速关闭，否则可能导致引水管破裂。

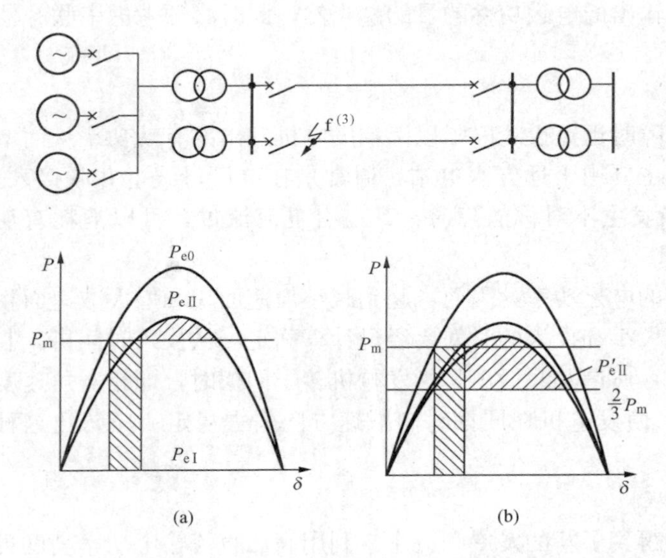

图 5-41 连锁切机对暂态稳定的影响
(a) 不切机；(b) 切除一台机

2. 连锁切机

所谓连锁切机是在切除故障线路的同时切除部分发电机的措施。图5-41示出了其作用。图 5-41 (a) 为不切机的情况，由于减速面积小于加速面积，因而系统不稳。图 5-41 (b) 为切除一台机的情况，切机后 P_m 减为原来的 2/3，虽然电磁功率也略有下降，但减速面积大为增加，从而系统稳定性提高。

需指出，这种方法仅对系统备用容量足够的情况才适宜。如备用容量不足，切机后必然引起系统有功和无功的不平衡，从而导致系统频率和电压的降低，严重时甚至导致频率稳定性和电压稳定性的丧失。为防止这种情况，可在切机时连锁切除部分负荷，或者切机时根据频率和电压的降低情况切除部分负荷。

（三）失稳后可采取的权宜措施

这类措施包括解列、异步运行和再同步。

1. 解列

所谓解列是指当系统失稳已不可避免时，手动或自动断开系统中某些预先设置的断路器，使系统有计划地分解为若干部分独立运行。这些预先选择的点称为解列点。选取解列点时应注意使各部分的功率基本平衡，以保证解列后各部分的频率和电压均能维持接近正常。如选择不当会使解列后有的部分频率、电压大幅度下降，而另一部分又可能偏高，甚至超出允许范围。

2. 异步运行和再同步

系统失稳后可让某些发电机做短期异步运行，以便等待时机再度同步，而不必马上将发电机退出运行甚至停机。

正常运行时，发电机向系统输出有功功率和无功功率，转入异步运行后，发电机将从系统吸收无功功率但仍向系统输送有功。分析表明，隐极发电机异步运行时可发出较多的有功，所以短期异步运行仅适用于有功缺乏而无功较充裕系统的隐极发电机。

做短期异步运行时的发电机可伺机在调节原动机机械功率的同时增加发电机的励磁，将它牵入同步，再度恢复正常运行。

异步运行和再同步是一个复杂的综合性课题，实施时需进行进一步的研究和计算。

本节介绍了电力系统暂态稳定性的分析和计算。电力系统的暂态稳定性是指电力系统在遭受大的扰动后能否继续保持同步运行。其标志是当发生大扰动（通常是短路）后系统中任意两台发电机的功角差是否随时间一直增大，分析暂稳的方法有逐步分析法和直接分析法两类。前者是在列出描述系统机电特性的方程，包括微分方程和代数方程后，采用一定的方法，包括基于物理分析的分段匀速法和基于数值分析的数值积分法，求出每一时刻的变量值，得到转子角度随时间变化的情况——摇摆曲线 $\delta(t)$，从而由运动轨迹判断系统的稳定性。后者是从能量的角度，定义一个适当的能量函数，设法求出故障后系统的临界能量，然后将故障切除时的能量与之比较。两类方法各有所长，互为补充。

本节首先较为详细地分析了简单电力系统，即单机无穷大系统的暂态稳定性，先介绍经典模型，即发电机用 E' 和 x'_{d} 表示，E' 恒定，机械功率 P_{m} 恒定，负荷用恒定阻抗表示时简单系统的暂稳分析方法，然后介绍了非经典模型下的暂态稳定性，分别讨论了自动调节励磁系统、调速系统及负荷特性对暂态稳定的影响及其考虑方法；接着简要介绍了复杂电力系统的暂态稳定性；最后介绍了提高电力系统暂态稳定的措施，其核心在减少故障时的不平衡功率，即设法增大发电机输出的电磁功率和减少原动机输入的机械功率，此外，失稳后还可采取一些权宜措施以尽量减少失稳的影响。

本节内容丰富，需掌握方法的本质，再辅之以适当的习题和上机实践，对理解电力系统暂态问题的能力将有所提高。

第三节　电力系统的静态稳定性

电力系统的静态稳定性是指电力系统在某一运行状态下受到小扰动后能否继续稳定运行。如果系统受到小扰动后不发生周期或非周期失步，继续运行在起始运行点或转移到一个相近的稳定运行点，则称系统对该运行情况为静态稳定。反之，若发生了周期或非周期失步，无法回到初始运行点或无法转移到相近的稳定运行点，则称系统对该运行情况为静态不稳定。其实质是表明系统是否具有在给定运行方式下承受小扰动后仍能正常运行的能力。

针对上述电力系统静态稳定性的定义，有如下两点说明：

（1）定义中的小扰动指系统正常运行时负荷的小波动或者运行点的正常调节。由于扰动小，因此不必像暂态稳定那样直接求解微分方程和代数方程，在得到系统的运动轨迹后判稳，而可采用线性化的方法，将一个本质为非线性的暂态问题化为线性问题，然后用线性系统的理论，由其特征根在复平面上的位置判断稳定。这种方法称为小扰动法。与此同时，人们通过实践也发现了一些判别系统稳定性的实用判据，其简单直观，对简单电力系统尤为便利，可作为小扰动法的补充。可以说，小扰动法是分析电力系统静态稳定性的根本方法，而实用判据法是在一定假设前提下用来判定电力系统静稳的简单判断条件。也可以说，电力系统的静态稳定性是电力系统暂态稳定性在扰动小且无换路情况下的一种特例。换言之，分析电力系统暂态稳定性的方法可用于静态稳定性，有的静态稳定问题仍可用暂态稳定方法解决，但由于静态稳定问题较为简单而无此必要，于是采用了较为简单的小扰动法。

（2）所谓周期失步是指系统受扰后形成周期性振荡，振荡的幅值随时间越来越大，无法稳定运行而失步，也称为自发振荡。所谓非周期失步是指系统受扰后不形成振荡，但幅值随时间单调增大，同样无法稳定运行而失步，也称为滑行失步。前者具有正实部的共轭复根（简称正实共轭根，下同），后者则具有正实根。总之，有特征根位于复平面的右半部分，故系统不稳定。由此可推理，如系统的特征根为负实共轭根，则将为周期性减幅振荡，能稳定运行；如系统的特征根为负实根，则将为周期性单调减幅运动，也能稳定运行。

本节结构与讲述暂态稳定性的小节类似：首先分析简单系统，即单机无穷大系统的静态稳定性：先不考虑自动调节励磁系统的作用，而后再考虑自动调节励磁系统的作用；然后分析复杂系统的静态稳定性，分析时以小扰动法为主，同时简要介绍实用判据法；最后介绍提高电力系统稳定性的措施。

一、简单电力系统的静态稳定性

本小节分析简单电力系统的静态稳定性，先不考虑自动调节励磁系统的作用，后考虑其作用。分析时以小扰动法为主，所以首先介绍小扰动法的基本原理和分析步骤。

所谓小扰动法是指当一个非线性系统受到的扰动较小时，为判断其运动的稳定性，可将非线性系统在初始运行点线性化，然后用线性系统理论，由其特征根在复平面上的位置判断系统稳定与否以及稳定形式的一种方法，用数学语言表达为：

一非线性动力学系统，描述其特性的方程为一组非线性微分方程

$$\mathrm{d}\boldsymbol{X}(t)/\mathrm{d}t = \boldsymbol{F}[\boldsymbol{X}(t)] \tag{5-93}$$

因扰动小，可将其在初始运行点 $\boldsymbol{X}_0$ 展为台劳级数，并略去二次及以上高次项（称为线性化），得到

$$\mathrm{d}\Delta\boldsymbol{X}/\mathrm{d}t = \boldsymbol{F}(\boldsymbol{X}_0+\Delta\boldsymbol{X}) = \boldsymbol{F}(\boldsymbol{X}_0) + \mathrm{d}\boldsymbol{F}(\boldsymbol{X})/\mathrm{d}x|_{\boldsymbol{X}_0}\Delta\boldsymbol{X}$$

因在初始运行点处于平衡状态，故 $\mathrm{d}\boldsymbol{X}/\mathrm{d}t|_{\boldsymbol{X}_0}=\boldsymbol{F}(\boldsymbol{X}_0)=0$，从而上式成为

$$\mathrm{d}\Delta\boldsymbol{X}/\mathrm{d}t = \mathrm{d}\boldsymbol{F}(\boldsymbol{X})/\mathrm{d}x|_{\boldsymbol{X}_0}\Delta\boldsymbol{X} = \boldsymbol{A}\Delta\boldsymbol{X} \tag{5-94}$$

其中，$\boldsymbol{A}=\mathrm{d}\boldsymbol{F}(\boldsymbol{X})/\mathrm{d}\boldsymbol{X}|_{\boldsymbol{X}_0}$ 为 Jacobi 矩阵，也称为线性化后线性系统的系统矩阵。

俄国学者 A. M. Ляпнов 于 1892 年提出，非线性动力学系统在小扰动下的稳定性，可由矩阵 $\boldsymbol{A}$ 的特征根确定。这就是小扰动法的基本原理。

由上述介绍可知，应用小扰动法研究系统稳定性的步骤为：

（1）列写描述系统特性的状态方程；

（2）将状态方程线性化，得到系统矩阵 $\boldsymbol{A}$；

（3）由矩阵 $\boldsymbol{A}$ 的特征根判断系统稳定性。

值得指出的有三点：

（1）所谓状态方程是指以状态变量对时间 t 的变化率列写的一组一阶微分方程，即方程中的 x 必须是状态变量，状态变量是换路时（状态改变时）不发生突变的物理量。

（2）将状态方程线性化时，可由定义求取系统矩阵，即

$$\boldsymbol{A} = \frac{\mathrm{d}\boldsymbol{F}(\boldsymbol{X})}{\mathrm{d}\boldsymbol{X}}|_{\boldsymbol{X}_0} = \begin{bmatrix} \dfrac{\partial f_1}{\partial x_1} & \cdots & \dfrac{\partial f_1}{\partial x_n} \\ \vdots & & \vdots \\ \dfrac{\partial f_n}{\partial x_1} & \cdots & \dfrac{\partial f_n}{\partial x_n} \end{bmatrix} \tag{5-95}$$

也可对除时间 t 以外的变量直接取增量方程，然后写成矩阵形式，即得到矩阵 $\boldsymbol{A}$，二者结果一致。

（3）由矩阵 $\boldsymbol{A}$ 的特征根判断系统稳定性时，可直接求解其特征方程 $|p\boldsymbol{I}-\boldsymbol{A}|=0$（式中 p 为微分算子，$\boldsymbol{I}$ 为单位矩阵）得到特征根，再由其在复平面上的位置判断系统的稳定性：如所有特征根均在左半平面，则系统稳定；如有根在右半平面，则系统不稳定。也可利用一些代数判据判断系统的稳定性，如 Routh 判据和 Hurwitz 判据。

下面利用小扰动法分析简单电力系统的静态稳定性。

（一）不考虑自动调节励磁作用时简单电力系统的静态稳定性

设简单电力系统如图5-42所示。不考虑自动调节励磁作用时发电机的空载电动势 E_q 为常数，设机械功率 P_m 恒定，取发电机组的阻尼功率为 $P_D=D\Delta\omega/\omega_N$。

先讨论不计阻尼功率，即阻尼系数 $D=0$ 的情况，然后讨论阻尼功率对静态稳定性的影响。

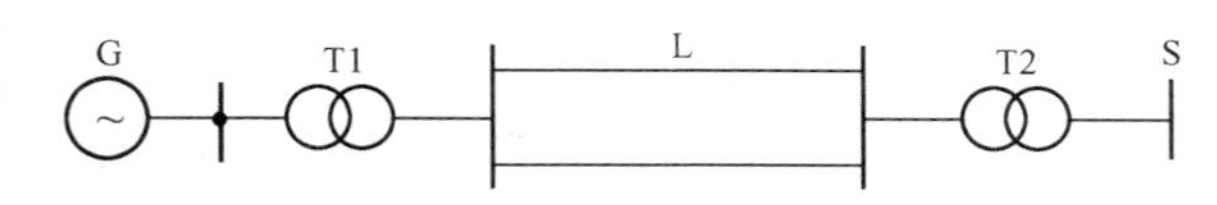

图5-42　简单电力系统

1. 不计阻尼功率（$D=0$）

按上述小扰动法的步骤：

（1）列写状态方程。

由本章第一节介绍的发电机转子运动方程的状态方程式（5-11），计及 $D=0$，有

$$\begin{cases} \mathrm{d}\delta/\mathrm{d}t=\omega_N \\ \mathrm{d}\omega/\mathrm{d}t=(P_m-P_e)\,\omega_N/T_J \end{cases} \tag{5-96}$$

式中：δ 和 ω 为状态变量，换路时不发生突变；ω_N、P_m、T_J 为常数；P_e 为非状态变量，可表示为状态变量的函数，因此时 $E_q=C$，故取 $P_e=P_e(E_q,\delta)$。

（2）线性化，得到系统矩阵 $\boldsymbol{A}$。

方法1：由定义

$$\boldsymbol{A}=\begin{bmatrix} \partial f_1/\partial\delta & \partial f_1/\partial\omega \\ \partial f_2/\partial\delta & \partial f_2/\partial\omega \end{bmatrix}=\begin{bmatrix} 0 & 1 \\ -\dfrac{\omega_N}{T_J}\dfrac{\partial P_e}{\partial\delta} & 0 \end{bmatrix} \tag{5-97}$$

其中，$\dfrac{\partial P_e}{\partial\delta}=\dfrac{\partial P_e(E_q,\delta)}{\partial\delta}=S_{E_q}$，称为同步功率系数，下标 E_q 代表 $E_q=C$。

方法2：对变量取增量，得到增量方程，然后写成矩阵形式。

由式（5-96），其增量方程为

$$\begin{cases} \mathrm{d}\Delta\delta/\mathrm{d}t=\Delta\omega \\ \mathrm{d}\Delta\omega/\mathrm{d}t=-\Delta P_e\omega_N/T_J \end{cases} \tag{5-98}$$

又因 $P_e=P_e(E_q,\delta)|_{E_q=C}$，故 $\Delta P_e=\partial P_e(E_q,\delta)/\partial\delta\Delta\delta=S_{E_q}\Delta\delta$。代入上式并写成矩阵形式为

$$\begin{bmatrix} \Delta\dot{\delta} \\ \Delta\dot{\omega} \end{bmatrix}=\begin{bmatrix} 0 & 1 \\ -\dfrac{\omega_N}{T_J}S_{E_q} & 0 \end{bmatrix}\begin{bmatrix} \Delta\delta \\ \Delta\omega \end{bmatrix} \tag{5-99}$$

两种方法的结果一致。$\Delta\dot{\delta}$、$\Delta\dot{\omega}$ 代表 $\Delta\delta$、$\Delta\omega$ 对时间的导数，下同。

（3）由矩阵 $\boldsymbol{A}$ 的特征根判断系统的稳定性。

特征方程为

$$|p\boldsymbol{I}-\boldsymbol{A}|=\begin{vmatrix} p & -1 \\ \dfrac{\omega_N}{T_J}S_{E_q} & p \end{vmatrix}=p^2+\frac{\omega_N}{T_J}S_{E_q}=0 \tag{5-100}$$

其特征根为

$$p=\pm\sqrt{(-\omega_N S_{E_q}/T_J)}$$

可见，如 $S_{Eq}>0$，则 $p=\pm\mathrm{j}\beta$，为一对实部为零的共轭复根，从而系统做等幅振荡，如

图 5 - 43 所示。考虑运动时总存在能量损耗，振荡会逐渐平息，因而系统稳定。

还可求出振荡的频率为

$$f=\beta/2\pi=\frac{1}{2\pi}\sqrt{\omega_{\mathrm{N}}S_{E_{\mathrm{q}}}/T_J} \tag{5-101}$$

称为发电机组的固有振荡频率或自然振荡频率。

如 $S_{E_{\mathrm{q}}}<0$，则 $p=\pm\alpha$，必有一正实根，从而系统非周期单调增幅失稳（见图 5 - 44），也称为滑行失步。

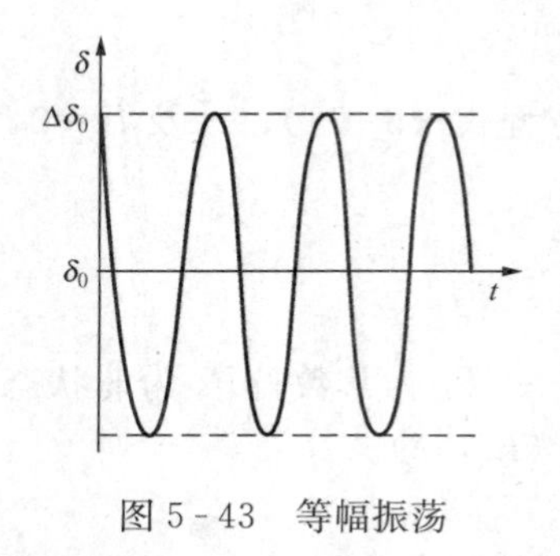

图 5 - 43　等幅振荡

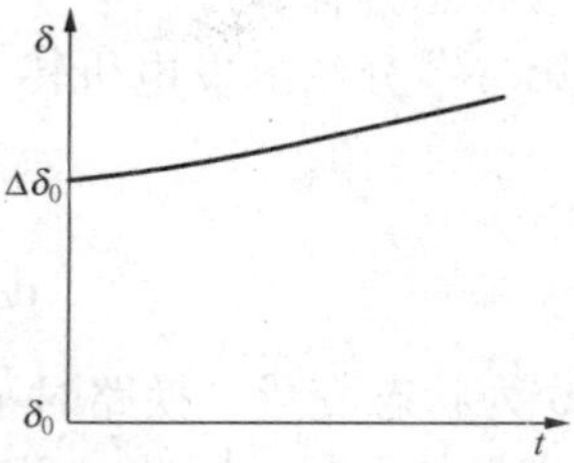

图 5 - 44　非周期失稳

综上，当不考虑自动调节励磁作用和不计阻尼功率，即 $E_{\mathrm{q}}=\mathrm{C}$、$D=0$ 时，简单电力系统静态稳定的条件为

$$S_{E_{\mathrm{q}}}=\frac{\mathrm{d}P_{\mathrm{e}}\ (E_{\mathrm{q}},\ \delta)}{\mathrm{d}\delta}>0$$

做如下讨论：

（1）上述结论可从自动控制理论的角度理解：将式（5 - 98）用图5 - 45所示的传递函数框图表示。当 $S_{E_{\mathrm{q}}}>0$ 时，其为一负反馈闭环系统，无论系统受到小扰动后产生的角度偏差 $\Delta\delta$ 为正或为负，在负反馈作用下其均能稳定运行，考虑到系统运行时的能量损耗，最后必有 $\Delta\delta=0$，$\Delta\omega=0$，即仍能返回初始运行点，故为静态稳定；当 $S_{E_{\mathrm{q}}}<0$ 时，其为一正反馈闭环系统，当初始扰动 $\Delta\delta$ 为正时，经正反馈后 δ 越来越大，当 $\Delta\delta$ 为负时，经正反馈后 δ 越来越小，均不能返回初始运行点，故为静态不稳。

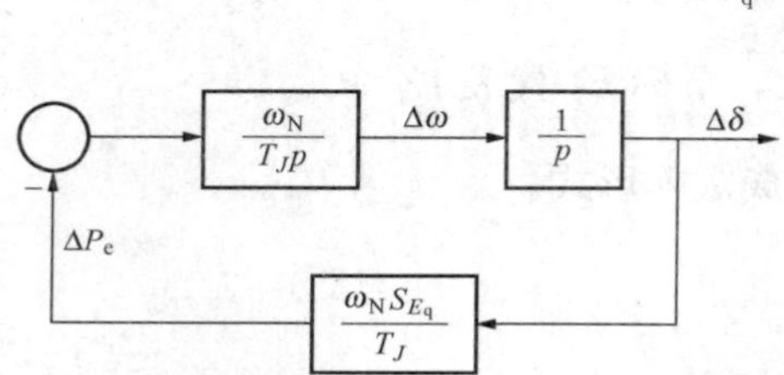

图 5 - 45　不计阻尼功率时的发电机框图

还可进行如下的物理分析：设发电机输入的机械功率 P_{m} 恒定，发电机输出的电磁功率为 $P_{\mathrm{e}}(E_{\mathrm{q}},\ \delta)=\frac{E_{\mathrm{q}}U_{\mathrm{S}}}{x_{\mathrm{d}\Sigma}}\sin\delta+\frac{U_{\mathrm{S}}^2}{2}\left(\frac{1}{x_{\mathrm{q}\Sigma}}-\frac{1}{x_{\mathrm{d}\Sigma}}\right)\sin2\delta$，不计阻尼功率时，$P_{\mathrm{m}}$ 与 P_{e} 的交点 a 和 b 均为可能的初始运行点，如图 5 - 46 所示。

先分析 a 点的情况：当系统受到小扰动产生一正的角度偏差 $\Delta\delta$ 时，到了 a′点，在该点因 $P_{\mathrm{e}}>P_{\mathrm{m}}$，故 $\Delta P<0$，从而加速度 $a<0$，$\Delta\omega<0$，于是角度 δ 减小，开始返回，

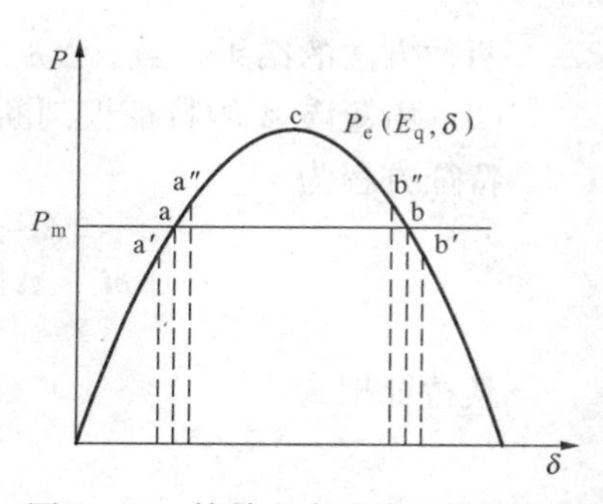

图 5 - 46　简单电力系统的静稳分析

回到 a 点后由于惯性继续运动到 a″（a″可由等面积法则确定）。在 a″点，$P_e < P_m$，$\Delta P > 0$，故又开始加速，再经 a 到 a′，如此做等幅振荡。考虑到能量损耗最后稳定在 a 点。如 $\Delta\delta$ 为负，便到了 a″点，则因 $\Delta P > 0$，加速，经 a 到 a′，减速，经 a 到 a″，变为等幅振荡，最后也稳定在 a 点。这样，a 点具备受到小扰动后自动回复到初始运行点的能力，故为静态稳定，称为稳定平衡点 SEP。

再分析 b 点的情况：当系统受到小扰动后产生一正的角度偏差 $\Delta\delta$ 时，到了点 b′，在该点 $P_e < P_m$，$\Delta P > 0$，从而加速，角度 δ 继续增大，无法返回 b 点；如 $\Delta\delta$ 为负，到了 b″点。在该点 $P_e > P_m$，$\Delta P < 0$，从而减速，角度 δ 继续减小，也无法返回 b 点，这样，b 点不具备受到小扰动后回复到初始运行点的能力，故为静态不稳定，称为不稳定平衡点 UEP。

综上可见，如 $S_{E_q} > 0$，则稳定，如 $S_{E_q} < 0$，则不稳定，即发电机只能运行于功角曲线的上升部分，而不能运行于下降部分，所以，用 $\mathrm{d}P_e/\mathrm{d}\delta > 0$ 便可判断系统的静态稳定性，这就是一种实用判据。

上面从数学推导、反馈理论和物理过程三个方面分析了简单电力系统在 $E_q = C$ 和 $D = 0$ 时的静态稳定，并得到了实用判据：$\mathrm{d}P_e/\mathrm{d}\delta > 0$ 为系统静态稳定性的必要条件。

（2）功角曲线上的最高点 c 为临界运行点，是系统静态稳定的极限（stability limit）。该点的功率角 δ 称为静稳极限功率角 δ_{sl}，该点的功率称为静稳极限功率 P_{sl}。对简单电力系统，P_{sl} 即为功率曲线 P_e 上最高点的功率，即 $P_{sl} = P_{eM}$：如为隐极机，$\delta_{sl} = 90°$，$P_{sl} = P_{eM} = E_q U_S / x_{d\Sigma}$；如为凸极机，则需先由式（5-27）求出 δ_M，然后代入公式求出 P_{sl}。凸极机在 $E_q = C$ 时的极限功率角 δ_{sl} 小于 90°。

（3）为衡量运行点的稳定程度，引入功率静稳裕度或静稳储备系数，即

$$K_P \equiv (P_{sl} - P_0)/P_0 \tag{5-102}$$

式中：P_0 为运行点的功率。

显然，K_P 越大，稳定性越好，越能经受较大的扰动。一般要求：正常运行时，K_P 不小于 15%～20%；故障情况下，可适当降低要求，$K_P \geqslant 10\%$。

（4）可将上述方法用于分析异步电动机的静态稳定性。由图 5-47 可得出类似结论：a 点为稳定运行点，b 点为不稳定运行点，及另一个实用判据：$\mathrm{d}T_e/\mathrm{d}s > 0$ 为异步电动机静态稳定的条件。

【例 5-9】 求［例 5-1］给出的系统当 $E_q = C$ 时在初始运行点的功率静稳裕度 K_P。

解　［例 5-1］已求得 $E_{q|0|} = 2.4310$，$\delta_M = 82.5741°$，$P_{eM} = 1.2247$，又已知 $U_S = 1$，$P_0 = 1$，则由式（5-102）有

$$K_P = (P_{sl} - P_0)/P_0 = 22.47\%$$

可见其满足正常运行时对静稳裕度的要求。

2. 计及阻尼功率（$D \neq 0$）

当计及发电机组的阻尼功率且将其表示为 $P_D = D\Delta\omega/\omega_N$ 时，转子运动方程为

$$\begin{cases} \mathrm{d}\delta/\mathrm{d}t = \omega - \omega_N \\ \mathrm{d}\omega/\mathrm{d}t = (P_m - D\Delta\omega/\omega_N - P_e)\omega_N/T_J \end{cases} \tag{5-103}$$

采用同样的分析方法和步骤，得到线性化增量方程为

$$\begin{bmatrix} \Delta\dot{\delta} \\ \Delta\dot{\omega} \end{bmatrix} = \begin{bmatrix} 0 & 1 \\ -\dfrac{\omega_N}{T_J}S_{E_q} & -\dfrac{D}{T_J} \end{bmatrix} \begin{bmatrix} \Delta\delta \\ \Delta\omega \end{bmatrix} \tag{5-104}$$

特征方程为

$$|pI-A|=\begin{vmatrix} p & -1 \\ \frac{\omega_N}{T_J}S_{E_q} & p+\frac{D}{T_J} \end{vmatrix}=p^2+\frac{D}{T_J}p+\frac{\omega_N}{T_J}S_{E_q}=0 \tag{5-105}$$

从而特征根为

$$p=-\frac{D}{2T_J}\pm\sqrt{\left(\frac{D}{2T_J}\right)^2-\frac{\omega_N}{T_J}S_{E_q}}$$

可见，计及阻尼功率后，系统的稳定既与同步功率系数 S_{E_q} 有关，也与阻尼系数 D 有关。

（1）当 $D>0$，即系统具有正阻尼时，如 $S_{E_q}>0$，此时特征根的实部为负，位于复平面的左半部，系统稳定，稳定的形式有两种：当 $(D/2T_J)^2>\omega_N S_{E_q}/T_J$ 时，即 $D>2\sqrt{S_{E_q}T_J\omega_N}$时，为两个负实根，故为非周期稳定，这种情况称为过阻尼；当 $D<2\sqrt{S_{E_q}T_J\omega_N}$时，是一对负实共轭根，故为周期稳定。如 $S_{E_q}<0$，则有一正实根，为非周期失稳，滑行失步。异步电动机的静态稳定如图 5-47 所示。

（2）当 $D<0$ 时，即系统具有负阻尼时，此时不论 S_{E_q} 为何值，总有特征根位于复平面的右半部，故系统不稳定。当 $S_{E_q}>D^2/4T_J\omega_N$ 时，为正实共轭根，系统周期振荡失稳，即自发振荡失稳，如图 5-48 所示。当 $S_{E_q}<D^2/4T_J\omega_N$ 时，有一正实根，系统非周期失稳，滑行失步。

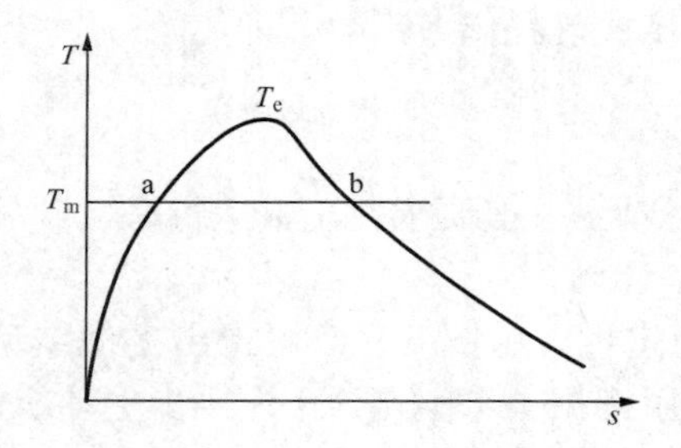

图 5-47 异步电动机的静态稳定

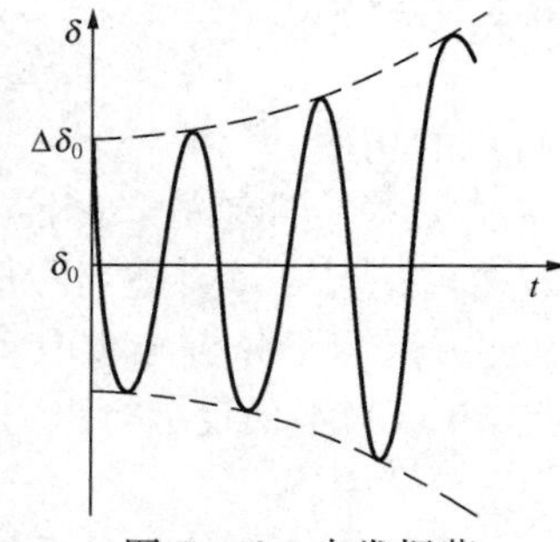

图 5-48 自发振荡

综上可知，如 $S_{E_q}<0$，系统非周期失稳，如 $D<0$ 时，系统失稳：$S_{E_q}>D^2/4T_J\omega_N$ 时，自发振荡失稳；$S_{E_q}<D^2/4T_J\omega_N$ 时，滑行失步。由此可见，上小节得到的实用判据：$S_{E_q}=\mathrm{d}P_e(E_q,\delta)/\mathrm{d}\delta>0$ 时系统稳定的结论必须以系统具有正的阻尼，即不发生自发振荡为前提。故实用判据是在一定假设前提下用于判断系统静态稳定性的简单判断条件。当然，大多情况下，电力系统具有正的阻尼作用，但在个别情况下会出现负阻尼，造成系统振荡。由于振荡的频率很低，为 0.2～2.5Hz，故称为低频振荡。这一现象将造成系统运行的不正常，值得注意。关于低频振荡的机理，下面将进一步讨论。

（3）将此时的特征方程 $p^2+\frac{D}{T_J}p+\frac{\omega_N}{T_J}S_{E_q}=0$ 化为自动控制系统中二阶惯性环节传递函数的标准形式

$$p_2+2\xi\omega_N p+\omega_N^2=0$$

则有

$$\omega_n = \sqrt{\omega_N S_{E_q}/T_J} \quad (5-106)$$

称为系统的自然振荡频率，即阻尼为零时的振荡频率。请注意 ω_n 和 ω_N 的区别。

系统的阻尼比和系统的实际振荡频率分别为

$$\zeta = \frac{D}{2T_J\omega_n} = \frac{D}{2\sqrt{S_{E_q}T_J\omega_N}} \quad (5-107)$$

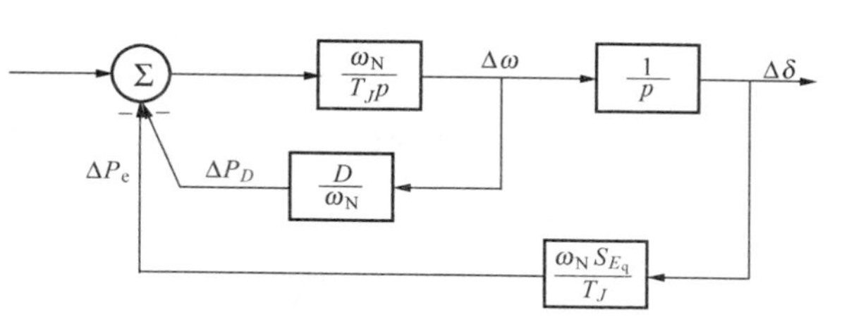

图 5-49　计入阻尼功率时的发电机框图

$$\omega = \sqrt{1-\zeta^2}\,\omega_n \quad (5-108)$$

可见，阻尼比越大，振荡频率越低：$\zeta \geqslant 1$，系统不振荡，为过阻尼情况。实际电力系统的阻尼比一般不大，但也不应太小，如不应小于 0.1～0.3，否则易产生振荡。

（4）同样，可将方程式（5-104）表示为图 5-49 所示的框图。由图容易理解为什么当 $D<0$时系统不稳定，因此时形成了内环的正反馈。

【例 5-10】 设［例 5-1］给出的系统中发电机组的阻尼系数 $D=2$，试计算在初始点运行时系统的自然振荡频率、阻尼比和振荡频率。

解　［例 5-1］中已求得 $\delta_0=49.2459°$，$x_{d\Sigma}=2.0022$，$x_{q\Sigma}=1.5111$，另已知 $T_J=8.1818\text{s}$，由定义得

$$S_{E_q} = \mathrm{d}P_e(E_q,\delta)/\mathrm{d}\delta = E_q U_S\cos\delta/x_{d\Sigma} + U_S^2(1+x_{q\Sigma}-1/x_{q\Sigma})\cos 2\delta$$
$$= 2.4310\times 1\times\cos 49.2459°/2.0022 + 1^2(1/1.5111-1/2.0022)\cos(2\times 49.2459°) = 0.7381$$

从而

$$\omega_n = \sqrt{S_{E_q}\omega_N/T_J} = \sqrt{0.7381\times 314.159/8.1818} = 5.3236(\text{rad/s})$$

$$f_n = \omega_n/2\pi = 0.8473(\text{Hz})$$

$$\zeta = D/(2\sqrt{S_{E_q}\omega_N T_J}) = 2/(2\sqrt{0.7381\times 314.1593\times 8.1818}) = 0.023$$

$$\omega = \sqrt{1-\zeta^2}\,\omega_n = 5.3222(\text{rad/s})$$

$$f = \omega/2\pi = 0.8471(\text{Hz})$$

由上述结果可见,此系统的振荡频率确实不高,阻尼比也偏小,如 D 一旦为负,即会引起低频振荡。

（二）*考虑自动调节励磁作用时简单电力系统的静态稳定性*

为了保证电能的电压质量，现代发电机毫无例外均装有自动调节励磁装置（automatic excitation regulator，AER）。其种类很多，而且仍在不断改进和发展中，可分为比例式和改进式两大类。前者按运行参数的偏差进行调节，如电压偏差 ΔU、电流偏差 ΔI、功率角偏差 $\Delta\delta$ 等。按采用偏差量的数目又分为单参数和多参数比例式调节，如相位复式励磁（简称相复励）就是既采用电压偏差，又采用电流偏差，同时还考虑二者之间相位的一种调节励磁方式。改进式是针对比例式调节励磁存在的缺点进行改进而成，形式有多种，如苏联采用的强力式励磁调节器、北美采用的电力系统镇定器（power system stabilizer，PSS）、欧洲采用的附加反馈（additional feedback，AF）。下面分别介绍之。

需指出，有的国家、有的文献将这种考虑自动装置动态过程后的静态稳定性称为电力系统的动态稳定性，其主要标志是看系统是否发生振荡，而产生动态不稳定的根本原因是系统

出现负阻尼。本教材仍将其归为静态稳定性。

1. 比例式励磁调节

下面以最简单也最直观的采用发电机端电压偏差 ΔU_G（$=U_G-U_{G0}$）进行调节的单参数比例式励磁调节器为例进行分析。

（1）列写方程并线性化。

考虑励磁调节器的动态过程后，空载电动势 E_q 不再为常数，而且一般情况下也没有任何一个电动势维持恒定，引用本章第一节中介绍过的自动调节励磁系统的框图［如图 5-20（b）所示］可列出方程

$$dE_{qe}/dt=(-E_{qe}-K_V U_G)/T_e \tag{5-109}$$

式中：E_{qe} 为强制空载电动势；K_V 为 AVR 的电压偏差放大倍数；T_e 为励磁回路的时间常数。

由发电机励磁绕组的方程式（5-38）有

$$dE'_q/dt=(E_{qe}-E_q)/T_{d0} \tag{5-110}$$

式中：E'_q 为暂态电动势；T_{d0} 为励磁绕组自身的时间常数。

加上转子运动方程（暂不计阻尼功率），线性化后为

$$\begin{cases} d\Delta\delta/dt=\Delta\omega \\ d\Delta\omega/dt=-\Delta P_e\omega_N/T_J \\ d\Delta E'_q/dt=(\Delta E_{qe}-\Delta E_q)/T_{d0} \\ d\Delta E_{qe}/dt=(-\Delta E_{qe}-K_V\Delta U_G)/T_e \end{cases} \tag{5-111}$$

此即为系统的状态方程，δ、ω、E'_q、E_{qe} 为状态变量，不突变，但其中还有三个变量 P_e、E_q 和 U_G 为中间变量，需将其表示为状态变量的函数。

（2）将 P_e、E_q 和 U_G 表示为状态变量的函数。

1）P_e。采用 P_e（E'_q，δ）即可将其表示为状态变量 δ 和 E'_q 的函数，即

$$P_e(E'_q,\delta)=E'_qU_S\sin\delta/x'_{d\Sigma}+U_S^2(1/x_{q\Sigma}-1/x'_{d\Sigma})\sin2\delta/2$$

线性化后得到

$$\begin{aligned} \Delta P_e &= [\partial P_e(E'_q,\delta)/\partial\delta]\Delta\delta+[\partial P_e(E'_q,\delta)/\partial E'_q]\Delta E'_q \\ &= K_1\Delta\delta+K_2\Delta E'_q \end{aligned} \tag{5-112}$$

$$K_1=\partial P_e(E'_q,\delta)/\partial\delta=E'_qU_S(1/x_{q\Sigma}-1/x'_{d\Sigma})\cos2\delta$$

$$K_2=\partial P_e(E'_q,\delta)/\partial E'_q=U_S\sin\delta/x'_{d\Sigma}$$

K_1 也称为同步功率系数，但与 S_{E_q} 不同，其是由 P_e（E'_q，δ）对 δ 求偏导得到，记作 $S_{E'_q}$。

2）E_q。由单机无穷大系统的相量图（见图 5-10）可写出

$$\begin{aligned} E_q &= E'_q+(x_{d\Sigma}-x'_{d\Sigma})I_d=E'_q+(x_{d\Sigma}-x'_{d\Sigma})(E'_q-U_S\cos\delta)/x'_{d\Sigma} \\ &= E'_qx_{d\Sigma}/x'_{d\Sigma}-(x_{d\Sigma}-x'_{d\Sigma})U_S\cos\delta/x'_{d\Sigma} \end{aligned} \tag{5-113}$$

线性化后得到

$$\Delta E_q=(\partial E_q/\partial E'_q)\Delta E'_q+(\partial E_q/\partial\delta)\Delta\delta=\Delta E'_q/K_3+K_4\Delta\delta \tag{5-114}$$

$$K_3=\frac{1}{\partial E_q/\partial E'_q}x'_{d\Sigma}=x'_{d\Sigma}/x_{d\Sigma}$$

$$K_4=\partial E_q/\partial\delta=(x_{d\Sigma}-x'_{d\Sigma})U_S\sin\delta/x'_{d\Sigma}$$

应说明的是，式（5 - 114）的这种表达方式似以表达为 $\Delta E_q = K_3\Delta\delta + K_4\Delta E_q$ 更适宜，但提出此种分析方法的第一位作者采用了上述形式，且已为电力工业界熟知，故此处仍从众。

3）U_G。由相量图得到

$$U_G = \sqrt{U_{Gd}^2 + U_{Gq}^2} \tag{5 - 115}$$

其中

$$U_{Gd} = x_q I_q = x_q U_S \cos\delta / x_{q\Sigma}$$

$$U_{Gq} = U_{Sq} + x_e I_d = U_S\cos\delta + x_e(E'_q - U_s\cos\delta)/x'_{d\Sigma}$$

$$= x'_d U_S\cos\delta / x'_{d\Sigma} + x_e E'_q / x'_{d\Sigma}$$

线性化后得到

$$\Delta U_G = K_5\Delta\delta + K_6 E'_q \tag{5 - 116}$$

$$K_5 = (U_{Gd}x_q U_S\cos\delta / x_{q\Sigma} - U_{Gq}x'_{d\Sigma}U_S\sin\delta / x'_{d\Sigma})/U_G$$

$$K_6 = U_{Gq}X_e/(U_G x'_{d\Sigma})$$

以上六个系数 $K_1 \sim K_6$，除 K_3 仅是电抗的函数，因而是常数外，其余均为运行状态参数的函数，随发电机所带负荷的大小变化。负荷较重时，K_5 将为负值。这是一个值得注意的现象。下面将指出，低频振荡与它有直接关系。

（3）形成系数矩阵 $\boldsymbol{A}$ 并判断系统稳定性。

将上述关系代入式（5 - 111），并写成矩阵形式得到

$$\begin{bmatrix} \Delta\dot{\delta} \\ \Delta\dot{\omega} \\ \Delta\dot{E}'_q \\ \Delta\dot{E}_{qe} \end{bmatrix} = \begin{bmatrix} 0 & 1 & 0 & 0 \\ -\dfrac{K_1\omega_N}{T_J} & 0 & -\dfrac{K_2\omega_N}{T_J} & 0 \\ -\dfrac{K_4}{T_{d0}} & 0 & -\dfrac{1}{K_3T_{d0}} & \dfrac{1}{T_{d0}} \\ -\dfrac{K_2K_5}{T_e} & 0 & -\dfrac{K_6K_V}{T_e} & -\dfrac{1}{T_e} \end{bmatrix} \begin{bmatrix} \Delta\delta \\ \Delta\omega \\ \Delta E'_q \\ \Delta E_{qe} \end{bmatrix} \tag{5 - 117}$$

其特征方程为

$$|p\boldsymbol{I} - \boldsymbol{A}| = p^4 + a_1p^3 + a_2p^2 + a_3p + a_4 = 0 \tag{5 - 118}$$

$$a_1 = \frac{1}{T_e} + \frac{1}{K_3T_{d0}}$$

$$a_2 = \frac{K_1\omega_N}{T_J} + \frac{1 + K_3K_6K_V}{K_3T_{d0}T_e}$$

$$a_3 = \frac{\omega_N}{T_J}\left(\frac{K_1}{T_e} + \frac{K_1 - K_2K_3K_4}{K_3T_{d0}}\right)$$

$$a_4 = \frac{\omega_N}{T_J}\left[\frac{K_1(1 + K_3K_6K_V) - K_2K_3(K_4 + K_5K_V)}{K_3T_{d0}T_e}\right]$$

由于特征方程为一元四次方程，无法直接求根，因而采用代数判据法判断根的性质，既可用 Routh 判据，也可用 Hurwitz 判据。二者基本原理相同，结论也一致。此处采用 Routh 判据，现将其简单介绍如下。

设特征方程为

$$p^n + a_1p^{n-1} + a_2p^{n-2} + \cdots + a_{n-1}p + a_n = 0$$

依下法作 Routh 表：

前两行为

$$\begin{matrix} 1 & a_2 & a_4 & \cdots \\ a_1 & a_3 & a_5 & \cdots \end{matrix}$$

从第三行开始的元素为 $a_{ij}=-\begin{vmatrix} a_{i-2\ 1} & a_{i-2\ j+1} \\ a_{i-1\ 1} & a_{i-1\ j+1} \end{vmatrix}/a_{i-1\ 1}$，$i\geqslant 3$，如 $a_{i-1\ j+1}$ 不存在，则代之以 0。

Routh 表共（$n+1$）行，最后两行仅一列，其上两行为 2 列，依此类推。得到此表后，可按下法判断特征根的性质：如 Routh 表中第一列各项均为正，且方程的系数 $a_1\sim a_n$ 均为正，则所有特征根的实部均为负，即所有特征根均位于复平面的左半部，从而系统稳定；Routh 表中第一列各项正负号改变的次数即为特征根中具有正实部的数目。由此，如仅第一列中的最后一项为负，表明方程仅有一个正实根，从而系统非周期失稳；如仅第一列中的倒数第二项为负，表明方程有一对正实共轭根，从而系统周期失稳。

将上述方法用于式（5-118）。作出的 Routh 表为

$$\begin{matrix} 1 & a_2 & a_4 \\ a_1 & a_3 & \\ \dfrac{a_1a_2-a_3}{a_1} & a_4 & \\ a_3-\dfrac{a_1a_4}{a_2-a_3/a_1} & & \\ a_4 & & \end{matrix}$$

从而系统的稳定条件为：$a_1>0$，$a_2-a_3/a_1>0$，$a_3-a_1a_4/(a_2-a_3/a_1)>0$，$a_4>0$ 和 $a_2>0$，$a_3>0$，即必须满足下列条件：

条件 1）$a_1=\dfrac{1}{T_{\rm e}}+\dfrac{1}{K_3T_{\rm d0}}>0$，由于 $T_{\rm e}$、$T_{\rm d0}$ 总大于零，K_3 为正，故此条件满足。

条件 2）$a_2-a_3/a_1>0$，即

$$\left(\frac{1}{T_{\rm e}}+\frac{1}{K_3T_{\rm d0}}\right)\left(K_1\frac{\omega_{\rm N}}{T_J}+\frac{1+K_3K_6K_{\rm V}}{K_3T_{\rm d0}T_{\rm e}}\right)-\frac{\omega_{\rm N}}{T_J}\left(\frac{K_1}{T_{\rm e}}+\frac{K_1-K_2K_3K_4}{K_3T_{\rm d0}}\right)>0$$

相当于要求

$$K_{\rm V}>-\frac{T_{\rm d0}T_{\rm e}}{K_3}\left[\frac{\omega_{\rm N}K_2K_3K_4T_{\rm e}}{T_J(K_3T_{\rm d0}+T_{\rm e})}+\frac{1}{K_3T_{\rm d0}T_{\rm e}}\right] \tag{5-119}$$

由于式中各项均为正，而 $K_{\rm V}$ 不可能为负，故此条件满足。

条件 3）$a_3-a_1a_4/(a_2-a_3/a_1)>0$，将各量代入经化简后得到

$$K_{\rm V}<\frac{\dfrac{\omega_{\rm N}}{T_J}\left(K_1-\dfrac{K_2K_3}{a_1T_{\rm d0}}\right)+\dfrac{1}{T_{\rm e}^2}}{K_4K_6-a_1K_5T_{\rm d0}}\times K_4T_{\rm d0}T_{\rm e}=K_{\rm Vmax} \tag{5-120}$$

此式给出了 $K_{\rm V}$ 的上限。

条件 4）$a_4>0$，即 $\dfrac{\omega_{\rm N}}{T_J}\left[\dfrac{K_1(1+K_3K_6K_{\rm V})-K_2K_3(K_4+K_5K_{\rm V})}{K_3T_{\rm d0}T_{\rm e}}\right]>0$，相当于要求

$$K_{\rm V}>\frac{K_2K_4-K_1/K_3}{K_1K_6-K_2K_5}=-\frac{S_{E_{\rm q}}}{K_3(K_1K_6-K_2K_5)}=K_{\rm V\min}^{(1)} \tag{5-121}$$

此式给出了 K_V 的下限。

式中引用了关系式

$$S_{E_q} = K_1 - K_2K_3K_4 \tag{5-122}$$

其证明建议作为习题完成。

条件 5) $a_2>0$，即 $K_1\dfrac{\omega_N}{T_J}+\dfrac{1+K_3K_6K_V}{K_3T_{d0}T_e}>0$，相当于要求

$$K_V > -\frac{1+K_1K_3T_{d0}T_e\omega_N/T_J}{K_3K_6} = K_{V\min}^{(2)} \tag{5-123}$$

此式给出了 K_V 的另一个下限。由于 $K_{V\min}^{(2)}$ 为负，故此条件满足。

条件 6) $a_3>0$，即 $\dfrac{\omega_N}{T_J}\left(\dfrac{K_1}{T_e}+\dfrac{K_1-K_2K_3K_4}{K_3T_{d0}}\right)>0$，由于 $K_1=\partial P_e(E'_q,\delta)/\partial\delta = S_{E'_q}$，而 $K_1-K_2K_3K_4=S_{E_q}$，再定义 $K_3T_{d0}=T_{d0}x'_{d\Sigma}/x_{d\Sigma}=T'_d$，故此条件相当于要求

$$T'_dS_{E'_q}+T_eS_{E_q}>0 \tag{5-124}$$

其给出了功率角的极限 δ_{sl}，即要求 $\delta<\delta_{sl}$。δ_{sl} 由式 $F=T'_dS_{E'_q}+T_eS_{E_q}=0$ 确定。

综上，为保证系统静态稳定，要求

$$\begin{cases} K_{V\min}^{(1)} \leqslant K_V \leqslant K_{V\max} \\ \delta \leqslant \delta_{sl} \end{cases} \tag{5-125}$$

其稳定域如图 5-50 所示。由图及式（5-120）可见，$K_{V\max}$ 随 T_e 而不同。

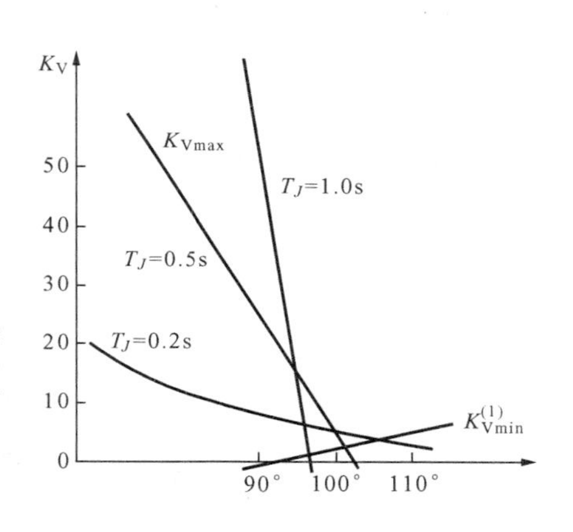

图 5-50　考虑励磁作用时 K_V 的稳定范围

进一步讨论如下：

1）由图可见，静稳极限功率角 δ_{sl} 由式 $T'_dS_{E'_q}+T_eS_{E_q}=0$ 定出。T_e 越小，δ_{sl} 越大，当 $T_e=0$（当于快速励磁，如可控硅静止励磁系统的时间常数 $T_e<0.05$s），δ_{sl} 由 $S_{E'_q}=0$ 确定，由式（5-27）知，此时

$$\delta_{sl} = \arccos\left\{-\frac{E'_qx_{q\Sigma}}{4U_S(x'_{d\Sigma}-x_{q\Sigma})} - \sqrt{\left[\frac{E'_qx_{q\Sigma}}{4U_S(x'_{d\Sigma}-x_{q\Sigma})}\right]^2+\frac{1}{2}}\right\}$$

其值为 105°～110°。可见，采用 ΔU_G 比例式调节励磁后，功率角极限比起无励磁调节时的 δ_{sl}（≤90°）有了明显的提高。$T_e\neq0$ 时，δ_{sl} 稍有减少。T_e 越大，δ_{sl} 越小，对一般常规励磁，$T_e=0.5\sim1.0$s，δ_{sl} 约为 100°。

2）由图可见，电压反馈放大倍数 K_V 的上限 $K_{V\max}$ 随功角 δ 和励磁系统时间常数 T_e 而变化：δ 越大，$K_{V\max}$ 越小，当 $\delta=\delta_{sl}$ 时，$K_{V\max}$ 最小；T_e 越小，$K_{V\max}$ 也越小。所以，如追求大的极限功率角，则只能选用小的 K_V，这样势必难以保证电能的电压质量。例如，当 $T_e=0$ 时，由式（5-120）可得到

$$K_{V\max} = -K_4/K_5 \tag{5-126}$$

（其推导作为习题完成。）

如取近似表达式 $U_G\approx U_{Gq}$，从而

$$K_5 = \partial U_G/\partial\delta \approx \partial U_{Gq}/\partial\delta = -x'_dU_S\sin\delta/x'_{d\Sigma}$$

再将 $K_4=\partial E_q/\partial\delta=(x_{d\Sigma}-x'_{d\Sigma})U_S\sin\delta/x'_{d\Sigma}$ 一起代入上式，则

$$K_{\mathrm{Vmax}} \approx (x_{\mathrm{d}} - x'_{\mathrm{d}})/x'_{\mathrm{d}}$$

以典型参数值代入：对凸极机，$x_{\mathrm{d}}=1$，$x'_{\mathrm{d}}=0.25$，从而$K_{\mathrm{Vmax}}\approx3$；对隐极机，$x_{\mathrm{d}}=1.5$，$x'_{\mathrm{d}}=0.2$，从而$K_{\mathrm{Vmax}}\approx6.5$。这样小的电压反馈系数是难以保证电压质量的，即当负荷增大时发电机的端电压会下降较多。所以，从电压质量考虑，要求K_{V}应尽可能大（如$K_{\mathrm{V}}=\infty$，则可保持发电机端电压恒定），但从稳定要求，K_{V}又不能过大，否则上述条件3)，即式（5-120）不满足。此时Routh表第一列中的倒数第二项为负，表明有一对正实共轭根，从而系统将周期失稳。这种现象相当于上节中阻尼系数$D<0$的情况，称为负阻尼，将引起低频振荡（关于负阻尼的本质下面还将进一步讨论）。所以，在保证电压质量和保证系统稳定之间有矛盾时，解决的方法当然只能在保证稳定的前提下选取尽可能大的K_{V}。

3）对快速励磁$T_{\mathrm{e}}=0$，如取$U_{\mathrm{G}}\approx U_{\mathrm{Gq}}$，$K_{\mathrm{V}}=K_{\mathrm{V\,max}}\approx$（$x_{\mathrm{d}}-x'_{\mathrm{d}}$）$/x'_{\mathrm{d}}$，则由式（5-111）得

$$T_{\mathrm{d0}}\,\mathrm{d}\,E'_{\mathrm{q}}/\mathrm{d}t = \Delta E_{\mathrm{qe}} - \Delta E_{\mathrm{q}} = -K_{\mathrm{V}}U_{\mathrm{G}} - \Delta E_{\mathrm{q}} \approx (x'_{\mathrm{d}} - x_{\mathrm{d}})\Delta U_{\mathrm{Gq}}/x'_{\mathrm{d}} - \Delta E_{\mathrm{q}}$$

将$\Delta U_{\mathrm{G_q}} = x_{\mathrm{e}}\Delta E'_{\mathrm{q}}/x'_{\mathrm{d\Sigma}} - X'_{\mathrm{d}}U_{\mathrm{S}}\,\mathrm{min}\delta\Delta\delta/x'_{\mathrm{d\Sigma}}$，$\Delta E_{\mathrm{q}} = x_{\mathrm{d\Sigma}}\Delta E'_{\mathrm{q}}/x'_{\mathrm{d\Sigma}} +$（$x_{\mathrm{d}} - x'_{\mathrm{d}}$）$U_{\mathrm{S}}\times\sin\delta\Delta\delta/x'_{\mathrm{d\Sigma}}$代入，得到

$$T_{\mathrm{d0}}\,\mathrm{d}\Delta E'_{\mathrm{q}}/\mathrm{d}t = (-x_{\mathrm{d}}/x'_{\mathrm{d}})\Delta E'_{\mathrm{q}} \tag{5-127}$$

从而

$$\Delta E'_{\mathrm{q}} = C\exp\left[-\frac{x_{\mathrm{d}}}{x'_{\mathrm{d}}T_{\mathrm{d0}}}t\right]$$

式中：C为积分常数，由边界条件定出：在$t=0$受到扰动后$E'_{\mathrm{q(0)}}=E'_{\mathrm{q|0|}}$，即$E'_{\mathrm{q}}$不突变，从而$\Delta E'_{\mathrm{q0}}=0$，定出$C=0$，所以

$$E'_{\mathrm{q}} = \mathrm{C}$$

上述分析表明，在简单电力系统中，当发电机的励磁按端电压偏差调节，对快速励磁，且取$K_{\mathrm{V}}=$（$x_{\mathrm{d}}-x'_{\mathrm{d}}$）$/x'_{\mathrm{d}}$时，发电机的暂态电动势$E'_{\mathrm{q}}$恒定。工程实际中，进一步认为$E'$恒定。这就是在稳定分析中常将发电机用经典模型表示的理论依据：正常运行时，按上述原则调节励磁，E'_{q}（E'）基本维持恒定；故障时，由于强行励磁的作用，E'_{q}（E'）也基本维持恒定。

4）进一步分析产生负阻尼的原因。考虑励磁调节时的发电机框图如图5-51所示。该图是由消去了中间变量后的状态方程画出的，既清楚地表达了各量之间的关系，又可用于分析负阻尼产生的原因。图中还用虚线画出了阻尼功率。

由图可写出电磁功率ΔP_{e}和功率角$\Delta\delta$之间的关系为

$$\begin{aligned}\Delta P_{\mathrm{e}} &= \left[K_1 - \frac{K_4\dfrac{K_3}{1+K_3T_{\mathrm{d0}}p}K_2}{1+\dfrac{K_3}{1+K_3T_{\mathrm{d0}}p}K_6\dfrac{K_{\mathrm{V}}}{1+T_{\mathrm{d0}}p}} - \frac{K_5\dfrac{K_1}{1+T_{\mathrm{d0}}p}\dfrac{K_3}{1+K_3T_{\mathrm{d0}}p}K_2}{1+\dfrac{K_3}{1+K_3T_{\mathrm{d0}}p}K_6\dfrac{K_{\mathrm{V}}}{1+T_{\mathrm{d0}}p}}\right]\Delta\delta \\ &= \Delta P_{\mathrm{e1}} + \Delta P_{\mathrm{e2}} + \Delta P_{\mathrm{e3}}\end{aligned} \tag{5-128}$$

其中，$\Delta P_{\mathrm{e1}}=K_1\Delta\delta$，为同步功率。$\Delta P_{\mathrm{e2}} = -\dfrac{K_4\dfrac{K_3}{1+K_3T_{\mathrm{d0}}p}K_2}{1+\dfrac{K_3}{1+K_3T_{\mathrm{d0}}p}K_6\dfrac{K_{\mathrm{V}}}{1+T_{\mathrm{d0}}p}}\Delta\delta$，为考虑励磁绕组的动态过程而得到的电磁功率，为简化起见，设$T_{\mathrm{e}}=0$，将$p=\mathrm{j}\omega$代入式中，将实部和虚

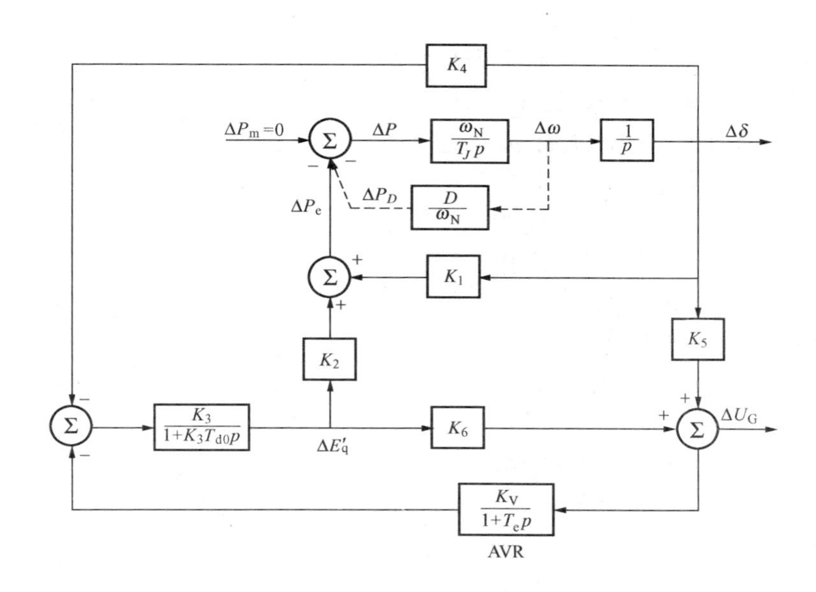

图 5-51　考虑调节励磁时的发电机框图

部分开，得到

$$\Delta P_{e2}=-\frac{K_2K_3K_4(1+K_3K_6K_V)-K_2K_3^2K_4T_{d0}p}{(1+K_3K_6K_V)^2+(K_3T_{d0}\omega)^2}\Delta\delta=-C_{21}\Delta\delta+C_{22}\Delta\omega$$

其中，$C_{21}=\frac{K_2K_3K_4(1+K_3K_6K_V)}{(1+K_3K_6K_V)+(K_3T_{d0}\omega)^2}>0$，$C_{22}=\frac{K_2K_3^2K_4T_{d0}}{(1+K_3K_6K_V)+(K_3T_{d0}\omega)^2}>0$ 。

可见考虑励磁绕组的动态过程后，产生了一个负的同步功率分量$-C_{21}\Delta\delta$ 和一个正的阻尼功率分量 $C_{22}\Delta\omega$。$\Delta\omega$ 由 $p\Delta\delta$ 得来。

$$\Delta P_{e3}=-\frac{K_5\frac{K_V}{1+T_e p}\frac{K_3}{1+K_3T_{d0}p}}{1+\frac{K}{1+K_3T_{d0}p}K_6\frac{K_V}{1+T_e p}}\Delta\delta$$

$$=-\frac{K_3K_5K_V}{(1+K_3T_{d0}p)(1+T_e p)+K_3K_6K_V}\Delta\delta \tag{5-129}$$

同理将 $p=j\omega$ 代入并将实部和虚部分开，得到

$$\Delta P_{e3}=C_{31}\Delta\delta+C_{32}\Delta\omega$$

其中

$$C_{31}=\frac{-K_3K_5K_V(1+K_3K_6K_V-K_3T_{d0}T_e\omega^2)}{(1+K_3K_6K_V-K_3T_{d0}T_e\omega^2)^2+(K_3T_{d0}+T_e)^2\omega^2}$$

$$C_{32}=\frac{K_3K_5K_V(K_3T_{d0}+T_e)}{(1+K_3K_6K_V-K_3T_{d0}T_e\omega^2)^2+(K_3T_{d0}+T_e)^2\omega^2}$$

由于 ω 很小，重载时 $K_5<0$，所以 $C_{32}<0$，表明电压偏差比例式励磁调节发电机带负荷较大时产生了一个负的阻尼功率分量 $C_{32}\Delta\omega$，且 K_V 越大，负阻尼功率也越大，当其超过了机械阻尼和励磁绕组的阻尼时，系统就产生了负阻尼，导致周期振荡失步。至于 C_{31}，取决于 T_e：T_e 大时其为负，T_e 小时其为正。

还可以分析式（5-129）的相位关系。先分析分母的相位。如图 5-52 所示，在快速励

磁时，T_e 很小，使 $(1+T_e p)$，即 $(1+j\omega t_e)$ 在低频下虚部很小，从而 φ_1 很小；而励磁绕组的时间常数 T_{d0} 很大，故 $(1+K_3T_{d0}p)$ 即 $(1+jK_3T_{d0}\omega)$ 的虚部远大于实部，从而 φ_2 接近 90°，于是 $(1+T_e p)(1+K_3T_{d0}p)$ 在第二象限，加上 $K_3K_6K_V$ 后在第一象限。取倒数后乘以 $(-K_2K_5K_V)$，当 $K_5<0$ 时，总的合成相量在第四象限，其实部便是正的同步功率分量 $C_{31}\Delta\delta$，而虚部便是负的阻尼功率分量 $C_{32}\Delta\omega$，当它超过了机械阻尼和励磁绕组的阻尼时，就产生了负阻尼，导致周期振荡失步。

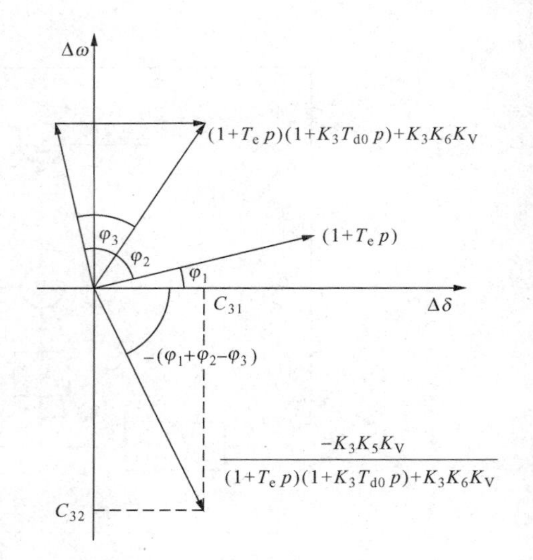

图 5-52　式（5-129）的相位分析

由上述分析可知，负阻尼（低频振荡）的发生是由于重载（$K_5<0$）、快速励磁（$T_e\approx0$）、励磁绕组的惯性（T_{d0} 很大）及高电压放大倍数（K_V 大）等原因造成。为了抑制低频振荡，可针对上述原因采取措施。减载使 $K_5>0$ 不可取，因不经济；增大 T_e 和减少 K_V 也不可取，因其使调节性能及电压质量恶化；减小 T_{d0} 不是易事。所以根本的方法是引入一个附加阻尼力矩使总阻尼力矩为正。它可由附加信号，例如 $\Delta\omega$、ΔP_e 或 Δf，经相位补偿环节后送入励磁调节系统，这就是强力式或电力系统镇定器 PSS 的基本原理。

比例式励磁调节器还有其他形式。如按电流偏差 ΔI 调节和按功率角偏差 $\Delta\delta$ 调节，其分析方法及所得结论基本相同。又如多参数比例式调节器，如同时按电压和电流的偏差进行调节，其效果比单参数时好，因其可用一个参数的调节（如 ΔI）扩大稳定域，使 δ_{sl} 增大，用另一个参数的调节 ΔU_G 提高功率极限 P_{sl}，从而使总的稳定极限增加。

下面以一实例说明按发电机端电压偏差 ΔU_G 调节励磁时系统静态稳定性的分析步骤。

【例 5-11】 分析［例 5-1］给出的系统的静态稳定性。发电机按端电压偏差 ΔU_G 调节励磁，设：①$K_V=10$，$T_e=0.5$s；②$K_V=10$，$T_e=0.01$s；③$K_V=4$，$T_e=0.5$s；④$K_V=20$，$T_e=0.01$s。

解　首先需求出系数 $K_1\sim K_6$，由定义，代入有关数据，得到

$$K_1=\partial P_e(E'_q,\delta)/\partial\delta=E'_qU_S\cos\delta/x'_{d\Sigma}+U_S^2(1/x_{q\Sigma}-1/x'_{d\Sigma})\cos2\delta$$
$$=1.3481\times1\times\cos49.2459°/0.8234+1^2\times(1/1.5111-1/0.8234)\cos(2\times49.2459°)$$
$$=1.1789$$

$$K_2=\partial P_e(E'_q,\delta)/\partial E'_q=U_S\sin\delta/x'_{d\Sigma}=0.9199$$
$$K_3=x'_{d\Sigma}/x_{d\Sigma}=0.8234/1.0022=0.4113$$
$$K_4=\partial E_q/\partial\delta=(x_{d\Sigma}-x'_{d\Sigma})U_S\sin\delta/x'_{d\Sigma}=1.0844$$
$$K_5=(U_{Gd}x_qU_S\cos\delta/x_{q\Sigma}-U_{Gq}x'_dU_S\sin\delta/x'_{d\Sigma})/U_G=-0.0777$$
$$K_6=U_{Gq}X_e/x'_{d\Sigma}U_G=0.5880$$

注意上述系数中 $K_5<0$。

然后取 δ 为不同值代入，即假定运行点转移，每转移到一个新的运行点后，动态过程结束，所有量对时间的变化率均为零，于是由式（5-111）有

$$\Delta E_{qe}=E_{qe}-E_{qe0}=E_q-E_{q0}=-K_V\Delta U_G=-K_V(U_G-U_{G0})$$

而 $$U_G=\sqrt{U_{Gq}^2+U_{Gd}^2}=\sqrt{(E_qX_e/x_{d\Sigma}+x_dU_S\cos\delta/x_{d\Sigma})^2+(x_dU_S\sin\delta/x_{q\Sigma})^2}$$

代入上式，经整理后得到

$$aE_q^2+bE_q+c=0$$

$$a=K_V^2X_e^2/x_{d\Sigma}^2-1$$

$$b=2K_V^2x_dX_eU_S\sin\delta/x_{d\Sigma}^2+E_{q0}+K_VU_{G0}$$

$$c=K_V^2U_S^2[\sin^2\delta/x_{q\Sigma}^2+x_d^2\cos^2\delta/x_{d\Sigma}^2-(E_{q0}+K_VU_{G0})^2]$$

以不同 δ 代入，可求出对应于新 δ 值的 E_q，从而 E'_q、U_G、U_{Gd}、U_{Gq}、P_e 以及在新运行点的 $K_1\sim K_6$ 可求得，再代入式（5-120）、式（5-121）、式（5-124），求出 $K_{V\max}$、$K_{V\min}^{(1)}$ 和 $F=T'_dS'_{E_q}+T_eS_{E_q}$，然后由静稳条件 $K_{V\min}^{(1)}\leqslant K_V\leqslant K_{V\max}$［见式（5-125）］及 $\delta\leqslant\delta_{sl}$ 判断系统的稳定。

以上便是分析电力系统考虑励磁调节器的动态过程时其静态稳定性的思路和步骤。

（1）$K_V=10$，$T_e=0.5$s。

按上述方法，编程后由计算机完成，所得结果见表5-8。

上述结果还示于图5-53（a）中，E'_q、E_q、U_G、P_e 的变化情况示于图5-53（e）。

由 $F=0$ 得到 $\delta_{sl}^{(1)}\approx102°$，$K_{V\min}^{(1)}\leqslant K_V\leqslant K_{V\max}$ 得到 $\delta_{sl}^{(2)}\approx95.3°$，$P_{sl}\approx1.7867$。从而当 $K_V=10$，$T_e=0.5$s 时其静稳极限为：$P_{sl}\approx1.7867$，$\delta_{sl}=95.3°$，$K_P=(P_{sl}-P_0)/P_0=78.67\%$。

表5-8　　［例5-11］计算结果（一）

δ	E_q	E_{q1}	U_G	K_{max}	K_{min}	F	P_e
49.2459	2.4310	1.3841	1.2257	78.0541	−2.4440	2.8085	1.0000
51.0000	2.4059	1.3785	1.2199	75.0343	−2.3508	2.7708	1.0307
56.0000	2.5441	1.3755	1.2100	66.3969	−2.0774	2.6713	1.1286
61.0000	2.6471	1.3741	1.1992	58.0333	−1.7826	2.5432	1.2251
66.0000	2.7601	1.3746	1.1874	49.9829	−1.4646	2.3825	1.3196
71.0000	2.8832	1.3774	1.1746	42.2700	−1.1198	2.1858	1.4115
76.0000	3.0164	1.3830	1.1609	34.9104	−0.7417	1.9494	1.4999
81.0000	3.1598	1.3916	1.1463	27.9125	−0.3198	1.6706	1.5838
86.0000	3.3132	1.4036	1.1307	21.2928	0.1637	1.3472	1.6200
92.0000	3.5097	1.4228	1.1109	13.8492	0.8695	0.8981	1.7461
94.0000	3.5781	1.4304	1.1041	11.4921	1.1495	0.7334	1.7714
96.0000	3.6478	1.4386	1.0971	9.1979	1.4607	0.5614	1.7950
98.0000	3.7187	1.4474	1.0900	6.9669	1.8106	0.3821	1.8168
100.0000	3.7909	1.4568	1.0828	4.7996	2.2099	0.1955	1.8368
102.0000	3.8642	1.4668	1.0755	2.6964	2.6782	0.0018	1.8548
104.0000	3.9386	1.4773	1.0682	0.6577	3.2200	−0.1987	1.8705
106.0000	4.0138	1.4884	1.0607	−1.3162	3.8814	−0.4059	1.8840

（2）$K_V=10$，$T_e=0.01$s。

同理，得到的结果示于图5-53（b）。

可见，当 $K_V=10$，$T_e=0.01s$，静稳极限为：$\delta_{sl}\approx60.32°$，$P_{sl}\approx1.2251$，$K_P=22.51\%$。T_e 的减小降低了系统的稳定极限。

（3）为使E'_q维持常数，应取的 K_V 按近似公式（5-127）有

$K_V=(x_d-x'_d)/x'_d=(1.4375-0.2947)/0.2947=4$。仍设 $T_e=0.5s$，得到的结果示于图5-53（c）。

可见，此时由 $K_{V\max}$决定的 $\delta_{sl}=102.1°$，$P_{sl}=1.6243$，已和由 $F=0$ 决定的 δ_{sl}十分接近。但是此结果和［例 5-1］中求得的当$E'_q=C$ 时的结果：$\delta_M=106.1392°$，$P_{eM}=1.7622$ 有一定的出入。原因在于采用 $U_G\approx U_{Gq}$的近似假设带来了误差，由此求得的 $K_V=4$ 偏小，致使E'_q未能保持恒定而有所下降，如图 5-53（f）所示。还应指出，即使调整 K_V 也很难使 E'_q真正维持常数。所以，考虑调节励磁的动态过程后，没有一个电势或电压能保持恒定，只是某些量的变化很小，从而工程计算中认为其恒定而已。

（4）$K_V=20$，$T_e=0.01s$。

结果示于图 5-53（d）。此时静稳极限为 $\delta_{sl}=39°$，表明其根本无法稳定运行。

从上述四种情况可以看出：第三种情况时极限功率角最大（102°），但由于 K_V 小，从而电压调节质量不高，负荷增大时端电压U_G 下降较明显。提高 K_V 后，电压质量得到改善，但极限功率角 δ_{sl}降低（95.3°），如同时再减小励磁系统的时间常数 T_e，则 δ_{sl}进一步降低（61°），P_{sl}也降低。当 T_e很小同时 K_V 大到一定程度时，系统将根本无法稳定运行［第（4）种情况］。可见，在电压质量和稳定之间有矛盾。此外，在对励磁系统时间常数 T_e 的要求上也有矛盾：从静稳角度，希望 T_e 大；从暂稳角度，希望 T_e 小。因此应统筹兼顾，妥善解决，或者寻求新的改进措施。改进式励磁调节器即由此而产生。

2. 改进式励磁调节器

虽然相复励之类的多参数比例式励磁调节器也是对励磁调节的一种改进，但此处所指的改进式，是对比例式调节时产生的负阻尼现象而采取措施的改进式励磁调节，包括电力系统镇定器 PSS 和强力式励磁调节器等。

（1）电力系统镇定器 PSS。

前述分析指出，为克服比例式调节可能产生的负阻尼，最根本的方法是引入一个附加的正阻尼，由于阻尼功率一般表示为 $P_D=D\Delta\omega$，可见，如取 $\Delta\omega$ 为附加信号输入 AVR，并同时克服 AVR 和励磁绕组两个惯性环节引起的相位滞后，则可得到一个正的附加阻尼。

设 PSS 的传递函数为 G_{PSS}（p），则由 $\Delta\omega$ 经 AVR 和励磁绕组到 ΔP 间的总传递函数关系为［参见式（5-129）］

$$\Delta P_{PSS}=\frac{K_3K_5K_V}{(1+K_3T_{d0}p)(1+T_ep)+K_3K_6K_V}G_{PSS}(p)\Delta\omega \tag{5-130}$$

可见，如 G_{PSS}（p）的相位等于分母中的相位 $\varphi_1+\varphi_2-\varphi_3$（如图 5-52 所示），则 $\Delta P_{PSS}=D_{PSS}\Delta\omega$，便达到了预期目的：产生附加正阻尼，起到克服负阻尼、抑制低频振荡的作用。

关于 PSS 的具体设计和有关参数的选择，请参阅有关文献。

除 $\Delta\omega$ 作附加信号外，还可采用 ΔP_e 和 Δf 作为附加控制信号，分别称为转速 PSS、功率 PSS 和频率 PSS。

（2）强力式励磁调节器。

所谓强力式励磁调节器是既按运行参数的偏差，又按其一次及二次导数调节励磁的一类

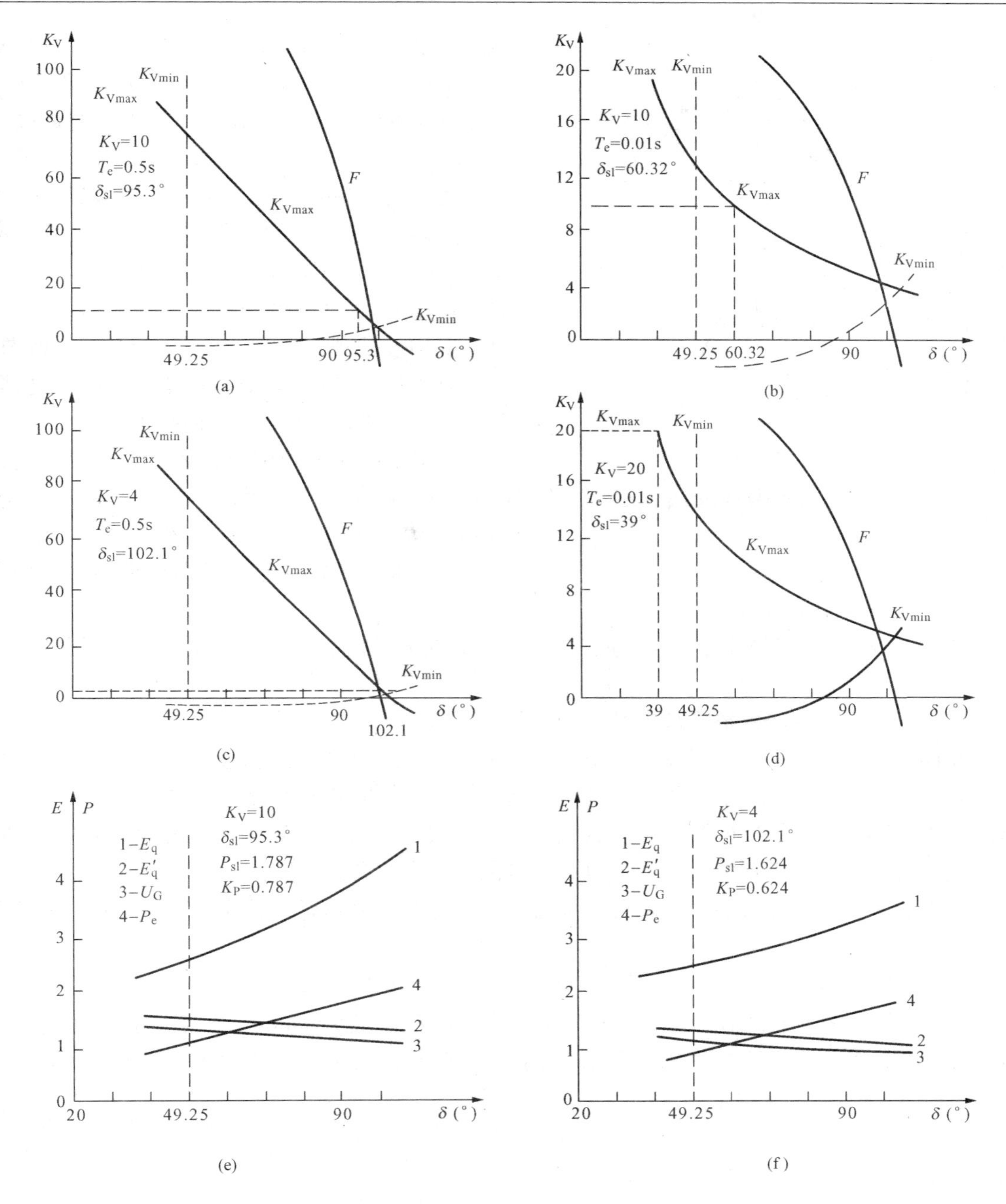

图 5-53　[例 5-11] 系统静稳曲线

调节器。例如，按（$K_0\Delta\delta+K_1\dot{\delta}+K_2\Delta\ddot{\delta}$）调节。由于 $\Delta\dot{\delta}$ 即 $\Delta\omega$，而 $\Delta\ddot{\delta}$ 又超前 $\Delta\omega$ 90°，引入它后相当于克服 AVR 和励磁绕组的惯性滞后，所以，PSS 和强力式励磁调节器的本质相同。

采用这类改进式励磁调节器，不仅可以克服负阻尼，抑制低频振荡，还可大大提高发电机的静态稳定极限。例如，能维持发电机的端电压 U_G 基本恒定。

（三）*励磁调节对简单电力系统静态稳定性影响综述*

励磁调节对简单电力系统静态稳定性的影响可用图 5-54 综述如下：

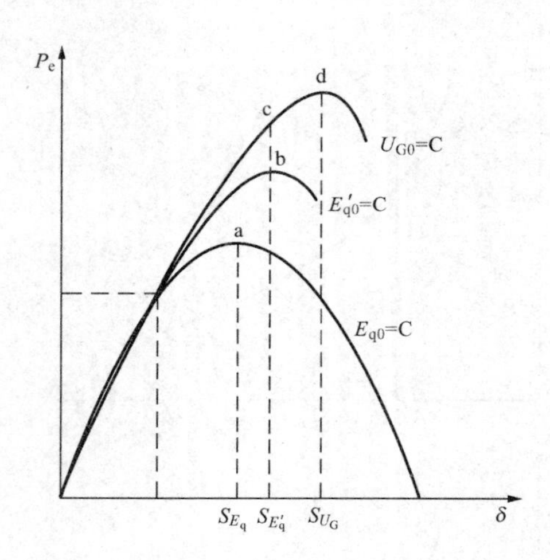

图 5-54 励磁调节对静稳影响综述

（1）无励磁调节时，稳定极限与 $S_{E_q}=0$ 相对应：对于隐极机，$\delta_{sl}=90°$；对于凸极机，$\delta_{sl}<90°$。P_{sl}对应于 $E_{q0}=C$ 时 P_e（E_q，δ）曲线上的最高点 P_{eM}，如图中点 a。

（2）按发电机端电压偏差 ΔU_G 调节励磁时，如 K_V 选择适当，其稳定极限一般与$S'_{E_q}=0$ 对应，δ_{sl}为 100°～110°，P_{sl}对应于$E'_{q0}=C$ 时 P_e（E_q，δ）曲线上的最高点 P_{eM}，如图中 b。

（3）采用复式励磁，既按 ΔU_G 又按 ΔI 调节，极限功率角仍为与$S'_{E_q}=0$ 对应的 δ_{sl}，但功率极限 P_{sl}可达 $U_{G0}=C$ 时 P_e（U_G，δ）曲线上的点 c。

（4）采用改进式励磁调节，如强力式或高电压放大倍数的 PSS，其稳定极限与 $S_{U_G}=\partial P_e(U_G, \delta)/\partial\delta=0$ 对应，δ_{sl}约为 120°，P_{sl}则对应于 $U_{G0}=C$ 时 P_e（U_G，δ）曲线上的最高点 P_{eM}，如图中点 d。如有必要，甚至还可做到维持升压变压器高压母线电压基本恒定。

可见，好的励磁调节器能有效地提高电力系统的静态稳定性，使发电机送出更多的功率，充分发挥设备的作用。

二、复杂电力系统的静态稳定性

在详细分析了简单电力系统静态稳定性的基础上，进而研究复杂电力系统，即多机系统的静态稳定性，采用的方法仍为小扰动法：列出描述系统的微分方程和代数方程，线性化后得到系统矩阵 **A**，由其特征根判断稳定性。由于此时方程阶数高，因而无法直接解析求根，也难以用代数判据判断根的性质，需由计算机采用一定的算法求出特征根。

本小节先讨论在经典模型下多机系统的静态稳定性，然后简单提及非经典模型下多机系统的静态稳定性。

（一）经典模型下多机系统的静态稳定性

前已指出，在发电机采用比例式励磁调节时，能基本维持E'_q恒定，由于E'和E'_q相近，于是认为可维持 E'恒定。这样就可将发电机表示为经典模型，用 E'和 jX'_d 相串联表示，且 $E'=C$。同样，认为发电机输入的机械功率 P_m 恒定，负荷用恒定阻抗表示，且不计发电机的阻尼功率。下面就讨论在这种经典模型下多机系统的静态稳定性。先讨论两机系统，再讨论多机系统。

1. 两机系统

图 5-55（a）所示两台发电机向一个负荷供电，采用经典模型时图 5-55（a）的等值电路示于图 5-55（b）中。

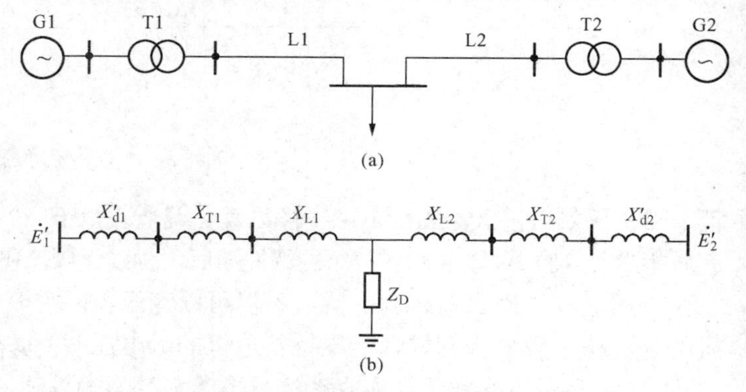

图 5-55 两机系统及其等值电路

（a）两机系统；（b）两机系统的等值电路

仅保留发电机内电动势节点，消去其余节点后，可列出两台发电机的电磁功率为［参见式（5-16）］

$$\begin{cases}P_{e1}=E_1'^2G_{11}+E'_1E'_2(G_{12}\cos\delta'_{12}+B_{12}\sin\delta'_{12})\\P_{e2}=E_2'^2G_{22}+E'_2E'_1(G_{12}\cos\delta'_{12}-B_{12}\sin\delta'_{12})\end{cases}\tag{5-131}$$

其中，$\delta'_{12}=\delta'_1-\delta'_2$，即以 G2 为参考。

线性化后得到

$$\begin{cases}\Delta P_{e1}=(\partial P_{e1}/\partial\delta'_{12})\Delta\delta'_{12}=K_{11}\Delta\delta'_{12}\\\Delta P_{e2}=(\partial P_{e2}/\partial\delta'_{12})\Delta\delta'_{12}=K_{21}\Delta\delta'_{12}\end{cases}\tag{5-132}$$

列出两台发电机的转子运动方程

$$\begin{cases}\mathrm{d}\Delta\delta'_1/\mathrm{d}t=\Delta\omega_1\\\mathrm{d}\Delta\omega_1/\mathrm{d}t=-\Delta P_{e1}\omega_N/T_{J1}=-K_{11}\Delta\delta'_{12}/M_1\\\mathrm{d}\Delta\delta'_2/\mathrm{d}t=\Delta\omega_2\\\mathrm{d}\Delta\omega_2/\mathrm{d}t=-\Delta P_{e2}\omega_N/T_{J2}=-K_{21}\Delta\delta'_{12}/M_2\end{cases}\tag{5-133}$$

其中，$M_1=T_{J1}/\omega_N$，$M_2=T_{J2}/\omega_N$。

因 $\Delta\omega_{12}=\Delta\omega_1-\Delta\omega_2$，故上式可写成

$$\begin{aligned}\mathrm{d}\Delta\omega_{12}/\mathrm{d}t&=p^2\Delta\delta'_{12}=\mathrm{d}\Delta\omega_1/\mathrm{d}t-\mathrm{d}\Delta\omega_2/\mathrm{d}t\\&=-(K_{11}/M_1-K_{21}/M_2)\Delta\delta'_{12}\end{aligned}\tag{5-134}$$

其特征方程为

$$p^2+(K_{11}/M_1-K_{21}/M_2)=0$$

从而

$$p=\pm\sqrt{-(K_{11}/M_1-K_{21}/M_2)}\tag{5-135}$$

可见，如 $K_{11}/M_1>K_{21}/M_2$，即 $K_{11}/T_{J1}>K_{21}/T_{J2}$，则系统有两个实部为零的共轭根，计及阻尼后系统稳定：如 $K_{11}/M_1<K_{21}/M_2$，则必有一正实根，系统不稳定，将滑行失步。

2. 多机系统

采用同样思路，仅保留各发电机内电动势节点，消去其余节点后得到系统的收缩导纳阵 $\mathbf{Y}_{B0}$，从而各发电机的电磁功率可表示为

$$P_{ei}=E'_i\Sigma E'_j(G_{ij}\cos\delta'_{ij}+B_{ij}\sin\delta'_{ij}),\ i=1,2,\cdots,m$$

式中：m 为系统中的发电机台数。

以第 m 机为参考，将上式线性化后得到

$$\begin{aligned}\Delta P_{ei}&=\frac{\partial P_{ei}}{\partial\delta'_{1m}}\Delta\delta'_{1m}+\frac{\partial P_{ei}}{\partial\delta'_{2m}}\Delta\delta'_{2m}+\cdots+\frac{\partial P_{ei}}{\partial\delta'_{m-1\,m}}\Delta\delta'_{m-1m}\\&=K_{i1}\Delta\delta'_{1m}+K_{i2}\Delta\delta'_{2m}+\cdots+K_{i\,m-1}\Delta\delta'_{m-1\,m}\end{aligned}\tag{5-136}$$

$$K_{ii}=\partial P_{ei}/\partial\delta_{im}=E'_i\sum_{j\neq i}E'_j(-G_{ij}\sin\delta'_{ij}+B_{ij}\cos\delta'_{ij})$$

$$K_{ij}=\partial P_{ei}/\partial\delta'_{jm}=E'_iE'_j(G_{ij}\sin\delta'_{ij}-B_{ij}\cos\delta'_{ij})$$

列出各发电机的转子运动方程

$$\begin{cases}\mathrm{d}\Delta\delta'_i/\mathrm{d}t=\Delta\omega_i\\\mathrm{d}\Delta\omega_i/\mathrm{d}t=-\Delta P_{ei}\omega_N/T_{Ji}=-(K_{i1}\Delta\delta'_{1m}+K_{i2}\Delta\delta'_{2m}+K_{j\,m-1}\Delta\delta'_{m-1\,m})/M_i\end{cases}\tag{5-137}$$

以第 m 机为参考，得到

$$\begin{cases} \mathrm{d}\Delta\delta_{im}/\mathrm{d}t=\Delta\omega_i-\Delta\omega_{\mathrm{N}} \\ \mathrm{d}\Delta\omega_{im}/\mathrm{d}t=\mathrm{d}\Delta\omega_i/\mathrm{d}t-\mathrm{d}\Delta\omega_m/\mathrm{d}t=-\sum\limits_{j=1}^{m-1}(K_{ij}/M_i-K_{mj}/M_m) \end{cases} \tag{5-138}$$

即

$$\begin{bmatrix} p^2\Delta\delta_{1m} \\ \vdots \\ p^2\Delta\delta_{m-1\,m} \end{bmatrix}=\begin{bmatrix} -\left(\dfrac{K_{11}}{M_1}-\dfrac{K_{m1}}{M_m}\right) & \cdots & -\left(\dfrac{K_{1\,m-1}}{M_1}-\dfrac{K_{m\,m-1}}{M_m}\right) \\ -\left(\dfrac{K_{m-1\,1}}{M_{m-1}}-\dfrac{K_{m1}}{M_m}\right) & \cdots & -\left(\dfrac{K_{m-1\,m-1}}{M_{m-1}}-\dfrac{K_{m\,m-1}}{M_m}\right) \end{bmatrix}\begin{bmatrix} \Delta\delta_{1m} \\ \vdots \\ \Delta\delta_{m-1\,m} \end{bmatrix} \tag{5-139}$$

相应的特征方程为 $|\lambda\boldsymbol{I}+\boldsymbol{A}|=0$。共 $(m-1)$ 阶，有 $(m-1)$ 个特征根 λ，但每一个 λ 对应于 $p^2=\lambda$，从而 $p=\pm\sqrt{-\lambda}$，表明 m 机系统中共有 $(m-1)$ 个振荡模式，即有 $(m-1)$ 个振荡角频率。显然，只有 λ 为正时系统才稳定，且为周期性减幅振荡稳定，振荡的角频率为 $\omega=\sqrt{\lambda}$，频率为 $f=\omega/2\pi$。

如需求出系统的静态稳定极限，则应按照拟定的过渡方案，在保持 $E'=\mathrm{C}$ 的条件下，逐步恶化运行条件，在每一步中先进行潮流计算，再求出内电势的角度 δ_i 和收缩导纳阵，重复上述计算，求出特征根 λ，直到 λ 为负时为止。此时的功率即为静态稳定极限。

以上便是在经典模型下多机系统静态稳定的分析方法和步骤。现用一例说明之。

【例 5-12】 分析［例 5-8］WSCC 三机九节点系统在该运行状态下的静态稳定性，求出振荡模式。

解 ［例 5-8］已进行潮流计算，求出内电动势 $E'_1=1.0566\angle 2.2716^\circ$，$E'_2=1.0502\angle 19.7316^\circ$，$E'_3=1.0170\angle 13.1644^\circ$，并得到收缩导纳矩阵

$$\boldsymbol{Y}_{\mathrm{B0}}=\begin{bmatrix} 0.8455-\mathrm{j}2.9883 & 0.2871+\mathrm{j}1.5129 & 0.2096+\mathrm{j}1.2256 \\ & 0.4200-\mathrm{j}2.7239 & 0.2133+\mathrm{j}1.0879 \\ & & 0.2770-\mathrm{j}2.3681 \end{bmatrix}$$

另外，$M_1=T_{J1}/\omega_{\mathrm{N}}=47.28/(2\pi\times 60)=0.1254$，$M_2=0.0340$，$M_3=0.0160$。

计算各同步功率系数 K_{ij}

$$\begin{aligned} K_{12}&=E'_1E'_2(G_{12}\sin\delta_{12}-B_{12}\cos\delta_{12}) \\ &=1.0566\times 1.00502[0.2871\sin(2.2716^\circ-19.7316^\circ)-1.5129\times\cos(2.2716^\circ \\ &\quad -19.7316^\circ)] \\ &=-1.6970 \end{aligned}$$

$$K_{13}=E'_1E'_3(G_{13}\sin\delta_{13}-B_{13}\cos\delta_{13})=-1.3358$$

$$K_{11}=-(K_{12}+K_{13})=3.0328$$

同理 $K_{21}=-1.5058, K_{23}=-1.1283, K_{22}=2.6341, K_{31}=-1.2507, K_{32}=-1.1804$。

特征方程为

$$|\lambda\boldsymbol{I}+\boldsymbol{A}|=\begin{vmatrix} \lambda-\left(\dfrac{K_1}{M_1}-\dfrac{K_{31}}{M_3}\right) & -\left(\dfrac{K_{12}}{M_1}-\dfrac{K_{32}}{M_3}\right) \\ -\left(\dfrac{K_{21}}{M_2}-\dfrac{K_{31}}{M_3}\right) & \lambda-\left(\dfrac{K_{22}}{M_2}-\dfrac{K_{32}}{M_3}\right) \end{vmatrix}=\begin{vmatrix} \lambda-102.3538 & -60.2423 \\ -33.8805 & \lambda-151.2485 \end{vmatrix}$$

$$=\lambda^2-253.6023\lambda+13439.8220$$

解得 $$\lambda=178.1695,\ 75.4328$$

可见，此时系统稳定。其振荡模式为

$$\omega=\sqrt{\lambda}=13.3480, 8.6852(\text{rad/s})$$

$$f=\omega/2\pi=2.1244, 1.3823(\text{Hz})$$

（二）非经典模型下多机系统的静态稳定性

如采用非经典模型，例如考虑励磁调节系统的动态过程，可仿照上述简单电力系统时考虑励磁的做法，列出 AVR 和励磁绕组的方程，和发电机的转子运动方程一起，线性化后得到系统矩阵 **A**。可以想见，此时矩阵 **A** 的阶数要比经典模型时高得多，故一般只能由计算机采用一定的算法，例如 QR 算法，求出特征根后判断稳定。

三、提高电力系统静态稳定性的措施

由衡量电力系统静态稳定程度的指标——静稳裕度的定义：$K_P=(P_{sl}-P_0)/P_0$ 可知，如发电机的功率极限 P_{sl} 越大，则静稳程度越高，而发电机输出的电磁功率与发电机至输送功率处的等值电抗成反比，对简单系统，即与发电机、变压器和输电线的电抗之和成反比，故为提高 P_{sl} 就必须设法减小电抗，或者说，加强发电机与系统的电气联系。提高电力系统静态稳定性的措施就由此入手。

减小变压器的电抗不易，所以减小电抗即指减小发电机的电抗和输电线的电抗。此外，还可以采取一些辅助措施，如改善系统结构，采用中间补偿设备，也能等效起到减小电抗、加强电气联系的作用。下面分别予以介绍。

（一）采用先进的自动调节励磁装置，等效减小发电机电抗

要想直接减小发电机电抗也远非易事，但若采用先进的自动调节励磁装置，则可等效减小发电机电抗。例如，无调节励磁时，发电机呈现的电抗为 X_q，采用单参数比例式励磁调节时，能做到 $E'_q=C$，从而将发电机呈现的电抗由 X_q 减小为 X'_d；采用改进的励磁调节器，如高电压放大倍数的 PSS 或强力式励磁调节器，能做到 $U_G=C$，从而使得发电机呈现的电抗为零；如进一步做到维持升压变压器高压母线电压恒定，即 $U_T=C$，则发电机呈现的电抗为 $(-X_T)$，不仅完全补偿了自身的电抗，而且还补偿了升压变压器的电抗。这样自然大大提高了发电机的功率极限。

由于励磁调节器的成本不高，仅占发电机设备费中的很小部分，但却能起到如此重要的作用，所以人们一直在不断改进励磁调节器，包括在新的理论，如现代控制理论指导下研制新型的励磁调节器，相信会进一步改进电力系统的性能和提高系统的稳定性。

（二）减小输电线电抗

减小输电线电抗，不仅可以减小其上产生的功率损耗和电压损耗，而且可提高系统的静态稳定性。为减小输电线电抗，可采取两种方法：① 使用分裂导线，这点已在第二章中予以介绍。② 串联电容补偿。在输电线中串入一定数量的电容器后，使得输电线呈现的电抗为 X_L-X_C。串入的容抗 X_C 与原有的电抗 X_L 之比称为补偿度（$K_C=X_C/X_L$）。

从提高静态稳定性角度，希望补偿度 K_C 大，但实际上不能太大，一般为 0.2～0.5，否则会引起一些不良后果。如短路电流过大，且可能呈容性，此时电压电流间的相位关系发生质变，会引起某些继电保护装置误动；此外还可能引起发电机的自励磁、自发振荡以及次同步谐振。自励磁是指发电机外接电路呈容性时，产生增磁的电枢反应，使仅由剩磁便可引起发电机电机电压、电流自动上升，直到磁路饱和，可能危及设备安全。自发振荡是当补偿过

大时使等值阻尼系数 D 变负。次同步谐振是指当 $X_C=X_L$ 时引起串联谐振，其频率比同步频率稍低，故称次同步谐振。

（三）辅助措施

辅助措施包括改善系统结构、采用中间补偿设备和适当提高线路的运行电压。增加输电线路的回数，加强联网，能改善系统结构，使系统的电气联系更加紧密，减小电气距离。在输电线中间的降压变电站内装设补偿设备，如调相机、并联电容器和静止无功补偿器等，调节其发出的无功功率，使该点的电压基本维持恒定，这样该点就等值地成为无穷大系统母线，使发电机和系统间的等值电抗减小，从而提高系统的静态稳定性。因线路传输的功率与电压的二次方成正比，故适当提高线路的运行电压，可提高输出的功率，从而提高系统的静态稳定性裕度，同时还可减小系统的功率损耗和能量损耗，有利于系统的经济性。

本节介绍了电力系统静态稳定性的分析和计算。电力系统的静态稳定性是电力系统在正常运行情况下受到小扰动后能否继续稳定运行。其标志是受到小扰动（指负荷的小波动和运行点的正常调节）后系统不发生周期或非周期失步。分析静态稳定的方法有两类：小扰动法和实用判据法。小扰动法是因扰动小，从而可将描述系统的非线性微分方程和代数方程线性化，然后用线性系统的理论，由其系统矩阵的特征根在复平面的位置判断系统的稳定：既可直接求出特征根，也可由代数判据判断根的性质确定稳定与否。实用判据法是在一定假设前提下用来判断电力系统静态稳定性的简单判断条件。两类方法中以小扰动法为主，实用判据法为辅。

本节首先分析了简单电力系统，即单机无穷大系统的静态稳定性。先不考虑励磁调节，即 $E_q=C$ 时系统的静稳，其中又先不计阻尼功率，得出了静态稳定性条件：$S_{E_q}>0$，否则会非周期失稳，即由于同步功率不足造成滑行失步；后计及阻尼功率，得出的结论为：如阻尼系数 $D<0$，系统将周期失稳，即由于负阻尼造成自发振荡，又称低频振荡。继而分析了考虑励磁调节，即 $E_q\neq C$ 时系统的静态稳定性：其中较为详细地分析了按电压偏差 ΔU_G 比例式调节励磁的情况，指出如参数选择不当，会产生负阻尼，导致低频振荡，应引起注意。在一般情况下，参数选择得使 $E'_q\approx C$，静态稳定性条件为 $S'_{E_q}>0$。这为稳定分析中采用经典模型提供了理论依据。为进一步提高稳定性，需改进励磁调节，采用电力系统镇定器 PSS 或强力式励磁，可基本维持 U_G 恒定，稳定条件为 $S_{U_G}>0$。

其次分析了复杂系统，即多机系统的静态稳定性。先考虑经典模型，后简单讨论了非经典模型。采用的方法虽仍为小扰动法，但此时难于再采用代数判据判稳，而需采用一定算法求矩阵特征根，仅阶数高一些，计算工作量大一些，基本原理及分析步骤仍相同。

最后介绍了提高电力系统静态稳定性的措施。其核心是设法减小电抗，从而提高静态稳定性极限。方法有：采用先进的励磁调节系统等效减小发电机电抗，采用分裂导线和串联电容补偿减小输电线电抗，以及一些辅助措施，如改善系统结构，采用中间补偿设备，适当提高线路运行电压。

一般而言，电力系统静态稳定性的分析计算比暂态稳定性简单，但有些问题，如低频振荡，仍需认真研究方能理解。

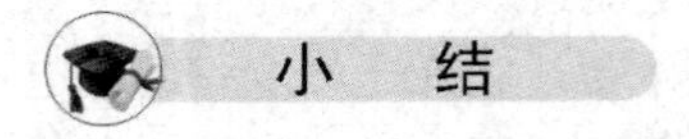

小　结

本章介绍了电力系统稳定性的分析和计算，包括电力系统暂态稳定和电力系统静态稳定。这两者在稳定性定义、分析方法和稳定判据及提高稳定的措施均有不同。电力系统暂态稳定是指电力系统在遭受大的扰动后能否继续保持同步运行的问题。目前主要的分析方法是联立求解微分方程和代数方程的数值解法。提高电力系统暂态稳定措施的核心是减少故障时的不平衡功率。电力系统的静态稳定性是电力系统在正常运行情况下受到小扰动后能否继续稳定运行的问题。分析电力系统的静态稳定性可将描述系统的非线性微分方程线性化，由其系统矩阵的特征根在复平面的位置判断系统的稳定。提高电力系统静态稳定性措施的核心是减小系统中的电抗，从而提高稳定权限。本章通过简单电力系统，即单机无穷大系统的稳定性分析重点理解电力系统稳定性的物理概念。多机系统和复杂模型的分析主要掌握分析方法。

思考题和习题 5

5-1　何谓电力系统的同步运行稳定性？如何分类？

5-2　何谓电力系统元件的机电特性？同步发电机组的机电特性包括哪些方面的内容？

5-3　何谓摇摆方程？何谓摇摆曲线？

5-4　T_J 是什么物理量？它有何物理意义？它与 H 有何区别和联系？和 M 有何联系？

5-5　D 是什么物理量？它的物理意义何在？

5-6　何谓功角方程？它有哪几种常用表达形式？各适用于什么场合？

5-7　δ、δ'和δ''有何区别？各为哪些量之间的夹角？

5-8　原动机输入的机械功率 P_m 的特性指的是什么？包括哪些内容？

5-9　何谓水锤效应？何谓蒸汽容积？

5-10　表征发电机励磁绕组动态特性的方程是什么？式中 E_{qe}代表什么？它和 E_q 有何不同？有何联系？

5-11　异步电动机的机电特性如何表述？式中各项的含义是什么？其转子运动方程和发电机的有何区别？

5-12　何谓电力系统的暂态稳定性？可采用什么方法分析？如何判断电力系统的暂态稳定性？

5-13　何谓简单电力系统？画出其典型接线图？

5-14　何谓经典模型？采用它有何好处？为何在稳定分析中可以采用经典模型？

5-15　求解发电机转子运动方程的分段匀速法的本质是什么？使用时需注意什么？

5-16　欧拉法的本质是什么？改进欧拉法是如何改进的？写出求解转子运动方程的改进欧拉法递推公式。

5-17　何谓等面积法则？它有何用途？

5-18　何谓临界切除角 δ_{cr}和临界切除时间 t_{cr}？如何由 δ_{cr}得到 t_{cr}？

5-19　何谓直接分析法？其实质是什么？有何优点？

5-20　直接分析法中的动能、势能和临界能量是如何定义的？根据这些能量如何判断系统的稳定性和稳定程度？

5-21　在考虑调节励磁时为何必须将 E_q 和 P_e 表示为 E'_q 和 δ 的函数？

5-22　强行励磁中的强励倍数 K 和励磁系统的时间常数 T_e 的含义是什么？其对电力系

统的暂态稳定性有何影响？

5-23　自动调速系统对电力系统的暂态稳定性有何影响？

5-24　经典模型下多机系统暂稳分析中用到的收缩导纳矩阵$\boldsymbol{Y}_{B0}$、$\boldsymbol{Y}_{BI}$和$\boldsymbol{Y}_{BII}$各代表什么，它们和故障计算中用到的$\boldsymbol{Y}''_B$以及潮流计算中用到的$\boldsymbol{Y}_B$有何不同？

5-25　何谓惯性中心坐标COI？它和参考机坐标有何不同？

5-26　何谓SEP？何谓UEP？

5-27　提高电力系统暂态稳定性的措施有哪些？其核心是什么？

5-28　为何自动重合闸能提高电力系统的暂态稳定性？为何单相重合闸比三相重合闸更有利于系统的稳定？

5-29　何谓潜供电流？为何必须考虑潜供电流？

5-30　何谓快关汽门？何谓电气制动？何谓连锁切机？

5-31　何谓电力系统的静态稳定性？可采用什么方法分析？如何判断系统的静态稳定性？

5-32　何谓自发振荡？何谓滑行失步？引起二者的原因各是什么？

5-33　何谓小扰动法？其使用的前提是什么？其分析问题的步骤如何？

5-34　何谓同步功率系数？已介绍的同步功率系数有哪些？其含义各是什么？其和系统的静态稳定性有何关系？

5-35　$dP_e/d\delta>0$为何可以作为判断系统静态稳定性的判据？其是充分必要条件吗？为什么？

5-36　K_P的含义是什么？对其有何要求？

5-37　励磁调节系统对电力系统的静态稳定性有何影响？

5-38　系数$K_1\sim K_6$的含义是什么？用于什么目的？

5-39　何谓低频振荡？其频率范围为多少？产生的原因是什么？如何克服？

5-40　何谓PSS？何谓强力式励磁？其优点何在？

5-41　何谓振荡模式？N机系统中有多少振荡模式？

5-42　提高电力系统静态稳定性的措施有哪些？其核心是什么？

5-43　图5-56所示简单电力系统。已知数据为：

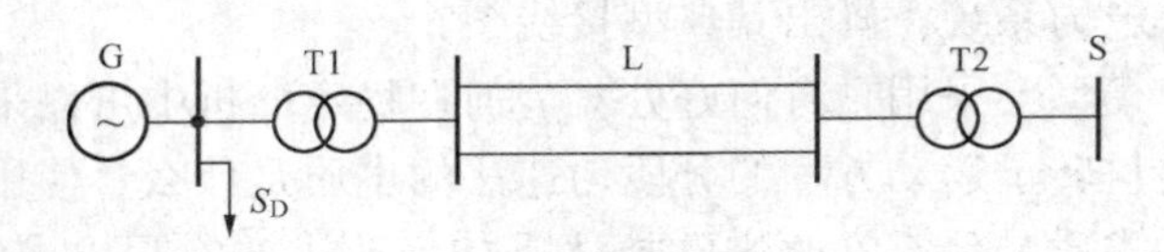

图5-56　5-43题系统图

G：$P_N=300$MW，$\cos\varphi_N=0.85$，$x_d=0.28$，$U_N=10.5$kV；T1：$S_N=360$MVA，10.5/242kV，$U_s\%=15$；L：250km，$x_1=0.4\Omega$/km，$x_0=4.7x_1$；T2：$S_N=360$MVA，220/121kV，$U_s\%=15$；S：$U_S=115$kV，$P_0=250$MW，$\cos\varphi_0=0.98$。试求：

（1）求$E_q=C$，$E'_q=C$，$E'=C$和$U_G=C$时的功角方程及功率极限；

（2）如发电机机端带负荷$P_D=50$MW，$\cos\varphi=0.85$，求$E'=C$的功率极限；

（3）如G为凸极机：$x_d=1.0$，$x_d=0.24$，$x_q=0.6$，重做（1）。

5-44　如图5-57所示两机系统，采用经典模型，作出其功角曲线，并求出功率极限。

设负荷点电压为1，负荷电流按与阻抗成反比由两台发电机供给。已知：$x'_{d1}=0.25$，$X_{T1}=0.15$，$X_L/2=0.3$，$\dot{S}_D=2+j1$，$X_{T2}=0.1$，$x'_{d2}=0.15$。

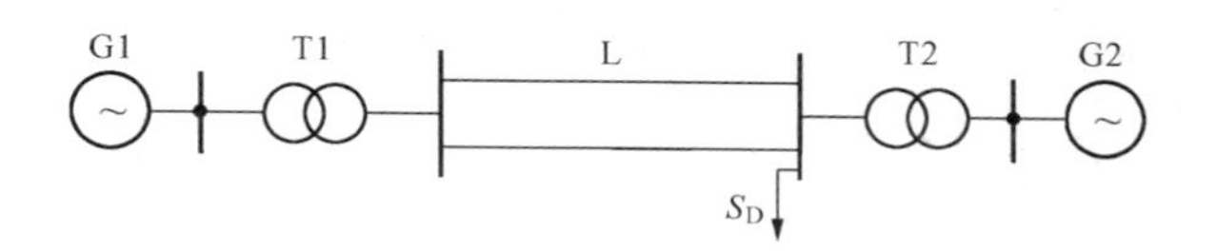

图5-57　题5-44系统图

5-45　如图5-58简单系统，已知数据为：（采用经典模型）G：$x'_d=0.29$，$x_{(2)}=0.23$，$T_J=11s$；T1：$X_{T1}=0.13$；L：$X_L/2=0.29$，$x_0=3x_{(1)}$；T2：$X_{T2}=0.11$；S：$U_S=1$，$P_0=1$，$Q_0=0.2$。试求：

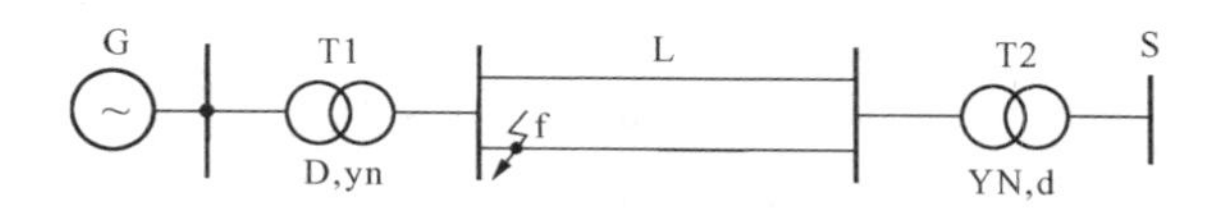

图5-58　题5-45系统图

（1）f点发生两相短路，求极限切除角δ_{cr}，并用分段匀速法和改进欧拉法求极限切除时间t_{cr}。

（2）如f点发生单相短路，$t_c=0.15s$切除故障，分析系统的稳定性。如此时T1中性点不接地，能否求出δ_{cr}？为什么？

（3）f点发生三相短路，$t_c=0.1s$切除故障，$t_R=0.15s$时三相重合闸成功，分析系统的稳定性。

（4）f点发生单相短路，$t_c=0.15s$切除故障，$t_R=0.20s$重合闸成功，试分析采用三相切除和单相切除重合时的系统稳定性。（以上计算中均取$\Delta t=0.05s$）。

5-46　图5-59所示系统QF1处三相短路，断路器QF1在短路后0.1s断开，但QF2在0.15s断开，用分段匀速法分析其稳定。（取$\Delta t=0.05s$，设$E_q=C$）

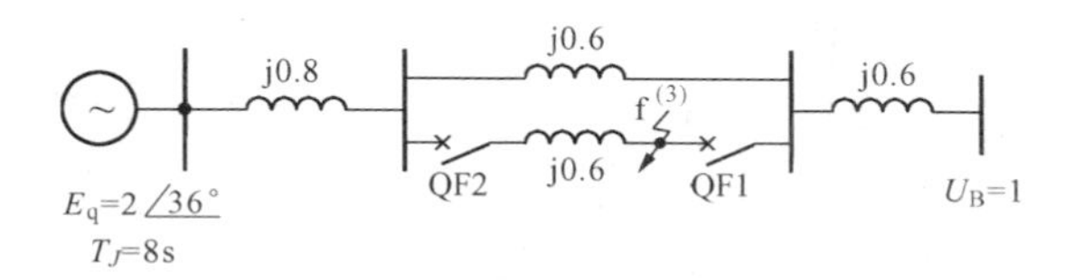

图5-59　题5-46系统图

5-47　图5-60所示系统的线路始端发生三相短路，$t_c=0.1s$切除故障，0.15s时切除一台发电机，分析系统稳定性。三台机（型号相同）的等值参数为$x'_d=0.25$，$T_J=0.25s$。设$E'=C$。另已知$X_{T1}=0.12$，$X_L/2=0.35$，$X_{T2}=0.1$，$U_S=1$，$P_0=1$，$Q_0=0.2$。

5-48　已知图5-61所示系统中$x_d=x_q=1.6$，$x'_d=0.3$，$x_{(2)}=0.25$，$T_J=10s$，$T_{d0}=6.5s$；$X_{T1}=0.1$；$X_L/2=0.3$，$x_0=3x_{(1)}$；$X_{T2}=0.1$；$U_S=1$，$P_0=1$，$\Omega_0=0.18$。线路始端发生两相接地短路，强行励磁立即动作，$t_c=0.15s$切除故障线路，设强励倍数$K=2.5$，励磁系统时间常数$T_e=0.2s$，分析系统的稳定性，并画出$\delta(t)$、$E_q(t)$、$E'_q(t)$、$E'(t)$、$E_{qe}(t)$、

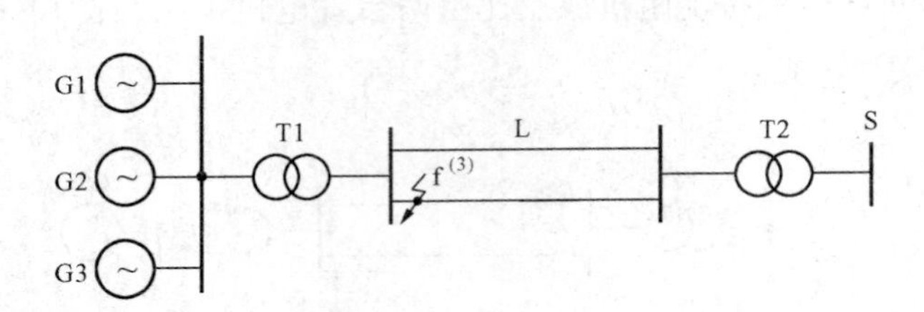

图 5-60　题 5-47 系统图

$P_e(t)$曲线。（取 Δt=0.05s，计算至 0.5s。）

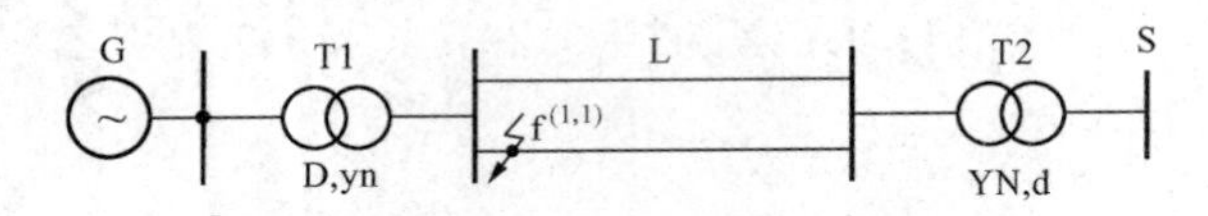

图 5-61　题 5-48 系统图

5-49　将题 5-48 的计算过程编程上机计算，并用所编程序校验书中［例 5-7］的结果。

5-50　已知图 5-62 所示系统的发电机无励磁调节器，$x_d=x_q=1.62$，$x'_d=0.24$，$T_J=10s$，$T_{d0}=6s$，$X_{T1}=0.14$，$X_L/2=0.293$，$X_{T2}=0.11$，$U_S=1$，$P_0=1$，$Q_0=0.2$。试求：

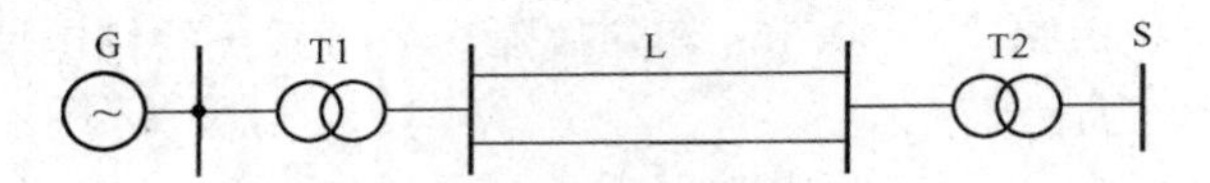

图 5-62　题 5-50 系统图

（1）求给定运行情况下系统受到小扰动后的自由振荡频率；

（2）若运行点转移至 $\delta=80°$，自由振荡频率为多少？

（3）如阻尼系数 $D=2$，求（1）、（2）时的振荡频率。

5-51　图 5-62 所示系统的发电机装有按 ΔU_G 调节的比例式励磁调节器：$K_V=8$，$T_e=0.5s$，求发电机的静态稳定极限和静稳裕度。

5-52　已知图 5-63 所示系统 $x_d=x_q=0.16$，$x'_d=0.32$，$X_{T1}=0.1$，$X_L/2=0.36$，$X_{T2}=0.1$，$U_S=1$，$P_0=1$，$Q_0=0.25$。负荷用恒定阻抗表示。试求：

（1）如 E_q=C，求发电机的静稳极限及静稳裕度；

（2）如 E'=C，求发电机的静稳极限及静稳裕度。

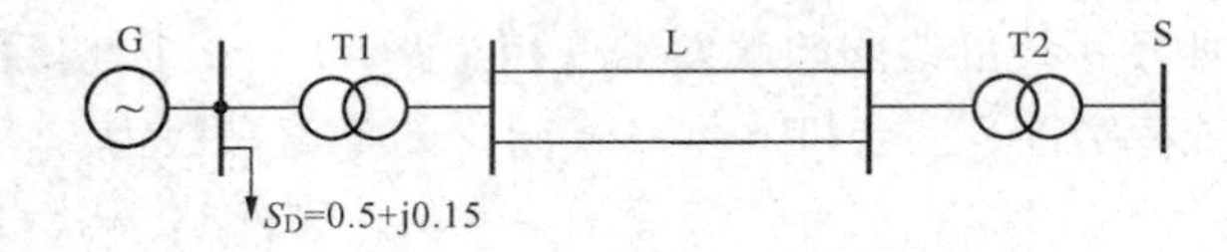

图 5-63　题 5-52 系统图

5-53　一汽轮发电机经升压变压器和双回线与无穷大系统相连，设 $U_G=U_S=1=C$，其静稳极限为 200MW，如在一回线中点三相短路，其静稳极限降至 70MW，试求：

（1）升压变压器和每一回输电线的电抗标幺值（取 $S_B=100$MVA）；

（2）切除一回线路后系统的静稳极限。

5-54　图 5-64 所示三机系统的变压器和线路的电抗均已归算至统一基准。经潮流计算已求得：$E_1'=1.289\angle 21.9°$，$E_2'=1.148\angle 32.6°$，$E_3'=1.42\angle 4.9°$。试判断系统的静稳并求出其振荡模式。

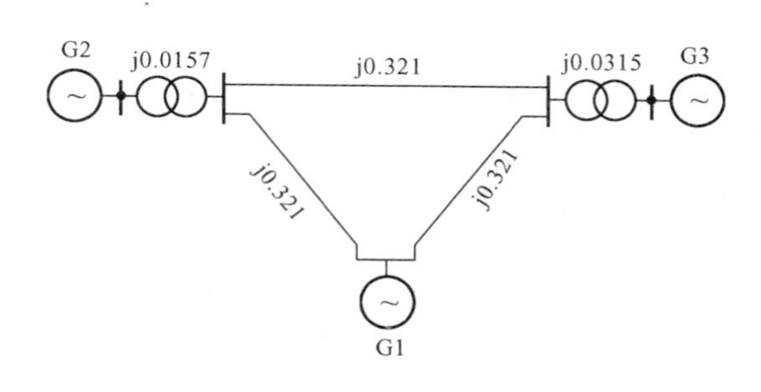

图 5-64　题 5-54 系统图

5-55　两机系统如图 5-65（a）所示，采用经典模型后的等值电路示于图（b）中。两机的输入功率为 P_{m1}、P_{m2}，惯性时间常数为 M_1、M_2。试完成：①列写两机的转子运动方程；②化为等值单机无穷大系统，列写相应的摇摆方程。

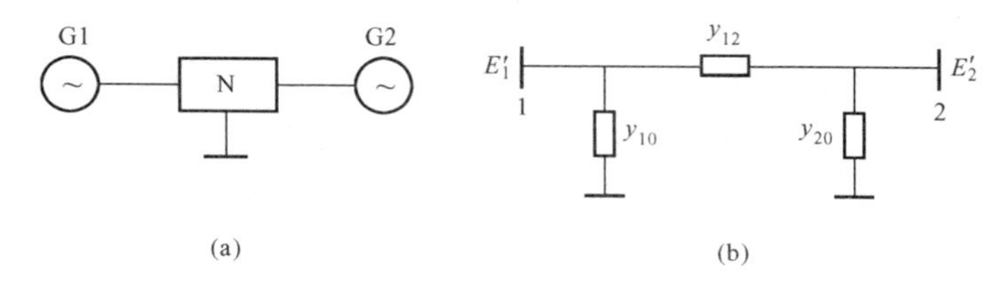

图 5-65　题 5-55 系统图

第三篇　电力系统的运行分析

在掌握了电力系统的基础知识和电力系统的基本计算后，本篇对电力系统的运行进行分析。

第一章第二节中曾指出，对电力系统运行的基本要求是：在安全可靠持续供电的前提下保证质量，力求经济；也曾指出，电力系统的可靠性是指电力系统向用户长时间不间断供电的概率指标，属电力系统规划设计的范畴，是一个专门课题，一般不列在电力系统分析课程内。所以，此处仅讨论电力系统的安全、质量和经济问题，也称电力系统的三大分析。本篇内容包括电力系统的安全分析、电力系统的质量控制和电力系统的经济调度，并对能量管理系统做简单介绍。

第六章　电力系统的安全分析

电力系统运行的首要要求是安全可靠持续供电，其中包含两个不同的概念：电力系统的安全性和电力系统的可靠性。电力系统的可靠性不列在电力系统分析课程中讨论。电力系统的安全性是指电力系统中所有的元件（设备）都必须在不超过允许的电压、电流（功率）和频率条件下运行。这不仅在系统当前运行状态下应如此（称为 N 安全性），而且在系统发生事故时也应如此。电力系统的安全分析就是考察当前运行状态下（也可以是在即将来到的，如 15～30min 后的某一正常状态）系统发生事故后的安全性。因此它表征电力系统短时间内经受事故时维持供电的能力，属电力系统实时运行中要考虑的问题。本章就讨论电力系统运行中这一十分重要的课题——电力系统的安全分析。

第一章第四节介绍电力系统的运行状态时曾指出，电力系统的运行状态可分为正常状态、告警状态、紧急状态和恢复状态。这四种状态的关系如图 1-6 所示。电力系统在绝大多数时间里都处于正常运行状态，此时表征电力系统质量和安全的等约束，如 $P_{G\Sigma}=P_{D\Sigma}+P_{L}$，$Q_{G\Sigma}=Q_{D\Sigma}+Q_{L}$ 和不等式约束，如 $P_{Gimin}\leqslant P_{Gi}\leqslant P_{Gimax}$，$Q_{Gimin}\leqslant Q_{Gi}\leqslant Q_{Gimax}$，$U_{imin}\leqslant U_{i}\leqslant U_{imax}$，$f_{min}\leqslant f\leqslant f_{max}$ 以及对支路潮流的要求 $S_{ij}\leqslant S_{ij\max}$，对稳定的要求 $\delta_{ij}\leqslant\delta_{ij\max}$ 均需满足，而且还应具有一定的裕度，以保证在事故情况下仍具有安全持续供电的能力。如运行条件恶化（例如负荷增长到一定程度），则系统进入告警状态。此时虽等约束和不等约束仍能满足，但系统不再安全，必须采取一定的控制措施使系统恢复到正常安全状态。电力系统安全分析的目的就是确定电力系统在当前正常运行状态下如果出现了某一事故［称为预想事故，(Contingency)］后是否仍然安全。如不安全，则进而提出可行的控制措施，使其恢复到正常安全状态。预想事故的种类很多，一般为预想在某点发生某一特定形式的短路故障（如三相短路或单相短路）后开断一条（几条）支路（包括线路或变压器）或一台（几台）发电机（称为 $N-1$ 或 N 减几安全性）。为方便起见，通常将其分为静态安全分析和暂态安全分析。

电力系统的静态安全分析不考虑从当前运行状态向事故后运行状态的动态转移过程，只分析事故后稳态运行方式的安全性；而从当前运行状态向事故后运行状态转移过程的分析则称为暂态安全分析，也称为动态安全分析。

和可靠性中普遍采用概率型指标的分析方法不同，目前安全分析中仍采用确定性方法，也就是对设定的预想事故进行潮流和稳定计算，如满足等和不等约束条件，能持续供电，则认为系统安全。由于需考虑的事故数量很多，安全分析又需为在线的实际运行服务，所以实时性是对安全分析的首要要求，也就是说，对计算速度有很高要求。显然，这种分析只能靠计算机完成。所以，电力系统安全分析是计算机用于电力系统的产物。同时，为了满足速度要求，对精度的要求可适当降低，即在保证速度的前提下努力提高精度。这点决定了其和第二篇中介绍的基本计算必然有所不同，因后者是离线计算，所以对速度的要求相对较低。

进行电力系统安全分析需要电力系统必要的实时数据，电力系统状态估计是保证电力系统实时数据质量的重要一环。状态估计是根据可获取的量测数据估算动态系统内部状态的方法，它是进行在线潮流、安全分析、经济调度的基础。

本章先介绍电力系统安全分析的基础——电力系统状态估计，然后分别介绍电力系统的静态安全分析和电力系统的暂态安全分析。

第一节　电力系统状态估计

随着电力系统的迅速发展，电力网络的结构及运行方式日趋复杂，电网规模也日益庞大，为保证系统的安全经济运行，防止大系统的崩溃和地区电网的供电中断，电力部门安装了许多监控和数据采集（supervisory control and data acquisition，SCADA）装置，这些装置采集系统中的母线电压、线路功率、负载功率、开关状态等信息，并通过信息网络将采集的数据传送至能量控制中心（一般是各级电力调度中心）的计算机监控系统。所获得的数据用于一系列应用程序，其中一些用于保证系统的经济运行，另一些则对系统发生设备或线路故障时进行安全性评估分析，并最终构成了我们所称的能量管理系统（EMS）。

EMS以SCADA为基础，实现对电力系统的运行监视、预测、安全评估及调度控制等功能。而在做出安全评估或进行控制之前，必须可靠地估计系统的当前状态，以真实可信的实时数据作为一系列应用的基础。电力系统状态估计（power system state estimation）就是保证电力系统实时数据质量的重要一环，它是其他应用程序实现的基础。

状态估计就是根据可获取的量测数据估算动态系统内部状态的方法。依观测数据与被估状态在时间上的相对关系，状态估计可区分为平滑、滤波和预报三种情形。为了估计 t 时刻的状态 $x(t)$，如果可用的信息包括 t 以后的观测值，就是平滑问题。如果可用的信息是时刻 t 以前的观测值，估计可实时地进行，称为滤波问题。如果必须用时刻（$t-\Delta$）以前的观测来估计经历了 Δ 时间之后的状态 $x(t)$，则是预报问题。

电力系统状态估计属于滤波问题，是对系统某一时间断面的遥测量和遥信信息进行数据处理，确定该时刻的状态量的估计值。由于这种估计是对静态的时间断面进行，故属于静态估计。

电力系统的监测装置采集的信息有各种模拟量：母线电压、线路功率、负载功率，以及各种开关量：断路器、隔离开关等位置信息。对于模拟量，一般要经过互感器、功率变换器、A/D转换器量化成数字量，并通过通信传送到控制中心，这些环节均可能有噪声或误差干扰。对于开关量，也有可能在传输环节由于通信状态定义不一致造成开关位置错误。此外，由于采集装置的位置装设原因，也会造成某些地区的信息无法直接获取。但是，由于采集装置获取的量测信息对于获取系统运行状态是足够多的，并且有一定的冗余，因此，可以利用冗余的量测量，对带有噪声甚至错误的数据进行分析，得出系统真实的运行状态。

电力系统状态估计主要指实时潮流的状态估计，它的作用是，对给定的系统构成及量测配置，能估计出系统的真实状态：各母线上的电压相角与模值及各元件上的潮流。它不仅能检验开关状态，去除不良数据，提高数据精度，还可计算出难以测量的电气量，相当于补充了量测量。状态估计为建立一个高质量的数据库提供数据信息，以便于进一步实现在线潮流、安全分析及经济调度等功能。

状态估计具有网络接线分析（又称网络拓扑）、可观测性分析、状态估计计算、不良数据检测与辨识、网络监视、变压器抽头估计、量测配置评价优化、量测误差估计等功能。目前的电力系统状态估计功能在EMS中是以一个（组）程序模块功能实现的，在实际应用中，状态估计的运行周期是1～5min，有的达到数十秒级。

状态估计是由美国MIT的F.C.Schweppe教授于20世纪70年代引入电力系统的，利用的是基本加权最小二乘法。其后，各国学者做了大量的工作，研究范围也由算法研究扩展至可观测性分析、拓扑错误检测、不良数据的检测和辨识等方面。在网络等级上，也由高压网络扩展至配电网。

国内20世纪70年代中期开始研究这一课题并取得许多成果：70年代后期试验了各种算法，70年代末提出了多不良数据估计辨识法，1980年成功地完成了京津唐电力系统实时试验，1985年湖北电网开始实用，80年代末期完成了正交化算法、量测误差在线估计等。我国在电力系统状态估计方面，无论是在理论、模型和算法方面，还是在软件设计和实际运行方面，均居国际领先地位。

以下从几个主要方面简要介绍状态估计的方法与原理。

一、网络接线分析

网络接线分析又称网络拓扑（network topology）。网络接线分析的任务是实时处理开关信息的变化，根据电网中断路器、隔离开关等逻辑设备的状态以及各种元件的连接关系产生电网计算用的母线和网络模型，并随之分配量测量和注入量等数据，给应用程序提供新接线方式下的信息与数据。接线分析是状态估计计算的基础，同时，接线分析也可以用于调度员潮流、预想事故分析和调度员培训模拟等网络分析应用软件。

接线分析时，通过闭合的断路器、隔离开关连接在一起的节点（包含通常说的厂站母线，不包括线路、变压器）形成一个计算用的母线节点。母线节点中所包含的所有物理节点电压相等。

网络拓扑分析了每一母线所连元件的运行状态（如带电、停电、接地等）及系统是否分裂成多个子系统，并能在图形界面上实现拓扑着色。

网络拓扑可分为系统全网络拓扑和部分拓扑，在状态估计重新启动或断路器、隔离开关状态变化较大时，使用系统全网络拓扑，以后则对变位厂站进行部分拓扑。由于系统全网络拓扑要搜索系统内的所有设备，因此需要时间长一些，而部分网络拓扑只对变位断路器、隔离开关相关设备搜索，因此速度要快。

二、可观测性分析及量测配置评价与优化

（一）可观测性分析

状态估计计算是在特定的网络接线及量测量配置情况下进行的，在计算之前，应当对系统量测是否可以在该网络接线下进行状态估计计算加以分析，以免状态估计计算无法进行。这种分析就是可观测性分析。

当收集到的量测量通过量测方程能够覆盖所有母线的电压幅值和相角时，通过状态估计可以得到这些值，则称该网络是可观测的。网络的可观测性决定于网络结构及量测配置。

在可观测性中需研究的主要问题是：分析系统可观测性；当系统不可观测时，决定是否存在一个小于原网络的较小网络范围，可以进行状态估计计算。这个较小的系统网络，被称为可观测岛。

当系统不可观测时，另外一个解决办法是：人为添加预测数据及计划型数据作为伪量测量，以使估计可以正常进行。

可观测性分析有两类算法：一类是逻辑（拓扑）方法；另一类是数值分析方法。通常数值分析方法比较直接，但所需时间比较多。

（二）状态估计与常规潮流计算的区别

常规潮流计算程序的输入通常是负荷母线的注入功率 P、Q，以及电压可控母线的 P、U 值，一般是根据给定的 n 个输入量测量 $\boldsymbol{z}$ 求解 n 个状态量 $\boldsymbol{x}$ ，而且满足条件

$$\boldsymbol{z}=\boldsymbol{h}(\boldsymbol{x}) \tag{6-1}$$

式中：$\boldsymbol{h}(\boldsymbol{x})$ 是以状态量 $\boldsymbol{x}$ 及导纳矩阵建立的量测函数向量，量测个数与状态量个数一致。因此，哪怕这些输入量 $\boldsymbol{z}$ 中有一个数据无法获得，常规的潮流计算也无法进行。此外，当一个或多个输入量 $\boldsymbol{z}$ 中存在粗差（gross error，又称不良数据）时，也会导致潮流计算结果状态量 $\boldsymbol{x}$ 出现偏差而无用。

状态估计则不同，在实际应用中，我们可以获取其他一些量测量，譬如线路上的功率潮流值 P、Q 等，这样，量测量$\boldsymbol{z}$的维数 m 总大于未知状态量 $\boldsymbol{x}$ 的维数 n。

而且，由于量测量存在误差，式（6-1）将变成

$$\boldsymbol{z}=\boldsymbol{h}(\boldsymbol{x})+\boldsymbol{v} \tag{6-2}$$

注意到 $\boldsymbol{z}$ 是观测到的量测值，式（6-2）可以理解成：如果以真实的状态向量 $\boldsymbol{x}$ 构成测量函数 $\boldsymbol{h}(\boldsymbol{x})$，则量测真值还要考虑加上量测噪声 $\boldsymbol{v}$ 的影响后，才是观测到的量测值 $\boldsymbol{z}$ 。

从计算方法上，对状态估计模型式（6-2），采用了与常规潮流完全不同的方法，一般是根据一定的估计准则，按估计理论的处理方法进行计算。

（三）量测与量测冗余度

在电力系统状态估计中，量测冗余度是指量测量个数 m 与待估计的状态量个数 n 的比值 m/n。一般情况下，这一比值大于 1，意味着量测有冗余。冗余量测的存在是状态估计可以实现提高数据精度的基础。

总的来说，m/n 越大，系统冗余度越高，对状态估计采用一定的估计方法排除不良数据以及消除误差影响就越好。但是，冗余度高，也不一定代表系统可观测或一定可以检测出不良数据，因为冗余度仅仅反映了量测总体数量，没有反映量测的分布情况。可能出现的情况是，在冗余度高的情况下，如果局部区域的量测数量偏低，也会造成系统总体不可观测。

可观测性分析是可检测和可辨识分析的基础，在可观测性中，还有一些术语与可检测、

可辨识性相关。

关键量测：关键量测被定义为，若失去该量测，系统不可观测。关键量测有如下性质，关键量测上的残差为零，即关键量测点为精确拟合点。关键量测的存在使原先的若干可观察岛联系起来，保证了整个系统的可观察性。但由于关键量测总是精确拟合，关键量测处的状态估计解无任何滤波效果。在极端情况下，对一个无任何冗余的可观察系统尽管可以进行状态估计，但是所有残差都为零，无法辨识任何不良数据，这种情况类似于潮流解。

关键量测组：关键量测组又称为坏数据组（bad data groups）或最小相关集（minimally dependent set）。关键量测组被定义为，如果从关键量测组中去掉一个量测，则剩余量测成为关键量测。对关键量测组中的量测，采用最小二乘法计算后，所有量测的加权残差绝对值相等或相近。关键量测组可以是系统中的两个或若干个量测。关键量测组中，如果仅仅出现一个不良数据，可以用启发式方法逐一验证后排除，但是如果出现多于一个不良数据，将不可辨识。

可见，关键量测或关键量测组的存在对数据的可检测与可辨识性有不良影响。其中的一个解决办法是均匀配置量测，避免局部的量测冗余度偏低。但是，由于量测配置过多又造成投资过大，因此，一些文献对量测系统进行分析评价，以达到量测配置可靠性与经济性的统一。

三、最小二乘法

状态估计计算是状态估计的核心，一般意义的状态估计就指估计计算功能，或称状态估计器（state estimator）。

估计计算主要涉及估计方法或算法的研究。这类方法有两大类：一类是基于传统的统计方法，主要有目前广泛采用的最小二乘算法，并发展了快速分解法、正交化算法等。这类算法假设量测量误差分布属于正态分布，算法的一个特点是算法计算过程与不良数据的检测辨识过程是分离的。第二类是属于稳健估计（robust estimation）的方法。这类算法不认为量测量符合正态分布，属于有偏估计，其特点是从理论上计算过程与不良数据的检测辨识甚至排除一体化。这类方法有基于 Huber 分布的加权最小绝对值估计等。

以下将主要介绍电力系统状态估计中最常用的最小二乘法。

（一）状态估计的数学描述

状态估计的量测量主要来自于 SCADA 的实时数据，在量测不足之处可以使用预测及计划型数据作为伪量测量。另外，根据基尔霍夫定律可得到部分必须满足的伪量测量。

量测量为

$$\boldsymbol{z}=\begin{bmatrix}P_{ij}\\Q_{ij}\\P_i\\Q_i\\U_i\end{bmatrix} \tag{6-3}$$

式中：$\boldsymbol{z}$为量测向量，维数为 m；P_{ij} 为支路 ij 有功潮流量测量；Q_{ij} 为支路 ij 无功潮流量测量；P_i 为母线 i 有功注入功率量测量；Q_i 为母线 i 无功注入功率量测量；U_i 为母线 i 的电压幅值量测量。

这里 ij 表示所有量测的支路，既表示线路又表示变压器，而且还表示起端和终端；i 则表示有量测的母线，指的是与此母线有连接的机组和负荷均有量测。

待求的状态量是母线电压

$$x = \begin{bmatrix} \theta_i \\ U_i \end{bmatrix} \tag{6-4}$$

式中：$\boldsymbol{x}$ 为状态向量；θ_i 为母线 i 的电压相角；U_i 为母线 i 的电压幅值。

量测方程是用状态量表达的量测量

$$\boldsymbol{h}(\boldsymbol{x}) = \begin{bmatrix} P_{ij}(\theta_{ij}, U_{ij}) \\ Q_{ij}(\theta_{ij}, U_{ij}) \\ P_i(\theta_{ij}, U_{ij}) \\ Q_i(\theta_{ij}, U_{ij}) \\ U_i(U_i) \end{bmatrix} \tag{6-5}$$

$$P_{ij} = U_i^2 g - U_i U_j g \cos\theta_{ij} - U_i U_j b \sin\theta_{ij} \tag{6-6}$$

$$Q_{ij} = -U_i^2 (b + y_c) - U_i U_j g \sin\theta_{ij} + U_i U_j b \cos\theta_{ij} \tag{6-7}$$

$$\theta_{ij} = \theta_i - \theta_j \tag{6-8}$$

$$P_i = \sum_{j \in i} U_i U_j (G_{ij} \cos\theta_{ij} + B_{ij} \sin\theta_{ij}) \tag{6-9}$$

$$Q_i = \sum_{j \in i} U_i U_j (G_{ij} \sin\theta_{ij} + B_{ij} \cos\theta_{ij}) \tag{6-10}$$

式中：$\boldsymbol{h}$ 为量测方程向量，m 维；P_{ij}（θ_{ij}，U_{ij}），Q_{ij}（θ_{ij}，U_{ij}），…，U_i（U_i）均是网络方程。g 为线路 ij 的电导；b 为线路 ij 的电纳；y_c 为线路对地电纳；G_{ij} 为导纳矩阵中元素 ij 的实部；B_{ij} 为导纳矩阵中元素 ij 的虚部。

实际上，P_i 和 Q_i 就是所连支路潮流 P_{ij} 和 Q_{ij} 的代数和（包括电容器和电抗器），上述量测方程属非线性方程。

对量测量与状态量，考虑到量测误差的存在，电力系统状态估计问题的非线性量测方程为

$$\boldsymbol{z} = \boldsymbol{h}(\boldsymbol{x}) + \boldsymbol{v} \tag{6-11}$$

式中：$\boldsymbol{z}$ 是 $m \times 1$ 量测向量；$\boldsymbol{h}$（$\boldsymbol{x}$）是$m \times 1$非线性量测函数向量；$\boldsymbol{v}$ 是 $m \times 1$ 量测误差向量；$\boldsymbol{x}$ 为 $n \times 1$ 状态向量。m、n 分别是量测量及状态量的个数。

量测方程中，量测量的维数大于状态量的维数，而且，量测量存在随机误差，因此，方程组存在矛盾方程。这样，不能直接解出状态量的实际数值，但可以用拟合的办法根据带误差的量测量求出系统状态在某种估计意义上的最优估计值。

（二）加权最小二乘法（weighted least square）

最小二乘理论是高斯在解决天体运动轨道时提出的，这一估计方法具有计算原理简单，且不需要任何随机变量的任何统计特性的特点。而随后理论的发展，证明了由最小二乘法获得的估计，在假定量测误差呈正态分布时，有最佳的统计特性，即估计结果是无偏的、一致的（收敛的）和有效的。因此，最小二乘法得到了广泛的应用。

在电力系统状态估计中，针对上述量测方程进行求解时，也采用了最小二乘法。

考虑量测误差 v 有正有负，取各量测量的误差二次方和为目标函数

$$J = \sum_{i=1}^{m} v_i^2 \tag{6-12}$$

当状态量的估计值为最优时，目标函数 J 最小。这就是最小二乘法。

由于各量测量的精度不同，对不同量测取不同权重 W_i，精度高的取权重大些，精度低的取权重小些，目标函数成为

$$J=\sum_{i=1}^{m}W_i v_i^2 \tag{6-13}$$

当状态量的估计值为最优时，目标函数 J 最小。这就是加权最小二乘法。

在电力系统中，一般取权重为各量测量方差的倒数，即 $W_i=1/\sigma_i^2$ 是合理的，这样

$$J=\sum_{i=1}^{m}W_i v_i^2=\sum_{i=1}^{m}\frac{v_i^2}{\sigma_i^2}=\sum_{i=1}^{m}\frac{1}{\sigma_i^2}[z_i-h_i(x)]^2 \tag{6-14}$$

最后达到 $J|_{x=\hat{x}}=\sum\limits_{i=1}^{m}\frac{1}{\sigma_i^2}[z_i-h_i(\hat{x})]^2=\min$，其中 $\hat{x}$ 代表状态量 x 的估计算。

将上面的加权最小二乘法写成矩阵形式，得到状态估计的目标函数

$$\boldsymbol{J}(\boldsymbol{x})=[\boldsymbol{z}-\boldsymbol{h}(\boldsymbol{x})]^{\mathrm{T}}R^{-1}[\boldsymbol{z}-\boldsymbol{h}(\boldsymbol{x})] \tag{6-15}$$

即在给定量测向量 $\boldsymbol{z}$ 之后，状态估计量 $\hat{\boldsymbol{x}}$ 是使目标函数 $\boldsymbol{J}$（$\boldsymbol{x}$）达到最小的 $\boldsymbol{x}$ 值。式中 $\boldsymbol{R}$ 是以 σ_i^2 为对角元素的 $m\times m$ 阶量测误差方差阵；$\boldsymbol{R}^{-1}$ 表示量测权重。式（6-15）的含义即是使量测量加权残差平方和为最小。

（三）基本加权最小二乘法状态估计

通过对量测方程中的 $\boldsymbol{h}$（$\boldsymbol{x}$）进行线性化，并略去二次以上项，代入 $\boldsymbol{J}$（$\boldsymbol{x}$），经整理可得基本加权最小二乘法状态估计的迭代修正公式

$$\Delta\hat{\boldsymbol{x}}=[\boldsymbol{H}^{\mathrm{T}}(\hat{\boldsymbol{x}}^{(l)})\boldsymbol{R}^{-1}\boldsymbol{H}(\hat{\boldsymbol{x}}^{(l)})]\boldsymbol{H}^{\mathrm{T}}(\hat{\boldsymbol{x}}^{(l)})\boldsymbol{R}^{-1}[\boldsymbol{z}-\boldsymbol{h}^{\mathrm{T}}(\hat{\boldsymbol{x}}^{(l)})] \tag{6-16}$$

$$\hat{\boldsymbol{x}}^{(l+1)}=\hat{\boldsymbol{x}}^{(l)}+\Delta\hat{\boldsymbol{x}}^{(l)} \tag{6-17}$$

$$\boldsymbol{H}(x)=\frac{\partial\boldsymbol{h}(\boldsymbol{x})}{\partial\boldsymbol{x}} \tag{6-18}$$

式中：$\Delta\hat{\boldsymbol{x}}^{(l)}$ 是第 l 次迭代状态修正向量；$\boldsymbol{H}$ 为 $m\times n$ 维量测方程的雅可比矩阵。

定义 $\boldsymbol{G}=\boldsymbol{H}^{\mathrm{T}}\boldsymbol{R}^{-1}\boldsymbol{H}$ 为 $n\times n$ 维量测信息矩阵（gain matrix）。

迭代的收敛可按下式判断

$$|\Delta\boldsymbol{x}|_{\max}<\varepsilon \tag{6-19}$$

式中：ε 为规定的收敛标准。

基本加权最小二乘法状态估计流程如下：

（1）取网络数据、量测数据和状态估计工作数据。若接线变化，则进行母线次序优化、形成导纳矩阵和状态量初始化。

（2）置迭代计数器 $l=1$。

（3）根据当前状态量 $\boldsymbol{x}^{(l)}$ 计算：

1）量测方程 $\boldsymbol{h}$ 和雅可比矩阵 $\boldsymbol{H}$；

2）信息矩阵 $\boldsymbol{H}^{\mathrm{T}}\boldsymbol{R}^{-1}\boldsymbol{H}$；

3）自由向量 $\boldsymbol{H}^{\mathrm{T}}\boldsymbol{R}^{-1}$（$\boldsymbol{z}-\boldsymbol{h}$）。

（4）解线性方程组式（6-16）求状态修正量 $\Delta\hat{\boldsymbol{x}}^{(l)}$，并选出最大修正量 $|\Delta\boldsymbol{x}|_{\max}$。

线性方程组的信息矩阵［$\boldsymbol{H}^{\mathrm{T}}\boldsymbol{R}^{-1}\boldsymbol{H}$］是对称矩阵，可以采用三角因子分解法、平方根分解法或正交化分解法。对算法的要求是精度高、速度快和省内存，因矩阵过大，必须精心采

用稀疏矩阵程序技巧。

（5）收敛检查，判断 $|\Delta \boldsymbol{x}|_{max}<\varepsilon$ 是否成立。一般 $\varepsilon=0.00001\sim0.0001$，合格转输出；不合格转（6）。

（6）修正状态量：$\boldsymbol{x}^{(l+1)}=\boldsymbol{x}^{(l)}+\Delta\boldsymbol{x}^{(l)}$，迭代次数加1：$l=l+1$，返回（3）继续迭代。

（四）基本加权最小二乘法状态估计算例

图6-1所示的三节点电力系统，支路电抗和节点注入有功功率如图所示。以直流潮流和直流状态估计分析说明基本加权最小二乘法。

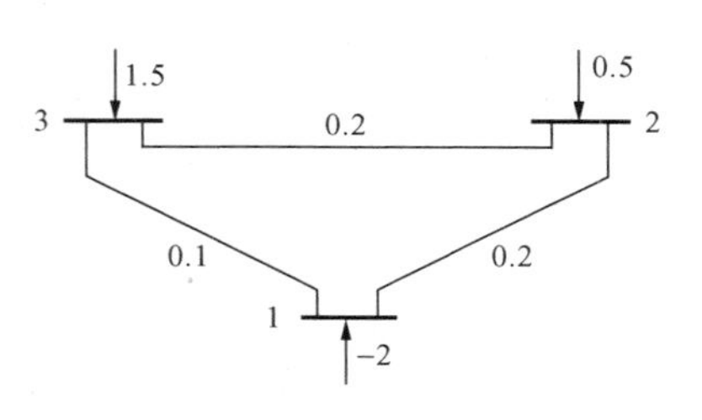

图6-1　三节点电力系统图

1. 首先用直流潮流计算支路有功潮流分布

直流潮流计算中，只计算有功潮流分布，不计算电压幅值，而且支路上只考虑电抗。这样，支路潮流可写成

$$P_{ij}=(\theta_i-\theta_j)/x_{ij} \tag{6-20}$$

可以把式中的 P_{ij} 看作直流电流，θ_i 和 θ_j 看作节点 i 和 j 的电压，x_{ij} 看作支路电阻。式（6-20）就是线性的直流潮流方程。

对节点 i 应用基尔霍夫电流定律，则节点 i 的电流平衡条件为

$$P_i=\sum_{\substack{j\in i\\ j\neq i}}P_{ij}=\sum_{\substack{j\in i\\ j\neq i}}(\theta_i-\theta_j)/x_{ij},i=1,\cdots,N \tag{6-21}$$

P_i 是节点 i 给定的注入有功功率，写成矩阵的形式有

$$\boldsymbol{P}=\boldsymbol{B}_0\boldsymbol{\theta} \tag{6-22}$$

式中：$\boldsymbol{P}$、$\boldsymbol{\theta}$ 都是 N 维列向量；$\boldsymbol{B}_0$ 是 $N\times N$ 阶矩阵，是以 $1/x_{ij}$ 为支路导纳建立起来的节点导纳矩阵，且有

$$B_0(i,i)=\sum_{\substack{j\in i\\ j\neq i}}1/x_{ij}$$

$$B_0(i,j)=-1/x_{ij} \tag{6-23}$$

至此，可以进行直流潮流分析。

选择3号节点为参考节点，该节点电压相角为零。只计及支路电抗形成除参考节点以外的节点导纳矩阵 $\boldsymbol{B}_0=\begin{bmatrix}15 & -5\\ -5 & 10\end{bmatrix}$，$\boldsymbol{P}=\begin{bmatrix}-2\\ 0.5\end{bmatrix}$为节点1和节点2的注入有功功率，由直流潮流计算公式有 $\boldsymbol{P}=\boldsymbol{B}_0\boldsymbol{\theta}$，所以 $\boldsymbol{\theta}=\boldsymbol{B}_0^{-1}\boldsymbol{P}$，求得 $\boldsymbol{\theta}=\begin{bmatrix}-0.14\\ -0.02\end{bmatrix}$，则各支路有功潮流为

$$P_{12}=\frac{\theta_1-\theta_2}{x_{12}}=\frac{-0.14+0.02}{0.2}=-0.6$$

$$P_{13}=\frac{\theta_1-\theta_3}{x_{13}}=\frac{-0.14-0}{0.1}=-1.4$$

$$P_{23}=\frac{\theta_2-\theta_3}{x_{23}}=\frac{-0.02-0}{0.2}=-0.1$$

2. 利用直流潮流结果输入进行直流估计计算

由上可以得到系统的真实运行状态，如图6-2所示。

为进行算例比较，特意选取 P_1、P_2、P_{12}、P_{13}、P_{23} 作为用于状态估计的量测量用向量，并表示为 $\boldsymbol{z}$，本题中的待估计状态量为 θ_1、θ_2，用向量表示为 $\boldsymbol{x}$，则根据式（6-21）及

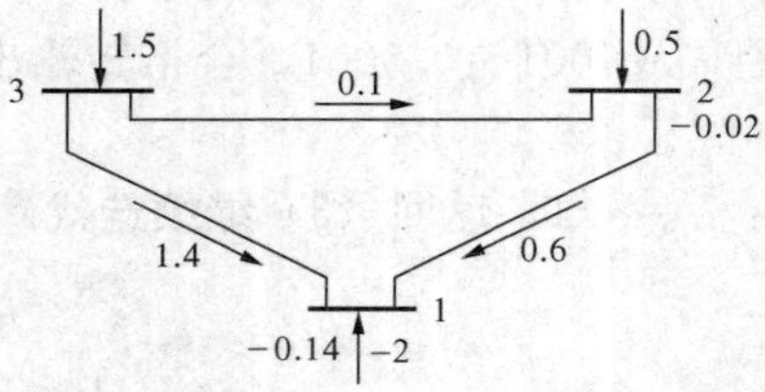

图 6-2 系统真实运行状态图

式（6-20），得量测量与状态量之间的关系为

$$\begin{cases} P_1 = 15\theta_1 - 5\theta_2 + v_1 \\ P_2 = -5\theta_1 + 10\theta_2 + v_2 \\ P_{12} = 5\theta_1 - 5\theta_2 + v_3 \\ P_{13} = 10\theta_1 + v_4 \\ P_{23} = 5\theta_2 + v_5 \end{cases} \tag{6-24}$$

写成矩阵形式为 $\boldsymbol{z}=\boldsymbol{Hx}+\boldsymbol{v}$。注意到此量测方程实际是线性的，与前面所述不同，所以求解不需要迭代过程，只需要一步计算。其中

$$\boldsymbol{H}=\begin{bmatrix} h_{11} & h_{12} \\ h_{21} & h_{22} \\ h_{31} & h_{32} \\ h_{41} & h_{42} \\ h_{51} & h_{52} \end{bmatrix}=\begin{bmatrix} 15 & -5 \\ -5 & 10 \\ 5 & -5 \\ 10 & 0 \\ 0 & 5 \end{bmatrix}$$

$\boldsymbol{v}=\boldsymbol{z}-\boldsymbol{Hx}$ 为误差向量，为使测量误差最小，按最小二乘准则建立目标函数 $f(\boldsymbol{x})=(\boldsymbol{z}-\boldsymbol{Hx})^{\mathrm{T}}(\boldsymbol{z}-\boldsymbol{Hx})$，考虑到各个量测量的测量精度是不一样的，为了提高整个估计值的精度，应该对各个量测值取一个权值，精度高的量测量权值大些，精度低的量测量权值小些。这样目标函数可以写成 $f(\boldsymbol{x})=(\boldsymbol{z}-\boldsymbol{Hx})^{\mathrm{T}}\boldsymbol{W}(\boldsymbol{z}-\boldsymbol{Hx})$，其中 $\boldsymbol{W}=\begin{bmatrix} W_1 & & & \\ & W_2 & & \\ & & \ddots & \\ & & & W_5 \end{bmatrix}$为加权矩阵。

假设误差向量 $\boldsymbol{v}=\begin{bmatrix} v_1 \\ v_2 \\ v_3 \\ v_4 \\ v_5 \end{bmatrix}$ 中 v_1、v_2、v_3、v_4、v_5 为服从正态分布的期望值为零的相互独立的随机变量，其方差分别为 $\sigma_1^2=\sigma_2^2=\sigma_3^2=\sigma_4^2=\sigma_5^2=0.01$，则随机向量 $\boldsymbol{v}$ 的方差阵为

$$\boldsymbol{R}=\begin{bmatrix} \sigma_1^2 & & & & \\ & \sigma_2^2 & & & \\ & & \sigma_3^2 & & \\ & & & \sigma_4^2 & \\ & & & & \sigma_5^2 \end{bmatrix}=\begin{bmatrix} 0.01 & & & & \\ & 0.01 & & & \\ & & 0.01 & & \\ & & & 0.01 & \\ & & & & 0.01 \end{bmatrix}$$

故本例中

$$\boldsymbol{W}=\boldsymbol{R}^{-1}=\begin{bmatrix} 100 & & & & \\ & 100 & & & \\ & & 100 & & \\ & & & 100 & \\ & & & & 100 \end{bmatrix}$$

选择使得 f 取最小值的 $\hat{x}_1$ 和 $\hat{x}_2$ 作为状态变量真实值的估计值。

将目标函数重写为

$$f(\boldsymbol{x}) = \sum_{j=1}^{5} w_j v_j^2 = w_1 v_1^2 + w_2 v_2^2 + w_3 v_3^2 + w_4 v_4^2 + w_5 v_5^2 \tag{6-25}$$

根据 f 最小化的必要条件，估计值 $\hat{x}_1$ 和 $\hat{x}_2$ 应满足

$$\left.\frac{\partial f}{\partial x_1}\right|_{\hat{x}} = 2\left[w_1 v_1 \frac{\partial v_1}{\partial x_1} + w_2 v_2 \frac{\partial v_2}{\partial x_1} + w_3 v_3 \frac{\partial v_3}{\partial x_1} + w_4 v_4 \frac{\partial v_4}{\partial x_1} + w_5 v_5 \frac{\partial v_5}{\partial x_1}\right]\Bigg|_{\hat{x}} = 0$$

$$\left.\frac{\partial f}{\partial x_2}\right|_{\hat{x}} = 2\left[w_1 v_1 \frac{\partial v_1}{\partial x_2} + w_2 v_2 \frac{\partial v_2}{\partial x_2} + w_3 v_3 \frac{\partial v_3}{\partial x_2} + w_4 v_4 \frac{\partial v_4}{\partial x_2} + w_5 v_5 \frac{\partial v_5}{\partial x_2}\right]\Bigg|_{\hat{x}} = 0$$

符号 $\Big|_{\hat{x}}$ 表示方程在 $\hat{\boldsymbol{x}} = [\hat{x}_1 \quad \hat{x}_2]^{\mathrm{T}}$ 时成立，原因在于状态变量的真值是未知的。上述二式用向量矩阵形式表示为

$$\begin{bmatrix} \frac{\partial v_1}{\partial x_1} & \frac{\partial v_2}{\partial x_1} & \frac{\partial v_3}{\partial x_1} & \frac{\partial v_4}{\partial x_1} & \frac{\partial v_5}{\partial x_1} \\ \frac{\partial v_1}{\partial x_2} & \frac{\partial v_2}{\partial x_2} & \frac{\partial v_3}{\partial x_2} & \frac{\partial v_4}{\partial x_2} & \frac{\partial v_5}{\partial x_2} \end{bmatrix}\Bigg|_{\hat{x}} \underbrace{\begin{bmatrix} w_1 & \cdot & \cdot & \cdot & \\ \cdot & w_2 & \cdot & \cdot & \\ \cdot & \cdot & w_3 & \cdot & \\ \cdot & \cdot & \cdot & w_4 & \\ & & & & w_5 \end{bmatrix}}_{\boldsymbol{W}} \begin{bmatrix} \hat{v}_1 \\ \hat{v}_2 \\ \hat{v}_3 \\ \hat{v}_4 \\ \hat{v}_5 \end{bmatrix} = \begin{bmatrix} 0 \\ 0 \end{bmatrix}$$

其中 $\boldsymbol{W}$ 是加权因子的对角矩阵。从前面的式（6-24）中，可以求出上式所需的偏导数，这些偏导数也可写成如下的形式，表示成 $\boldsymbol{H}$ 矩阵中的常量元素，得到

$$\begin{bmatrix} h_{11} & h_{12} & h_{13} & h_{14} & h_{15} \\ h_{21} & h_{22} & h_{23} & h_{24} & h_{25} \end{bmatrix}\Bigg|_{\hat{x}} \underbrace{\begin{bmatrix} w_1 & \cdot & \cdot & \cdot & \\ \cdot & w_2 & \cdot & \cdot & \\ \cdot & \cdot & w_3 & \cdot & \\ \cdot & \cdot & \cdot & w_4 & \\ & & & & w_5 \end{bmatrix}}_{\boldsymbol{W}} \begin{bmatrix} \hat{v}_1 \\ \hat{v}_2 \\ \hat{v}_3 \\ \hat{v}_4 \\ \hat{v}_5 \end{bmatrix} = \begin{bmatrix} 0 \\ 0 \end{bmatrix}$$

考虑到 $\boldsymbol{v} = \boldsymbol{z} - \boldsymbol{H}\boldsymbol{x}$，求解上列方程组，写成矩阵方程的形式得到

$$\boldsymbol{H}^{\mathrm{T}}\boldsymbol{W}\hat{\boldsymbol{v}} = \boldsymbol{H}^{\mathrm{T}}\boldsymbol{W}(\boldsymbol{z} - \boldsymbol{H}\hat{\boldsymbol{x}}) = 0 \tag{6-26}$$

进而得到：

$$\hat{\boldsymbol{x}} = \begin{bmatrix} \hat{x}_1 \\ \hat{x}_2 \end{bmatrix} = (\underbrace{\boldsymbol{H}^{\mathrm{T}}\boldsymbol{W}\boldsymbol{H}}_{G})^{-1}\boldsymbol{H}^{\mathrm{T}}\boldsymbol{W}\boldsymbol{z} = \boldsymbol{G}^{-1}\boldsymbol{H}^{\mathrm{T}}\boldsymbol{W}\boldsymbol{z} \tag{6-27}$$

注意到上面两式与非线性迭代格式的式(6-16)类似。

$\boldsymbol{G}$ 为信息矩阵，计算矩阵 $\boldsymbol{H}^{\mathrm{T}}\boldsymbol{W}$ 得到

$$\boldsymbol{H}^{\mathrm{T}}\boldsymbol{W} = \begin{bmatrix} 15 & -5 & 5 & 10 & 0 \\ -5 & 10 & -5 & 0 & 5 \end{bmatrix} \begin{bmatrix} 100 & & & & \\ & 100 & & & \\ & & 100 & & \\ & & & 100 & \\ & & & & 100 \end{bmatrix}$$

$$=\begin{bmatrix} 1500 & -500 & 500 & 1000 & 0 \\ -500 & 1000 & -500 & 0 & 500 \end{bmatrix}$$

然后计算信息矩阵

$$\boldsymbol{G}=\boldsymbol{H}^{\mathrm{T}}\boldsymbol{W}\boldsymbol{H}=\begin{bmatrix} 1500 & -500 & 500 & 1000 & 0 \\ -500 & 1000 & -500 & 0 & 500 \end{bmatrix}\begin{bmatrix} 15 & -5 \\ -5 & 10 \\ 5 & -5 \\ 10 & 0 \\ 0 & 5 \end{bmatrix}$$

$$=\begin{bmatrix} 37500 & -15000 \\ -15000 & 17500 \end{bmatrix}$$

现假定测量得到的量测量向量 $\boldsymbol{z}=[-1.98,\ 0.502,\ -0.596\ -1.404,\ -0.097]^{\mathrm{T}}$，计算状态量估计值，得到

$$\begin{bmatrix} \hat{\theta}_1 \\ \hat{\theta}_2 \end{bmatrix}=\boldsymbol{G}^{-1}\boldsymbol{H}^{\mathrm{T}}\boldsymbol{W}\boldsymbol{z}=\begin{bmatrix} 37500 & -15000 \\ -15000 & 17500 \end{bmatrix}^{-1}\begin{bmatrix} 1500 & -500 & 500 & 1000 & 0 \\ -500 & 1000 & -500 & 0 & 500 \end{bmatrix}\begin{bmatrix} -1.98 \\ 0.502 \\ -0.596 \\ -1.404 \\ -0.097 \end{bmatrix}$$

$$=\begin{bmatrix} -0.1392 \\ -0.0198 \end{bmatrix}$$

并由此得到量测量 $\boldsymbol{z}$ 的估计值 $\hat{\boldsymbol{z}}=\boldsymbol{H}\hat{\boldsymbol{x}}$

$$\hat{\boldsymbol{z}}=\begin{bmatrix} \hat{P}_1 \\ \hat{P}_2 \\ \hat{P}_{12} \\ \hat{P}_{13} \\ \hat{P}_{23} \end{bmatrix}=\begin{bmatrix} 15 & -5 \\ -5 & 10 \\ 5 & -5 \\ 10 & 0 \\ 0 & 5 \end{bmatrix}\begin{bmatrix} -0.1392 \\ -0.0198 \end{bmatrix}=\begin{bmatrix} -1.989 \\ 0.4980 \\ -0.597 \\ -1.392 \\ -0.099 \end{bmatrix}$$

以上算例描述了最小二乘法的计算过程，虽然是以直流估计为例进行，但仍然说明了计算的基本原理。对非线性情况，无非是一个逐次线性化并迭代求解的过程。

（五）估计计算算法的发展

由于基本加权最小二乘法状态估计需用的内存量大并且计算时间长，因此通常采用快速分解模型。在高压网上这是一种公认的实用性能优异的模型。

快速分解状态估计算法将量测量分解为有功 $\boldsymbol{z}_{\mathrm{a}}$ 和无功 $\boldsymbol{z}_{\mathrm{r}}$ 两类，将状态量 $\boldsymbol{x}$ 也分解为电压相角 θ 和幅值 U 两类，同样将量测方程 $\boldsymbol{h}(\boldsymbol{x})$ 分解为对应有功 $\boldsymbol{z}_{\mathrm{a}}$ 和无功 $\boldsymbol{z}_{\mathrm{r}}$ 的两类。类似于快速解耦潮流程序，快速分解状态估计也对雅可比矩阵 $\boldsymbol{H}$ 中引入了有功－电压和无功－相角间的解耦关系，将状态估计问题分解成 $P-\theta$ 与 $Q-U$ 两个子问题，交替迭代求解。

在此基础上，又相继发展了基于 levenberg－marquarat 算法的状态估计法、基于 Givens 变换的正交变换法、解耦正交变换法、Hachtel's 方法、Hybrid 算法（混合算法）。这几种算法中：正交变换法数值稳定性好，但计算复杂，需要稀疏矩阵计算技巧，且无法进行解耦；

混合算法可以方便地解耦，但数值稳定性略逊于正交变换法；Hachtel's 方法的数值稳定性与正交变换法差不多，大系统中 Hachtel's 方法迭代次数多 2～3 次，当有大量注入时，迭代次数还要增加。

另一方面，在非二次目标函数的方法研究上也有进展，这类算法的理论基础是近年来较受统计学界关注的稳健估计。从稳健估计方法在电力系统中的应用看，主要有两类：一般的稳健方法及高崩溃污染率估计方法。前者的代表算法是加权最小绝对值估计（WLAV），后者是最小中位平方估计（LMS）。

电力系统状态估计问题是一个超定方程的求解问题，且方程是高维、稀疏的，因此，其他的数值方法如稀疏向量法、混合主元法、增广分块矩阵法等处理技术均可运用。另外，在并行及分布式计算上也有所涉及，针对配电网络状态估计的三相模型也有研究。

四、不良数据的检测与辨识

所谓不良数据是指误差大于某一标准（如从统计学角度，大于 3～10 倍标准方差）的量测数据。只有排除不良数据才能得到正确的状态估计结果，这一过程称为不良数据检测与辨识过程。

对 SCADA 原始量测数据的状态估计结果进行检查，判断是否存在不良数据并指出具体可疑量测数据的过程称之为不良数据检测，对检测出的可疑数据验证真正不良数据的过程称为不良数据的辨识。如上所述，不良数据的检测辨识过程一般在估计计算后进行。对一些稳健估计类方法，不良数据是在算法中自动剔除的。

前已述及，一个量测系统利用状态估计排除错误数据的能力与量测设备的数量及其分布有关，一是要求量测量总数 m 大于待求的状态量数 n，二是量测量分布要均匀，即这些量测量的量测方程能覆盖全网每一个状态量还有余度。状态估计辨识不良数据的能力来自于量测系统的冗余度，能够估计出全部状态量的量测系统具有可观测性，而去掉不良数据仍保持可观测性的量测系统具有可辨识性。可辨识性可分为一重不良数据和多重不良数据的不同水平，由于局部冗余度的不同，全网各处不良数据的辨识能力并不相同。

以下将简要介绍不良数据检测与辨识的基本理论与方法。

（一）残差方程

1. 残差方程推导

假设按最小二乘估计算法获得状态估计 $\hat{\boldsymbol{x}}$ 后，则量测估计 $\hat{\boldsymbol{z}}$ 为

$$\hat{\boldsymbol{z}}=\boldsymbol{h}(\hat{\boldsymbol{x}}) \tag{6-28}$$

式中：$\hat{\boldsymbol{z}}$ 是 m 维量测估计向量。

将式（6-28）在状态真值 $\boldsymbol{x}$ 附近线形化

$$\hat{\boldsymbol{z}}=\boldsymbol{h}(\hat{\boldsymbol{x}})\approx\boldsymbol{h}(\boldsymbol{x})+\boldsymbol{H}(\boldsymbol{x}-\hat{\boldsymbol{x}})=\boldsymbol{h}(\boldsymbol{x})+\boldsymbol{H}\tilde{\boldsymbol{x}}$$

式中：$\boldsymbol{h}(\boldsymbol{x})$ 是 m 维量测真值向量；$\tilde{\boldsymbol{x}}$ 是 n 维状态估计误差向量；$\boldsymbol{H}$ 是 $m\times n$ 阶雅可比矩阵。

于是，量测估计误差 $\tilde{\boldsymbol{z}}$ 可表示为

$$\tilde{\boldsymbol{z}}=\boldsymbol{h}(\boldsymbol{x})-\tilde{\boldsymbol{z}}=-\boldsymbol{H}\tilde{\boldsymbol{x}} \tag{6-29}$$

相应地，量测估计误差方程阵为

$$E\tilde{\boldsymbol{z}}\tilde{\boldsymbol{z}}^{\mathrm{T}}=\boldsymbol{H}(E\tilde{\boldsymbol{x}}\tilde{\boldsymbol{x}}^{\mathrm{T}})\boldsymbol{H}^{\mathrm{T}}=\boldsymbol{H}(\boldsymbol{H}^{\mathrm{T}}\boldsymbol{R}^{-1}\boldsymbol{H})^{-1}\boldsymbol{H}^{\mathrm{T}} \tag{6-30}$$

定义残差 $\boldsymbol{r}$ 为量测向量与量测估计向量之差

$$\boldsymbol{r}=\boldsymbol{z}-\hat{\boldsymbol{z}} \tag{6-31}$$

$\boldsymbol{r}$ 为 m 维向量。将量测方程式（6-11）和式（6-29）代入式（6-31），可得

$$\begin{aligned}\boldsymbol{r} &= \boldsymbol{z}-\hat{\boldsymbol{z}} = \boldsymbol{h}(\boldsymbol{x})+\boldsymbol{v}-\boldsymbol{h}(\boldsymbol{x})-\boldsymbol{H}\widetilde{\boldsymbol{x}} = \boldsymbol{v}-\boldsymbol{H}(\boldsymbol{H}^{\mathrm{T}}\boldsymbol{R}^{-1}\boldsymbol{H})^{-1}\boldsymbol{H}^{\mathrm{T}}\boldsymbol{R}^{-1}\boldsymbol{v} \\ &= [\boldsymbol{I}-\boldsymbol{H}(\boldsymbol{H}^{\mathrm{T}}\boldsymbol{R}^{-1}\boldsymbol{H})^{-1}\boldsymbol{H}^{\mathrm{T}}\boldsymbol{R}^{-1}]\boldsymbol{v} = \boldsymbol{W}\boldsymbol{v}\end{aligned} \tag{6-32}$$

以及

$$\boldsymbol{W} = \boldsymbol{I}-\boldsymbol{H}(\boldsymbol{H}^{\mathrm{T}}\boldsymbol{R}^{-1}\boldsymbol{H})^{-1}\boldsymbol{H}^{\mathrm{T}}\boldsymbol{R}^{-1} \tag{6-33}$$

式中：$\boldsymbol{W}$ 为 $m\times m$ 阶残差灵敏度矩阵；$\boldsymbol{I}$ 为单位矩阵。

式（6-32）即是残差方程，它建立了残差与量测误差之间的关系。

残差 r 的协方差矩阵为

$$\boldsymbol{\Sigma}_r = \boldsymbol{E}\boldsymbol{r}\boldsymbol{r}^{\mathrm{T}} = \boldsymbol{R}-\boldsymbol{H}(\boldsymbol{H}^{\mathrm{T}}\boldsymbol{R}^{-1}\boldsymbol{H})^{-1}\boldsymbol{H}^{\mathrm{T}} = \boldsymbol{W}\boldsymbol{R} \tag{6-34}$$

$\boldsymbol{W}$ 阵是幂等阵，其秩为 $K(K=m-n)$，由于其秩小于其维数 m，无法求逆。$\boldsymbol{W}$ 矩阵不对称，但是 $\boldsymbol{WR}$ 是对称的。残差灵敏度矩阵 $\boldsymbol{W}$ 与电网结构参数以及量测分布有直接关系，一般而言，残差灵敏度矩阵具有对角占优特性，有利于可疑数据检测，因为对应于不良数据的残差项最大，即根据残差大小就可以检测不良数据。

2. 加权残差

将残差方程用加权残差表示为

$$\boldsymbol{r}_w = \boldsymbol{W}_w\boldsymbol{v}_w \tag{6-35}$$

$$\boldsymbol{r}_w = \boldsymbol{R}^{-1/2}\boldsymbol{r} \tag{6-36}$$

$$\boldsymbol{W}_w = \sqrt{\boldsymbol{R}^{-1}}\boldsymbol{W}\sqrt{\boldsymbol{R}} = \boldsymbol{I}-\boldsymbol{R}^{-1/2}\boldsymbol{H}\ (\boldsymbol{H}^{\mathrm{T}}\boldsymbol{R}^{-1}\boldsymbol{H})^{-1}\boldsymbol{H}^{\mathrm{T}}\boldsymbol{R}^{-1/2} \tag{6-37}$$

$$\boldsymbol{v}_w = \boldsymbol{R}^{-1/2}\boldsymbol{v} \tag{6-38}$$

式中：$\boldsymbol{r}_w$ 为 m 维加权残差向量；$\boldsymbol{W}_w$ 为 $m\times m$ 阶加权残差灵敏度矩阵；$\boldsymbol{v}_w$ 为 m 维加权量测误差向量。

加权残差灵敏度矩阵具有幂等级对称性。加权残差协方差矩阵为

$$\mathrm{E}\boldsymbol{r}_w\boldsymbol{r}_w^{\mathrm{T}} = \boldsymbol{W}_w \tag{6-39}$$

3. 标准化残差

记对角阵 $\boldsymbol{D}$ 为

$$\boldsymbol{D} = \mathrm{diag}[\boldsymbol{WR}] = \mathrm{diag}[\boldsymbol{\Sigma}_r] \tag{6-40}$$

标准化残差的定义为

$$\boldsymbol{r}_{\mathrm{N}} = \sqrt{\boldsymbol{D}^{-1}}\boldsymbol{r} \tag{6-41}$$

或者有

$$r_{\mathrm{N}i} = \frac{r_i}{\sqrt{\Sigma_{r,ii}}} \tag{6-42}$$

式中：$\Sigma_{r\,ii}$ 是矩阵 Σ_r 的第 i 个对角元素。

定义标准化残差灵敏度矩阵为

$$\boldsymbol{W}_{\mathrm{N}} = \sqrt{\boldsymbol{D}^{-1}}\boldsymbol{W} \tag{6-43}$$

则标准化残差方程为

$$\boldsymbol{r}_{\mathrm{N}} = \boldsymbol{W}_{\mathrm{N}}\boldsymbol{v} \tag{6-44}$$

标准化残差对不良数据检测辨识有重要作用。

（二）不良数据的检测

不良数据的检测一般是通过检查目标函数是否大大偏离正常值或残差是否超过正常值来反映的，常用有三种方法。

1. $J(\hat{x})$ 检测

将状态估计值 $\hat{x}$ 代入目标函数，可得目标函数极值 $J(\hat{x})$

$$J(\hat{x}) = [\boldsymbol{z} - \boldsymbol{h}(\hat{\boldsymbol{x}})]^{\mathrm{T}} \boldsymbol{R}^{-1} [\boldsymbol{z} - \boldsymbol{h}(\hat{\boldsymbol{x}})] = \boldsymbol{r}^{\mathrm{T}} \boldsymbol{R}^{-1} \boldsymbol{r} \tag{6-45}$$

用加权残差表示时，可以推导出，当假定正常量测误差为正态分布时，$J(\hat{x})$ 为 χ^2 分布，且自由度为 $K(K = m - n)$，记作

$$J(\hat{x}) \sim \chi^2(K) \tag{6-46}$$

当 $K>30$ 时，可以用相应的正态分布来代替 $\chi^2(K)$ 分布，即

$$\xi_1 = \frac{J(\hat{\boldsymbol{x}}) - K}{\sqrt{2K}} \sim N(0, 1), K>30 \tag{6-47}$$

当存在不良数据时，目标函数 $J(\hat{\boldsymbol{x}})$ 将急剧增大。利用这一特性，可以检测不良数据，具体方法是用 $\boldsymbol{H}_0$ 和 $\boldsymbol{H}_1$ 两种假设的假设性检验方法，内容如下：

（1）$\boldsymbol{H}_0$ 假设：如果 $\xi_1<\gamma$（γ 为检验阈值），则没有不良数据，$\boldsymbol{H}_0$ 属真；

（2）$\boldsymbol{H}_1$ 假设：如果 $\xi_1 \geqslant \gamma$（γ 为检验阈值），则有不良数据，$\boldsymbol{H}_1$ 属真。

当确定了阈值 γ 后，如果 $\boldsymbol{H}_0$ 属真而拒绝 $\boldsymbol{H}_0$，接受 $\boldsymbol{H}_1$，则是误报警。其出现的概率是 p_{e}，又称伪警概率。如果 $\boldsymbol{H}_0$ 不真而接受了 $\boldsymbol{H}_0$，拒绝 $\boldsymbol{H}_1$，则是漏报警。其出现的概率是 p_{d}，又称漏检概率。这两类错误的概率是由阈值确定的，为减少这两类错误，通常将 p_{e} 的概率范围取值为 $p_{\mathrm{e}}=0.005 \sim 0.1$。例如，若 $p_{\mathrm{e}}=0.05$ 而且 $K>30$，则可以由给定的 $N(0, 1)$ 正态分布表查出相应的 γ 值为 1.645。

2. 加权残差检测（r_w 法）

$\boldsymbol{r}_w$ 检测是将逐维残差按假设检验方法进行：

（1）$\boldsymbol{H}_0$ 假设。如果 $|r_{wi}|<\gamma_{wi}$，则 $\boldsymbol{H}_0$ 属真，接受 $\boldsymbol{H}_0$。

（2）$\boldsymbol{H}_1$ 假设。如果 $|r_{wi}| \geqslant \gamma_{wi}$，则 $\boldsymbol{H}_0$ 不真，接受 $\boldsymbol{H}_1$。

其中 γ_{wi} 为第 i 个加权残差的检验阈值。

在正常量测条件下的加权残差，也是 0 均值的正态分布的随机变量。加权残差协方差矩阵 $\boldsymbol{W}_w$ 的对角元就是相应加权残差的方差，也即，在正常量测条件下的加权残差 r_{wzi} 为下列形式的正态随机变量

$$r_{wzi} \sim N(0, \boldsymbol{W}_{wii}) \tag{6-48}$$

因此，在正常量测条件下，下述事件的概率为

$$P\{|r_{wzi}| < 2.81\sqrt{w_{wii}}\} = 0.005$$

也就是说，如果取误检概率 $p_{\mathrm{e}}=0.005$，则加权残差门槛 γ_{wi} 可定为

$$\gamma_{wi} = 2.81\sqrt{w_{wii}}, \quad i=1, 2, \cdots, m \tag{6-49}$$

3. 标准化残差检测法（r_{N} 法）

与上述 r_w 检测方法类似，r_{N} 检测按下述假设检验方式进行：

（1）H_0 假设。$|r_{\mathrm{N}i}|<\gamma_{\mathrm{N}i}$，$H_0$ 属真，接受 H_0。

（2）H_1 假设。$|r_{\mathrm{N}i}| \geqslant \gamma_{\mathrm{N}i}$，$H_0$ 不真，接受 H_1。

其中，$r_{\mathrm{N}i}$ 为第 i 个标准化残差分量；$\gamma_{\mathrm{N}i}$ 为第 i 个标准化残差的检测门槛值。

门槛值 $\gamma_{\mathrm{N}i}$ 的确定与 γ_{wi} 类似，在正常量测条件下，有

$$E\boldsymbol{r}_{\mathrm{N}z}\boldsymbol{r}_{\mathrm{N}z}^{\mathrm{T}}=\boldsymbol{W}_{\mathrm{N}}(E\boldsymbol{v}\boldsymbol{v}^{\mathrm{T}})\boldsymbol{W}_{\mathrm{N}}{}^{\mathrm{T}}=\sqrt{\boldsymbol{D}^{-1}}\boldsymbol{W}\boldsymbol{R}\boldsymbol{W}^{\mathrm{T}}\sqrt{\boldsymbol{D}^{-1}}=\sqrt{\boldsymbol{D}^{-1}}\boldsymbol{W}\boldsymbol{R}\sqrt{\boldsymbol{D}^{-1}} \quad (6-50)$$

注意到式（6-40），可知上式右端矩阵的对角元素均为 1，故有

$$Er_{\mathrm{N}i}^{2}=1,\ i=1,\ 2,\ \cdots,\ m \quad (6-51)$$

相应地，按 $p_{\mathrm{e}}=0.005$ 所确定的检测门槛值为

$$\gamma_{\mathrm{N}i}=2.81,\ i=1,\ 2,\ \cdots,\ m \quad (6-52)$$

4. 三种检测方法的评价

不良数据的检测能力与量测系统中测点的配置、不良数据值的大小以及检测门槛值的选择有密切关系。测点配置越完善，不良数据的值越大，检测门槛值越低，检测不良数据的能力越强。然而，过低的门槛值又会使误检概率增大。

在各种条件都相同的情况下，上述三种检测方法的一般特点如下：

(1) $J(\hat{x})$ 检测法在电力系统规模较小，而且相应地量测冗余度 K 较小的情况下，有较高的灵敏度。但是，随着电力系统规模的增大，冗余度 K 也相应地增大，$J(\hat{x})$ 的均值和方差都将随之增大，个别不良数据对 $J(\hat{x})$ 值的影响相对减小，从而使检测灵敏度降低。另外，$J(\hat{x})$ 检测只能测知不良数据的存在与否，而不知道何者为可疑数据（或不良数据）。

(2) r_w、r_{N} 检测法不属于总体型检测，因此，电力系统规模大小并不影响检测灵敏度。它只取决于 W_w、W_{N} 矩阵对角元素的大小。

量测系统越完善，冗余度 K 越大，则对角元素也越占优势，检测不良数据也越灵敏。反之，当系统量测冗余度很小时，r_w、r_{N} 法的检测性能变坏。在中等冗余度的条件下（$m/n=2\sim3$），r_{N} 法比 r_w 法的检测性能明显优越。当系统冗余度很大时，r_w、r_{N} 法两者性能接近，并且都是优越的。

此外，这两种检测方法，虽然不能一次确定不良数据的位置，却均能找到可疑数据的测点，为不良数据的进一步辨识提供了方便。

(3) r_{N} 法在一般量测冗余度的情况下，对单个不良数据还具有较快辨识功能，这是 r_w 法比不上的。但是与 r_w 法相比，它必须付出计算 $D=\mathrm{diag}\left[\Sigma_r\right]$ 的代价。

（三）不良数据的辨识

不良数据的辨识方法较多，主要有：

(1) 残差搜索法；

(2) 非二次准则法；

(3) 零残差辨识法；

(4) 总体型估计辨识法；

(5) 逐次型估计辨识法。

残差搜索法对量测按残差大小排队，去掉残差最大的量测重新进行状况估计计算，计算收敛后再对剩下的量测按残差大小排队，再去掉残差最大的量测重新进行状况估计。残差搜索法要进行多次状况估计，要花费很多时间，在实际系统无法实用。

非二次准则法检测到不良数据后，不去掉可疑量测，而是在迭代过程中按残差大小修改其权重，残差大则降低其权重，在下一步迭代中降低其影响，而最终得到较准确的计算结果。非二次准则法每次迭代根据残差按非二次准则修改权重，对残差大的量测给以较小的权重，而下一步迭代后其残差更大，相应的权重更小。但权重相差过大往往造成状态估计不收敛。

零残差辨识法为了削弱不良数据对状态估计结果的影响，不改变其量测权重而将可疑量测的残差置零也可达到同样的目的。零残差辨识法与非二次准则法基本思路相似，非二次准则法要改变状态估计修正方程的两边权重，左边雅可比矩阵不再是常数矩阵，因此不适合快速解耦状态估计方法；而零残差辨识法改变修正方程右边项，适合快速解藕状态估计方法，但残差置零相当于非二次准则法中权重非常小的一种，其收敛性不太好。

总体型估计辨识法将量测残差方程看成是可疑量测残差的方程，用残差估计出可疑量测偏差。

从量测残差方程 $\boldsymbol{r}=\boldsymbol{W}\boldsymbol{v}$ 可见，有了残差 $\boldsymbol{r}$ 和灵敏度矩阵 $\boldsymbol{W}$ 就很容易求出量测误差向量 $\boldsymbol{v}$，可疑数据就在其中。但实际上是不可能的，因为灵敏度矩阵 W 的秩等于量测的自由度 $K=m-n$，不可求逆。残差方程中最多有 K 个独立的线性方程组，也只能计算出 K 个未知数。但实际上一个系统并不能辨识 K 个不良数据，因为系统量测分布不均匀使 K 个线性方程组中包含多个线性相关的方程。

将可检测的可疑量测对应的残差 $\boldsymbol{r}_{\mathrm{s}}$，通过残差方程 $\boldsymbol{r}=\boldsymbol{W}\boldsymbol{v}$ 的灵敏度矩阵相关部分 $\boldsymbol{W}_{\mathrm{s}}$，可求得对应量测误差 v_{s}，得到估计辨识法的辨识公式

$$\boldsymbol{v}_{\mathrm{s}}=(\boldsymbol{W}_{\mathrm{s}}^{\mathrm{T}}\boldsymbol{G}^{-1}\boldsymbol{W}_{\mathrm{s}})\boldsymbol{W}_{\mathrm{s}}^{\mathrm{T}}\boldsymbol{G}^{-1}\boldsymbol{r}_{\mathrm{s}} \tag{6-53}$$

式中：$\boldsymbol{v}_{\mathrm{s}}$ 为可检测的量测误差向量；$\boldsymbol{W}_{\mathrm{s}}$ 为对应可疑量测灵敏度矩阵相关部分；$\boldsymbol{G}^{-1}$ 为加权对角矩阵，$\boldsymbol{G}^{-1}=\boldsymbol{H}^{\mathrm{T}}\boldsymbol{R}^{-1}\boldsymbol{H}^{-1}$。

估计辨识法的加权形式公式为

$$\boldsymbol{v}_{ws}=(\boldsymbol{W}_{ws}^{\mathrm{T}}\boldsymbol{G}^{-1}\boldsymbol{W}_{ws})\ \boldsymbol{W}_{ws}^{\mathrm{T}}\boldsymbol{G}^{-1}\boldsymbol{r}_{ws} \tag{6-54}$$

式中：$\boldsymbol{v}_{ws}$ 为可疑量测加权误差向量；$\boldsymbol{r}_{ws}$ 为可疑量测加权残差向量；$\boldsymbol{W}_{ws}$ 为对应可疑量测加权残差灵敏度矩阵相关部分。

总体型估计辨识法可以快速处理多个不良数据，无需重新状态估计计算，但在准确辨识可疑数据方面含有缺陷。

逐次型估计辨识法结合残差搜索法中准确辨识可疑数据的优势和总体型估计辨识法中快速处理多个不良数据的能力，建立了一种逐次辨识不良数据又无需重新状态估计的快速准确辨识可疑数据方法。该方法在状态估计迭代计算收敛到一定程度时，针对某一组可疑数据，先取其中一个残差最大的量测进行辨识，判断它是否是不良数据。如果辨识出一个不良数据后，先估计其正确值，并修正最新残差，重新对残差进行排队，重新辨识不良数据。

逐次型估计辨识法使排除一个不良数据后不再重新状态估计计算，而利用残差灵敏度矩阵和雅可比矩阵直接修正残差和待求未知量，使残差搜索法时间大大减少，使其准确辨识可疑数据的能力得以发挥和实用。

逐次型估计辨识法发挥了残差搜索法的逐次性试探辨识可疑数据的准确性，并在状态估计过程中辨识法可疑数据，是一种成功可疑数据辨识方法，在实际的状态估计软件中得到广泛应用。

（四）不良数据的检测辨识算例

仍然以前面图 6-1 给出的三节点系统为算例，已求得测量得到的量测量向量 $\boldsymbol{z}=[-1.98, 0.502, -0.596, -1.404, -0.097]^{\mathrm{T}}$，计算状态量估计值及量测估计值。残差向量为

$$\boldsymbol{r}=\begin{bmatrix}r_1\\r_2\\r_3\\r_4\\r_5\end{bmatrix}=\boldsymbol{z}-\hat{\boldsymbol{z}}=\begin{bmatrix}-1.98\\0.502\\-0.596\\-1.404\\-0.097\end{bmatrix}-\begin{bmatrix}-1.989\\0.498\\-0.597\\-1.392\\-0.099\end{bmatrix}=\begin{bmatrix}0.009\\0.004\\0.001\\-0.012\\0.002\end{bmatrix}$$

则其加权残差平方和 $J(\hat{x})$ 服从 $\chi^2_{K,\alpha}$分布，在本例中其自由度 $K=3$，取 $\alpha=0.01$，从 $\chi^2_{K\alpha}$分布表中查得 $\chi^2_{3\,0.01}=11.35$，加权平方和 $J(\hat{x})$ 的估计值为

$$\begin{aligned}J(\boldsymbol{x})&=\sum_{i=1}^{5}\frac{r_i^2}{\sigma_i^2}=100r_1^2+100r_2^2+100r_3^2+100r_4^2+100r_5^2\\&=100\times0.009^2+100\times0.004^2+100\times0.001^2+100\times(-0.012)^2+100\times0.002^2\\&=0.0246\end{aligned}$$

此值明显小于 11.35，因此，我们有 99%的把握肯定例中的原始量测数据中不存在坏数据，估计结果可以接受。

现在我们假设另一组量测量数据 $\boldsymbol{z}=[-1.98,0.502,-0.1,-1.404,-0.097]^{\mathrm{T}}$，重新进行上述计算，现将重要结果记录如下

状态量估计值 $\hat{\boldsymbol{x}}=\begin{bmatrix}\hat{x}_1\\\hat{x}_2\end{bmatrix}=\begin{bmatrix}\hat{\theta}_1\\\hat{\theta}_2\end{bmatrix}=\begin{bmatrix}-0.1378\\-0.0327\end{bmatrix}$

量测量估计值 $\hat{\boldsymbol{z}}=\begin{bmatrix}\hat{P}_1\\\hat{P}_2\\\hat{P}_{12}\\\hat{P}_{13}\\\hat{P}_{23}\end{bmatrix}=\begin{bmatrix}-1.9027\\0.3614\\-0.5251\\-1.3776\\-0.1637\end{bmatrix}$

残差向量 $\boldsymbol{r}=\begin{bmatrix}r_1\\r_2\\r_3\\r_4\\r_5\end{bmatrix}=\begin{bmatrix}-0.0773\\0.1406\\0.4251\\-0.0264\\0.0667\end{bmatrix}$

加权残差平方和 $J(\hat{\boldsymbol{x}})=21.16$

此值大于 11.35，因此，在 99%的置信度下原始量测数据中可能存在着坏数据，估计结果不能接受。

现在我们要计算标准化残差，并将标准化残差最大的那个量测量判为坏数据，将其滤除，再重新进行估计。

标准化残差的定义是 $\boldsymbol{r}_{\mathrm{N}}=\sqrt{\boldsymbol{D}^{-1}}\boldsymbol{r}$，其中 $\boldsymbol{D}=\mathrm{diag}[(\boldsymbol{I}-\boldsymbol{H}\boldsymbol{G}^{-1}\boldsymbol{H}^{\mathrm{T}}\boldsymbol{R}^{-1})\boldsymbol{R}]$。

本例中，标准化残差向量为

$$\boldsymbol{r}_{\mathrm{N}}=\begin{bmatrix}-1.2351\\2.2901\\4.5973\\-0.34218\\0.75392\end{bmatrix}$$

因为第三个量测量的标准化残差的绝对值较大，有可能为坏数据。现将其滤除后重新进行估计，计算结果为

状态量估计值　$\hat{\boldsymbol{x}}=\begin{bmatrix}\hat{x}_1\\\hat{x}_2\end{bmatrix}=\begin{bmatrix}\hat{\theta}_1\\\hat{\theta}_2\end{bmatrix}=\begin{bmatrix}-0.1392\\-0.0198\end{bmatrix}$

量测量估计值　$\hat{\boldsymbol{z}}=\begin{bmatrix}\hat{P}_1\\\hat{P}_2\\\hat{P}_{13}\\\hat{P}_{23}\end{bmatrix}=\begin{bmatrix}-1.9892\\0.4983\\-1.3920\\-0.0988\end{bmatrix}$

残差向量　$\boldsymbol{r}=\begin{bmatrix}r_1\\r_2\\r_4\\r_5\end{bmatrix}=\begin{bmatrix}0.0092\\0.0037\\-0.012\\0.0018\end{bmatrix}$

新的自由度 $K=2$，仍取 $\alpha=0.01$，从 $\chi^2_{K\alpha}$ 分布表中查得 $\chi^2_{2\,0.01}=9.21$，新的加权平方和 $J(\hat{\boldsymbol{x}})$ 的估计值计算结果为 0.0245，远小于 9.21，可见将原先的第三个量测量确为坏数据，将其滤除后重新进行估计得到了较为可信的结果。

以上以简单算例说明了不良数据检测辨识的最基本过程。如上所述，实际应用中的不良数据情况及检测辨识算法要复杂得多。

五、其他功能

以上对状态估计中的几个主要功能进行了介绍，除此之外，在实际应用中，状态估计还有变压器抽头估计、网络状态监视、母线负荷预测模型、量测误差估计等功能，限于篇幅不一一介绍。

在实际中，状态估计还存在与其他应用模块的接口功能，与其他应用模块间的数据交换如图 6-3 所示。它包括如下数据交换：

（1）SCADA。状态估计从 SCADA 取实时遥信遥测数据，并把计算结果和遥测质量信息反送 SCADA。

（2）AGC。状态估计从 AGC 取厂站发电计划和机组计划，当量测不足时，可用计划数据作为伪量测。

（3）SSLF。状态估计向超短期负荷预计送系统发电量和系统总负荷。

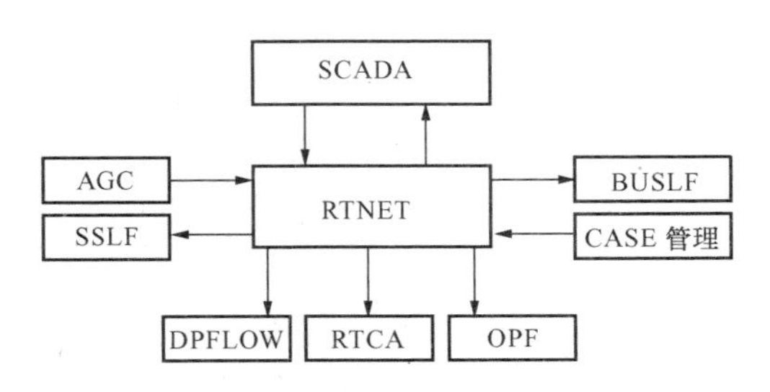

图 6-3　状态估计与其他应用模块接口

（4）OPF。状态估计向最优潮流送实时方式。

（5）RTCA。状态估计向实时预想事故分析送实时方式。

（6）CASE 管理。状态估计向 CASE 管理送整点方式。状态估计实时运行时，每到整点保存实时方式，但覆盖昨天此整点保存的方式。在调度员潮流 CASE 管理中可见到由状态估计保存的最近 24 个整点方式及保存时间。

（7）DPFLOW。状态估计向调度员潮流送实时方式。

（8）BUSLF。状态估计向母线负荷预测送负荷模型系数，量测不足时取母线负荷预测值。

第二节 电力系统静态安全分析

电力系统静态安全分析的实质是在当前运行状态下对一组可能发生的预想事故进行在线潮流计算，由潮流计算的结果校验事故后运行方式下各元件是否过电压或过负荷，从而判断系统的当前运行状态是否安全，称为安全评估（security evaluation，SE）。如不安全，便要进一步确定应采取的对策，即如何调整可控变量使系统恢复到正常安全状态，称为安全控制（security control，SC）。静态安全分析的预想事故集中一般包括支路开断、发电机开断及其组合。

不难看出，电力系统静态安全分析的核心是潮流计算。由于预想事故数很多，又必须满足实际在线运行的要求，因而此处的潮流计算方法和第三章中介绍的潮流计算方法，如 N－R 迭代和 P－Q 解耦迭代有所不同，必须突出快速的要求。同时，为缩短总的分析时间，必须对预想事故进行预处理，即设法将真正危及系统安全的预想事故挑出，称为预想事故的自动选择。这些就是静态安全分析的主要内容。

一、快速潮流计算

用于静态安全分析的快速在线潮流计算的方法有多种，如直流法、补偿法等。此外，为了加快潮流计算，可采用一些有效的辅助措施，如对所研究问题影响较小的一部分系统进行简化处理，称为网络等值。下面分别予以介绍。

（一）直流法

直流法是最简单的快速潮流算法，它是利用电力系统的特点将交流性质潮流问题的求解简化为类直流网络的求解。下面先介绍直流潮流法，然后介绍它在静态安全分析中的应用。

1. 直流潮流法

电力系统中各节点注入的有功功率为

$$P_i = \mathrm{Re}\{\dot{U}_i\hat{I}_i\} = \mathrm{Re}\{\dot{U}_i\Sigma\hat{Y}_{ij}\hat{U}_j\} = U_i\sum_j U_j(G_{ij}\cos\theta_{ij} + B_{ij}\sin\theta_{ij}),\ i = 1,\cdots,n \quad (6-55)$$

鉴于电力系统的特点，做如下简化假设：

（1）$G_{ij} \ll B_{ij}$，故取 $G_{ij}=0$；

（2）θ_{ij} 很小，故取 $\sin\theta_{ij} \approx \theta_{ij} = \theta_i - \theta_j$；

（3）U_i、U_j 均接近于 1（标幺值），故取 $U_i = U_j = 1$；

（4）不计对地导纳，变压器的标么变比取为 1。

在上述简化假设下，式（6-55）成为

$$P_i = \sum_j B_{ij}(\theta_i - \theta_j),\ i = 1,\cdots,n \tag{6-56}$$

设第 n 节点为平衡节点，即取 $\theta_n=0$，有

$$\begin{bmatrix} P_1 \\ \vdots \\ P_{n-1} \end{bmatrix} = \begin{bmatrix} B_{11} & B_{12} & \cdots & B_{1\,n-1} \\ & & \vdots & \\ B_{n-1\,1} & B_{n-1\,2} & \cdots & B_{n-1\,n-1} \end{bmatrix} \begin{bmatrix} \theta_1 \\ \vdots \\ \theta_{n-1} \end{bmatrix} \tag{6-57}$$

简记为

$$\boldsymbol{P} = \boldsymbol{B\theta} \tag{6-58}$$

式中：$\boldsymbol{B}$ 称为节点电纳矩阵。

支路 ij 中的有功功率，由图 6-1 可写出

$$\begin{aligned} P_{ij} &= \mathrm{Re}\{\dot{S}_{ij}\} = \mathrm{Re}\{U_i^2\hat{y}_{i0} + \dot{U}_i\hat{y}_{ij}(\hat{U}_i - \hat{U}_j)\} \\ &= U_i^2(g_{i0} + g_{ij}) - U_iU_j(g_{ij}\cos\theta_{ij} + b_{ij}\sin\theta_{ij}) \end{aligned} \tag{6-59}$$

在上述简化假设下有

$$P_{ij} = -b_{ij}(\theta_i - \theta_j) = (\theta_i - \theta_j)/x_{ij} \tag{6-60}$$

式中：x_{ij} 为支路 ij 的电抗；b_{ij} 为支路 ij 的电纳，$b_{ij}=-1/x_{ij}$；B_{ij} 为节点电纳矩阵 $\boldsymbol{B}$ 中的元素。

这样，一个交流网络中的支路（见图 6-4）就简化为一个类直流网络中的支路（见图 6-5），其电阻为 x_{ij}，两端的电压为 θ_i 和 θ_j，由欧姆定律得支路电流为（$\theta_i-\theta_j$）$/x_{ij}$，相应于交流支路中的有功功率 P_{ij}，所以这种计算潮流的方法称为直流潮流法。

直流法求解潮流的步骤为：

（1）形成节点的电纳矩阵 $\boldsymbol{B}$，求其逆；

（2）由式（6-58）求出节点电压的相位角 $\boldsymbol{\theta}=\boldsymbol{B}^{-1}\boldsymbol{P}$；

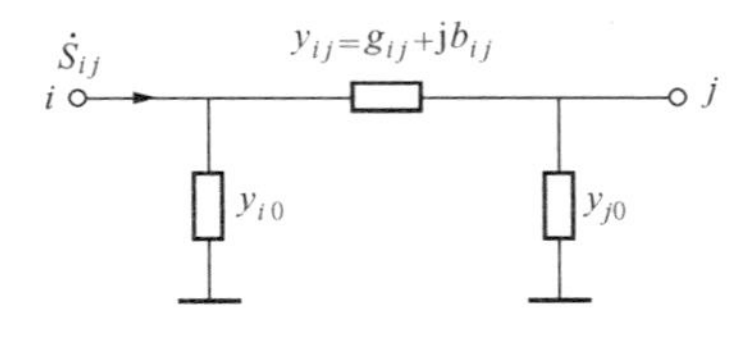

图 6-4　支路 ij 中的功率

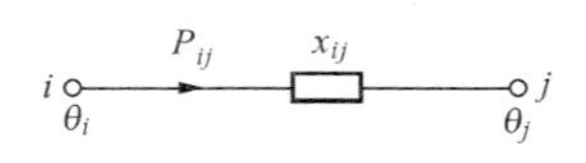

图 6-5　图 6-4 支路的简化

（3）由式（6-60）求出各支路有功功率。

由于直流法避免了非线性网络方程的迭代求解，因而方法简单，速度极快，这是它的突出优点。但其缺点也很明显：精度差；只能求节点电压的角度和有功功率的分布，得不到节点电压的大小和无功功率的分布。

下面举一例说明之。

【例 6-1】 利用直流法计算［例 3-3］系统的潮流。

解　［例 3-3］系统的等值电路如图 6-6 所示，采用直流法时，其等值电路示于图 6-7，图中支路参数为电抗，负荷为有功。

（1）形成的节点电纳矩阵为

$$\boldsymbol{B}=\begin{bmatrix}22.5 & -12.5 & -10 & 0 & 0\\ & 34.4160 & -16.6667 & -5.2493 & 0\\ & & 31.9160 & 0 & -5.2493\\ & & & 5.2493 & 0\\ & & & & 5.2493\end{bmatrix}$$

以节点 5 为参考，求得

$$\boldsymbol{X}=\boldsymbol{B}^{-1}=\begin{bmatrix}-0.2488 & -0.2155 & -0.1905 & -0.2155\\ & -0.2355 & -0.1905 & -0.2355\\ & & -0.1905 & -0.1905\\ & & & -0.4260\end{bmatrix}$$

节点注入有功功率为

$$\boldsymbol{P}=[-0.8055,\ -0.18,\ 0,\ 0.5]^{\mathrm{T}}$$

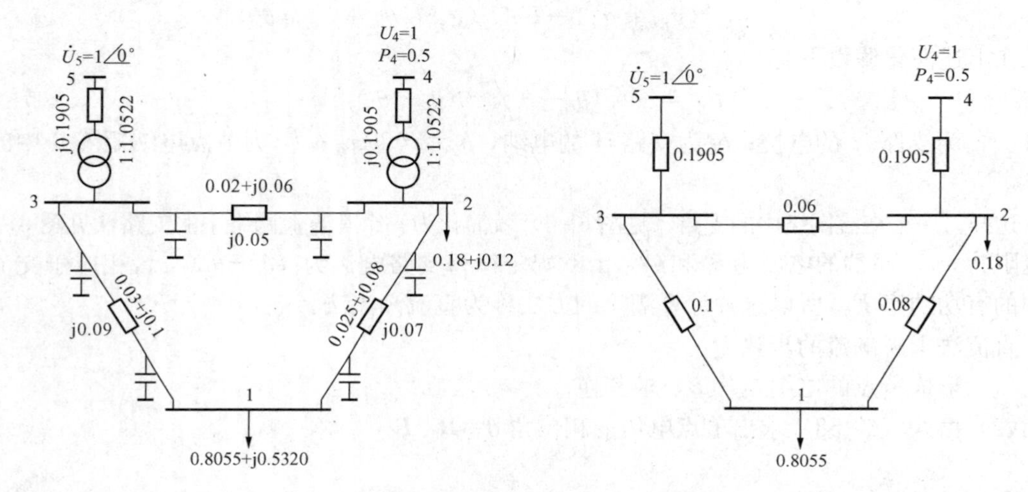

图 6-6 [例 3-3]系统等值电路　　图 6-7 采用直流法时图 6-6 的等值电路

(2) 由式（6—58）求得

$$\boldsymbol{\theta}=\boldsymbol{B}^{-1}\boldsymbol{P}=[-0.1315,\ -0.0982,\ -0.0925,\ -0.0030]^{\mathrm{T}}$$

(3) 由式（6—60）求得各支路功率为

$$P_{12}=\frac{(\theta_1-\theta_2)}{x_{12}}=\frac{(-0.1315+0.0982)}{0.08}=-0.4156\ (-0.4150)$$

$$P_{13}=\frac{(\theta_1-\theta_3)}{x_{13}}=\frac{(-0.1315+0.0925)}{0.1}=-0.3899\ (-0.3905)$$

$$P_{23}=\frac{(\theta_2-\theta_3)}{x_{23}}=\frac{(-0.0982+0.0925)}{0.06}=-0.0956\ (-0.1002)$$

$$P_{42}=\frac{(\theta_4-\theta_2)}{x_{42}}=\frac{(-0.0030+0.0982)}{0.1905}=0.5\ (0.5)$$

$$P_{53}=\frac{(\theta_5-\theta_3)}{x_{53}}=\frac{(0+0.0925)}{0.1905}=0.4855\ (0.4988)$$

上述括号中数字为用第三章潮流解法求得的值（见［例 3-3］）。

2. 直流法在静态安全分析中的应用

在静态安全分析中，要校验开断支路或开断发电机后各支路功率是否越限。

（1）开断支路。设在当前运行状态下网络的节点电纳矩阵为 $\boldsymbol{B}_0$，节点的注入有功为 $\boldsymbol{P}_0$，则各节点电压的相角为

$$\boldsymbol{\theta}=\boldsymbol{B}_0^{-1}\boldsymbol{P}_0 \tag{6-61}$$

现预想支路 km 开断，由第三章第一节中节点导纳矩阵的修改方法可知，此时节点电纳矩阵 $\boldsymbol{B}_1$ 和原来的电纳矩阵 $\boldsymbol{B}_0$ 相比，仅 B_{kk}、B_{km}、B_{mk}、B_{mm} 四个元素有变化，可将其表为

$$\boldsymbol{B}_1=\boldsymbol{B}_0+\Delta\boldsymbol{B}=\boldsymbol{B}_0+b_{km}\boldsymbol{M}^{T}\boldsymbol{M} \tag{6-62}$$

式中：b_{km} 为所开断支路 km 的电纳；$\boldsymbol{M}$ 为仅第 k 个元素为 1，第 m 个元素为 -1 而其余元素均为零的行向量，即 $\boldsymbol{M}=[0\cdots010\cdots0\cdots-1\cdots0]$。

设支路 km 开断后节点注入功率未变，即 $\boldsymbol{P}_1=\boldsymbol{P}_0$，从而此时各节点电压的相角为

$$\boldsymbol{\theta}=\boldsymbol{B}_1^{-1}\boldsymbol{P}_0=(\boldsymbol{B}_0+b_{km}\boldsymbol{M}^{T}\boldsymbol{M})^{-1}\boldsymbol{P}_0 \tag{6-63}$$

利用矩阵求逆的反演公式（也称 Household 公式）

$$[\boldsymbol{A}_{11}+\boldsymbol{A}_{12}\boldsymbol{A}_{22}^{-1}\boldsymbol{A}_{21}]^{-1}=\boldsymbol{A}_{11}^{-1}-\boldsymbol{A}_{11}^{-1}\boldsymbol{A}_{12}[\boldsymbol{A}_{22}+\boldsymbol{A}_{21}\boldsymbol{A}_{11}^{-1}\boldsymbol{A}_{12}]^{-1}\boldsymbol{A}_{21}\boldsymbol{A}_{11}^{-1}$$

得到

$$(\boldsymbol{B}_0+b_{km}\boldsymbol{M}^{T}\boldsymbol{M})^{-1}=\boldsymbol{B}_0^{-1}+\boldsymbol{B}_0^{-1}\boldsymbol{M}^{T}\left(\frac{1}{b_{km}}+\boldsymbol{M}\boldsymbol{B}_0^{-1}\boldsymbol{M}^{T}\right)^{-1}\boldsymbol{M}\boldsymbol{B}_0^{-1} \tag{6-64}$$

令 $\boldsymbol{B}_0^{-1}=\boldsymbol{X}$，则

$$\boldsymbol{M}\boldsymbol{B}_0^{-1}\boldsymbol{M}^{T}=\boldsymbol{M}\boldsymbol{X}\boldsymbol{M}^{T}=X_{kk}+X_{mm}-2X_{km}$$

从而

$$\left(\frac{1}{b_{km}}+\boldsymbol{M}\boldsymbol{B}_0^{-1}\boldsymbol{M}^{T}\right)^{-1}=\frac{1}{(x_{km}+X_{kk}+X_{mm}-2X_{km})}=C \tag{6-65}$$

式中：x_{km} 为开断支路 km 的电抗。

又 $$\boldsymbol{B}_0^{-1}\boldsymbol{M}^{T}=\boldsymbol{X}\boldsymbol{M}^{T}=[(X_{1k}-X_{1m})\cdots(X_{n-1\,k}-X_{n-1\,m})]^{T}$$，于是

$$\boldsymbol{\theta}=\boldsymbol{B}_1^{-1}\boldsymbol{P}_0=(\boldsymbol{B}_0^{-1}-C\boldsymbol{B}_0^{-1}\boldsymbol{M}^{T}\boldsymbol{M}\boldsymbol{B}_0^{-1})\boldsymbol{P}_0=\boldsymbol{\theta}_0-C\boldsymbol{B}_0^{-1}\boldsymbol{M}^{T}\boldsymbol{M}\boldsymbol{\theta}_0=\boldsymbol{\theta}_0+\Delta\boldsymbol{\theta} \tag{6-66}$$

又因 $\boldsymbol{M}\boldsymbol{\theta}_0=\theta_{k0}-\theta_{m0}$，所以

$$\boldsymbol{\theta}_1=\boldsymbol{\theta}_0-C(\theta_{k0}-\theta_{m0})[(X_{1k}-X_{1m})\cdots(X_{n-1\,k}-X_{n-1\,m})]^{T} \tag{6-67}$$

从而 km 支路开断后任一支路 ij 中的功率为

$$P'_{ij}=P_{ij0}-\frac{C(\theta_{k0}-\theta_{m0})(X_{ik}-X_{im}-X_{jk}+X_{jm})}{x_{ij}} \tag{6-68}$$

式中：x_{ij} 为支路 ij 的电抗。

由式（6-68）即可判断支路是否过负荷。其计算十分简单，只需利用基本情况下的有关数据便可求得，无需重新形成电纳矩阵 $\boldsymbol{B}_1$，也无须重新求取节点电压的相角 $\boldsymbol{\theta}_1$，因而计算速度极快。

【例 6-2】 对［例 6-1］的图 6-6 所示系统，设支路 23 开断，试用直流法进行静态安全分析。

解　［例 6-1］已求出

$$\boldsymbol{X}=\boldsymbol{B}^{-1}=\begin{bmatrix}-0.2488 & -0.2155 & -0.1905 & -0.2155\\ & -0.2355 & -0.1905 & -0.2355\\ & & -0.1905 & -0.1905\\ & & & -0.4260\end{bmatrix}$$

由式（6-65）先求出

$$C=\frac{1}{(x_{23}+X_{22}+X_{33}-2X_{23})}=66.6667$$

由式（6-68）求得

$$P_{12}=P_{120}-\frac{C\ (\theta_{20}-\theta_{30})\ (X_{12}-X_{13}-X_{22}+X_{23})}{x_{12}}=-0.3200\ (-0.3167)$$

同理求得：$P_{13}=-0.4855\ (-0.4888)$，$P_{42}=0.5\ (0.5)$，$P_{53}=0.4855\ (0.4978)$。括号内的数字为用第三章的潮流解法求得的结果。

此结果显然。因支路 23 开断后，有功的分配十分简单，由基尔霍夫电流定律即可直接写出上述结果。

前已指出，静态安全分析除了确定预想事故情况下系统是否安全，还可对不安全系统提出一些可行的控制措施。在不改变系统结构的情况下，最方便的方法是调整发电机出力改变系统中的潮流分布。

为此，需先求出发电机调整出力时对过负荷支路 ij 的影响，即

$$A_{ij-l}=\partial P_{ij}/\partial P_l \tag{6-69}$$

称为调度灵敏系数，其物理意义为当发电机 l 调整单位出力时支路 ij 中的功率变化量。

求出调度灵敏系数后，便可进一步确定为使支路 ij 不过负荷时发电机 l 应调整的出力量，即

$$\Delta P_l=-\frac{P_{ij}-P_{ij\lim}}{A_{ij-l}}=-\frac{\Delta P_{ij}}{A_{ij-l}} \tag{6-70}$$

$$\Delta P_{ij}=P_{ij}-P_{ij\lim}$$

式中：$P_{ij\lim}$为 ij 支路中允许流通的功率；ΔP_{ij} 为支路 ij 的超调量。

如系统中有多台发电机可调整，显然应减小调度灵敏系数大的发电机出力。

下面介绍调度灵敏系数 A_{ij-l} 的求取方法。

设仅由发电机 l 注入（增加）单位出力，即有

$$\boldsymbol{P}'=\ [0\cdots010\cdots0]$$

则支路 ij 未开断时各节点电压的相角为

$$\boldsymbol{\theta}'_0=\boldsymbol{B}_0^{-1}\boldsymbol{P}'=\boldsymbol{X}\boldsymbol{P}'=\ [X_{1l}X_{2l}\cdots X_{n-1\,l}]^{\mathrm{T}} \tag{6-71}$$

由式（6-66）可求出支路 km 开断后节点电压的相角为

$$\boldsymbol{\theta}_1=\boldsymbol{\theta}'_0-C\ (X_{\mathrm{k}l}-X_{\mathrm{m}l})\ [\ (X_{1\mathrm{k}}-X_{1\mathrm{m}})\ \cdots\ (X_{n-1\,\mathrm{k}}-X_{n-1\,\mathrm{m}})]^{\mathrm{T}}$$

进而可求出因发电机 l 调整单位出力后支路 ij 中的功率变化，即调度灵敏系数为

$$\begin{aligned}A_{ij-l}&=\ (\theta_{1i}-\theta_{1j})\ /x_{ij}\\&=[\ (X_{il}-X_{jl})\ -C\ (X_{\mathrm{k}l}-X_{\mathrm{m}l})\ (X_{i\mathrm{k}}-X_{i\mathrm{m}}-X_{j\mathrm{k}}+X_{j\mathrm{m}})]\ /x_{ij}\end{aligned} \tag{6-72}$$

【例 6-3】 设［例 6-2］支路 13 中允许流通的功率为 0.42，求为使其不过负荷应调整的发电机 G2（即节点 4）的出力。

解 利用［例 6-2］的有关数据先由式（6-72）求出其调度灵敏系数

$$A_{13-4}=[\ (X_{14}-X_{34})\ -C\ (X_{24}-X_{34})\ (X_{12}-X_{13}-X_{32}+X_{33})]\ /x_{13}=-1$$

由式（6-70）求出应调整的发电机 G2 的出力为

$$\Delta P_4=\frac{-\Delta P_{13}}{A_{13-4}}=-\frac{(0.4855-0.42)}{-1}=0.0655$$

即将发电机 G2 的出力增加 0.0655(标幺值)，便可使开断支路 23 后支路 13 不过负荷，即当 G2 的出力为 0.5+0.0655=0.5655(标幺值)时支路 13 中的功率恰为允许流通的功率 0.42(标幺值)。此结果也可用基尔霍夫电流定律验证。

(2) 开断发电机。当节点 k 上的某一发电机开断时，节点 k 的有功注入将由原来的 P_{k0} 变为 $P'_k = P_{k0} - p_k$，式中 p_k 为开断发电机而减少的功率。此时节点注入有功的列向量为

$$\boldsymbol{P}_1 = \boldsymbol{P}_0 + \Delta\boldsymbol{P}$$

其中，$\Delta\boldsymbol{P} = [0\cdots0 \quad -p_k \quad 0\cdots0]^T$。

于是此时节点电压的相角为

$$\boldsymbol{\theta} = \boldsymbol{B}_0^{-1}\boldsymbol{P}_1 = \boldsymbol{B}_0^{-1}(\boldsymbol{P}_0 + \Delta\boldsymbol{P}) = \boldsymbol{\theta}_0 + \Delta\boldsymbol{\theta} \tag{6-73}$$

其中，$\Delta\boldsymbol{\theta} = \boldsymbol{B}_0^{-1}\Delta\boldsymbol{P} = -p_k [X_{1k} X_{2k} \cdots X_{n-1\,k}]^T$。

从而任一支路 ij 中的有功功率为

$$P_{ij1} = P_{ij0} + (\Delta\theta_i - \Delta\theta_j)/x_{ij} = P_{ij0} - p_k(X_{ik} - X_{jk})/x_{ij} \tag{6-74}$$

这种考虑发电机开断的方法是最简单的一种，它的精度不高。还应指出，当开断发电机的功率较大时，会引起系统频率的变化。在精度要求较高的场合需计及这点，以校验系统频率是否越限。这也是静态安全分析的内容之一。关于频率调整问题将在第七章中详细讨论。

(二) 补偿法

所谓补偿法是指用在支路两端节点引入某一待求电流量(称为补偿电流)模拟网络中，支路开断的方法。补偿法有多种，在此仅介绍其中的一种。

设网络初始状态如图 6-8 (a) 所示，描述其特性的节点电压方程为

$$\boldsymbol{Y}_0\boldsymbol{U}_0 = \boldsymbol{I}_0 \tag{6-75}$$

式中：$\boldsymbol{Y}_0$ 为初始状态时网络的节点导纳矩阵。

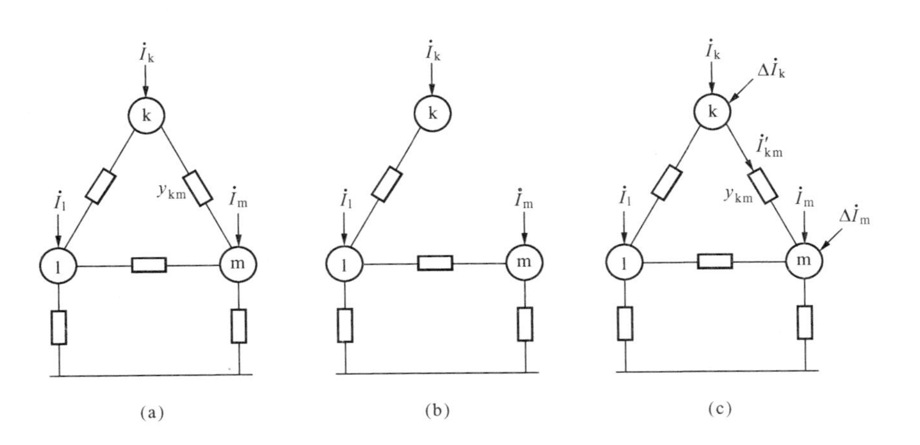

图 6-8　补偿法示意图

(a) 初始状态；(b) 支路 km 开断；(c) 补偿法

设支路 km 开断，且节点注入电流未变，如图 6-5 (b) 所示。此时的节电电压方程为

$$\boldsymbol{Y}_1\boldsymbol{U}_1 = \boldsymbol{I}_1 = \boldsymbol{I}_0 \tag{6-76}$$

式中：$\boldsymbol{Y}_1$、$\boldsymbol{U}_1$ 为支路 km 开断后网络的节点导纳矩阵和节点电压列向量。

现采用补偿法模拟支路 km 开断，如图 6-8（c）所示：支路 km 仍存在，但同时在节点 k、m 注入补偿电流 $\Delta\dot{I}_{k}$ 和 $\Delta\dot{I}_{m}$。显然，当补偿电流满足条件

$$\Delta\dot{I}_{k}=-\dot{I}'_{km}=-\Delta\dot{I}_{m} \tag{6-77}$$

时，支路 km 中将无电流流过，相当于其开断，式中 $\dot{I}'_{km}$ 为此时 km 支路的电流，计算式为

$$\dot{I}'_{km}=y_{km}(\dot{U}_{1k}-\dot{U}_{1m}) \tag{6-78}$$

式中：$\dot{U}_{1k}$、$\dot{U}_{1m}$ 为支路 km 开断后节点 k 和 m 的电压。

可见，图 6-8（c）和图 6-8（b）等效。对图 6-8（c）可列出其节点电压方程为

$$\boldsymbol{Y}_0\boldsymbol{U}_1=\boldsymbol{I}_1=\boldsymbol{I}_0+\Delta\boldsymbol{I}=\boldsymbol{I}_0-y_{km}(\dot{U}_{1k}-\dot{U}_{1m})\boldsymbol{M}^{\mathrm{T}} \tag{6-79}$$

其中，$\boldsymbol{M}$ 的定义同前，即 $\boldsymbol{M}=[0\cdots1\cdots-1\cdots0]$。

由其可解得

$$\boldsymbol{U}_1=\boldsymbol{Y}_0^{-1}\boldsymbol{I}_0-y_{km}(\dot{U}_{1k}-\dot{U}_{1m})\boldsymbol{Y}_0^{-1}\boldsymbol{M}^{\mathrm{T}} \tag{6-80}$$

式中的第一项即 $\boldsymbol{U}_0$，第二项中含有 $\dot{U}_{1k}$、$\dot{U}_{1m}$，需化为初始状态时电压 $\dot{U}_{0k}$ 和 $\dot{U}_{0m}$ 的函数。将式（6-80）展开，写出其第 k 和第 m 个方程为

$$\begin{cases}\dot{U}_{1k}=\dot{U}_{0k}-y_{km}(\dot{U}_{1k}-\dot{U}_{1m})(Z_{kk}-Z_{km})\\ \dot{U}_{1m}=\dot{U}_{0m}-y_{km}(\dot{U}_{1k}-\dot{U}_{1m})(Z_{mk}-Z_{mm})\end{cases} \tag{6-81}$$

式中：Z_{kk}、Z_{km}、Z_{mk}、Z_{mm} 为原始网络节电阻抗矩阵 $\boldsymbol{Z}=\boldsymbol{Y}_0^{-1}$ 中的元素。由其可解出

$$y_{km}(\dot{U}_{1k}-\dot{U}_{1m})=\frac{(\dot{U}_{0k}-\dot{U}_{0m})}{(1/y_{km}+Z_{kk}+Z_{mm}-2Z_{km})}=C(\dot{U}_{0k}-\dot{U}_{0m}) \tag{6-82}$$

其中，$C=\dfrac{1}{(1/y_{km}+Z_{kk}+Z_{mm}-2Z_{km})}=\dfrac{1}{(z_{km}+Z_{kk}+Z_{mm}-2Z_{km})}$，与直流法中的常数 C 相类似，不过此处为复数，而直流法中为实数。

将式（6-82）代入式（6-80），得到

$$\boldsymbol{U}_1=\boldsymbol{U}_0-C(\dot{U}_{0k}-\dot{U}_{0m})[(Z_{1k}-Z_{1m})\cdots(Z_{nk}-Z_{nm})]^{\mathrm{T}} \tag{6-83}$$

表明：开断支路 km 后网络节点的电压可以直接由初始状态时的量求得，而不必重新形成节点导纳矩阵 $\boldsymbol{Y}_1$ 再进行计算，因而速度大为提高。有了节点电压后，便可求出各支路中的功率或电流，再校验其是否安全。

【例 6-4】 利用补偿法求[例 6-1]的图 6-6 所示系统支路 23 开断后各节点的电压。

解 由[例 3-3]求出的系统节点导纳矩阵 $\boldsymbol{Y}_B$ 可得到其节点阻抗矩阵为

$$\boldsymbol{Z}_B=\begin{bmatrix}0.0053-j2.3637 & -0.0028-j2.3902 & -0.0036-j2.3928 & -0.0027-j2.2716 & -0.0034-j2.2741\\ & 0.0058-j2.3631 & -0.0017-j2.3858 & 0.0055-j2.2459 & -0.0016-j2.2674\\ & & 0.0056-j2.3633 & -0.0016-j2.2674 & 0.0053-j2.2461\\ & & & 0.0052-j1.9440 & -0.0015-j2.1549\\ & & & & 0.0051-j1.9442\end{bmatrix}$$

由式(6-82)求得

$$C=\frac{1}{(z_{23}+Z_{22}+Z_{33}-2Z_{23})}=2.8362-\mathrm{j}8.5744$$

由式（6－83）求得

$$\dot{U}_1=\dot{U}_{10}-C(\dot{U}_{20}-\dot{U}_{30})(Z_{12}-Z_{13})=0.9917\underline{/-7.4874^\circ}(0.9770\underline{/-8.0878^\circ})$$

$$\dot{U}_2=\dot{U}_{20}-C(\dot{U}_{20}-\dot{U}_{30})(Z_{22}-Z_{23})=1.0187\underline{/-5.7988^\circ}(0.9994\underline{/-6.8429^\circ})$$

$$\dot{U}_3=\dot{U}_{30}-C(\dot{U}_{20}-\dot{U}_{30})(Z_{32}-Z_{33})=1.0217\underline{/-5.6437^\circ}(1.0156\underline{/-5.8382^\circ})$$

$$\dot{U}_4=\dot{U}_{40}-C(\dot{U}_{20}-\dot{U}_{30})(Z_{42}-Z_{43})=1.0012\underline{/-0.1523^\circ}(1\underline{/-1.0877^\circ})$$

括号内的数字为用迭代法求出的各节点电压。

应指出，推导上述公式的前提是设 $I_1=I_0$，即认为支路 km 开断前后各节点的注入电流不变，这实质上是用线性模型 $\boldsymbol{I}=\boldsymbol{YU}$ 代替潮流问题的非线性模型 $\overset{*}{\boldsymbol{S}}/\overset{*}{\boldsymbol{U}}=\boldsymbol{YU}$，因而会带来一定的误差。事故越严重，误差越大。为了减小误差，可以结合交流潮流法进行迭代求解，以得到令人满意的结果，限于篇幅不再展开，有兴趣的读者可参阅相关文献。同时开断多条支路时，如何利用补偿法加快安全分析的速度并保证一定的精度是一个值得研究的课题。

（三）静态等值

由于实际电力系统的规模越来越大，节点数可达几百甚至几千，支路数更多，因而如不对其进行适当的等值简化，则难以保证安全分析的实时性。另一方面，安全分析的重点大多位于系统中较为重要的负荷中心，可以想见，离负荷中心较远的区域对安全分析的影响较小，所以，采用适当的方法对影响较小区域进行等值化简既有必要又有可能。正因为如此，电力系统安全分析中常常采用等值的方法：将系统分成待研究系统（也称内部系统）和待简化系统（也称外部系统）两个部分。对于内部系统，因其为研究的重点，需保留其全部网络结构，而对外部系统，因其影响较小，可尽量简化，将其用一简单网络代替。所以也称该方法为等值网络法。计算实践表明，由于外部系统一般比内部系统大得多，因而等值后可大大减少计算工作量，而产生的误差在工程允许范围内。

等值可分为静态等值和动态等值两大类。前者用于静态安全分析，后者用于暂态安全分析。此处简要介绍静态等值。

静态等值的方法可分为拓扑法和非拓扑法两大类，后者又称为识别法。目前大多数静态等值方法为拓扑法，其可分为 Ward 等值和 REI 等值。前者由美国学者 J. B. Ward 于 1949 年提出，后有多种改进；后者由 P. Dimo 于 1975 年提出，故也称 Dimo 等值，后来也有多种改进。此处仅介绍 REI 等值。

为进行网络等值，首先必须将系统分为内部系统和外部系统两部分，两部分的连接情况即联络线应与实际相同。这种划分一般建立在大量离线分析与运行经验的基础上，使之既合理又能使问题得到最大程度的简化。

划分了内部系统和外部系统后，还需将外部系统的所有节点进行分类，分为重要节点和非重要节点，而后进行等值。下面分别介绍之。

1. 外部系统节点的分类

将外部系统节点分为重要节点和非重要节点的原则是凡对外部系统与内部系统间联络线的运行状况影响大的节点均为重要节点。显然，边界节点，即与联络线连接的节点必然为重要节点。分类的方法是：求出边界节点的电压和相角对外部系统节点注入功率的变化率（即

灵敏度）

$$\begin{cases} A_{ij} = \partial\theta_i/\partial P_j \\ W_{ij} = \partial U_i/\partial Q_j \end{cases} \tag{6-84}$$

式中：U_i、θ_i 为边界节点的电压和相角；P_j、Q_j 为外部系统节点的有功和无功。

式（6-84）利用了电力系统的特点，电压的幅值主要与无功有关，电压的相角主要与有功有关。然后根据要求和运行经验定出一个标准，凡变化率大于此标准者即为重要节点，否则为非重要节点。

灵敏度系数 A_{ij}、W_{ij} 可由 N－R 潮流迭代中的雅可比矩阵得到。由雅可比矩阵的定义

$$\boldsymbol{J} = \begin{bmatrix} \boldsymbol{H} & \boldsymbol{N} \\ \boldsymbol{K} & \boldsymbol{L} \end{bmatrix} = \begin{bmatrix} \dfrac{\partial \Delta \boldsymbol{P}}{\partial \boldsymbol{\theta}} & \dfrac{\partial \Delta \boldsymbol{P}}{\partial \boldsymbol{U}} \\ \dfrac{\partial \Delta \boldsymbol{Q}}{\partial \boldsymbol{\theta}} & \dfrac{\partial \Delta \boldsymbol{Q}}{\partial \boldsymbol{U}} \end{bmatrix}$$

当仅有外部系统中某一节点 j 的注入有功和无功变化 ΔP_j 和 ΔQ_j 时，利用电力系统潮流的解耦特性，不计 $\partial\Delta\boldsymbol{P}/\partial\boldsymbol{U}$ 和 $\partial\Delta\boldsymbol{Q}/\partial\boldsymbol{\theta}$，则有

$$\Delta\boldsymbol{P} = \begin{bmatrix} 0 \\ \vdots \\ \Delta P_j \\ \vdots \\ 0 \end{bmatrix} = \boldsymbol{H} \begin{bmatrix} \Delta\theta_1 \\ \vdots \\ \vdots \\ \vdots \\ \Delta\theta_{n-1} \end{bmatrix};\ \Delta\boldsymbol{Q} = \begin{bmatrix} 0 \\ \vdots \\ \Delta Q_j \\ \vdots \\ 0 \end{bmatrix} = \boldsymbol{L} \begin{bmatrix} \Delta U_1 \\ \vdots \\ \vdots \\ \vdots \\ \Delta U_n \end{bmatrix} \tag{6-85}$$

从而

$$\begin{bmatrix} \dfrac{\partial\theta_1}{\partial P_j} \\ \vdots \\ \dfrac{\partial\theta_{n-1}}{\partial P_j} \end{bmatrix} = \boldsymbol{H}^{-1} \begin{bmatrix} 0 \\ \vdots \\ 1 \\ \vdots \\ 0 \end{bmatrix} = \begin{bmatrix} H_{1j} \\ \vdots \\ \vdots \\ H_{n-1\,j} \end{bmatrix}$$

$$\begin{bmatrix} \dfrac{\partial U_1}{\partial Q_j} \\ \vdots \\ \dfrac{\partial U_m}{\partial Q_j} \end{bmatrix} = \boldsymbol{L}^{-1} \begin{bmatrix} 0 \\ \vdots \\ 1 \\ \vdots \\ 0 \end{bmatrix} = \begin{bmatrix} L_{1j} \\ \vdots \\ L_{mj} \end{bmatrix} \tag{6-86}$$

其中，H_{ij} 和 L_{ij} 为 $\boldsymbol{H}^{-1}$ 和 $\boldsymbol{L}^{-1}$ 中的元素，即

$$A_{ij} = [\boldsymbol{H}^{-1}]_{ij};W_{ij} = [\boldsymbol{L}^{-1}]_{ij}$$

显然，上述灵敏度系数只需对有注入功率的节点求取，从而无注入功率的节点自然为非重要节点。

2. REI 等值

确定了非重要节点，就可采用一定的方法对其进行等值化简，例如 REI 等值。所谓 REI（radial equivalent independent）即独立电源辐射等值，其思路是将已确定的待消去节点集合的注入功率归并到一个虚拟节点上，也就是用一个单一节点取代一个外部系统中的指定集合。其原理和步骤如下：

（1）设外部系统中有注入功率的节点数为 $i+j$，其中已确定 i 个为重要节点，j 个为非重要节点，其余节点无注入功率，为中间节点。将拟等值的这 j 个节点分为两组：所有电源节点为一组，所有负荷节点为一组，如图 6-9（a）所示。

（2）引入两个 REI 网络分别代表这两组节点，如图 6-9(b)所示，每个 REI 网络各有一个注入功率，$\dot{S}_{\mathrm{G}}=\Sigma\dot{S}_{\mathrm{G}i}$ 和 $\dot{S}_{\mathrm{D}}=\Sigma\dot{S}_{\mathrm{D}i}$。REI 网络中的支路导纳和节点 fG、fD 的电压按下式确定

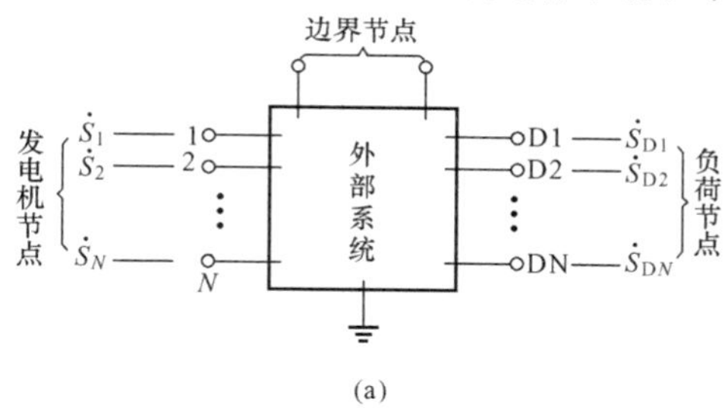

(a)

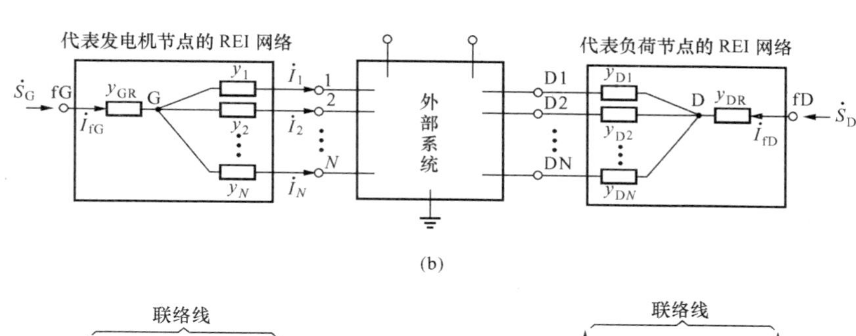

(b)

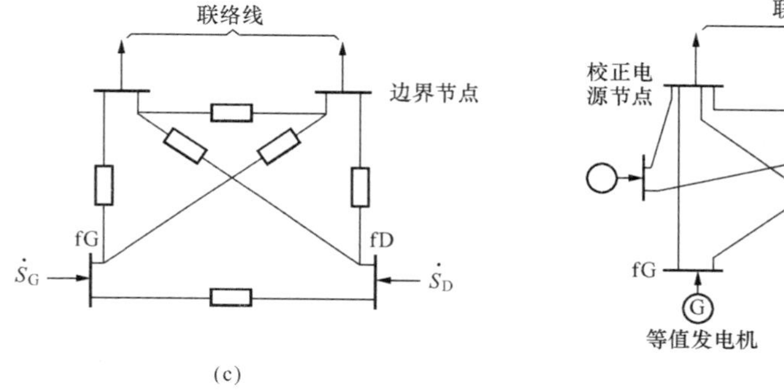

(c)　(d)

图 6-9　REI 等值的化简过程和 X－REI 等值

$$\begin{cases} y_i = \overset{*}{S}_i/U_i^2 \\ \dot{U}_{\mathrm{fG}} = \dot{S}_{\mathrm{G}}/\Sigma(\dot{S}_i/\dot{U}_i) \\ \dot{U}_{\mathrm{fD}} = \dot{S}_{\mathrm{D}}/\Sigma(\dot{S}_i/\dot{U}_i) \\ y_{\mathrm{GR}} = \overset{*}{S}_{\mathrm{G}}/U_{\mathrm{fG}}^2 \\ y_{\mathrm{DR}} = \overset{*}{S}_{\mathrm{D}}/U_{\mathrm{fD}}^2 \end{cases} \tag{6-87}$$

（3）用高斯消去法消去除边界节点和两个虚构节点 fG、fD 以外的外部系统所有其他节点，得到图 6-9(c)所示等值网络，节点 fG、fD 分别称作等值发电机节点和等值负荷节点。

以上便是 REI 等值的基本思路，可以看到，图 6-9（c）所示的等值网络既保留了外部

系统对内部系统的影响，又大大简化了外部系统。

值得注意的是，以上 REI 等值是以电力系统某一运行状态为依据得到的，考虑到实际系统的运行状态不断变化，因而可在图 6-9（c）的基础上增加一个只与边界节点相连的校正电源节点，如图 6-9（d）所示。根据实时数据在线计算校正电源的注入功率和与边界节点接连支路的导纳，使得重要节点的注入功率与实际情况相符。这种等值称为 X-REI 等值。

二、预想事故自动选择（automatic contingency selection，ACS）

要进行安全分析必须先确定预想事故，然后再快速计算潮流，进行分析，确定系统安全与否。所以，如何选择预想事故，或者说，要对哪些预想事故进行分析，是一个十分重要的问题。早期静态安全分析主要用于电力系统的规划研究，采用的方法是将所有预想事故（逐点逐次开断一条、多条支路或一台、多台发电机）都进行分析。可以想见，这种方案需要大量时间，无法满足在线分析的要求。后来，运行人员根据自身的经验和离线计算的结果，从所有预想事故中挑出一部分有使用价值的预想事故进行分析。这样可以大幅度减少在线计算工作量，以满足实时性要求。但是，由于这种挑选是根据经验做出的，因此可能会遗漏某些关键性的预想事故。于是 20 世纪 70 年代末期以来提出了预想事故自动选择的概念。其基本思想是：按每一可能的预想事故对系统产生后果的严重程度，排出一张以最严重预想事故开头、次严重预想事故随之的预想事故一览表，然后依次进行安全分析，直到满足一定的终止判据。

近年来，提出了不少预想事故自动选择算法（ACS 算法）。一个好的 ACS 算法主要应满足以下两点要求：

（1）有足够大的俘获率，即应尽可能地不遗漏关键性预想事故。俘获率定义为

$$R=N_{CA}/N_{TA} \tag{6-88}$$

式中：N_{TA}为起作用的预想事故总数。

所谓起作用的预想事故是指至少存在一个违限情况的预想事故，一般 N_{TA}可由完全的潮流分析得到；N_{CA}为归在预想事故一览表中的起作用预想事故数。

俘获率与将预想事故排队的标准和终止判据的确定有密切关系，预想事故对系统影响的严重程度常用行为指标（performance index，PI）表征。PI 应能反映出事故的严重程度，例如节点电压的违限程度和支路潮流的违限程度。终止判据应合理，应既能提高俘获率，又能减少总的计算工作量。后者是对 ACS 算法的另一要求。

（2）采用预想事故自动选择后的总计算量（包括 ACS 的计算量和随后的对预想事故一览表进行分析的计算量）必须小于所有可能预想事故的总分析计算量。这一要求不言自明，否则将毫无实用价值。

ACS 算法有很多种，此处仅介绍按 P-Q 解耦潮流在各种开断情况下只进行一次迭代得到的潮流进行排序的方法，简称为 FDLF-1 法（fast decoupled load flow），或 1P-1Q 法。

在 FDLF－1 中定义两种行为指标：PI_P 和 PI_Q，分别表示支路潮流和节点电压违限的严重程度

$$\begin{cases} PI_P = \sum_{\alpha} W_P (P_l / P_{l\lim})^2 \\ PI_Q = \sum_{\beta} W_U \mid U_i - U_{i\lim} \mid / U_{i\lim} + \sum_{\gamma} W_Q \mid Q_i - Q_{i\lim} \mid / Q_{i\lim} \end{cases} \tag{6-89}$$

式中：P_l 为支路 l 的有功；$P_{l\lim}$ 为其有功限值；U_i 为节点 i 的电压；$U_{i\lim}$ 为节点 i 电压的限值；Q_i 为节点 i 的无功注入值；$Q_{i\lim}$ 为节点 i 的无功限值；α、β、γ 分别为有功越限支路的集合、电压越限节点的集合和无功越限节点的集合；W_P、W_U、W_Q 分别为有功、电压和无功的加权因子，其取值决定于系统的运行经验和该线路或节点的重要程度，也可均取为 1。

采用 FDLF-1 法的步骤为：

（1）对每一预想事故进行 P-Q 解耦潮流的第一次迭代，求出各节点电压和各支路潮流，并计算其 PI_P 和 PI_Q。

（2）按 PI_P 和 PI_Q 的大小排序得到预想事故一览表。

得到预想事故一览表后，便可按其顺序依次进行精度更高的潮流计算，校核其安全性，直到满足选择的终止判据。

终止判据的选择也有不同方法，如只分析预想事故表中的前 N 个预想事故（N 由经验决定），也可采用其他方法。

据报道，对美国某系统的实验表明，取 $N=20$，该算法对有功和无功越限的俘获率均达到 95%。

第三节　电力系统暂态安全分析

电力系统的暂态安全分析是对电力系统从当前运行状态向事故后运行状态动态转换过程进行的分析，也称动态安全分析。其实它是对电力系统进行预想事故下的稳定计算。如系统在预想事故下能稳定运行，则为暂态安全，否则为暂态不安全。从上一章电力系统的稳定计算中得知，一般的时域仿真法，即逐步分析法的计算工作量太大，无法满足电力系统安全分析的实时要求，因而必须寻求快速的稳定分析方法。上一章介绍过的直接分析法就是其中的一种。此外，还可采用模式识别法。和静态安全分析一样，为了加快稳定计算，可采用一些辅助措施，如动态等值。下面予以简单介绍。

一、动态等值

所谓动态等值是指在研究电力系统的暂态过程时将系统分成内部系统和若干外部系统，采用一定的方法对外部系统进行等值。动态等值的方法由多种，如基于相关的同调等值法、模态分析法和直接估计法。

同调等值法的理论依据是：电力系统的各种暂态振荡过程可以从时间尺度上区分为快速过程和慢速过程，并近似认为这两种过程互不影响。对于电力系统，暂态过程中机组间的相对运动，由于彼此联系的强弱不同而分属不同的时间标尺范畴。暂态稳定问题属于强联系机组间的慢速运动过程。因此，对一切有着强联系的机组都可以根据一定的方法进行同调组合，并用一个等值发电机代替。

要进行同调组合，首先必须识别同调机。识别同调机的方法有多种，线性仿真法是其中的一种。线性仿真法是利用系统的线性化模型求出近似摇摆曲线后采用同调判据找出同调机的方法。

找出同调机后，就可以认为同一组中的所有发电机都以相同的角速度振荡，并且经过网络化简后认为其均连于同一母线，然后还需利用一定的方法决定等值发电机的参数，包括原动机、调速系统、励磁系统及发电机的等值参数，一般采用调整等值模型的参数使得它的传递函数与各机组传递函数和之间的误差为最小的方法。

同调组合后，原有的电力系统大为简化，因而可以加快暂稳计算，使暂态安全分析满足实时要求。

模态分析法实际上使一种降阶拟合法，将简化系统模型在初始运行点线性化，得到系统矩阵，然后将系统矩阵对角化，仅保留占优势的主特征根，得到一个低阶的等值外部系统方程，再和内部系统方程一起求解，分析全系统的稳定性。由于模态分析法降低了系统微分方程的阶数，因而使计算得到简化。

直接估计法是在内部系统加一个扰动，求出系统的响应后与测量值一起得到外部系统等值参数的方法，实际上是一种参数辨识法。由于无需外部系统的信息，计算工作量也不大，因而是一种较为理想和很有发展前途的在线动态等值方法，但需要在试验测量手段及精度估计方面不断改进和完善。

二、暂态安全分析方法

1. 模式识别法

识别法是自动数据处理系统的一种，能起到将数据自动分类的作用。电力系统暂态安全分析中的模式识别法就是对电力系统的实时运行状态进行在线识别从而判断稳定的方法。

以图 6 - 7（a）所示的两机电力系统为例，表征其稳定与否的状态变量为发电机的功率角 δ_1 和 δ_2。根据不同运行方式和不同预想事故，经过大量计算，得到其特征量平面图，如图 6 - 10（b）所示。图中△代表不稳定，·代表稳定，在 δ_1—δ_2 平面上设法找到一条分界线，其表达式称为稳定判别式。建立判别式后就可以根据在线信息，即 δ_1 和 δ_2 在平面上的位置判别系统的稳定：在分界线左侧稳定，右侧不稳定。

由上述介绍可知，模式识别一般由以下四步组成：

（1）确定样本。上述特征量平面图中的每一点（包括△和·）都称为一个样本。确定样本就是选择典型的运行方式和预想事故，进行离线的稳定计算，确定是否稳定，从而组成样本集。

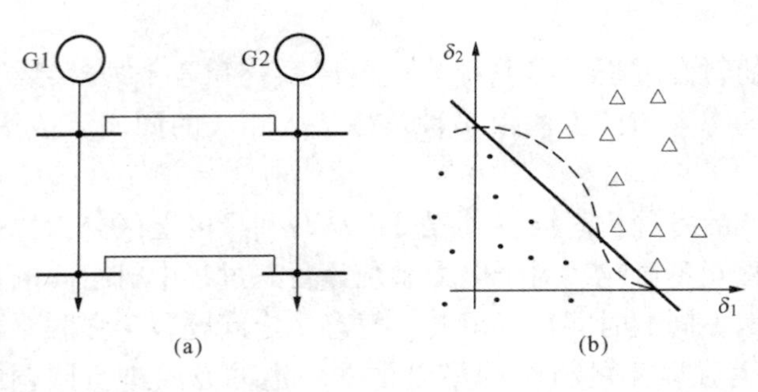

图 6 - 10　两机系统（a）及其特征量平面图（b）

（2）抽取样本。上述特征量平面图中的坐标 δ_1 和 δ_2 即为特征参数，抽取样本就是选择与电力系统稳定密切有关的运行参数，一般为功率角。

（3）建立判别式。根据样本集寻找稳定和不稳定的分界面，建立判别系统是否稳定的方程，即判别式，为一多元方程。

（4）试验。根据在线的运行情况，由已建立的判别式判别该运行情况在预想事故下的稳定性。

模式识别法是一个快速的在线判稳方法，只需将特征量代入判别式即可判别系统的稳定，但是其缺点也很明显：离线工作量巨大，因为只有样本的数量达到一定的程度，才能建立起判别式；此外，判别式的建立远非易事，其只能通过大量“样本”的试探得到，一旦发现了新的样本不合，就必须对判别式进行修正。这一过程实际上是一个“自学习”的过程。

2. 直接法

直接法的基本原理已在前面予以介绍。当时曾指出，故障的不稳定平衡点 UEP 是一个非常重要的点，该点具有的势能定义为系统的临界能量 V_{cr}，即系统所具有的最大势能。在用直接法分析对多机系统的暂态稳定性时，关键在于如何找出故障后系统的 UEP 及确定系统的临界能量 V_{cr}。目前，主要的方法有 RUEP 法、PEBS 法和 EEAC 法三种。下面分别予以简单介绍。

(1) RUEP 法，即由美国学者提出的相关不稳定平衡点（relevant unstable equilibrium point），它的核心是设法找到和系统失稳模式相应的 UEP，即相关 UEP，并求出各点到故障后系统稳定平衡点 SEP2 的势能作为系统的临界能量 V_{cr}。与简单系统相同的是，求取 UEP 的条件是利用该点加速度为零，即 $P_{mi}-P_{ei}=0$，$i=1$，…，m，m 为系统中发动机数；但和简单系统不同的是，简单系统只有一个 UEP，很易求得，而此时共有（$2^{m-1}-1$）个 UEP，而且求取相当困难。在这众多的 UEP 中，到底选取哪一个 UEP 的能量作为临界能量呢，一个方案是找出所有的 UEP，算出相应的势能，然后取其最小者作为临界能量。这是早期直接法研究中采用的方案。结果表明，这种方案不仅工作量大，而且具有太大的保守性，不实用。20 世纪 70 年代末，美国学者指出，对于一个特定的故障，在这所具有的（$2^{m-1}-1$）个失稳模式中只有一个真正的失稳模式，和这个失稳模式相应的 UEP 就是特定故障下真正的 UEP，称为相关不稳定平衡点 RUEP。该点和故障类型、故障点的位置、系统结构、运行状况等多种因素有关。实践表明，RUEP 法和原来的方法相比，不仅计算工作量大为减少，而且保守性也大为减少，从而使其向实用前进了一大步，但是对于大电力系统，如何正确地判别失稳模式以及如何求出 RUEP，仍是一件困难而费时的事。这是本法的主要缺点。同时，在求取势能时，还需采用一定的假设，因为其中有一部分势能和积分路径相关，而直接法是不求转子运动轨迹的方法，所以只有采用一定的轨迹假设才能计算这部分势能。

RUEP 法的分析步骤可归结为：

1）潮流计算。

2）进行暂稳计算的准备工作（这两步和 SBS 法相同）。

3）求出故障后系统的稳定平衡点 SEP2。

4）判别失稳模式，求出故障后系统的相关不稳定平衡点 RUEP 和临界能量 V_{cr}。

5）利用 SBS 法计算到故障切除时刻 t_c，求出该时刻系统的能量 V_c。

6）将 V_c 和 V_{cr} 进行比较，做出稳定判断。

值得指出的有如下几点：

1）多机系统的能量为每台发电机的能量之和。

2）在多机系统的直接分析法中，现采用惯性中心坐标 COI，因其能除去与系统失稳无关的惯性中心自身的动能，所以明显提高了精度；还进一步采用“双机等值”的概念修正故障切除时系统动能的计算：将系统分成趋向于失稳的机群和不失稳的机群两个部分，或称临界机群和非临界机群两个部分，各自有一个惯性中心间的相对速度决定的动能作为系统的动能。计算结果表明，这一修正提高了精度。

3）上述方法是用整个系统的能量分析系统暂稳，因而称为全局能量函数法。后有人提出，只需用失稳机组或失稳机群的能量分析系统的稳定性，称为单机能量函数或局部能量函数法。应该说，后者更能反映系统失稳的本质，因为系统的失稳主要取决于失稳机群的行为，而不是整个系统的行为。

（2）PEBS 法，即由日本学者提出的势能边界曲面法（potential energy boundary surface）。所谓势能边界曲面是指从故障后稳定平衡点 SEP2 出发，向任一方向找到取得势能相对最大的第一个点，所有这种点的集合。PEBS 法的核心是设法沿某一轨迹搜索系统的最大势能，以这一最大势能作为系统的临界能量。一般采用持续故障（即故障不切除）时的轨迹，但采用故障后的节点导纳矩阵 $\boldsymbol{Y}_{B\text{II}}$ 计算系统的势能 V_P，当 V_P 取得最大值即以该值作为临界能量。PEBS 法建立在下述推测基础上：在 RUEP 附近势能边界比较平缓，因而持续故障时穿过 PEBS 的点和真正临界稳定时穿过 PEBS 的点相距不远，或者说其势能相差不多。和 RUEP 法相比，PEBS 法省去了判别失稳模式和求出 RUEP 的困难，但需进行一段时间的时域仿真。

PEBS 的分析步骤可归结为：

1）～3）同 RUEP 法。

4）在持续故障情况下进行时域仿真，同时用故障期间的导纳矩阵 $\boldsymbol{Y}_{B\text{I}}$ 计算故障期间系统的动能和势能，并用故障后导纳阵计 $\boldsymbol{Y}_{B\text{II}}$ 算故障后系统的势能，直到其取得最大值，令其为临界能量 V_{cr}。

5）和临界能量 V_{cr} 相等的系统故障期间能量所对应的时间即为临界切除时间 t_{cr}，将其和给定的故障切除时间比较，做出稳定判断。

和 RUEP 法相同，PEBS 法既可用全局能量分析系统的稳定，也可用单机或局部能量分析系统的稳定。PEBS 法存在的问题是：如对特定故障真正的 RUEP 附近的势能边界不是比较平缓，而是较为陡峭时，会产生较大的误差；有时会出现系统势能为局部最大，而不是全局最大的现象。

（3）EEAC 法。我国学者薛禹胜博士提出的扩展等面积准则（extended equal area criterion）基于动态过程的数值解，把大规模电力系统分解聚合为两机相对运动的时变单机对无穷大的方程形式，然后用等面积准则考察该系统的稳定性。该方法将数值积分和稳定性理论有效地结合在一起，用数值积分法保证系统分析模型的适应性，用稳定性理论量化系统的稳定程度，是一种提供稳定性严格充要条件和量化结果的直接法。

EEAC 法对直接法最本质的突破是基于运动全过程的受扰轨迹进行稳定分析，是从任意复杂多机系统受扰轨迹中提取关于稳定性的定性和定量信息的理论。它经历了 EEAC→静态 EEAC→动态 EEAC→集成 EEAC 的发展阶段，并作为基于轨迹的非线性动力学分析方法被推广为研究一般非自治非线性运动同步有界稳定的互补群群际能量壁垒准则（CCEBC）。用“互补群惯量中心相对运动”的保稳变换保证分解—聚合的严格性，EEAC 法实际是 CCEBC 在电力系统中的具体应用，具有模型适应能力强、快速性和定量分析的优势，已在国内外实际工程中得到了广泛应用。

三、电力系统暂态安全分析的工程应用

电力系统暂态安全分析是评价系统受到大扰动后，过渡到新的稳定运行状态的能力，并对必要的预防措施和补救措施给出方案。要正确地分析运行中的电力系统，就应该足够精确地描述系统的数学模型。因此分析方法对模型应该具有很强的适应性。此外，由于外部电网的实时信息往往难以满足对可观察性的要求，就需要对外部系统进行合理的动态等值。电力系统工况和参数多变的特点，还要求对外部系统的动态等值进行必要的在线校正。要在合理的时间内完成大量预想事故的暂态安全分析和决策支持，满足在线实时或准实时的要求，对分析方法的快速性要求非常高。因此，按照严重程度，准确、快速地将事故进行筛选并排序就成为提高分析速度的关键。

电力系统暂态安全量化分析是国内外电力界极为重视的研究领域，近年来已获得很大的进展。目前国际上有两类主要的动态安全分析工具：一类是将数值积分与 EEAC 法相结合，包括由国电自动化研究院和加拿大 Powertech Labs Inc. 合作开发的 TSAT，以及由国电自动化研究院独立开发的 FASTEST；另一类则基于 BCU 法，即由美国电力科学研究院开发的 DIRECT。

TSAT 和 FASTEST 软件包充分利用了 EEAC 法快速中止积分和定量分析的特点，跟踪系统工况，可实现“在线预想计算，实时匹配”，避免了传统的“离线预想计算，实时匹配”方案的计算量大、适应运行方式变化能力差的缺点。该软件包已在国内外得到广泛应用。

尽管电力系统暂态安全分析得到了广泛应用，但有很多问题还需进一步研究，如电力市场环境下的安全评价、特定扰动随机因素的考虑、电压稳定的定量分析以及与 EMS 功能协调和整合等问题。

小　结

电力系统的安全性表征电力系统实际运行时经受预想事故后维持持续供电的能力。本章介绍了进行安全分析的必要基础电力系统状态估计和电力系统安全分析的基本概念、基本分析方法。电力系统状态估计属于滤波问题，是对系统某一时间断面的遥测量和遥信信息进行数据处理，确定该时刻的状态量的估计值。由于这种估计是对静态的时间断面上进行，故属于静态估计。在安全分析中，对于一个预想事故一般要进行三个方面的安全分析：系统的频率分析、潮流分析和稳定分析。由于安全分析是为电力系统的实际运行服务的，因而其必须满足在线的实时性要求，必须有高的分析速度。电力系统的安全分析分为静态安全分析和暂态安全分析两类。

状态估计具有网络拓扑分析、可观测性分析、状态估计计算、不良数据检测与辨识、网络监视、变压器抽头估计、量测配置评价优化、量测误差估计等功能。在实际应用中，状态估计的运行周期是 1～5min，有的达到数十秒级。

电力系统的静态安全分析不考虑从当前运行状态向事故后运行状态的动态转移过程，只分析事故后稳态运行方式的安全性，实质是对预想事故，包括支路开断和发电机开断，进行快速的潮流计算。所用的方法有直流法和补偿法等。前者简单快速，但精度差，且得不到电压和无功的信息；后者精度较高，可以得到电压和无功的信息，但是速度慢于直接法，为进一步提高精度，可与潮流计算法相结合。此外，为了加快潮流计算，可采用静态等值的方法，将对所研究区域影响较小的部分系统——外部系统进行等值简化。静态等值的方法有多种。此处仅介绍了 REI 等值。同时为了将真正危及系统安全的事故挑选出来，因而必须对预想事故进行预处理，称为预想事故自动选择。其实质是定义适当的行为指标，然后按每一预想事故对于系统产生后果的严重程度排出一张预想事故一览表，分析时依次进行，直到满足一定的终止判据。

电力系统的暂态安全分析是对电力系统从当前运行状态向事故后运行状态动态转移过程进行的分析，其实质是对系统进行预想事故下的稳定计算。为了满足安全分析的实时性要求，需采用快速计算分析方法。同时为了加快稳定计算，可以采用动态等值将系统进行适当的简化，方法有同调等值、模态分析和直接估计法等。

电力系统的安全分析是一个非常重要而难度又很高的课题，包括的内容十分丰富，而且仍在不断研究和探索中，本章仅做了简单介绍。

思考题和习题 6

6-1 什么是电力系统状态估计？

6-2 电力系统状态估计与潮流计算的区别是什么？

6-3 状态估计的功能模块有哪些？

6-4 状态估计计算的算法有哪些？

6-5 不良数据检测的方法有哪些？辨识方法有哪些？各自特点如何？

6-6 实用中状态估计与其他应用的接口有哪些？

6-7 何谓电力系统的安全性？进行电力系统安全分析的目的是什么？何谓 N 安全性？何谓$N-1$安全性？

6-8 何谓电力系统的静态安全分析？其包括哪些内容？采用什么方法？

6-9 何谓直流潮流法？它是采用了哪些简化假设后得到的？有何优点和缺点？

6-10 何谓补偿法？其有哪些优点和缺点？

6-11 何谓静态等值？有哪些静态等值的方法？何谓 REI 等值？

6-12 何谓预想事故自动选择？对其有何要求？何谓 FDLF-1 法？

6-13 何谓电力系统的暂态安全分析？其包括哪些内容？采用什么方法？

6-14 何谓模式识别法？其分析步骤如何？

6-15 何谓动态等值？有哪些动态等值的方法？

6-16 用直流法计算［例 3-1］的潮流。设节点 3 为 $V\theta$ 节点，$\dot{U}_3=1\underline{/0^\circ}$；节点 2 为 PV 节点，$P_2=0.6661$，$U_2=1.05$。

6-17 设［例 6-1］中图 6-6 所示系统的支路 23 开断，使用直流法进行安全分析。

第七章　电力系统的质量控制

对电力系统运行的基本要求是安全可靠、优质和经济。本章讨论电力系统运行中的重要课题——电力系统的质量控制。

衡量电能的质量有两个重要标志：一是电压，二是频率，所以电力系统的质量控制常指电压控制和频率控制或称电压调整和频率调整，简称调压和调频。本章首先讨论电力系统的电压质量控制——电压调整；其次讨论电力系统的频率控制——频率调整，同时简要介绍了电压调整和频率调整之间的关系，以期对电力系统运行时的质量控制有一个较为完整的了解；最后介绍灵活交流输电系统（FACTS）对电力系统质量控制的作用。

第一节　电力系统的电压质量控制——电压调整

本节讨论电力系统运行时质量控制的第一个问题——电压质量的控制，即电压调整问题。先阐述电压调整的必要性和目标；再介绍电力系统的无功电压特性和无功平衡，因为电压的高低与系统的无功功率，特别是无功平衡水平的高低密切相关；接着介绍电压控制的策略；最后介绍各种调压方法及其分析计算。

一、电压调整的必要性和目标

电压是衡量电能质量的重要指标，它既是电力用户最为关注的目标，也是电力系统自身运行时要控制的重要目标。因为各种电气设备都是按额定电压设计和制造的，只有在额定电压下运行，电气设备才能获得最佳的效益和性能。电压如果偏离额定值，轻则影响经济效益，重则危及设备安全。对于电力用户而言，电压降低，照明设备发光不足，影响人的视力和工作效率；电压降低，动力设备出力下降，如异步电动机的电磁转矩随电压的二次方变化，转矩降低，转差增大，从而导致定子电流增大，影响其绝缘和使用寿命，电压过低甚至会使电动机无法正常工作；电压降低，电热设备的发热量降低，从而生产效率下降，如电炉的冶炼时间加长。电压过高，轻则缩短设备寿命，重则直接损坏设备。对电力系统本身而言，电压降低会增加功率损耗和电压损耗，甚至会引起“电压崩溃”，导致系统运行失去稳定，电压过高，也会影响电力设备的寿命。

电压是如此重要，无论是电力用户还是电力系统自身都希望在额定电压下运行，但由于电力系统幅员辽阔，负荷又无时无刻不在变化之中，因而要保证所有的电气设备时时刻刻都在额定电压下运行是不现实的。实际上，大多数电气设备的运行电压都或多或少会偏离额定值，也就是说，存在电压偏移。电压偏移是表征电压质量的指标，定义为

$$\text{电压偏移}=\frac{U-U_{\mathrm{N}}}{U_{\mathrm{N}}}\times 100\%$$

因而，从技术和经济综合考虑，合理地规定各类用户的允许电压偏移是完全必要的。目前，我国电力部制定的标准 SD 325—1989《电力系统电压和无功电力技术导则》（以下简称《导则》）中规定的电压偏移为：

35kV 及以上电压供电的负荷　　±10%；
10kV 及以下电压供电的负荷　　±7%；
220kV 电力用户　　+5%，−10%；

事故情况下，允许再增加 5%，但总的正偏移不应超过 10%。

电力系统电压调整的目标就是使各类用户的电压保持在规定的允许偏移范围内。

二、电力系统的无功电压特性和无功平衡

《导则》指出，电力系统的无功电源与无功负荷，在高峰或低谷时都应采用分（电压）层和分（供电）区基本平衡的原则进行配置和运行，并应具有灵活的无功调节能力与检修备用。这意味着，首先，电力系统的无功电源要充足，能达到全系统在额定电压水平上的无功平衡并留有一定的备用；其次，无功电源的配置要合理，做到高峰和低谷时应分层分区基本平衡，避免大量无功传输造成的功率损耗和电压损耗；最后，采用一定的调节措施便可实现电压调整的目标。为此，需先了解电力系统的无功电压特性，包括无功负荷及无功损耗的特性和电源的无功特性，以及无功平衡与电压的关系。

（一）*无功平衡和无功损耗*

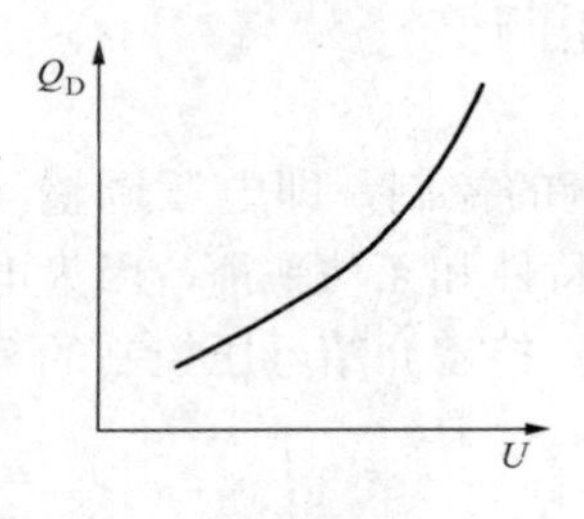

图 7-1　负荷的无功电压特性

电力系统的负荷是一种综合性负荷，由各类用电设备组成，负荷的无功特性就是指负荷的无功功率和电压之间的关系，即 $Q_D=f(U)$，称作无功电压静态特性。综合负荷的无功特性可由实测或分析得到，具有图 7-1 所示的形状。

无功损耗包括变压器和电力线路的无功损耗。变压器的无功损耗包括励磁损耗 ΔQ_{Y_T} 和漏抗损耗 ΔQ_{Z_T}，即

$$\Delta Q_T=\Delta Q_{Y_T}+\Delta Q_{Z_T}=\frac{I_0\%}{100}S_N+\frac{U_s\%}{100}\frac{S^2}{S_N} \tag{7-1}$$

式中：$I_0\%$为变压器空载电流百分值；$U_s\%$为短路电压百分值；S_N 为变压器额定运行容量；S 为运行容量。

如 $I_0\%=2$，$U_s\%=10.5$，则一台变压器额定运行时的无功损耗约为其额定容量的 12.5%。考虑到电力系统的多电压等级特性，变压器的数量很多，因而总的变压器无功损耗是一个相当大的数字。

电力线路中的无功损耗也由两部分组成，并联导纳中的无功损耗 ΔQ_{Y_L} 和串联阻抗中的无功损耗 ΔQ_{Z_L}。与变压器不同的是，电力线路并联导纳的无功损耗 ΔQ_{Y_L} 是容性，相当于一个无功电源，从而一条电力线路总的无功损耗为

$$\Delta Q_L=\frac{P_1^2+Q_1^2}{U_1^2}Z_L-\frac{U_1^2+U_2^2}{2}B_L \tag{7-2}$$

式中：P_1、Q_1、U_1 为线路首端的功率和电压；U_2 为末端电压；X_L、B_L 为线路的电抗和电纳。

由上式可见，电力线路总的无功损耗取决于其参数、长度、电压和传输的功率。一般对 35kV 及以下的线路，ΔQ_L 为正，消耗无功；330kV 及以上线路，ΔQ_L 为负，为一无功电源；110kV 和 220kV 线路，需通过具体计算确定。超高压线路常并联电抗，以吸收线路多余的无功，防止线路末端电压的升高。

综合无功负荷和无功损耗，二者之和仍大致具有图 7-1 所示的形状，并通称为无功负荷，以简化分析。观察该曲线可知，无功负荷具有正的调节效应：$dQ/dU>0$，即无功负荷

随电压的升高而增大，随电压的降低而减小。这种特性有利于维护系统的电压稳定。

（二）无功电源

电力系统的无功电源包括发电机和各种无功补偿设备。后者指电力部门和电力用户为了补偿无功功率而采用的设备，如同步调相机、并联电容器和静止无功补偿器。下面分别予以介绍。

1. 发电机

发电机是电力系统中最重要的有功电源，也是最基本的无功电源，其发出的有功功率和无功功率可由发电机的 P—Q 极限图决定。

发电机的 P—Q 极限图如图 7-2 所示。图中 A 点代表发电机的额定运行点，此时 $S=S_{GN}$，$P=P_{GN}$，$Q=Q_{GN}$，$\cos\varphi=\cos\varphi_N$，$I=I_N$，$I_F=I_{FN}$，设备得到最充分利用。从无功电源角度，其可在一个相当宽的范围内进行调节。系统有功充裕、无功不足时，可使其降低功率因数，即在 ADC 区域内运行，能多发出一些无功，甚至可以不发有功，只发无功，即作同步调相机运行；系统无功充裕时，发电机可提高功率因数，即在 BA 段运行；如无功过剩，还可运行在第二象限，此时发电机处于欠励磁状态，发出有功但吸收无功，称为进相运行。

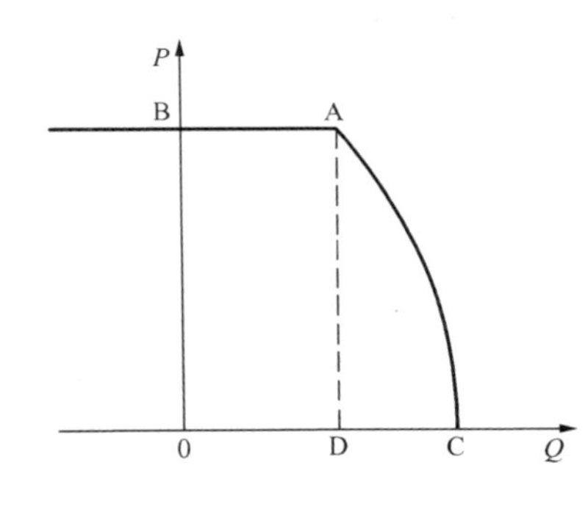

图 7-2　发电机的 P-Q 极限图

2. 同步调相机

同步调相机实质上是空载运行的同步电动机（当然同步电动机也可以作调相机运行），过励磁运行时发出无功，欠励磁运行时吸收无功。由于实际中主要将其作为无功电源，故其额定容量定义为过励磁运行时发出的额定无功功率，而欠励磁容量通常为过励磁容量的 50%～65%。它能连续调节，调节范围比较宽，缺点是由于其为旋转机械，运行维护较复杂，有功损耗较大（为额定容量的 1.5%～5%），同时成本较高。容量越小，单位容量（每千乏）的投资越大，有功损耗的百分比值也越大，所以同步调相机宜大容量地（5Mvar 以上）装设于枢纽变电站。

3. 电容器

电容器作为无功电源并联于变电站运行，其发出的无功功率为

$$Q_C=U^2/X_C=U^2\omega C \tag{7-3}$$

可见，电压越高，其发出的无功越大；电压越低，发出的无功越小，即具有正的调节效应（$dQ/dU>0$）。作为电源，这是一种不理想的调节性能（电源应具有负的调节效应，负荷具有正的调节效应，才能保证运行的稳定性），而且其不能连续调节。但因它运行维护简单，有功损耗小（为其容量的 0.3%～0.5%），成本低，装设灵活方便，故很多电力用户仍广泛用其提高功率因数和改善电压质量。为适应运行情况的变化，电容器可连接成若干组，按功率因数和电压的高低自动或手动分组投切。

4. 静止无功补偿器

静止无功补偿器（static var compensator，SVC）是一类新型的动态静止无功补偿装置。所谓静止是指无旋转机械，动态是指可随运行状况的变化自动调节发出的无功。这种装置具有多种类型，如自饱和电抗器（SR）、可控硅相控电抗器（TCR）、可控硅投切电容器（TSC）以及可控硅控制电抗器和电容器（TCRC）。图 7-3 示出静止无功补偿器原理图。

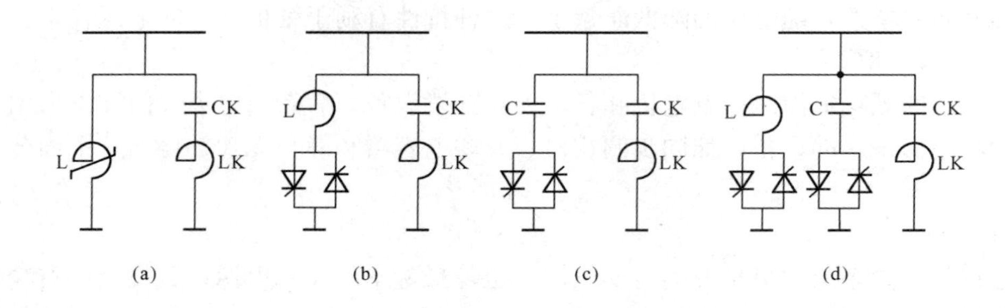

图 7-3　静止无功补偿器原理图

（a）自饱和电抗器；（b）可控硅相控电抗器；（c）可控硅投切电容器；（d）可控硅控制电抗器和电容器

以上各类补偿器均由电容器和电抗器组成，电容器 C 发出无功，电抗器 L 吸收无功，电容器 CK 和电感线圈 LK 组成滤波电路，滤去高次谐波，以免产生电压和电流的畸变。对可控硅还有适当的控制回路，控制导通角的大小。静止无功补偿器能快速平滑地调节无功，对冲击负荷有较强的适应性，运行维护简单，损耗较小，还能分相补偿，因而已开始大量采用，有替代同步调相机的趋势。其可装于枢纽变电站作电压控制，也可装于大的冲击负荷侧，如轧钢厂、电弧炉等，作无功动态补偿。

综合以上几种无功电源，其总的无功电压特性大致如图 7-4 中的曲线 $Q_{G\Sigma}$。

（三）无功平衡

将负荷（包括损耗）的无功特性 $Q_{D\Sigma}(U)$ 和电源的无功特性 $Q_{G\Sigma}(U)$ 画在一起（如图 7-4 所示），两条曲线的交点 a 既表示系统的无功功率的平衡：所有无功电源发出的无功功率等于系统中所有无功负荷与无功损耗之和，即 $Q_{G\Sigma}=Q_{D\Sigma}=Q_D+Q_L$；又确定了此时的电压运行水平 U_a，正常运行时其应等于额定电压 U_N。无功负荷增加时，其特性曲线上移，新的交点为 a′，相应的电压为 U'_a。U'_a 低于 U_a，形成了在低电压水平上的无功平衡，称为无功不足。如无功负荷进一步增加，电压水平将进一步下降，到一定程度后 $Q_{D\Sigma}$ 和 $Q_{G\Sigma}$ 两条曲线相切，只有一个交点 a″。此时只要负荷稍有扰动，电压就会大幅度下降，形成如图 7-5 所示的“电压崩溃”现象。这是一种导致电压失去稳定从而使受影响地区停电的灾难性事故，还可能进一步造成发电机失步，应极力避免。为减小电压偏移，必须增加无功电源的输出，将

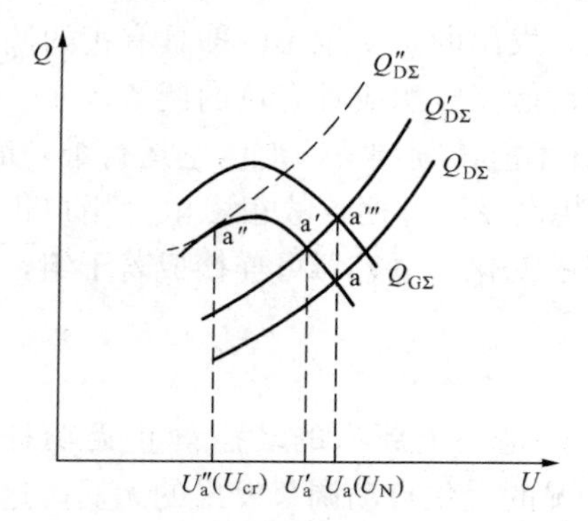

图 7-4　电源的无功特性和电力系统的无功平衡

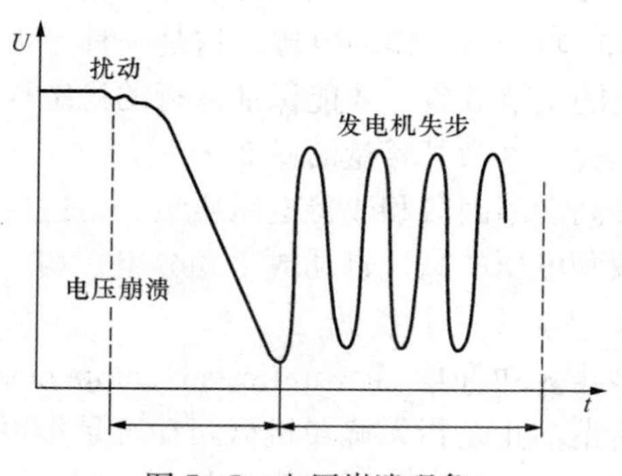

图 7-5　电压崩溃现象

电源的无功曲线 $Q_{G\Sigma}$ 上移，得到新的交点 a‴，使电压质量得到改善。系统的无功总是要平衡的，否则系统将无法正常运行，因为这是电力系统正常运行时所必须遵循的等约束条件，无功功率平衡水平的高低决定了系统总体电压水平的高低。

所以，要将系统的电压偏移控制在允许范围内，首先必须保证有充足的无功电源，能达到全系统的无功在额定电压水平上的平衡，并留有一定的备用容量以应付无功负荷的增加，一般为最大无功负荷的 7%～8%，如不足，就应增设一定容量的无功电源。值得指出的是，电力系统的无功电源容量通常大于系统的有功电源容量（即装机容量），为后者的 1.5～1.7 倍。

此外，由于电力系统覆盖的范围广，如果大量无功由输电线远距离传送，必然造成大的电压损耗和功率损耗，这样即使系统的无功能维持在额定电压水平上的平衡，也可能出现某些局部地区的电压偏移过大。因此必须同时做到分层分区的无功平衡。为此，《导则》对电力用户和电网都提出了相应的要求，规定电力用户的功率因数应达到下列标准：高压供电的工业用户和高压装有带负荷调压装置的电力用户，功率因数为 0.9 以上；其他 100kVA 及以上电力用户和大、中型电力排灌站，功率因数为 0.85 以上；趸售和农业用电，功率因数为 0.80 以上。对电网规定：500（330）kV 线路的充电功率应基本上予以补偿，从最小负荷至满负荷情况下无功功率均应基本平衡；200kV 变压器二次的功率因数不小于 0.95；110kV 至 35kV 变压器二次的功率因数不小于 0.9。遵守上述规定后，各电压级和各供电区的无功功率就能基本平衡。

电力系统的无功平衡应在最大无功负荷时进行，必要时还应检验某些设备检修时或故障后运行方式下的无功平衡；既要保证系统总的无功平衡，又要考虑分层分区的无功平衡。

三、电压控制的策略

即使做到了全系统在额定电压水平上的无功平衡和无功电源分层分区的合理配置，电力系统调度部门也不可能监视和控制所有用户的电压。实际的做法是选择一些有代表性的电厂和变电站作为电压质量的监视和控制点，称为电压中枢点。之所以称为中枢点是因为它们的地位重要，如果这些点的电压符合要求，则其他点的电压质量也基本能得到保证。因而电压控制的策略归结为：选择合适的中枢点；确定中枢点电压的允许偏移范围；采用一定的方法将中枢点的电压偏移控制在允许范围内。

（一）电压中枢点的选择

电压中枢点通常选择在：区域性水、火电厂的高压母线，在这些高压母线上一般有几回出线；枢纽变电站的低压母线及有大量地方性负荷的发电厂母线。

从地理位置、重要性和代表性等多方面衡量，一般电力系统根据其规模可选定几个至几十个中枢点。

（二）中枢点电压允许偏移范围的确定

每个负荷点都允许电压有一定偏移，加上由负荷点至电压中枢点的电压损耗，便是每个负荷点对中枢点电压的要求，接于中枢点的所有负荷点对中枢点电压要求的公共部分，便确定了中枢点电压的允许偏移范围。

如图 7-6（a）所示，中枢点 O 向负荷 A 和负荷 B 供电，设两负荷点电压的允许偏移范围均为±5%。两点的日负荷曲线如图 7-6（b）所示。相应地，由公式 $\Delta U=(PR+QX)/U$ 可求得两段线路的电压损耗变化曲线如图 7-6（c）所示。

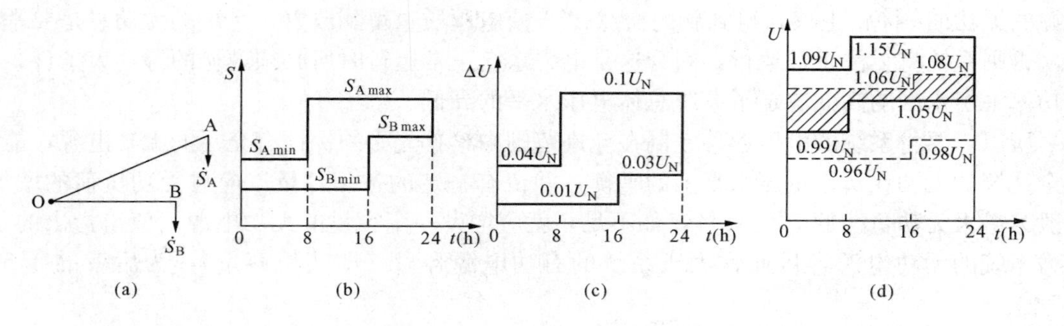

图 7-6　中枢点电压允许偏移范围的确定

于是，负荷点 A 对中枢点 O 的电压要求是：

0～8 时，$U=U_A+\Delta U_A=(0.95\sim1.05)U_N+0.04U_N=(0.99\sim1.09)U_N$；

8～24 时，$U=U_A+\Delta U_A=(0.95\sim1.05)U_N+0.10U_N=(1.05\sim1.15)U_N$。

如图 7-6(d)中实线所示。

同理，负荷点 B 对中枢点 O 的电压要求是：

0～16 时，$U=U_B+\Delta U_B=(0.96\sim1.06)U_N$；

16～24 时，$U=U_B+\Delta U_B=(0.98\sim1.08)U_N$。

如图 7-6（d）中虚线所示。两者的公共部分，如图中阴影部分，就是中枢点 O 点电压的允许偏移范围。只要将中枢点的电压控制在此范围内，负荷 A 和 B 的电压质量就可得到保证。

通常，一个中枢点要向多个负荷供电，此时中枢点电压允许偏移范围的确定是以网络中电压损失最大的一点（即电压最低的一点）和电压损失最小的一点（即电压最高的一点）作为依据。具体而言，中枢点的最低电压就等于在地区负荷最大时，电压最低一点的用户电压的下限加上该用户到中枢点的电压损失；中枢点的最高电压等于地区负荷最小时，电压最高一点的用户电压的上限加上该用户到中枢点的电压损失。只要中枢点的电压上下限满足这两个用户的要求，则其他各用户的电压要求就能满足。

可以想见，如果各个负荷的变化幅度相差很大，各条线路的长度相差也大，这样各个用户到中枢点的电压损耗就会相差很大，从而会出现电压要求曲线没有公共部分的情况。这种情况表明，此时无论怎样调节中枢点的电压也无法同时满足所有负荷的电压要求。也就是说，此时仅靠控制中枢点的电压已无能为力，而必须辅之以其他措施。例如，在某些负荷点装设补偿设备，减小电压损耗，从而使得该负荷对中枢点的电压要求落在公共区内。这种电压控制方法称为集中控制与分散控制相结合的方法。同时，根据设备和运行经验，有关规程也规定了各级配电线路的最大允许电压损耗，一般不超过 5%，以保证用户的电压质量。

当实际中由于缺乏必要的数据无法确定中枢点的电压控制范围时，可根据负荷的性质和系统的情况对中枢点的电压调整方式提出一个原则性要求，以便采取相应的调压措施。例如，《导则》规定 220kV 及以下电网的电压调整，宜实行逆调压。所谓逆调压，是指在电压允许偏移范围内，供电电压的调整使在电网高峰负荷时的电压值高于电网低谷负荷时的电压值。例如，高峰负荷时中枢点电压为 $1.05U_N$，低谷负荷时为 U_N。实行逆调压，可以提高负荷点的电压质量。因为高峰负荷时线路上的电压损耗较大，中枢点供电电压提高，可以部分甚至全部补偿线路上的电压损耗，使得负荷点电压接近于额定电压，同时也减小了功率损耗；而低谷负荷时由于线路上的电压损耗较小，中枢点供电电压降低，也可使负荷点电压接近于额定电压。逆调压适宜于中枢点至各负荷点的线路较长，各负荷变化规律大致相同且变化幅度较大的情况。但另一方面，逆调压的要求较高，必须采用专门的调压手段，如有载调压变压器，才能实现。因而对某些要求不高的电压中枢点，可降低要求，如在任何负荷下均保持中枢点电压为一基本不变的值：$(1.02\sim1.05)U_{N}$；或者顺其自然，高峰负荷时中枢点电压低于低谷负荷时的电压。前者称为恒调压，后者称为顺调压。恒调压适宜于负荷变动较小的情况，顺调压适宜负荷变动很小、线路损耗也小，或者用户处电压偏移允许较大的情况（如农业负荷）。在这两种情况下，负荷点的电压质量较差，产生的功率损耗也较大，但仍然应保证负荷点电压在允许偏移范围内。

实际中电压的调整工作是分级进行的。例如，总调度所负责全系统区域性水、火电厂及主要中枢点的电压调整和控制；省中心调动所负责全省系统内的电厂和中枢点的电压调整和监视；地区调度所负责所辖地区系统内调压设备的调整及电压监视点的电压监视。由于任一点电压的调整会影响其邻近地区的电压，因此各级调度运行人员在进行电压调整时必须相互配合。

实际上，无论逆调压、恒调压，还是顺调压，都必须经过一定的分析计算，而后通过一定的方式实现。下面就介绍电压调整的各种方法及其分析计算。

四、电压调整的方法和分析计算

本小节介绍电压调整的各种方法及其分析计算，包括发电机调压、变压器调压、并联补偿调压、串联补偿调压及综合调压，先对调压方法做一概述。

（一）电压调整方法概述

图 7-7 所示的简单电力系统，发电机 G 经过升压变压器 T1、输电线 L 和降压变压器 T2 向负荷 D 供电。如不计各并联导纳，将变压器 T1 的阻抗归算至二次与输电线 L 及变压器 T2 的阻抗加在一起，为 $R+\mathrm{j}X$，则负荷 D 的端电压为

$$U_{D}=\frac{(U_{G}/k_{1}-\Delta U)}{k_{2}}=\left(U_{G}/k_{1}-\frac{PR+QX}{U_{G}/k_{1}}\right)/k_{2} \tag{7-4}$$

由式（7-4）可见，为了调整负荷的端电压 U_{D}，可以采取如下措施：

（1）调节发电机的端电压 U_{G}，称为发电机调压；

（2）调节变压器的变比 k_{1} 和 k_{2}，称为变压器调压；

（3）在负荷端并联无功补偿装置，减小输电线路中流通的无功 Q，从而减小电压损耗 ΔU，称为并联补偿调压；

（4）在输电线路中串联电容器以减小 X，从而减小电压损耗 ΔU，称为串联补偿调压。

以上措施可以单独使用，也可以配合使用，称为综合调压。下面分别予以介绍。

（二）发电机调压

现代大中型同步发电机均装有自动励磁调节装置，调节励磁电流 I_{F} 可以改变发电机的空载电动势 E_{q}，从而改变发电机的端电压 U_{G}。

如果发电厂孤立运行，直接给地方负荷供电，仅依靠改变发电机端电压就可以满足负荷点的电压质量要求，当然最为简便，但这种情

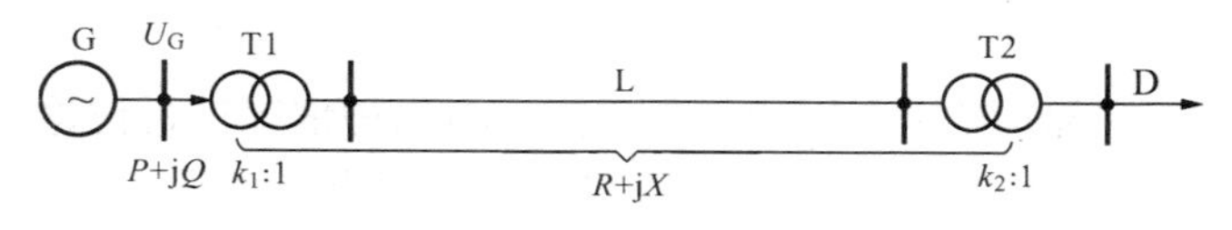

图 7-7　简单电力系统的电压调整

况现在已基本不复存在。一般发电厂除带部分地方负荷外，均将发出的功率经升压变压器和输电线送入系统。此时，单靠调节发电机端电压不可能既满足远方负荷的电压质量要求，又满足地方负荷的电压质量要求。但如采用逆调压方式，在最大负荷时使$U_G=1.05U_N$，最小负荷时$U_G=U_N$，既能提高地方负荷的电压质量，也有利于整个系统的电压调整，同时可减少网损。

由于发电机调压灵活方便，无需再投资，虽然在现代电力系统中它只是辅助调压措施，但也应充分利用，合理调度，使其起到应有的作用。

（三）变压器调压

变压器调压的分析计算包括变压器类型的选择、调压范围的确定和分接头位置的计算三个方面。

1. 变压器类型的选择

按调压方式的不同，可将变压器分为普通变压器、有载调压变压器和加压调压变压器三类。实际中使用最多的是普通变压器，个别情况选用有载调压变压器，加压调压变压器仅用于特殊场合，如为了满足对电压质量要求很高的用户和为了达到环形网络中功率的经济分布。普通变压器结构简单，成本低，运行维护方便。有载调压变压器和加压调压变压器结构复杂，成本高，运行维护不便。因而选用变压器时应进行技术经济比较，并遵循电力部门的有关规定。例如，我国现行的《电力系统电压和无功电力技术导则》中规定，要按照电网结构和负荷性质，合理选择各级电压网络中升压和降压变压器分接开关的调压范围和调压方式。电网中的各级主变压器至少应具有一级有载调压能力，需要时可选两级，升压变压器一般选用普通变压器；发电厂的联络变压器，经调压计算论证有必要时，可选用有载调压型；330、500kV级降压变压器宜选用普通型，经调压论证有必要且技术经济合理时，可选用有载调压型；直接向10kV配电网供电的降压变压器应选用有载调压型，若经调压计算，仅此一级调压尚不能满足电压控制的要求时，可在其电源侧各级降压变压器中再采用一级有载调压；对电压质量要求高于规定数值时用户的受电变压器应选用有载调压型。

2. 调节范围的确定

《导则》规定变压器调压范围经调压计算确定，普通一般可选±2×2.5%（10kV配电变压器为±5%）；有载调压变压器，63kV及以上电压级的宜选±8×(1.25%～1.5%)，35kV宜选±3×2.5%。位于负荷中心地区发电厂的升压变压器，其高压侧调压范围应适当下降2.5%～5%。位于系统送端发电厂附近的降压变电站的变压器，其高压侧调压范围应适当上移2.5%～5%。

随着电网的发展和供电质量要求的不断提高，上述有关规定可能会有不同程度的修改，例如，有载调压变压器的使用将会增多。但不管怎样，变压器的类型和调节范围均需经过一定的分析计算和技术经济比较，再遵循有关规定确定。

3. 分接头位置的计算

为了满足电压调整的需要，变压器均装设有一定数量的分接头，而且考虑到绝缘和制造的方便，分接头均设于高压绕组，对三绕组变压器则设于高压绕组和中压绕组。分接头位置的具体选择应根据计算确定。

下面分降压变压器和升压变压器两种情况进行讨论。

图7-8所示降压变压器，U_1为变压器一次即高压侧电压，可由潮流计算得到，U_2为变压器二次即低压侧电压，需根据用户要求而定，U'_2为未归算的二次电压，Z_T为变压器归

算至一次的阻抗，k 为变压器变比。

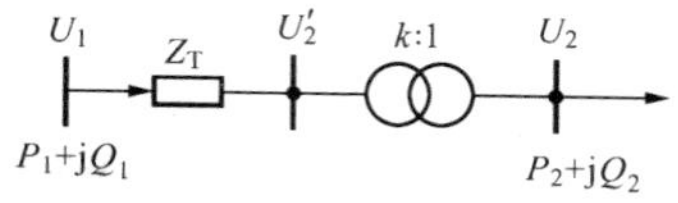

由图可知，变压器的二次电压为

$$U_2=U_2'/k=(U_1-\Delta U)/k \tag{7-5}$$

$$\Delta U=(P_1R+Q_1X)/U_1$$

图 7-8　降压变压器分接头计算

式中：ΔU 为变压器中的电压损耗。注意因 U_1 已知，故计算 ΔU 时用同一点的功率值 P_1 和 Q_1。

变压器的变比取决于待选的分接头位置，即

$$k=U_{1t}/U_{2N} \tag{7-6}$$

式中：U_{1t}为待选的高压绕组分接头对应的电压；U_{2N}为二次即低压绕组的额定电压，其只有 U_N 一个抽头，无需选择。

将式（7-6）代入式（7-5），得到所求的分接头位置为

$$U_{1t}=U'_2U_{2N}/U_2=(U_1-\Delta U)U_{2N}/U_2 \tag{7-7}$$

负荷变化时，U_{1t}也应随之变化，一般用户提出的电压要求是最大负荷和最小负荷时的电压 U_{2max}和 U_{2min}，此时有

$$\begin{cases}U_{1tmax}=(U_{1max}-\Delta U_{max})U_{2N}/U_{2max}\\U_{1tmin}=(U_{1min}-\Delta U_{min})U_{2N}/U_{2min}\end{cases} \tag{7-8}$$

由于分接头只有固定的几挡，故应根据计算得到的U_{1t}取最接近的分接头，称为规格化。只要所选分接头在变压器的调压范围内，即可满足负荷的电压要求。对有载调压变压器，可根据负荷的情况分别选择合适的分接头，实时进行调整，从而得到较高的电压质量。但对普通变压器，由于其只能在无载时改变分接头，所以选取时必须兼顾两头，取最大负荷和最小负荷时分接头电压的平均值，即

$$U_{1t}=(U_{1tmax}+U_{1tmin})/2 \tag{7-9}$$

再规格化，选择最接近的分接头，并根据所选的分接头校验最大负荷和最小负荷时低压母线上的实际电压是否满足要求。

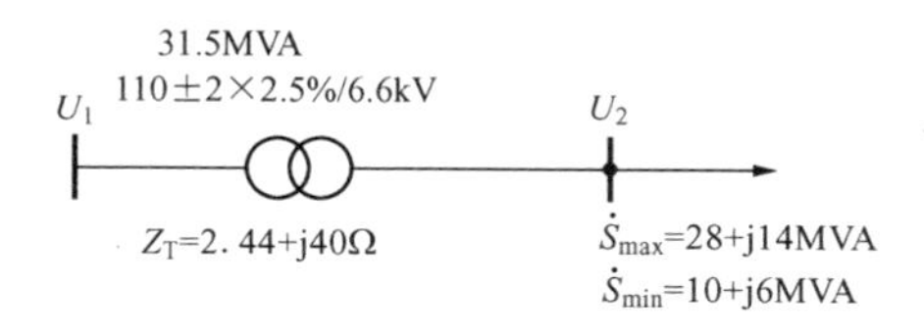

图 7-9　[例 7-1]图

【例 7-1】　一降压变压器归算到高压侧的参数、负荷及分接头范围已标注于图 7-9 中，经潮流计算得到最大负荷时高压侧电压为 110kV，最小负荷时为 115 kV。要求低压母线上电压不超出 6～6.6kV 的范围，试选择分接头。

解　由分接头范围±2×2.5%可知其为一普通变压器。

先计算变压器中的电压损耗 ΔU。因已知的是一次电压 U_1，故需先求出一次功率 $\dot{S}_1$，得

$$\dot{S}_{1max}=\dot{S}_{2max}+\Delta\dot{S}_{max}=28+j14+\frac{28^2+14^2}{102^2}(2.44+j40)=28.1976+j17.2397\ (\text{MVA})$$

$$\dot{S}_{1min}=\dot{S}_{2min}+\Delta\dot{S}_{min}=10.0274+j6.4496\ (\text{MVA})$$

从而

$$\Delta U_{max}=(P_{1max}R+Q_{1max}X)/U_{1max}=6.8945\ (\text{kV})$$

$$\Delta U_{min}=(P_{1min}R+Q_{1min}X)/U_{1min}=2.4561\ (\text{kV})$$

再计算分接头电压。由式（7-8）并取最大负荷时的 $U_{2max}=6.0\text{kV}$，最小负荷时的 $U_{2min}=6.6\text{kV}$，得到

$$U_{1tmax}=(U_{1max}-\Delta U_{max})U_{2N}/U_{2max}=(110-6.8945)\times 6.6/6=113.4161\ (\text{kV})$$
$$U_{1tmin}=(U_{1min}-\Delta U_{min})U_{2N}/U_{2min}=(115-2.4561)\times 6.6/6.6=112.5439\ (\text{kV})$$

从而
$$U_{1t}=(U_{1tmax}+U_{1tmin})/2=112.98\ (\text{kV})$$

选最近的分接头为 $110+2.5\%\times110=112.75$（kV）。

检验最大负荷和最小负荷时低压侧的实际电压

$$U_{2max}=(110-6.8945)\times6.6/112.75=6.0354(\text{kV})$$
$$U_{2min}=(115-2.4561)\times6.6/112.75=6.5879(\text{kV})$$

可见符合低压母线的要求 6～6.6kV。

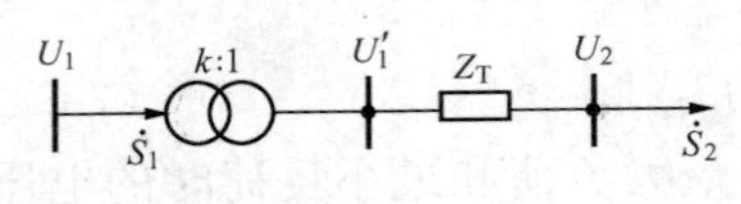

图 7-10 升压变压器的分接头计算

对升压变压器，如图 7-10 所示，Z_T 为归算至二次即高压侧的变压器阻抗，U_2 为高压母线电压，U_1 为一次电压，需选择的仍为高压绕组分接头，此时为 U_{2t}。

采用类似的分析方法，有

$$U_1'=U_2+\Delta U \tag{7-10}$$
$$\Delta U=(P_2R+Q_2X)/U_2$$

式中：ΔU 为变压器的电压损耗。

因变压器的变比 $k=U_1/U_1'=U_{1N}/U_{2t}$，故

$$U_{2t}=(U_2+\Delta U)U_{1N}/U_1 \tag{7-11}$$

式中：U_{1N}为升压变压器低压绕组的额定电压，注意其和降压变压器低压绕组的额定电压 U_{2N}不一样，因大多数升压变压器的二次（即电压绕组）直接和发电机相连，从而 $U_{1N}=1.05U_N$，而降压变压器电压绕组的额定电压一般为 $1.1U_N$。

【例 7-2】 一和发电机直接相连的升压变压器，$S_N=31.5\text{MVA}$，变比为 $6.3/121\pm2\times2.5\%\text{kV}$，归算至高压侧的阻抗为 $Z_T=3+\text{j}48\Omega$。已知最大负荷 $\dot{S}_{2max}=25+\text{j}18\text{MVA}$ 时高压母线的电压为 $U_{2max}=120\text{kV}$，最小负荷 $\dot{S}_{2min}=14+\text{j}10\text{MVA}$ 时高压母线电压为 $U_{2min}=114\text{kV}$。发电机电压的调节范围为 6～6.6kV，试选择变压器分接头。

解 先计算变压器的电压损耗

$$\Delta U_{max}=\frac{P_2R+Q_2X}{V_2}=\frac{25\times3+18\times48}{120}=7.8250\ (\text{kV})$$
$$\Delta U_{min}=\frac{14\times3+10\times48}{114}=4.5789\ (\text{kV})$$

由式（7-11）并取 $\Delta U_{1max}=1.1U_N=6.6$（kV），$\Delta U_{1min}=U_N=6\text{kV}$，得到

$$U_{2tmax}=(U_{2max}+\Delta U_{max})U_{1N}/U_{1max}=(120+7.8250)\times6.3/6.6=122.0148\ (\text{kV})$$
$$U_{2tmin}=(U_{2min}+\Delta U_{min})U_{1N}/U_{1min}=124.5079\ (\text{kV})$$

从而
$$U_{2t}=(U_{2tmax}+U_{2tmin})/2=123.2613(\text{kV})$$

选分接头为 $121+2.5\%\times121=124.0250$（kV）。

校验

$$U_{1max}=(U_{2max}+\Delta U_{max})U_{1N}/U_{2t}=6.4930(\text{kV})<6.6\text{kV}$$
$$U_{1min}=(U_{2min}+\Delta U_{min})U_{1N}/U_{2t}=6.0234(\text{kV})>6.0\text{kV}$$

可见符合要求，即当最大负荷时将发电机端电压调至6.4930kV时便可保证高压母线的电压恰好为要求的120kV，最小负荷时将发电机端电压调至6.0234kV便可使高压母线电压为114kV。

上述选择双绕组变压器分接头的方法也可用于三绕组变压器的分接头选择。不同的是此时有两个分接头需选定：高压绕组的分接头和中压绕组的分接头。一般根据电压母线的要求选定高压绕组的分接头，然后再由已选定的高压绕组分接头和中压母线的要求选定中压绕组的分接头。下面用一例说明之。

【例7-3】 三绕组变压器的额定电压为110/38.5/6.6kV，高压绕组和中压绕组设有分接头±2×2.5%。中压母线和低压母线的最大负荷示于等值电路图7-11中。最小负荷为最大负荷的一半。已知高压母线最大和最小负荷时的电压分别为112kV和115kV。要求最大和最小负荷时中压、低压母线的允许电压偏移为0～7.5%，试选择变压器高压和中压绕组的分接头。

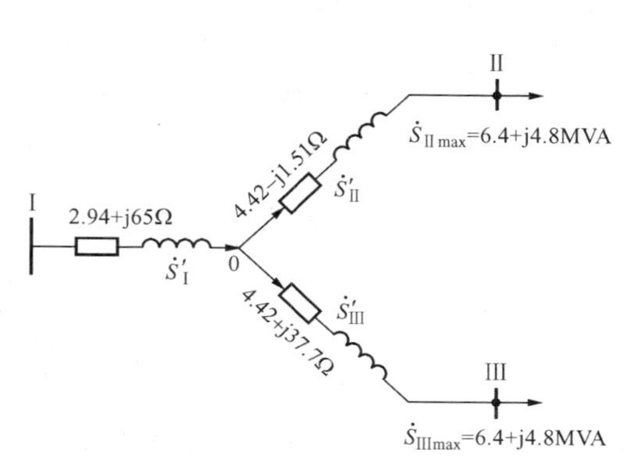

图7-11　［例7-3］等值电路

解　先根据低压母线要求选择高压绕组的分接头。为此须先计算各绕组的电压损耗和各点的电压，而这就又必须先求出功率分布。按简单电力系统的潮流计算方法，有

$$\dot S'_{\text{II max}} = \dot S_{\text{II max}} + \Delta \dot S_{\text{II max}} = 6.4234 + j4.7920(\text{MVA})$$

$$\dot S'_{\text{II min}} = \dot S_{\text{II min}} + \Delta \dot S_{\text{II min}} = 3.2058 + j2.3980(\text{MVA})$$

$$\dot S'_{\text{III max}} = \dot S_{\text{III max}} + \Delta \dot S_{\text{III max}} = 6.4234 + j4.9994(\text{MVA})$$

$$\dot S'_{\text{III min}} = \dot S_{\text{III min}} + \Delta \dot S_{\text{III min}} = 3.2058 + j2.4499(\text{MVA})$$

从而

$$\dot S'_{\text{I max}} = \dot S'_{\text{II max}} + \dot S'_{\text{III max}} = 12.8468 + j9.7914(\text{MVA})$$

$$\dot S'_{\text{I min}} = \dot S'_{\text{II min}} + \dot S'_{\text{III min}} = 6.4116 + j4.8479(\text{MVA})$$

于是

$$\dot S_{\text{I max}} = \dot S'_{\text{I max}} + \Delta \dot S_{\text{I max}} = 12.8468 + j9.7914 + \frac{12.8468^2 + 9.7914^2}{110^2} \times (2.94 + j65)$$

$$= 12.9102 + j11.1930(\text{MVA})$$

$$\dot S_{\text{I min}} = \dot S'_{\text{I min}} + \Delta \dot S_{\text{I min}} = 6.4273 + j5.1950(\text{MVA})$$

求得各点电压

$$U_{0\,\text{max}} = U_{\text{I max}} - \Delta U_{\text{I max}}$$

$$= 112 - (12.9102 \times 2.94 + 11.1930 \times 65)/112 = 105.1652(\text{kV})$$

$$U_{0\,\text{min}} = U_{\text{I min}} - \Delta U_{\text{I min}} = 111.8994(\text{kV})$$

$$U_{\text{II max}} = U_{0\,\text{max}} - \Delta U_{\text{II max}} = 104.9640(\text{kV})$$

$$U_{\text{II min}} = U_{0\,\text{min}} - \Delta U_{\text{II min}} = 111.8051(\text{kV})$$

$$U_{\text{III max}} = U_{0\,\text{max}} - \Delta U_{\text{III max}} = 103.1030(\text{kV})$$

$$U_{\text{III min}} = U_{0\,\text{min}} - \Delta U_{\text{III min}} = 110.9474(\text{kV})$$

计算分接头电压。取最大负荷和最小负荷时低压母线要求的电压分别为6kV和6×1.075=6.45（kV），所以

$$U_{1t\max} = 103.1030 \times 6.6/6 = 113.4133(\text{kV})$$

$$U_{1t\min} = 110.9474 \times 6.6/6.45 = 113.5276(\text{kV})$$

从而 $$U_{1t} = (U_{1t\max} + U_{1t\min})/2 = 113.4704(\text{kV})$$

规格化后取 110＋2.5%分接头，即 U_{1t}＝110×1.025＝112.75（kV）。

检验低压侧实际电压：最大负荷时为 103.1030×6.6/112.75＝6.0353（kV）；最小负荷时为 110.9474×6.6/112.75＝6.4945（kV），均符合要求。

再根据中压母线的要求确定中压绕组分接头。此时中压母线要求的电压为最大负荷时 35kV，最小负荷时 35×1.075＝37.625（kV），所以

$$U_{2t\max} = 112.75 \times 35/104.9640 = 37.5962(\text{kV})$$

$$U_{2t\min} = 112.75 \times 37.625/111.8051 = 37.9430(\text{kV})$$

从而 U_{2t}＝（$U_{2t\max}$＋$U_{2t\min}$）/2＝37.7696（kV）。

规格化后取 38.5－2.5%分接头，即 U_{2t}＝38.5×（1－2.5%）＝37.5375（kV）。校验中压侧实际电压：最大负荷时为 104.9640×37.5375/112.75＝34.9453（kV），最小负荷时为 111.8051×37.5375/112.75＝37.2229（kV）。可见最大负荷时略低于要求的 35kV。如需完全满足要求，需采用有载调压变压器根据不同负荷情况选择不同的分接头。

4. 有载调压变压器

当普通变压器无法满足用户的电压要求时，可采用有载调压变压器，其原理接线如图 7-12所示。与普通变压器不同的是，其高压绕组由三部分组成：主绕组经过一个特殊的切换装置和调压绕组相串联。调压绕组的分接头数多于普通变压器，从而调节范围较宽，级差也较小［例如±8×（1.25%～1.5%）］。切换装置有两个可动触头，每个触头串有一个接触器。调节时先将一个可动触头上的接触器断开，把可动触头移动到相邻分接头上，合上接触器，然后再将另一个触头也如法移到该分接头上。这样逐步移动，直到两个可动触头都移到所选定的位置。切换装置中的电抗器 R 用来限制两个分接头间的短路电流（也可采用限流电阻）。为防止可动触头切换中产生的电弧使变压器绝缘油劣化，制造时将切换装置放在单独的油箱中。

有载调压变压器能在带负荷条件下切换分接头，而且级差小，调节范围大，因而能更好地满足用户的电压要求。特别是在要求逆调压时，普通变压器无法实现，只有采用有载调压变压器。但其造价高，维修复杂，所以实际中应用的还不十分普及。将来随着技术的发展会应用得越来越多。

对三绕组有载调压变压器，一般仅在高压侧设有有载调压分接头，中压侧则设普通分接头。因此，中压侧仍然只能用取平均值的方法选定一个分接头。如果中、低侧调压要求发生矛盾时，可在中压侧加装加压调压变压器。

5. 加压调压变压器

加压调压变压器的原理如图 7-13 所示，由电源变压器 1 和串联变压器 2 组成。电源变压器的二次供电给串联变压器一次，串联变压器的二次绕组串联在主变压器出线上，相当于串联了一个附加电动势，起到加压的作用，因而称为加压调压变压器。改变附加电动势的大小和相位就可改变其出端电压的大小和相位。仅改变电压大小不改变相位的称为纵向调压变

压器，此时附加电动势的相位与原电压相位相同；附加电动势与原电压相位相差 90°的变压器称为横向调压变压器；兼有以上两种变压器的功能，即既能改变电压大小又能改变相位的变压器，称为混合型调压变压器。

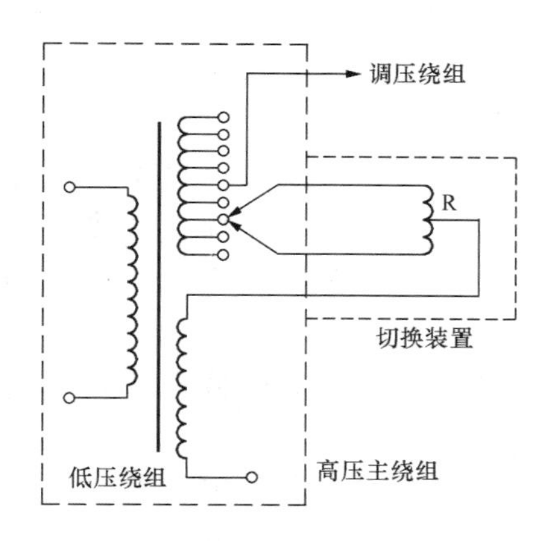

图 7-12　有载调压变压器的原理接线图

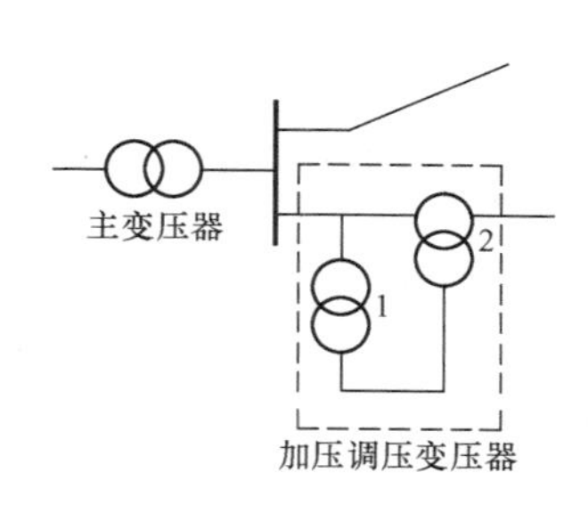

图 7-13　加压调压变压器

1—电源变压器；2—串联变压器

纵向调压变压器的原理接线和相量图示于图 7-14，此时附加电动势 $\Delta\dot{U}$ 的相位与原电压 $\Delta\dot{U}$ 的相位相同，因而只改变电压的大小而不改变相位，其作用如同有载调压变压器中的调压绕组，因而纵向调压变压器和主变压器配合使用就相当于一台有载调压变压器。

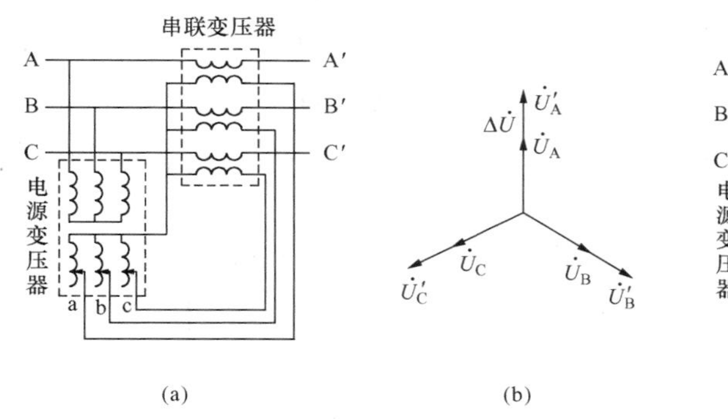

图 7-14　纵向调压变压器

(a) 原理接线图；(b) 相量图

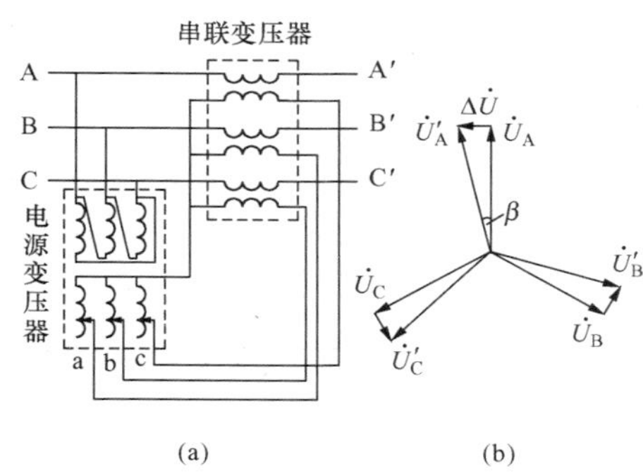

图 7-15　横向调压变压器

(a) 原理接线图；(b) 相量图

横向调压变压器的原理接线和相量图示于图 7-15。电源变压器采用 D，y7 接线，从而使附加电动势 $\Delta\dot{U}$ 的相位与原电压 $\dot{U}$ 的相位相差 90°，故称为横向电动势。这样主要改变的是原电压的相位，而电压大小的改变很小。

混合型调压变压器的原理接线和相量图示于图 7-16，其既有纵向加压作用，即有一纵向电动势 $\Delta\dot{U}'$，又有横向加压作用，即有一横向电动势 $\Delta\dot{U}''$，因而既能改变原电压的大小，又能改变原电压的相位。

加压调压变压器可与主变压器配合使用，也可单独串联在线路中使用；可单纯调压，也可改变环形网络中的功率分布以减少功率损耗。这点将在第八章中介绍。

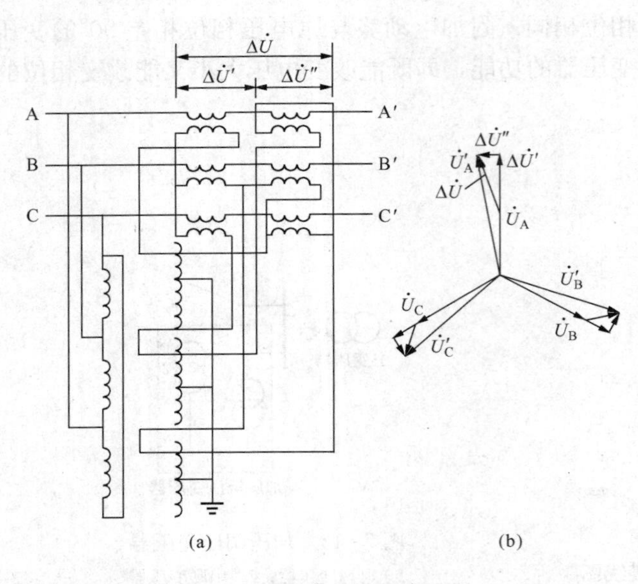

图 7-16 混合型调压变压器

(a) 原理接线图；(b) 相量图

（四）并联补偿调压

所谓并联补偿调压是指采用电容器、同步调相机和静止无功补偿器等并联在主电路中的无功补偿设备，以发出一定无功功率为目的的调压方式，因而又称无功补偿调压。并联补偿调压的计算要针对具体的补偿设备确定所需的容量，计算时常和变压器调压综合考虑，以减少所需的补偿设备容量。

此问题的分析可分两步进行：先不考虑具体设备，仅从调压要求出发求出所需补偿的无功容量；然后再针对具体设备定出所需的补偿容量。

图 7-17 所示简单供电网络的负荷点电压不符合要求，拟在负荷端点采用并联补偿设备发出一定的无功 Q_C 以改善其电压状况。

不计线路和变压器的并联导纳，不计电压降落的横分量，有关系式

$$U_1 = U'_{2C} + \frac{P_2R + (Q_2 - Q_1)X}{U'_{2C}} \tag{7-12}$$

式中：U'_{2C}为归算至高压侧的补偿后负荷端电压。

设补偿前后供电点 1 的电压 U_1 不变，即将供电点视作电压恒定点，于是

$$U_1 = U'_{2C} + [P_2R + (Q_2 - Q_C)X]/U'_{2C} \approx U'_2 + (P_2R + Q_2X)/U'_2 \tag{7-13}$$

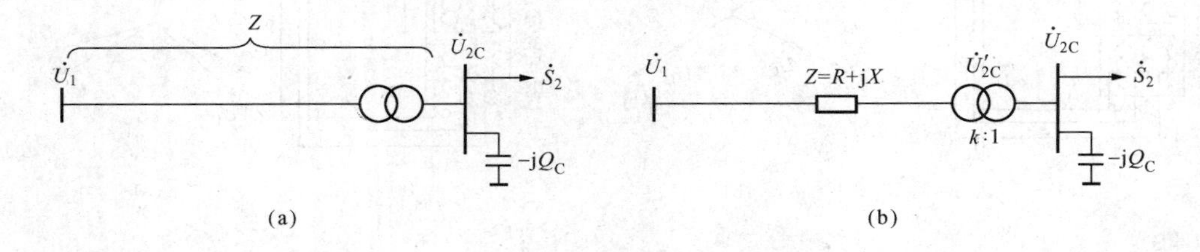

图 7-17 并联补偿调压

(a) 系统图；(b) 等值电路

式中：U'_2为归算至高压侧的补偿前负荷端电压。

可解得

$$\begin{aligned} Q_C &= \frac{U'_{2C}}{X}\left[(U'_{2C} - U'_2) + \left(\frac{P_2R + Q_2X}{U'_{2C}} - \frac{P_2R + Q_2X}{U'_2}\right)\right] \\ &\approx \frac{U'_{2C}}{X}(U'_{2C} - U'_2) \end{aligned} \tag{7-14}$$

因上式中第二项为补偿前后电压损耗的变化量，很小，可略去。设变压器的变比为 $k:1$，则 $U'_{2C} = kU_{2C}$，从而

$$Q_C = kU_{2C}(kU_{2C} - U'_2)/X \tag{7-15}$$

式中：U_{2C}为变压器电压母线希望的补偿后电压；U'_2为补偿前归算至高压侧的电压母线电压。

由式（7-15）可见，所需的补偿容量Q_C正比于补偿前后负荷端电压的差值：要补偿的电压越大，则所需的补偿容量越大；同时，Q_C也与变压器的变比k有关，即计算补偿容量的同时需考虑变压器变比的选择。选择变比的原则是既满足调压要求，又使补偿容量最小。

对于电容器，按最小负荷时全部退出，最大负荷时全部投入的原则选择变压器变比，即先在最小负荷时确定变压器变比，有$U'_{2\min}/U_{2\min}=U_t/U_{2N}$，从而

$$k = U_t/U_{2N} = U'_{2\min}/U_{2\min} \tag{7-16}$$

式中：$U'_{2\min}$为最小负荷时所对应高压侧的电压母线电压，可由计算得到；$U_{2\min}$为用户所要求的电压母线电压。

由式（7-16）求得的k还需规格化，选取最接近的分接头；然后在最大负荷时由式（7-15）求出所需的无功补偿容量，即

$$Q_C = kU_{2C\max}(kU_{2C\max} - U'_{2C\max})/X \tag{7-17}$$

式中：$U_{2C\max}$为所要求的最大负荷时的电压母线电压；$U'_{2C\max}$为最大负荷时归算至高压侧的电压母线电压。

对于同步调相机，按最小负荷时欠励磁运行、最大负荷时过励磁运行的原则选择变压器的变比。注意欠励磁时同步调相机吸收无功，同时其满额运行的容量与过励磁的满额容量不同，为其α倍（α小于1，一般为0.5～0.65），故有

$$\begin{cases} -\alpha Q_C = kU_{2C\min}(kU_{2C\min} - U'_{2\min})/X \\ Q_C = kU_{2C\max}(kU_{2C\max} - U'_{2\max})/X \end{cases} \tag{7-18}$$

将第二式代入第一式，求得

$$k = \frac{(U_{2C\min}U'_{2\min} + \alpha U_{2C\max}U'_{2\max})}{(U^2_{2C\min} + \alpha U^2_{2C\max})} \tag{7-19}$$

规格化后将其代入式（7-15），即可求出所需的补偿容量Q_C。

对于静止无功补偿器，计算方法同调相机，但最小负荷时所能吸收无功的大小应查阅产品手册。

和选择变压器变比时一样，最后应校验实际电压是否符合要求。

【例7-4】 简单电力系统及其等值电路如图7-18所示。发电机维持端电压$U_G=10.5\text{kV}$不变，变压器T1变比k_1已选定，现用户要求实现恒调压，使$U_2=10.5\text{kV}$，试确定负荷端应装无功补偿设备电容器和同步调相机的容量。计算中不计变压器和输电线的并联导纳及电压降落的横分量。

解 （1）求最大、最小负荷时归算至高压侧的负荷端电压$U'_{2\max}$和$U'_{2\min}$。归算至高压侧的发电机端电压为

$$U'_G = 10.5\times 121/10.5 = 121(\text{kV})$$

按简单电力系统的潮流计算方法，先取额定电压求功率损耗（$Z=10+\text{j}120\Omega$）

$$\Delta\dot{S}_{\max} = \frac{ZS^2_{2\max}}{U^2_N} = 0.5165 + \text{j}6.1983(\text{MVA})$$

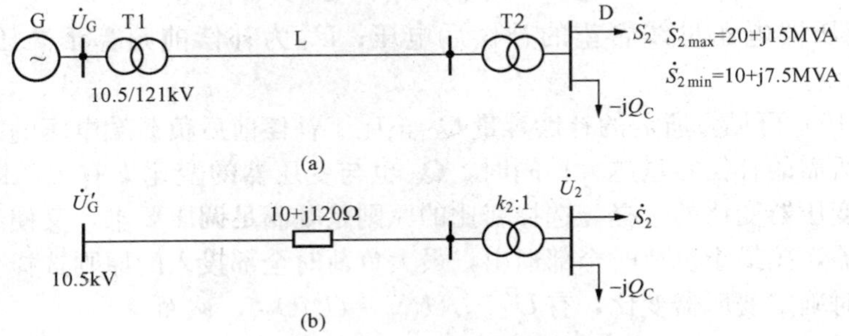

图 7-18 [例 7-4] 系统及其等值电路

(a) 系统图；(b) 等值电路

$$\Delta\dot{S}_{min}=\frac{ZS_{2\,min}^2}{U_N^2}=0.1291+j1.5499(MVA)$$

首端功率为

$$\dot{S}_{G\,max}=\dot{S}_{2\,max}+\Delta\dot{S}_{max}=20.5165+j21.1983(MVA)$$

$$\dot{S}_{G\,min}=\dot{S}_{2\,min}+\Delta\dot{S}_{min}=10.1291+j9.0499(MVA)$$

从而负荷端归算至高压侧的电压为

$$U'_{2\,max}=U'_G-\frac{(P_{G\,max}R+Q_{G\,max}X)}{U'_G}=121-\frac{20.5165\times10+21.1983\times120}{121}$$

$$=98.2813(kV)$$

$$U'_{2\,min}=U'_G-\frac{(P_{G\,min}R+Q_{G\,min}X)}{U'_G}$$

$$=111.1878(kV)$$

（2）选择电容器容量。

由式（7-16）求得变压器 T2 的变比为

$$k_2=U'_{2\,min}/U_{2\,min}=111.1878/10.5=10.5893$$

规格化，选最近的分接头为 110＋2×2.5%，其对应的变比为 110×(1＋2×2.5%)/11＝10.5。

由式（7-15）求得所需的补偿容量为

$$Q_C=\frac{k_2U_{2C\,max}(k_2U_{2C\,max}-U'_{2\,max})}{X}=\frac{10.5\times10.5\times(10.5\times10.5-98.2813)}{120}$$

$$=10.9962(Mvar)$$

取 Q_C＝11Mvar，校验实际电压。

最大负荷时

$$\Delta\dot{S}_{max}=\frac{(10+j120)\times[20^2+(15-11)^2]}{110^2}=0.3438+j4.1256(MVA)$$

$$\dot{S}_{G\,max}=\dot{S}_2+\Delta\dot{S}_{max}=20.3483+j8.1256(MVA)$$

$$U'_{2\,max}=121-\frac{20.3483\times10+8.1256\times120}{121}=111.2603(kV)$$

$$U_{2\,max}=U'_{2\,max}/k_2=111.2603/10.5=10.5962(kV)$$

最小负荷同样可求得

$$U_{2\min} = U'_{2\min}/k_2 = 111.1878/10.5 = 10.5983(\text{kV})$$

两者均略高于要求的10.5kV，原因在于所需的变比不是正好在某一分接头以及补偿容量不是正好为一整数，但基本满足了要求。

（3）选择调相机容量。

设α=0.65，由式（7-19）求得

$$k_2 = \frac{(U_{2C\min}U'_{2\min} + \alpha U_{2C\max}U'_{2\max})}{(U^2_{2C\min} + \alpha U^2_{2C\max})} = 10.1051$$

规格化，取最近的分接头为110+2.5%，其变比为110×1.025/11=10.25。

由式（7-15）求得补偿容量为

$$Q_C = \frac{k_2 U_{2C\max}(k_2\, U_{2C\max} - U'_{2\max})}{X} = \frac{10.25 \times 10.5 \times (10.25 \times 10.5 - 98.2813)}{120}$$

$$= 8.3747(\text{Mvar})$$

查手册选TT-66-11型同步调相机，容量为Q_N=6Mvar。

校验实际电压

最大负荷时

$$\Delta\dot{S}_{\max} = \frac{(10 + \text{j}120) \times [20^2 + (15 - 6)^2]}{110^2} = 0.3975 + \text{j}4.7702(\text{MVA})$$

$$\dot{S}_{G\max} = 20.3975 + \text{j}13.7702(\text{MVA})$$

$$U'_{2C\max} = 121 - \frac{20.3975 \times 10 + 13.7702 \times 120}{121} = 105.6578(\text{kV})$$

$$U_{2C\max} = U'_{2C\max}/k_2 = 105.6578/10.25 = 10.3081(\text{kV})$$

最小负荷时

$$\Delta\dot{S}_{\min} = \frac{(10 + \text{j}120) \times [10^2 + (7.5 + 0.65 \times 6)^2]}{110^2} = 0.1900 + \text{j}2806(\text{MVA})$$

$$\dot{S}_{G\min} = 10.1900 + \text{j}9.7806(\text{MVA})$$

$$U'_{2C\min} = 121 - \frac{10.1900 \times 10 + 9.7806 \times 120}{121} = 110.4581(\text{kV})$$

$$U_{2C\min} = U'_{2C\min}/k_2 = 110.4581/10.5 = 10.7764(\text{kV})$$

可见，最大负荷时电压偏低，而最小负荷时电压偏高，原因在于所选的调相机容量偏小，但如选大一挡的容量，为15Mvar，又不太经济，故可由用户自行进行技术经济比较后确定。如选用15Mvar的调相机，校验工作可仿上进行。预计结果将是：如满额运行，最大负荷时电压会偏高，最小负荷时会偏低，从而需在运行时根据情况适时调整。

（五）串联补偿调压

所谓串联补偿调压是指将电容器串联在主电路中以减小线路电抗，从而提高线路末端电压为目的的调压方式，因而又称作参数补偿调压。

如图7-19所示，注意此时已知的功率为线路首端功率$\dot{S}_1$。补偿前的电压损耗为

$$\Delta U = (P_1 R + Q_1 X)/U_1 \tag{7-20}$$

补偿后的电压损耗为

$$\Delta U_C=\frac{[P_1R+Q_1(X-X_C)]}{U_1} \tag{7-21}$$

式中：X_C 为串联补偿电容器的电抗值。

从而补偿效果，即提高的末端电压为

$$\Delta U-\Delta U_C=Q_1X_C/U_1 \tag{7-22}$$

如要求提高的电压为（$\Delta U-\Delta U_C$），则所需的容抗为

$$X_C=(\Delta U-\Delta U_C)U_1/Q_1 \tag{7-23}$$

通常将串联的容抗 X_C 与原电抗 X 之比称为补偿度，即

$$K=X_C/X$$

串联补偿电容器由许多单个电容器经串、并联组成，如图 7-20 所示，如由产品手册选用额定电压为 U_{NC}、额定容量为 Q_{NC} 的电容器，则可根据最大负荷时的电流 $I_{max}=S_{max}/(\sqrt{3}U_{max})$（其中 U_{max} 为对应于 S_{max} 且为同一点的电压）所需的串联补偿容抗 X_C 和电容器额定电压 U_{NC}、额定电流 I_{NC}（$=Q_{NC}/U_{NC}$）确定电容器组的串数 m 和每串中电容器个数 n，即

$$m\geqslant I_{max}/I_{NC}$$
$$n\geqslant I_{max}X_C/U_{NC} \tag{7-24}$$

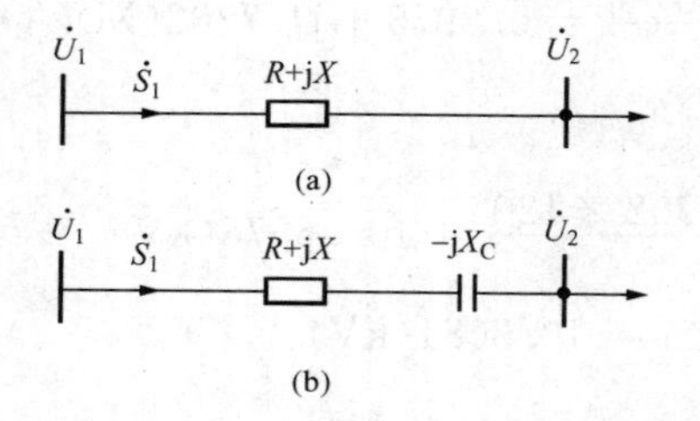

图 7-19 串联补偿调压
（a）补偿前；（b）补偿后

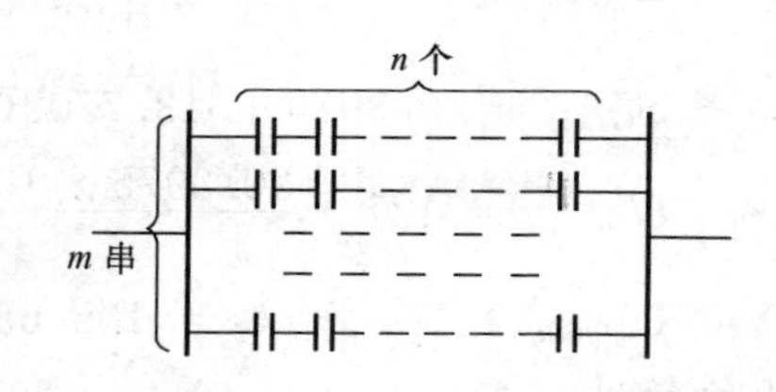

图 7-20 串联补偿电容器组

m、n 应取偏大的整数。m、n 确定后需校验实际的补偿效果是否达到要求。同时 m、n 确定后，所需的串联补偿电容器容量为

$$Q_C=3mnQ_{NC}\geqslant 3I_{max}^2X_C \tag{7-25}$$

串联电容器组一般均集中装设于一绝缘平台，以便于运行管理和维护。由于经串联补偿后电压有一突然升高，所以其装设地点应考虑：既使负荷点电压在允许范围内，又使沿输电线电压尽可能均匀，同时还应使故障时流过电容器的短路电流不致过大。所以当负荷集中在辐射型网络末端时，串补电容就装于线路末端；当沿线有多个负荷时，其装于全线电压降的 1/2 处较为合适。

值得指出的是，由式（7-22）可知，串补电容器调压的效果，即线路末端提高的电压与所串电容器的容抗 X_C 成正比，同时也与线路中流过的无功功率 Q 成正比。无功负荷大时调压效果大，无功负荷小时调压效果小，即具有正的调节效应，有利于维护电压运行的稳定。另一方面，如负荷的功率因数很高（$\cos\varphi>0.95$），则线路中流过的无功功率小，从而串联电容调压的效果减小。因此串联补偿调压主要用于 110kV 以下功率因数较低的辐射型配电线路。

【例 7-5】 一 35kV 配电线路的阻抗为 $Z=10+j10\Omega$，首端输送的最大功率为 $\dot{S}_{max}=7+j6$MVA。线路首端电压为 37kV，为使线路末端电压不低于 35kV，求串联补偿容量。设选

用纸质油浸电容器，额定容量为20kvar，额定电压为0.6kV。如在线路末端采用并联补偿，求所需的并联补偿容量，并比较两种补偿方案的功率损耗。

解　(1) 确定串联补偿容量。

补偿前的线路末端电压为

$$U_2 = U_1 - \Delta U = 37 - (7 \times 10 + 6 \times 10)/37 = 33.4965(\text{kV})$$

故要求补偿的电压值为35－33.4865＝1.5135kV。

由式（7-23）求得所需的补偿容抗为

$$X_C = 1.5135 \times 37/6 = 9.3333(\Omega)$$

选用额定电压为U_{NC}＝0.6kV、容量为Q_{NC}＝20kvar的单相油浸纸电容器，其额定电流为

$$I_{NC} = Q_{NC}/U_{NC} = 20/0.6 = 33.3333(\text{A})$$

其容抗为

$$X_{NC} = U_{NC}/I_{NC} = 600/33.3333 = 18(\Omega)$$

线路最大负荷时的电流为

$$I_{max} = S_{max}/(\sqrt{3}U_{max}) = \sqrt{7^2 + 6^2}/(\sqrt{3} \times 37) = 143.8623(\text{A})$$

故所需的电容器串数为

$$m \geqslant I_{max}/I_{NC} = 143.8623/33.3333 = 4.3159$$

取m＝5。每串电容器的个数为

$$n \geqslant I_{max}X_C/U_{NC} = 143.8623 \times 9.3333/600 = 2.2379$$

取n＝3。故串联补偿容量为

$$Q_C = 3mnQ_{NC} = 3 \times 5 \times 3 \times 20 = 0.9(\text{Mvar})$$

校验实际电压：

实际的串补容抗为$X_C = n \times X_{NC}/m = 3 \times 18/5 = 10.8(\Omega)$，补偿后的线路末端电压为

$$U_2 = 37 - [37 \times 10 + 6 \times (10 - 10.8)]/37 = 35.2378(\text{kV})$$

基本符合要求。此时的补偿度为

$$K = X_C/X = 10.8/10 = 1.08$$

(2) 确定并联补偿容量：

由式（7-14）得

$$Q_C = U'_{2c}(U'_{2c} - U'_2)/X = 35 \times (35 - 33.4965)/10 = 5.2973(\text{Mvar})$$

取Q_C＝5.3Mvar。可见并联补偿容量要比串联补偿容量大得多。

(3) 比较功率损耗

补偿前

$$\Delta P = R(P^2 + Q^2)/U^2 = 10 \times (7^2 + 6^2)/37^2 = 0.6209(\text{MW})$$

串联补偿后

$$\Delta P = 10 \times (7^2 + 6^2)/37^2 = 0.6209(\text{MW})$$

并联补偿后

$$\Delta P = 10 \times [7^2 + (6 - 5.3)^2]/37^2 = 0.3615(\text{MW})$$

可见，串联补偿未减小功率损耗，而并联补偿既能改善电压质量，又能减小功率损耗。其本质在于无功补偿发出一定的无功功率后，减小了无功在网络中的流动，从而减小了网络

中的电压损耗以及功率损耗。此外，并联补偿可以减轻或者改变无功不足的现象，形成在较高电压水平上的无功平衡，从根本上保证电压水平。

（六）综合调压

以上分别介绍了各种调压的具体计算，实际系统中，常常是多种调压方法配合使用，称为综合调压。综合调压时，需了解各种调压方法的优点和缺点、综合调压的原则和综合调压的分析方法。

1. 各种调压方法的优点和缺点

发电机调压：简单灵活，无需投资，应充分利用，但需要考虑的因素较多，故只作辅助调压手段。

变压器调压：由于变压器调压只能改变电压的高低，从而改变无功功率的流向和分布，而不能发出或吸收无功，所以其只能用于系统无功充裕时。普通变压器只能在无载时调节分接头，所以只适用于电压波动幅度不大且调压要求不高时（如顺调压）。有载调压变压器调节灵活，调节范围较大，但结构复杂，投资大，运行管理与维护要求较高，一般用于重要的枢纽变电站和调压要求较高的用户。加压调压变压器可用于调压，也可用于环网的经济功率分布。

并联补偿调压：达到无功功率分层分区平衡的主要手段，可分散于各用户，此时主要用并联电容器以提高用户的功率因数，应具有按电压、按功率因数的自动投切功能；可集中于电压中枢点，此时宜采用同步调相机或静止无功补偿器。并联补偿调压灵活方便，还可减小网损，但需增加投资。

串联补偿调压：调压效果当功率因数不高时比并联补偿好，但减小网损的效果甚微，其对运行管理维护的要求较高，调节不太灵活。一般用于 110kV 以下的辐射型配电线路，是一种辅助调压手段。

综上可见，四种调压方法中，发电机调压和并联补偿调压是改变发出无功大小进行电压调整的手段，也是保证电力系统电压水平的根本手段。变压器不是无功电源，不发出无功，但其分接头位置的变化可以改变无功的流动和分布，从而改变系统中局部地区的电压水平。电容器串于电路时也不是无功电源，只是起着参数补偿的作用，从而直接减小线路的电压损耗。所以四种调压方法各有利弊，应综合利用，即进行综合调压。

2. 综合调压的原则

综合调压的原则可归结为统筹兼顾，满足要求，即在满足分层分区无功平衡的前提下，针对各种调压方法的优缺点取长补短，合理安排，使电压质量达到规定的要求。具体言之，无功不足时，应首先考虑挖掘现有的无功潜力，如合理组织发电机运行，将系统中暂时闲置的发电机作调相机运行，将用户的同步电动机过励磁运行等；其次采用并联补偿以增加无功电源的容量，包括使各用户的功率因数达到规定值，使各电压级变压器二次的功率因数达到规定值，和使电压中枢点有足够的无功以保证其调压能力。确定并联补偿容量时，应与变压器分接头的选择相互配合，以充分发挥设备的调压效果。无功充足时，可充分发挥变压器的调压作用，在允许范围内适当提高线路的电压水平，还能减小网损和提高系统的静态稳定性。

3. 综合调压的分析方法——灵敏度分析

先介绍灵敏度分析的一般原理，然后介绍如何利用灵敏度矩阵进行综合调压的分析。

（1）灵敏度分析。

设系统在正常运行状态下满足方程

$$\boldsymbol{F}(\boldsymbol{x}_0,\boldsymbol{u}_0,\boldsymbol{p}_0)=0 \tag{7-26}$$

式中：$\boldsymbol{x}$ 为状态变量，维数为 n；$\boldsymbol{u}$ 为控制变量，维数为 m；$\boldsymbol{p}$ 为扰动变量，维数为 l。

系统受到扰动后（包括由扰动变量和控制变量引起的扰动），设三种变量的偏移为 $\Delta\boldsymbol{x}$、$\Delta\boldsymbol{u}$ 和 $\Delta\boldsymbol{p}$，则方程为

$$\boldsymbol{F}(\boldsymbol{x}_0+\Delta\boldsymbol{x},\boldsymbol{u}_0+\Delta\boldsymbol{u},\boldsymbol{p}_0+\Delta\boldsymbol{p})=0 \tag{7-27}$$

将上式在初始运行点展开为台劳级数，并设偏移量很小，从而可略去二次及以上高次项，得到

$$\boldsymbol{F}(\boldsymbol{x}_0,\boldsymbol{u}_0,\boldsymbol{p}_0)+\boldsymbol{J}_x\Delta\boldsymbol{x}+\boldsymbol{J}_u\Delta\boldsymbol{u}+\boldsymbol{J}_p\Delta\boldsymbol{p}=0 \tag{7-28}$$

式中

$$\boldsymbol{J}_x=\underset{n\times n}{\frac{\partial F}{\partial \boldsymbol{x}}}=\begin{bmatrix}\frac{\partial f_1}{\partial x_1} & \frac{\partial f_1}{\partial x_2} & \cdots & \frac{\partial f_1}{\partial x_n}\\ \frac{\partial f_2}{\partial x_1} & \frac{\partial f_2}{\partial x_2} & \cdots & \frac{\partial f_2}{\partial x_n}\\ \vdots & \vdots & & \vdots\\ \frac{\partial f_n}{\partial x_1} & \frac{\partial f_n}{\partial x_2} & \cdots & \frac{\partial f_n}{\partial x_n}\end{bmatrix},$$

$$\boldsymbol{J}_u=\underset{n\times m}{\frac{\partial F}{\partial \boldsymbol{u}}}=\begin{bmatrix}\frac{\partial f_1}{\partial u_1} & \frac{\partial f_1}{\partial u_2} & \cdots & \frac{\partial f_1}{\partial u_m}\\ \frac{\partial f_2}{\partial u_1} & \frac{\partial f_2}{\partial u_2} & \cdots & \frac{\partial f_2}{\partial u_m}\\ \vdots & \vdots & & \vdots\\ \frac{\partial f_n}{\partial u_1} & \frac{\partial f_n}{\partial u_2} & \cdots & \frac{\partial f_n}{\partial u_m}\end{bmatrix},$$

$$\boldsymbol{J}_p=\underset{n\times l}{\frac{\partial F}{\partial \boldsymbol{p}}}=\begin{bmatrix}\frac{\partial f_1}{\partial p_1} & \frac{\partial f_1}{\partial p_2} & \cdots & \frac{\partial f_1}{\partial p_l}\\ \frac{\partial f_2}{\partial p_1} & \frac{\partial f_2}{\partial p_2} & \cdots & \frac{\partial f_2}{\partial p_l}\\ \vdots & \vdots & & \vdots\\ \frac{\partial f_n}{\partial p_1} & \frac{\partial f_n}{\partial p_2} & \cdots & \frac{\partial f_n}{\partial p_l}\end{bmatrix}$$

计及式（7-26），可解得

$$\Delta\boldsymbol{x}=-\boldsymbol{J}_x^{-1}(\boldsymbol{J}_u\Delta\boldsymbol{u}+\boldsymbol{J}_p\Delta\boldsymbol{p})=\boldsymbol{s}_{xu}\Delta\boldsymbol{u}+\boldsymbol{s}_{xp}\Delta\boldsymbol{p} \tag{7-29}$$

上式表达了当控制量变化 $\Delta\boldsymbol{u}$ 和扰动量变化 $\Delta\boldsymbol{p}$ 时状态量的变化 $\Delta\boldsymbol{x}$，也反映了状态量对控制量和扰动量变化的灵敏程度，故称为灵敏度方程。式中 $\boldsymbol{s}_{xu}=-\boldsymbol{J}_x^{-1}\boldsymbol{J}_u$，$\boldsymbol{s}_{xp}=-\boldsymbol{J}_x^{-1}\boldsymbol{J}_p$ 称

为灵敏度矩阵。知道了灵敏度矩阵，就可由其各元素的数值看出状态量对哪个或哪些控制变量或扰动变量最敏感，或者说，可以看出改变哪个控制量的效果最好。

由此可知，所谓灵敏度分析实际上就是利用各变量之间关系的线性化表达式研究一些变量微小变化时另一些量如何变化的一种分析方法。它是确定控制策略和抗扰动策略的有效工具，得到了广泛应用。

（2）灵敏度分析在综合调压中的应用。

将灵敏度分析用于综合调压，状态变量取为节点电压（一般为中枢点电压和感兴趣节点的电压）和无功功率（一般为要求控制无功潮流的线路中的无功）。控制变量取为发电机电压、变压器变比和并联补偿设备的容量。此处未将串联补偿的容抗作为控制变量，因实际中一般都不以其作为控制系统正常运行的手段。由于此时只研究各种调压手段的效果及其相互配合问题，所以可不考虑扰动变量，于是灵敏度方程形如

$$\begin{cases}\Delta U_{\mathrm{i}}=\Sigma A_{\mathrm{vij}}\Delta U_{\mathrm{j}}+\Sigma A_{\mathrm{kij}}\Delta k_{\mathrm{j}}+\Sigma A_{\mathrm{qij}}\Delta q_{\mathrm{j}}\\ \Delta Q_{\mathrm{L}}=\Sigma B_{\mathrm{vij}}\Delta U_{\mathrm{j}}+\Sigma B_{\mathrm{kij}}\Delta k_{\mathrm{j}}+\Sigma B_{\mathrm{qij}}\Delta q_{\mathrm{j}}\end{cases}\tag{7 - 30}$$

式中：ΔU_{i} 为要求控制电压的节点 i 的电压变化量；ΔQ_{L} 为要求控制无功潮流的线路 L 的无功变化量；A_{xij} 和 B_{xij} 为灵敏度矩阵中的元素，$A_{\mathrm{xij}}=\partial U_{\mathrm{i}}/\partial x_{\mathrm{j}}$ $B_{\mathrm{xij}}=\partial Q_{\mathrm{L}}/\partial x_{\mathrm{j}}$；$x$ 代表发电机电压 U、变压器变比 k 和并联补偿容量 q。

由以上分析可以看出，灵敏度分析的关键是建立灵敏度矩阵。对电力系统的调压问题，灵敏度矩阵的建立可采用下述方法：数值摄动法，用计算机做潮流计算，求各控制变量单独变化时所有状态变量的变化量；测量法，在系统中进行实测；对某些简单系统，可采用解析法求取。

下面以一简单电力系统说明调压问题的综合分析。如图 7 - 21 所示系统，为了调整节点 3 的电压 U 和输电线 L1 中的无功 Q，可采取调整发电机 G1、G2 的电压 U_1、U_2，改变变压器 T4 的变比 k，改变并联补偿设备的容量 q 的方法，故状态变量为 U 和 Q，控制变量为 U_1、U_2、k 和 q。由其等值电路化为各参数变化量之间的关系，得到图 7 - 21（c）。图中将变比的增量 Δk 视为一电动势是因为变比变化 Δk 相当于在网络中串入了一个电动势增量；图中未计电阻 R 是因为系统的有功功率未变，故电压损耗的增量为 $(R\Delta P+X\Delta Q)/U=X\Delta Q/U=X\Delta Q$[取 $U=1$(标幺值)]，与电阻 R 无关。由图可列出

$$\begin{cases}\Delta U_1-\Delta U+\Delta k=X_1\Delta Q\\ \Delta U-\Delta U_2=X_2(\Delta Q+\Delta q)\end{cases}\tag{7 - 31}$$

写成矩阵形式为

$$\begin{bmatrix}1 & X_1\\ 1 & -X_2\end{bmatrix}\begin{bmatrix}\Delta U\\ \Delta Q\end{bmatrix}=\begin{bmatrix}1 & 0 & 1 & 0\\ 0 & 0 & 0 & X_2\end{bmatrix}\begin{bmatrix}\Delta U_1\\ \Delta U_2\\ \Delta k\\ \Delta q\end{bmatrix}\tag{7 - 32}$$

从而

$$\begin{bmatrix}\Delta U\\ \Delta Q\end{bmatrix}=\frac{1}{X_1+X_2}\begin{bmatrix}X_2 & X_1 & X_2 & X_1X_2\\ 1 & -1 & 1 & -X_2\end{bmatrix}\begin{bmatrix}\Delta U_1\\ \Delta U_2\\ \Delta k\\ \Delta q\end{bmatrix}\tag{7 - 33}$$

由上式可看出：对图 7-21 所示系统，节点 3 的电压 U 对发电机 G1 和变压器 T4 的变比 k 的灵敏度相同，表明调 U_1 和调 k 效果一样；调 U_1 和 U_2 的效果取决于 X_1 和 X_2 的大小：X_2 越大，表明节点 3 距发电机 G2 的电气距离远，则调 U_1 效果好，反之如 X_1 越大，则调 U_2 效果好；调并联补偿容量 q 的效果取决于 X_1X_2：如节点 3 距发电机 G1 和发电机 G2 的电气距离都很远，则调 q 的效果好。以上结论和物理分析一致，不难理解。如给出了对节点 3 的调压要求 ΔU，则可通过几种调压手段的相互配合实现。当然，各调压设备必须在其调节范围内运行。

同理可分析对线路 L1 中的无功功率 Q 的调整效果。

从上面对一简单电力系统调压问题的综合分析可以看出，各种调压措施的效果和网络的具体结构及参数有关，因此需对具体问题进行具体分析。可以想见，对大的电力系统，需控制的中枢点电压和线路无功数较多，控制量也很多，除了技术上的要求还有经济上的要求，所以大系统的综合调压是一项复杂的系统工程，需要更为完善的理论指导和更高的自动化水平。采用分散自动电压调整和集中电压控制相结合是当前电力系统电压调整的主要趋势。所谓分散自动电压调整是对一个或几个发电厂（或变电站）为中心的地区网络，根据无功分区平衡的原则，在调度中心的统一协调下自动维持本地区中枢点的电压水平。所谓集中自动电压控制是由系统调度中心对系统中重要的枢纽点电压、重要输电线的无功以及重要的无功电源和调压设备的运行状态进行监视和控制。

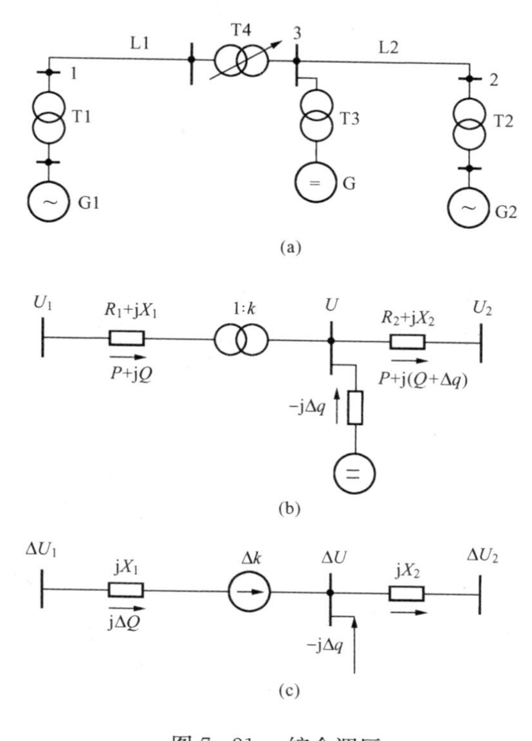

图 7-21　综合调压

(a) 系统组成；(b) 等值电路；(c) 简化等值电路

电压调整是电力系统运行时质量控制的一个重要问题。本节首先介绍了调压的必要性和目标；分析了电压和无功之间的密切关系：必须具有充足的无功，实现在额定电压水平上的无功平衡并有一定的储备，才能使全系统的电压在总体上符合要求；再辅以合理的配置实现分层分区平衡及采用适当的调整方法，就可将电压偏移控制在允许范围内，从而保证电能的电压质量，满足用户的电压要求。调压方法包括发电机调压、变压器调压、并联补偿调压和串联补偿调压，需掌握各种调压方法的优缺点、适用场合及具体计算。对综合调压的原则及分析方法——灵敏度分析做了介绍，这是一种有效的工具，在很多场合得到了应用，此处仅做简单介绍。

第二节　电力系统的频率质量控制——频率调整

本节讨论电力系统运行时质量控制的第二个问题——频率质量的控制，即频率调整的问题。先阐述频率调整的必要性和目标；再介绍电力系统的频率特性和有功平衡，因为频率的高低与系统的有功功率，特别是有功平衡水平的高低密切相关；接着介绍频率控制的策略；最后介绍频率调整的分析和计算。本节与上一节在结构上基本对偶，可以相互比照，以利于掌握，但要注意频率调整和电压调整的不同之处。其根本差异，如第一章第三节中已指出的，系统正常运行时，各处的频率一样而电压却几乎处处不同，因而二者在控制策略和调整方法上有不同的特点。

一、频率调整的必要性和目标

频率是衡量电能质量的另一个重要指标。它既为用户所关注，也是电力系统自身运行时所要控制的目标。因为各种电气设备都是按额定频率设计和制造的，只有在额定频率下运行才能获得最佳的效益和性能。频率如果偏离额定值，会影响设备的性能和寿命，如汽轮发电机，频率（转速）偏高或偏低对叶片都有不良的影响，轻则影响使用寿命，重则使叶片发生断裂；如果频率不稳，许多电子设备的准确性将下降，如电钟不准；许多机械的出力均与频率有关，如机床、水泵、压缩机、风机等，频率变化时，它们的转速发生变化，影响产品的质量；频率降低时，异步电动机和变压器的励磁电流增加，从而无功损耗增大，引起系统电压水平的降低。

无论是电力用户还是电力系统自身，都希望在额定频率下运行，但由于电力系统的负荷无时无刻不在变化，因而要保证系统时时刻刻都在额定频率下运行也是不可能和不现实的。实际上，电力系统运行时频率会或多或少地偏离额定值，即存在着频率偏差 $\Delta f=f-f_N$。问题的关键在于将频率偏差控制在一定范围内。这取决于一个系统的运行管理水平和自动化程度的高低。我国电力系统额定频率为 50Hz，现行的《电力工业技术管理法规》中规定，频率偏差的允许范围，大系统为±0.2Hz，小系统可放宽至±0.5Hz。随着电力系统运行管理水平和自动化程度的提高，允许的频率偏差会逐渐减小，系统的频率质量将会越来越高。

频率调整的目标就是将系统的频率保持在允许的偏差范围内。请注意频率调整的目标和电压调整的目标在提法上的区别。另与电压偏移的要求大致为±5%相比，频率偏差的相对值为±（0.4−1）%，可见电力系统对频率质量的要求很高，由此看出频率质量的重要。

二、电力系统的有功频率特性和有功平衡

电力系统的频率为什么会偏离额定值呢？原因在于发电机的转速偏离了额定同步转速。发电机的转速与作用在发电机组转轴上的转矩有关。正常运行时，作用在发电机转轴上的驱动转矩（即由原动机输入的机械转矩）应与输出的电磁转矩（对应于发电机输出的电磁功率）及发电机组的阻尼转矩（包括摩擦、空气阻力等对应的转矩）相平衡，从而发电机的转速恒定，且应为额定同步速。如不计发电机组阻尼转矩对应的功率，则发电机输入的机械功率即等于发电机输出的电磁功率，从而电力系统的有功功率平衡关系就是所有发电机输出的功率应与系统中所有负荷的有功功率及传输过程中损耗的有功功率之和相平衡的关系。如负荷发生变化，例如增大，这种有功平衡关系便遭到破坏，发电机的输入功率小于输出功率，于是转速下降，系统频率降低。此时发电机的速度调节系统动作，增大汽轮机汽门（或水轮机水门）的开度，以增加原动机的输入功率。同时由于负荷的有功功率与频率有一定关系（称为有功频率特性，简称频率特性），系统频率的下降使得负荷少取用一定数量的有功，这样便形成了系统在低水平上的有功平衡，从而频率低于额定值，产生了频率偏差。系统的有功总是要平衡的，这就是电力系统正常运行时必须遵循的一个等约束条件，如果不平衡，系统便无法正常运行，但平衡的水平有高低之分，有功平衡的高低就决定了系统频率的高低。频率产生偏差的根本原因在于负荷的波动，而频率的高低则取决于有功功率的平衡水平，既与负荷的有功频率特性有关，也与电源（发电机组）的有功调节特性有关。为此，要分析频率调整需先了解电力系统负荷的波动性质，了解电力系统的有功频率特性，包括负荷的特性和电源的特性，以及有功平衡与频率的关系。

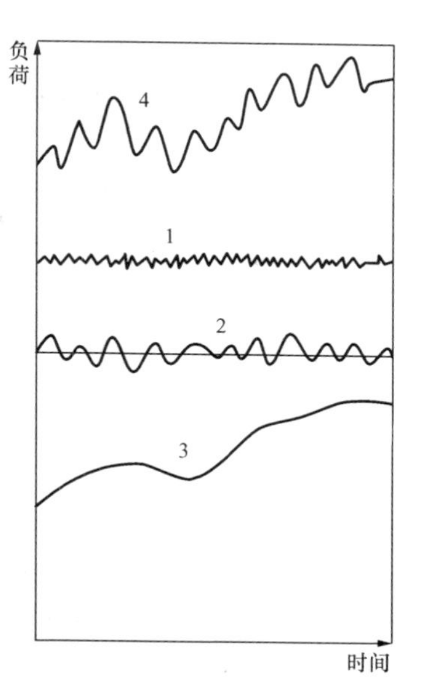

图 7 - 22　有功功率负荷的变化

1—第一类负荷分量；2—第二类负荷分量；3—第三类负荷分量；4—实际的负荷变化曲线

（一）有功负荷

1. 负荷波动性质的分析

电力系统的负荷无时无刻不在变化，图 7 - 22 给出了有功负荷的变化曲线。从分析其变化的性质出发，可将这种从表面上看来杂乱无章的变化曲线分解为三类具有不同变化规律的负荷。第一类为变化幅度很小，变化周期很短（10s 以下）的负荷；第二类为变化幅度较大，变化周期较长（10s～3min）的负荷，如工业电炉、压延机械和电气机车等负荷；第三类是变化缓慢，幅度很大的负荷，如因气象条件、作息制度和人们生活习惯等引起的负荷变化。这三类负荷变化分别如图中曲线 1、2 和 3 所示。

这三类性质不同的负荷变化将引起频率不同程度的变化，从而将采用不同的频率调整对策。第一类负荷变化引起的频率偏差较小，可由各个发电机组的调速器自动进行调整，称为一次调频；第二类负荷变化引起的频率偏差较大，可能会超过允许的偏差范围，这时须由承担调频任务的电厂（即调频厂）依靠调频器进行调整，称为二次调频；第三类负荷的变化则必须由各类发电厂的合理组合达到优化的有功平衡来满足其要求，电力系统调度部门预先编制的负荷曲线就反映了对第三类负荷所采取的对策，也可称为三次调频。

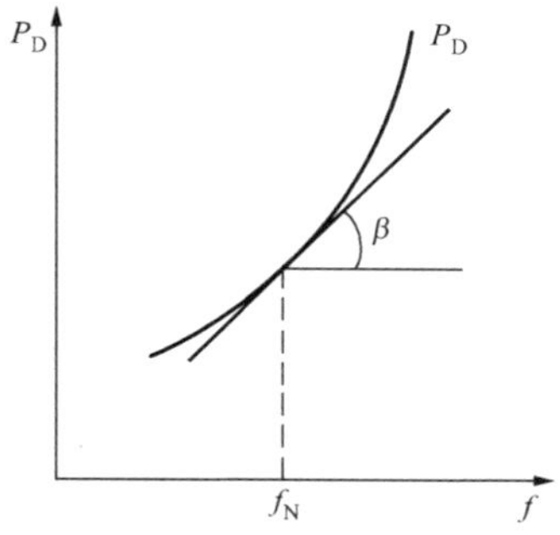

2. 负荷的有功频率特性

负荷的有功频率特性指负荷的有功功率和频率之间的关系，即 $P_D = F(f)$，称作有功频率静态特性。综合负荷的有功频率特性可以依靠实测或分析得到，具有图 7 - 23 所示的形状，可表示为多项式，即

$$P_D = \alpha_0 P_{DN} + \alpha_1 P_{DN}\left(\frac{f}{f_N}\right) + \alpha_2 P_{DN}\left(\frac{f}{f_N}\right)^2 + \alpha_3 P_{DN}\left(\frac{f}{f_N}\right)^3 + \cdots \quad (7-34)$$

图 7 - 23　负荷的有功频率特性

取额定频率 f_N 和额定频率时的负荷功率 P_{DN} 为基准，则可表示为标幺值，即

$$P_{D*} = \alpha_0 + \alpha_1 f_* + \alpha_2 f_*^2 + \alpha_3 f_*^3 + \cdots \quad (7-35)$$

当 $f = f_N$，即 $f_* = 1$ 时，$P_{D*} = 1$，有

$$\alpha_0 + \alpha_1 + \alpha_2 + \alpha_3 + \cdots = 1$$

为简化分析起见，将有功损耗和有功负荷合在一起，仍记为 P_D。有功损耗大约为总有

功负荷的5%～10%，P_D 仍大致具有图7-23所示的形状。由于频率偏差的范围较小，因此可将曲线在运行点附近线性化，用一直线表示，其斜率为

$$K_D = \Delta P_D / \Delta f = \text{tg}\beta \qquad (\text{MW/Hz}) \tag{7-36}$$

称为负荷的频率调节效应系数。它的物理意义是当系统频率变化1Hz时负荷有功功率的变化量（单位为MW）。由图可见，频率升高时，负荷取用的有功功率增加；频率降低时，负荷取用的有功功率减小，即负荷的有功频率特性具有正的调节效应：$dP_D/df>0$。这一特性有利于维持系统频率的稳定性。

用标幺值表示时有

$$K_{D_*} = \frac{\Delta P_{D*}}{\Delta f_*} = \frac{\Delta P_D / P_{DN}}{\Delta f / f_N} = K_D \frac{f_N}{P_{DN}} \tag{7-37}$$

式中：f_N 为额定频率；P_{DN} 为额定频率时系统的有功负荷。

一般 $K_{D_*}=1$～3，取决于负荷的组成，无法人为整定。负荷的频率调节效应系数是电力系统调度部门应掌握的一个重要数据，是制订调度方案时的依据之一，常由试验测得。例如，当系统频率降低而所有电厂无法增加出力时，可采用减去一部分较不重要负荷的方案以提高频率，需减负荷的大小则可根据负荷的频率调节系数计算得到。

【例7-6】 一电力系统在额定情况下运行，频率为50Hz，有功负荷为120万kW，所有发电厂均已满载。现由于负荷增加致使系统频率下降到49.2Hz，为将频率偏差恢复到允许的范围±0.5Hz，试计算需减去多少负荷才能达到目的。已知该系统的负荷调节效应系数 $K_{D_*}=1.5$。

解 先求使频率下降至49.2Hz所增加的负荷 ΔP_D，由公式（7-37）得到

$$\Delta P_D = K_{D_*} \frac{\Delta f}{f_N} P_{DN} = 1.5 \times \frac{50-49.2}{50} \times 1200 = 28.8(\text{MW})$$

同理求得为使频率为49.5Hz所允许增加的负荷 $\Delta P_{D1}=18\text{MW}$，从而应减的负荷为28.8－18＝10.8（MW）。

（二）有功电源

电力系统的有功电源就是各类发电厂。电源的有功频率特性就是指发电机组的有功频率特性，即 $P_G=F(f)$。它反映了发电机输出的有功功率和频率之间的关系，实际上反映了自动调速系统的特性。

依靠调速器的动作对转速（频率）变化产生的调节作用称为频率的一次调整。这种调节是自动完成的，只要发电机有调节能力，调节作用就存在。同时，频率的一次调整是一种有差调节，发电机输出的有功功率 P_G 增加时频率有所下降，P_G 减小时频率有所上升。这种反映发电机输出的有功功率 P_G 和频率 f 之间关系的曲线便称为发电机组的有功频率特性。由于频率偏差的范围较小，在运行点附近可将其近似为一条直线，如图7-24所示。其斜率为

$$K_G = -\Delta P_G / \Delta f = \text{tg}\beta \qquad (\text{MW/Hz}) \tag{7-38}$$

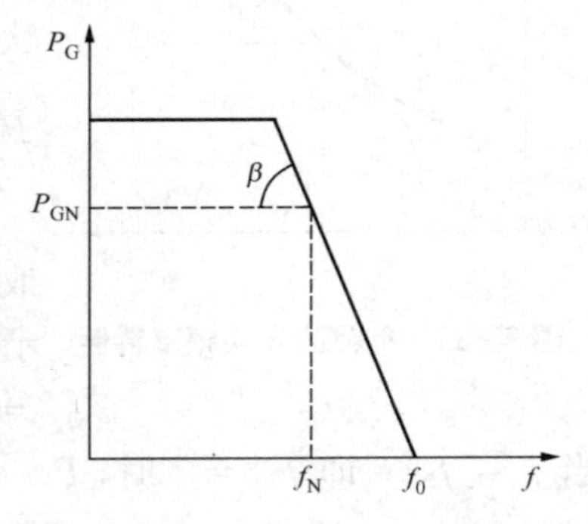

图7-24 发电机组有功频率特性

称为发电机组的单位调节功率。它的物理意义是：当系统频率变化 1Hz 时发电机组输出有功功率的变化量（单位为 MW）。注意定义中的负号及 β 角的位置，使得 K_G 恒为正值，即频率下降时发电机组的输出功率增加，频率上升时发电机的输出功率减小。表明发电机具有负的调节特性，这有利于维持系统频率的稳定性。

用标幺值表示时有

$$K_{G_*}=-\frac{\Delta P_{G_*}}{\Delta f_*}=-\frac{\Delta P_G/P_{GN}}{\Delta f/f_N}=K_G\frac{f_N}{P_{GN}}=\frac{1}{\sigma_*} \tag{7-39}$$

$$\sigma_*=-\Delta f_*/\Delta P_{G_*}$$

式中：σ_* 称为发电机组的调差系数（标幺值），通常由额定运行点和空载运行点定出。在额定运行点，$f=f_N, P_G=P_{GN}$；在空载运行点，$f=f_0, P_G=0$。从而有

$$\sigma_*=-\frac{(f_N-f_0)/f_N}{(P_{GN}-0)/P_{GN}}=\frac{f_0-f_N}{f_N} \tag{7-40}$$

如 $\sigma_*=0.04$，则可知 $f_0=f_N+\sigma_* f_N=52(\text{Hz})$（设 $f_N=50\text{Hz}$）。

发电机组的调差系数可以整定。一般，汽轮发电机组 $\sigma_*=0.04\sim0.06$，水轮发电机组 $\sigma_*=0.02\sim0.04$。其一经整定后在运行过程中不再变动，即运行中发电机组有功频率特性曲线的斜率固定。

由式（7-39）可得到发动机组的单位调节功率 K_G 与调差系数 σ_* 之间的关系为

$$K_G=\frac{1}{\sigma_*}\times\frac{P_{GN}}{f_N} \tag{7-41}$$

（三）有功平衡

1. 有功平衡与频率的关系

和无功平衡相类似，将电源的总有功特性 $P_G(f)$ 和总负荷（包括所有用户的有功负荷、厂用电和有功损耗）的有功特性 $P_D(f)$ 画在一起，如图 7-25 所示。图中两条曲线的交点 a 既表示了系统有功功率的平衡：所有有功电源发出的有功功率等于系统中所有的有功负荷与有功损耗之和，$P_{G\Sigma}=P_{D\Sigma}+P_L$；又确定了此时系统的频率水平 f_a，正常额定运行时为额定频率 f_N。有功负荷增加时，特性曲线 $P_D(f)$ 上移，由于系统一次调频的作用得到新的交点为 a_1，于是频率降低至 f_1，形成了在低水平上的有功平衡，称为有功不足。如负荷增加很多，则频率相差很大，为减小频率偏差 Δf，必须借助调频器采取二次调频，增加电源的有功输出，即相当于将电源的特性曲线上移，得到新的交点 a_2，使频率质量得到改善或者恢复到额定频率。可见，频率与有功平衡的水平密切相关：系统的有功总是要平衡的，否则系统将无法正常运行，因为这是系统正常运行时必须满足的等约束条件，但平衡水平有高低之分，有功平衡水平的高低就决定了系统频率水平的高低。

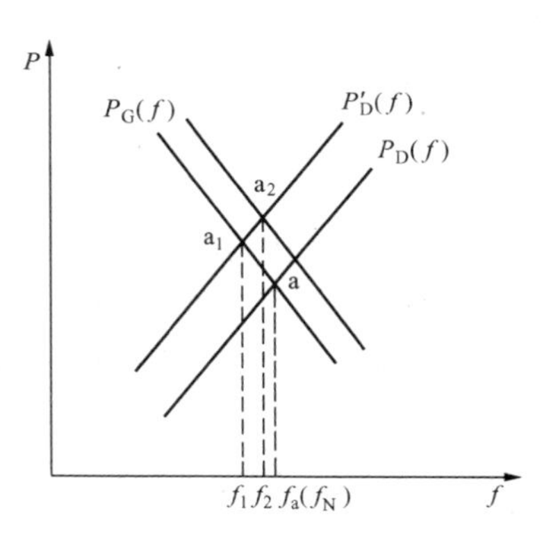

图 7-25　系统的有功功率平衡

所以，要将系统的频率偏差控制在允许范围内，首先必须有充足的有功电源，能达到全系统的有功在额定频率水平上的平衡，并留有一定的备用容量以应付有功负荷的增加。

2. 电力系统的备用容量

电力系统的备用容量指系统的总装机容量大于现有实际总发电容量的可调部分的容量，按性质可分为负荷备用、事故备用、检修备用和国民经济备用，按机组的状态（是否在运行）可分为热备用和冷备用。其关系如下所示：

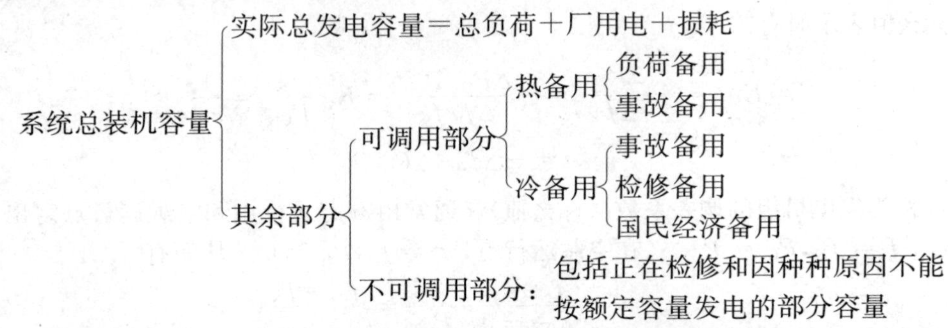

为满足一天24h中计划外的负荷增加和适应系统中的短时负荷波动而留有的备用称为负荷备用。其一般为最大负荷的2%～5%，可根据运行经验和系统中负荷的具体情况决定。负荷备用属热备用，即用于运转中的所有发电机的最大出力之和大于实际总发电容量的部分。

当系统中某一发电机由于偶然事故停运时，为保证供电所需的备用称为事故备用。其一般为最大负荷的5%～10%，且不应小于运行中最大一台机组的容量。事故备用一部分用于热备用，一部分用于冷备用，即可随时待命启动的发电设备容量。

当系统中发电设备按计划检修时，为保证对用户供电所需的备用称为检修备用。发电设备运行一段时间后必须进行检修，分为大修和小修。大修停机时间较长，小修停机时间较短。应合理安排检修以尽量减小检修备用容量，如将大修安排在一年中的低负荷时期，小修安排在节假日。

为满足国民经济的超计划增长而设置的备用称为国民经济备用。

只有具备了适当的备用容量，电力系统才能安全、优质、经济地运行。

3. 有功电源的最优组合

上一小节分析负荷的性质时曾指出，对第三类负荷，即变化缓慢、幅度很大的负荷，必须由各类发电厂的合理组合达到优化的有功平衡。所谓有功电源的最优组合就是根据各类发电厂的技术经济特性合理地安排它们在电力系统日负荷曲线和年负荷曲线中的位置，既保证系统的功率平衡，从而保证系统的频率质量，又可提高系统运行的经济性，也称为频率的三次调整。为此，应先了解各类电厂的技术经济特性，然后再合理组织各类电厂的运行。

发电厂的种类很多，目前主要是火电厂、水电厂和核电厂三大类，各类电厂有不同的技术经济特性。

火电厂是目前电力系统中比重最大的电厂。其特点是：从建设和运行情况看，火电厂的投资小，建设快，但需消耗燃料，运行费用大，不受气候条件的影响；从经济性能看，热电厂效率高于凝汽式电厂，高温高压设备的效率较高，中温中压设备的效率较低；从技术性能看，其有功出力的调节范围较小，其中高温高压设备的调节范围较窄，约为30%，中温中压设备的调节范围较宽，可达75%；调节的速度慢，机组的启停费时、费能。

水电厂是正在大力发展的一类电厂，尤其对水力资源丰富而开发程度很低（＜10%）的我国更是如此。其特点是：从投资和运行情况看，投资大，建设慢，但无需燃料，运行费用低；受气候条件的影响较大，丰水期水多，可以多发电，枯水期水少，只能发出部分容量；从经济性能看，其效率高，但水电厂常兼有防洪、航运、灌溉、养殖和旅游等多种功能，从而水库的发电用水量通常要综合考虑；从技术性能看，其有功出力的调节范围较宽，调节速度快，机组的启停费时少，费能少。

核电厂是今后将积极发展的一类电厂。其特点是：从建设和运行情况看，投资大，但运行费用较小，不受气候条件的影响；从经济性能看，其效率高，宜满载稳定运行；从技术性能看，其调节范围宽，但一般不用其带变动负荷，启停也费时、费能。

在组织各类发电厂运行时，除考虑上述各类电厂的技术经济特性外，还应执行国家的能源政策，如充分利用水力资源，避免弃水；努力降低火力发电的供电煤耗；减少烧油电厂的发电量；增加烧劣质煤和坑口电厂的发电量等。

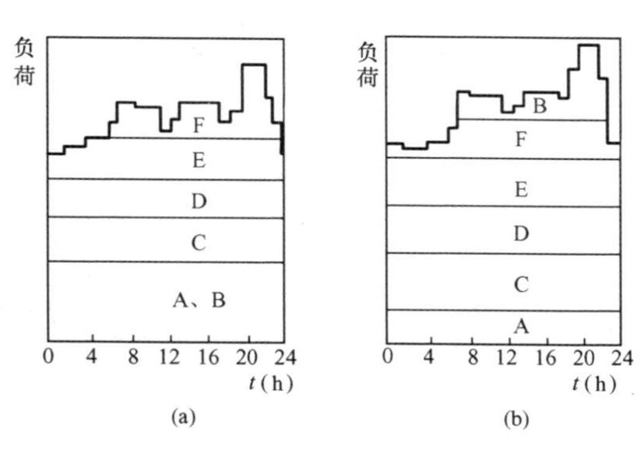

图 7-26　各类发电厂在日负荷曲线上的负荷分配示例
（a）丰水期；（b）枯水期
A—无调节性能水电厂；B—有调节性能水电厂；C—热电厂；D—核电厂；E—高温高压凝汽式火电厂；F—中温中压凝汽式火电厂

综上，图 7-26 所示为在丰水期和枯水期各类发电厂的安排：

丰水期，水电厂应满发以避免弃水，与热电厂和核电厂一起带基本负荷稳定运行，其次是高温高压火电厂，然后是中温中压火电厂承担峰值负荷。

枯水期，有调节水电厂承担调峰任务，其余各类电厂的安排顺序不变。

三、频率控制的策略

前已指出，频率的偏差是由负荷的变化引起的。负荷的变化有三类，从而频率控制的策略归结为：首先，根据第三类负荷的变化情况组合各类发电厂，恰当地安排它们在负荷曲线中的位置，达到优化的有功功率平衡，并留有一定的备用容量；其次，当负荷发生小的变化时，凡具有调频能力的发电厂均由于调速器的作用自动参加一次调频，减小由负荷变化引起的频率偏差；最后，当负荷的变化较大，引起较大的频率偏差时，由部分电厂进行二次调频以进一步减小频率偏差或恢复至额定频率。

由上述介绍可知，承担二次调频任务的部分电厂对保证系统的频率质量起着重要的作用，这类承担二次调频的电厂称为调频电厂。下面讨论调频电厂的选择。

选择调频电厂时，应考虑其是否具有足够的调节容量、较宽的调节范围和较快的调节速度，以及不引起网络的过压和过负荷。

根据以上原则，从调节范围和调节速度看，水电厂宜于作调频电厂，因其调节范围较宽，可达额定容量 50%以上，调节速度较快，一般可在 1min 内从空载加荷至满载，而且操作平稳安全。火电厂中高温高压电厂的调节范围很窄，仅 30%，中温中压电厂可达 75%。火电厂的调节速度很慢，在 50%～100%额定容量范围内每分钟仅允许上升 2%～5%。但从运行的经济性考虑，在丰水季节，为了充分利用水力资源，水电厂应尽量满发，避免弃水，此时宜选中温中压火电厂为调频电厂。在枯水季节，则由水电厂作调频电厂。

关于调节容量，如一个电厂的调节容量不够时，可选取几个电厂作调频电厂。通常，一个系统中由 1～2 个主调频电厂，另外有几个辅调频电厂。辅调频电厂仅在主调频电厂进行了二次调频后频率偏差仍较大时才参与调频。

关于不引起网络的过压和过负荷问题应通过潮流计算校验，其中互联系统调频时可能产生的联络线功率过负荷问题将在下一小节讨论。

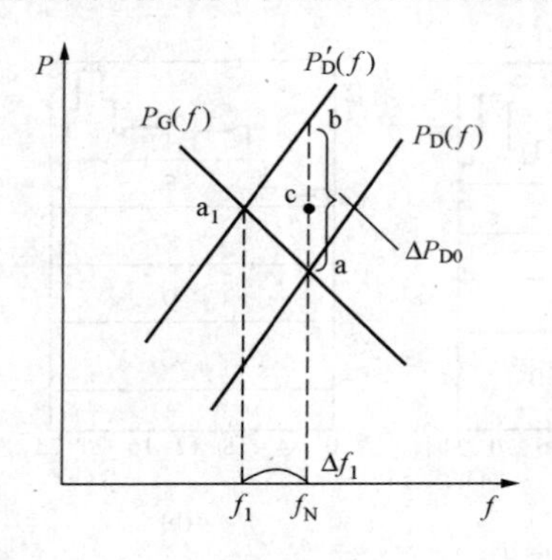

图 7-27 频率的一次调整

四、频率调整的分析和计算

本小节介绍频率调整的具体计算方法，包括一次调频、二次调频和互联系统的频率调整。

（一）频率的一次调整

频率的一次调整是由发电机组的调速器完成的对频率变化所做的调整。它的作用是使系统的运行点沿原有的电源有功频率特性曲线 $P_G(f)$ 上下移动。凡具有调节能力的发电机组均自动参与一次调频。

如图 7-27 所示，系统的初始运行点为电源的有功频率特性曲线 $P_G(f)$ 和负荷的功频特性曲线 $P_D(f)$ 的交点 a，此时对应的频率为额定频率 f_N。当负荷变化时，例如增加 ΔP_{D0} 时，设负荷的频率调节效应系数 K_D 仍不变，则负荷的有功频率特性曲线平行上移至 $P'_D(f)$。因电源未进行二次调频，有功频率特性曲线仍为 $P_G(f)$，从而运行点将沿着 $P_G(f)$ 从 a 点移至 a_1 点，形成新的有功平衡，但是在低频率水平上的有功平衡。因为此时的频率 f_1 低于额定频率 f_N，产生了负的频率偏差 $\Delta f_1 = f_1 - f_N$。由图可列出

$$\begin{aligned}\Delta P_{D0} &= -K_G\Delta f_1 - K_D\Delta f_1 = -(K_G+K_D)\Delta f_1 \\ &= -K_S\Delta f \quad (\text{MW})\end{aligned} \tag{7-42}$$

从而

$$\Delta f_1 = -\frac{\Delta P_{D0}}{K_S} \quad (\text{Hz}) \tag{7-43}$$

$$K_S = K_G + K_D$$

式中：K_S称为电力系统的单位调节功率。

此时 K_G 应为系统中所有具有调节能力的发电机组的单位调节功率之和，即

$$K_G = \Sigma K_{Gi} = \Sigma \frac{1}{\sigma_{*i}}\frac{P_{GiN}}{f_N} \quad (\text{MW/Hz}) \tag{7-44}$$

前已指出，K_{Gi}、K_D恒为正，故 K_S恒为正值。系统越大，K_{Gi}、K_D越大，从而 K_S也越大。

电力系统的单位调节功率 K_S也可表示为标幺值，由式（7-42），因 $K_G = K_{G_*}P_{GN}/f_N$，$K_D = K_{D_*}P_{DN}/f_N$，故有 $-\dfrac{\Delta P_{D0}}{\Delta f} = K_{G_*}\dfrac{P_{GN}}{f_N} + K_{D_*}\dfrac{P_{DN}}{f_N}$，同除以$\dfrac{P_{DN}}{f_N}$，得到

$$-\frac{\Delta P_{D0_*}}{\Delta f_*} = K_{G_*}\frac{P_{GN}}{P_{DN}} + K_{D_*} = K_{G_*}K_r + K_{D_*} = K_{S_*} \tag{7-45}$$

$K_r = P_{GN}/P_{DN}$，是系统运行中的发电机额定容量与系统额定频率的总有功负荷之比，称为系统的备用系数。它表明系统带负荷的程度：K_r 越小，带负荷越沉重，$K_r = 1$ 时满载($K_r \geqslant 1$)。

式（7-43）就是计算在一次调频作用下由于负荷变化引起的频率偏差的公式。分析式（7-43），可得到如下结论：

（1）负荷的变化将引起频率的变化，产生频率偏差。仅有一次调频时，频率偏差的大小与负荷的变化量 ΔP_{D0} 的大小成正比，与系统的单位调节功率 K_S 成反比，即负荷变化的幅度越大，产生的频率偏差越大；系统的单位调节功率越大，产生的频率偏差越小。系统越大，其单位调节功率越大，从而负荷变化引起的频率偏差越小。这正是电力系统联合运行的优点之一。

（2）$K_S = K_G + K_D$。由图 7-27 可见，负荷的增量 ΔP_{D0} 相应由两部分供给：一部分是由于频率下降引起调速器动作而引起发电机多发的有功功率 $\Delta P_G = -K_G \Delta f_1$（图中 ac）；另一部分是由于负荷自身具有的正调节效应随频率下降而少取用的功率 $\Delta P_D = -K_D \Delta f_1$（图中 cb）。

（3）为减小频率偏差 Δf_1，就一次调频而言，希望系统的单位调节功率 K_S 越大越好，如 $K_S=\infty$，则 $\Delta f_1=0$。但实际上这是不可能的。一方面，K_S 中的 K_D 是不可控的，且数值不大（$K_{D_*}=1\sim3$）；另一方面，K_G 也不可能为无穷大，太大调速系统将无法稳定工作，所以发电机组的调差系数 σ_* 常整定在 0.02～0.06 范围内，从而 K_G 也必然为一有限值；何况如有些发电机已满载，则其 $K_G=0$（因为 $K_G=\Delta P_G/\Delta f$，满载时发电机的功率将无法增加，$\Delta P_G=0$，故 $K_G=0$）。所以一次调频是有差调节，只能限制第一类负荷变化引起的频率偏差。如果频率偏差超过了一定范围，则必须采取进一步措施，进行二次调频。

（4）利用式（7-43），求出频率偏差 Δf_1 后，可进一步求出每台机组承担的功率增量为

$$\Delta P_{Gi} = -K_{Gi}\Delta f_1 = -\frac{1}{\sigma_{*i}}\frac{P_{GiN}}{f_N}\Delta f_1 \tag{7-46}$$

式（7-46）表明，机组的调差系数 σ_* 越小，承担的功率增量就越大；机组的额定容量越大，承担的功率增量也越大。如果所有机组的调差系数均相同，则承担的功率增量将按额定容量的大小成正比分摊，这是一种合理的方案。由此推及，并列运行的各发电机组的调差系数 σ_* 不应相差太大，否则会出现承载不合理的现象。

【例 7-7】 某电力系统的发电机组总容量为 3600MW，各类发电机组的容量和调差系数如下：

水轮机组	100MW	5 台	$\sigma_*=0.025$
	75MW	6 台	$\sigma_*=0.03$
汽轮机组	200MW	5 台	$\sigma_*=0.04$
	100MW	6 台	$\sigma_*=0.035$
	50MW	21 台	$\sigma_*=0.04$

系统总负荷为 3000MW，负荷的频率调节效应系数 $K_{D_*}=1.5$。设原来运行时 $f=50$Hz，现负荷突然增加 300MW。试完成：①设所有机组均具有调节能力，求频率偏差和各类发电机组承担的功率增量。②如仅水轮机组具有调节能力，频率偏差为多少？

解　（1）先利用 $K_G = \frac{1}{\sigma_*}\frac{P_{GN}}{f_N}$ 求各类发电机组的单位调节功率

水轮机组　100MW　$K_G=\frac{1}{0.025}\times\frac{100}{50}=80$（MW/Hz）

75MW　$K_G=\frac{1}{0.03}\times\frac{75}{50}=50$（MW/Hz）

汽轮机组　　200MW　　$K_G=\frac{1}{0.04}\times\frac{200}{50}=100$（MW/Hz）

100MW　　$K_G=\frac{1}{0.035}\times\frac{100}{50}=57.1429$（MW/Hz）

50MW　　$K_G=\frac{1}{0.04}\times\frac{50}{50}=25$（MW/Hz）

负荷频率调节效应系数的有名值为

$$K_D=K_{D*}P_{DN}/f_N=1.5\times3000/50=90(\text{MW/Hz})$$

(2) 所有机组均具有调节能力时，系统的总单位调节功率为

$$K_S=\Sigma K_{Gi}+K_D=80\times5+50\times6+100\times5+57.1429\times6+25\times21+90$$
$$=2157.8574(\text{MW/Hz})$$

频率偏差为

$$\Delta f=-\frac{\Delta P_{D0}}{K_S}=-\frac{300}{2157.8574}=-0.1390(\text{Hz})$$

各类发电机组承担的功率增量为

水轮机组　　100MW　　$\Delta P_G=-K_G\Delta f=11.1221$（MW）

75MW　　$\Delta P_G=6.9513$MW

汽轮机组　　200MW　　$\Delta P_G=13.9027$MW

100MW　　$\Delta P_G=7.9444$MW

50MW　　$\Delta P_G=3.4757$MW

所有机组的总功率增量为

$$\Sigma\Delta P_{Gi}=11.1221\times5+6.9513\times6+13.9027\times5+7.9444\times6+3.4757\times21$$
$$=287.4873(\text{MW})$$

负荷由于自身的频率调节效应少取用的功率为

$$\Delta P_D=-K_D\Delta f=12.5124(\text{MW})$$

二者之和为 $\Sigma\Delta P_{Gi}+\Delta P_D=300(\text{MW})$，可见计算无误。另从各类机组承担的功率增量来看，调差系数同为0.04的200MW汽轮机组和50MW的水轮机组，其承担的功率之比与其容量之比相同，即13.9027/3.4757=200/50=4。容量同为100MW的水轮机组和汽轮机组，因其调差系数不同所承担的功率增量不同，且与调差系数成反比，即11.1221/7.9444=0.035/0.025=1.4。

(3) 仅水轮机组具有调节能力时，系统的单位调节功率为

$$K_S=80\times5+50\times6+90=790(\text{MW/Hz})$$

从而产生的频率偏差为

$$\Delta f=-300/790=-0.3797(\text{Hz})$$

可见，由于汽轮机组满载，致使系统的单位调节功率下降，从而频率偏差增大，如规定的频率允许偏差为±0.2Hz，则已超出标准，应采取二次调频，以减小偏差。

（二）频率的二次调整

频率的二次调整是由调频电厂利用调频器完成的对系统频率变化所做的进一步的调整，其作用是将调频电厂的功率频率特性曲线上下平移。

如图 7-28 所示，设系统中只有一台发电机组，其配置了调频器。原始运行点为 a，频率为 f_N。负荷增大 ΔP_{D0} 后，经一次调频运行点转移到 a_1，系统的频率为 f_1，产生的频率偏移为 $\Delta f_1=f_1-f_N$。如其超出了允许范围，则启动调频器进行二次调频，将电源的有功频率特性曲线向上平移至 $P'_G(f)$，运行点转移至 a_2。此时，发电机组由于二次调频多发出的功率为 ΔP_{G0}（图中 ac）。由图可列出

$$\Delta P_{D0}-\Delta P_{G0}=-k_G\Delta f_2-K_D\Delta f_2=-K_S\Delta f_2 \tag{7-47}$$

从而

$$\Delta f_2=-\frac{\Delta P_{D0}-\Delta P_{G0}}{K_S} \tag{7-48}$$

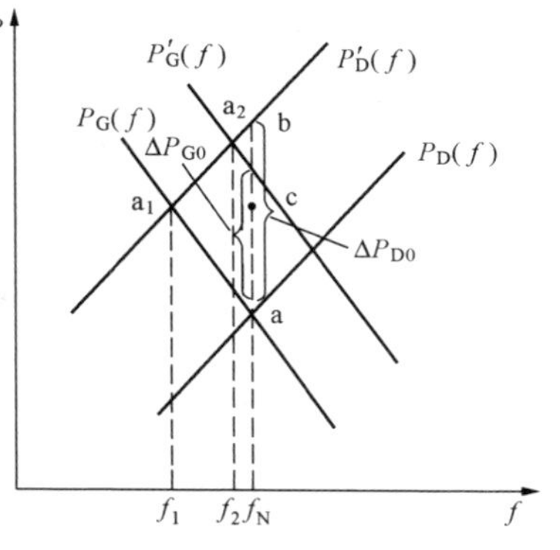

图 7-28　频率的二次调整

分析上式可看出，由于二次调频作用产生的发电机功率增量 ΔP_{G0} 的出现，使频率偏差减小为 $\Delta f_2=f_2-f_N$。显然，$\Delta f_2<\Delta f_1$。如 $\Delta P_{G0}=\Delta P_{D0}$，则 $\Delta f=0$，做到了无差调节。

如果系统中有多台发电机组（或多个电厂），其中有几台调频机组（或几个调频电厂），上式依然适用。只是此时 ΔP_{G0} 应为所有调频机组由于二次调频而增发的功率之和，K_G 仍为系统中所有具有调节能力机组的单位调节功率之和。

【例 7-8】　对［例 7-7］给出系统，仅水轮机组具有调节能力时，频率偏差超出了允许范围，为将频率偏差控制为±0.1Hz，求需要采用二次调频而增发的功率。

解　由式（7-47）得

$$\Delta P_{G0}=\Delta P_{D0}+K_D\Delta f=300+790\times(-0.1)=221(\text{MW})$$

（三）互联系统的频率调整

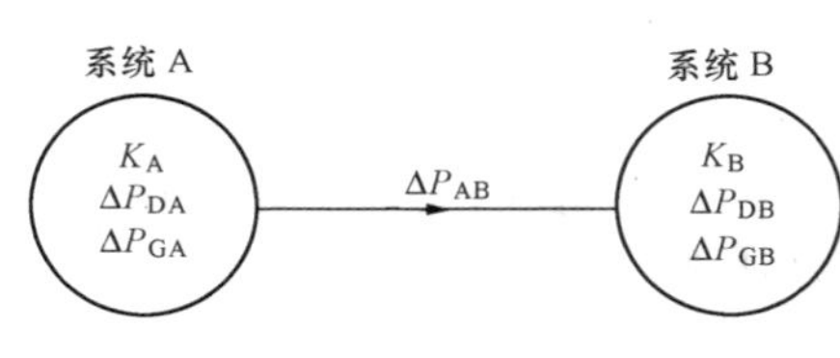

图 7-29　互联系统的调频

如图 7-29 所示，系统 A 和系统 B 经联络线组成互联系统。设两个系统的单位调节功率分别为 K_A 和 K_B，两个系统的负荷增量分别为 ΔP_{DA} 和 ΔP_{DB}，两个系统由二次调频而增发的功率分别为 ΔP_{GA} 和 ΔP_{GB}，联络线上交换功率的增量为 ΔP_{AB}，方向设为由系统 A 至系统 B。这样，对系统 A 而言，ΔP_{AB} 等价于负荷增量；对系统 B 而言，ΔP_{AB} 等价于电源功率增量。于是可列出

$$\begin{cases}\Delta P_{DA}+\Delta P_{AB}-\Delta P_{GA}=-K_A\Delta f_A\\ \Delta P_{DB}-\Delta P_{AB}-\Delta P_{GB}=-K_B\Delta f_B\end{cases} \tag{7-49}$$

系统互联后应有相同的频率，故 $\Delta f_A=\Delta f_B=\Delta f$，从而解得

$$\Delta f=-\frac{\Delta P_A+\Delta P_B}{K_A+K_B} \tag{7-50}$$

$$\Delta P_{AB}=\frac{K_A\Delta P_B-K_B\Delta P_A}{K_A+K_B} \tag{7-51}$$

或

$$\Delta P_{AB}=-K_A\Delta f-\Delta P_A=K_B\Delta f+\Delta P_B \tag{7-52}$$

其中，$\Delta P_A=\Delta P_{DA}-\Delta P_{GA}$，$\Delta P_B=\Delta P_{DB}-\Delta P_{GB}$，称为各系统的功率缺额。

分析上三式，可见：

(1) 互联系统的频率偏差 Δf 与各系统的功率缺额之和成正比，与各系统的单位调节功率之和成反比。如果总的功率缺额为 0，则频率偏差 $\Delta f=0$。这点从物理意义上容易理解，

因为此时互联系统已成为一个整体。

（2）联络线上交换功率的增量 ΔP_{AB} 与（$K_A\Delta P_B-K_B\Delta P_A$）成正比，与 K_A+K_B 成反比。如果 $\Delta P_A/K_A=\Delta P_B/K_B$，即两系统的功率缺额与单位调节功率之比相等，则 $\Delta P_{AB}=0$，表明联络线上交换功率的增量为0，没有增加联络线的负担，不会出现联络线过负荷问题。如 $\Delta P_A=-\Delta P_B=-\Delta P_{DB}$，则 $\Delta P_{AB}=\Delta P_{DB}$，即如果系统B不进行二次调频，则该系统的负荷增量 ΔP_{DB} 将全部由系统A经联络线传输，此时联络线上交换功率的增量增大，可能出现过负荷，应引起注意。选择调频电厂时需考虑这一点。

（3）互联系统的频率调整常采用如下三种方式：

1）按频率调整方式，即频率保持不变，$\Delta f=0$。也称定频率控制（flat frequency control，FFC）。此时由式（7-50）和式（7-52）有

$$\begin{cases}\Delta P_A+\Delta P_B=0\\ \Delta P_{AB}=\Delta P_B=-\Delta P_A\end{cases}\tag{7-53}$$

表明联络线上交换功率的增量取决于各个系统的功率缺额，而系统的总功率缺额为零。如果各个系统的功率缺额为零，即做到了有功功率的分区平衡，则频率偏差和联络线交换功率的增量为零。这是最理想的情况。如一个系统的功率缺额很大，则会产生联络线交换功率增量很大，从而可能出现过负荷的现象，应避免。

采用按频率调整方式，只需监视系统频率的变化，发电机组的调频装置按 Δf 调节，当 $\Delta f=0$ 时停止动作。

2）按联络线交换功率调整方式，即联络线功率保持不变，$\Delta P_{AB}=0$，也称定交换功率控制（flat tie-line control，FTC）。此时由式（7-50）和式（7-51）有

$$\Delta f=-\frac{\Delta P_A}{K_A}=-\frac{\Delta P_B}{K_B}\tag{7-54}$$

表明当任一系统出现功率缺额时，系统的频率均会发生偏差；如无功率缺额，则 $\Delta f=0$。

采用按联络线交换功率调整方式，只需监视联络线功率，调整装置按 ΔP_{AB} 调节，当 $\Delta P_{AB}=0$ 时停止动作。

3）按频率及交换功率偏移的调整方式，也称 TBC（tie-line and frequency bias control）。这是一种要求各分区系统内部功率就地平衡、实行分区调整的方式，即要求

$$\Delta P_i=\Delta P_{Di}-\Delta P_{Gi}=0$$

表明各分区系统只需维持本系统的功率平衡，而不管其他系统的功率是否平衡；如其他系统不出现功率缺额，则 $\Delta f=0$，$\Delta P_{AB}=0$；如其他系统出现功率缺额，则将产生系统频率偏移和联络线上交换功率的偏移。例如，系统A借二次调频可做到本系统功率平衡，而B系统只有一次调频但无二次调频时，则有

$$\begin{cases}\Delta f=-\dfrac{\Delta P_{DB}}{K_A+K_B}\\ \Delta P_{AB}=-K_A\Delta f\end{cases}\tag{7-55}$$

采用这种调整方式，既要监视系统频率的偏移，又要监视联络线交换功率的偏移。调频装置按 ΔP_i 调节，当 $\Delta P_i=\Delta P_{Di}-\Delta P_{Gi}=\pm\Delta P_{AB}-k_i\Delta f=0$ 时停止动作。ΔP_i 也称作区域控制误差 ACE_i（area control error）

$$ACE_i=\pm\Delta P_T-k_i\Delta f\tag{7-56}$$

式中：ΔP_T 为联络线功率变化值，由 i 系统流出时为负，流入时为正。

上述三种方式中，使用较广的是 TBC，即按频率及交换功率偏移的调整方式。因其采取分区调整、各系统内部功率就地平衡的原则，既能保证整个系统的频率质量，又不致引起联络线过负荷，还可减少大量功率传输时引起的功率损耗。有时，也可对各分区系统采用不同的调频方式，互相配合使用。

上述分析方法可推广到多个系统经联络线组成的互联系统，此时有 $\Delta f=-\Sigma\Delta P_i/\Sigma k_i$。至于联络线上的功率，则可由单个系统的频率关系求得。

【例 7-9】 图 7-30 所示互联系统，各系统以其自身容量为基准的单位调节功率和调节效应系数示于图中。A 系统负荷增加 200MW。试计算下列情况下的频率偏差和联络线交换功率的增量：①两系统既无一次调频，也无二次调频；②两系统参与一次调频但均无二次调频；③两系统依靠二次调频各增发 50MW；④A 系统无二次调频，B 系统二次调频增发功率 200MW；⑤B 系统无二次调频，A 系统二次调频增发功率 200MW。

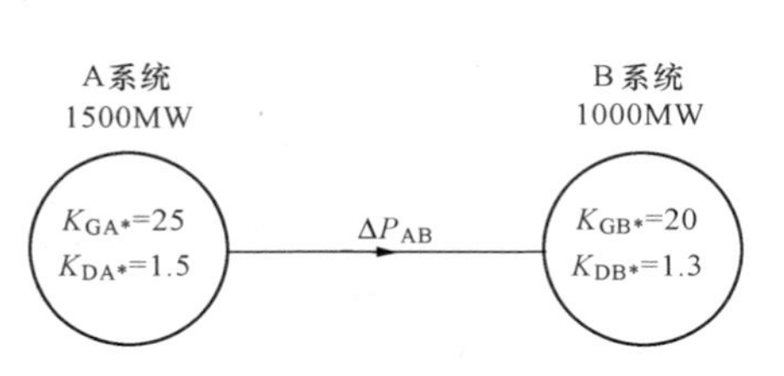

图 7-30　[例 7-9] 图

解　先求出两个系统的单位调节功率和调节效应系数

$$K_{GA}=K_{GA_*}P_{GAN}/f_N=25\times1500/50=750(\text{MW/Hz})$$

$$K_{GB}=K_{GB_*}P_{GBN}/f_N=20\times1000/50=400(\text{MW/Hz})$$

$$K_{DA}=K_{DA_*}P_{DAN}/f_N=1.5\times1500/50=45(\text{MW/Hz})$$

$$K_{DB}=K_{DB_*}P_{DBN}/f_N=1.3\times1000/50=26(\text{MW/Hz})$$

无一次调频时，$K_A=K_{DA}=45\text{MW/Hz}, K_B=K_{DB}=26\text{MW/Hz}$。

有一次调频时，$K_A=K_{GA}+K_{DA}=795\text{MW/Hz}, K_B=K_{GB}+K_{DB}=426\text{MW/Hz}$ 。

(1) 两系统既无一次调频又无二次调频时，有

$$\Delta f=-\frac{\Delta P_A+\Delta P_B}{K_A+K_B}=-\frac{200}{25+26}=-2.8169(\text{Hz})$$

$$\Delta P_{AB}=-K_A\Delta f-\Delta P_{DA}+\Delta P_{GA}=-45\times(-2.8169)-200$$

$$=-73.2394(\text{MW})$$

式中 Δf 的负号表示频率下降，ΔP_{AB}的负号表示联络线功率增量从系统 B 送向系统 A。

由以上结果可见，由于两系统既无一次调频又无二次调频，即无任何调频措施，故频率偏差很大，远远超出了允许范围。此时 A 系统增加的负荷功率 200MW，一方面靠自身的调节效应少取用 $-K_A\Delta f=-45\times(-2.8169)=126.7606(\text{MW})$，另一方面由 B 系统送来功率 73.2394MW，所以形成低频率水平上的有功平衡，这种情况应避免。

(2) 两系统参与一次调频但无二次调频时，有

$$\Delta f=-\frac{\Delta P_A+\Delta P_B}{K_A+K_B}=-\frac{200}{795+426}=-0.1638(\text{Hz})$$

$$\Delta P_{AB}=\frac{K_A\Delta P_B-K_B\Delta P_A}{K_A+K_B}=\frac{0-426\times200}{795+426}=-69.7789(\text{MW})$$

此时由于两系统均参与一次调频，故频率偏差大为减小。如想进一步提高频率质量，可采取二次调频。

(3) 两系统依靠二次调频各增发 50MW 时，有

$$\Delta f=-\frac{\Delta P_{A}+\Delta P_{B}}{K_{A}+K_{B}}=-\frac{(200-50)+(0-50)}{795+426}=-0.0819(Hz)$$

$$\Delta P_{AB}=-K_{A}\Delta f-\Delta P_{DA}+\Delta P_{GA}=-795\times(-0.0819)-200+50=-84.8894(MW)$$

(4) A 系统无二次调频，B 系统二次调频增发功率 200MW 时，有

$$\Delta f=-\frac{\Delta P_{A}+\Delta P_{B}}{K_{A}+K_{B}}=-\frac{(200-0)+(0-200)}{795+426}=0(Hz)$$

$$\Delta P_{AB}=-K_{A}\Delta f-\Delta P_{DA}+\Delta P_{GA}=-200(MW)$$

此时联络线交换功率的增量最大，可能过负荷，应引起注意。

(5) B 系统无二次调频，A 系统二次调频增发功率 200MW 时，此时显然有

$$\Delta f=0Hz,\quad \Delta P_{AB}=0MW$$

是分区调整就地平衡的情况，最理想。

频率调整是电力系统运行质量控制中的另一重要问题。本节首先介绍了调频的必要性和目标；分析了频率和有功之间的密切关系：系统必须具有充足的有功，实现在额定频率水平上的有功平衡并有一定的储备，再采用适当的调整方法，就可将频率偏差控制在允许范围内，从而保证电能的频率质量，满足用户的频率要求。调频方法包括一次调频和二次调频。一次调频由发电机调速器自动完成，只能调整由负荷小的变化引起的频率波动。当负荷变化较大从而引起频率偏差较大时，需由调频电厂借助调频器进行二次调频。调频时最好能分区调整、各系统内部有功功率就地平衡，这样既能保证整个系统的频率质量，又不引起联络线过负荷，还可减少大量功率流动时引起的功率损耗。本节还介绍了各类电厂的优化组合，也称三次调频。

第三节　灵活交流输电系统的介绍

一、灵活交流输电系统的概念

灵活交流输电系统（flexible alternating current transmission system，FACTS）是近年来出现的一项新技术。这一概念是由美国电力科学研究院 . N. G Hingorani 博士于 1986 年首先提出的。IEEE 的 FACTS 工作组又在 1997 年将 FACTS 定义为：装有电力电子型或其他静止型控制器以加强可控性和增大电力传输能力的交流输电系统。这一新技术是日新月异的电力电子技术与电力系统传统的阻抗控制元件、功角控制元件以及电压控制元件（如串补电容、并联电容、电抗、移相器、电气制动电阻等）相结合的产物。它的主要内涵是用大功率可控硅元件代替这些传统元件上的机械式高压开关，从而使电力系统中影响潮流分布的电压、线路阻抗及功率角三个主要参数按照系统的需要迅速调整，在不改变网络结构的情况下，使电网的功率输送能力以及潮流和电压的可控性大为提高。

FACTS 之所以出现，一方面是由于电力工业发展的实际需要，另一方面，大功率半导体器件的技术进步使这种需求的实现成为可能。近年来，在世界各国，尤其是北美，建设新的线路所受制约越来越大。影响线路建设的主要因素有：

(1) 对周围环境的影响，如对无线电、电视、通信的干扰，对周围的噪声干扰以及电磁场对人体健康及生物可能存在的不利影响，使政府决策部门对新线路的审批格外谨慎。

(2) 公众舆论对建设新线路的不满日益增强，一些国家的居民甚至坚决反对在居民区附近通过高压线路。

(3) 线路造价，特别是走廊使用权的费用日益昂贵。目前在美国，800kV 高压线路的造价已近 50 万美元/km，而走廊使用权在 1980 年时已占到线路总投资的 12%。

为了解决建设新线路困难和对系统输电容量的需求持续增长这对矛盾，人们开始把更多的注意力从系统外部转向系统内部，希望从现有的网络挖掘潜力。而 FACTS 正是将电力电子技术、微处理机技术和现代控制理论等高新技术分别应用于低压配电系统和高压输电系统，以提高可靠性、可控性、运行性能和电能质量，并可获取大量节电效益的新型综合技术。由于配电系统量大面广，随着电力用户的工艺过程不断进步，对供电的可靠性和质量要求越来越高。另外电力市场竞争的日益发展和激烈，使得世界各国对这项具有革命性变革作用的新技术更加重视。

二、FACTS 的功能

由图 7-31 可知，电力系统中运行时有三个主要电气参数：电压幅值、线路阻抗和功角。如果要实现按系统的需要进行潮流控制，就有必要对这些参数进行调整和控制。

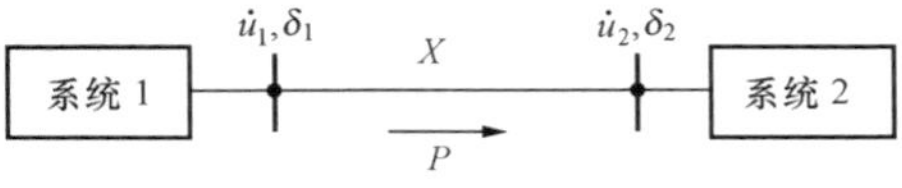

系统 1　$\dot{u}_1,\delta_1$　X　$\dot{u}_2,\delta_2$　系统 2　P

图 7-31　输电系统示意图

由控制功能示意图 7-32 中 $P=\frac{u_1u_2}{X}\sin(\delta_1-\delta_2)$ 可知，FACTS 能使电力系统中的三个主要电气参数：电压、线路阻抗和功角按系统需要迅速调整。正是根据这个原理，设计和制造了不同形式的 FACTS 器件。

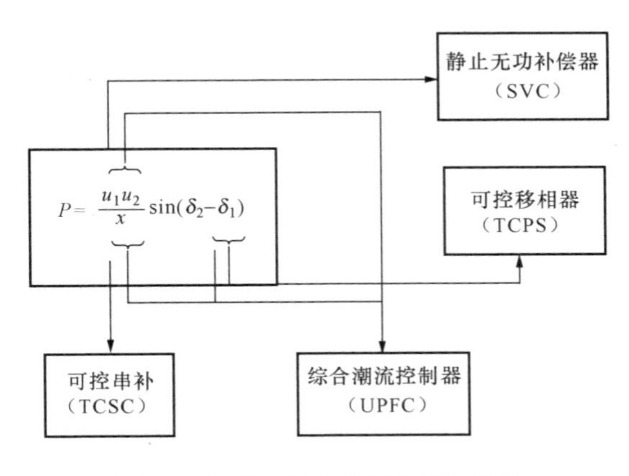

图 7-32　FACTS 控制功能示意图

在电力系统中，FACTS 的主要功能可归纳为：

(1) 较大范围地控制潮流，使之按指定路径流动；

(2) 保证输电线路的负荷可接近热稳定极限而又不过负荷；

(3) 在所控制区域内传输更多功率，减少发电机热备用；

(4) 依靠限制短路或设备故障的影响，防止线路的越级跳闸；

(5) 阻尼可能损坏设备或限制输电容量的各种振荡。

FACTS 可在不改变网络结构的前提下，发掘现有网络的潜力，使网络功率传输能力以及潮流和电压的可控性大为提高。

三、典型 FACTS 器件介绍

下面简单介绍一些典型的 FACTS 器件的功能和工作原理。

1．静止补偿器

静止补偿器STATCOM，又称作ASVG。其结构示意图如图7-33所示。其主要功能是通过无功补偿进行电压控制，在不改变相角的情况下改变电压的幅值（如图7-33中的$\dot{U}_{pq}$），并能提高系统的电压稳定和暂态稳定。

静止补偿器的实质就是1台利用SCR可控整流器及直流电容器在直流侧提供直流电压支撑的电压型逆变器，交流侧则通过与电网实行并联连接的变压器向电网发送或吸收无功功率。逆变器及与其连接的并联变压器采用错开角度的多组并联，主要是为改善交流输出波形以及电子开关元件的并联问题。ASVG的电压调节作用如图7-34所示。

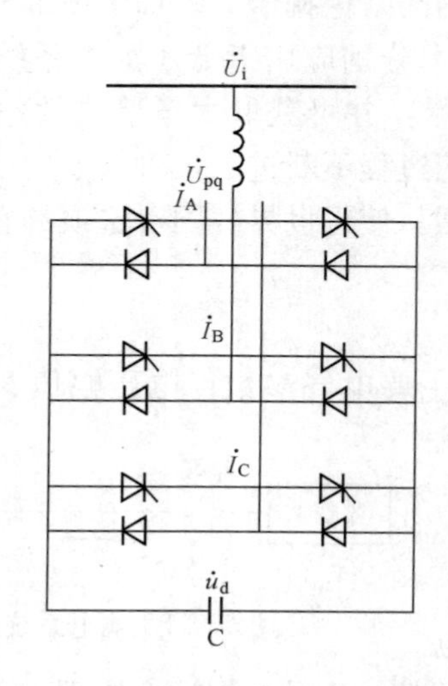

图7-33　ASVG结构示意图

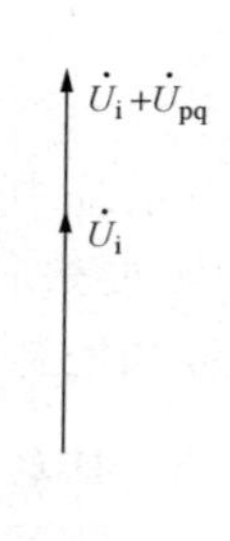

图7-34　ASVG的电压调节作用

2．可控硅控制的串联补偿（TCSC）

TCSC的主要功能是在线路中串联一个可调节电容（电感），通过改变可调节电容（电感）的电抗值改变线路的电抗值，实现对系统的潮流控制，并且能抑谐波电流，提高电压稳定。

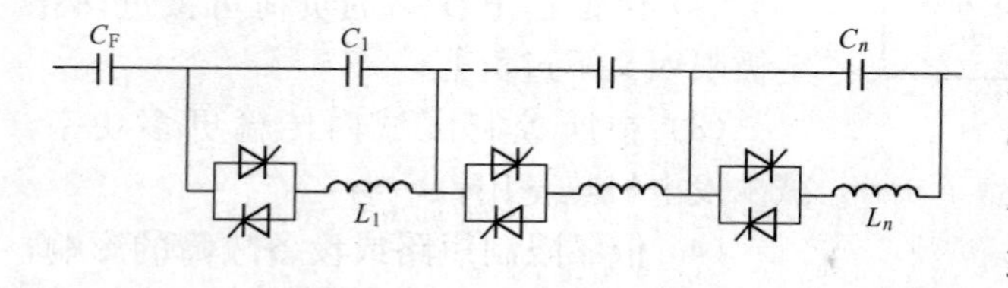

图7-35　TCSC结构示意图

TCSC的结构示意图如图7-35所示。图中C_F为串联电容的补偿部分；C_1～C_n为可变部分。串补部分可借电容器所并联的可控硅阀的关断（开路）或导通（旁路）来实现。可控硅由两个反向并联的可控硅组成。当需要旁路某一电容器，可在所加交流电压正半周或负半周过零时，轮流使其中的一个可控硅导通，以保证该电容有任一时刻完全短路。

在可控硅支路中还串有电感，通过可控硅触发角的改变，可以使串联补偿程度连续可调，即可以在容性和感性之间连续调节。图7-36中$\dot{U}_{pq}$为TCSC产生的电压，可对原系统电压$\dot{U}_i$进行超前或滞后调节。

3. 可控硅控制的移相器（TCPS）

可控移相器的主要功能是通过改变输入端和输出端之间的相位角来调整输电线路上潮流的大小，甚至潮流的方向。这种调节是通过改变移相器分接头的位置来实现的。其结构示意图如图 7-37 所示。

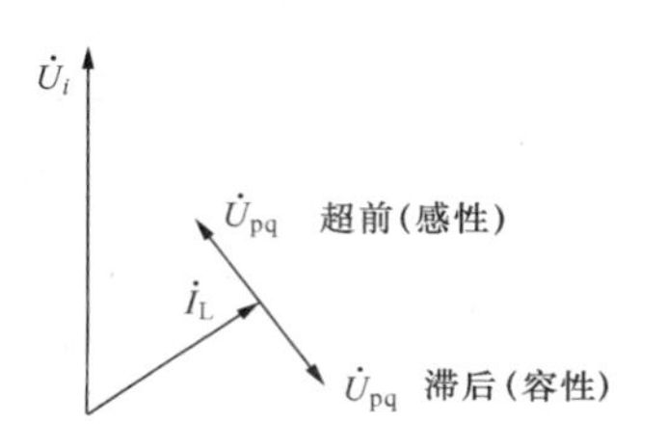

图 7-36　TCSC 的串联补偿调节作用

同机械分接头移相器一样，可控硅控制的移相器也是在线路上产生一个与有关线电压垂直的电压，从而使首末端电压产生移相。该电压的大小可通过触发角的控制连续变化，但其代价是向系统注入谐波，为消除谐波，可采用半连续的分级控制。TCPS 的移相调节原理如图 7-38 所示。

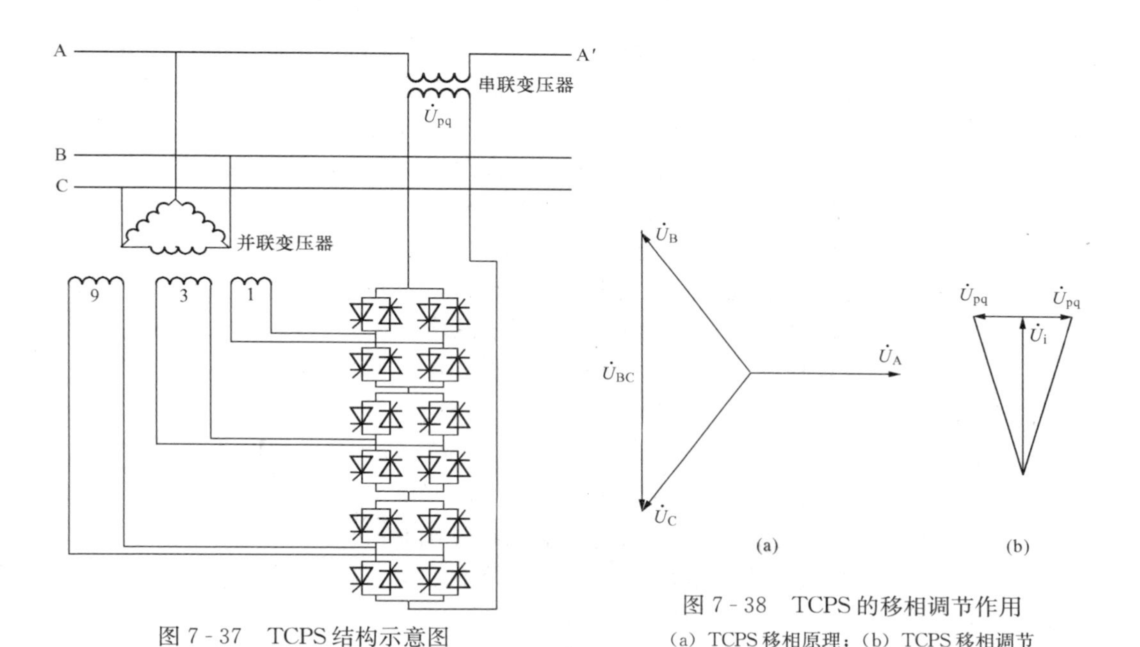

图 7-37　TCPS 结构示意图

图 7-38　TCPS 的移相调节作用

(a) TCPS 移相原理；(b) TCPS 移相调节

4. 统一潮流控制器（UPFC）

前述几种 FACTS 装置，如 TCSC、TCPS、ASVG 等，其功能是单一的，如 TCSC 仅控制线路的阻抗，TCPS 仅控制线路的功率角，ASVG 仅控制电压幅值。如果系统某一局部同时有多种要求，就需要同时考虑几种装置。UPFC 的基本思路是用一种统一的可控硅装置，仅通过控制规律的变化就能分别或者同时实现并联补偿、串联补偿和移相等多种功能。其主要功能有有功控制、无功控制、电压控制、功角控制，从而实现潮流控制。并且能提高系统的暂态稳定和电压稳定。UPFC 结构示意图如图 7-39 所示。

UPFC 的工作方式有多种形式，可分别或同时控制节点电压、改变所在线路的阻抗和线路两端的相角差，既可单独通过并联补偿、串联补偿和移相调节实现电压幅值、线路阻抗和功角的改变，也可同时达到以上目的。当 UPFC 同时实现上述三种调节功能时其串联输出电压 $\dot{U}_{pq}$ 等效于前三种 FACTS 器件输出电压的相量和，即综合了前三种方式的调节作用，如图 7-40 所示。这也是 UPFC 受到广泛研究的原因。

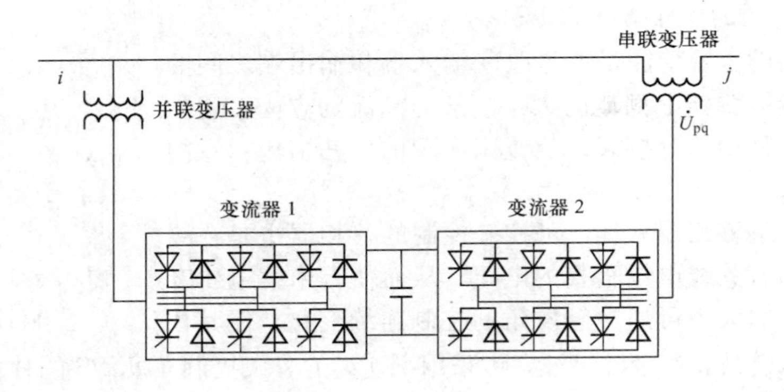

图 7-39　UPFC 结构示意图

FACTS 已在电力系统中得到大量应用，并证明了它在提高线路输送能力、阻尼系统振荡、快速调节系统无功、提高系统稳定等多方面的优越性能，但其推广应用的进展步伐比预期的要慢。主要原因有：

（1）工程造价比常规的解决方案高，因此，只有在常规技术无法解决的情况下，用户才会求助于 FACTS。

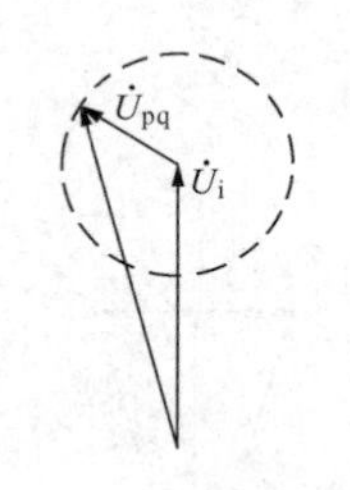

图 7-40　UPFC 的综合调节作用

（2）FACTS 还需要进一步完善。目前 FACTS 的应用还局限于个别工程，如果大规模应用 FACTS 装置，还要解决一些全局性的技术问题。例如：多个 FACTS 装置控制系统的协调配合问题；FACTS 装置与已有的常规控制、继电保护的衔接问题；FACTS 控制纳入现有电网调度控制系统的问题等。

随着电力电子器件性价比的不断提高，以电力电子器件为核心部件的 FACTS 装置的造价也会不断降低，在不远的将来，FACTS 会比常规的输配电方案更具竞争力。它已成为未来电力系统新时代的三项支撑技术（电力电子技术、先进的 EMS 技术和综合自动化技术）之一。FACTS 的创始人 N. G. Hingorani 博士在 1999 年美国举办的一次电力系统国际会议上甚至提出今后电力系统就是电力电子应用时代的预言，可见以 FACTS 为代表的电力电子新技术在电力系统中的应用有着强大的生命力和发展前景。

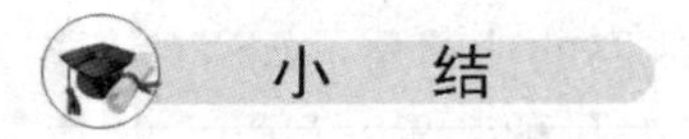

小　结

本章讨论了电力系统运行分析中的质量控制问题，包括电压质量控制和频率控制。由于电压与系统的无功平衡水平密切相关，频率和系统的有功平衡水平密切相关，因而又分别称为无功—电压控制和有功—频率控制：Q-U 控制和 P-f 控制。

Q-U 控制和 P-f 控制之间存在耦合关系：因为电力系统的负荷既与电压有关，又与频率有关，也就是说，电压和频率的变化都将通过负荷特性同时影响到系统的有功和无功的平衡。频率下降时，发电机发出的无功减少，变压器和异步电动机励磁所需的无功增加，漏抗的无功损耗减小，线路电容的充电功率和电抗的无功损耗减小，因而总的无功需求将略有增加，如系统的无功储备不足，则频率下降将引起电压的下降。通常频率下降 1%，电压下降

0.8% ~ 2% 。频率上升时，系统的无功需求将略有减少，从而系统频率将上升，此时需进行适当的调整以维持电压正常。电压升高时，负荷所需的有功增加，网损减少，系统的有功需求将有所增加，如系统的有功储备不足，则电压的升高将引起频率的降低；电压下降时，系统的有功需求将有所减少，从而系统频率将上升。在事故后运行方式中，部分发电机退出运行，系统的有功和无功均感不足，由于电压的下降减少了系统的有功需求，从而可在一定程度上阻止频率的进一步下降。

由以上分析可知，当系统由于有功不足和无功不足致使频率和电压均偏低时，应首先设法解决有功不足问题。例如采用低频减载方法停止对一部分非重要负荷的供电，使频率得以回升。频率的回升能使系统电压上升，故有利于恢复系统的正常运行。如先提高电压，则将扩大有功缺额，使频率进一步下降，不利于恢复系统的正常运行。

可见 Q-U 控制和 P-f 控制之间存在互相耦合的关系，虽然这种耦合在两个方向上的程度不尽相同；但是另一方面，电力系统正常运行时电压变化对有功平衡的影响和频率变化对无功平衡的影响都较小，即 Q-U 控制和 P-f 控制之间的耦合较弱，所以可将其进行解耦分析和控制。抓住事物的主要方面，使问题得以简化，这就是电力分析中常将电压调整和频率调整分别进行研究的缘由。

本章最后还介绍了基于电力电子技术的灵活交流输电系统（FACTS）的工作原理及典型器件的潮流调节作用。

思考题和习题 7

7-1　为什么必须进行电压调整？电压调整的目标是什么？

7-2　电压偏移的定义是什么？我国现行规定的电压偏移为多少？

7-3　电力系统的无功电源有哪些？为什么电力系统中无功电源的容量通常比有功电源的容量大许多？

7-4　SVC 是什么设备？有何优点？

7-5　电压控制的策略是什么？

7-6　何谓电压中枢点？如何选择电压中枢点？如何确定中枢点电压的允许偏移范围？

7-7　何谓逆调压、顺调压和恒调压？各适宜于什么情况？

7-8　调整电压可采用哪些方法？其优缺点何在？

7-9　从调压角度可将变压器分为几类？各有何优劣？各用于什么场合？

7-10　何谓综合调压？其原则是什么？采用什么方法分析？

7-11　为什么必须进行频率调整？频率调整的目标是什么？

7-12　按波动性质可将电力系统的有功负荷分为几类？各类负荷引起的频率变化如何调整？

7-13　何谓负荷的频率调节效应系数？其物理意义是什么？其值大约为多少？

7-14　何谓一次调频？如何完成？

7-15　何谓二次调频？如何完成？

7-16　何谓发电机的调差系数？如何求取？其值为多少？

7-17　何谓发电机组的单位调节功率？其物理意义是什么？

7-18　何谓电力系统的备用容量？可分为哪几种？各用于什么目的？

7-19　何谓有功电源的最优组合？其目的是什么？根据什么原则进行？

7-20　频率控制的策略是什么？

7-21　何谓调频电厂？如何选择调频电厂？

7-22　何谓电力系统的单位调节功率？希望其大好还是小好？为什么？

7-23　对并列运行发电机的调差系数有何要求？为什么如此要求？

7-24　为什么一次调频不能做到无差？如何做到无差？

7-25　互联系统的频率调整有几种方式？各有何优缺点？常用的是哪一种？ACE 的含义是什么？

7-26　为何可以将电压和频率分别调整？两者毫无关系吗？

7-27　何谓灵敏度方程？灵敏度矩阵如何得到？

7-28　当电力系统由于事故导致频率和电压均下降时，是应先调整频率还是先调整电压？为什么？

7-29　灵活交流输电系统与传统控制技术相比有何优缺点？

7-30　简述 FACTS 各种控制器件的工作原理。

7-31　图 7-41 所示供电网，负荷 D 最大时为 $\dot{S}_{max}=4.8+j3.6$MVA，最小时为 $\dot{S}_{min}=2.4+j1.8$MVA，10kV 母线调压要求为顺调压，当供电点 S 的电压保持 $U_S=36$kV 恒定时，试选择变压器分接头（其有$\pm2\times2.5\%$抽头）。

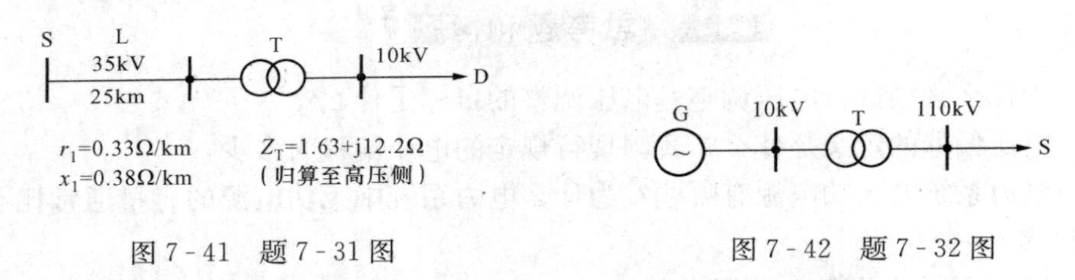

图 7-41　题 7-31 图　　　　图 7-42　题 7-32 图

7-32　图 7-42 所示升压变压器，额定容量为 31.5MVA，变比为 $10.5/121\pm2\times2.5\%$ kV，归算至高压侧的阻抗为 $Z_T=3+j48\Omega$，通过变压器的功率为 $\dot{S}_{max}=24+j16$MVA，$\dot{S}_{min}=13+j10$MVA。高压侧调压要求 $U_{max}=120$kV，$U_{min}=112$kV，试选择分接头。

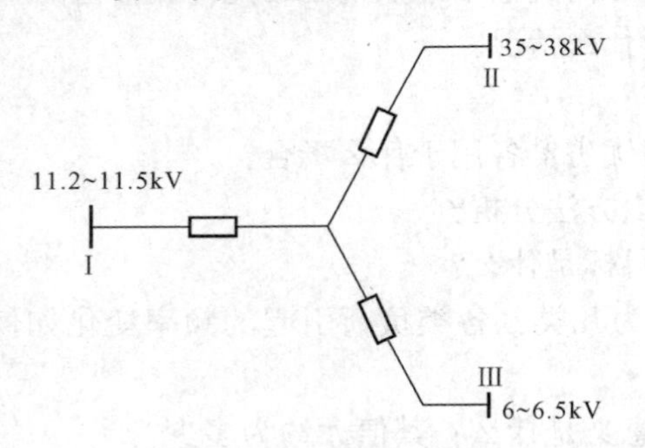

$Z_{I}=3+j65\Omega$, $\dot{S}_{Imax}=12+j9$MVA, $\dot{S}_{Imin}=6+j4$MVA

$Z_{II}=4-j1\Omega$, $\dot{S}_{IImax}=6+j5$MVA, $\dot{S}_{IImin}=4+j3$MVA

$Z_{III}=2+j1\Omega$, $\dot{S}_{IIImax}=6+j4$MVA, $\dot{S}_{IIImin}=2+j1$MVA

图 7-43　题 7-33 图

7-33　图 7-43 所示三绕组变压器，变压器各绕组归算至高压侧的阻抗、负荷及各点电压允许范围标于图中，变压器变比为 $110\pm2\times2.5\%/38.5\pm2\times2.5\%/6.6$kV。试选择分接头。

7-34　图 7-44 所示网络，线路和变压器归算至高压侧的阻抗已标注图中。供电点电压 $U_S=117$kV 恒定。如变压器低压母线要求保持 10.4kV 恒定，试配合变压器分接头（$\pm2\times2.5\%$）的选择确定并联补偿设备的容量：a）采用电容器；b）采用调相机。

7-35　图 7-45 所示 35kV 网络，变压器阻抗为归算到高压侧的值，$U_S=37$kV，10kV 母线电压要求为 10.25kV，如变压器工作于主抽头，试求串联和并联补偿容量，并进行分析比较。如电容器 $Q_{NC}=12$kvar，$U_{NC}=6.3$kV，求串联补偿时电容器串数和每串个数。

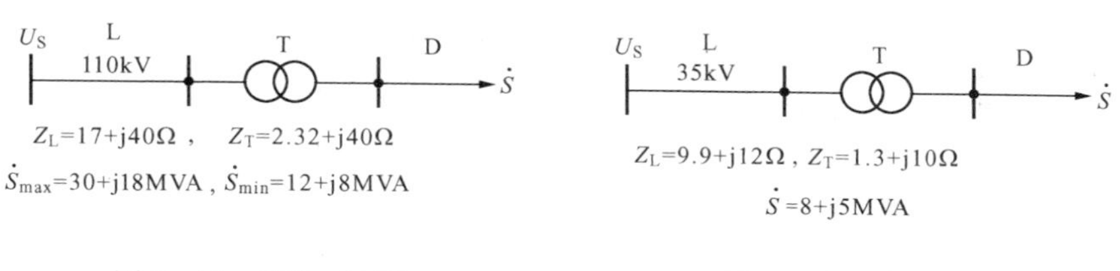

图 7-44　题 7-34 图　　　图 7-45　题 7-35 图

7-36　试选择电压为 110±2×2.5%/11kV、容量为 20MVA 的降压变压器的分接头，使变压器低压母线电压偏移不超过额定电压的 2.5%～7.5%。已知变电站电压母线的最大负荷为 18MW、$\cos\varphi=0.8$，最小负荷为 7MW、$\cos\varphi=0.7$，已知变电站高压母线维持 107.5kV 恒定，变压器的短路电压为 10.5%，短路损耗为 163kW。

7-37　图 7-46 所示降压变压器，归算至高压侧的阻抗为 $Z_T=2.44+\text{j}40\Omega$，最大负荷时高压侧电压为 106.7kV，最小负荷时为 113.3kV，如负荷允许的电压范围为 6～6.6kV，是否能选择合适的分接头？若可以，试选择之；若不能，请说明原因。

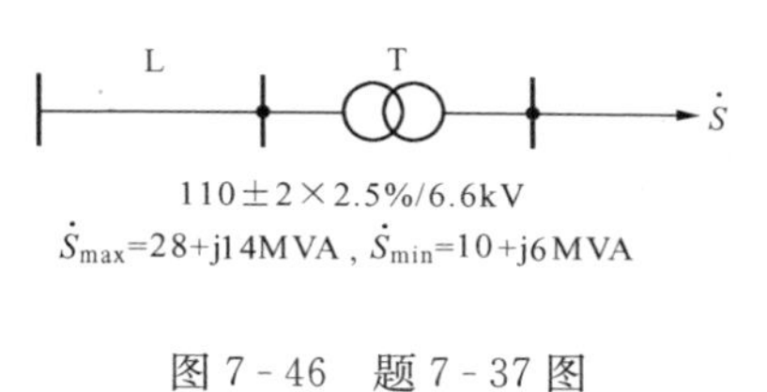

图 7-46　题 7-37 图

7-38　某系统有 4 台额定功率为 100MW 的发电机，其调差系数 $\sigma_*=0.04$，额定频率为 50Hz，系统总负荷为 320MW，负荷的频率调节效应系数 $K_D=20$MW/Hz，如负荷增加 60MW，求 4 台机平均带负荷和 3 台满载 1 台带 20MW 两种情况下系统频率变化值，并说明两种情况下频率变化不同的原因。

7-39　某系统各机组的调差系数均为 0.05，最大机组的容量为系统负荷的 10%，该机组有 15%的热备用容量，当负荷波动 5%时系统频率下降 0.1Hz，设 $K_D=0$。问如果最大机组因故障停运时系统的频率将下降多少？

7-40　系统 A，当负荷增加 250MW 时，频率下降 0.1Hz；系统 B，当负荷增加 400MW 时，频率下降 0.1Hz。系统 A 运行于 49.85Hz，系统 B 运行于 50Hz，如用联络线将两系统相连，求联络线中的功率。

7-41　A、B 系统经联络线相连，已知 $K_{GA}=270$MW/Hz，$K_{DA}=21$MW/Hz，$K_{GB}=480$MW/Hz，$K_{DB}=39$MW/Hz，$P_{AB}=300$MW。系统 B 负荷增加 150MW。试完成：①两系统所有发电机均仅参与一次调频，求系统频率、联络线功率变化量及 A、B 两系统发电机和负荷功率变化量；②除一次调频外，A 系统设调频厂进行二次调频，联络线最大允许输送功率为 400MW，求系统频率的变化量。

7-42　三个电力系统联合运行。系统 A、B、C 的单位调节功率 $K_A=100$MW/Hz，$K_B=K_C=200$MW/Hz，系统 A 中增加 100MW，系统 B 中的发电厂作二次调频增发 50MW，试计算联合系统的频率变化量和联络线上的交换功率 P_{AB}、P_{BC}的变化量。

7-43　洪水季节某系统日负荷曲线如图 7-47 所示，试将下列各类发电厂安排在负荷曲线上（填入相应字母）：A—高温高压火电厂；B—燃烧当地劣质煤电厂；C—水电厂；D—火电厂的强迫功率；E—水电厂可调功率；F—中温中压火电厂；G—核电厂。

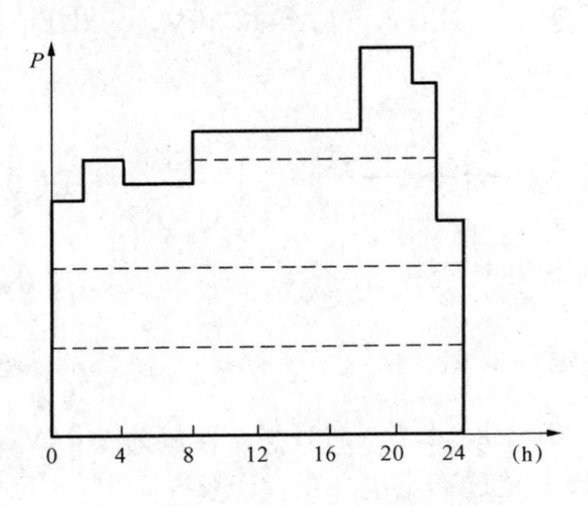

图 7-47　题 7-43 的日负荷曲线

第八章　电力系统的经济调度

对电力系统的基本要求是在安全可靠的前提下保证质量，力求经济。电能生产消耗的一次能源在国民经济一次能源总消耗中占的比重很大，而且电能在输送、分配时损耗的绝对值也相当可观，因此降低生产每一千瓦时电所消耗的能源和降低输送、分配时的损耗有极其重要的意义。

电力系统的经济性就是要高效率地生产电能、高效率地传输和分配电能，以及高效率地消费电能。高效率地生产电能，其指标是使系统的总能源消耗量最小；高效率地传输和分配电能，其指标是使系统的网损率最小；高效率地消费电能，牵涉到千千万万电能用户，要求他们使用高效用电设备，节约用电，降低单位产品的耗电量，提高每一千瓦时电的使用价值。

电力系统的经济性包含的内容很多，贯穿于从规划设计、建设施工、运行的整个过程。本章主要从电力系统运行的角度分析其经济性，常称为经济调度，内容包括电力系统的有功优化，其目标是使电力系统的总能源消耗量最小；电力系统的无功优化，其目标是使系统的网损最小。

第一节　电力系统的有功优化调度

有功功率优化调度的目的是在保证正常运行的基础上节约系统发电所消耗的能源或节约生产费用（主要是燃料费用）。为此首先要了解发电设备的能源特性，或称耗量特性；其次从优化的角度对有功负荷进行分配，安排有功电源的最优投入。

一、发电设备的耗量特性

发电设备的能源消耗主要与发电机有功出力 P_G 有关，而与无功 Q_G 及电压等其他运行参数关系较小。发电设备的耗量特性描述了发电设备单位时间内消耗的能源与发出的有功功率之间的关系 $E=f(P_G)$，通常用如图 8-1 所示的二次曲线表示，$E=aP_G^2+bP_G+c$。图中，纵坐标为单位时间内消耗的燃料（燃料费用）F 或水量 W，横坐标为有功功率 P_G。

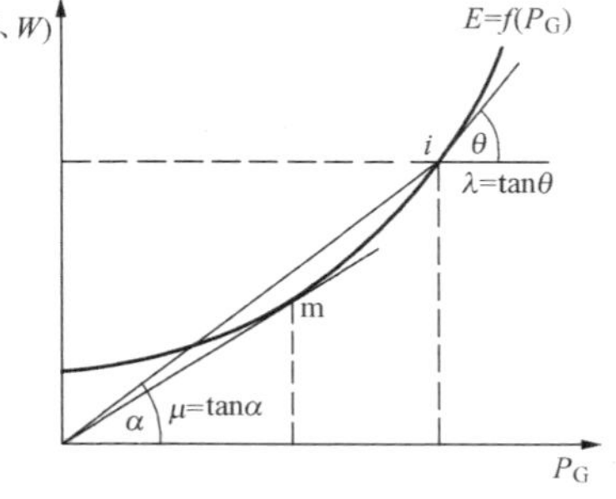

图 8-1　耗量特性、比耗量和耗量微增率

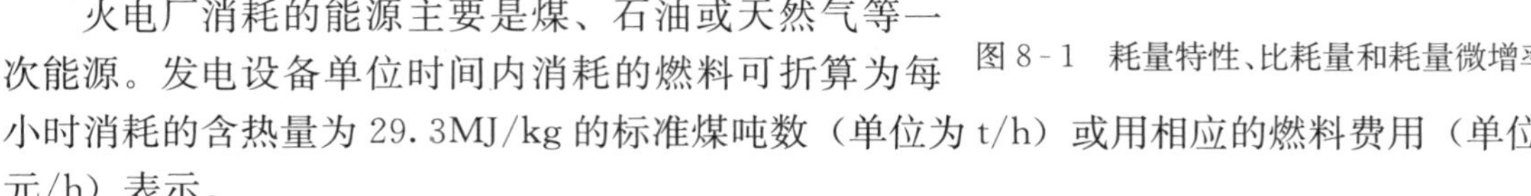

火电厂消耗的能源主要是煤、石油或天然气等一次能源。发电设备单位时间内消耗的燃料可折算为每小时消耗的含热量为 29.3MJ/kg 的标准煤吨数（单位为 t/h）或用相应的燃料费用（单位为元/h）表示。

水电厂耗量特性可用单位时间内消耗的水量 W 表示，单位为 m^3/s。一般应充分利用水库的水量来发电。但受水库调度的约束，水电厂在一定时段 $0\rightarrow T$ 内，发电的用水量 W_T 是一个定值。它是根据河流的水文资料与灌溉、航运等情况决定的。如第 j 个水电厂的用水

量为

$$W_{jT}=\int_0^T w_{jt}\,\mathrm{d}t \tag{8-1}$$

式中：W_{jT}为水电厂 j 在时段 $0\rightarrow T$ 的总用水量；w_{jt}为水电厂 j（$j=1$，2，…，u）在时间 t 的用水量。

耗量特性曲线上某一点纵坐标和横坐标的比值，即单位时间内输入能量与输出功率之比，称比耗量 μ，$\mu=\tan\alpha$。显然，比耗量实际是原点和耗量特性曲线上某一点连线的斜率，$\mu=F/P$ 或 $\mu=W/P$。而当耗量特性纵横坐标单位相同时，它的倒数就是发电设备的效率 η。

耗量特性曲线上某一点切线的斜率称为耗量微增率 λ，$\lambda=\tan\theta$。耗量微增率是单位时间内输入能量微增量与输出功率微增量的比值，即 $\lambda=\Delta F/\Delta P=\mathrm{d}F/\mathrm{d}P$ 或 $\lambda=\Delta W/\Delta P=\mathrm{d}W/\mathrm{d}P$。

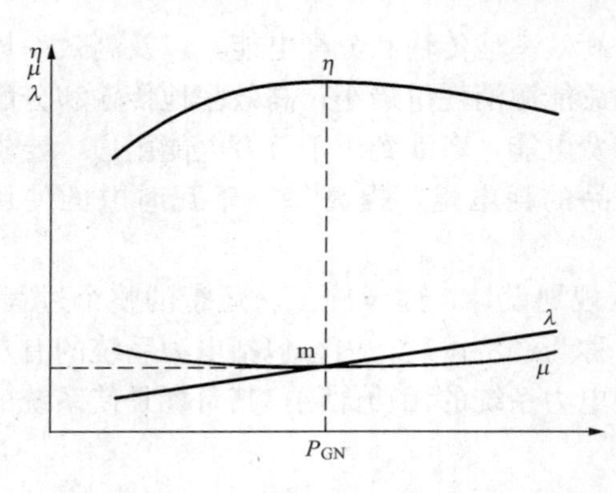

图 8-2　比耗量 μ、效率 η 和耗量微增率 λ 的变化

比耗量和耗量微增率通常都有相同的单位，如 t/MWh 或元/ MWh，但它们是不同的两个概念，数值一般也不相同。只有从原点做直线与耗量特性曲线相切，切点的比耗量和耗量微增率相同，如图 8-1 中的 m 点。显然，该点比耗量的数值最小，称该点的比耗量为最小比耗量 $\mu_{\min}$，发电设备的额定运行点一般均设计在该点，如图 8-2 所示。

二、有功负荷的最优分配

有功负荷最优分配问题，在数学上属非线性规划范畴，即在一定约束条件下，使某一目标函数为最优，而这些约束条件和目标函数都是各种变量的非线性函数。可表达为：

在满足等约束条件

$$f(x,u,d)=0 \tag{8-2}$$

和不等约束条件

$$g(x,u,d)\leqslant 0 \tag{8-3}$$

的前提下，使目标函数

$$C=C(x,u,d) \tag{8-4}$$

为最优。三式中，x 为状态变量；u 为控制变量；d 为扰动变量。

有功最优分配的目标函数是使全系统每小时的总能源消耗或燃料费用为最小，即

$$\min F=\Sigma F_i(P_{Gi}) \tag{8-5}$$

并满足约束条件：

（1）全系统有功功率平衡约束条件为

$$\sum_{i=1}^{m}P_{Gi}-P_{D}-P_{L}=0 \tag{8-6}$$

式中：m 为系统中发电机总数；P_D 为有功负荷的总和；P_L 为系统 S 的总有功损耗。

（2）各发电机出力不等约束条件为

$$\begin{cases}P_{Gi\min}\leqslant P_{Gi}\leqslant P_{Gi\max}\\ Q_{Gi\min}\leqslant Q_{Gi}\leqslant Q_{Gi\max}\end{cases} \tag{8-7}$$

式中：$P_{Gi\min}$、$P_{Gi\max}$为发电机 i 有功出力下限和上限，$Q_{Gi\min}$、$Q_{Gi\max}$为其无功出力下限和上限。

（3）系统各点的电压不等约束条件为

$$U_{k\min} \leqslant U_k \leqslant U_{k\max}, \qquad k = 1,2,\cdots,n \tag{8-8}$$

式中：n 为系统节点总数；$U_{k\min}$、$U_{k\max}$为节点 k 的电压幅值下限和上限。

（4）水电厂用水约束条件为

$$\int_0^T w_j \mathrm{d}t = W_{j\mathrm{T}}, j = 1,2,\cdots,\mu \tag{8-9}$$

式中：μ 为水电厂数；$W_{j\mathrm{T}}$为水电厂 j 的用水总量限值。

（一）忽略线损时有功功率在各火电厂之间的最优分配

在只具有火电厂的电力系统中进行有功功率经济分配时，主要考虑的是使燃料费用最小。目标函数为整个系统单位时间的燃料费用最小

$$\min F = \sum_{i=1}^{m} F_i(P_{Gi}) \tag{8-10}$$

式中：m 为发电机数；F_i（P_{Gi}）为第 i 台发电机的耗量特性。

等约束条件为

$$\sum_{i=1}^{m} P_{Gi} - P_{\mathrm{D}} = 0 \tag{8-11}$$

不等约束条件同前。

首先只考虑等式约束。可以将式（8-11）有约束条件的多元函数极值问题，用拉格朗日乘子法将其转化为无约束条件的极值问题。引入拉格朗日乘子 λ，则新的目标函数为

$$L = \sum_{i=1}^{m} F_i(P_{Gi}) - \lambda\left(\sum_{i=1}^{m} P_{Gi} - P_{\mathrm{D}}\right) \tag{8-12}$$

拉格朗日函数 L 的无条件极值的必要条件为

$$\begin{cases} \dfrac{\partial L}{\partial P_{G1}} = \dfrac{\partial F_1}{\partial P_{G1}} - \lambda = 0 \\ \dfrac{\partial L}{\partial P_{G2}} = \dfrac{\partial F_1}{\partial P_{G2}} - \lambda = 0 \\ \cdots \qquad \cdots \\ \dfrac{\partial L}{\partial P_{Gm}} = \dfrac{\partial F_1}{\partial P_{Gm}} - \lambda = 0 \end{cases} \tag{8-13}$$

$$\frac{\partial L}{\partial \lambda} = 0 \tag{8-14}$$

可以得出以下关系

$$\frac{\partial F_1}{\partial P_{G1}} = \frac{\partial F_2}{\partial P_{G2}} = \cdots = \frac{\partial F_m}{\partial P_{Gm}} = \lambda \tag{8-15}$$

也可以写成

$$\frac{\mathrm{d}F_1}{\mathrm{d}P_{G1}} = \frac{\mathrm{d}F_2}{\mathrm{d}P_{G2}} = \cdots = \frac{\mathrm{d}F_m}{\mathrm{d}P_{Gm}} = \lambda \tag{8-16}$$

式（8-14）就是给定的等约束条件——功率平衡条件。$\mathrm{d}F_i/\mathrm{d}P_{Gi}$为发电机 i 的燃料费用微增率，单位为元/MWh。这就是多个火电厂在忽略线损时的经济功率分配等微增率准则

(principle of equal incremental costs)，即各机组以相等的耗量微增率运行并满足功率平衡约束时，系统的总耗量最小。

以上推导只考虑了等约束条件，因此所得的解 P_{Gi}（$i=1, 2, \cdots, m$）中有些可能不满足不等约束条件。对不满足不等约束条件的解可做如下处理：分配负荷后，若有机组发电有功功率 P_i 超过其上（下）限 P_{Gimax}（P_{Gimin}），则将 P_{Gi} 固定为相应的限值，总负荷中减去越限火电厂承担的负荷，然后对其余火电厂再按等耗量微增率准则重新分配余下的负荷。无功和电压不等约束条件，待以后潮流计算中处理。

设各个火电厂的耗量特性均表示为二项式时，有功功率最优分配计算步骤如下：

(1) 输入各机组耗量特性，发电有功功率上、下限值及总负荷有功功率；

(2) 计算拉格朗日乘子 λ；

(3) 由机组耗量特性 $F_i=a_iP_{Gi}^2+b_iP_{Gi}+c_i$ 可知 $\lambda_i=2a_iP_{Gi}+b_i$，即

$$P_{Gi}=(\lambda_i/2a_i)-(b_i/2a_i) \tag{8-17}$$

因此，由式（8-16）和等约束条件式（8-11）可得

$$\lambda=[2P_D+\Sigma(b_i/a_i)]/\Sigma(1/a_i) \tag{8-18}$$

(4) 由式（8-17）计算各发电机组经济发电有功功率；

(5) 检查机组越限情况，若各机组均不越限转第（8）步，若有机组越限，则针对越上限或下限分别进行处理；

(6) 根据越限处理情况修正待分配的负荷；

(7) 在不越限机组间按式（8-18）计算 λ，转第（3）步；

(8) 输出经济分配结果。

此外，也可以采用图解法进行有功功率的最优分配：先做出系统的综合耗量微增率特性，然后便可以由其查得当系统负荷为 P_D 的微增率 λ，从而确定各火电厂承担的负荷。

【例 8-1】 某电力系统由三个火电厂组成，其耗量特性分别为

$$F_1=0.0007P_{G1}^2+0.30P_{G1}+4 \quad \text{t/h}, 80\text{MW}\leqslant P_{G1}\leqslant 150\text{ MW}$$
$$F_2=0.0004P_{G2}^2+0.32P_{G2}+4.5 \quad \text{t/h}, 100\text{MW}\leqslant P_{G2}\leqslant 300\text{ MW}$$
$$F_3=0.00045P_{G3}^2+0.30P_{G3}+3.5 \quad \text{t/h}, 100\text{MW}\leqslant P_{G3}\leqslant 300\text{ MW}$$

不计网损。试完成：①求当总负荷为 700 MW 时各个发电厂间有功负荷的最优分配。②若三个火电厂所用燃料价格分别为 100、110、90 元/t，按电能成本分配负荷。

解 (1)采用两种方法进行有功负荷的最优分配。

1) 解析法

$$\begin{aligned}\lambda&=[2P_D+\Sigma(b_i/a_i)]/\Sigma(1/a_i)\\&=[1400+(0.3/0.0007+0.32/0.0004+0.3/0.00045)]/(1/0.0007+1/0.0004+1/0.00045)\\&=0.5357\end{aligned}$$

由式(8-17)得

$$P_{G1}=(0.5357-0.3)/(2\times 0.0007)=168.39\ (\text{MW})$$
$$P_{G2}=(0.5357-0.32)/(2\times 0.0004)=269.68\ (\text{MW})$$
$$P_{G3}=(0.5357-0.3)/(2\times 0.00045)=261.93\ (\text{MW})$$

校验有功功率不等约束 $P_{Gi\min}\leqslant P_{Gi}\leqslant P_{Gi\max}$。可知 P_{G1} 越上限，取 $P_{G1}=150$MW，再重新计算 λ，得

$$P'_{D} = P_{D} - P_{G1} = 700 - 150 = 550(\text{MW})$$

$\lambda' = [1100 + (0.3/0.0007 + 0.32/0.0004 + 0.3/0.00045)]/(1/0.0007 + 1/0.0004 + 1/0.00045)$

$= 0.5435$

从而　$P_{G2} = (0.5435 - 0.32)/(2 \times 0.0004) = 279.41\ (\text{MW})$

$P_{G3} = (0.5435 - 0.3)/(2 \times 0.00045) = 270.59\ (\text{MW})$

2）图解法。由耗量特性曲线求出其耗量微增率特性及其上下限

$$\lambda_1 = dF_1/dP_{G1} = 0.0014P_{G1} + 0.3,\quad 0.412 \leqslant \lambda_1 \leqslant 0.51$$

$$\lambda_2 = dF_2/dP_{G2} = 0.0008P_{G2} + 0.32,\quad 0.40 \leqslant \lambda_2 \leqslant 0.56$$

$$\lambda_3 = dF_3/dP_{G3} = 0.0009P_{G3} + 0.3,\quad 0.39 \leqslant \lambda_3 \leqslant 0.57$$

作出系统的综合耗量微增率特性曲线 $\lambda = f(P_{D\Sigma})$，如图 8 - 3 所示。

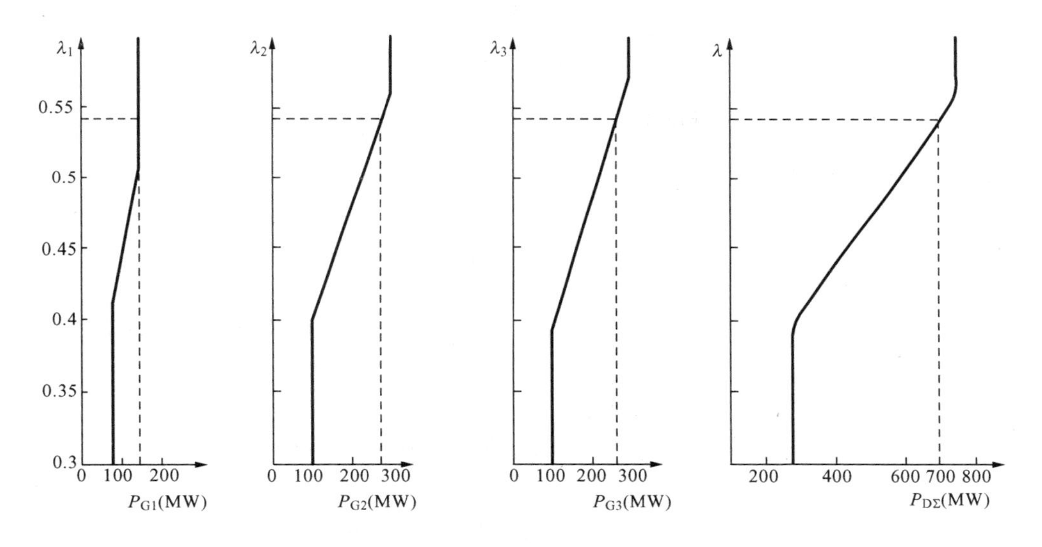

图 8 - 3　[例 8 - 1] 图解法分配负荷

当 λ=0.39 时，三个火电厂均只能按下限发电，故此时系统可满足的总负荷为 $P_{D\Sigma}$=280MW。

当 λ=0.40 时，前两个火电厂仍按下限发电，但 P_{G3}= (0.42−0.3) / (2×0.00045) =111.11 (MW)，从而 $P_{D\Sigma}$=80+100+111.11=291.11 (MW)。

同理可求得：λ=0.412 时，$P_{D\Sigma}$=319.44 MW；λ=0.51 时，$P_{D\Sigma}$=620.83 MW；λ=0.56 时，$P_{D\Sigma}$=738.89 MW；λ=0.57 时，$P_{D\Sigma}$=750 MW。用折线将各个特征点连接起来就得到了系统综合耗量微增率特性曲线。

图解法得到的结果和解析法是一致的。

(2) 燃料价格与耗量特性相乘就得到电能的费用特性，将 F_1、F_2、F_3 分别乘以 100、110、90 元/t，得到费用特性为

$$C_1 = 100 \times F_1 = 0.07P_{G1}^2 + 30P_{G1} + 400\ 元/\text{h},80\text{MW} \leqslant P_{G1} \leqslant 150\ \text{MW}$$

$$C_2 = 110 \times F_2 = 0.044P_{G2}^2 + 35.2P_{G2} + 495\ 元/\text{h},100\text{MW} \leqslant P_{G2} \leqslant 300\ \text{MW}$$

$$C_3 = 90 \times F_3 = 0.0405P_{G3}^2 + 27P_{G3} + 315\ 元/\text{h},100\text{MW} \leqslant P_{G3} \leqslant 300\ \text{MW}$$

用解析法可求得三个火电厂承担的负荷为

$$P_{G1}=150\ \text{MW},\ P_{G2}=215.09\ \text{MW},\ P_{G3}=334.91\ \text{MW}$$

与根据耗煤量计算结果相比，考虑价格因素后，火电厂 2 少发了 64.32 MW，火电厂 3 多发了 64.32 MW。这是因为火电厂 3 的燃料比火电厂 2 便宜。

（二）忽略线损时有功功率在各水、火电厂之间的最优分配

水、火电厂并列运行的功率经济分配，就是要在一定周期内（如 1 天）给定的水电厂用水量条件下，使系统中火电厂的燃料费用为最小。

目标函数为火电厂在 0→T 时段内消耗燃料费用最小，即

$$\min F_{\mathrm{T}}=\sum_{i=1}^{m}\int_{0}^{T}F_{it}\mathrm{d}t, i=1,2,\cdots,m \tag{8-19}$$

式中：F_{it}为火电厂 i 在时间 t 的燃料费用；m 为火电厂的个数。

等约束条件，一是在任一时间 t 功率应平衡

$$\sum_{i=1}^{m}P_{\mathrm{G}it}+\sum_{j=1}^{u}P_{\mathrm{GH}jt}-P_{\mathrm{D}t}=0, 0\leqslant t\leqslant T \tag{8-20}$$

式中：$P_{\mathrm{G}it}$ 为火电厂 i 在时间 t 时输出有功功率；$P_{\mathrm{GH}jt}$ 为水电厂 j 在时间 t 时输出有功功率；$P_{\mathrm{D}t}$ 为时间 t 时系统总负荷；u 为水电厂数。

此外，还应满足水电厂用水约束条件

$$\int_{0}^{T}w_{jt}\mathrm{d}t-W_{j\mathrm{T}}=0, j=1,2,\cdots,u \tag{8-21}$$

可将时间段 T 分为若干个小时间段，即 $T=\sum_{k=1}^{s}\Delta t_k$。若时段足够小，则问题可转化为：

在满足等约束条件

$$\begin{cases}\sum_{i=1}^{m}P_{\mathrm{G}it_k}+\sum_{j=1}^{u}P_{\mathrm{GH}jt_k}-P_{\mathrm{D}t_k}=0, k=1,2,\cdots,s\\ \sum_{k=1}^{s}w_{jt_k}\Delta t_k-W_{j\mathrm{T}}=0, j=1,2,\cdots,u\end{cases} \tag{8-22}$$

下使目标函数

$$F_{\mathrm{T}}=\sum_{i=1}^{m}\sum_{k=1}^{s}F_{it_k}\Delta t_k \tag{8-23}$$

最小。

将目标函数与等约束写成拉格朗日方程

$$L=\sum_{i=1}^{m}\sum_{k=1}^{s}F_{it_k}\Delta t_k-\sum_{k=1}^{s}\lambda_k\Big[\sum_{i=1}^{m}P_{\mathrm{G}it_k}+\sum_{j=1}^{u}P_{\mathrm{GH}jt_k}-P_{\mathrm{D}t_k}\Big]+\sum_{j=1}^{u}\lambda_{\mathrm{H}j}\Big(\sum_{k=1}^{s}W_{jt_k}\Delta t_k-W_{j\mathrm{T}}\Big) \tag{8-24}$$

式中：λ_k 为时间 t_k 时火电厂的拉格朗日乘子，由于各时刻负荷不同，故 λ_k 也不相同；$\lambda_{\mathrm{H}j}$ 为水电厂 j 的拉格朗日乘子，在 0→T 时间内可用同一数值，但不同水电厂则不相同。

求其极值得必要条件为

$$\begin{cases}\partial L/\partial P_{\mathrm{G}it_k}=0, \partial L/\partial P_{\mathrm{GH}jt_k}=0\\ \partial L/\partial\lambda_k=0, \partial L/\partial\lambda_{\mathrm{H}j}=0\end{cases} \tag{8-25}$$

即

$$\begin{cases}\dfrac{dF_i}{dP_{Git_k}}\Delta t_k-\lambda_k\Delta t_k=0\\ \lambda_{Hj}\dfrac{dw_j}{dP_{GHjt_k}}\Delta t_k-\lambda_k\Delta t_k=0\\ \sum\limits_{i=1}^{m}P_{Git_k}+\sum\limits_{j=1}^{u}P_{GHjt_k}-P_{Dt_k}=0\\ \sum\limits_{k=1}^{s}W_{jt_k}\Delta t_k-W_{jT}=0\end{cases} \tag{8-26}$$

式中：$\dfrac{dF_i}{dP_{Git_k}}$为i火电厂的燃料微增率；$\dfrac{dw_j}{dP_{GHjt_k}}$为$j$水电厂的耗水量微增率。

由它们可得

$$\frac{dF_i}{dP_{Git_k}}=\lambda_{Hj}\frac{dw_j}{dP_{GHjt_k}}=\lambda_k \tag{8-27}$$

式中：λ_k 为 t_k 时刻火电厂的拉格朗日乘子；λ_{Hj}称为水煤换算系数，其物理意义为 $1m^3$ 的水所相当的煤的吨数，或煤耗微增率与水耗微增率之比。

式（8-27）表示将水电厂的耗水等微增率乘一个系数λ_{Hj}后就折算成了系统全为火电厂时的等微增率准则。

求系数λ_{Hj}的方法通常需要试探。先设定一个数值$\lambda_{Hj}{}^{(0)}$，使水电厂按此值在系统中分配负荷，得出水电厂的日负荷曲线；再按负荷曲线求出其日用水量$W_j{}^{(0)}$，将$W_j{}^{(0)}$与给定的日用水量W_{jT}做比较；若比给定的小，则应减小λ_{Hj}值，反之则要增大λ_{Hj}值。经若干次试探后，就可以求出正确的$\lambda_{Hj}^{(k)}$值。当第k次试探值$\lambda_{Hj}^{(k)}$求出的$W_j{}^{(k)}$满足

$$|W_j{}^{(k)}-W_{jT}|\leqslant\varepsilon \tag{8-28}$$

则认为$\lambda_{H}^{(k)}$为正确值。式中ε为给定的误差要求，为小正数。

计算步骤为：

（1）输入系统数据，包括火电厂及水电厂耗量特性、输电网络参数、计算时段、各水电厂在该时间段的给定耗水量以及系统在该时间段的有功负荷曲线。

（2）指定各水电厂λ_{Hj}（$j=1，2，\cdots，u$）的初值，一般若运行方式变化不大，可参照前次计算所得数值作为本次计算初值。

（3）将各水电厂等效为火电厂，从$t=1$到$t=T$进行各小时段上的等效火电系统的优化运行计算。

（4）检验各水电厂耗水量约束条件，若$|W_j^{(k)}-W_{jT}|\leqslant\varepsilon$，则转第（5）步；否则$\lambda_{Hj}=\lambda_{Hj}+\alpha\Delta W_j{}^{(k)}$（$\alpha$为比例因子），转第（3）步。

（5）输出优化计算结果，即各水电厂、火电厂负荷经济分配结果。

【例8-2】 一火电厂和一水电厂并列运行，火电厂的煤耗量特性为$F=0.00035P_T{}^2+0.4P_T+3$ t/h，200MW$\leqslant P_T\leqslant$600 MW；水电厂的水耗量特性为$W=0.0015P_H^2+0.8P_H+2$ m³/h，100MW$\leqslant P_T\leqslant$450 MW。水电厂给定的日用水量为$W_T=1.5\times10^7$ m³。系统的日负荷为：0～8时，350 MW；8～18时，700 MW；18～24时，500 MW。试确定火电厂和水电厂间有功负荷的最优分配。取$\varepsilon=10^2$m³。

解　(1)先列出协调方程$\dfrac{dF_i}{dP_{Git_k}}=\lambda_{Hj}\dfrac{dW_j}{dP_{GHjt_k}}=\lambda_k$，即

$$0.0007P_T + 0.4 = \lambda_H\ (0.003P_H + 0.8)$$

加上有功功率平衡等约束条件 $P_T + P_H = P_D$，可解得

$$P_T = (0.8\lambda_H - 0.4 + 0.003\lambda_H P_D)\ /\ (0.003\lambda_H + 0.0007)$$

$$P_H = (0.4 - 0.8\lambda_H + 0.0007P_D)\ /\ (0.003\lambda_H + 0.0007)$$

（2）确定水煤换算系数的初值 $\lambda_H^{(0)}$：

1）求系统平均负荷

$$P_{Dav} = \int_0^T P_{Dt}\,dt/T = (350\times8 + 700\times10 + 500\times6)\ /24 = 533.3333\ (MW)$$

2）求水电厂的平均流量

$$W_{av} = W_T/T = 1.5\times10^7/\ (24\times60\times60) = 173.6111\ (m^3/h)$$

3）求水电厂的平均功率，由 $W_{av} = W\ (P_{Hav})$，即 $173.6111 = 0.0015\ P_{Hav}{}^2 + 0.8\ P_{Hav} + 2$，求得

$$P_{Hav} = 164.0529\ MW$$

4）求火电厂的平均功率

$$P_{Tav} = P_{Dav} - P_{Hav} = 369.2814\ (MW)$$

5）求火电厂的平均耗量微增率

$$dF/d\,P_{Tav} = 0.0007\ P_{Tav} + 0.4 = 0.6595$$

6）求水电厂的平均耗量微增率

$$dW/dP_{Hav} = 0.003\ P_{Hav} + 0.8 = 1.2922$$

7）从而

$$\lambda_H^{(0)} = (dF/d\,P_{Tav})\ /\ (dW/dP_{Hav}) = 0.5096$$

（3）将 $\lambda_H^{(0)}$ 和 P_D 代入 P_T 和 P_H 的表达式即可求出各个时段的负荷分配：

0～8 时，$P_D = 350$ MW，$P_{T1}^{(0)} = 243.5212$ MW，$P_{H1}^{(0)} = 106.4788$ MW；

8～18 时，$P_D = 700$ MW，$P_{T2}^{(0)} = 483.5966$ MW，$P_{H2}^{(0)} = 216.4034$ MW；

18～24 时，$P_D = 500$ MW，$P_{T3}^{(0)} = 346.4106$ MW，$P_{H3}^{(0)} = 153.5894$ MW。

（4）计算总耗水量

$$\begin{aligned} W_T^{(0)} = &\ (0.0015\times106.4788^2 + 0.8\times106.4788 + 2)\times8\times3600 \\ &+ (0.0015\times216.4034^2 + 0.8\times216.4034 + 2)\times10\times3600 \\ &+ (0.0015\times153.5894^2 + 0.8\times153.5894 + 2)\times6\times3600 \\ &= 1.5295454\times10^7\ (m^3) \end{aligned}$$

（5）$\varepsilon_0 = W_T^{(0)} - W_T > 0$，故应增大 λ_H。取 $\lambda_H^{(1)} = 0.52$，求得 $P_{H1}^{(1)} = 101.3274$ MW，$P_{H2}^{(1)} = 209.7345$ MW，$P_{H3}^{(1)} = 147.7876$ MW，相应总耗水量 $W_T^{(1)} = 1.462809\times10^7\ m^3$。

可见此时，$\varepsilon_1 = W_T^{(1)} - W_T < 0$，故应减小 λ_H。取 $\lambda_H^{(2)} = 0.514$，求得 $P_{H1}^{(2)} = 104.2819$ MW，$P_{H2}^{(2)} = 213.5593$ MW，$P_{H2}^{(2)} = 151.1151$ MW，相应总耗水量 $W_T^{(2)} = 1.5009708\times10^7\ m^3$。增大 λ_H，当取 $\lambda_H = 0.51415$ 时 $W_T = 1.5000051\times10^7\ m^3$，此时 $\varepsilon = 0.51\times10^{-5}\times10^7 m^3 < 10^{-5}\times10^7 m^3$，满足精度要求。负荷分配方案为

$$P_{H1} = 104.2075\ MW,\ P_{H2} = 213.4630\ MW,\ P_{H3} = 151.0312\ MW$$

$$P_{T1}=245.7925\ \mathrm{MW}, P_{T2}=486.5370\ \mathrm{MW}, P_{T3}=348.9688\ \mathrm{MW}$$

（三）考虑线损后的有功负荷最优分配

在电力系统中电能经输电和配电系统传输，其损耗占全系统有功功率20%～30%，因此在计算经济功率分配时，必须考虑这部分损耗ΔP_L，即应采用计及线损后的电厂经济功率分配。为了讨论方便起见，可将水电厂以λ_{Hj}来折算成火电厂，不再分开考虑。

目标函数
$$\min\sum_{i=1}^{m}F_i(P_{Gi}) \tag{8-29}$$

等约束条件
$$\sum_{i=1}^{m}P_{Gi}-P_D-\Delta P_L=0 \tag{8-30}$$

关于不等约束条件认为仍按以上方法单独处理。于是拉格朗日方程式为

$$L=\sum_{i=1}^{m}F_i(P_{Gi})-\lambda(\sum_{i=1}^{m}P_{Gi}-P_D-\Delta P_L) \tag{8-31}$$

取式（8-31）偏导数并使之为零，则得方程组

$$\frac{\partial L}{\partial P_{Gi}}=\frac{\partial F_i}{\partial P_{Gi}}-\lambda\left(1-\frac{\partial \Delta P_L}{\partial P_{Gi}}\right)=0 \tag{8-32}$$

得出
$$\frac{\partial F_i}{\partial P_{Gi}}=\lambda\left(1-\frac{\partial \Delta P_L}{\partial P_{Gi}}\right)$$

$$\lambda=\frac{\partial F_i}{\partial P_{Gi}}\left[1/\left(1-\frac{\partial \Delta P_L}{\partial P_{Gi}}\right)\right], i=1,2,\cdots,m \tag{8-33}$$

即考虑了网损以后，经济功率分配仍然可用“等微增率准则”，不过将发电机的燃料费用微增率$\frac{\partial F_i}{\partial P_{Gi}}\left(\text{或}\frac{dF_i}{dP_{Gi}}\right)$用$1/\left(1-\frac{\partial \Delta P_L}{\partial P_{Gi}}\right)$做修正，得出新的燃料费用微增率$\lambda$。$\frac{\partial \Delta P_L}{\partial P_{Gi}}$称为网损微增率（incremental transmission loss，ITL），$\left(1-\frac{\partial \Delta P_L}{\partial P_{Gi}}\right)$称为网损修正系数或罚因子（penalty factor）。

只有先求出ΔP_L的表达式，才可以进行其对i机有功功率的网损微增率$\frac{\partial \Delta P_L}{\partial P_{Gi}}$的计算。由于$\Delta P_L$既与每个发电厂发出的有功功率$P_{Gi}$有关，又与网络的结构和系统的运行状态有关，因而网损微增率的求取比较复杂。

（四）网损微增率的计算

计算ΔP_L的方法较多，有B系数法、阻抗矩阵法、转置雅可比矩阵法等。此处简要介绍B系数法，对其他方法感兴趣的读者可参阅相关文献。

1. B系数法

（1）一般原理。如果ΔP_L可以直接表示为P_G的函数，网损微增率的求取就变得十分简单，B系数法就是这种思路的产物。网络损耗是所有线路和变压器电阻上的功率损耗之和，根据功率守恒原理，网损等于所有母线注入有功功率之和（负荷功率作为负的注入功率），即

$$\Delta P_L=\sum_{k=1}^{N}[\mathrm{Re}(\dot{U}_k\overset{*}{I}_k)]=\mathrm{Re}(\sum_{k=1}^{N}\dot{U}_k\overset{*}{I}_k)=\mathrm{Re}(\dot{\boldsymbol{U}}^{T}\overset{*}{\boldsymbol{I}}) \tag{8-34}$$

式中：N 为系统母线总数；$\dot{\boldsymbol{U}}$ 为母线电压相量 $\dot{U}_k$ 组成的 N 维电压相量；$\dot{\boldsymbol{I}}$ 为母线注入电流 $\dot{I}_k$ 组成的 N 维电流相量；$\overset{*}{\boldsymbol{I}}$ 为 $\dot{\boldsymbol{I}}$ 的共轭相量；上标 T 表示转置。

网损 ΔP_L 又是网络复功率损耗 ΔS_L 的实部

$$\Delta S_L = \Delta P_L + j\Delta Q_L = \dot{\boldsymbol{U}}^T \overset{*}{\boldsymbol{I}} \tag{8-35}$$

设 $\boldsymbol{Z}$ 为输电网络 $N\times N$ 维对称的节点阻抗矩阵，因为 $\dot{\boldsymbol{U}}=\boldsymbol{Z}\dot{\boldsymbol{I}}$，则

$$\Delta S_L = \dot{\boldsymbol{I}}^T \boldsymbol{Z} \overset{*}{\boldsymbol{I}} \tag{8-36}$$

设 $\dot{\boldsymbol{I}}^T = [\dot{\boldsymbol{I}}_G^T \dot{\boldsymbol{I}}_D^T]$，$\dot{\boldsymbol{I}}_G$ 为发电厂节点的注入电流相量，$\dot{\boldsymbol{I}}_D$ 为负荷节点的注入电流相量。$I_{D\Sigma} = \sum_{j=1}^{D} I_{Dj}$ 为总负荷电流，D 为负荷节点总数。假设各负荷电流与总负荷电流成比例

$$\dot{\boldsymbol{I}}_D = [I_{D1} I_{D2} \cdots I_{DD}]^T = [l_1 l_2 \cdots l_D]^T I_{D\Sigma} \tag{8-37}$$

式中：l_1、l_2、l_D 为比例系数。

在忽略系统对地电流时，系统总负荷电流应与各发电厂注入电流之和 $I_{G\Sigma}$ 相等，即

$$I_{D\Sigma} = -I_{G\Sigma} = -\sum_{i=1}^{G} I_{Gi} = [\underbrace{-1 -1 \cdots -1}_{G}]\dot{\boldsymbol{I}}_G \tag{8-38}$$

式中：G 为发电厂节点的总个数。

负荷节点的注入电流相量 $\dot{\boldsymbol{I}}_D$ 可用发电厂节点的注入电流相量 $\dot{\boldsymbol{I}}_G$ 表示为

$$\dot{\boldsymbol{I}}_D = [l_1 l_2 \cdots l_D]^T [\underbrace{-1 -1 \cdots -1}_{G}]\dot{\boldsymbol{I}}_G = \boldsymbol{C}\dot{\boldsymbol{I}}_G \tag{8-39}$$

其中：$\boldsymbol{C} = [l_1 l_2 \cdots l_D]^T [\underbrace{-1 -1 \cdots -1}_{G}]$ 为 $\dot{\boldsymbol{I}}_D$ 和 $\dot{\boldsymbol{I}}_G$ 间 $D\times G$ 维关系矩阵。

节点注入电流矢量 $\dot{\boldsymbol{I}}$ 可表示为

$$\dot{\boldsymbol{I}} = \begin{bmatrix} \boldsymbol{I} \\ \boldsymbol{C} \end{bmatrix} \dot{\boldsymbol{I}}_G = \boldsymbol{C}_1 \dot{\boldsymbol{I}}_G \tag{8-40}$$

式中：$\boldsymbol{I}$ 为 $G\times G$ 维单位矩阵；$\boldsymbol{C}_1$ 为 $N\times G$ 维关系矩阵。

复功率损耗方程可以改写为

$$\Delta \boldsymbol{S}_L = \dot{\boldsymbol{I}}_G^T \boldsymbol{C}_1{}^T \boldsymbol{Z} \overset{*}{\boldsymbol{C}}_1 \overset{*}{\boldsymbol{I}}_G \tag{8-41}$$

对任一发电厂，系统的注入功率与注入电流有如下关系

$$\dot{I}_i = \frac{\overset{*}{S}_i}{\overset{*}{U}_i}, i = 1, 2, \cdots, G$$

且
$$S_i = P_i + jQ_i$$

设 φ_i 为功率因数角，Q_i 可表示为 $Q_i = P_i \tan\varphi_i$，则

$$S_i = P_i(1 + j\tan\varphi_i), i = 1, 2, \cdots, G$$

$$\dot{I}_i = \frac{1 - j\tan\varphi_i}{\overset{*}{U}_i} P_i \tag{8-42}$$

假设各发电厂母线电压模及相角不变（如等于典型运行方式的值），且各发电厂功率因数为常数，则

$$\dot{I}_i = C_{2i}P_i \tag{8-43}$$

C_{2i}为比例常数，通常为复数。相量形式为

$$\dot{\boldsymbol{I}}_G = \boldsymbol{C}_2\boldsymbol{P}_G \tag{8-44}$$

式中：$\boldsymbol{C}_2$ 为 $\dot{\boldsymbol{I}}_G$、$\boldsymbol{P}_G$ 间转换矩阵，对角线元素为 C_{2i}（$i=1,2,\cdots,G$），其他元素为 0。

有

$$\Delta\boldsymbol{S}_L = \boldsymbol{P}_G^T\boldsymbol{C}_2^T\boldsymbol{C}_1^T Z\overset{*}{\boldsymbol{C}}_1\overset{*}{\boldsymbol{C}}_2\boldsymbol{P}_G = \boldsymbol{P}_G^T(\boldsymbol{B}+j\boldsymbol{B}')\boldsymbol{P}_G \tag{8-45}$$

其中，$\boldsymbol{B}+j\boldsymbol{B}' = \boldsymbol{C}_2^T\boldsymbol{C}_1^T\boldsymbol{Z}\overset{*}{\boldsymbol{C}}_1\overset{*}{\boldsymbol{C}}_2$ 为一 $G\times G$ 阶复数矩阵。则

$$\Delta\boldsymbol{P}_L = \boldsymbol{P}_G^T\boldsymbol{B}\boldsymbol{P}_G \tag{8-46}$$

$$\Delta\boldsymbol{Q}_L = \boldsymbol{P}_G^T\boldsymbol{B}'\boldsymbol{P}_G \tag{8-47}$$

并有

$$\boldsymbol{B} = \mathrm{Re}(\boldsymbol{C}_2^T\boldsymbol{C}_1^T\boldsymbol{Z}\overset{*}{\boldsymbol{C}}_1\overset{*}{\boldsymbol{C}}_2) \tag{8-48}$$

求得 $\boldsymbol{B}$ 矩阵后，就可以表示网损微增率了。但一个系统的 B 系数不是常数，而是与系统的网络结构、负荷、电压等有关，也就是说，不同的运行方式有不同的 B 系数。实际应用时，若网络结构变化不大，通常可以近似采用一套 B 系数。例如对应一天中日负荷曲线中的峰、谷、平三种运行方式各有一套 B 系数，每套 B 系数适用于一定范围，可以简化网损微增率的计算，在实际应用中得到广泛应用。它的缺点是需存储的 B 系数非常多，此外运行状况偏离 B 系数的计算条件时会产生一定的误差。

(2) 直流潮流 B 系数法。支路 ij 中的有功功率损耗为

$$\begin{aligned}\Delta P_{ij} &= I_{ij}{}^2R_{ij} = \left|\frac{\dot{U}_i-\dot{U}_j}{Z_{ij}}\right|^2 R_{ij} = \frac{|\dot{U}_i-\dot{U}_j|^2}{R_{ij}^2+X_{ij}^2}R_{ij} \\ &= (U_i^2+U_j^2-2U_iU_j\cos\theta_{ij})g_{ij}\end{aligned} \tag{8-49}$$

设 $U_i=U_j=1$，$\cos\theta_{ij}\approx 1-(\theta_i-\theta_j)^2/2$，从而

$$\Delta P_{ij} = (\theta_i-\theta_j)^2 g_{ij} = \theta_i^2 g_{ij} - 2\theta_i\theta_j g_{ij} + \theta_j^2 g_{ij} \tag{8-50}$$

全系统的网损为

$$\Delta P_L = \sum_i\sum_j \theta_i^2 g_{ij} - 2\theta_i\theta_j g_{ij} + \theta_j^2 g_{ij} = \boldsymbol{\theta}^T\boldsymbol{G}\boldsymbol{\theta} \tag{8-51}$$

$$\boldsymbol{\theta}^T = [\theta_1\cdots\theta_{n-1}]$$

式中：$\boldsymbol{G}$ 为不包括平衡节点的（$n-1$）×（$n-1$）阶节点电导矩阵。

由直流潮流方程 $\boldsymbol{P}=\boldsymbol{B}\boldsymbol{\theta}$ 有

$$\boldsymbol{\theta}=\boldsymbol{B}^{-1}\boldsymbol{P}=\boldsymbol{X}\boldsymbol{P} \tag{8-52}$$

代入式（8-51）得到

$$\Delta P_L=\boldsymbol{P}^T\boldsymbol{X}^T\boldsymbol{G}\boldsymbol{X}\boldsymbol{P} \tag{8-53}$$

其中，$\boldsymbol{P}^T=[P_1\cdots P_{n-1}]$；$\boldsymbol{X}=\boldsymbol{B}^{-1}$，$\boldsymbol{B}$ 为仅有支路电抗形成的节点电纳矩阵，并以平衡节点 n 为参考点，仅取前（$n-1$）×（$n-1$）阶，其与节点导纳矩阵 $\boldsymbol{Y}_B=G_B+j\boldsymbol{B}_B$ 中的 $\boldsymbol{B}_B$ 不同；$\boldsymbol{G}$ 则仅取 $\boldsymbol{G}_B$ 中的前（$n-1$）×（$n-1$）阶。

从而网损微增率为

$$ITL = \partial \Delta \boldsymbol{P}_{\mathrm{L}} / \partial \boldsymbol{P} = 2\boldsymbol{X}^{\mathrm{T}}\boldsymbol{G}\boldsymbol{X}\boldsymbol{P} \tag{8-54}$$

取其中与发电厂节点对应的项。

以上推导中均以平衡节点为参考，因此平衡节点的网损微增率为零。

利用直流潮流 B 系数法进行有功负荷最优分配的步骤如下：

（1）进行初始潮流计算，得到系统的总发电功率 ΣP_{Gi}；

（2）利用直流潮流 B 系数法求出各发电厂的网损微增率 ITL；

（3）利用下式求出系统的耗量微增率 λ 和各发电厂承担的出力 P_{Gi} 为

$$\begin{cases} \lambda = [\Sigma P_{Gi} + \Sigma(b_i/2a_i)]/\Sigma\left(\dfrac{1-ITL_i}{2a_i}\right) \\ P_{Gi} = [\lambda(1-ITL_i) - b_i]/(2a_i) \end{cases} \tag{8-55}$$

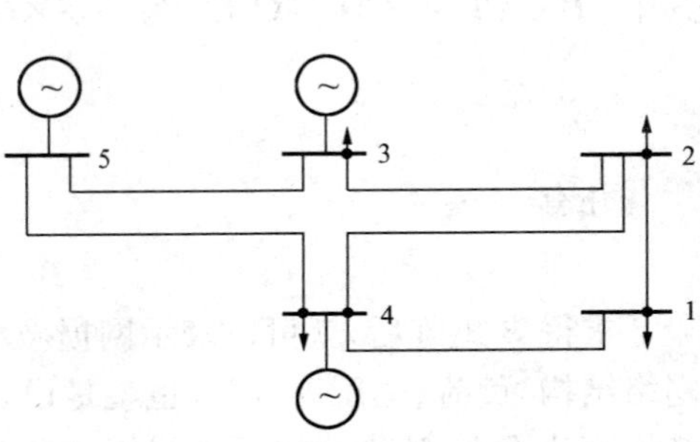

图 8-4 ［例 8-3］系统

式（8-55）由式（8-33）和功率平衡条件得到。

【例 8-3】 五节点系统如图 8-4 所示，已知发电厂耗量特性和有关数据，见表 8-1、表 8-2。试用直流潮流 B 系数法进行有功负荷的最优分配。

表 8-1 ［例 8-3］系统有关数据

i	j	Z_L	$B/2$
5	4	0.02+j0.06	0.03
5	3	0.08+j0.24	0.025
4	3	0.06+j0.18	0.02
4	2	0.06+j0.18	0.02
4	1	0.04+j0.12	0.015
3	2	0.01+j0.03	0.01
2	1	0.08+j0.24	0.025

表 8-2 ［例 8-3］节点数据

i	U	P_G	Q_G	P_D	Q_D
1	待求	0	0	0.6	0.1
2	待求	0	0	0.4	0.05
3	待求	0.3	0.1	0.45	0.15
4	待求	0.4	0.3	0.2	0.1
5	1.06	待求	待求	0	0

发电厂耗量特性为

$$C_3 = 60P_{G3}{}^2 + 200P_{G3} + 140 \text{ 元/h}$$

$$C_4 = 75P_{G4}{}^2 + 150P_{G4} + 120 \text{ 元/h}$$

$$C_5 = 70P_{G5}{}^2 + 180P_{G5} + 80 \text{ 元/h}$$

$$S_B = 100\text{MVA}$$

解 （1）先进行潮流计算，得到各节点电压及功率记入表 8-3。

表 8-3 ［例 8-3］系统各节点电压及功率计算结果

i	U	P_G	Q_G	P_D	Q_D
1	$1.0303\angle{-5.3510°}$	0	0	0.6	0.1
2	$1.0413\angle{-4.1561°}$	0	0	0.4	0.05
3	$1.0439\angle{-3.6893°}$	0.3	0.1	0.45	0.15
4	$1.0564\angle{-2.2692°}$	0.4	0.3	0.2	0.1
5	$1.06\angle{0°}$	0.9798	−0.2294	0	0

从而，$\Sigma P_{Gi} \approx 1.68$。

(2) 利用直流潮流 B 系数法计算各发电厂的 ITL。

形成的节点电导矩阵为

$$
\boldsymbol{G}=\begin{bmatrix} 3.7500 & -1.2500 & 0.0000 & -2.500 \\ & 12.9167 & -10.0000 & -1.6667 \\ & & 12.9167 & -1.6667 \\ & & & 10.8333 \end{bmatrix}
$$

其为节点导纳矩阵 Y_B 实部的前 4×4 阶。

按直流潮流法形成的节点电纳矩阵为

$$
\boldsymbol{B}=\begin{bmatrix} -12.5000 & 4.1667 & 0.0000 & 8.3333 \\ & -43.0556 & 33.3333 & 5.5556 \\ & & -43.0556 & 5.5556 \\ & & & -36.1111 \end{bmatrix}
$$

得

$$
\boldsymbol{X}=\boldsymbol{B}^{-1}=\begin{bmatrix} -0.1310 & -0.0586 & -0.0514 & -0.0471 \\ & -0.0951 & -0.0789 & -0.0403 \\ & & -0.0891 & -0.0377 \\ & & & -0.0506 \end{bmatrix}
$$

$$\boldsymbol{P}_G{}^T = [0\ 0\ 0.3\ 0.4]$$

$$\boldsymbol{P}_D{}^T = [0.6\ 0.4\ 0.45\ 0.2]$$

由式 (8-54) 求得

$$\boldsymbol{ITL}^T = [-0.0602\ -0.0402\ -0.0409\ -0.0240]$$

于是 $ITL_3=-0.0409$，$ITL_4=-0.0240$，$ITL_5=0$。

(3) 由式 (8-55) 求得

$$\lambda=248.7386$$

$$P_{G3}=0.4910\ \text{MW}$$

$$P_{G4}=0.6980\ \text{MW}$$

$$P_{G5}=0.4910\ \text{MW}$$

求出优化前后系统的总耗量为

优化前　$C_\Sigma = \Sigma C_i = 720.9517$ 元/h

优化后　$C'_\Sigma = \Sigma C'_i = 699.1609$ 元/h

即每小时可节约费用 21.7908，按此推算全年可节约费用 19 万元，效果明显。

三、有功电源的最优投入

负荷是时刻变化的，在一天中有高峰有低谷，针对不同的时段，应有不同的机组组合方式，以使发电的成本最低。由于这些组合方式之间的转移存在附加费用及相关约束，所以不能按各个时段的负荷水平孤立地寻找最优组合方案，而必须从研究周期的整体决策中寻找各机组的启动和停用时间，即机组的开停计划或机组启停，这就是有功电源的最优投入问题。实践表明，有功电源的最优投入所能获得的经济效益比有功负荷最优分配更为显著。

机组启停就是要确定出一定研究周期内在系统中参加运行的机组的合理运行方案，使得

在满足系统总负荷、运行安全和供电质量的前提下系统燃料总耗量最小。其目标函数为

$$\min F(u)=\sum_{t=1}^{T}\sum_{i=1}^{m}[u_{it}F_i(P_{it})+u_{it}(1-u_{i\,t-1})F_{si}(\tau_{i\,t-1})] \tag{8-56}$$

式中：T 为研究周期内划分的时段数；m 为系统中可用发电机组总数；u_{it} 为发电机组 i 在时段 t 的运行方式，0 表示停机，1 表示开机；P_{it} 为机组 i 在时段 t 的出力；$\tau_{i\,t-1}$ 为机组 i 在时段 $t-1$ 时已连续停机的时间；F_i（P_{it}）为发电机组 i 的耗量特性，取 F_i（P_{it}）$=a_iP_{it}^2+b_iP_{it}+c_i$，$a_i$、$b_i$ 和 c_i 为给定常数；F_{si}（$\tau_{i\,t-1}$）为机组 i 在时段 t 投运时的启动耗量，取 F_{si}（τ_{it-1}）$=K_i+B_i$（$1-e^{\frac{\tau_{i\,t-1}}{\tau_{i0}}}$），$K_i$、$B_i$ 和 τ_{i0} 为给定常数，其中 K_i 为汽轮机启动耗量，B_i 为锅炉冷态启动耗量，τ_{i0} 为停炉后热量损失 63%的小时数（自然冷却时间常数）。

约束条件有

（1）功率平衡约束

$$\sum_{i=1}^{m}P_{it}u_{it}=P_{Dt}+P_{Lt},t=1,2,\cdots,T \tag{8-57}$$

式中：P_{Dt} 为时段 t 系统总负荷；P_{Lt} 为时段 t 系统总网损。

（2）旋转备用约束

$$\sum_{i=1}^{N}S_{it}u_{it}\geqslant S_{rt},t=1,2,\cdots,T \tag{8-58}$$

式中：S_{it} 为发电机组 i 在时段 t 提供的旋转备用；S_{rt} 为时段 t 要求的旋转备用总量。

上述两种约束为系统的耦合约束。

（3）发电机组输出功率的上下限约束

$$\underline{P_i}u_{it}\leqslant(P_{it}+S_{it})u_{it}\leqslant\overline{P_i}u_{it},i=1,2,\cdots,m,t=1,2,\cdots,T \tag{8-59}$$

式中：$\overline{P_i}$ 和 $\underline{P_i}$ 为发电机组 i 输出功率上下限。

（4）最小开机时间和最小停机时间约束

$$(\gamma_{i\,t-1}-Mup_i)(u_{i\,t-1}-u_{it})\geqslant 0,i=1,2,\cdots,m,t=1,2,\cdots,T \tag{8-60}$$

$$(\tau_{i\,t-1}-Mdn_i)(u_{it}-u_{i\,t-1})\geqslant 0,i=1,2,\cdots m,t=1,2,\cdots,T \tag{8-61}$$

式中：$\gamma_{i\,t-1}$ 为发电机组 i 在时段 $t-1$ 时已连续开机的时间；$\tau_{i\,t-1}$ 为发电机组 i 在时段 $t-1$ 时已连续停机的时间；Mup_i 和 Mdn_i 为发电机组 i 的最小开机时间和最小停机时间。

（5）发电机组输出功率速度约束

$$-r_{di}\Delta t\leqslant P_{it}-P_{i\,t-1}\leqslant r_{ui}\Delta t,i=1,2,\cdots,m,t=1,2,\cdots,T \tag{8-62}$$

式中：r_{di} 和 r_{ui} 为发电机组 i 每分钟输出功率所允许的最大下降和上升速度；Δt 为每一时段所延续的时间，如 $\Delta t=60\text{min}$。

（6）发电机组旋转备用速度约束

$$S_{it}u_{it}\leqslant S_{i\max}\Delta t,i=1,2,\cdots,m,t=1,2,\cdots,T \tag{8-63}$$

式中：$S_{i\max}$ 为发电机组 i 每分钟提供旋转备用的最大响应速度。

根据实际要求，机组启停约束条件还可以包括线路安全约束、燃料总量约束和污染物排放约束等。

从以上机组启停的数学模型可以看出，机组启停是一个大规模非线性混合整数规划问题，目标函数本身不可微，包含大量等式和不等式约束，控制变量中既有连续变量（如机组出力），又有不连续变量（如机组的运行方式）。为了找到尽可能好的可行方案，人们提出了

很多种方法来解决这一问题，如优先顺序法、动态规划法、整数规划和混合整数规划法、分支定界法、拉格朗日松弛法、模拟退火算法、遗传算法等。此处仅介绍优先顺序法，其余方法可见相关文献。

优先顺序法的计算步骤为：

（1）将机组分类排序，确定机组优先投入顺序表。必开机组排在最前面，可开停机组按其最小比耗量（费用）从小到大排列，停用机组排在最后。

（2）按优先投入顺序表依次计算前 k 台机组的最大出力之和及最小出力之和。

（3）设时段 $t=1$，时段 t 系统总负荷为 P_{Dt}，时段 t 要求的旋转备用总量为 S_{rt}。

（4）检验时段 t 各机组停机时间及运行时间是否满足最小停机时间和最小开机时间的约束。凡运行时间小于最小开机时间的机组在该时段均应定为必开机组；凡停机时间小于最小停机时间的机组在该时段均应定为停用机组。修正机组投入优先顺序表及相应前 k 台机组的最大出力之和及最小出力之和表格。

（5）查前 k 台机组的最大出力之和及最小出力之和表格，选择出满足该时段系统负荷要求和旋转备用要求的最少机组数目 k。根据等耗量微增率准则（一般不考虑网损）计算这 k 台机组满足负荷平衡及机组上下限约束条件的微增率 λ_k，将其与第（$k+1$）台机组的最小比耗量 $\mu_{\min(k+1)}$ 进行比较，如 $\lambda_k \leqslant \mu_{\min(k+1)}$，则取前 k 台机组投运；如 $\lambda_k > \mu_{\min(k+1)}$，则将第（$k+1$）台机组投入运行，重新计算，直到对某个 n，满足 $\lambda_n \leqslant \mu_{\min(n+1)}$，则取前 n 台机组投运。

（6）时段 $t=t+1$，如果 $t>T$，则结束，输出各时段机组启停结果；否则，转入（4）。

电力系统有功优化是电力系统运行中经济调度的主要内容，其目标是使系统的总耗量（总费用）最少。有功优化的经济效益是相当明显的，实践表明，有功负荷的最优分配可节省 0.5%～2%的燃料或费用，网损修正可节省 0.05%～0.5%，水火电协调的效益高于火电系统负荷经济分配的效益，机组最优投入的效益可达 1%～2.5%，其相对值虽不大，但绝对值却相当可观，因而应积极研究，充分利用，以提高电力系统运行的经济性，为广大用户提供质优价廉的电能。

第二节　电力系统的无功优化

电力系统无功优化的内容包括两方面：无功负荷的最优分配和无功补偿的最优分配。

一、无功负荷的最优分配

电力系统无功的生产不消耗能源，但传输时却产生有功损耗。无功负荷最优分配的目标是满足系统无功需求以及无功出力和电压约束的前提下使系统的网损最小，因此目标函数可写成

$$\min \Delta P_L = f(P_1, P_2, \cdots, P_n, Q_1, Q_2, \cdots, Q_n) = f(P_i, Q_i) \quad i = 1, 2, \cdots, n \tag{8-64}$$

式中：n 为节点数。

约束条件为

$$\sum_{j=1}^{m} Q_{Gj} - \sum_{i=1}^{n} Q_{Di} - \Delta Q_L = 0 \tag{8-65}$$

$$Q_{Gj\min} \leqslant Q_{Gj} \leqslant Q_{Gj\max} \tag{8-66}$$

$$U_{i\min}\leqslant U_i\leqslant U_{i\max} \tag{8-67}$$

式中：ΔP_{L} 是线路中的有功功率损耗；ΔQ_{L} 是线路中的无功功率损耗；$P_1,\cdots,P_n$ 是节点 $1,\cdots,n$ 的有功注入；$Q_1,\cdots,Q_n$ 是节点 $1,\cdots,n$ 的无功注入；$Q_{\mathrm{G}j}$ 为节点 j 的无功电源，$j=1,\cdots,m$，m 为无功电源数。

和有功功率经济分配一样，应使目标函数最小，并将不等约束作为校验条件来单独处理。于是拉格朗日方程式为

$$L=\Delta P_{\mathrm{L}}-\lambda\left(\sum_{j=1}^{m}Q_{\mathrm{G}j}-\sum_{i=1}^{n}Q_{\mathrm{D}i}-\Delta Q_{\mathrm{L}}\right) \tag{8-68}$$

为求出无功经济分布，将式（8-68）对各无功电源注入 $Q_{\mathrm{G}j}$ 取偏导数，可得到 m 个方程式

$$\frac{\partial L}{\partial Q_{\mathrm{G1}}}=\frac{\partial\Delta P_{\mathrm{L}}}{\partial Q_{\mathrm{G1}}}-\lambda\left(1-\frac{\partial\Delta Q_{\mathrm{L}}}{\partial Q_{\mathrm{G1}}}\right)=0$$

$$\cdots$$

$$\cdots$$

$$\frac{\partial L}{\partial Q_{\mathrm{G}m}}=\frac{\partial\Delta P_{\mathrm{L}}}{\partial Q_{\mathrm{G}m}}-\lambda\left(1-\frac{\partial\Delta Q_{\mathrm{L}}}{\partial Q_{\mathrm{G}m}}\right)=0 \tag{8-69}$$

以及

$$\frac{\partial L}{\partial\lambda}=\sum_{j=1}^{m}Q_{\mathrm{G}j}-\sum_{i=1}^{n}Q_{\mathrm{D}i}-\Delta Q_{\mathrm{L}}=0$$

共有 $m+1$ 个方程，可以解出 m 个 $Q_{\mathrm{G}j}$ 及一个 λ 值。将式（8-69）改写成

$$\frac{\partial\Delta P_{\mathrm{L}}}{\partial Q_{\mathrm{G}j}}\Big/\left(1-\frac{\partial\Delta Q_{\mathrm{L}}}{\partial Q_{\mathrm{G}j}}\right)=\lambda \tag{8-70}$$

从而得到无功功率经济分配的条件为

$$\frac{\partial\Delta P_{\mathrm{L}}}{\partial Q_{\mathrm{G1}}}\Big/\left(1-\frac{\partial\Delta Q_{\mathrm{L}}}{\partial Q_{\mathrm{G1}}}\right)=\frac{\partial\Delta P_{\mathrm{L}}}{\partial Q_{\mathrm{G2}}}\Big/\left(1-\frac{\partial\Delta Q_{\mathrm{L}}}{\partial Q_{\mathrm{G2}}}\right)=\cdots=\frac{\partial\Delta P_{\mathrm{L}}}{\partial Q_{\mathrm{G}m}}\Big/\left(1-\frac{\partial\Delta Q_{\mathrm{L}}}{\partial Q_{\mathrm{G}m}}\right) \tag{8-71}$$

式中：$\dfrac{\partial\Delta P_{\mathrm{L}}}{\partial Q_{\mathrm{G}j}}$ 称为无功电源 j 在无功变化时的有功损耗微增率；$1\Big/\left(1-\dfrac{\partial\Delta Q_{\mathrm{L}}}{\partial Q_{\mathrm{G}i}}\right)$ 称为无功网损修正系数。

式（8-71）则为决定无功功率经济分布的判据。

在系统中如果无功电源配备充足、布局合理时，无功功率经济分配的计算步骤为：

（1）按有功负荷经济分配的结果，给定除平衡节点外各发电厂的有功注入及 PV 节点处的电压与 $Q_{\mathrm{D}i}$ 值并计算潮流。

（2）用求出的潮流决定各无功电流点的 λ 值。若某点 $\lambda<0$，则表示要增大该电源的无功才可降低网损；如 $\lambda>0$，则应减少该电源无功注入。按此调整各点的无功出力，再做一次潮流计算。

（3）按计算出的潮流再计算网损。检查平衡节点的有功注入，若是在减小，表示网损是减小了，可继续以上步骤直到平衡节点的功率不再减小或满足式（8-71）时为止。

上述求解无功经济分配的方法，所有等约束与不等约束需在潮流计算中另外解决。在调整无功电源出力时，如果某无功电源（发电机、并联电容器、调相机、静止无功补偿器等）出力越限，则将其无功出力固定在该限值，不再做调整。

二、无功补偿的最优配置

并联补偿是达到无功功率分层分区平衡的主要手段，不但可以调压，而且可以减少网损，是一种改善电力系统运行条件、提高电能质量和经济性的有效措施。无功补偿的最优配置就是通过合理选择无功补偿装置的装设地点和补偿容量，使得在满足无功负荷和电压质量要求的前提下，经济性最好。

设在 i 点装设补偿容量 Q_{ci} 后每年节约的费用为 $C_{ei}(Q_{ci})$，而装设 Q_{ci} 需支出的费用为

$$C_{di}(Q_{ci}) = k_c Q_{ci} \tag{8-72}$$

式中：k_c 为每单位无功补偿容量的年费用，包括补偿设备投资的年回收费、运行维修费以及补偿设备自身的能耗费。

从而由于装设补偿设备 Q_{ci} 所取得的年经济效益为

$$\Delta C_i = C_{ei}(Q_{ci}) - C_{di}(Q_{ci}) \tag{8-73}$$

无功补偿最优配置的目标就是使其经济效益最大，应满足的条件为

$$\frac{\partial \Delta C_i}{\partial \Delta Q_{ci}} = \frac{\partial C_{ei}}{\partial Q_{ci}} - k_c = 0 \tag{8-74}$$

即

$$\partial C_{ei}/\partial Q_{ci} = k_c \tag{8-75}$$

式中：$\partial C_{ei}/\partial Q_{ci}$ 称为无功最优补偿的费用节约微增率。

其物理意义为：确定无功补偿容量时，应使每一补偿点装设最后一个单位补偿容量得到的年网损节约费用恰好等于单位补偿设备所需的年支出费用，此时系统取得的经济效益最大。当所有节点的年费用微增率均等于 k_c 时，则全系统的无功补偿达到了最优配置。

上述讨论未涉及不等约束条件，如补偿后某些节点的电压越限，则应先满足电压要求，即对这部分节点按调压要求配置无功补偿容量，而对其他节点仍按经济上最优的年费用节约微增率配置。另外，由于无功补偿的最优配置是以年经济效益为目标函数，因而计算年节约费用 $C_{ei}(Q_{ci})$ 时应取年平均负荷。

第三节　减少网损的其他技术措施

网损率是表征电力系统运行经济的重要指标之一。所谓网损率是指整个电力系统在给定时间（日、月、季或年）内电网传输损耗的电量与系统总供电量之比。为了降低网损，除了无功优化外，还可采用其他技术措施，例如，改善网络中的功率分布、合理组织运行方式和适当选择导线截面等。

一、改善网络中的功率分布

为了改善网络中的功率分布达到减少网损的目的，首先应减少网络中的无功流通。为此，应提高用户的功率因数，减少对系统的无功需求，同时应合理配置无功补偿装置，做到无功功率的就地平衡。此外，对环形网络，需实现功率的经济分布，即实现使网络中有功损耗最小的分布。

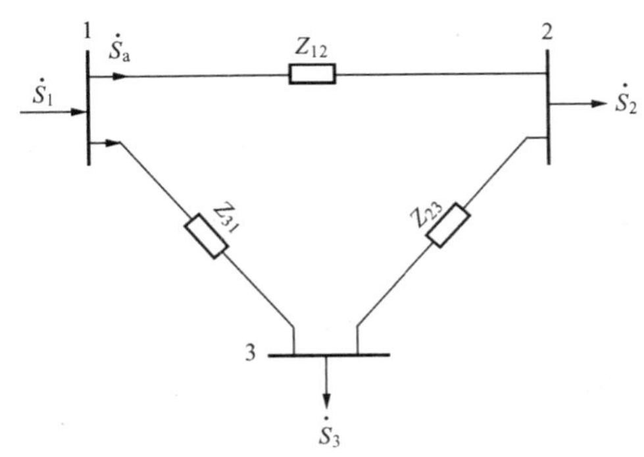

图 8-5　环形网络

以图 8-5 所示环形网络为例，其功率分

布计算公式为

$$\dot{S}_a = \Sigma \dot{S}_i \overset{*}{\dot{Z}}_i / \overset{*}{\dot{Z}}_\Sigma \tag{8-76}$$

式中：$\dot{S}_i$ 为各节点的负荷功率；$\dot{Z}_i$ 代表各节点沿 $\dot{S}_a$ 的流向至节点 1 的阻抗之和。

式(8-76) 求得的功率分布称为自然功率分布，因其随负荷按支路阻抗共轭成反比自然分布，未从经济角度予以调整。

此时，环网中的有功功率损耗为

$$\begin{aligned} P_L &= 3\Sigma I^2 R = \Sigma(RS^2/U^2) \\ &= \{R_{12}(P_a^2 + Q_a^2) + R_{23}[(P_a - P_2)^2 + (Q_a - Q_2)^2] \\ &\quad + R_{31}[(P_a - P_2 - P_3)^2 + (Q_a - Q_2 - Q_c)^2]\}/U_N^2 \end{aligned} \tag{8-77}$$

式 (8-77) 采用了设全网电压为额定电压的简化假设。

为使 P_L 最小，必要条件是

$$\begin{cases} \dfrac{\partial P_L}{\partial P_a} = 2[R_{12}P_a + R_{23}(P_a - P_2) + R_{23}(P_a - P_2 - P_3)]/U_N^2 = 0 \\ \dfrac{\partial P_L}{\partial Q_a} = 2[R_{12}Q_a + R_{23}(Q_a - Q_2) + R_{23}(Q_a - Q_2 - Q_3)]/U_N^2 = 0 \end{cases} \tag{8-78}$$

解得

$$\begin{aligned} P_a &= [P_2(R_{23} + R_{31}) + P_3 R_{31}]/(R_{12} + R_{23} + R_{31}) = \Sigma(P_i R_i / R_\Sigma) \\ Q_a &= [Q_2(R_{23} + R_{31}) + Q_3 R_{31}]/(R_{12} + R_{23} + R_{31}) = \Sigma(Q_i R_i / R_\Sigma) \end{aligned} \tag{8-79}$$

也就是说：

(1) 环网的经济功率分布仅与各支路电阻成反比，即

$$\dot{S}_{ae} = \Sigma \dot{S}_i R_i / R_\Sigma \tag{8-80}$$

(2) 一般情况下，环形网络中的自然功率分布与经济功率分布不一致，从而其网损要大于经济分布时。但对于均匀网络，即各支路阻抗角相等的网络，二者相等。因 $Z_{ij} = R_{ij} + jX_{ij} = R_{ij}(1 + j\tan\beta)$，得到

$$\dot{S}_a = \Sigma \dot{S}_i \overset{*}{\dot{Z}}_i / \overset{*}{\dot{Z}}_\Sigma = (1 - j\tan\beta)\Sigma \dot{S}_i R_i / [(1 - j\tan\beta) R_\Sigma] = \Sigma \dot{S}_i R_i / R_\Sigma \tag{8-81}$$

(3) 因此，为使环网中的功率成经济分布，可采取两种措施：一种是在支路中串入电容 C 使网络成为均匀网络；另一种是施加一强制循环功率 $\dot{S}_{fc}$，使得 $\dot{S}_a + \dot{S}_{fc} = \dot{S}_{ae}$。强制循环功率可借助于一附加电动势 $\dot{E}_{fc}$ 产生，即

$$\begin{aligned} \dot{S}_{fc} &= \dot{S}_{ae} - \dot{S}_a = U_N(\dot{E}_{fc}/Z_\Sigma)^* = U_N(E_{cx} - jE_{cy})/(R_\Sigma - jX_\Sigma) \\ &= U_N[(E_{cx}R_\Sigma + E_{cy}X_\Sigma) + j(E_{cx}X_\Sigma - E_{cy}R_\Sigma)]/(R_\Sigma^2 + X_\Sigma^2) \end{aligned} \tag{8-82}$$

式中：E_{cx} 和 E_{cy} 为附加电动势 $\dot{E}_{fc}$ 的纵向分量和横向分量；Z_Σ 为环网回路的总阻抗。

因高压电力网络中 $R_\Sigma \ll X_\Sigma$，因此有

$$\dot{S}_{fc} = U_N(E_{cy} + jE_{cx})/X_\Sigma \tag{8-83}$$

表明，有功强制循环功率 P_{fc} 主要由横向附加电动势 E_{cy} 产生，无功强制循环功率 Q_{fc} 主要由纵向附加电动势 E_{cx} 产生。这正是由电力系统中有功无功间的近似解耦特性决定的：横向附加电动势主要改变电压的相角，故主要改变有功的大小；纵向附加电动势主要改变电压的幅值，故主要改变无功的大小。

附加电动势 $\dot{E}_{fc}$ 需借助加压变压器实现，如纵向加压变压器和横向加压变压器或混合型调压变压器。

二、组织电力系统的合理运行

合理组织电力系统的运行方式也能减少网损，可采取的措施包括适当提高电网的电压运行水平，调整用户的负荷曲线，合理安排检修及组织并列变压器的经济运行。

1. 适当提高电系统的电压运行水平

串联支路中的功率损耗与电压的二次方成反比，因此在运行时适当提高电网的电压水平可以减少网损。

但需要注意的是，由于电压升高后变压器中的铁耗增加（因其与电压的二次方成正比），如网络中变压器铁耗所占的比重大于网损的 50%，则需适当降低电压的运行水平。负荷率不高的农村配电网属于此类。

2. 调整用户的负荷曲线

减少负荷的峰谷差，提高负荷率，既可以提高设备的利用率，也可以降低网络中的能量损耗。

3. 合理安排检修

由于检修时部分线路的负荷加重，因此网损比正常运行时大，从而合理安排检修，例如在节假日负荷较轻时检修，缩短检修时间或带电检修，可以减少网损。

4. 组织变压器的经济运行

在装有 n（$n\geqslant2$）台变压器并列运行的变电站内，根据负荷的变化适时改变投运变压器台数可以减少功率损耗。

设 k 台型号相同的变压器共同带负荷 $\dot{S}$，则总损耗为

$$\Delta P_{T(k)} = k\Delta P_0/1000 + (\Delta P_s/1000)S^2/(kS_N^2) \tag{8-84}$$

式中：ΔP_0 和 ΔP_s 为一台变压器的空载损耗和短路损耗（kW）；S_N 为一台变压器的额定容量。

如因负荷减少改变为（$k-1$）台变压器并列运行，则损耗为

$$\Delta P_{T(k-1)} = (k-1)\Delta P_0/1000 + (\Delta P_s/1000)S^2/[(k-1)S_N^2]$$

二者相等时的负荷功率即为是否减少一台变压器运行的临界功率

$$S_{cr} = S_N\sqrt{k(k-1)\Delta P_0/\Delta P_s} \tag{8-85}$$

因此，当负荷功率 $S<S_{cr}$ 时宜投运（$k-1$）台变压器，但 $S>S_{cr}$ 时宜投运 k 台变压器。在实际操作时，还应考虑不应使变压器频繁投切而影响其使用寿命。

三、适当选择导线截面积

导线截面积的选择虽属电力系统规划设计的范畴，但因其与电力系统运行的经济性密切相关，故在此做一简单叙述。

选择导线截面积时应遵循电力系统运行的基本要求，即在安全可靠持续供电的前提下保证质量，力求经济。具体而言，应满足允许载流量、机械强度、电压损耗、经济电流密度和电晕五个方面的要求，其中前两者属安全要求，第三项属质量要求，后两者属经济要求。

1. 允许载流量

有关电力设计手册均列出了架空线路导线允许长期通过的电流，即安全电流，其以周围

空气温度为25℃，导线最高允许温度取70℃，根据热平衡条件计算得出。当最热月份的月平均最高温度异于25℃时，安全电流应乘以温度修正系数，其也可在手册中查到。

2. 机械强度

为保证架空线路具有足够的机械强度，规程规定1～10kV线路不得采用单股导线，对更高电压线路，导线截面积不应小于35 mm^2。

3. 电压损耗

对于10kV及以下电压级线路，因一般无其他调压措施，故应从导线截面的选择入手，使其上的电压损耗不超过额定电压的5%，以保证用户的电压质量。

4. 经济电流密度

由于导线的电阻与其截面积成反比，因而导线截面积越大，则其电阻越小，从而网损也小，但投资必然增加。综合考虑二者后应按经济电流密度选择导线截面积，以取得好的经济效益。表8-4列出了我国现行的经济电流密度值。

表8-4　经济电流密度　（A/mm^2）

导线材料	最大负荷利用小时数 T_{max}		
	3000h以下	3000～5000h	5000h以上
铝	1.65	1.15	0.90
铜	3.00	2.25	1.75

根据线路的最大负荷电流 I_{max}（可通过潮流计算得到）和由负荷的最大利用小时查出的经济电流密度 σ_e 就可以得到导线的截面积为

$$S_e = I_{max}/\sigma_e \quad (mm^2)$$

然后选择最接近的规格。

5. 电晕

电力线路在正常运行时一般不应发生电晕，第二章第二节列出了不必验算电晕的最小导线截面积，选择导线截面积时应满足这一要求。

上述五个条件中并非对每一电压等级的导线截面积选择都需一一校验，根据设计经验，导线截面积选择的实用原则为：

（1）对10kV及以下电压等级架空线路，选择导线截面积的主要依据是电压损耗，但应校验允许载流量（特别是故障时）和机械强度；

（2）对35kV架空线路，选择导线截面积的主要依据是经济电流密度，并应校验允许载流量；

（3）对110～220kV架空线路，选择导线截面积的主要依据是经济电流密度，并应校验允许载流量及电晕；

（4）对330kV及以上电压等级架空线路，选择导线截面积的主要依据是电晕。

第四节　电力市场及其对电力系统经济运行的影响

电能不易储存，电能的生产、输送、分配以及转换成其他形态能量的过程是同时进行的。电力系统中每一瞬间生产的电能，一定等于同一瞬间消耗的电能，即电力系统中的功率每时每刻都是平衡的。这是电能生产的最大特点。电力系统作为一个统一的、不可分割的整体，需要维持电压、频率的稳定，并保证在各种扰动下满足系统的安全性要求。因此，长期以来电力工业一直被认为是自然垄断的行业。电力公司同时拥有电厂、输电网、配电网的资产，在系统内完成发电、输电、系统控制（调度/平衡/组织运营）、配电和供电的职能。在电力工业的各项功能中，输电、系统控制和配电由于电能传输的特殊性具有自然的垄断性，而在发电和供电环节则可以打破垄断引入竞争，通过市场竞争达到资源的最优配置。

一、电力市场的基本概念

当前，电力工业在全世界范围内正发生着深刻的变化。从 20 世纪 80 年代开始，以英国为代表的西方发达资本主义国家开始进行电力市场化改革。其主要措施是打破传统电力工业的一体化管理模式，通过电力企业私有化和民营化以及电力工业的重组，实现厂网分开，发电企业竞价上网，建立独立的管理体系，强化公平竞争和产业政策激励为目的的管制等。随后，澳大利亚、新西兰、阿根廷、美国以及其他欧洲国家都相继开始了电力工业的体制改革、结构重组和建立电力市场的工作。

电力工业的改革目标在于提高电力生产效率，使电价形成机制合理化，提供高质量、更安全的电力产品，促进电力工业本身的良性发展，并使全社会从改革中得到更好的经济效益和社会效益。电力走向市场是历史的必然。由于电力工业的独特性和复杂性，电力市场建设仍然处在不断探索和完善的过程中，到目前为止，电力市场改革还没有形成一种通用的成功模式。

市场化改革是电力工业体制的深刻变革，对电力系统运行和规划带来巨大的挑战。在电力市场环境下，发电企业与电网企业成为进行公平电力交易的市场成员，电力及其服务成为商品。传统的基于粗放管理和行政手段的一系列规划、调度和控制方案无法适应充满竞争的市场环境，必须用全新的视角重新审视电力系统运行控制及规划的各个环节，引入市场调节手段。

电力市场是采用法律、法规、经济等手段，本着公平竞争、自愿互利的原则，对电力系统中发电、输电、配电、用户等各成员组织协调运行的管理机制和执行系统的总和，是电力工业经营（包括运行与发展、内部与社会）管理与技术的综合体。电力市场具有交换和买卖电力、提供信息、融通资金的功能。

电力市场首先是一种管理机制。这种机制与传统的行政命令的机制不同，主要采用市场的手段进行管理，从而达到资源优化配置的目的。同时，电力市场还是体现这种管理机制的执行系统，包括交易系统、计量系统、计算机系统、通信系统等。

电力市场的基本特征是开放性、竞争性、计划性和协调性。与传统的垄断的电力系统相比，电力市场具有开放性和竞争性。与普通的商品市场相比，电力市场具有计划性和协调性。这是因为电力系统是相互紧密联系的整体，任一成员的操作均将对电力系统产生影响，所以要求电力市场中的电力生产、使用、交换需满足一定的计划要求；同时由于电力是一种特殊的商品，无法大量存储，也就是说电力系统要求随时做到供需平衡，所以要求电力市场中的供应者之间、供应者与用户之间相互协调。

二、电价是电力市场的杠杆和核心内容

（一）电价体系

电力市场采用经济手段管理和协调各成员行为，电价是体现管理思想的重要工具。确定电价原则、计算交易电价（包括上网电价、销售电价、输电电价、辅助服务电价等）是电力市场的重要内容。所以确定合理的电价原则、建立科学的电价体系是电力改革成败的关键。

电价体系是电力市场的价格基础，它的目标是将电力系统中的一切行为都用费用表示出来，并用电价作为引导市场成员行为的主要手段。电价体系涉及电力系统运行的各个阶段、各个环节，从时间跨度上大致分为期货电价、提前电价、准实时电价和实时电价；从商品和服务的角度，包括电能价格、发电辅助服务价格、输配电服务价格。

合理的电价体系应该以成本为主，尽量减少交叉补贴，要能够反映市场供求关系，对所有市场成员公平，促进市场成员合理利用资源和扩建发、输、配电设备。

美国 MIT 的 F. C. Schweppe 教授早在 1980 年就预言“在 21 世纪将建立电力市场”，并发展了实时电价理论（Spot Pricing）。实时电价理论已经比较成熟，是众多具体的电价方案的基础。当前许多国家的电力市场实践都基于扩展的电力实时电价理论。

（二）实时电价理论简介

电力作为商品，既有它的一般商品属性，又有它的特殊性和公用性。作为一般商品属性，它的市场供给除受电价 P、发电成本 C（含燃料费、水费、材料费、人工工资、基本折旧、修理费、管理费等）影响外，还受输电服务费 W、投资利润 π、国家税收 T 等影响，用 Q_s 表示电力供给，其函数关系可表示为

$$Q_s = S(P_t, C_t, W_t, \pi, T, \cdots) \tag{8-86}$$

电力的需求 Q_d 是电价 P、国民收入 G、季节气候 θ、物价指数 U 等的函数，用公式表示为

$$Q_d = D(P_t, G_t, \theta_t, U_t, \cdots) \tag{8-87}$$

与一般商品的分级定价一样，电力市场可根据用户的用电特性、电力的质量、电力的功能与成本比及供电不足时用户的缺电成本等不同的品质属性，制订多类多级电价，以供用户和发电企业选择。电力与一般商品的不同之处在于：首先，电力行业是公用性服务行业，中断供电或电力供应不足会给国民经济和广大用户造成巨大损失。因此，实行电力市场化，必须以安全、可靠供电为前提，除保持电力供需平衡外，还必须留有足够的发电备用容量。其次，电力的产、供、销同时进行，瞬间完成，这就要求信息反馈迅速，市场预测准确，电网调度统一。再者，电力是看不见、摸不着的商品，不能像其他有形商品一样，买主可以一边观察商品，一边向卖主讨价还价，现买现卖。这就要求电力的交易具有提前性，电力市场的情报公开，透明度高，对所有的买者和卖者真正做到公平、公正、公开。

1. 实时电价的确定

在电力市场条件下，实时电价是着眼于电力的瞬时供需平衡，兼顾电力系统的安全运行，以电力的长期边际成本结合短期边际成本为定价依据的一种定价方法。它利用电力市场供需状况对电价的影响，自动反馈调节用户负荷，通过经济利益激励用户配合市场调度员共同实现电力负荷在一定时空的最佳分布，从而实现电力商品的社会价值最优。

就电力的短期供给与需求而言，在某一时点，国民收入、季节气候、物价指数、电力的生产成本等可视为既定，从而价格成为调节需求与供给的唯一因素，电力的需求函数和供给函数可表示为

$$Q_d = D(P_t) \tag{8-88}$$

$$Q_s = S(P_t) \tag{8-89}$$

式（8-88）与式（8-89）的关系可如图 8-6 所示。

图 8-6 中 E 为供给与需求的均衡点，所对应的均衡量为 Q_e，均衡价格为 P_e。设负荷高峰期时，电力的需求量为 Q_2，此时若沿用传统的平均电价，假设为 P_1，因 P_1 低于均衡价

格 P_e，且小于电力边际成本，发电企业在 P_1 价格下只愿意供给电力 Q_1，从而出现缺电，缺电负荷为 $Q=Q_2-Q_1$。在传统的用电计划管理体制下，电力部门不得不采取拉闸限电的措施，强迫电力的需求与供给保持均衡。而在电力市场条件下，用户的供电可靠性必须得到保障。用电需求的减少只能靠电价激励用户自觉地调整，即通过实时电价来实现。采用实时电价，当需求为 Q_2 时，价格应上升为 P_2，P_2 大于均衡价格 P_e，一方面可促使发电企业为追求超额利润而提高电力，另一方面可促使电力用户（特别是大用户），为减少产品的生产成本，减少高峰时的用电，调整生产班次，调整负荷的时间分布，增大低谷时用电（低谷的实时电价低于电力的边际成本），削峰填谷，提高负荷率。因此，可以说，电力需求的大小反应为实时电价的高低，正是实时电价不同时段的价差在自动调整着电力的供给与需求的均衡，从而实现资源的有效配置。

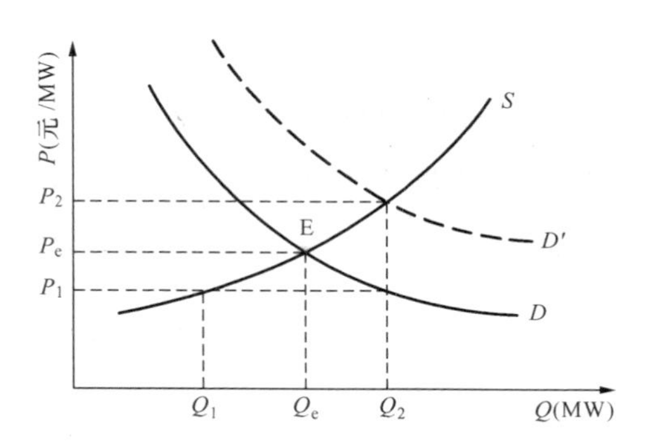

图 8-6　电力的供给与需求

2. 实时电价的构成

对电力生产企业来说，企业的最佳产量水平，即企业获得最大利润的条件是边际收益等于边际成本，即 $MR=MC$。向用户供电的边际成本可以定义为：由于需求的微量变化而引起的供电总成本的改变量。如用 P 表示电价，Q 表示电力需求，TR 表示总收益，TC 表示总成本，则可用公式表示为

$$TR = PQ \tag{8-90}$$

$$MC = MR = \frac{\mathrm{d}TR}{\mathrm{d}Q} = \frac{\mathrm{d}P}{\mathrm{d}Q}Q + P \tag{8-91}$$

当 P 为常数，即当 $P=P_e$ 时，有

$$MC = MR = P_e \tag{8-92}$$

式（8-92）表明，当市场价格等于边际成本时，电力企业的生产效益达到最优。由此说明电价应按边际成本制订。应用长期边际成本确定容量电价已为世界工业发达国家的电力企业广泛采用。所谓长期边际成本，即在较长时间内由于电能需求微小增量所引起的发供电总成本的改变量。这是因为电力企业是资金密集型的行业，当系统需要根据总成本最小和限制停电损失风险的目标确定投资规模时，需求的增加将要求扩建发供电设备，引起容量成本、电量成本和用户成本的变动，即长期边际成本（long range marginal cost，LRMC）的变化。而实时电价从严格意义上说是“当时发生”的发电和输电费用，即能精确地反映价格瞬时微小的变化。在实际中，一般采取半小时或一刻钟的实时电价，在半小时或一刻钟的时间间隔内，系统的发电装机容量来不及改变，只有燃料成本、维护费用、网络损耗等相应改变。因此，实时电价应以电力短期边际成本（short range marginal cost，SRMC）作为定价依据。决定实时电价的变量为各发电机的实际出力、各用户的用电量以及电力系统运行中的约束条件，其数学表达式为

$$P_K(t) = \gamma_F(t) + \gamma_M(t) + \eta_{LK}(t) + r_{QS}(t) + \eta_{QS}(t) + \gamma_R(t) + \eta_{RK}(t) \tag{8-93}$$

式中：$P_K(t)$ 为第 K 个用户在时刻 t 的实时电价；$\gamma_F(t)$ 为发电微增损耗成本；$\gamma_M(t)$ 为

发电微增维修成本；η_{LK}（t）为网络微增损耗成本；γ_{QS}（t）为发电供电质量；η_{QS}（t）为网络供电质量；γ_R（t）为发电收支协调；η_{RK}（t）为网络收支协调。

式（8-93）中的前一、二项之和 γ_F（t）$+\gamma_M$（t）为电能边际成本，即系统微增率 λ。系统 λ 作为用电量的函数将随时间而变化，取决于用户当时的需求约束条件。对系统中任一用户 K 来说，在同一时刻系统 λ 值是相同的。换言之，系统中所有用户支付的电能边际成本都一样。

网络微增损耗成本 η_{LK}（t）是由输、配电过程中的网络损耗和网络维修费用引起的。由于用户用电量的不同和在网络中所处的地理位置不同，因此网络中的不同用户在同一时刻的电价可能是不同的。发电供电质量 γ_{QS}（t）和网络供电质量 η_{QS}（t）是由发电或输电短缺引起的。当系统发电量或网络输电量不能满足用户需求时，γ_{QS}（t）和 η_{QS}（t）将急剧增大，甚至在实时电价中占主导地位，致使实时电价急剧升高，迫使一部分用户放弃在该时段用电或将用电移至其他时间，从而使发、输电达到新的平衡。发电收支协调 γ_R（t）和网络收支协调 η_{RK}（t）是在上述几项的基础上做一个价格调整，以使电力系统中发、供电企业在一段时间内的收入等于此时段的运行费、维修费及合理的投资回报与税赋之和。

3. 实时电价的控制模式

由于电力已成为工农业和人民生活不可替代的二次能源，电价与国计民生息息相关，因此，在计划管理体制下，国家要对电价实行管制，在市场经济条件下，国家必须对电价实施控制。控制电价的原则是以电力成本计算为基准。

若取系统内各发电企业的平均电力生产的长期边际成本作为电力市场的均衡价格 P_0，则电价 P_t 可表示为

$$P_t=\begin{cases}P_0+\dfrac{dP}{dQ}\Delta Q, Q>Q_0\\ P_0 \qquad\qquad , Q=Q_0\\ P_0-\dfrac{dP}{dQ}\Delta Q, Q<Q_0\end{cases} \tag{8-94}$$

式中：Q_0 为 $P=P_0$ 时的均衡负荷；ΔQ 为相对于均衡负荷的变化率。

电价 P_t 直线与边际成本 MC 曲线、需求曲线的关系如图 8-7 所示。

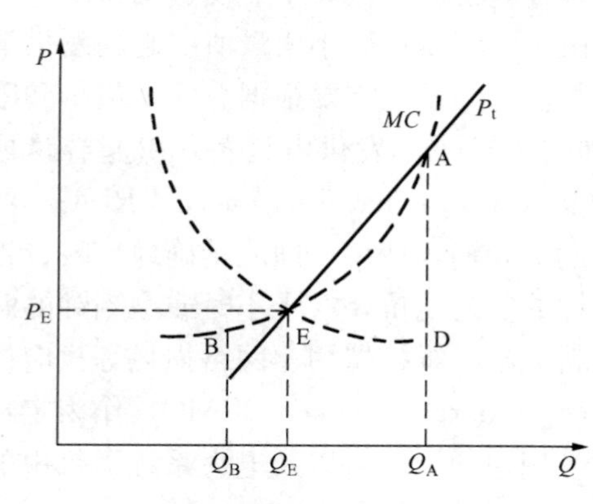

图 8-7 实时电价的控制曲线关系

实时电价应按 P_t 直线右下方 MC 曲线定价，不能超过 P_t 控制曲线。P_t 控制线的斜率取决于 dP/dQ 的大小，即反映了需求的价格弹性。而 dP/dQ 的大小可根据国家不同时期的电价政策、国民收入等予以确定。P_t 直线与 MC 曲线相交于 A、E 两点。当 $Q_E<Q<Q_A$ 时，实时控制电价 P_t 大于边际成本 MC。当 $Q<Q_E$ 时，P_t 小于 MC，这有利于促使电力用户自动调整电力负荷，削峰填谷，并促使发电企业增大出力，减少旋转备用。尽管此时上网电价过低，发电企业会因此而遭到损失，这可由经济调度予以弥补。当 $Q>Q_A$ 时，P_t 小于 MC，这有利于稳定电价，促使电力企业挖潜降耗。尽管此时确定的电价过大，但电

价控制部门可对其进行控制，通过与发供电企业的经济合同强迫发供电企业按控制曲线报价上网。

实时电价是在电力市场条件下，着眼于电力的瞬时供需平衡，兼顾电力系统的安全运行，以电力的长期边际成本结合短期边际成本为定价依据的一种定价方法。它既反映各时刻供应与需求的变化关系，又自动反馈调节用户负荷，由用户自行决定自己的用电时间，通过系统的总需求决定实时电价的高低。当系统需求增大时，电价升高，当系统需求减少时，电价便会下降。因此，在以实时电价为基础的电力市场中，电价可作为一个强有力的信号用以调节和优化电力系统运行的可靠性和经济性。

三、电力市场基本模式

（一）电力市场改革的阶段性目标

电力工业从一体化垄断模式向竞争的市场模式转变是一项艰巨复杂的任务。电力工业市场化改革的目标需要分阶段逐步实现。电力市场改革的阶段性目标可用表 8-5 表示。

表 8-5 实现电力市场的三个阶段

电力市场模型	垄断	单一购买者（single buyer）	批发竞争（Whole Sale）	零售竞争(Retail Competition)
定义	全系统垄断	仅发电竞争（发电侧有限竞争和完全竞争）	发电竞争，加上批发商或供电企业选择	发电竞争，批发商或供电企业选择，加上用户竞争
发电竞争	No	Yes	Yes	Yes
批发竞争	No	Yes	Yes	Yes
用户竞争	No	No	No	Yes
			用户必须由所介入的供电企业供电	用户可选其他供电企业供电

模型 1：垄断。单一电力企业拥有发电、输电和配电的垄断权。发电不竞争，没有人可选择供应者。这是传统电力工业的模型。

模型 2：单一购买者模型。这是将竞争引入电力工业的最初级模式，在这种模式下，厂网分开，在发电领域引入竞争，电力系统各发电企业成为独立的实体参与发电侧竞争；输电网、配电网仍然垄断经营，电网经营企业作为发电市场唯一的买电机构，向发电企业买电并向配电企业或用户供电。

模型 3：批发竞争模型。在发电与电网分离后，输电与配电分开经营：发电竞争；输电网放开，并提供有偿服务；配电企业、售电企业和大的电力用户获得购电的选择权，可直接从发电企业购电，通过输电网传送，并支付相应输电费用；配电企业仍然对中、小电力用户垄断经营（专营区）。

模型 4：零售竞争模型。配电网与输电网一样，都向用户开放，提供配电服务，收取服务费；售电企业不再对中小用户垄断经营；发电企业直接受用户选择，同时也获得选择用户的权利；所有用户都可以直接从发电厂买电，获得选择权。在这一阶段，不仅在发电环节，而且在零售环节，都展开完全的竞争。

一个理想的电力市场是有竞争的发电和连同被管制的输电和配电网络一起的零售市场。

（二）电力市场交易的基本类型

当前世界各国的电力市场交易大致分为以下几种类型：联营体（Pool）模式、双边交易模式（bilateral trades model）和存在双边合同的联营体模式（pool/bilateral）。

1. 电力联营体模式

电力联营体（pool）模式也称为总量市场化模型。在这种模式下，一切电力交易必须在联营体内进行。pool模式最大的特点是将电网看作电能交易的中心，所有发电企业以及所有用户与电力交易中心发生经济关系。所以发电商必须向pool卖电，而用户必须从pool买电。

电力交易中心的操作员每半小时或一小时从发电商接受各发电企业的发电报价与可用容量，按照报价从低到高的顺序对发电机组进行排序，直到此时间内系统负荷均被满足为止。独立系统操作员（ISO）控制全系统发电机组的调度运行，维护系统运行的可靠性和安全性。联营体模式的优点在于采用中心控制的手段，市场成员都能享有同等机会参与市场竞争。

英国、智利、阿根廷等国以及美国PJM电力市场、澳大利亚的Victoria电力市场都属于这一类市场模式。

2. 双边交易模式

双边交易模式下，发电企业与用户之间不通过电力交易中心进行电能交易，而是直接签订合同进行彼此电量及价格的交易。ISO收到合同所规定的电量信息后，确保全网存在足够的输电容量使该合同得以实施。如果发现合同中的电能交易不能满足网络安全约束条件，则ISO将信息反馈给合同双方，要求修改合同内容。如果满足网络安全约束条件，ISO负责进行调度运行。该交易模式的优点在于能够按照交易双方的意愿，满足交易双方对于价格、电量以及稳定性的要求。

3. 存在双边合同的联营体模式

双边交易模式一般不单独存在，而是与pool模式共存，组成存在双边合同的联营体模式（pool/bilateral）。这种模式被认为能有效地运用前述两种模式的优点，避免存在的问题，是各国电力市场运营模式的趋势。在双边合同的联营体模式下，用户与发电企业可自由选择是通过电力交易中心进行电能交易，或直接签订双边合同进行交易。实际市场的运行调度分两个步骤完成：首先，系统在不考虑双边合同影响，特别是双边合同对于阻塞和网损的影响下，得到全网的运行调度计划；而后考虑双边合同的影响，由ISO判断全网安全可靠性是否得到满足，若不满足，ISO则要求电力交易中心或合同双方对交易进行修改。ISO向所有市场提供开放均等的输电服务。参与双边合同的发电机组或用户按照合同规定的价格进行结算，而参与电力交易中心交易的机组或用户则按照结算价格进行结算。

各国电力市场正趋向第三种市场模式，如英国电力市场新模式、北欧四国、新英格兰、美国加州等。

四、电力市场中的电能交易

（一）电力市场的分类

一个完整的电力市场，一般划分为中长期合约交易市场、期货与期权交易市场、日前交易市场、辅助服务交易市场、实时交易（平衡）市场几种。

（1）中长期合约交易市场。中长期合约是中长期实物交货合同，可以通过竞价产生，也可以双边签订。市场有序、规避风险、稳定价格是中长期合约交易市场的作用。

（2）期货与期权交易市场。期货交易是期货合约的交易，期权交易是一种权力的买卖。

期货与期权交易市场的作用也是市场有序、规避风险、稳定价格。

(3) 日前交易市场。落实中长期合同电量，组织日前竞价，通过竞争发现日前市场价格，制订满足电网安全和经济的机组开停机计划。

(4) 实时交易平衡市场。组织实时平衡市场，通过竞争发现实时市场价格。

(5) 辅助服务交易市场。将调频市场和各种备用市场从提前市场中分离出来，建立单独的辅助服务交易市场，通过竞争发现保证电力商品质量的市场价值。

一方面，交易中心将通过日前交易市场和辅助服务交易市场制订大致可行的最优交易计划，并预先采购足够的发电辅助服务合同。另一方面，组织实施平衡市场，鼓励市场成员为实施调度和控制提供尽可能大的调度空间。另外，为了保持电价的相对稳定，以及为电力工业的发展吸引足够的资金，还可以组织电力期货市场，通过在以上五类主要市场中引入竞争机制，电网经营企业可以有计划地组织电力生产和交易，确保系统安全、可靠、经济地运行，为电力用户提供优质的电力，促进整个电力工业的健康、可持续发展。

(二) 日前交易市场简介

现简要介绍日前交易市场的交易模型和算法。其他市场的交易模型和算法请参阅有关文献。

在发电、输电、配电市场全面开放的条件下，电能交易的目标函数是社会效益最高；而在仅开放发电市场的条件下，目标函数是购电费用最低。按购电费用结算方式的不同，目标函数可分为两种。目标函数 1：按电网统一边际成本结算的购电费用最低；目标函数 2：按各发电机组实际报价结算的购电费用 F_B 最低。

在电力市场中为促进发电企业间的竞争，一般按电网统一边际成本结算，则购电费用 F_M 表示为

$$F_M = \min\sum_{i=1}^{m} C_{0M} P_i \tag{8-95}$$

$$C_{0M} = \max[C_{01}(P_1), C_{02}(P_2), \cdots, C_{0I}(P_I)] \tag{8-96}$$

式中：P_i 为第 i 个发电机组（或发电企业）竞价获得的发电量，即发电功率（单位时段电量可用功率替代，下同）；i 为机组序号，$i=1,2,\cdots,m$；m 为机组总数；C_{0M} 为电网边际成本；$C_{0i}(P_i)$ 为机组 i 的报价曲线，是发电功率 P_i 的函数。

电力市场电能竞价同传统模式下的经济调度和机组启停一样需要满足一定的约束条件，包括功率平衡约束、旋转备用约束等系统功率需求约束、发电机组输出功率的上下限约束、发电机组输出功率速度约束、发电机组旋转备用速度约束、发电机组周期内发电量约束等机组特性约束以及支路潮流功率约束和节点电压约束等电网安全约束。

发电机组周期内发电量约束为

$$\left.\begin{aligned} \sum_{t=1}^{T} P_{it} &\leqslant W_{i\max} \\ \sum_{t=1}^{T} P_{it} &= W_{i0} \\ \sum_{t=1}^{T} P_{it} &\geqslant W_{i\min} \end{aligned}\right. \tag{8-97}$$

式中：W_{i0}、$W_{i\max}$、$W_{i\min}$分别为发电机组 i 在周期 T 内总发电量及其最大值和最小值（$i=1, 2, \cdots, m$），通常电网中有电量限制的发电机组不太多。

这种限制往往来源于期货合同或燃料（或水）的存储量。

上述竞价模型的竞价单位是发电企业，机组启停（或组合）问题属于发电企业内部问题，报价曲线中包含机组启停因素。而如果竞价单位是机组，则电力市场竞价中应考虑机组启停问题，则目标函数变为

$$F_{\mathrm{M}} = \min\sum_{t=1}^{T}\sum_{i=1}^{m}\left[C_{0\mathrm{M}\,t}u_{it}P_{it} + u_{it}(1-u_{i\,t-1})F_{si}(\tau_{i\,t-1})\right] \tag{8-98}$$

式中：u_{it}为发电机组i在时段t的运行方式，0表示停机，1表示开机；P_{it}为机组i在时段t的出力；$\tau_{i\,t-1}$为机组i在时段$t-1$时已连续停机的时间；F_{si}（$\tau_{i\,t-1}$）为机组i在时段t投运时的启动费用。

此时还要考虑机组的最小开机时间和最小停机时间约束。

电力市场下的电能竞价模型是一个多约束的非线性规划问题。由于按边际成本结算，目标函数是非解析函数，同时电厂报价曲线复杂，并随时间和供需关系变化，这都增加了确定电力市场下电能交易计划的难度。

求解电能竞价问题常用的方法主要有排队法、等报价法、动态规划法、线性规划法、网络流规划法等。不同的方法适用于解决不同类型的约束条件，各有优缺点。有兴趣的读者请查阅有关文献。

小　结

本章讨论了电力系统运行中的第三个问题——经济调度，介绍了有功优化、无功优化和减少网损的其他技术措施三方面内容，并介绍了电力市场的基本概念。

需要指出的是，本篇分析的电力系统运行中的三个问题——安全、优质和经济，不仅其本身存在一定的联系（这点已在第一章第二节中提及）而且在分析时也可联系起来考虑。例如，现代电力系统调度中心能量管理系统（energy management system，EMS）的一项重要功能AGC（automatic generation control）就是将电能的频率质量控制和经济调度中的有功优化结合起来，兼顾三项要求：①维持系统频率在规定范围；②维持联络线功率为指定值；③配合经济调度程序，在完成调频任务的同时合理分配每个发电厂出力，使全系统总耗量最小。

AGC的具体计算步骤为：

第一步，求子系统的地区控制误差ACE

$$ACE_i = \pm\Delta P_{\mathrm{T}} - K_i\Delta f$$

关于ACE已在第七章第二节介绍。

第二步，求各发动机出力

$$P_{\mathrm{G}i} = P_{\mathrm{G}ie} + a_i(\Sigma P_{\mathrm{G}i} - \Sigma P_{\mathrm{G}ie}) + (\alpha_i + \beta_i)ACE_i \tag{8-99}$$

式中：$P_{\mathrm{G}ie}$为第i台发电机按等耗量微增率准则EIC求出的出力；$P_{\mathrm{G}i}$为其实际出力；a_i为其耗量微增率曲线斜率的倒数；α_i为第i台机组的参与系数；β_i为紧急参与系数。用于频率偏差过大时为保证系统频率质量和稳定性而采取的紧急调节动作，当$|\Delta f|<0.5$Hz时为零。式中前两项考虑经济调度，第三项兼顾系统的频率要求和联络线功率的偏差。参与系数和紧急参与系数由调度中心根据运行经验确定。

又如，EMS高级应用软件中的OPF（optimal power flow）就将运行的安全性和经济性

综合考虑，在安全运行的等和不等约束条件下进行优化，称为最优潮流。近年来，最优潮流问题得到了广泛研究，每年有大量文章发表，有兴趣的读者可参阅文献和有关期刊。

还应指出，本篇仅仅分析了电力系统运行中最基本的内容，随着科学技术的不断进步和电力系统的迅速发展，新的运行分析问题将会陆续出现。例如，随着直流输电的发展（其突出优点是无同步运行稳定性问题和当输送距离长、容量大时投资低于交流输电），交直流系统的潮流计算和运行控制分析就是一个新课题。又如，随着电力电子技术的发展，其在电力系统中的应用愈益广泛，除静止无功补偿器（SVC）和直流输电中的整流及逆变外，还有采用可控硅控制的串联补偿器（thyristor controlled series capacitor，TCSC）、统一潮流控制器（uniform power flow controller，UPFC）、静止补偿器（STATCOM）等，具有这类设备的电力系统称为柔性交流输电系统（flexible alternating current transmission system，FACTS）。据报道，通过对晶闸管的导通和开断控制，可使串联电容形成从 0～60％、每级 10％的补偿度，由此得到灵活的潮流控制，使线路的传输能力提高到接近于由导线发热所决定的功率极限可靠地运行。TCSC 还可抑制和避免次同步振荡。

电力市场是电力系统的一次深刻变革，在电力企业间引入竞争，打破电力工业的垄断。电力市场化改革将改变电力系统运行的体系结构和经济运行的整个面貌。本章简单介绍了电力市场的一些基本概念，使读者对电力系统正在经历的这场深刻变革有所了解。

思考题和习题 8

8-1　何谓电力系统的有功优化？有功优化的目标是什么？可否有其他目标？

8-2　何谓发电设备的耗量特性？何谓比耗量和耗量微增率？

8-3　何谓有功负荷的最优分配？不计网损 P_L 时有功负荷在火电厂间应如何分配才最优？

8-4　不计网损 P_L 时有功负荷在火电厂和水电厂之间应如何分配才最优？λ_H 是什么？其物理意义何在？

8-5　计及网损 P_L 时有功负荷在火电厂和水电厂之间应如何分配才最优？

8-6　ITL 是什么？如何求取？

8-7　何谓 B 系数法？其核心是什么？

8-8　何谓有功电源的最优投入？包含哪些内容？可用哪些方法求解？

8-9　简述利用优先顺序法求解有功电源最优投入问题的步骤。

8-10　何谓电力系统的无功优化？包含哪些内容？

8-11　无功负荷最优分配的目标是什么？可否采用其他目标？如何分配才最优？简述其求解步骤。

8-12　何谓无功补偿的最优配置？其目标是什么？

8-13　何谓环形网络中的经济功率分布和自然功率分布？如何实现环网的经济功率分布？

8-14　选择架空线路导线截面积时应考虑哪些因素？选择 110kV 架空线路导线截面积时的主要依据是什么？还应校验什么？

8-15　何谓电力市场？电力市场的基本模式有哪些？

8-16　电力市场下的电能交易与传统的电能交易有什么不同？

8-17　三台发电机共同承担负荷，其耗量微增率为

$$dF_1/dP_{G1}=0.15P_{G1}+10\text{ 元 /MWh},100\text{MW}\leqslant P_{G1}\leqslant 200\text{MW}$$

$$dF_2/dP_{G2}=0.10P_{G2}+10\text{ 元 /MWh},100\text{MW}\leqslant P_{G2}\leqslant 300\text{MW}$$

$$dF_3/dP_{G3}=0.05P_{G3}+10\text{ 元 /MWh},100\text{MW}\leqslant P_{G2}\leqslant 500\text{MW}$$

试分别用解析法和图解法求负荷为400 MW和750 MW时的最优分配。

8-18　一火电厂和水电厂并列运行，火电厂的燃料耗量特性为$F=0.0005P_T{}^2+0.4P_T+3$ t/h，水电厂的耗量特性为$W=0.0015P_H{}^2+1.5P_H+2$ m³/h。水电厂的日耗量给定为$W_\Sigma=2\times10^7$ m³。系统日负荷曲线为：0～8时400 MW，8～18时650 MW，18～24时500 MW。试进行有功负荷的最优分配。

8-19　设［例3-3］中两发电机的耗量特性均为$F=70P_G{}^2+150P_G+120$ 元/h，试用直流潮流B系数法进行有功负荷的最优分配。

8-20　110kV、100km双回输电线路由两种不同的导线构成：一回LGJ-95/20型导线，一回为LGJ-240/30型导线，均水平排列，相距4m，末端负荷$S=40+j30$MVA，试求：①并联线路中应加多大附加电动势可使其功率呈经济分布；②应串入多少电容器可使其功率成经济分布，设选用的电容器$Q_N=25$kvar，$U_N=6.3$kV。

8-21　变电站装设两台SJL—2000/35型变压器，其空载损耗$\Delta P_0=3.6$kW、短路损耗$\Delta P_s=24$kW。求退出一台变压器运行的临界负荷值。

8-22　如图8-8所示110kV环网，有关数据示于图中。试选择导线截面积（采用LGJ型钢芯铝线）。

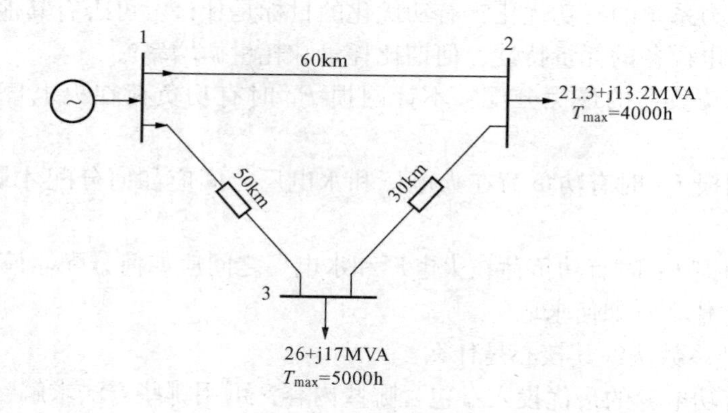

图8-8　题8-22图

第九章　能量管理系统简介

一、概述

（一）能量管理系统的发展

能量管理系统（energy management system，EMS）是以计算机技术和电力系统应用软件技术为支撑的现代电力系统综合自动化系统，也是能量系统和信息系统的一体化或集成。“管理”指的是对不同自动化系统的综合管理，以数字计算技术代替模拟计算技术，以软件实现大部分功能替代用硬件实现为特征。狭义的能量管理专指发电控制和发电计划。一般的EMS应包括数据收集、能量管理和网络分析三大功能。广义的EMS还应包括调度员培训系统（dispatcher training simulator，DTS）功能。EMS主要面向发电和输电系统即大区级电网和省级电网的调度中心，而面向配电和用电系统的综合自动化系统称为配电管理系统（distribution management system，DMS）。

EMS以调度自动化为核心内容。随着计算机技术和计算技术的发展，EMS使传统的调度自动化向广义的调度功能一体化乃至全网的综合自动化方向发展。

最初的EMS是在20世纪70年代中期产生的。它在数据收集和监控系统SCADA的基础上，将自动发电控制（automatic generation control，AGC）和部分网络分析软件功能集成一体，用数字计算机系统实现其全部功能。

EMS的计算机硬件系统经历了从初期采用专用控制型计算机到全部采用通用计算机的过程。EMS的计算机软件经历了从专门设计控制程序到采用通用控制系统、专门开发数据库和画面编译系统及形成专门的EMS支持平台的过程。随着电力系统模型与算法的发展，EMS的高级应用软件也逐步完善和丰富。尤其是面向电力市场的环境，电网管理由垄断走向开放，EMS的功能将面临新的改造和更新。

（二）EMS的总体结构

EMS的总体结构如图9-1所示。它的主要组成部分有计算机、操作系统、支持系统、数据收集和监控系统、能量管理（发电控制和发电计划）、网络分析。广义的EMS还包括调度员培训系统功能，它与EMS有相同的功能，如图9-1虚线所示。

计算机、操作系统、支持系统构建了EMS的支撑平台。数据收集、能量管理、网络分析组成了EMS的应用软件。数据收集是能量管理和网络分析的基础和基本功能；能量管理是EMS的主要功能；网络分析是EMS的高级应用软件功能。培训模拟系统则可以分为两种类型：一是离线运行的独立系统；一是作为在线运行的EMS组成部分。

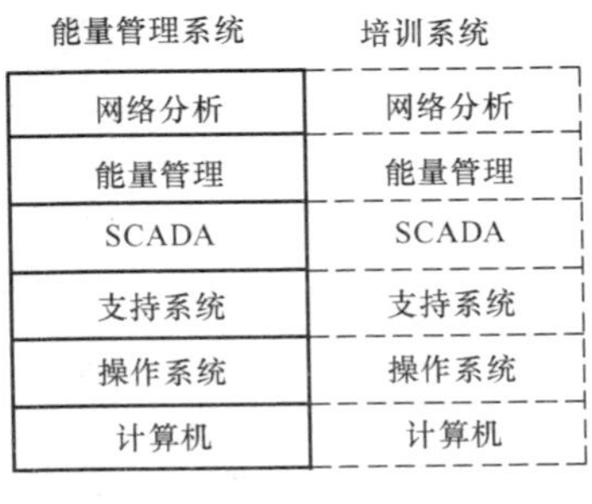

能量管理系统	培训系统
网络分析	网络分析
能量管理	能量管理
SCADA	SCADA
支持系统	支持系统
操作系统	操作系统
计算机	计算机

图9-1　EMS的总体结构

二、EMS的支持系统

EMS的支持系统包括计算机系统、操作系统和支持系统。此处重点介绍EMS的计算机系统和支持系统中有关

EMS实际应用的数据库。

（一）EMS的计算机体系结构

EMS对计算机的要求是要满足可靠性、速度、容量和可扩充性。随着计算机技术的发展，EMS计算机体系结构经历了集中式一分布式一开放式的发展过程。

1. 集中式计算机体系结构

集中式计算机体系结构是所有处理任务由2台（或多台）计算机纵向分担，实施方案分为双主机配置、前置机配置，前置机可用多机组成，如图9-2所示。这种系统的特点是在一套主机和前置机故障的情况下另一套主机和前置机可继续正常工作。前置机的主要任务是进行数据收集和规约转换工作，以减轻主机的工作负担。我国早期EMS基本属于这种计算机体系结构。

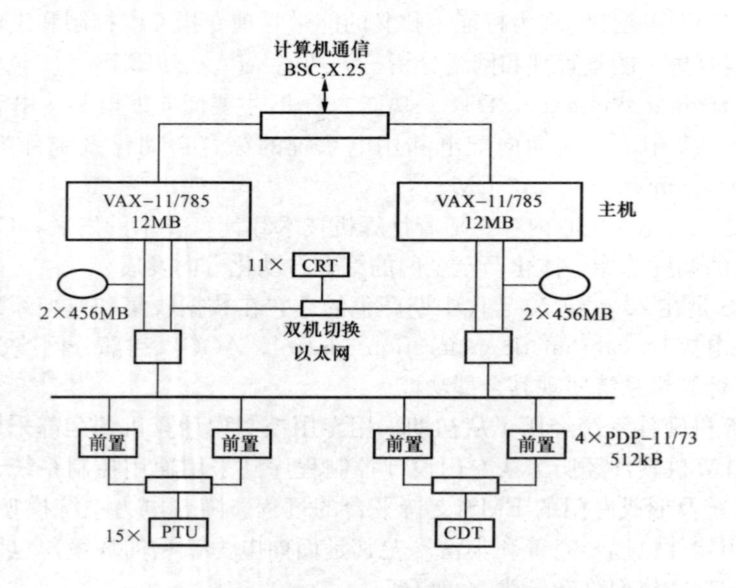

图9-2 集中式计算机体系结构框图

2. 分布式计算机体系结构

分布式计算机体系结构（见图9-3）是通过通信系统将多处理机连接在一起，各处理机分担EMS不同的功能并共享输入输出处理器及外部设备。因此，分布式计算机体系结构的特点主要体现了硬件和任务的分布关系。

3. 开放式计算机体系结构

对开放式计算机体系结构曾有多个定义。它们的主要思想是强调多厂家的系统集成和用户界面及各方面软件接口的标准化。

开放式计算机体系结构应满足：

(1) 工作站为基本单元，系统可灵活组成。

(2) 各子系统冗余配置。

(3) 严格遵守工业标准，包括操作系统的POSIX标准。

(4) 采用外壳技术，将专用软件与操作系统相隔离。这个外壳软件层是一个符合POSIX标准的插头，可插到符合该标准化的各种操作系统上。

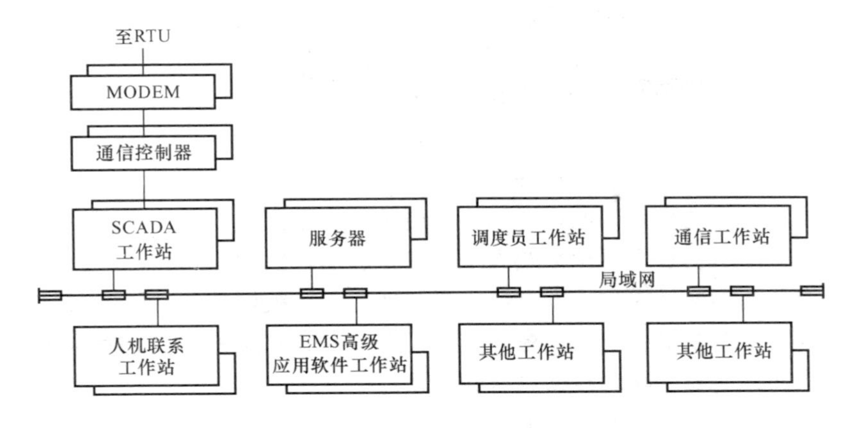

图 9-3　分布式计算机体系结构框图

(5) 采用商用数据库。

(6) 硬件可采用多家产品。

(7) 实现系统内部采用局域网互联，并可与其他信息系统相连。

除开放式计算机结构外，还有对 EMS 的开放式定义。它在要求多厂家集成的同时，还强调了应具有对现有系统进行部分（或全部）加强或更换的能力。

(二) EMS 的数据库

EMS 的数据库是实现 EMS 所有功能所需的数据源。EMS 数据库设计是将物理模型化为数学模型的定义过程。不同公司设计的 EMS 数据库有不同的定义及不同的数据库形式。但就 EMS 的数据来源而言无非有这样一些类型：实时量测数据、预测与计划数据、基本数据、历史数据和临时数据。

实时量测数据由遥信、遥测而来，主要反映当前电力系统运行状态，包括设备的状态量和设备运行的模拟量和累加量。

预测和计划数据向 EMS 提供当时或未来的电力系统运行状态数据，由 EMS 本身形成或人工输入，包括负荷预测、发电计划、机组组合、水电计划、交换计划、燃料计划、检修计划等。

基本数据是电力系统运行中基本不变或缓慢变化的数据，包括电力系统运行设备的配置及参数、量测设备的配置及参数等。这些参数及关联信息由人工输入并在运行中由人工修改。

历史数据是以往运行状态保存的记录数据，包括正常和事故记录。EMS 可按规定的条件进行自动记录，也可人工启动记录。历史数据主要用于电力系统状态的分析、预测和培训。

临时数据是高级应用软件运行中自动形成和自动消除的数据，主要用于应用软件维护人员的调试、诊断。

面向 EMS 的功能可把最主要的公用数据按功能进行划分，即 SCADA 功能数据库、能量管理数据库、网络分析数据库及培训仿真数据库。

SCADA 数据库主要对量测对象（厂、站）和远程终端结构进行定义、描述及映射。前者用于调度员监视电力系统状态，后者用于自动化人员监视远动系统的工作状态。另外，SCADA数据库还可补充通信结构的数据，以便从计算机的角度描述数据通信。

能量管理数据库是能量管理应用软件所需的公用数据库。应用软件包括实时发电控制、发电计划、机组经济组合、水电计划、交换功率计划、燃料计划和检修计划。能量管理数据库成了多应用软件联系的纽带，同时它与SCADA数据库和网络数据还有数据交换。一方面从SCADA获取能量管理专用软件所需的实时数据（频率、机组功率和交换功率等），另一方面又为网络数据库提供机组经济特性、机组状态和发电计划等分析结果，同时也向网络数据库获取各机组和交换功率点的网损微增率及机组的安全限值。

能量管理数据库从内容上可分为两大块。一是对运行区的描述和记录，包括发电厂、有功率交换的电力公司和交换模型。发电厂主要包括启动机组记录和电厂控制器记录。有功率交换的电力公司主要有联络线走廊记录。交换模型主要有交换关系和交换计划。二是对燃料类型的描述和定义，主要反映燃料的热量和价格。

网络数据库是为进行高级应用软件分析提供的公用数据库。同样它与SCADA数据库、网络管理数据库及调度员培训仿真数据库都有数据交换。网络数据库的内容主要有网络的静态模型，包括网络的物理元件和一系列表格；预测与计划模型，主要用于定义负荷预测和开关投切计划。

培训仿真数据库是进行调度员培训的专用数据库，根据功能的不同，一一与前述的数据库对应，同时对于暂态模型和教案模型所用的数据库可增加在这个库中也可单独定义。

（三）EMS的人机交互

人机交互（man-machine interaction，MMI）是EMS必不可少的部分。它是调度员与EMS联系的重要手段，通过人机交互调度员对电力系统进行监视、分析和控制。同时，人机交互还面向运行计划人员、运行方式分析人员、自动化专业人员，通过人机交互分别进行编制和修正调度计划、研究运行方式和维护EMS。

人机交互的硬件主要有显示器、键盘、轨迹球或鼠标、打印机和绘图仪等，调度模拟盘也可含在内。通常将可操作的硬件称为控制台，将显示屏幕的可控制的光点称为光标。人机交互的软件主要有画面定义、任务管理、控制台功能和应用数据库。因此人机交互与计算机硬、软件技术的发展密切相关。

EMS的人机交互主要有以下功能：

（1）将屏幕上的画面与数据库联系起来；

（2）通过画面观察数据和系统状态；

（3）通过画面进行操作；

（4）动态刷新画面；

（5）开发和生成画面。

三、EMS的应用软件系统

（一）EMS应用软件概貌

EMS应用软件分为数据采集、能量管理和网络分析（可加上培训仿真）三大模块。这些软件的工作方式分为实时型和研究型（或计划型）两种。

数据采集模块的功能是实时采集电力系统数据并监视其状态。能量管理模块的功能是进行调度决策，以提高控制质量和改善运行的经济性。网络分析模块的功能是进行全系统的分析与决策，以提高运行的安全性并进行安全性与经济性的统一。仿真培训软件则是以研究方式或实时方式按照规定的教案进行调度员培训。

这三大模块的主要内容以及它们之间的相互关系如图 9-4 所示。

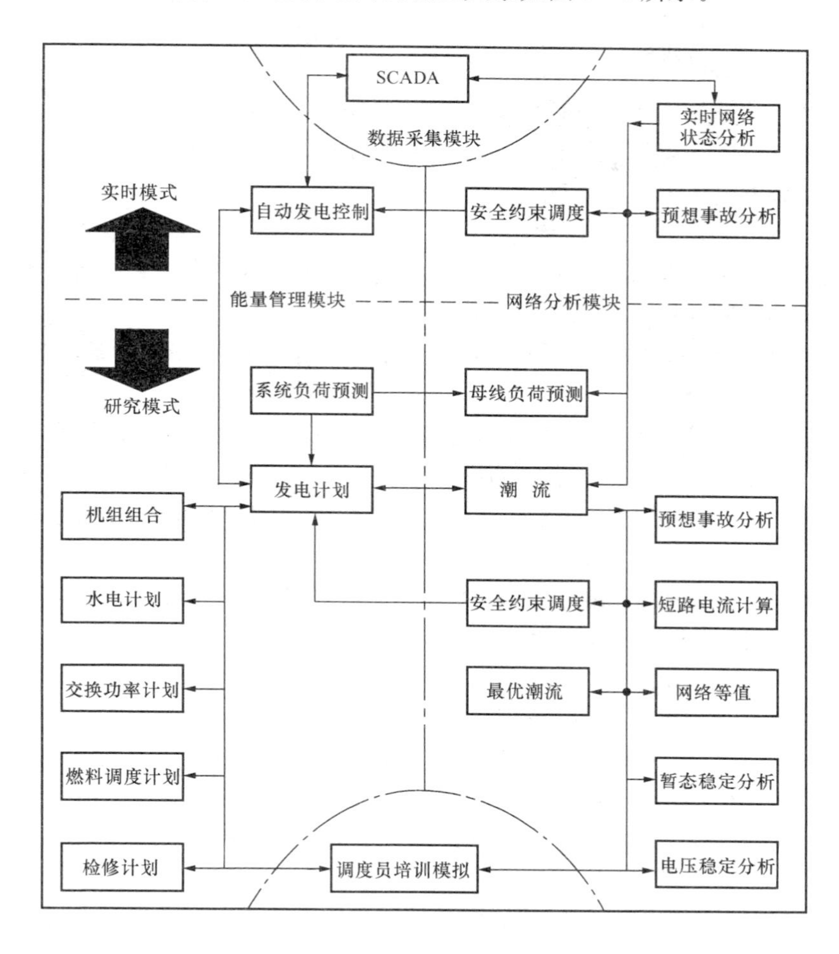

图 9-4　EMS 的应用软件

（二）数据采集和监控

数据采集与监控（SCADA）功能是 EMS 的基本功能。它的硬件组成主要有远动终端（RTU）、传输信道和主站计算机。此处主要介绍它的软件功能。SCADA 通常有以下主要功能：

1. 数据采集与数据处理

首先由装设在厂、站内的远动终端进行数据采集，然后通过调度主站与 RTU 之间的远动通道传送信息。信息可由 RTU 主动循环传送到主站，也可以主站为主动，用应答方式将信息召唤到主站。RTU 与主站间有上行信息也有下行信息。它们均有数码查错与纠错功能。

采集和传送的数据主要有状态量、量测量和电量值三种类型。断路器状态、隔离开关、报警和其他信号均用状态量表示。电压值、有功功率、无功功率、温度和变压器抽头位置等则用量测量表示。量测值在显示或送给其他应用程序之前要进行刻度变换，每个量测值的标尺要保存在数据库中。电量值由脉冲计数方式得到。脉冲计数正常包括两个内容：一个连续计数器和一个时间间隔记录。到指定的时间周期（时刻）要冻结其值，然后再继续计数或清空后计数。在应答方式的传送中，状态量是在出现变化时才传送，模拟量是对比前一次传送的值超过某一死区时才传送。不论任何远动方式，在远动系统启动或恢复时都要进行完整的扫描。

2. 监视与事件处理

主站采集到的状态量、量测量在调度主站的计算机屏幕上以系统接线图形式或表格形式显示出来，数据监视到状态量变化和量测量越限时则进行相应的越限报警、故障报警、故障记录等，以协助调度人员对电力系统的实时运行管理。

3. 控制功能

控制功能直接作用于电力系统的运行，包括单个设备控制、向调节设备发调节信息、顺序控制计划和自动控制计划。

单个设备控制直接对断路器和隔离开关发开合命令，对发电机发启、停等一些基本命令。

向调节设备发调节信息则为较高级的控制功能，发出的是升/降或设置到某一工作点的信息，因此需对远方设备的实际状态不断进行监视。

以上两种控制命令一般是人工发出的。顺序控制计划则可自动执行规定好的一系列命令，包括事件启动或定时启动，如某些照明和电热设备的启动、变电设备的恢复和切换等。自动发电控制则是一种自动启动的闭环控制方式，自动响应电力系统频率偏差和交换功率偏差，调整机组发电功率。

4. 事件顺序记录及事故追忆

事故数据的收集与记录是 SCADA 重要功能之一，为分析故障和预防事故提供了宝贵的信息。事件顺序记录（sequence of event recording，SOE）主要是主站对各 RTU 送来的事件（开关和继电保护等状态量变化），按动作的顺序时间先后记录下来。事故追忆 PDR（post disturbance review）是主站对事故前后的实时运行参数做记录。

5. 数据管理

其功能主要对各种运行参数进行统计，如计算全网总功率、各地区用电量、发电量、最大最小负荷等，同时建立历史数据库和实时数据库并进行 SCADA 与 EMS 及管理信息系统（management information system，MIS）间的数据交换。

（三）能量管理软件

能量管理软件主要包括发电控制和发电计划两大部分。发电计划是发电控制的基础。发电计划部分应用软件包括系统负荷预测、发电计划、机组经济组合、水电计划、交换功率计划和燃料调度计划等。

发电控制运行周期是分秒级，需要取得超短期负荷预测（数分钟到几十分钟）应用软件的支持。短期发电计划是日周级的，取决于电力系统负荷变化的周期性和水库调节能力。

1. 系统负荷预测

EMS 需要历史、实时和计划（未求）三类数据，而负荷预测是计划数据的主要来源。

电力系统负荷预测分为系统负荷预测和母线负荷预测。而系统负荷预测按预测周期分又有超短期、短期、中期负荷预测和长期负荷预测。超短期负荷预测用于质量控制需 5～10s 的负荷值，用于安全监视需 1～5min 负荷值，用于预防控制和紧急状态处理需 10～60min 负荷值。超短期负荷预测使用对象为调度员。短期负荷预测主要用于火电分配、水火电协调、机组经济组合和交换功率计划，需要1日～1周的负荷值。短期负荷预测使用对象为编制调度计划的工程师。中期负荷预测主要用于水库调度、机组检修、交换计划和燃料计划，需要1月～1年的负荷值，它的使用对象是编制中长期运行计划的工程师。长期负荷预测用于电源和网络发展，需要数年至数十年的负荷值，使用对象是规划工程师。

负荷预测最主要的指标是精度。然而它的精度首先取决于对具体电力系统负荷变化规律的掌握，其次才与模型和算法有密切关系。要掌握负荷变化规律就要摸清负荷变化与哪些因素有关。一般来说影响负荷变化的主要因素有：负荷的性质，如城市民用负荷、商业负荷、工业负荷、农业负荷；不同类型的负荷有着不同的变化规律；气象、气温、阴晴、降水和大旱都将引起负荷变化；另还有很多不确定因素引起负荷的变化，这种影响称为负荷的随机波动。

对于负荷预测算法，通过几十年的研究和积累，已经形成了各种可能的算法。目前实用的算法主要有线性外推法、线性回归法、时间序列法、卡尔曼滤波法、人工神经网络法、灰色系统法和专家系统方法等。需要强调的是，各种算法均有一定的特点和局限性，目前为止还没有一个算法适用于各种负荷预测模型而精度又最高，因此在实际中可采用综合比较的方法，确定最有效的算法。

2. 发电计划

EMS中狭义的发电计划指的是火电计划，广义的发电计划则包括机组组合、水电计划、交换计划和燃料计划等。发电计划是EMS中发电级的核心应用软件，对电力系统经济调度起着关键作用。

（1）发电调度计划的主要功能是在已知系统负荷、机组组合、水电计划、交换计划、备用监视计划、机组经济特性、网络损失计划和运行限制等条件下，确定某时刻或1日～1周逐时段的各火电机组的发电计划，使周期内发电费用为最小。当然电力系统电源结构不同时其发电计划的内容也有所不同，如纯火电的电力系统就无水电计划，孤立电力系统就无交换计划。

火电经济负荷分配一般采用经典协调方程式法，机组特性采用比较精确的分段二次曲线。发电计划软件向实时发电控制、实时网络状态分析和潮流提供发电计划数据，还作为子模块参加机组经济组合、水电计划、交换功率计划和燃料计划等应用软件的协调计算。

（2）机组经济组合（机组启停计划）。机组经济组合的主要功能是在已知负荷预测、水电计划、交换计划、燃料计划、网损修正、机组减发电功率计划和机组可用状况下，编制规定周期内电力系统各机组的启停计划，使总费用最小，包括发电费用和启动费用。

机组经济组合应满足的约束条件包括系统负荷与备用要求、机组可用状态与容量限制、机组最短开机时间限制、机组最短停机（再开机）时间限制、一个电厂在一个时段中最多启动机组数限制。机组经济组合应考虑的费用包括随机组发电功率变化的发电费用、随停机时间变化的机组启停费用、随启停分摊的维修费，近似进行网损修正。

机组经济组合的主要算法：机组发电费用特性仍采用分段二次曲线，机组启动费用特性采用停机时间的指数函数，网损修正系数取常数。机组经济组合问题是一个非线性的混合整数规划问题，可采用限制维数的动态规划算法，限制维数的方法是优先次序法。

机组经济组合将启停计划送给发电计划和实时发电控制作为数据，同时参加与水电计划、交换功率计划的协调，使发电计划在更大范围内取得最优结果。

(3) 水电计划（水火电协调计划）。水电计划的主要功能是在已知系统负荷、发电用水（或来水）、火电发电费用特性、交换功率计划等条件下，编制1日～1周逐时段的水电计划，使周期内发电费用最小。

水电计划应满足的约束条件有：自然来水（或由水库调度计划确定的可用发电水量）；水库水位和放流量限制（含航运、灌溉等要求）；水电机组发电或过电流限制；电力系统的机组组合、交换计划、燃料和备用等限制。

影响水电计划经济效益主要有以下因素和措施：充分利用自然来水，防止弃水；调峰，使电力系统运行费用微增率在周期内波动尽量小；水电厂高水头运行，利用自然来水多发电；在同一水位下，水电机组效率随发电功率变化。

水电计划是具有复杂约束条件的非线性规划问题。20世纪50年代提出的水火电协调方程式解法可解决少量定水头水电厂的调度问题；60年代提出的动态规划法可进一步解决变水头水电厂的调度问题；80年代提出的网络流规划法可全面解决水电计划问题，包括梯级水电厂和抽水蓄能电站，该方法可靠、快速。

水电计划可与机组组合及交换功率进行协调优化。

(4) 交换计划。交换计划的主要功能是在已知系统负荷、机组组合、水电计划和交换功率限制的条件下，编制短期内逐时段的区域交换功率计划，使周期内联合系统发电费用最小。

目前联合电力系统大体上分为三种调度模式：

1) 自协调模式。各个区域系统独立进行调度，管理自己的电厂和负荷，根据本区域的发电费用（或边际成本）向其他区域通报本区域买电或卖电的价格，买卖双方协商确定交换功率计划。

2) 电力交易市场模式。各个区域电力系统自己确定发电计划，各区域间不用双方直接确定买卖关系，而是各自向交易市场（经纪人）通报本区域每小时买卖电量和单价，经纪人按取得最大交换利益原则制订各区域间交换计划，通知各区域。

3) 协商调度模式。设立联合调度中心，各区域平等协商，确定长短期交换电力和电量合同，制订调度协议，各区域系统调度本区域发电厂以满足联合调度中心的要求。

系统经济效益最高的是统一调度模式，即全网各发电厂均由联合调度中心调度，整个电网作为一个整体编制经济调度计划；各区域按统一调度中心的计划安排本区域的发电功率。

交换计划是一个非线性规划问题，采用网络流规划法计算。

(5) 燃料计划。燃料计划的主要功能是在已知系统负荷、水电计划、交换功率计划、机组组合的条件下，编制短期内逐时段的燃料调度计划。

燃料计划考虑燃料产地价格和供应量限制、运输费用和运输限制、电厂储煤、混煤和用煤限制及发电费用等因素，使全系统发电燃料总费用在规定的周期内最小。

燃料调度计划是一个大型的线性规划问题，采用网络流规划很有效。

3. 自动发电控制（automatic generation control，AGC）

自动发电控制是EMS中最重要的控制功能。它的主要任务是：

(1) 发电自动跟踪电力系统负荷变化，实现一般调度。

（2）响应负荷和发电的随机变化并维持系统频率在额定值，实现二次调频。

（3）在各区域间分配系统发电功率，维持区域间交换功率为协议限定的数值，用二次调频实现。

（4）对计划性的负荷变化按发电计划调整出力，对偏离计划的负荷变化实现在线负荷经济分配，即进行二次调频。

（5）监视和调整备用容量以满足系统的安全要求，包含在(2)～(5)的任务实现中。

（四）网络分析软件

网络分析软件一般又称高级应用软件，主要由实时网络状态分析、调度工程师潮流、网络安全分析、调度员培训仿真和配电管理系统五个模块组成。

1. 实时网络状态分析

实时网络状态分析是 EMS 整个网络分析软件的基础，包括网络接线分析、状态估计、不良数据检测与辨识、量测系统误差估计、变压器抽头估计、网络状态监视和状态估计模拟试验系统等。

网络接线分析又称网络拓扑分析，即按开关状态和网络元件状态将网络物理节点模型化为计算用母线模型，并将有电气联系的母线集合化为岛。所有网络分析在岛范围内的母线模型基础上建立网络方程进行求解。

状态估计是对系统中某一时间断面的遥测遥信信息进行数据处理以提高实时数据的精度，剔除不良数据、补充测量的不足以建立高质量的实时数据库。

目前广泛采用的状态估计计算方法是最小二乘算法，另还有快速分解法、唯支路量测法、逐次型算法、正交化法等。不良数据的辨识方法有残差搜索法、非二次准则法、零残差法、总体型估计辨识法、逐次型估计辨识法。这些方法的差异在于对可疑数据是逐个辨识还是总体辨识；排除可疑数据的方式是采用变权重、变残差还是直接删除；删除可疑数据后，对量测残差和状态量的计算是迭代还是线性修正。量测系统误差估计中量测误差可分为方差和偏差两类量测误差。方差分析是状态估计的正常统计型估计过程，而偏差分析则是状态估计统计型的不良数据辨识过程。变压器抽头估计主要是弥补没有抽头量测或辨识抽头量测的错误。它实际是对变压器变比的估计，不扩展到全系统的状态估计中，可每台变压器单独进行。对三绕组变压器简化为两台或三台两绕组变压器时则需进行联合估计变比，如要提高变比估计的精度要采用连续估计的方法。网络状态监视的主要内容有：支路潮流；母线电压幅值；两节点间电压相角差值；元件的状态等。状态估计模拟系统是对电力系统状态估计新算法的研究和开发、新系统的试验室调试与验收、量测系统评价与优化配置的计算机模拟或数字模拟，可大大减少现场的实际调试量。

2. 调度工程师潮流

调度工程师潮流又称调度员潮流，是 EMS 最基本的网络分析软件。它首先面向调度员用以研究当前电力系统可能出现的运行状态，也可面向计划工程师用于校核调度计划的安全性，还可面向分析工程师用于分析近期运行方式的变化。

调度员潮流以潮流计算软件为核心。潮流计算软件是电力系统分析软件中最为成熟的软件。由于 EMS 中的调度员潮流有操作和故障设定，因此它与离线潮流软件相比在潮流软件中应增加控制模型。它包括多机联合调整平衡节点母线功率、无功调整模型、线路有功功率之和的控制、系统切负荷的控制以及多岛潮流计算等。对于这些控制的决策有部分是基于灵敏度分析，包括线路有功潮流对机组有功功率灵敏度，母线电压对机组无功功率灵敏度，母线电压对变压器抽头灵敏度等。

3. 网络安全分析

电力系统的运行状态分为安全状态、不安全状态、紧急状态和恢复状态。紧急状态可分为静态和暂态。静态的表现形式为电流过负荷或电压越限。对于这类情况一般允许持续的时间较长，可通过校正控制进入正常状态。暂态的表现形式为发电机功角不断增大，频率或电压不断下降等，允许持续时间很短，必须采用紧急控制使之快速进入恢复状态，然后再通过恢复控制使系统进入正常状态。预防控制既要考虑安全还应同时考虑优化，使系统进入正常状态时既安全又经济。而校正控制、紧急控制与恢复控制中首先以安全为主，在系统恢复所有用户的供电后才考虑经济运行。

（1）静态安全分析。静态安全分析包括预想事故分析、安全约束调度、最优潮流、电力系统静态等值及电压稳定分析等。

预想事故分析的主要功能：按分析的需要设定预想事故；快速区分各种事故对电力系统安全运行的危害程度；准确分析故障的状态并方便且直观展示结果。

预想事故分析技术的研究关键在于如何减少分析的故障数和加快分析速度。最早应用的是 $n-1$ 扫描方式，目前较为实用的方式是应用预想故障集合方式，全部定义的故障组构成故障集合。故障组是具有某种特征的若干故障集合，可按故障重数划分，如单重、两重或多重；可按开断元件类型划分，如线路、变压器等；按地区故障划分，如 A 地区故障、B 地区故障等；按故障电压等级划分，如 500、220kV 等。在故障集合中各故障组可全部激活也可对某一故障组单设“停用”标志，在故障扫描时则会跳过不需激活的故障组而只分析激活的故障组。对每个故障组里的多个故障也可用同样的方法进行“停用”和“激活”。实际应用中的故障组、故障表需要维护、更新，以使其更有效地得到应用。

故障扫描是对故障集合中的故障进行预处理。它的目的是用尽可能短的时间剔除“无害”故障组但又不漏掉一个有害故障，以加快预想事故分析速度。故障扫描的方法分为两大类：一类为间接法，又称排除法或性能指标法。它不直接计算故障后的功率和电压，仅利用产生故障时的某些数据进行排队，其快速但精确度低。另一类为直接法，快速计算故障后的近似潮流并将其按严重程度排队。

对后果较严重的保留“有害”故障要进行进一步详细分析，以准确判别故障后系统潮流分布和危害程度。在实际处理中仍进一步划分故障性质以选择不同的潮流算法，而不是对全部保留故障进行交流潮流分析。造成系统解列的故障及事先指定的故障，一般均属于最严重的故障而列入排序表的前面，对其进行全潮流分析。如某些故障造成 PV 节点不能维持其规定的电压时，需将 PV 节点转换成 PQ 节点，然后再进行潮流分析。除上述两类故障外，其余故障一般采用快速潮流。快速潮流与全潮流相比最大的区别是它不重新进行网络接线分析和形成因子表，而是用修正部分因子表的技术得到新的因子表；另采用稀疏技术和子网潮流法以缩小计算范围，加快计算。对于子网的确定用自适应定界法，即自动确定潮流计算新边界的方法。这种方法可大大提高潮流计算的速度。

（2）最优潮流。最优潮流的概念是 20 世纪 60 年代初期法国学者 Carpentier 提出的。它把电力系统经济调度和潮流计算有机地融合在一起，即以潮流方程为基础，进行经济与安全、有功与无功的全面优化。从数学角度看最优潮流是一个大型的多约束非线性规划问题。

它的关键技术是计算函数不等式约束，解决非线性收敛问题和考虑离散变量问题。最优潮流问题可描述为在满足等式约束（潮流方程）和不等式约束（安全限制）的条件下，求得一组控制变量和状态变量的值，使系统的目标函数达到最优。最常用的目标函数是系统发电费用最小，有功网损最小。此外，对不同目的可选择多种目标函数，如无功补偿效益最大、系统交换功率最小、切除负荷量最小和功率调整量最小等。等式约束条件一般是各母线潮流方程。不等式约束条件表示安全或质量约束，主要有非控制母线电压以及线路的有功和无功潮流。

对于非线性问题处理主要采用牛顿法，对处理不等式约束则采用互补性规划技术。

4. 调度员培训仿真（dispatcher training simulator，DTS）

调度员培训仿真主要用于训练调度员进行正常运行操作和处理事故的能力。它的主要培训功能有：调度中心工具使用的培训（SCADA、EMS、网络分析、通信文件记录及操作规程）；开关操作步骤及有关安全事项培训；正常状态和事故状态下运行的培训。

培训仿真器有两类：一类是独立系统。它与实际电力系统无直接联系，所有设备均是单独设置的，可设置专门的培训中心。另一类是用 EMS 的调度备用机作为仿真学员机。这类 DTS 系统随时可取得与调度中心相同的实时数据并具有与调度功能完全相同的软件。

DTS 主要由仿真模型子系统、教员控制子系统和学员子系统组成。仿真模型子系统主要仿真电力系统中各元件的物理过程，包括静态与动态的各种响应。教员控制子系统主要控制仿真进程，建立教案，进行培训过程记录和对结果的评估；还可担任厂、站或上、下级调度中的角色配合学员进行培训。学员子系统具有调度员管理系统的所有功能，如监视、操作控制及所有高级软件的应用功能。

调度员培训仿真系统不仅可用于培训电力系统调度员，还可用于培训运行维护和软、硬件维护人员。

5. 配电管理系统（distribution management system，DMS）

配电管理系统 DMS 是面向配电和用电的综合自动化系统。由于面向的对象不同，其功能与 EMS 相比就有所不同。

DMS 的基本功能有监视即 SCADA 功能、负荷预测、网络建模、状态估计。这部分功能与 EMS 系统所采用的技术及作用相似。针对配电系统的特点，网络分析方面所具有的接线分析、网络监视、潮流分析、短路计算和无功功率—电压优化功能外，DMS 还具有操作票系统和操作模拟、故障处理系统（包含故障检测、隔离和恢复）、投标电话处理、负荷管理—控制、配电网规划、用户管理、自动计费、实时电价、电压质量记录和合同管理及地理信息系统等功能。

需提及的是，由于配电系统电网与输电网的网络结构、参数及运行情况均不同，所以即使与 EMS 具有相似功能的内容，在计算方法上也会有差异，必须用不同的方法加以处理。

思考题和习题 9

9-1　EMS 由哪些应用软件功能构成？

9-2 EMS的开放式硬件计算机结构有哪些特点？

9-3 EMS有哪几个主要数据库？

9-4 自动发电控制的主要功能是什么？

9-5 EMS与DMS存在哪些异同？

9-6 试述超短期、短期、中期、长期负荷预测各自的特点。

9-7 画出实时网络状态分析与其他应用软件的联系。

参 考 文 献

[1] 南京工学院. 电力系统. 北京：电力工业出版社，1980.

[2] 陈珩. 电力系统稳态分析. 4 版. 北京：中国电力出版社，2015.

[3] 陈怡. 电力系统. 南京：东南大学出版社，1994.

[4] 方万良. 电力系统暂态分析. 4 版. 北京：中国电力出版社，2017.

[5] 何仰赞，等. 电力系统分析. 4 版. 武汉：华中科技大学出版社，2016.

[6] 西安交通大学，等. 电力系统计算. 北京：水利电力出版社，1985.

[7] 马大强，等. 电力系统机电暂态过程. 北京：水利电力出版社，1991.

[8] 王梅义，等. 大电网系统技术. 北京：水利电力出版社，1991.

[9] 吴际舜. 电力系统静态安全分析. 上海：上海交通大学出版社，1985.

[10] 黄家裕，等. 同步电机基本理论及其动态行为分析. 上海：上海交通大学出版社，1989.

[11] 李文源. 电力系统安全经济运行——模型与方法. 重庆：重庆大学出版社，1989.

[12] 骆济寿，等. 电力系统优化运行. 武汉：华中理工大学出版社，1990.

[13] 文矩，等. 电力系统最优运行. 西安：西安交通大学出版社，1987.

[14] 刘万顺. 电力系统故障分析. 3 版. 北京：中国电力出版社，2010.

[15] 周荣光. 电力系统故障分析. 北京：清华大学出版社，1988.

[16] 韩祯祥. 电力系统自动监视与控制. 北京：水利电力出版社，1989.

[17] 余贻鑫，等. 电力系统的安全性和稳定性. 北京：科学出版社，1988.

[18] ANDERSON P M. et al. Power System Control and Stability. The Iowa State University Press，1977.

[19] ANDERSON P M. Analysis of Faulted Power System，The Iowa State University Press，1973.

[20] ELGERD O I. Electric Energy Systems Theory：An Introduction，McGraw Hill Book Co. 1982.

[21] BERGEN A R. Power Systems Analysis，Prentice-Hall Inc. 1982.

[22] 于尔铿. 电力系统状态估计. 北京：水利电力出版社，1985.

[23] 于尔铿，刘广一，周京阳. 能量管理系统（EMS）. 北京：科学出版社，1998.

[24] 诸骏伟. 电力系统分析（上）. 北京：水利电力出版社，1995.

[25] A. K. 马哈拉纳庇斯，D. P. 柯达里，S. I. 阿森. 电力系统计算机辅助分析与控制. 北京：水利电力出版社，1991.

[26] 周江文，黄幼才，杨元喜，等. 抗差最小二乘法. 武汉：华中理工大学出版社，1997.

[27] 张伯明，陈寿孙. 高等电力网络分析. 北京：清华大学出版社，1996.